Collection CALAO

1re Séries STI2D-STL

Mathématiques

Enseignement **commun** et enseignement **de spécialité**

Lydia Misset-Rocherolle

Vincent Bernigole
Lycée Descartes, Antony

Olivier Pinçon
Lycée Alfred Kastler, Talence

Nathalie Teulié
Lycée Alfred Kastler, Talence

Frédéric Thomas
Lycée Alfred Kastler, Talence

Grégory Viateau
Lycée Louis de Foix, Bayonne

Tarik Zakri
Lycée Alfred Kastler, Talence

hachette
ÉDUCATION

Remerciements

Hachette Éducation remercie Lydia Misset-Rocherolle pour son investissement sans faille durant leurs nombreuses années de collaboration.

L'éditeur remercie Sylvie Péducasse et Alain Vidal pour leur concours.

Lydia Misset-Rocherolle tient à remercier tout particulièrement Gwénola Verdier pour sa relecture attentive et ses conseils sur le « Comment aborder les notions » en classe de STMG, vue sa pratique dans ces classes et en BTS CG. La compréhension des élèves est restée la priorité des auteurs.
Elle remercie également son mari pour sa patience et son soutien.

Nathalie Teulié remercie Virginie Michel pour sa relecture précise du programme et des exercices en contexte.

Les copies d'écran sur calculatrice TI-83 PCE ont été réalisées à l'aide de l'émulateur TI-SmartView ™ 83.
Nous remercions Casio et Texas Instrument de nous avoir confié des modules pour créer des scripts Python à la calculatrice.
Les copies d'écran de script Python ont été réalisées sur EduPython.

Édition : Valérie Dumur et Aygline Bonzon

Maquette intérieure et couverture : Christine Soyez

Illustrations : Johann Misset

Recherche iconographique : Marie-Christine Petit

Composition et schémas : Grafatom

Fabrication : Yoann Le Berre

PAPIER À BASE DE FIBRES CERTIFIÉES

hachette s'engage pour l'environnement en réduisant l'empreinte carbone de ses livres. Celle de cet exemplaire est de :
1,100 kg éq. CO_2
Rendez-vous sur www.hachette-durable.fr

Achevé d'imprimer en Italie par L.E.G.O. S.p.A. Lavis
Dépôt légal : Avril 2019 - Collection n° 05 - Édition 01
50/0805/4

www.hachette-education.com

58 rue Jean Bleuzen - 92178 Vanves Cedex.

ISBN : 978-2-01-704187-0

Utiliser Calao

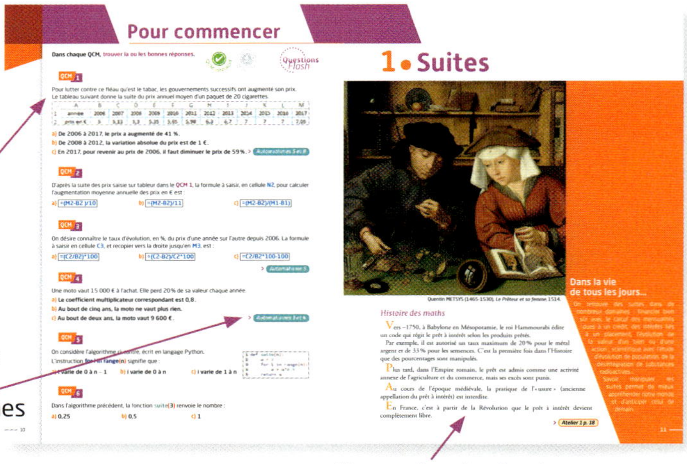

Des QCM

Des renvois vers les automatismes

Une notion du chapitre à travers l'histoire

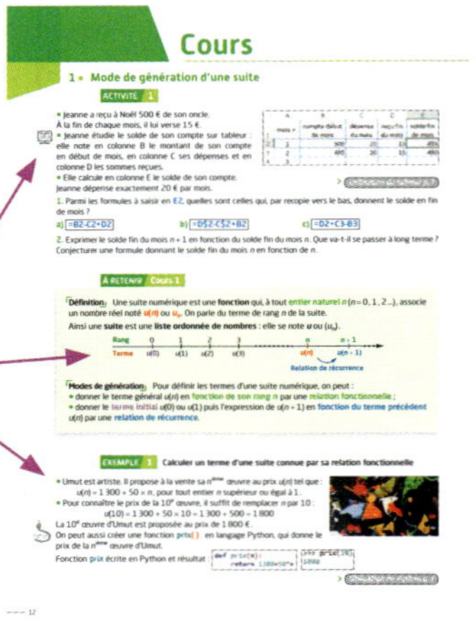

Sur la même page : une activité, les notions à retenir et un exemple

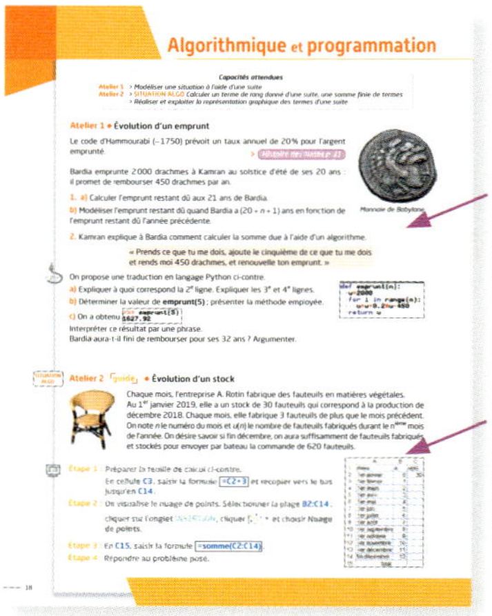

Des situations pour appréhender les outils numériques

Des ateliers pour travailler les capacités et les situations algo

Le résumé du cours

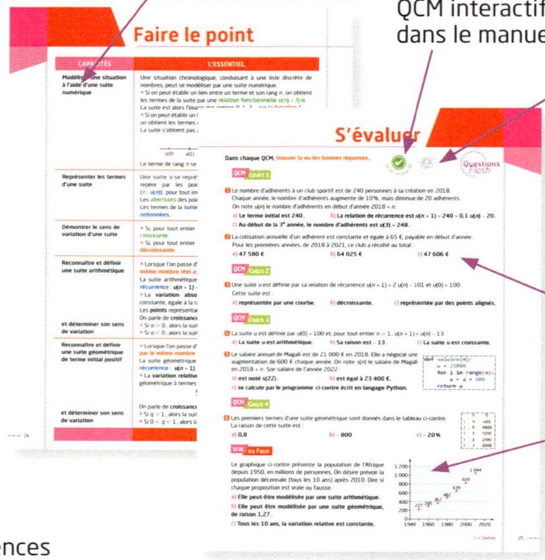

QCM interactifs : dans le manuel numérique

Fichiers à télécharger par le professeur

Des QCM

et des vrai/faux

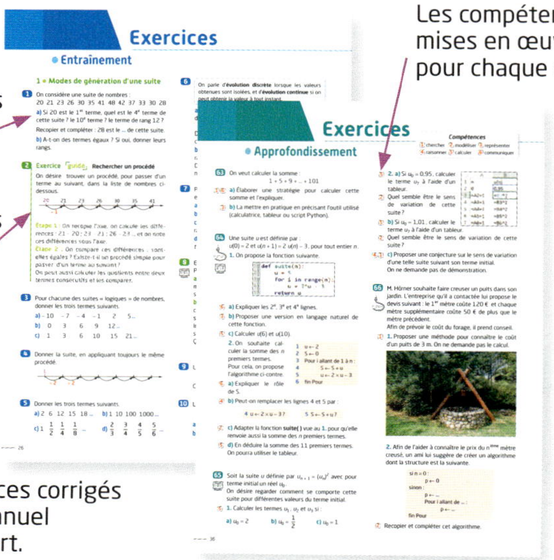

Des exercices suivant le plan du cours

Des exercices guidés et corrigés en détail

Les compétences mises en œuvre pour chaque question

Les exercices corrigés dans le manuel sont en vert.

Livret Automatismes

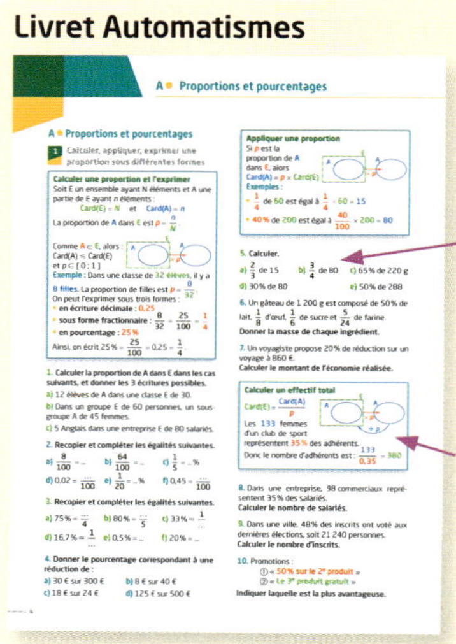

Des exercices pour pratiquer (1 sur 2 corrigé)

Tous les automatismes à maîtriser

Sommaire

SITUATIONS ALGORITHMIQUES

SITUATION ALGO

- Calculer un terme de rang donné d'une suite, une somme finie de termes
- Déterminer une liste de termes d'une suite et les représenter
- Déterminer le rang à partir duquel les termes d'une suite sont supérieurs ou inférieurs à un seuil donné ou aux termes de même rang d'une suite
- Calculer une valeur approchée d'une solution d'une équation par balayage
- À partir de deux listes représentant deux caractères d'individus, déterminer un sous-ensemble d'individus répondant à un critère (filtre, utilisation des ET, OU, NON)
- Dresser le tableau croisé de deux variables catégorielles à partir du fichier des individus et calculer des fréquences conditionnelles ou marginales
- Simuler des échantillons de taille n d'une loi de Bernoulli à partir d'un générateur de nombres aléatoires entre 0 et 1
- Représenter par un histogramme ou un nuage de points les fréquences observées des 1 dans N échantillons de taille n d'une loi de Bernoulli
- Compter le nombre de valeurs situées dans un intervalle de la forme $[p - ks\ ;\ p + ks]$ pour $k \in \{1\ ;\ 2\ ;\ 3\}$
- Construire différents points d'une approximation de courbe intégrale par la méthode d'Euler

Les six compétences en mathématiques

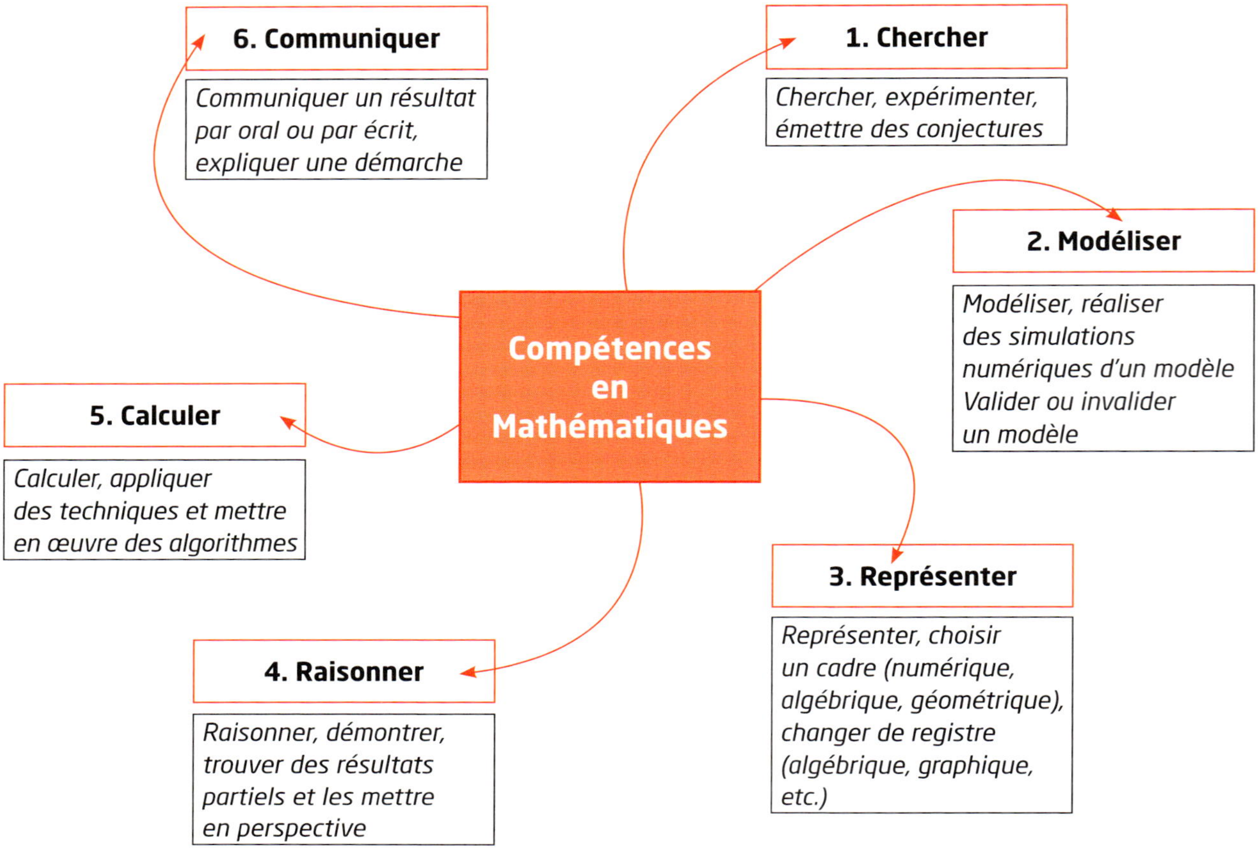

Les principaux mots du langage Python

and : et
def : définit une fonction
del : efface
elif : contraction de else if
else : sinon
False : booléen faux
for ... in ... : pour ... dans ...
from ... import ... : importe une ou plusieurs fonctions ou constantes d'une bibliothèque
if : si
import matplotlib.pyplot as plt : importe les fonctions permettant le tracé de graphiques mathématiques
in : dans
int() : renvoie un nombre entier
len() : longueur d'une liste ou d'une chaîne
not : non
or : ou
pi : π
plt.grid() : affiche le quadrillage
plt.plot() : trace une courbe ou des points
plt.show() : affiche le graphique
print() : affiche
randint() : renvoie un entier aléatoire
random() : renvoie un nombre décimal aléatoire de $[0;1[$
range() : permet de créer une suite d'entiers
return : renvoie le résultat d'une fonction
round() : arrondit un nombre
sqrt() : racine carrée
True : booléen vrai
uniform() : renvoie un décimal aléatoire d'un intervalle donné
while : Tant que

Les notations en Maths

• Les ensembles de nombres

$\mathbb{N}$: l'ensemble des entiers naturels

$\{0\,;1\,;2\,;3\,;4...\}$.

$\mathbb{Z}$: l'ensemble des entiers relatifs

$\{...,-3\,;-2\,;-1\,;0\,;1\,;2\,;3\,;...\}$.

$\mathbb{R} =]-\infty\,;+\infty[$: l'ensemble de tous les réels.

$\mathbb{R}^* = \mathbb{R} \setminus \{0\}$: tous les réels sauf 0 .

$\mathbb{R}_+^* =]0\,;+\infty[$: les réels strictement positifs.

$\mathbb{R}_-^* =]-\infty\,;0[$: les réels strictement négatifs.

$\varnothing$: l'ensemble vide, ne contenant aucun nombre.

• Les écritures avec deux nombres

$[-3\,;5]$: tous les réels de −3 à 5 compris.

$]-3\,;5[$: tous les réels de −3 à 5 exclus.

Le **couple (−3 ; 5)** est le couple de coordonnées d'un point du plan : – 3 est son abscisse et 5 son ordonnée.

• Symboles sur les ensembles

$\in$: appartient à $3 \in [-3\,;5[$

$\subset$: est inclus dans $[1\,;2] \subset]0\,;+\infty[$

$\cap$: intersection, se lit « inter ». Les mots « **et** », « **inter**section » et « **inter** » sont liés au symbole $\cap$.

$$[0\,;2[\,\cap\,[1\,;5] = [1\,;2[$$

$\cup$: réunion, se lit « union ». Les mots « o**u** », « ré**union** » et « **u**nion » sont liés au symbole $\cup$.

$$[0\,;2[\,\cup\,[1\,;5] = [0\,;5]$$

• L'ensemble « **A inter B** » se note **$A \cap B$** : il est composé de tous les éléments appartenant **en même temps** aux ensembles A **et** B.

• L'ensemble « **A union B** » se note **$A \cup B$** : il est composé de tous les éléments appartenant à **l'un au moins** des ensembles A ou B.

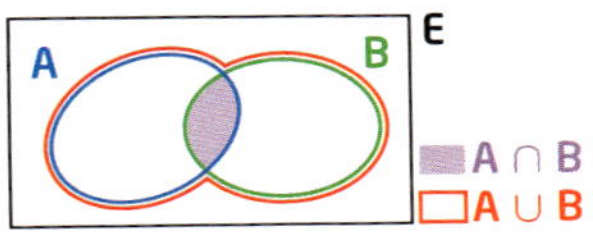

• Le **complémentaire** de A se note $\overline{A}$: il est composé de tous les éléments de l'ensemble de référence E qui n'appartiennent pas à A.

• Symboles logiques

$=$: est égal à A = B équivaut à B = A.

$\Rightarrow$: implique ; donc ; alors

$\Leftrightarrow$: si, et seulement si ; équivaut à ; signifie que

$\forall$: quel que soit

$\forall x \in \mathbb{R}$ se lit « quel que soit le réel x ».

$\exists$: il existe

$\exists\, n \in \mathbb{N}$ se lit « il existe un entier naturel n ».

$\leqslant 0$ se lit « négatif ou nul ».

$\geqslant 0$ se lit « positif ou nul ».

> 0 se lit « strictement positif ».

< 0 se lit « strictement négatif ».

• Symboles pour les fonctions de la variable x

• x est la variable, qui varie dans l'ensemble de définition lu sur l'axe des abscisses (horizontal).

$f(x)$ est l'image de la variable x par la fonction f, elle se lit sur l'axe des ordonnées (vertical).

• $y = f(x)$ est la relation fonctionnelle, c'est l'équation de la courbe représentant la fonction f.

Attention : L'écriture « $f(x) = 3x + 2$ » peut signifier :

- la fonction f définie par $f(x) = 3x + 2$
- l'équation $f(x) = 3x + 2$.

Il faut donc faire attention à la rédaction.

• En probabilités

P(A) est la **probabilité** de l'évènement A :

c'est un nombre TOUJOURS compris entre 0 et 1, à ne pas confondre avec l'événement A.

Dans un schéma de Bernoulli :

X est la variable aléatoire donnant le nombre k de succès dans la répétition de n **expériences identiques et indépendantes**, de probabilité de succès $P(S) = p$.

$\{X = k\}$ désigne **l'ensemble des listes** donnant exactement k succès.

$P(X = k)$ est la **probabilité** d'avoir exactement k succès.

$\{X \leqslant k\}$ désigne **l'ensemble des listes** donnant au plus k succès.

$P(X \leqslant k)$ est la **probabilité** d'avoir au plus k succès.

Les verbes de consigne et la rédaction

1. Analyser les verbes à l'infinitif

Dans l'énoncé d'un exercice de mathématiques, les questions sont toujours posées avec un verbe à l'infinitif indiquant ce qui est à faire.

▶ Dans des calculs ou l'étude de fonction

Effectuer, calculer : on demande d'utiliser les règles du calcul numérique, et de trouver un résultat numérique.

Distribuer, simplifier, réduire : on demande d'utiliser les règles du calcul algébrique, et de donner un résultat en fonction de variables.

Vérifier une égalité : le plus souvent, on part du membre de l'égalité où la forme présente un calcul que l'on peut faire. On doit retrouver l'expression qui se trouve dans l'autre membre de l'égalité.

Exprimer... en fonction de x : on demande d'utiliser les règles de calcul (numérique, algébrique) pour donner le résultat écrit à l'aide de nombres et de la variable x.

Exprimer... en pourcentage : on demande de donner un résultat décimal en %.

Comparer : on compare, en général, des nombres : on demande s'ils sont égaux, ou opposés, ou si l'un est plus grand que l'autre.

Résoudre algébriquement une équation ou une inéquation : on cherche toutes les solutions, c'est-à-dire l'ensemble des valeurs qui vérifient l'égalité ou l'inégalité, et on donne en conclusion l'ensemble solution (ou ensemble des solutions).

Compléter : en général un tableau de valeurs, une phrase, un schéma... ; pour cela, on utilise les données de l'énoncé, si besoin on effectue des opérations pour remplir le tableau.

Saisir, écrire, entrer, placer, indiquer, choisir : la question est liée à une formule de tableur à donner ou à utiliser, ou à l'emploi d'une calculatrice. Aucune justification n'est demandée.

Tabuler : obtenir les valeurs d'une fonction f, où $f(x)$ est entrée à la calculatrice ou le tableur.

Arrondir à ... près : on demande un résultat approché avec un certain nombre de chiffres après la virgule.

▶ Dans un contexte graphique ou concret

Lire, donner, citer, indiquer : on demande un résultat obtenu par lecture directe, sans justification supplémentaire.

Trouver, écrire, traduire : le reste de la phrase indique ce qui est demandé, ainsi que la forme du résultat recherché.

Décrire, expliquer, interpréter : on demande d'écrire une phrase liée à la situation concrète.

Résoudre graphiquement une équation ou une inéquation : on demande de trouver toutes les solutions par lecture graphique.

Dresser (un tableau de signes, de variations...), construire (un diagramme, un arbre, une figure...) : on demande de résumer des informations, sans justification, sous une forme indiquée.

Associer, attribuer, retrouver : on demande de mettre en relation des représentations liées à une même notion.

▶ Dans un cadre plus général

Déterminer : c'est trouver, en partant des données du problème (ce que l'on sait) et en appliquant les règles, les formules, les méthodes du cours..., en utilisant si besoin les résultats des questions précédentes.

Justifier, argumenter, commenter : on demande de ne pas énoncer des résultats sans les expliquer.

Établir : on demande de présenter le raisonnement qui permet d'obtenir l'affirmation indiquée.

Modéliser : on recherche ou on propose un modèle mathématique, souvent à l'aide de logiciels.

Étudier... : le signe d'une expression, les variations... en général, il y a plusieurs cas à voir que l'on résume souvent dans un tableau.

Démontrer que... : le résultat demandé est énoncé clairement ; il faut donc le retrouver par un raisonnement construit, rédigé, faisant intervenir les données, les propriétés, les formules, les théorèmes... c'est-à-dire utiliser le cours et les connaissances.

En déduire que... : on demande d'utiliser impérativement le(s) résultat(s) établi(s) à la (les) question(s) précédente(s) ; la réponse est souvent directe.

Conjecturer : ce verbe indique un problème ouvert ; d'après les informations connues, on doit découvrir, imaginer, émettre des hypothèses... **énoncer** un résultat, une propriété, mais on ne demande pas de démontrer !

Conclure : il faut souvent revenir au début de l'énoncé et relire le but ou l'objectif qui avait été fixé, et expliquer en langage clair comment on a atteint cet objectif.

2. Répondre à un Vrai-Faux ou à un QCM

On rencontre de plus en plus de Vrai-Faux ou de QCM (voir épreuves communes pour le Bac). Si une réponse fausse enlève parfois des points, répondre au hasard conduit très souvent à un mauvais score.
Or, on peut au contraire facilement gagner des points en ***prenant le temps de la réflexion***.

▶ Vrai ou faux ? Le rôle du contre-exemple

On considère la phrase donnée.

- Si **on pense qu'elle est vraie** : pour le prouver, on doit être capable de la justifier à l'aide d'une règle, d'une définition, d'une propriété, d'un calcul.

- Si **on pense qu'elle est fausse** : pour le prouver, on peut soit faire un calcul et obtenir un résultat qui n'est pas celui annoncé, soit trouver un **contre-exemple**, c'est-à-dire un exemple qui remplit les conditions indiquées dans la proposition, mais pas la conclusion.

Exemples

- « Si $x = 4$, alors $x(x - 4) = 0$ ». Cette implication est vraie d'après le calcul : $4(4 - 4) = 0$.
- « Si le taux de TVA passe de 20 % à 22 %, alors les prix augmentent de 2 %. »

Cette implication est fausse, en prenant (par exemple) un prix de 100 € hors taxes, le prix TTC est de 120 € avec le premier taux, ou de 122 € avec le deuxième taux, soit une augmentation de 2 € sur le prix TTC de 120 €, c'est-à-dire une hausse d'environ 1,67 %.
L'augmentation est de 2 points de pourcentage, et pas de 2 %.

▶ Questionnaire à choix multiples : QCM

Si parmi les réponses proposées, on doit trouver :

- **une seule bonne réponse :** il faut parfois éliminer celles qui sont fausses par contre-exemple ou utiliser une calculatrice, si elle est autorisée, pour vérifier les résultats donnés.

- **la ou les bonnes réponses :** il faut toutes les tester comme pour un vrai-faux.

- **une seule réponse fausse** : il faut penser au contre-exemple ou tester à la calculatrice.

Exemple

Donner l'unique bonne réponse.
Un article valant 100 € augmente de 15 %, puis diminue de 15 %, sa valeur finale est :
a) 100 €
b) 97,75 €
c) 102,25 €.
On effectue le calcul indiqué :
$100 \times 1,15 \times 0,95 = 97,75$.
La bonne réponse est **b**.
Mais on peut aussi raisonner : on diminue de 15 % un prix plus grand que 100 €, donc on diminue plus que l'augmentation de départ ; donc le prix a diminué et la réponse est **b**.

3. Rédiger et utiliser des mots courts

La qualité de la rédaction joue un grand rôle dans l'évaluation : **il n'y a pas que le résultat final qui compte !**
« **On a...** » pour indiquer les données de l'énoncé et que l'on utilise.
« **On veut, On cherche...** » pour indiquer le but à atteindre, la traduction de la recherche à faire... afin de l'avoir sous les yeux et ne pas tourner en rond !
« **Donc, Alors, Ainsi...** » pour indiquer le sens du raisonnement, une conséquence.
« **Équivaut à, c'est-à-dire, ⇔...** » pour une équivalence qui correspond aux deux sens d'implication.
A ⇔ B signifie : **si A alors B** (condition nécessaire A ⇒ B) **ET si B alors A** (condition suffisante A ⇐ B).
« **Or, Comme, Puisque...** » pour indiquer une donnée vue précédemment et que l'on utilise à ce moment du raisonnement.
« **Car, En effet...** » pour une explication, l'emploi d'un théorème ou d'une définition..., portant sur la phrase précédente.

Pour commencer

Dans chaque QCM, trouver la ou les bonnes réponses.

QCM interactif — À télécharger QCM · ppt — Questions Flash

QCM 1

Pour lutter contre ce fléau qu'est le tabac, les gouvernements successifs ont augmenté son prix.
Le tableau suivant donne la suite du prix annuel moyen d'un paquet de 20 cigarettes.

	A	B	C	D	E	F	G	H	I	J	K	L	M
1	année	2006	2007	2008	2009	2010	2011	2012	2013	2014	2015	2016	2017
2	prix en €	5	5,13	5,3	5,35	5,65	5,98	6,3	6,7	7	7	7	7,05

a) **De 2006 à 2017, le prix a augmenté de 41 %.**

b) **De 2008 à 2012, la variation absolue du prix est de 1 €.**

c) **En 2017, pour revenir au prix de 2006, il faut diminuer le prix de 59 %.** > *Automatismes 5 et 8*

QCM 2

D'après la suite des prix saisie sur tableur dans le QCM 1, la formule à saisir, en cellule N2, pour calculer l'augmentation moyenne annuelle des prix en € est :

a) =(M2-B2)/10 **b)** =(M2-B2)/11 **c)** =(M2-B2)/(M1-B1)

QCM 3

On désire connaître le taux d'évolution, en %, du prix d'une année sur l'autre depuis 2006. La formule à saisir en cellule C3, et recopier vers la droite jusqu'en M3, est :

a) =(C2/B2)*100 **b)** =(C2-B2)/C2*100 **c)** =C2/B2*100-100

> *Automatisme 5*

QCM 4

Une moto vaut 15 000 € à l'achat. Elle perd 20 % de sa valeur chaque année.

a) **Le coefficient multiplicateur correspondant est 0,8.**

b) **Au bout de cinq ans, la moto ne vaut plus rien.**

c) **Au bout de deux ans, la moto vaut 9 600 €.** > *Automatismes 3 et 4*

QCM 5

On considère l'algorithme ci-contre, écrit en langage Python.
L'instruction **for i in range(n)** signifie que :

```
def suite(n):
    u = 2
    for i in range(n):
        u = u*0.5
    return u
```

a) **i varie de 0 à n – 1** **b)** **i varie de 0 à n** **c)** **i varie de 1 à n**

QCM 6

Dans l'algorithme précédent, la fonction suite(3) renvoie le nombre :

a) **0,25** **b)** **0,5** **c)** **1**

1 • Suites

Quentin METSYS (1465-1530), *Le Prêteur et sa femme*, 1514.

Histoire des maths

Vers –1750, à Babylone en Mésopotamie, le roi Hammourabi édite un code qui régit le prêt à intérêt selon les produits prêtés.

Par exemple, il est autorisé un taux maximum de 20 % pour le métal argent et de 33 % pour les semences. C'est la première fois dans l'Histoire que des pourcentages sont manipulés.

Plus tard, dans l'Empire romain, le prêt est admis comme une activité annexe de l'agriculture et du commerce, mais ses excès sont punis.

Au cours de l'époque médiévale, la pratique de l'« usure » (ancienne appellation du prêt à intérêt) est interdite.

En France, c'est à partir de la Révolution que le prêt à intérêt devient complètement libre.

> Atelier 1 p. 18

Dans la vie de tous les jours...

On retrouve des suites dans de nombreux domaines : financier bien sûr avec le calcul des mensualités dues à un crédit, des intérêts liés à un placement, l'évolution de la valeur d'un bien ou d'une action ; scientifique avec l'étude d'évolution de population, de la désintégration de substances radioactives...

Savoir manipuler les suites permet de mieux appréhender notre monde et d'anticiper celui de demain.

Cours

1 • Mode de génération d'une suite

ACTIVITÉ 1

• Jeanne a reçu à Noël 500 € de son oncle.
À la fin de chaque mois, il lui verse 15 €.
• Jeanne étudie le solde de son compte sur tableur : elle note en colonne B le montant de son compte en début de mois, en colonne C ses dépenses et en colonne D les sommes reçues.
• Elle calcule en colonne E le solde de son compte.
Jeanne dépense exactement 20 € par mois.

	A	B	C	D	E
1	mois n	compte début de mois	dépense du mois	reçu fin du mois	solde fin de mois
2	1	500	20	15	495
3	2	495	20	15	490
4	3				

> Utilisation du tableur p. I

1. Parmi les formules à saisir en E2, quelles sont celles qui, par recopie vers le bas, donnent le solde en fin de mois ?

a) `=B2-C2+D2` **b)** `=D$2-C$2+B2` **c)** `=D2+C3-B3`

2. Exprimer le solde fin du mois $n+1$ en fonction du solde fin du mois n. Que va-t-il se passer à long terme ? Conjecturer une formule donnant le solde fin du mois n en fonction de n.

À RETENIR Cours 1

Définition Une suite numérique est une **fonction** qui, à tout **entier naturel** n ($n = 0, 1, 2 ...$), associe un nombre réel noté $u(n)$ ou u_n. On parle du terme de rang n de la suite.

Ainsi une **suite** est une **liste ordonnée de nombres** : elle se note u ou (u_n).

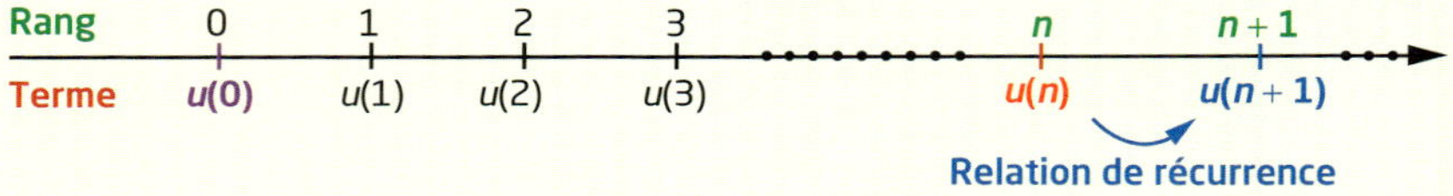

Modes de génération Pour définir les termes d'une suite numérique, on peut :
• donner le terme général $u(n)$ en **fonction de son rang n** par une **relation fonctionnelle** ;
• donner le **terme initial** $u(0)$ ou $u(1)$ puis l'expression de $u(n+1)$ en **fonction du terme précédent** $u(n)$ par une **relation de récurrence**.

EXEMPLE 1 **Calculer un terme d'une suite connue par sa relation fonctionnelle**

• Umut est artiste. Il propose à la vente sa n^ième^ œuvre au prix $u(n)$ tel que :

$$u(n) = 1\,300 + 50 \times n, \text{ pour tout entier } n \text{ supérieur ou égal à } 1.$$

• Pour connaître le prix de la 10e œuvre, il suffit de remplacer n par 10 :

$$u(10) = 1\,300 + 50 \times 10 = 1\,300 + 500 = 1\,800$$

La 10e œuvre d'Umut est proposée au prix de 1 800 €.
On peut aussi créer une fonction **prix( )**, en langage Python, qui donne le prix de la n^ième^ œuvre d'Umut.

Fonction **prix** écrite en Python et résultat :

```python
def prix(n):
    return 1300+50*n
```

```
>>> prix(10)
1800
```

> Utilisation de Python p. I

2 • Représentation et sens de variation d'une suite

ACTIVITÉ 2

- Jérôme a ouvert deux magasins : Aliba et Besta. Il étudie l'évolution de la recette journalière dans chaque magasin, et effectue des modélisations pour faire des prévisions.
- Jérôme modélise la recette du magasin Aliba, en euros, par la suite a définie par $a(n) = 20\,n^2 - 240\,n + 1\,240$ et celle du magasin Besta par la suite b définie par $b(n) = 10\,n^2 + 250$, où n est le nombre de jours écoulés après le jour d'ouverture.
- Jérôme tabule ces deux suites et les représente pour les 12 premiers jours d'ouverture.

	A	B	C
1	jour n	Aliba a(n)	Besta b(n)
2	0	=20*A2^2-240*A2+1240	=10*A2^2+250
3	=A2+1		

> Situation algo p. 18

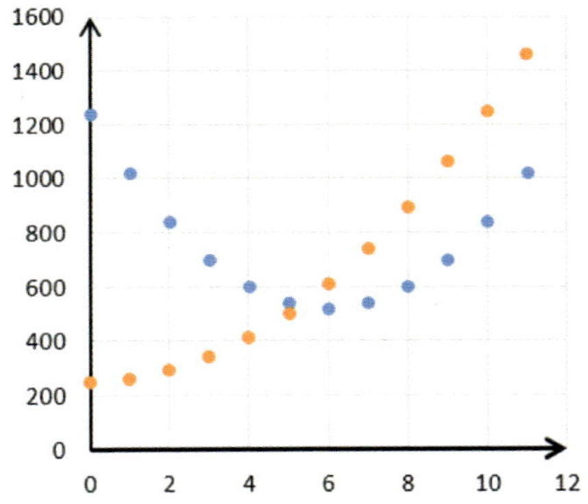

a) Indiquer les recettes, pour $n = 0$, en fin de 1er jour d'ouverture.

b) Peut-on dire que la recette du magasin Aliba est croissante ? Et celle du magasin Besta ?

À RETENIR Cours 2

Propriété Une suite numérique u est représentée par un nuage de points $M(n\,;\,u(n))$.
Les abscisses des points sont les nombres entiers n, à partir de $n = 0$ ou $n = 1$, et les ordonnées sont les termes $u(n)$ de la suite.

Définition
- Lorsque chaque terme est plus grand que celui qui le précède, la suite u est **croissante**. Pour tout entier n :
  $u(n+1) \geqslant u(n)$, autrement dit $u(n+1) - u(n)$ est positif.
- Lorsque chaque terme est plus petit que celui qui le précède, la suite u est **décroissante**. Pour tout entier n :
  $u(n+1) \leqslant u(n)$, autrement dit $u(n+1) - u(n)$ est négatif.

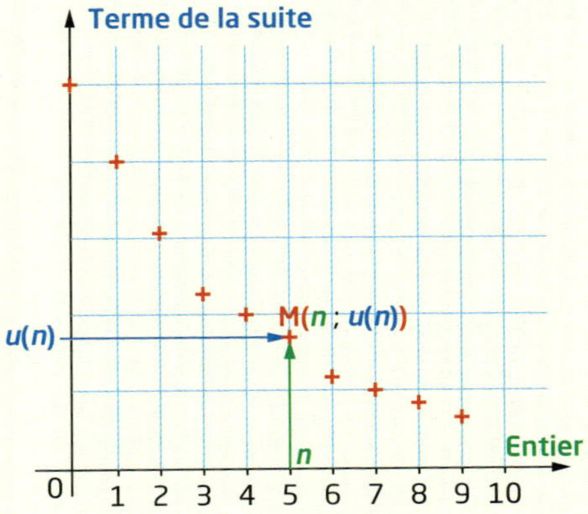

EXEMPLE 2 Visualiser le sens de variation de deux suites

- Soit deux suites u et v définies pour tout entier n
par : $u(n) = 100 \times 1{,}05^n$
et : $v(n+1) = v(n) \times 0{,}9$ et $v(0) = 100$
- On saisit les formules suivantes sur tableur.

	A	B	C
1	n	u(n)	v(n)
2	0	=100*1,05^A2	100
3	=A2+1	=100*1,05^A3	=C2*0,92

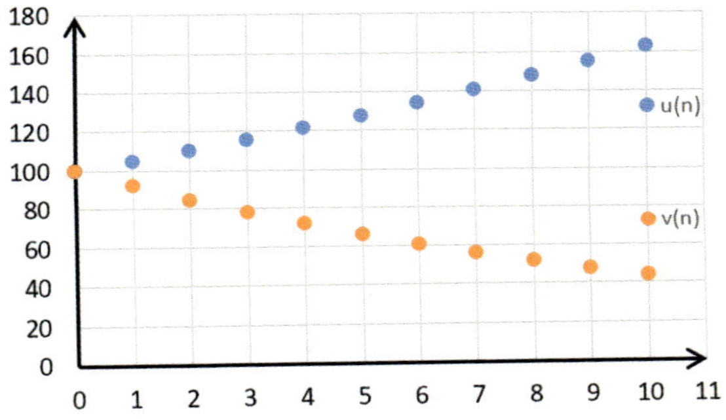

La représentation indique que la suite u est croissante et la suite v est décroissante.

Cours

3 • Suites arithmétiques

ACTIVITÉ 3.1

Des scientifiques veulent étudier la population de poissons dans une rivière. Ils modélisent cette population pour faire une prévision pour 2020.
Les comptages, effectués dans une petite partie de la rivière, ont donné les effectifs ci-contre, représentés par un nuage de points.

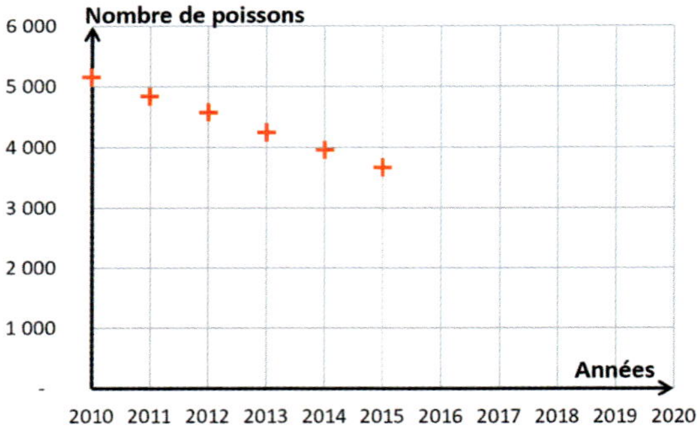

	A	B
1	**Année**	**Effectif**
2	2010	5150
3	2011	4840
4	2012	4570
5	2013	4250
6	2014	3960
7	2015	3660
8	2016	
9	2017	
10	2018	

a) Calculer le coefficient directeur de la droite passant par les points $A\,(2010\,;5150)$ et $B\,(2015\,;3\,660)$. Arrondir à 10 près. Compléter la phrase interprétant ce résultat :

« Entre 2010 et 2015, la population de poissons a ... par an. »

b) On admet que la population continue de décroître de la même façon depuis 2015. On note $u(0)$ la population en 2015 et $u(n)$ la population en $2015+n$.
Établir une relation de récurrence entre les termes $u(n)$ et $u(n+1)$.
Calculer la **variation absolue** entre deux termes : $u(n+1)-u(n)$.
Élaborer une conjecture.

c) Faire une prévision pour 2020.

À RETENIR **Cours 3.1**

Définition Lorsque l'on passe d'un terme au suivant **en ajoutant toujours le même nombre réel a**, la suite est arithmétique de raison a.
Une suite arithmétique de **raison a** est définie par la **relation de récurrence** :

$$u(n+1) = u(n) + a \quad \text{et} \quad \text{le terme initial.}$$

Le terme initial peut-être $u(0)$ de rang 0 ou $u(1)$ de rang 1.
Une suite arithmétique est représentée par des **points alignés.**
On parle de **croissance linéaire.**

> Avec la notation indicielle :
> $u_{n+1} = u_n + a$

EXEMPLE 3.1 **Calculer des termes d'une suite arithmétique**

Une suite u est définie par $u(n+1)=u(n)+3$ et $u(0)=100$.
Cette suite est arithmétique de raison 3, car la relation de récurrence est de la forme $u(n+1)=u(n)+a$, où $a=3$.
On peut calculer les termes à l'aide d'une calculatrice (Mode **SUITE**) ou d'un script Python.

> La notation a fait penser à ajouter, addition, aligné, arithmétique.
> On note aussi r la raison.

```
TYPE: SUITE(n)  SUITE(n+1)
nMin=0
u(n+1)=u(n)+3
u(0)=100
u(1)=
```

```
u(20)
              160
```

```python
def SA(n):
    u = 100
    for i in range(n):
        u = u + 3
    return u
```

```
>>> SA(20)
160
```

> Exercice d'entraînement 31

ACTIVITÉ 3.2

On considère la suite définie par la relation fonctionnelle $\boldsymbol{u(n) = 30n - 4}$, pour tout entier $n \geqslant 0$.

1. a) Quel est son terme initial $u(0)$? Montrer que la variation absolue entre deux termes consécutifs est : $u(n+1) - u(n) = 30$, pour tout entier n.

b) Donner le signe de cette variation absolue, et en déduire le sens de variation de cette suite.

2. Reprendre ces questions pour la suite v telle que $\boldsymbol{v(n) = 30 - 4n}$, pour tout entier $n \geqslant 0$.

À RETENIR Cours 3.2

La **variation absolue** entre deux termes consécutifs d'une suite arithmétique est **constante**, égale à la raison :

$$a = u(n+1) - (n)$$

Théorème **Sens de variation** d'une suite arithmétique de raison a :

- Si $a > 0$, alors la suite arithmétique est **croissante**.
- Si $a < 0$, alors la suite arithmétique est **décroissante**.

EXEMPLE 3.2 Calculer un placement à intérêts simples

Suite à la vente d'un bien, M. Poska désire placer 120 000 € sur un compte bloqué pendant 10 ans minimum. Il choisit une obligation émise dans son pays en Estonie : ce placement est à intérêts simples, au taux annuel de 6 %.

On rappelle le principe du **placement à intérêts simples** : chaque année, les intérêts acquis représentent t% du capital placé au départ, appelé **valeur nominale** du placement.

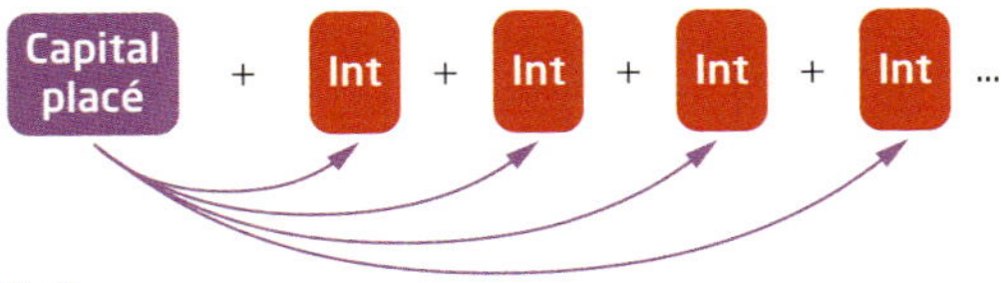

La valeur nominale de l'obligation de M. Poska est de 120 000 €. C'est sur cette valeur que se calculent les intérêts acquis.

- Le montant des intérêts annuels est donc : $120\,000 \times \dfrac{6}{100} = 120\,000 \times 0{,}6 = \mathbf{7\,200}$ €.

Le capital acquis au bout d'un an est : $120\,000 + \mathbf{7\,200} = 127\,200$ €
et au bout de 2 ans : $127\,200 + \mathbf{7\,200} = 134\,400$ €.

- On note **$C(0)$ la valeur nominale** et $C(n)$ la valeur acquise au bout de n années.
D'après le principe du placement, on passe du capital acquis l'année n au capital acquis l'année $n + 1$ en ajoutant les intérêts constants de **7 200** €, donc $C(n+1) = C(n) + \mathbf{7\,200}$.
La suite est donc arithmétique croissante.

- Ci-contre la représentation de la suite C, obtenue sur tableur.
Les points sont alignés. Cette droite passe par (0 ; 120 000) et (2 ; 134 400), d'équation réduite $y = 7\,200x + 120\,000$.

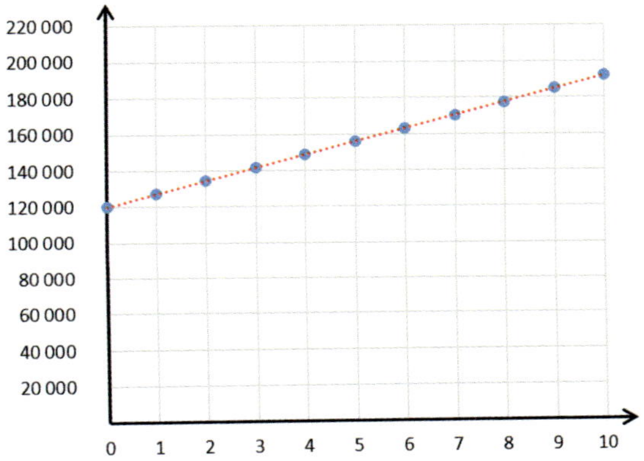

> Automatisme 24

Cours

4 • Suites géométriques

ACTIVITÉ 4.1

Un artisan cherche à prévoir son chiffre d'affaires (CA) pour les années à venir.

Son comptable Amin effectue une étude à partir de 2010 et relève ses chiffres d'affaires de 2010 à 2012, en euros. Il désire modéliser la suite des CA.

Pour cela, il calcule la différence et le coefficient multiplicateur des CA entre 2010 et 2011, puis entre 2011 et 2012.

	A	B	C	D	E
1	année	n	CA u(n)	u(n+1) - u(n)	u(n+1) / u(n)
2	2010	0	120000		
3	2011	1	123600		
4	2012	2	127308		
5	2013	3			

1. a) Peut-il proposer une modélisation par une suite arithmétique ?

b) Peut-il proposer un taux d'évolution constant entre deux dates consécutives ?

2. a) Pour remplir la feuille de calcul, préciser la formule à saisir en **D3**, puis celle en **E3**. Proposer une formule à saisir en **C5** pour prolonger la suite des CA.

b) En 2017, le chiffre d'affaires était de 147 585 €. Le modèle choisi par Amin est-il remis en cause ?

La **variation relative** entre $u(n+1)$ et $u(n)$ est le quotient : $\frac{u(n+1)-u(n)}{u(n)}$

À RETENIR Cours 4.1

Définition Lorsque l'on passe d'un terme au suivant en multipliant toujours **par le même nombre *q***, non nul, la suite est géométrique, de raison ***q***.

Une suite géométrique de **raison *q*** est définie par la **relation de récurrence** :

$$u(n+1) = u(n) \times q \quad \text{et son terme initial.}$$

Si le terme initial et la raison sont strictement positifs, la suite géométrique est à termes strictement positifs.

Avec la notation indicielle : $u_{n+1} = u_n \times q$

EXEMPLE 4.1 **Démontrer qu'une suite est géométrique**

Soit une suite u définie par $u(n) = 10 \times 2^n$, pour tout entier $n \geqslant 0$.

- Pour démontrer que cette suite est géométrique, on calcule le quotient :

$$\frac{u(n+1)}{u(n)} = \frac{10 \times 2^{n+1}}{10 \times 2^n} = \frac{10 \times 2^n \times 2}{10 \times 2^n} = 2 \quad \textit{On simplifie par } 10 \times 2^n.$$

Le quotient est constant, ce qui signifie que la relation de récurrence s'écrit :

$$u(n+1) = u(n) \times 2$$

La suite u est donc géométrique, de raison 2. > Automatisme 10

- On passe d'un terme au suivant en multipliant par 2, donc le coefficient multiplicateur CM = 2.

On en déduit le taux d'évolution en % d'un terme au suivant : CM × 100 − 100 = 100. > Automatisme 9

La notation ***q*** pour la raison fait penser au **q**uotient entre deux termes consécutifs.

$$q^{n+1} = q^n \times q$$

ACTIVITÉ 4.2

On étudie deux populations de bactéries. Au début de l'étude, la population A a 212 000 bactéries et la population B en a 3,3 millions. On administre un antibiotique à la population B.

La population A augmente alors de 30 % toutes les heures.

Mais la population B diminue de 25 % toutes les heures.

On désire connaître le temps, en heures, nécessaire pour que la population B devienne inférieure à la population A.

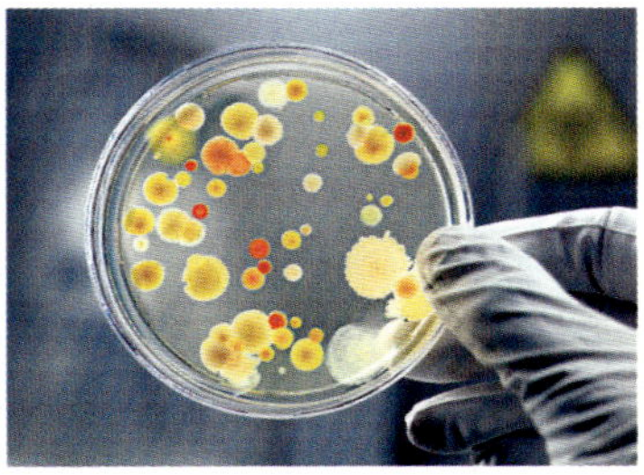

1. Justifier que ces populations peuvent être modélisées par des suites géométriques.

2. À l'aide d'un tableur, d'une calculatrice ou d'un script Python, répondre au problème posé.

À RETENIR Cours 4.2

Propriété Une suite géométrique modélise une grandeur ayant un taux d'évolution constant.
On parle de **croissance exponentielle** de cette grandeur.

Théorème **Sens de variation** d'une suite géométrique, à termes positifs, de raison q, autre que 0 et 1.

- Si $q > 1$, alors la suite géométrique est **croissante**.
- Si $0 < q < 1$, alors la suite géométrique est **décroissante**.

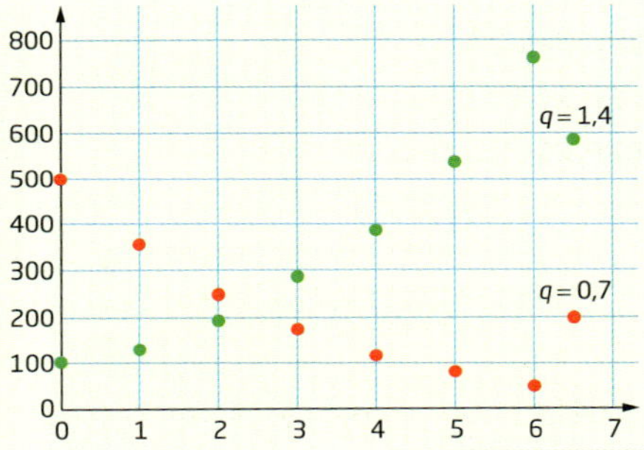

EXEMPLE 4.2 Calculer un placement à intérêts composés

Au début de l'année 0, on place un capital K_0 de 10 000 € à intérêts composés au taux annuel de 4,5 %.

On ne réalise ni ajout ni retrait.

Chaque fin d'année, le capital produit des intérêts égaux à 4,5 % de ce capital. Et ces intérêts s'ajoutent au capital !

Au bout d'un an, le capital est $K_1 = K_0 + 0{,}045 \times K_0 = 1{,}045\ K_0$

Ainsi, le capital augmente chaque année de 4,5 %, soit un coefficient multiplicateur de 1,045 : $K_{n+1} = 1{,}045 \times K_n$

La suite des capitaux acquis est donc une suite géométrique de raison 1,045 et le capital placé est le terme initial.

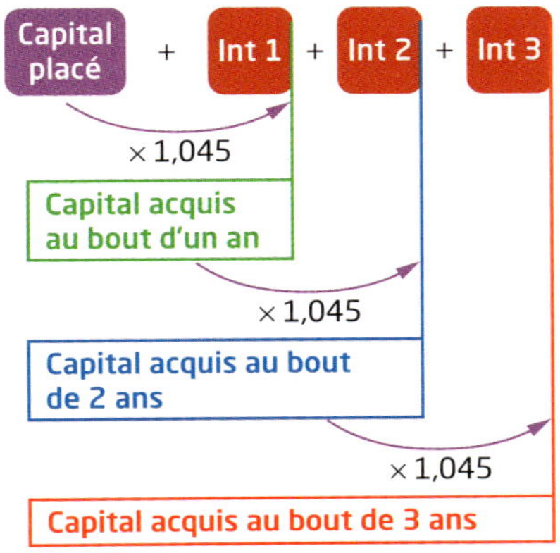

On calcule la valeur acquise l'année n à l'aide d'un tableur, d'un script Python ou d'une calculatrice.

	A	B
1	année n	Valeur
2	0	10 000
3	1	10450
4	2	

```
def SG(K,CM,n):
    for i in range(n) :
        K = K*CM
    return K
```

```
TYPE: SUITE(n)  SUITE(n+1)
nMin=0
u(n+1)=u(n)*1.045
u(0)=10000
u(1)=
```

Résultats

```
>>> SG(10000,1.045,16)
20223.701530302555
```

```
u(16)=20223.70153030
```

Algorithmique et programmation

Capacités attendues

Atelier 1 > *Modéliser une situation à l'aide d'une suite*

Atelier 2 > SITUATION ALGO *Calculer un terme de rang donné d'une suite, une somme finie de termes*

> *Réaliser et exploiter la représentation graphique des termes d'une suite*

Atelier 1 • Évolution d'un emprunt

Le code d'Hammourabi (−1750) prévoit un taux annuel de 20 % pour l'argent emprunté.

> *Histoire des maths p. 11*

Monnaie de Babylone

Bardia emprunte 2 000 drachmes à Kamran au solstice d'été de ses 20 ans : il promet de rembourser 450 drachmes par an.

1. a) Calculer l'emprunt restant dû aux 21 ans de Bardia.

b) Modéliser l'emprunt restant dû quand Bardia a $(20+n+1)$ ans en fonction de l'emprunt restant dû l'année précédente.

2. Kamran explique à Bardia comment calculer la somme due à l'aide d'un algorithme.

« Prends ce que tu me dois, ajoute le cinquième de ce que tu me dois et rends moi 450 drachmes, et renouvelle ton emprunt. »

Python

On propose une traduction en langage Python ci-contre.

```
def emprunt(n):
    u=2000
    for i in range(n):
        u=u+0.2*u-450
    return u
```

a) Expliquer à quoi correspond la 2e ligne. Expliquer les 3e et 4e lignes.

b) Déterminer la valeur de **emprunt(5)** ; présenter la méthode employée.

c) On a obtenu

```
>>> emprunt(5)
1627.92
```

Interpréter ce résultat par une phrase.
Bardia aura-t-il fini de rembourser pour ses 32 ans ? Argumenter.

SITUATION ALGO

Atelier 2 ⌜guidé⌟ • Évolution d'un stock

Chaque mois, l'entreprise A. Rotin fabrique des fauteuils en matières végétales. Au 1er janvier 2019, elle a un stock de 30 fauteuils qui correspond à la production de décembre 2018. Chaque mois, elle fabrique 3 fauteuils de plus que le mois précédent. On note n le numéro du mois et $u(n)$ le nombre de fauteuils fabriqués durant le $n^{\text{ième}}$ mois de l'année. On désire savoir si fin décembre, on aura suffisamment de fauteuils fabriqués et stockés pour envoyer par bateau la commande de 620 fauteuils.

Étape 1 : Préparer la feuille de calcul ci-contre.
En cellule **C3**, saisir la formule **=C2+3** et recopier vers le bas jusqu'en **C14**.

Étape 2 : On visualise le nuage de points. Sélectionner la plage **B2:C14** : cliquer sur l'onglet INSERTION, cliquer ▾ et choisir **Nuage de points**.

Étape 3 : En **C15**, saisir la formule **=somme(C2:C14)**.

Étape 4 : Répondre au problème posé.

	A	B	C
1	mois	n	u(n)
2	1er janvier	0	30
3	1er février	1	
4	1er mars	2	
5	1er avril	3	
6	1er mai	4	
7	1er juin	5	
8	1er juillet	6	
9	1er août	7	
10	1er septembre	8	
11	1er octobre	9	
12	1er novembre	10	
13	1er décembre	11	
14	fin décembre	12	
15	total		

Capacités attendues

Atelier 3 > *Calculer un terme de rang donné d'une suite définie par une relation fonctionnelle*

Atelier 3 guidé • Population d'une ville

L'année 2000 voit la création de la mairie d'une ville nouvelle.
En $2000+n$, la population de cette ville, en milliers d'habitants, est modélisée par la suite u telle que $u(n)=\dfrac{20n+10}{n+5}$.

a) Calculer, à la main, la population en 2004 et en 2007.

b) Établir la liste du nombre d'habitants tous les ans, jusqu'en 2018.

c) Représenter la suite u, pour n allant de 0 à 18.
Conjecturer le sens de variation de cette suite.

d) Calculer la différence $u(n+1)-u(n)$ pour $n=4$, puis $n=5$.
La conjecture est-elle confirmée entre 2004 et 2006 ? A-t-on ainsi démontré la conjecture pour tout n ?

> ***Aide :*** Si l'on connaît la **relation fonctionnelle** d'une suite $u(n)=f(n)$, pour tout entier n, on peut obtenir la liste de ses termes **en extension**.

• **Pour calculer les termes de la suite, on utilise la relation fonctionnelle.**

Étape 1 : On entre la fonction f en Y1.

1. [f(x)] `\Y1 = (20X+10)/(X+5)`

Étape 2 : On tabule en commençant en X = 0, par pas de 1 et on visualise le tableau de valeurs par [2nde] [graphe] (table f5).

2. [2nde] [fenêtre] (déf table f2)

```
CONFIG TABLE
DébutTbl=0
ΔTbl=1
```

Étape 3 : On choisit la fenêtre, puis [zoom] [0] pour visualiser la fonction f.

3. [fenêtre]

```
FENÊTRE
Xmin=0
Xmax=18
Xgrad=1
```

• **Pour représenter le nuage de points, on utilise des listes.**

Étape 4 : On entre la liste des entiers en L1 :

```
suite(N,N,0,18,1)→L1
```

> Rabats calculatrices II et III

Étape 5 : On entre la liste des termes de la suite en L2 :

`suite((20N+10)/(N+5),N,0,18,1)→L2`

suite(est obtenue par : [2nde] [stats] (listes) OP `5:suite(` et la variable N par [alpha] [log] (N)

et on stocke [sto→] dans L2 par [2nde] [2] (L2).

Étape 6 : On visualise par [2nde] [f(x)] (graph stats f1) et on valide l'écran ci-contre.

```
Aff NAff
Type: ...
Xliste :L1
Yliste :L2
Marque :□ ▪ · ·
Couleur: ROUGE
```

Algorithmique et programmation

Capacités attendues

Atelier 4 > *Générer une suite en compréhension, en extension avec Python*
Atelier 5 > SITUATION ALGO *Calculer un terme de rang donné d'une suite, une somme finie de termes*

Atelier 4 • Suite au comportement sournois

Soit la suite u définie par $u_{n+1} = 0{,}5\,(u_n)^2 - 4$ avec pour terme initial un réel u_0.
On désire regarder comment se comporte cette suite pour différentes valeurs du terme initial.

1. a) Si $u_0 = 1$, calculer les termes u_1, u_2 et u_3. Indiquer la formule à saisir en **B3**, et recopier vers le bas pour calculer le terme u_7.
Représenter cette suite pour n allant de 0 à 7.
Quel semble être le sens de variation de cette suite ?

	A	B
1	n	u(n)
2	0	1
3	1	

b) Essayer avec $u_0 = 2$. Quelle est la propriété de cette suite ?
Existe-t-il d'autres valeurs entières qui conduisent à la même propriété ?

Python

2. Une liste **en compréhension** est une liste obtenue grâce à la formule qui génère cette liste.
Saisir `S = [0.5*n**2-4 for n in range (3)]` et écrire le résultat obtenu pour `print(S)`.

3. Implanter le script ci-dessous et l'exécuter. Copier la réponse obtenue, dans la console, pour `>>> suite(7,1)`, arrondie à 0,1.

```
import matplotlib.pyplot as plt
def suite(n,u):
    L=[u]
    for i in range(n):
        u = 0.5 * u*u - 4
        L.append(u)
    plt.plot(L,'.')
    plt.show()
    return L
```

L = [u] définit une liste contenant le nombre u.

L.append(u) ajoute le nombre u à la fin de la liste L : on obtient la liste L **en extension**.

import matplotlib.pyplot as plt importe la bibliothèque graphique.

plt.plot(L,'.') définit les points dont les ordonnées sont les éléments de la liste L, les abscisses allant de 1 en 1.

plt.show( ) affiche le nuage de points.

SITUATION ALGO

Atelier 5 • Arrêt d'une production d'objets

Une TPE (très petite entreprise) fabrique des perles. Elle décide d'arrêter progressivement sa production. La production est de 230 kg en janvier.

1. À partir de février, cette TPE diminue sa production de 20 kg par mois.

a) Manon affirme qu'en décembre la production sera nulle.
Cette affirmation est-elle vraie ? Présenter le raisonnement.

b) Dans cette hypothèse, déterminer sur tableur la masse totale des perles fabriquées, de janvier jusqu'en décembre compris.

2. À compter de février, la TPE décide de diminuer sa production de 10 % d'un mois sur l'autre.

a) Hugo affirme que la production sera nulle en novembre. Quelle erreur semble-t-il faire ?

b) Léa veut prouver à Hugo son erreur.
Pour cela, elle réalise une feuille de tableur comme ci-contre.
Quelle formule faut-il écrire en **C3**, et recopier vers le bas, pour lui prouver son erreur ?
Calculer alors la production totale, novembre compris, à 1 kg près.

	A	B	C	D
1	**Mois**	**n**	**u(n)**	**taux - t%**
2	Janvier	1	230	10
3	Février	2		
4	Mars	3		

Capacités attendues

Atelier 6 > *Modéliser une situation à l'aide d'une suite*
> *Créer une liste sous Python*

Atelier 6 • Vers le nombre d'or : la suite de Fibonacci (1175-1250, mathématicien italien)

Johann, élève en section STD2A, désire étudier une construction géométrique connue depuis le Moyen Âge. La base de cette construction est un petit carré de côté 1.

Les 5 premières étapes de la construction sont représentées ci-dessous.

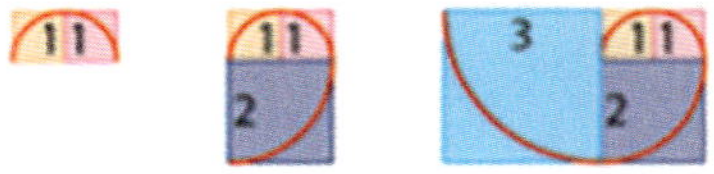

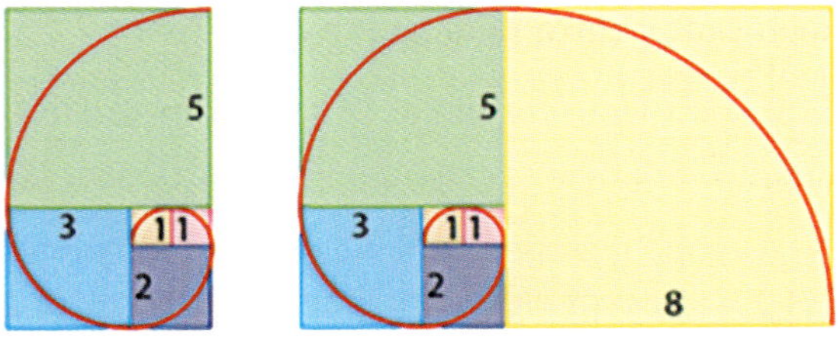

1. a) Donner la suite des côtés des carrés construits au fur et à mesure.
On note F_0 le côté du carré de base, et F_n le côté du carré construit à l'étape n.

b) Pour poursuivre la construction, conjecturer le côté du carré suivant, à placer en bas du rectangle obtenu à l'étape 5. Expliquer comment calculer ce côté.
Combien faut-il connaître de termes de la suite (F_n) pour connaître le terme suivant ?

c) Conjecturer la relation de récurrence qui permet d'obtenir le côté du carré n, pour n entier naturel supérieur ou égal à 2.

2. Johann a ouvert une feuille de tableur et saisi les premières valeurs ci-contre.

	A	B
1	n	
2	0	1
3	1	1
4	2	=B3+B2
5	3	
6	4	
7	5	
8	6	

a) Proposer un nom à saisir en **B1**.

b) En cellule **B4**, il saisit la formule **=B3+B2**.
À quelle conjecture cela correspond-il ?

c) Johann sélectionne la cellule **B4** et recopie vers le bas jusqu'en **B12**.
Recopier la liste des valeurs obtenues.

3. À chaque étape de la construction, on obtient un rectangle.
On s'intéresse au quotient de sa longueur sur sa largeur. Ainsi on définit une suite (u_n) pour tout entier n.

a) Justifier par une phrase la relation $u_n = \dfrac{F_{n+1}}{F_n}$.

b) Calculer u_0, puis les 4 termes suivants de cette suite (u_n).

c) En utilisant un script Python, créer une fonction qui renvoie les termes de la suite (F_n) :

```
def Fibonacci(n):
```

> *Utilisation de Python p. V*

d) Utiliser cette fonction Fibonacci dans le script ci-contre.
L'implanter dans un éditeur Python.
Comparer les termes obtenus pour la suite (u_n) au nombre d'or : $\dfrac{1+\sqrt{5}}{2}$. Élaborer un conjecture.
Plus n est grand, plus le rectangle s'approche d'un rectangle d'or.

```python
import matplotlib.pyplot as plt
def resultat_etonnant(n):
    L=Fibonacci(n)
    res = []
    for i in range(n-1):
        res.append(L[i]/L[i+1])
    plt.plot(res,'.')
    plt.show()
    return res
```

Algorithmique et programmation

Capacités attendues

Atelier 7 > SITUATION ALGO *Déterminer le rang à partir duquel les termes d'une suite sont supérieurs ou inférieurs à un seuil donné*

Atelier 8 > *Conjecturer, à partir de sa représentation graphique, la nature arithmétique ou géométrique d'une suite*

> *Démontrer qu'une suite est arithmétique ou géométrique*

SITUATION ALGO

Atelier 7 • Perte de valeur d'une voiture

Chaque année une voiture perd en moyenne 15 % de sa valeur.
M. Abel achète une voiture à 19 500 €. Il souhaite revendre sa voiture dès qu'elle aura perdu 60 % de sa valeur.
Afin de prévoir le temps au bout duquel il devra vendre sa voiture, on lui propose le script incomplet ci-contre.

```
def prix(p):
    seuil = ...
    année = 0
    while p > ...:
        p = ...
        ...
    return année
```

1. a) Recopier et compléter ce script afin qu'il réponde à la question.

Python **b)** L'implanter dans un éditeur Python. Donner la réponse au problème.

2. Le vendeur propose à M. Abel de lui reprendre sa voiture dans 5 ans au prix de 8 500 €.
Adapter le script précédent pour aider l'acheteur à faire son choix.

Atelier 8 • Comparaison des nombres de pédicures et de sages-femmes

Pour la poursuite de ses études, Camille hésite entre pédicure et sage-femme. Elle étudie leur nombre depuis 2000, année de sa naissance, et désire faire une prévision pour 2025.
On note 0 l'année 2000, u_n et v_n respectivement le nombre de pédicures et de sages-femmes en $2000 + n$.

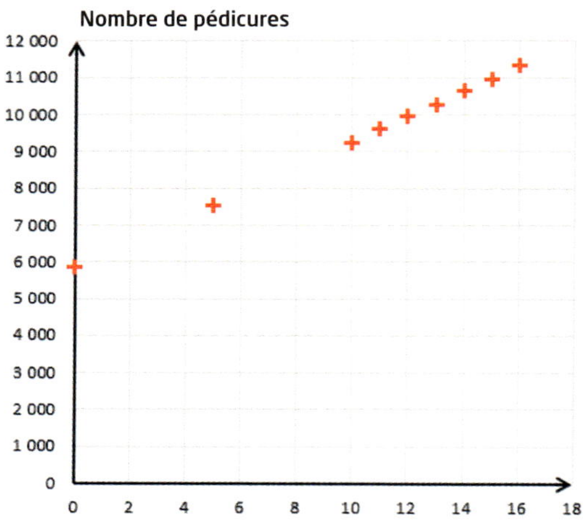

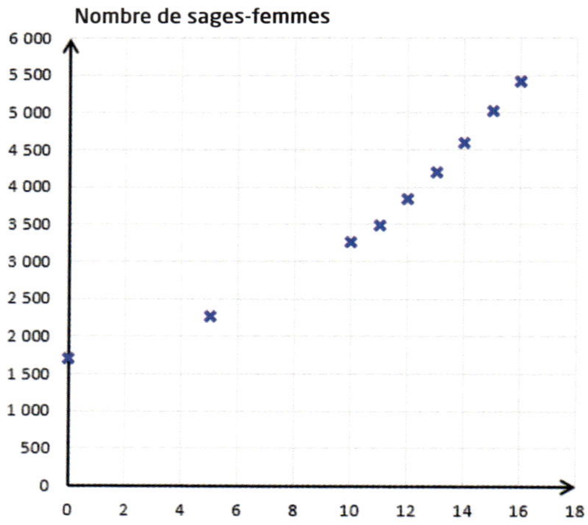

Source : *Dress*

1. Quelle semble être la nature de chacune de ces suites ? Argumenter.

2. a) Sachant que le nombre de pédicures passe de 5838 en 2000 à 11 315 en 2016, calculer le coefficient directeur de la droite passant par ces deux points de la suite. En donner une interprétation concrète.

b) Proposer alors une modélisation de la suite (u_n) et faire une prévision pour 2025.

3. À l'aide d'un logiciel, on a modélisé le nombre de sages-femmes : ce nombre augmente de 7,5 % par an ; en 2000, il y avait 1 706 sages-femmes.

a) Écrire la relation de récurrence entre v_{n+1} et v_n.
Montrer que la suite (v_n) est une suite géométrique et préciser la raison.

b) Sachant qu'en 2016 il y avait 5 426 sages-femmes, faire une prévision pour 2025 suivant ce modèle.

4. Si ces évolutions se poursuivent de la même façon, est-il possible que le nombre de sages-femmes devienne supérieur au nombre de pédicures ? Proposer une date.
Présenter l'outil utilisé : tableur ou calculatrice ou script Python.

Capacités attendues

Atelier 9 > SITUATION ALGO *Déterminer le rang à partir duquel les termes d'une suite sont supérieurs ou inférieurs aux termes de même rang d'une autre suite*

SITUATION ALGO

Atelier 9 • L'hypothèse de Maltus

L'économiste anglais Thomas MALTHUS publie en 1798 son « Essai sur le principe des populations ».

Au moment où Thomas Malthus publie son *Essai*, en 1800 :

- la population de l'Angleterre est de 8 millions d'habitants ;
- la population augmente tous les 10 ans de 12,6 %, soit 1,19 % par an ;
- l'agriculture anglaise permet de nourrir 10 millions d'habitants.

Maltus estime que son amélioration permet de nourrir 0,4 million d'habitants supplémentaires par an.

1. a) Calculer la population de l'Angleterre en 1810, en millions d'habitants, arrondie au millier.
Quelle est la nature de la suite (P_n) modélisant la population de l'Angleterre en $1800 + n$?

b) À partir de quelle année la population de l'Angleterre aurait-elle dépassé 16 millions d'habitants ?

On pourra utiliser une feuille de tableur : indiquer la formule à saisir en **C2**, à recopier vers le bas, pour obtenir la suite *P* de la population, en millions.

	A	B	C	D
1	année	n	P(n)	test
2	1800	0	8	=SI(C2>16;"Oui";"non")
3	1801	1		non

2. On nomme (A_n) la suite donnant le nombre d'habitants que peut nourrir l'agriculture anglaise en $1800 + 10n$. Quelle est sa nature ? En donner la raison.

3. On souhaite déterminer à partir de quelle décennie la population de l'Angleterre serait devenue trop grande pour ne plus être suffisamment nourrie par son agriculture, suivant l'hypothèse de Malthus.

Remplir une feuille de tableur comme ci-contre.
On précisera les formules saisies en **B3**, en **C3** et en **D3**, pour le test, à recopier vers le bas.
Répondre au problème posé.

	A	B	C	D
1	Nombre de décennies depuis 1800	Population tous les 10 ans en millions	Population nourrie en millions	test
2	0	8	10	OK
3	1			

Faire le point

CAPACITÉS	L'ESSENTIEL
Modéliser une situation à l'aide d'une suite numérique	Une situation chronologique, conduisant à une liste discrète de nombres, peut se modéliser par une suite numérique. • Si on peut établir un lien entre un terme et son rang n, on obtient les termes de la suite par une **relation fonctionnelle** $u(n) = f(n)$. La suite est alors l'image des entiers 0, 1, 2 ... par la **fonction** f. • Si on peut établir un lien entre un terme $u(n)$ et le suivant $u(n+1)$, on obtient les termes de la suite par une **relation de récurrence**. La suite s'obtient pas à pas. 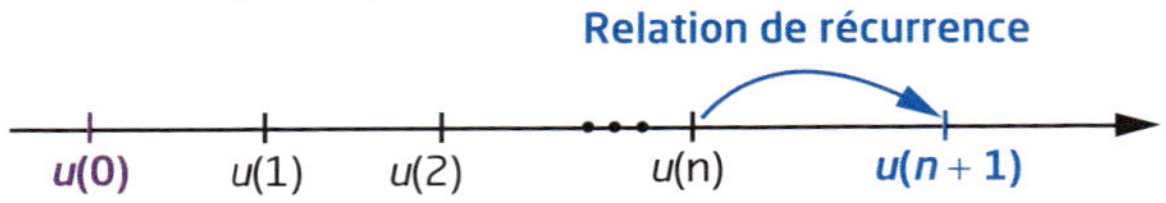 Le terme de rang n se note $u(n)$ ou u_n (on lit u indice n).
Représenter les termes d'une suite	Une suite u se représente dans un repère par les points de coordonnées $(n\,;\,u(n))$, pour tout entier naturel n. Les **abscisses** des points sont les **entiers**. Les termes de la **suite** se lisent sur l'axe des **ordonnées**. 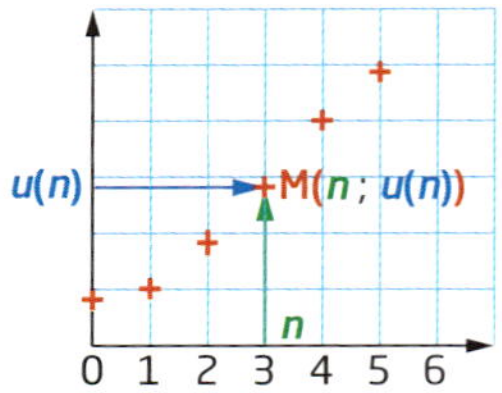
Démontrer le sens de variation d'une suite	• Si, pour tout entier n, on a $u(n+1) > u(n)$, alors la suite u est **croissante**. • Si, pour tout entier n, on a $u(n+1) < u(n)$, alors la suite u est **décroissante**.
Reconnaître et définir une suite arithmétique **et déterminer son sens de variation**	• Lorsque l'on passe d'un terme au suivant en **ajoutant toujours le même nombre réel a**, la suite est arithmétique de **raison a**. La suite arithmétique de **raison a** est définie par la **relation de récurrence** : $u(n+1) = u(n) + a$ et le **terme initial**. • La **variation absolue** entre deux termes consécutifs est constante, égale à la raison : $a = u(n+1) - u(n)$. Les **points** représentant une suite arithmétique sont **alignés**. On parle de **croissance linéaire**. • Si $a > 0$, alors la suite arithmétique est croissante. • Si $a < 0$, alors la suite arithmétique est décroissante.
Reconnaître et définir une suite géométrique de terme initial positif **et déterminer son sens de variation**	• Lorsque l'on passe d'un terme au suivant en **multipliant toujours par le même nombre q**, la suite est géométrique de **raison q**. La suite géométrique de **raison q** est définie par la **relation de récurrence** : $u(n+1) = u(n) \times q$ et le **terme initial**. • La **variation relative** entre deux termes consécutifs d'une suite géométrique à termes strictement positifs est constante : $\dfrac{u(n+1) - u(n)}{u(n)} = q - 1$ On parle de **croissance exponentielle**. • Si $q > 1$, alors la suite géométrique est croissante. • Si $0 < q < 1$, alors la suite géométrique est décroissante.

S'évaluer

Dans chaque QCM, trouver la ou les bonnes réponses.

QCM interactif · À télécharger QCM · PPT · Questions Flash

QCM Cours 1

1 Le nombre d'adhérents à un club sportif est de 240 personnes à sa création en 2018.
Chaque année, le nombre d'adhérents augmente de 10 %, mais diminue de 20 adhérents.
On note $u(n)$ le nombre d'adhérents en début d'année $2018 + n$.

a) **Le terme initial est 240.** **b)** **La relation de récurrence est $u(n+1) = 240 + 0{,}1\,u(n) - 20$.**

c) **Au début de la 3e année, le nombre d'adhérents est $u(3) = 248$.**

2 La cotisation annuelle d'un adhérent est constante et égale à 65 €, payable en début d'année.
Pour les premières années, de 2018 à 2021, ce club a récolté au total :

a) **47 580 €** **b)** **64 025 €** **c)** **47 606 €**

QCM Cours 2

3 Une suite u est définie par sa relation de récurrence $u(n+1) = 2\,u(n) - 101$ et $u(0) = 100$.
Cette suite est :

a) **représentée par une courbe.** **b)** **décroissante.** **c)** **représentée par des points alignés.**

QCM Cours 3

4 La suite u est définie par $u(0) = 100$ et, pour tout entier $n > 1$, $u(n+1) = u(n) - 13$.

a) **La suite u est arithmétique.** **b)** **Sa raison est -13.** **c)** **La suite u est croissante.**

5 Le salaire annuel de Magali est de 21 000 € en 2018. Elle a négocié une augmentation de 600 € chaque année. On note $s(n)$ le salaire de Magali en $2018 + n$. Son salaire de l'année 2022 :

```python
def salaire(n):
    u = 21000
    for i in range(n):
        u = u + 600
    return u
```

a) **est noté s(22).** **b)** **est égal à 23 400 €.**

c) **se calcule par le programme ci-contre écrit en langage Python.**

QCM Cours 4

6 Les premiers termes d'une suite géométrique sont donnés dans le tableau ci-contre.
La raison de cette suite est :

	A	B
1	n	u(n)
2	0	4000
3	1	3200
4	2	2560
5	3	2048

a) **0,8** **b)** **– 800** **c)** **– 20 %**

Vrai ou Faux

Le graphique ci-contre présente la population de l'Afrique depuis 1950, en millions de personnes. On désire prévoir la population décennale (tous les 10 ans) après 2010. Dire si chaque proposition est vraie ou fausse.

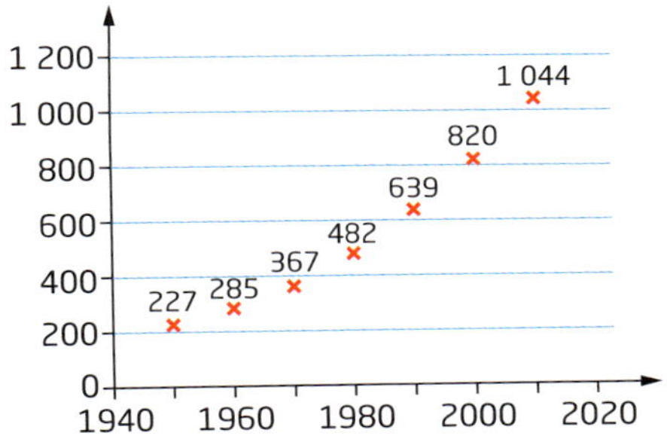

a) **Elle peut-être modélisée par une suite arithmétique.**

b) **Elle peut être modélisée par une suite géométrique, de raison 1,27.**

c) **Tous les 10 ans, la variation relative est constante.**

Exercices

Entraînement

1 • Modes de génération d'une suite

1 On considère une suite de nombres :
20 21 23 26 30 35 41 48 42 37 33 30 28

a) Si 20 est le 1er terme, quel est le 4e terme de cette suite ? le 10e terme ? le terme de rang 12 ?

Recopier et compléter : 28 est le ... de cette suite.

b) A-t-on des termes égaux ? Si oui, donner leurs rangs.

2 Exercice guidé **Rechercher un procédé**

On désire trouver un procédé, pour passer d'un terme au suivant, dans la liste de nombres ci-dessous.

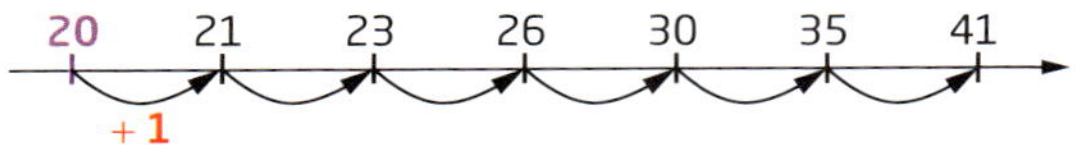

Étape 1 : On recopie l'axe, on calcule les différences : 21 – 20 ; 23 – 21 ; 26 – 23 ... et on note ces différences sous l'axe.

Étape 2 : On compare ces différences : sont-elles égales ? Existe-t-il un procédé simple pour passer d'un terme au suivant ?

On peut aussi calculer les quotients entre deux termes consécutifs et les comparer.

3 Pour chacune des suites « logiques » de nombres, donner les trois termes suivants.

a) – 10 – 7 – 4 – 1 2 5 ...

b) 0 3 6 9 12 ...

c) 1 3 6 10 15 21 ...

4 Donner la suite, en appliquant toujours le même procédé.

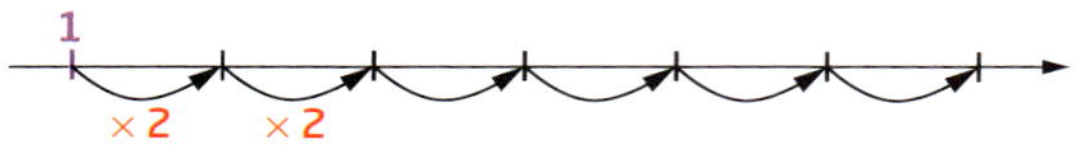

5 Donner les trois termes suivants.

a) 2 6 12 15 18 ... **b)** 1 10 100 1000 ...

c) 1 $\frac{1}{2}$ $\frac{1}{4}$ $\frac{1}{8}$ ... **d)** $\frac{2}{3}$ $\frac{3}{4}$ $\frac{4}{5}$ $\frac{5}{6}$ ...

6 On parle d'**évolution discrète** lorsque les valeurs obtenues sont isolées, et d'**évolution continue** si on peut obtenir la valeur à tout instant.

a) Chaque jour, on relève la température à Langres durant le mois d'août. Par exemple :
20 21 23 20 23 18 19 ...
Donner deux autres exemples d'évolutions discrètes.

b) Durant la chute d'un objet, sa distance par rapport au sol est continue.
Donner deux autres exemples d'évolutions continues.

7 Pour chaque évolution citée ci-dessous, indiquer si elle est discrète ou continue.

a) Population d'un pays au 1er janvier.

b) Espérance de vie à la naissance.

c) Taux d'équipement des ménages en réfrigérateur au 1er janvier de chaque année.

d) Température d'un métal, mis à refroidir, après *t* minutes.

8 Entre le 1er janvier et le 1er février, le compte de Pauline est passé de 1 300 € à 1 150 €.

a) Si Pauline dépense la même somme chaque mois, proposer une modélisation de l'évolution de son compte d'un mois sur l'autre.

b) Un ami lui propose de calculer le montant de son compte sur tableur. Indiquer une formule à saisir en B3.

	A	B
1	janvier	1300
2	février	1150
3	mars	

Que se passera-t-il au 1er septembre ?

> Utilisation du tableur p. I

9 La relation de récurrence d'une suite *u* est :

$$u(n+1) = 0{,}5\,u(n) + 2 \quad \text{et} \quad u(0) = 100$$

Calculer $u(1)$, $u(2)$ et $u(3)$.

10 La relation de récurrence d'une suite *u* est :

$$u(n+1) = 4 - (\,u(n)\,)^2 \quad \text{et} \quad u(1) = 2$$

a) Calculer $u(2)$, $u(3)$ et $u(4)$.

b) Reprendre avec $u(1) = -3$.

11 On s'intéresse à la suite des entiers pairs.

a) Donner le premier entier pair et le suivant.
Par quelle opération passe-t-on de l'un à l'autre ?

b) On nomme $p(0)$ le premier, dit « de rang 0 », $p(1)$ le suivant, et ainsi de suite. Proposer une relation fonctionnelle donnant $p(n)$ en fonction du rang n.

12 Une suite u, initialisée en $u(0) = 2$, est définie par le procédé suivant :
« un terme est égal à la somme du double du terme précédent et de 3 ».

> Le **terme initial** est le terme d'où démarre la suite.

a) Calculer les termes :

$u(1)$, $u(2)$ et $u(3)$.

b) Écrire la **relation de récurrence** permettant de passer d'un terme $u(n)$ au suivant $u(n+1)$.

c) Si le terme initial est 7, sans calcul, donner les deux termes suivants.

13 **Exercice guidé** **Suivre un algorithme**

On considère un algorithme en langage naturel.

```
n ← 0
u ← 100
n ← n + 1
u ← u × 2 × n
u ← u − 40
```

Étape 1 : Comprendre le symbole d'affectation : **u ← 100** signifie que la variable u prend la valeur 100.

Étape 2 : À chaque ligne, écrire les valeurs prises par les variables dans un tableau.

valeur de n	valeur de u
• n = ...	• u = ...

14 Écrire la relation de récurrence correspondant au script ci-contre.
L'appliquer au nombre 2 puis au nombre 0,5.

- Prendre un nombre
- Prendre son inverse
- Ajouter 1

> Pour un **script**, on parle aussi de **programme** ou de **procédé**.

15 **a)** Écrire la relation de récurrence correspondant au script ci-contre.

- Prendre un nombre
- Lui retrancher 3
- Prendre le carré

L'appliquer au nombre 5 puis au nombre 2.

b) Appliquer ce script au nombre initial 6, puis appliquer ce script au nombre obtenu.
Recommencer encore 2 fois.

16 On considère la relation de récurrence :

$$u(n+1) = \frac{u(n)}{2} + 5$$

1. a) Interpréter par une phrase cette relation entre deux termes consécutifs de la suite u.

b) Le terme initial $u(1)$ n'est pas donné, mais sera saisi en **B2**. Indiquer la formule à saisir en **B3**, et recopiée vers le bas, pour obtenir les termes de la suite.

	A	B
1	n	u(n)
2	1	
3	2	
4	3	
5	4	

2. Calculer les premiers termes pour :

a) $u(1) = 2$ **b)** $u(1) = 10$ **c)** $u(1) = 6$

17 On utilise un tableur pour calculer les termes de deux suites u et v.

a) D'après la formule saisie en **B4**, et recopiée vers le bas, écrire un procédé pour passer du terme $u(1)$ à $u(2)$.
Calculer $u(4)$.

	A	B	C
1	n	u(n)	v(n)
2	0	100	115
3	1	110	140
4	2	=2*B3-90	190
5	3	170	290
6	4		
7	5		

b) Généraliser ce procédé entre $u(n+1)$ et $u(n)$.

c) On garde le même procédé pour passer de $v(n+1)$ à $v(n)$. Pourquoi n'obtient-on pas les mêmes résultats ? Argumenter.

18 On considère la suite connue par la relation fonctionnelle, pour tout entier naturel n :

$$u(n) = -n^2 + 2n + 15$$

a) Calculer les 6 premiers termes de la suite.

b) Calculer l'écart $u(n+1) - u(n)$ entre deux termes consécutifs de cette suite, pour n allant de 0 à 5.
Vérifier que $u(n+1) - u(n) = 1 - 2n$.

c) On note $d(n)$ cette différence. Quel est le sens de variation de la suite d ?

Exercices

Entraînement

19 Une entreprise compte 23 salariés en fin d'année 2010. Durant l'année, le nombre de ses salariés double, mais en fin d'année, 22 salariés quittent l'entreprise.
On note s_n le nombre de salariés fin $2010 + n$.

a) Écrire une relation de récurrence entre s_{n+1} et s_n.

b) À l'aide d'une calculatrice, calculer le nombre de salariés de proche en proche, jusqu'en fin 2020.

20 Léa veut investir dans un commerce. Elle met 6 000 € sur un compte, puis ajoute 300 € tous les mois, sans rien retirer.
Elle désire connaître le montant de son compte après n mois de placement.

a) Calculer le montant du compte de Léa, mois après mois, jusqu'après 3 mois de placement.

b) Appliquer le programme ci-dessous, écrit en langage naturel, pour $n = 3$.

```
u ← 6000
Pour i allant de 1 à n :
        u ← u + 300
Fin Pour
```

c) Lequel de ces deux scripts est sa traduction en langage Python ? Expliquer la différence.

```
def epargne(n):
    u = 6000
    for i in range(n):
        u = u + 300
    return u
```

```
def epargne(n):
    u = 6000
    for i in range(n+1):
        u = u + 300
    return u
```

> Utilisation de Python p. II

21 Entre 2000 et 2017, le prix annuel moyen d'un paquet de 20 cigarettes est passé de 3,20 € à 7,05 €. Il était de 7 € en 2016.

a) Calculer l'augmentation du prix entre 2000 et 2017, puis l'augmentation moyenne a sur un an.

b) On suppose que le prix va continuer à augmenter de a € à partir de 2017.
On note $p(n)$ le prix en $2017 + n$. Écrire la relation de récurrence entre $p(n)$ et $p(n+1)$.
Suivant ce modèle, calculer le prix en 2021 de proche en proche, ou avec une calculatrice.

c) En réalité, il est prévu 4 augmentations : 0,50 € en mars 2019, novembre 2019 et avril 2020 et 0,4 € en novembre 2020.
Calculer le prix prévu fin 2020. Commenter.

22 En 2000, un commerçant achète pour 100 000 € de marchandises. Il en vend 80 % et stocke ce qui lui reste. Puis chaque année, il achète pour 10 000 € de plus de marchandises et continue d'en vendre 80 %. Il désire connaître la valeur de son stock en 2020.

1. Proposer une modélisation du stock en $2000 + n$.
On pourra utiliser un schéma, à compléter, pour présenter le raisonnement.

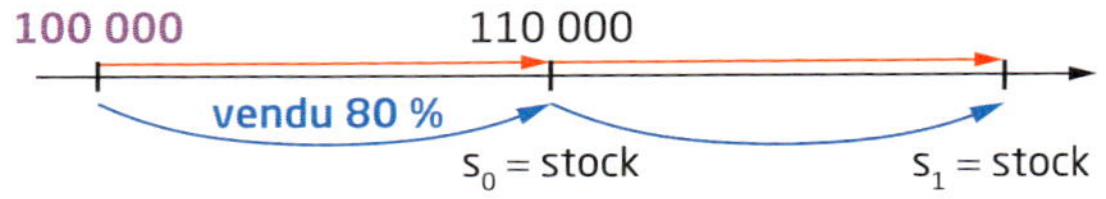

2. a) Sur tableur, calculer le stock chaque année.

b) Calculer la valeur totale du stock, si le commerçant n'a jamais remis en vente ce stock.

23 Un potier fabrique des pichets. Le coût marginal du $n^{\text{ième}}$ pichet, quand il en a déjà fabriqué $n - 1$, est donné par :

$$Cm(n) = 0{,}5n^2 - 3n + 6, \text{ pour } n \geqslant 1.$$

Le coût marginal s'exprime en euros par pichet.

a) Établir la liste des coûts marginaux pour n allant de 1 à 7. > Cours p. 13 et Ateliers 3 et 4 p. 19

b) Calculer le coût total de fabrication des 7 pichets fabriqués.

> ***Aide*** Le **coût marginal**, au niveau de production n, est le **coût du $n^{\text{ième}}$ objet fabriqué**.

2 • Représentation et sens de variation

24 Une fonction f est connue par sa courbe et quelques points, dans un repère orthonormé.

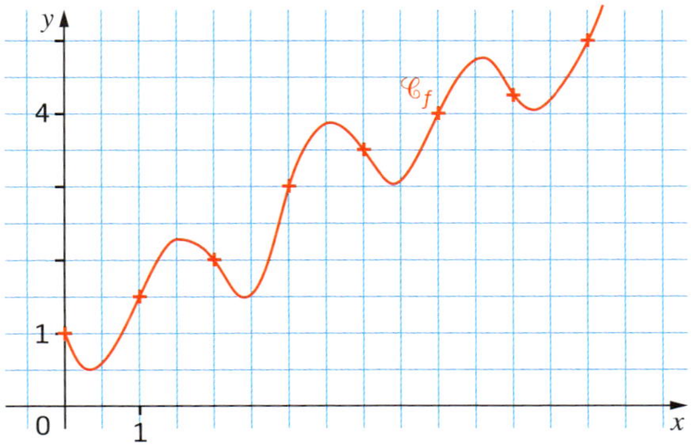

a) Cette fonction f est-elle monotone ?

b) Dans un tableau, relever les coordonnées des points d'abscisses entières pour n allant de 0 à 7.

c) On définit la suite u telle que $u(n) = f(n)$, pour tout entier n. À l'aide des premiers termes, conjecturer le sens de variation.

> ***Aide :* conjecturer un sens de variation**, c'est émettre une **hypothèse** sur le sens de variation : croissant ou décroissant.

25 On considère une suite u, définie par une relation fonctionnelle $u(n) = f(n)$.

a) La fonction f est croissante sur $[0 ; +\infty[$: peut-on affirmer que la suite u est croissante ?

b) La suite u est croissante : peut-on affirmer que la fonction f est croissante sur $[0 ; +\infty[$?

26 **Exercice guidé** **Conjecturer le sens de variation**

On considère la suite définie par :

$u(n) = -2^n + 100$, pour tout entier n.

Étape 1 : Calculer les premiers termes $u(0)$, $u(1)$ et $u(2)$.

Étape 2 : Exprimer la différence $u(n+1) - u(n)$ en fonction de n.

Étape 3 : Représenter la suite u sur l'écran d'une calculatrice, sur $[0 ; 8]$.

Étape 4 : Conjecturer le sens de variation de cette suite u ?

27 Un indice annuel est modélisé par la suite u définie par la relation de récurrence :

$$u(n+1) = 1{,}05\,u(n) - 3 \quad \text{et} \quad u_0 = 100.$$

On désire représenter les premiers termes de cette suite sur un tableur.

	A	B
1	n	u(n)
2	0	100
3	1	
4	2	
5	3	

a) Indiquer la formule à saisir en **B3** et à recopier vers le bas.

b) Représenter cette suite pour n allant de 0 à 7.

c) Les points sont-ils alignés ?
Proposer une méthode pour le vérifier.

28 On a représenté l'évolution de deux indices de prix, l'un d'un vêtement importé et l'autre d'un produit agricole français. Les indices sont en base 100 en 2013. On nomme a_n l'indice pour le produit agricole et v_n l'indice pour le vêtement en $2011 + n$.

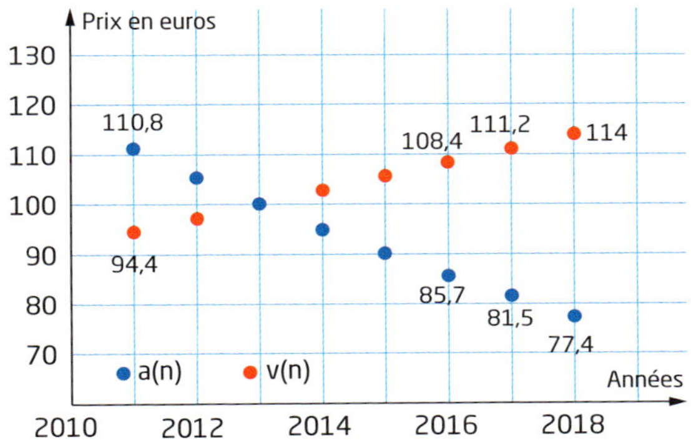

1. a) Indiquer les éléments connus de la suite (a_n).

b) Calculer les différences $a_6 - a_5$ et $a_7 - a_6$.

c) Est-il possible que les points représentant la suite (a_n) soient alignés ? Argumenter.

2. a) Indiquer les éléments connus de la suite (v_n).

b) Calculer les différences $v_6 - v_5$ et $v_7 - v_6$.

c) Peut-on faire la même hypothèse qu'en **1. c)** pour la suite (v_n) ? Argumenter.

d) Calculer le taux d'évolution de v_5 à v_6. Arrondir à 0,1 point de pourcentage. > *Automatisme 9*

A-t-on le même taux d'évolution de v_6 à v_7 ?

3. Interpréter l'indice en 2018 :

a) pour le produit agricole ;

b) pour le vêtement. > *Automatisme 6*

Exercices

Entraînement

3 • Suites arithmétiques

29 La suite u est la suite arithmétique de raison 10 et de terme initial $u(0) = 0$.
Calculer $u(1)$, $u(2)$, $u(3)$ et $u(4)$.

30 La suite u est la suite arithmétique de raison -3 et de terme initial $u(0) = 100$.
Calculer $u(1)$, $u(2)$, $u(3)$ et $u(4)$.

31 On désire calculer les termes de n'importe quelle suite arithmétique de raison $\boldsymbol{a}$ et de terme initial $u(0)$ à l'aide d'un tableur.

a) Lucas propose la saisie ci-contre pour la suite arithmétique de raison -6, et de terme initial 100.

	A	B	C
1	n	u(n)	raison a
2	0	100	-6
3	1	=B2+$C$2	
4	2		

Que permet le symbole \$ dans la formule saisie en **B3** ? Que devient la formule en **B4** par recopie vers le bas ? Quel sera le résultat obtenu en **B10** ?

b) Cette suite est représentée ci-après.
Quel est son sens de variation ? Le démontrer.
Pourquoi parle-t-on de croissance **linéaire** ?
Déterminer l'équation réduite de la droite passant par ses points.

> Automatisme 25

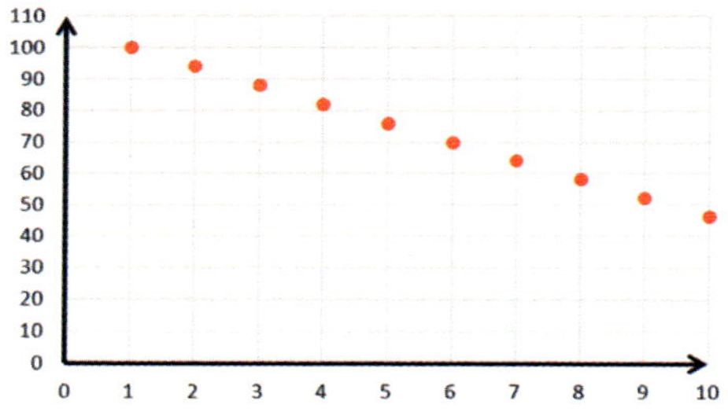

32 **Exercice guidé** **Droite et suite arithmétique**

Soit Δ une droite d'équation $y = -0{,}5x + 7$.
On désire faire le lien entre les points d'abscisses entières et une suite u, définie pour tout entier n.

Étape 1 : Dans un repère, tracer la droite d'équation $y = -0{,}5x + 7$ pour $x \in [0\,;8]$.

Étape 2 : Mettre en valeur les points d'abscisses entières ; c'est la représentation de la suite u.

Étape 3 : Donner la relation fonctionnelle de cette suite, puis sa relation de récurrence et sa raison.

33 Reprendre l'exercice **32** pour la droite d'équation réduite $y = 2x - 5$.

34 Sur une calculatrice, on définit la liste en extension :

```
suite(3N+1,N,0,18,1)→L₁
```

On note u la suite ainsi générée.

a) Préciser la relation fonctionnelle de cette suite.

b) Quelle est sa nature ? Justifier.

35 Expliquer ce que l'on obtient par l'instruction :

```
L = [-2*n+50 for n in range(4)]
```

> Utilisation de Python p. VII

36 Écrire une instruction en langage Python permettant d'obtenir la liste en extension des termes de la suite arithmétique de terme initial 0 et de raison 5.

37 On désire obtenir la liste des éléments de la suite u définie par la relation fonctionnelle :
$u(n) = 100 - 5n$, pour tout entier n.

a) Utiliser une calculatrice et tabuler par pas de 1.

```
\Y₁=100-5X
```

b) Lire $u(10)$ et calculer $u(11)$.
Calculer l'accroissement $u(11) - u(10)$.

c) Déterminer $u(n+1) - u(n)$ en fonction de n.
Que dire de la **variation absolue** entre deux termes consécutifs de cette suite ?

> Cours p. 14

38 La suite u est définie, pour tout $n \geqslant 0$ par :
$u(n+1) = u(n) - 5$ et $u(0) = 50$.
On note L la liste des termes de la suite u pour n allant de 0 à 20. Pour chaque affirmation, dire si elle est vraie ou fausse. Argumenter.

a) $65 \in$ L

b) Le 5e élément de L est 30.

c) Tous les éléments de L sont multiples de 5.

39 En 2016, le nombre d'établissements de cinéma actifs s'élève à 2 044, soit 11 de plus qu'en 2015. On suppose que cette évolution va se poursuivre de la même façon.

a) Quel était leur nombre en 2015 ?

b) Quel modèle d'évolution peut-on proposer pour les années à venir ?

c) Déterminer le nombre d'établissements de cinéma actifs que l'on peut prévoir en 2020. Présenter avec soin la méthode et l'outil.

40 Amina a 1 500 € sur un compte, en début janvier ($n = 0$). Chaque fin de mois, sa mère lui verse un montant fixe égal à 23 % de cette somme. Mais Amina dépense 200 € chaque mois.
Quel est le sens de variation du montant de son compte ? Argumenter.

41 Le graphique ci-dessous donne l'évolution de l'indice d'utilisation des transports en commun (autobus, autocar, tramways), base 100 en 2003.

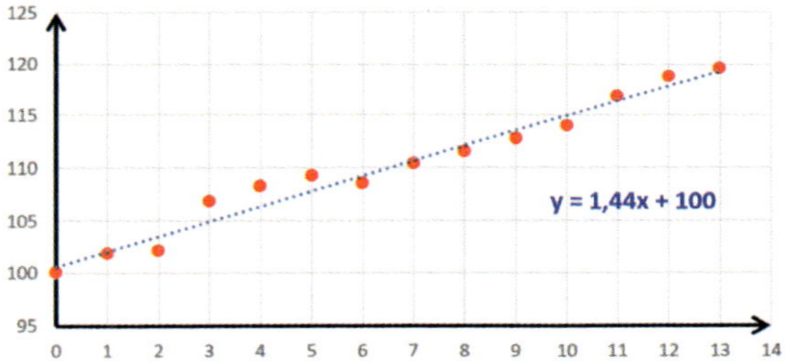

On approche les points du nuage par une droite, obtenue à l'aide d'un tableur, d'équation réduite :

$$y = 1{,}44\,x + 100$$

a) Approcher ces indices par une suite arithmétique : en préciser la raison.
Interpréter concrètement la raison.

b) D'après ce modèle, calculer l'indice que l'on peut prévoir en 2020, en $n = 17$.
Interpréter cet indice.

> Automatisme 10

c) Sachant qu'en 2016, il y avait 58,9 millions de personnes transportées, calculer le nombre de personnes transportées en 2003.

> Automatisme 6

42 Python

Un groupe de 5 copains, tous fans de la même équipe de foot, désire offrir une place à un ami pour assister à un match.

Ils vident leurs poches et mettent au total 54 € dans une cagnotte. Puis, chaque fois que leur équipe gagne, ils mettent 2 € chacun dans la cagnotte.

1. Calculer de proche en proche le montant de la cagnotte après 3 matchs gagnés.

2. a) Modéliser par une suite le montant de la cagnotte après n matchs gagnés par leur équipe.

b) Expliquer en **langage naturel** le script ci-contre et le saisir dans un éditeur Python.

```
def cagnotte(n):
    c = 54
    for i in range(n):
        c = c + 10
    return c
```

c) Indiquer la formule de récurrence correspondant à la 4e ligne.
Quelle est la nature de la suite ? Justifier.

3. Leur équipe gagne 12 matchs d'affilé !
Quelle est le montant de la cagnotte après le 12e match ? Les 5 copains peuvent-ils offrir à leur ami une place à 170 € ?

43 Python

Une banque hongroise propose deux obligations à intérêts simples :
- le premier de valeur nominale 15 000 € à 8 % ;
- le second de valeur nominale 18 000 € à 6 %.

> Cours p. 15

a) Justifier que les suites (u_n) et (v_n) des capitaux acquis respectivement avec le 1er et le 2e, sont arithmétiques.

b) À l'aide d'un tableur, d'une calculatrice ou de Python, visualiser les valeurs de ces deux suites.

c) Si on ne fait ni retrait ni ajout, après combien d'années le 1er placement dépassera-t-il le 2e ?

Exercices

• Entraînement

44 Un investisseur achète une obligation placée à intérêts simples au taux $t\,\%$. Il espère obtenir 30 000 € dans n années.

a) Préparer une feuille de tableur comme ci-dessous.

	A	B	C
1	**Obligation à t %**		t décimal
2	année	capital	0,06
3	0	24000	
4	1	=B3+$B$3*$C$2	
5	2	26880	
6	3	28320	

Expliquer la formule saisie en **B4**.

b) Si la valeur nominale de l'obligation est de 22 000 €, quel doit être le taux pour obtenir 30 000 € dans 8 ans ?

> Cours p. 15

c) Si le taux est de 4,5 %, quelle doit être la valeur nominale du placement sur 10 ans ?

45 Yasmine effectue trois commandes successives mensuelles chez son fournisseur de prêt à porter.

Mois	avril	mai	juin
Nombre de pièces	323	334	345

1. a) Vérifier que ces trois nombres sont trois termes consécutifs d'une suite arithmétique dont on précisera la raison.

b) Yasmine compte continuer ses commandes suivant le même rythme.
Établir la relation de récurrence de la suite des commandes, $n = 1$ en avril.

2. a) Calculer le montant total des commandes passées les 3 premiers mois.

b) Recopier et compléter les 2ᵉ et 5ᵉ lignes du script ci-contre.
Expliquer l'instruction
`for i in range(n-1)`

```python
def commande(n):
    u = 323
    S = ...
    for i in range(n-1):
        u = u + ...
        S = S + u
    return S
```

Donner la réponse attendue pour `commande(3)`.

c) Si possible, implanter ce script dans un éditeur Python et calculer le nombre total des pièces commandées jusqu'en mars l'année suivante, ou faire le calcul sur tableur.

46 On s'intéresse aux chiffres d'affaires des éditeurs de films depuis 2010, en millions d'euros. On a obtenu le graphique ci-dessous et des ajustements linéaires des nuages de points, en prenant $n = 0$ en 2010.

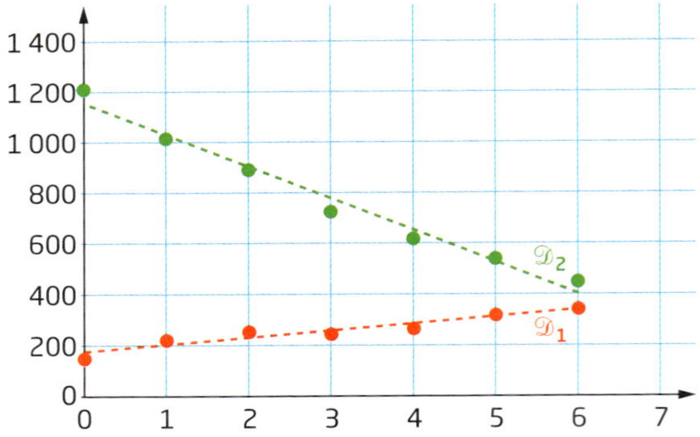

Chaque droite ajuste une suite de chiffres d'affaires $\mathscr{D}_1$ pour la vidéo à la demande et $\mathscr{D}_2$ pour les DVD de coefficients directeurs respectifs 28 et -126.

a) Lire les ordonnées à l'origine de ces droites, arrondies à 50 près.

b) Modéliser ces chiffres d'affaires par deux suites arithmétiques dont on précisera la raison.

c) En quelle année peut-on estimer que ces chiffres d'affaires seront égaux ?

4 • Suites géométriques

47 **Exercice guidé** **Nature d'une suite**

Lorsque l'on demande la **nature** d'une suite, c'est qu'elle est arithmétique ou géométrique .

Étape 1 : Déterminer la différence $u(n+1) - u(n)$: si elle est constante, la suite u est **arithmétique**.

Étape 2 : Déterminer le quotient $\dfrac{u(n+1)}{u(n)}$: si elle est constante, la suite u est **géométrique**.

On connaît les 3 premiers termes des suites.
Pour chacune d'elles, quelle semble être sa nature ? Préciser la raison.

a) 1 10 100 **b)** 4,5 1,5 0,5

c) − 5 3 11 **d)** 100 105 110,25

48 Les unités employées dans le système décimal sont générées par une suite.
Pour chaque suite, donner la raison.

a) mètre décamètre hectomètre

b) g (gramme) dg (décigramme) cg (centigramme) mg (milligramme)

c) k€ M€ Md€

d) L dL cL mL

> Automatisme 13

49 On considère la suite u dont les premiers termes sont : $1 \quad \frac{1}{3} \quad \frac{1}{9} \quad \frac{1}{27}$

Python

a) Quelle semble être la **nature** de cette suite ?

b) Dans cette hypothèse, indiquer la raison et la relation de récurrence.

c) Justifier que l'on obtient les termes de cette suite par le script ci-dessous.

```
def SG(n):
    u = 1
    for i in range(n):
        u = u/3
    return u
```

50 On considère la suite de terme général :
$u(n) = 100 \times 1{,}08^n$ pour tout entier $n \geqslant 0$.

a) Démontrer que cette suite est géométrique.
On précisera sa raison et son terme initial.

b) Interpréter la raison en taux d'évolution.

51 Un capital augmente de 2,5 % par an.

a) Quel est son coefficient multiplicateur d'une année sur l'autre ?

b) On note $C(n)$ le capital acquis au bout de n années. Sachant que le capital initial est de 1 000 €, modéliser cette suite C. Préciser sa nature et la raison.

c) Calculer le capital acquis au bout de 10 ans à l'aide d'un tableur ou d'une calculatrice.

> Cours p. 17

52 Une population de bactéries augmente toutes les deux heures de 44 %.

1. a) Augmente-t-elle de 22 % par heure ? Argumenter la réponse.

b) Si la population était de 5 Md de bactéries à 12 h, quelle était la population à 10 h ?

2. a) De quel nombre 1,44 est-il le carré ?

b) Montrer que la population de bactéries peut être modélisée par une suite géométrique (p_n) dont on précisera la raison.

	A	B	C
1	horaire	n	p(n)
2	12	0	5
3	13	1	

Indiquer la formule à saisir en C3 pour obtenir les termes de la suite, par recopie vers le bas.

c) Calculer la population de bactéries à 20 h.

> Cours p. 17

53 Karine a un salaire mensuel net (après impôts) de 1 800 € en 2018. Son employeur lui propose une augmentation annuelle de 4 %.
On admet que son taux de recouvrement de l'impôt ne change pas durant les années à venir.
On note s_n son salaire annuel net en $2018 + n$.

1. a) Calculer son revenu annuel net en 2018.

b) Calculer le terme s_1, puis le terme s_2.

2. a) Exprimer s_{n+1} en fonction de s_n.

b) En déduire la nature de la suite (s_n) et sa raison.

c) Calculer le salaire annuel prévu en 2022.

3. Déterminer le pourcentage d'évolution prévu pour le salaire de Karine de 2018 à 2022.

> Automatisme 11

54 En janvier 2015, M. Tom place un capital à intérêts composés au taux annuel de 5 %.
Après 2 ans, en janvier 2017, la valeur acquise (dite valeur actuelle) est de 2 205 €.

a) Calculer le taux équivalent à deux années de placement.

> Automatisme 7

b) En déduire la valeur initiale du capital placé en 2015.

> Automatisme 4

Exercices

Entraînement

55 En France, l'indice des prix des médicaments est passé de 97 en 2016 à 94,09 en 2017, base 100 en 2015.

1. a) Quel était le prix en 2017 d'un médicament de 88 € en 2015, en suivant cet indice ?

b) On modélise l'indice P_n en 2015 + n par une suite géométrique.
Justifier ce modèle d'après les 3 valeurs connues.
Préciser le terme initial P_0 et la raison.

2. M. Antoine prend tous les jours un médicament valant 35 € la boîte en 2015. Il a besoin de 12 boîtes par an. Le prix de ce médicament suit l'indice des prix P_n.

a) Calculer le prix annuel de son traitement en 2015, puis en 2016.

b) À l'aide d'un tableur, calculer la dépense totale pour ce traitement de 2015 à 2019 compris.

56 On considère la suite (u_n) définie par :

$$u_{n+1} = 1{,}05\, u_n \quad \text{et} \quad u_0 = 1\,000$$

1. a) Quelle est la nature de cette suite ?

b) Interpréter sa raison en taux d'évolution.

Python

2. a) Déterminer la liste des termes de cette suite. Préciser l'outil utilisé : tableur, calculatrice, Python.

> Cours p. 16 et Atelier 3 p. 19

b) Lire l'indice s à partir duquel le terme u_n aura plus que doublé, c'est-à-dire l'entier s tel que :

pour tout entier $n \geqslant s$, on a $u_n \geqslant 2 \times u_0$.

Cet indice s est appelé le **seuil de doublement** de la suite.

c) Notre ami babylonien Bardia emprunte 1 000 drachmes au taux annuel de 5 %. Au bout de combien d'années sa dette aura-t-elle doublée ?

57 Un élément radioactif est instable.
On appelle **demi-vie** le temps T pendant lequel la moitié des atomes radioactifs présents dans l'élément a disparu.

1. L'iode 131 a une demi-vie de 8,0207 jours.
On dispose d'un échantillon de 10^{50} atomes d'iode 131. Combien reste-t-il d'iode 131 dans l'échantillon après 2T ? 3T ?

2. Dans tout organisme vivant, il y a du carbone 14 (C^{14}) et lorsque l'organisme meurt, le carbone 14 se dégrade : tous les 100 ans, la quantité de carbone 14 diminue de 1,24 %.

a) Calculer la proportion de carbone 14 présent dans un organisme mort depuis 1 000 ans.

b) On note $q(n)$ la quantité de carbone 14 présente dans l'organisme après n centaines d'années.
Exprimer $q(n+1)$ en fonction de $q(n)$.
Quelle est la nature de cette suite ?

c) À l'aide d'un tableur ou d'une calculatrice, déterminer la demi-vie du carbone 14.

d) Pour un échantillon de plus de 50 000 ans, la datation au carbone 14 n'est pas intéressante. Expliquer pourquoi.

58 La population d'un village diminue de 8 % tous les 10 ans. Elle était de 1 500 habitants en 1950.

1. a) Modéliser la population décennale de ce village par une suite notée v.
Préciser sa nature et sa raison.

b) Calculer le coefficient multiplicateur de la population de 1950 à 1970.

c) Calculer la population v_5 de ce village en 2000.

2. Proposer une méthode pour déterminer le seuil de réduction de moitié de la population.
Résoudre ce problème.

59 La suite (u_n) est une suite géométrique de raison 0,95 et de terme initial $u_0 = 100$.

1. Pour répondre aux questions suivantes, préciser l'outil utilisé : tableur, calculatrice ou script Python.

Python

a) Déterminer la valeur u_{10}.

b) Calculer la somme des termes u_n pour n allant de 0 à 10. Combien de termes comporte cette somme ?

2. Soit u une suite géométrique de terme initial u_0 et de raison q. On admet que la somme des termes, allant de 0 à n, est donnée par la formule :

$$u_0 \times \frac{1-q^{n+1}}{1-q}$$

Appliquer cette formule pour retrouver la réponse obtenue en **1. b)**.

> Automatisme 17

60 En France, le nombre de foyers abonnés à l'Internet en très haut débit augmente de 6 % par trimestre à partir de la fin de l'année 2016.
On note u_n le nombre d'abonnements, en millions, à l'Internet en très haut débit en France au bout de n trimestres. Il y avait 5,43 millions d'abonnés en décembre 2016.

1. Afin d'estimer le nombre de trimestres à partir duquel le nombre d'abonnés à l'Internet à haut débit aura dépassé les 10 millions, on propose les trois scripts suivants.
Parmi les trois scripts ci-dessous, lequel permet de répondre à la question. Argumenter.

Script 1

```
def abonnés(n):
    u = 5.43
    n = 0
    while n<10 :
        u = 1.06*u
        n = n+1
    return u
```

Script 2

```
def abonnés(n):
    u = 5.43
    n = 0
    while u<10 :
        u = 1.06*u
        n = n+1
    return u
```

Script 3

```
def abonnés(n):
    u = 5.43
    n = 0
    while u<10 :
        u = 1.06*u
        n = n+1
    return n
```

2. En réalité, au 2e trimestre 2017, il y avait 6,15 millions d'abonnés à l'Internet à haut débit. Proposer une méthode pour vérifier que le modèle choisi est valide, ou non. La réaliser.

61 Mme Germain dispose d'une somme de 10 000 € qu'elle veut placer sur un compte, pour sa retraite dans 25 ans. Son banquier lui propose le choix entre deux placements.

Placement 1 : chaque fin d'année, le compte de Mme Germain est crédité de 800 €, tant qu'elle ne touche pas à son capital initial.

Placement 2 : chaque fin d'année, le compte de Mme Germain est crédité de 4,5 % de la somme présente sur son compte en début d'année.

Mme Germain se demande quel placement est le plus intéressant, si elle n'effectue aucune transaction sur ce compte (ni prélèvement ni dépôt).

Proposer un script, utilisant plusieurs fonctions, pour répondre à la question.
Ou résoudre ce problème sur tableur, en représentant les deux placements.

62 Une étudiante souhaite faire un stage dans une grande ville où les loyers sont assez élevés.
Pour lui permettre de s'installer, on lui propose deux appartements avec une augmentation progressive du loyer.
- L'appartement A pour lequel le loyer initial est de 450 €, et une augmentation mensuelle de 5 €.
- L'appartement B de loyer initial de 440 €, et une augmentation mensuelle de 1 %.

1. a) Recopier et compléter le script ci-dessous permettant de calculer le loyer pour l'appartement A, après n mois d'occupation.

```
def LoyerA(n):
    a = ...
    for i in range(...):
        a = a + 5
    return a
```

b) Écrire de même une fonction **LoyerB( )**, permettant de calculer le loyer de l'appartement B.

c) Utiliser ces scripts pour calculer le prix du loyer au bout d'un an pour chaque appartement.

2. L'étudiante ne peut pas se permettre de payer plus de 560 € de loyer.

a) Si elle loue l'appartement A, combien de mois pourra-t-elle rester ?

b) Et si elle loue l'appartement B ?

c) Elle désire passer quatre ans dans cette ville. Quel appartement doit-elle louer ?

3. Expliquer à quelle question peut répondre le script ci-dessous et l'implanter dans un éditeur Python, puis répondre à la question.

```
n ← 0
tant que loyerA(n) > loyerB(n) :
    n ← n + 1
fin tant que
```

Exercices

Approfondissement

Compétences
(1) chercher (2) modéliser (3) représenter
(4) raisonner (5) calculer (6) communiquer

63 On veut calculer la somme :

$$1 + 5 + 9 + ... + 101$$

(1)(6) **a)** Élaborer une stratégie pour calculer cette somme et l'expliquer.

(3) **b)** La mettre en pratique en précisant l'outil utilisé (calculatrice, tableur ou script Python).

64 Une suite u est définie par :
$u(0) = 2$ et $u(n+1) = 2\,u(n) - 3$, pour tout entier n.

Python

1. On propose la fonction suivante.

```
1 def suite(n):
2     u = 5
3     for i in range(n):
4         u = 2*u - 3
5     return u
```

(6) **a)** Expliquer les 2^e^, 3^e^ et 4^e^ lignes.

(3) **b)** Proposer une version en langage naturel de cette fonction.

(5) **c)** Calculer $u(6)$ et $u(10)$.

2. On souhaite calculer la somme des n premiers termes. Pour cela, on propose l'algorithme ci-contre.

```
1  u ← 2
2  S ← 0
3  Pour i allant de 1 à n :
4        S ← S + u
5        u ← 2 × u − 3
6  fin Pour
```

(6) **a)** Expliquer le rôle de S.

(4) **b)** Peut-on remplacer les lignes 4 et 5 par :

4 u ← 2 × u − 3 ? **5** S ← S + u ?

(2) **c)** Adapter la fonction **suite( )** vue au **1.** pour qu'elle renvoie aussi la somme des n premiers termes.

(5) **d)** En déduire la somme des 11 premiers termes. On pourra utiliser le tableur.

65 Soit la suite u définie par $u_{n+1} = (u_n)^2$ avec pour terme initial un réel u_0.
On désire regarder comment se comporte cette suite pour différentes valeurs du terme initial.

(5) **1.** Calculer les termes u_1, u_2 et u_3 si :

a) $u_0 = 2$ **b)** $u_0 = \dfrac{1}{2}$ **c)** $u_0 = 1$

(5) **2. a)** Si $u_0 = 0{,}95$, calculer le terme u_7 à l'aide d'un tableur.

	A	B
1	n	u(n)
2	0	0,95
3	=A2+1	=B2^2
4	=A3+1	=B3^2
5	=A4+1	=B4^2
6	=A5+1	=B5^2
7	=A6+1	=B6^2

(2) Quel semble être le sens de variation de cette suite ?

(5) **b)** Si $u_0 = 1{,}01$, calculer le terme u_7 à l'aide d'un tableur.

(2) Quel semble être le sens de variation de cette suite ?

(4)(1) **c)** Proposer une conjecture sur le sens de variation d'une telle suite suivant son terme initial.
On ne demande pas de démonstration.

66 M. Hörner souhaite faire creuser un puits dans son jardin. L'entreprise qu'il a contactée lui propose le devis suivant : le 1er mètre coûte 120 € et chaque mètre supplémentaire coûte 50 € de plus que le mètre précédent.
Afin de prévoir le coût du forage, il prend conseil.

Python

(1) **1.** Proposer une méthode pour connaître le coût d'un puits de 3 m. On ne demande pas le calcul.

2. Afin de l'aider à connaître le prix du n^ième^ mètre creusé, un ami lui suggère de créer un algorithme dont la structure est la suivante.

```
si n = 0 :
      p ← 0
sinon :
      p ← ...
      Pour i allant de ... :
            p ← ...
fin Pour
```

(2) Recopier et compléter cet algorithme.

Le traduire en langage Python en une fonction **prix_par_m**(n).

(3) **3.** Écrire un algorithme en langage naturel, puis compléter le script de la fonction **prix_total**(n) ci-dessous, afin qu'il renvoie le coût total du puits en fonction du nombre n de mètres du forage.

```
def prix_total(n):
    total = ...
    for i in range(...) :
        total = total + prix_par_m(...)
    return ...
```

(4)(5) **4.** Choisir une méthode et calculer le coût total d'un puits de 3 m de profondeur.

(1)(5) **5.** Déterminer la profondeur possible du puits pour un coût de 5 000 €.

67 Véra a un compte Twitter. En début d'année, elle avait 2 230 followers.
Elle espère que, du mois n sur le suivant, le nombre de followers passe de $v(n)$ à $v(n+1)$ tel que :
$v(n+1) = 1{,}6 \times v(n) - 150$, pour $n \geqslant 0$.

(6) **1. a)** Exprimer par une phrase le procédé de la relation de récurrence ci-dessous.

(1)(5) **b)** Que vaut $v(0)$? Calculer le nombre de followers le 3e mois.

(2)(3) **c)** Proposer une fonction **followers**(**n**) écrite en Python et retrouver la valeur $v(3)$.

(3)(5) **2.** Appliquer cette fonction pour obtenir la liste des valeurs de la suite v de 0 à 12.
Afficher le nuage de points $M(n\,;\,v(n))$.

> *Atelier 4 p. 20*

(1)(5) On peut aussi utiliser un tableur ou une calculatrice.

> *Ateliers 2 ou 3 p. 18 et 19*

68 Dans un atelier, une source sonore émet un bruit d'intensité de 140 décibels (140 dB). Pour isoler l'atelier, on dispose de plaques d'isolation phonique qui absorbent chacune un quart de l'intensité du son.

On note u_n l'intensité du son mesurée en décibels après la traversée de n plaques d'isolation phonique. Ainsi, $u_0 = 140$.

(5) **1.** Calculer u_1 et u_2.

(6)(4) **2.** Justifier que la suite (u_n) est géométrique.
(2) Préciser sa raison.

(1) **3.** On considère que le niveau sonore est acceptable lorsque son intensité est inférieure à 40 dB. Déterminer le nombre minimal de plaques que doit traverser le son pour que le niveau sonore soit acceptable.

(5)(6) On présentera la stratégie employée et l'outil pour la mettre en œuvre.

> *Atelier 7 p. 22*

69 Léa place un capital de 12 000 € au 1er janvier de l'année 0. Le capital placé au 1er janvier augmente de 10 % chaque fin d'année, mais Léa retire 1 000 € avant de replacer le capital restant le 1er janvier suivant.

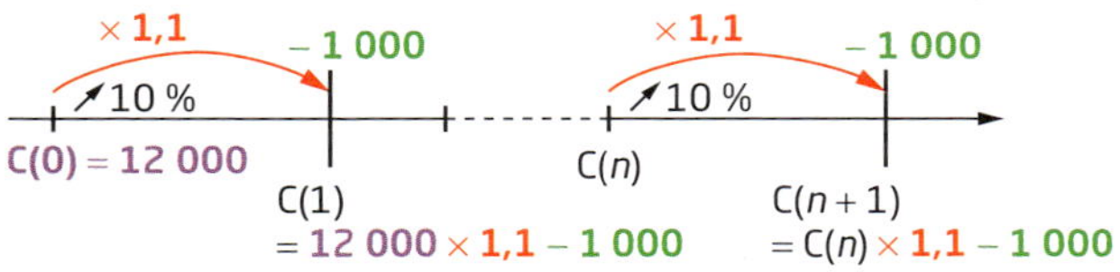

(2) **a)** Modéliser la suite $C(n)$ du capital placé au 1er janvier de l'année n.

(3) **b)** Réaliser une feuille de calcul sur tableur comme ci-contre.

	A	B
1	année n	capital
2	0	12000
3	1	=B2*1,1-1000

(5) **c)** Calculer la suite des capitaux placés et la représenter pour $n \leqslant 11$.

(4) **d)** D'après la représentation obtenue, indiquer le sens de variation de cette suite.

70 La valeur d'un appareil de laboratoire acheté neuf diminue de 20 % chaque année. Un chef d'entreprise médicale a acheté cet appareil 15 000 €.
On note u_n la valeur de cet appareil au bout de n années. Ainsi $u_0 = 15\,000$.

(2) **1.** Établir la formule de récurrence qui permet de calculer un terme de la suite à partir du terme précédent.

(6) Préciser la nature de la suite (u_n).

Exercices

Approfondissement

Compétences
1 chercher 2 modéliser 3 représenter
4 raisonner 5 calculer 6 communiquer

2. Le chef d'entreprise veut revendre cet appareil après 4 ans.

4 **a)** Prouver que cet appareil a encore de la valeur.

1 5 **b)** À l'aide d'une calculatrice, d'un tableur ou d'un script en langage Python, chercher à partir de combien d'années la valeur de cet appareil est de moins de 3 000 €.

> *Ateliers 7 et 8 p. 22*

71 Un flacon contient 1 L d'alcool pur. On décide de le diluer.

1re étape : on retire 1 dL d'alcool du flacon que l'on remplace par 1 dL d'eau et on mélange.

2e étape : on retire 1 dL du mélange que l'on remplace par 1 dL d'eau et on mélange, et ainsi de suite.

1 2 4 Au bout de combien d'étapes y aura-t-il plus d'eau que d'alcool dans le flacon ?

72 On administre un médicament à un patient. On a constaté que la concentration de ce médicament dans le sang est de 1 g/L, au bout de la 1re heure, et qu'elle diminue de 9 % par heure.

2 **1.** Faire un choix de modèle mathématique.

6 Préciser la nature et la raison.

2. On estime que le médicament n'est plus efficace lorsque sa concentration dans le sang devient inférieure à 0,2 g/L.

1 4 5 Durant combien de temps le médicament a-t-il été efficace ?

1 5 **3.** Si on veut que le médicament fasse effet pendant 24 h, quelle doit être la concentration initiale administrée la 1re heure (à 0,01 g/L près) ?

73 Une entreprise souhaite diminuer l'investissement en recherche et développement pour un produit qu'elle retirera du marché dans 10 ans. Les dépenses d'investissement, en milliers d'euros, réalisées pour ce produit depuis 2010, sont représentées ci-dessous.

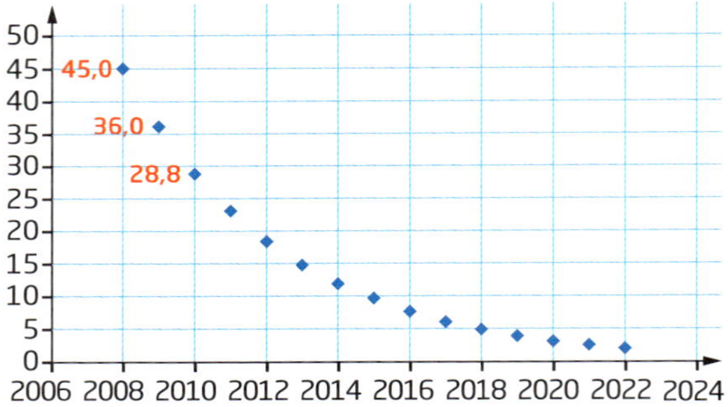

5 **1.** Calculer, en pourcentage, le taux d'évolution de l'investissement en 2011, puis en 2012.

2. On suppose que les dépenses vont diminuer de ce même taux chaque année jusqu'en 2020.

2 **a)** Modéliser par une suite le montant de l'investissement en 2010 + n.

6 Préciser la relation de récurrence, la nature de la suite et son terme initial.

5 **b)** Vérifier que le montant de l'investissement en 2014 est de 18,432 M€.

1 4 6 **3. a)** Déterminer à partir de quelle année l'investissement passera sous la barre des 10 000 €. Justifier à l'aide d'un outil numérique.

5 **b)** Calculer à 1 € près l'investissement prévu en 2020.

74 On souhaite étudier l'évolution de la population de deux villes A et B.

Python

On sait que la population de A croît de 5 % par an et celle de la ville B croît de 7 % par an.

Afin de prévoir la population des villes A et B, on propose le script ci-après.

```
1 def population(A,B,n):
2     for i in range(n):
3         A = 1.05*A
4         B = 1.07*B
5     return(A,B)
```

6 **1.** Expliquer le rôle de la ligne 3.

2. Implanter ce script dans un éditeur Python.

3 Copier la réponse obtenue pour :

population(100, 200, 2)

5 et vérifier par un calcul « à la main ».

(1)(5) **3. a)** Sachant qu'en 2018 il y a 12 000 habitants dans la ville A et 25 000 dans la ville B, prévoir les populations de ces deux villes en 2030.

(3) **b)** Reprendre la question **a)** avec 24 000 habitants dans la ville A et 12 000 dans la ville B.

4. Dans cette question, on suppose que le nombre d'habitants de la ville A est de 24 000 et celui de la ville B de 18 000.

(1)(4) **a)** Proposer une modification du script afin de déterminer le nombre d'années à partir duquel la population de la ville B sera supérieure à celle de la ville A.

(3)(5) **b)** Déterminer le nombre d'années correspondant pour que la population de la ville B soit supérieure à celle de la ville A.

75 Le graphique ci-dessous donne l'évolution de la population mondiale entre 1960 et 2010 (en millions de personnes).

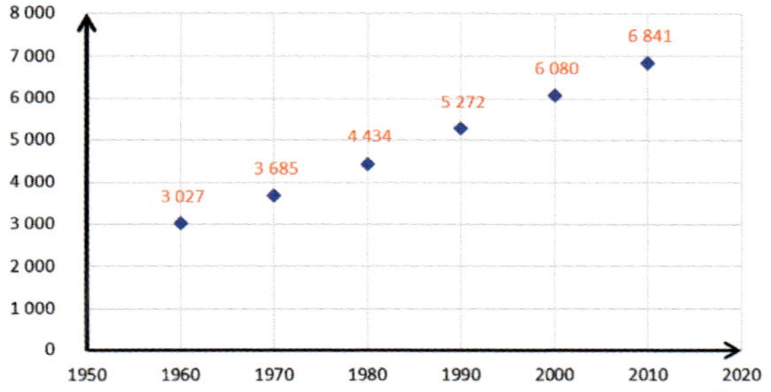

Source : *Banque mondiale.*

(1) **1. a)** L'évolution de la population mondiale peut-elle être modélisée par une suite arithmétique ?

(6) Justifier la réponse sans faire de calculs.

(5) **b)** Entre les années 2010 et 2060, combien y a-t-il de décennies ?

(5)(6) Calculer l'évolution moyenne de la population mondiale par décennie, en millions de personnes.

(2) **c)** Si l'évolution tous les 10 ans se poursuit selon ce modèle, en déduire une prévision de la population mondiale en 2020.

(5) Puis en 2060.

(4) **2. a)** Peut-on penser que ce modèle arithmétique est valable à long terme ? Argumenter.

(3) Proposer un autre modèle décennal.

(5) **b)** Calculer le taux d'évolution de la population entre 2010 et 1960.

(6) Arrondir à 1 % près. En donner une signification concrète.

(5) Calculer la population que l'on peut prévoir en 2060 suivant ce modèle.

(2) Comparer avec le modèle proposé en **1.**

76 On dispose d'une fonction Python ci-dessous, mais on ne retrouve plus l'énoncé auquel elle se réfère. On sait juste qu'il s'agit d'une grenouille qui traverse une rivière de 2,60 m de large.

```
def question(d):
    saut = 30
    longueur = 0
    compteur = 0
    while longueur < d:
        longueur = longueur + saut
        saut = 0.9*saut
        compteur = compteur + 1
    return compteur
```

(1)(6) Trouver un énoncé qui aurait nécessité la création d'une telle fonction et déterminer la question que l'on pourrait poser pour obtenir la réponse :

```
>>> question(260)
20
```

Pour commencer

Dans chaque QCM, trouver la ou les bonnes réponses.

QCM interactif · À télécharger QCM · PPT · Questions Flash

QCM 1

L'expression développée de $A(x) = (2x - 3)^2$ est :

a) $4x^2 - 9$ **b)** $4x^2 - 6x + 9$ **c)** $4x^2 - 12x + 9$

> Automatisme 18

QCM 2

On considère l'expression $B(x) = -6x^3 + 32x^2 - 10x$. $B(x)$ est l'expression développée de :

a) $x(5 - x)(6x - 2)$ **b)** $-2x(x - 5)(3x - 1)$ **c)** $-6x^2(x - 5) + 2x(x - 5)$

QCM 3

On considère l'expression $E(t) = \dfrac{t^2 - 1}{t + 1}$, pour $t > -1$.

a) Cette expression se simplifie en $E(t) = t - 1$

b) $E(-0,5) = 1,5$ **c)** $E(2) = 1$

> Automatisme 9

QCM 4

Soit l'équation $x^2 = 49$.

a) une solution est $x = 7$ **b)** les solutions sont -7 et 7 **c)** la solution est $x = 7$

> Automatisme 14

QCM 5

Soit $C(x) = -3(3x - 1)(3 - x)$. L'étude du signe de $C(x)$, dans un tableau de signes, donne :

a)

x		$\frac{1}{3}$		3	
$C(x)$	$-$	0	$+$	0	$-$

b)

x		$\frac{1}{3}$		3	
$C(x)$	$+$	0	$-$	0	$+$

c)

x		-3		3	
$C(x)$	$-$	0	$+$	0	$-$

> Automatisme 15

QCM 6

La fonction f définie sur $\mathbb{R}$ par $f(x) = -0,5x^2 - 1,5x + 2$ se traduit en langage Python par :

a)

```
def f(x):
    return -0.5*x^2-1.5*x+2
```

b)

```
def f(t):
    return -0.5*t**2-1.5*t+2
```

c) Sur calculatrice :

```
def f(X):
  return -0.5*X**2-1.5*X+2
```

> Utilisation de Python V

QCM 7

On considère la courbe $\mathscr{C}$ représentant la fonction f du **QCM 6** précédent.

a) Le point A(-3 ; 2) appartient à la courbe $\mathscr{C}$.

b) La courbe $\mathscr{C}$ traverse l'axe des abscisses exactement en -4 et en 1.

c) L'image de 4 par la fonction f est -10.

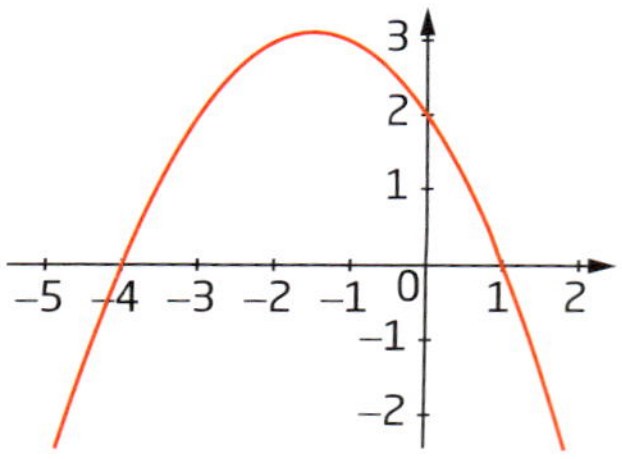

2 • Fonctions

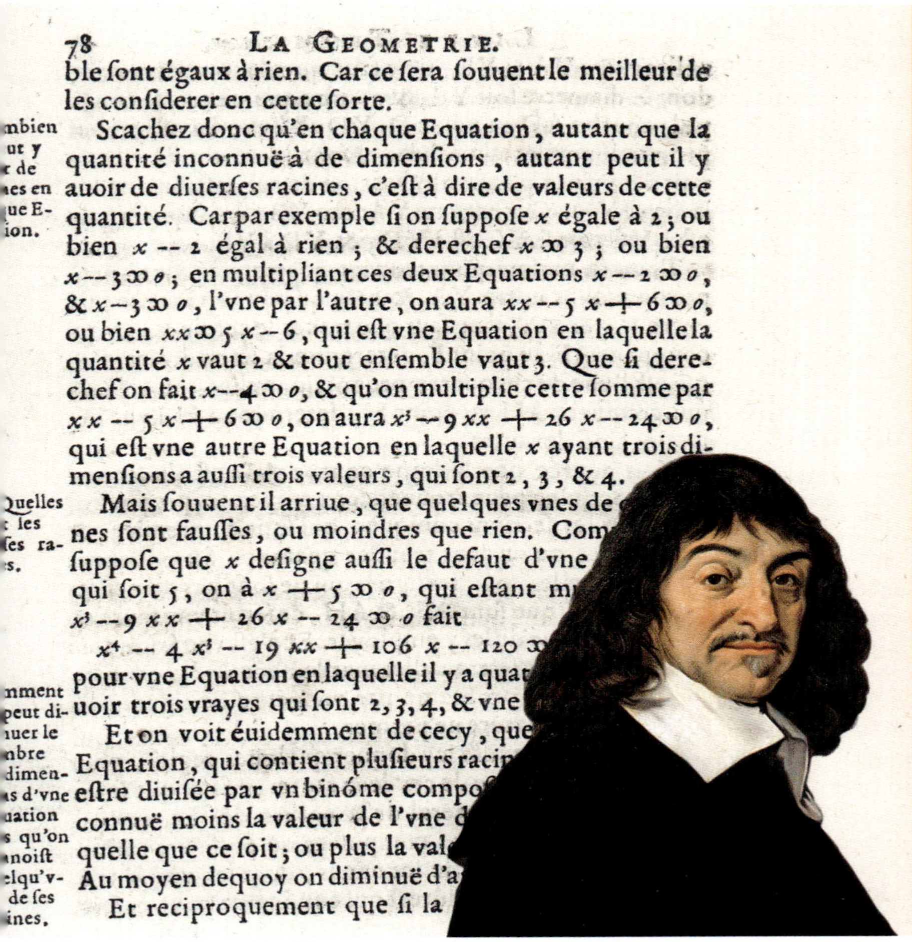
78 LA GEOMETRIE.

ble ſont égaux à rien. Car ce ſera ſouuent le meilleur de les conſiderer en cette ſorte.

Scachez donc qu'en chaque Equation, autant que la quantité inconnuë à de dimenſions, autant peut il y auoir de diuerſes racines, c'eſt à dire de valeurs de cette quantité. Car par exemple ſi on ſuppoſe x égale à 2; ou bien $x -- 2$ égal à rien; & derechef $x \infty 3$; ou bien $x -- 3 \infty 0$; en multipliant ces deux Equations $x -- 2 \infty 0$, & $x -- 3 \infty 0$, l'vne par l'autre, on aura $xx -- 5x + 6 \infty 0$, ou bien $xx \infty 5x -- 6$, qui eſt vne Equation en laquelle la quantité x vaut 2 & tout enſemble vaut 3. Que ſi derechef on fait $x -- 4 \infty 0$, & qu'on multiplie cette ſomme par $xx -- 5x + 6 \infty 0$, on aura $x^3 -- 9xx + 26x -- 24 \infty 0$, qui eſt vne autre Equation en laquelle x ayant trois dimenſions a auſſi trois valeurs, qui ſont 2, 3, & 4.

Mais ſouuent il arriue, que quelques vnes de
nes ſont fauſſes, ou moindres que rien. Com
ſuppoſe que x deſigne auſſi le defaut d'vne
qui ſoit 5, on à $x + 5 \infty 0$, qui eſtant m
$x^3 -- 9xx + 26x -- 24 \infty 0$ fait
$x^4 -- 4x^3 -- 19xx + 106x -- 120 \infty$
pour vne Equation en laquelle il y a quat
uoir trois vrayes qui ſont 2, 3, 4, & vne
Et on voit éuidemment de cecy, que
Equation, qui contient pluſieurs racin
eſtre diuiſée par vn binôme compo
connuë moins la valeur de l'vne d
quelle que ce ſoit; ou plus la val
Au moyen dequoy on diminuë d'a
Et reciproquement que ſi la

René Descartes et extrait de *La Géométrie* de René Descartes, 1664.

Histoire des maths

En introduisant la géométrie des coordonnées, Descartes le premier établit le lien entre deux quantités variables et une équation traduisant une relation de dépendance entre x et y. Une fonction est alors associée à une courbe. Il en déduit les solutions d'équations polynomiales : « l'équation dont les solutions sont 2, 3 et 4 est [...]

$$x^3 - 9x^2 + 26x - 24 = 0 \text{ ».}$$

> Cours p. 47

Leibniz introduit le terme **fonction** en 1673 et la notation $f(x)$.

À la suite d'une correspondance nourrie avec Jean Bernoulli, il donne en 1718 une définition associant une fonction à son expression. Euler, en 1748, affine cette notion d'expression, obtenue à partir *d'une combinaison d'opérations et de modes de calcul connus*, et parle d'expression analytique.

Dans la vie de tous les jours...

Dans la vie quotidienne, les fonctions sont partout : toutes les grandeurs économiques, écologiques... sont représentées par des courbes. Il est important de trouver des modèles pour les grandeurs.

Savoir les étudier, les interpréter, les critiquer est essentiel pour un citoyen.

Cours

1 • Fonction comme modèle d'évolution continue

ACTIVITÉ 1.1

Un industriel produit et vend des engrais bio.
Chaque mois, il vend entre 1 000 L et 7 000 L.
Il a relevé quelques valeurs de son bénéfice suivant la quantité d'engrais vendus. Le bénéfice est en milliers d'euros et les quantités en milliers de litres.

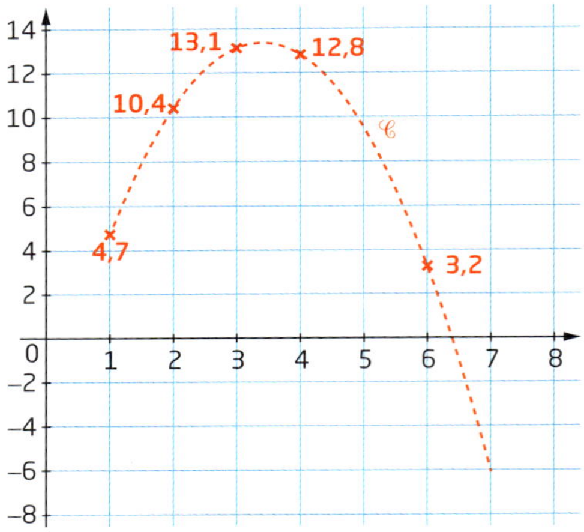

1. Le bénéfice présente-t-il une évolution discrète ou continue ?
2. À l'aide d'un logiciel, on approche les points par une courbe $\mathscr{C}$ d'équation $y = -1{,}5x^2 + 10{,}2x - 4$.

a) Vérifier que les points placés appartiennent à la courbe $\mathscr{C}$.

b) Calculer le bénéfice si on vend 4 500 L d'engrais.

c) Expliquer comment obtenir la quantité à vendre qui engendre un bénéfice nul.

> Automatisme 20

À RETENIR **Cours 1.1**

Mode de représentation

- Une fonction f est représentée par son **expression littérale** $f(x)$: à toute valeur réelle x de la variable est associé le nombre réel $f(x)$. On note $x \mapsto f(x)$, où x décrit l'ensemble de définition Df de la fonction f.
- Une fonction f est représentée graphiquement dans un repère par la **courbe d'équation** $y = f(x)$, ensemble des points M $(x\,;f(x))$, avec $x \in$ Df.

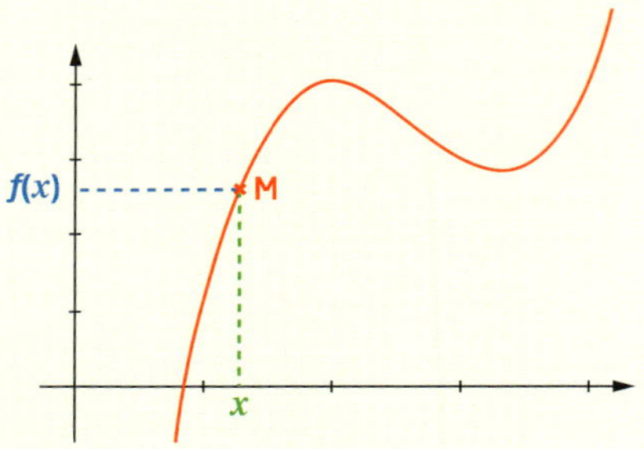

EXEMPLE 1.1 **Calculer des valeurs et représenter une fonction sur calculatrice**

Une fonction f est connue par son expression littérale $f(x) = 0{,}5\,(x-1)^2 - 8$ sur l'intervalle $[-4 : 6]$.

- Pour obtenir le tableau de valeurs de cette fonction sur calculatrice :

on entre l'expression en **Y1** : [f(x)] ▮\Y₁■0.5(X−1)²−8

on tabule en commençant en X = − 4, par exemple par pas de 1 :

[2nde] [fenêtre] (déf table f2) CONFIG TABLE DébutTbl=-4 △Tbl=1 on peut changer le pas (Tbl).

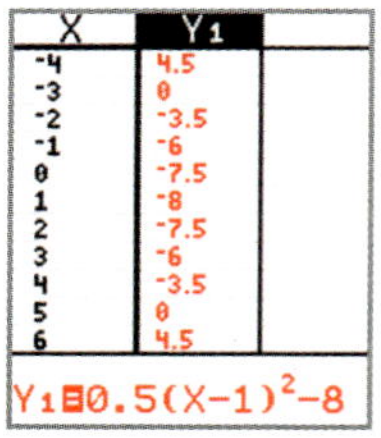

On visualise le tableau de valeurs par [2nde] [graphe] (table f5). Ainsi $f(3) = -6$.

- Pour visualiser la courbe de la fonction :

on choisit les abscisses suivant l'intervalle de définition [fenêtre] FENÊTRE Xmin=-4 Xmax=6 Xgrad=1

puis [zoom] [0] pour visualiser la courbe de cette fonction (ici sur TI-83).

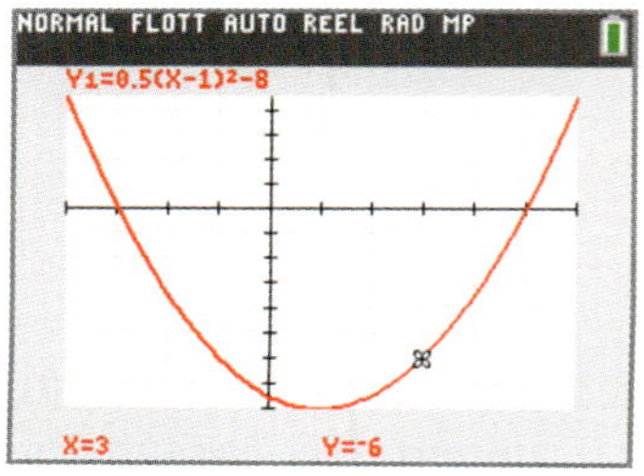

> Calculatrice Casio rabats II et III

ACTIVITÉ 1.2

On étudie l'offre et la demande de fraises sur un marché en gros.
Le prix varie entre 2 et 8 euros le kg. Les quantités offertes $f(x)$ et les quantités demandées $g(x)$, en tonnes, sont modélisées suivant le prix x par :

$$f(x) = 2x^2 + 4x + 15 \quad \text{et} \quad g(x) = -x^2 + 4x + 80.$$

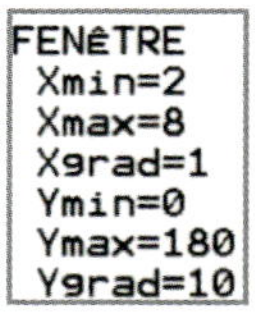

1. a) Visualiser la fonction d'offre f sur l'écran d'une calculatrice, en choisissant la fenêtre $X \in [2 ; 8]$ et $Y \in [0 ; 180]$.
Quel semble être son sens de variation ?

b) De même pour la fonction de demande g.

2. Sur le marché, le prix est de 4 € le kg.

a) Si le prix augmente de 1 € par kg, de quelle quantité varie l'offre ? et la demande ?

b) Si le prix augmente de 0,5 € par kg, calculer le quotient $\dfrac{\Delta y}{\Delta x} = \dfrac{f(4{,}5) - f(4)}{4{,}5 - 4}$.
En donner une interprétation.

À RETENIR Cours 1.2

Définition Soit deux valeurs a et b de la variable x telles que $a < b$. Le **taux de variation** d'une fonction f entre a et b est le quotient :

$$\frac{\Delta y}{\Delta x} = \frac{f(b) - f(a)}{b - a}, \text{ avec } a < b \text{ dans } Df.$$

Ce quotient est le coefficient directeur de la **sécante (AB)**.

Propriété admise Une fonction est **monotone** sur un intervalle lorsque le taux de variation entre deux valeurs quelconques de cet intervalle garde le même signe.

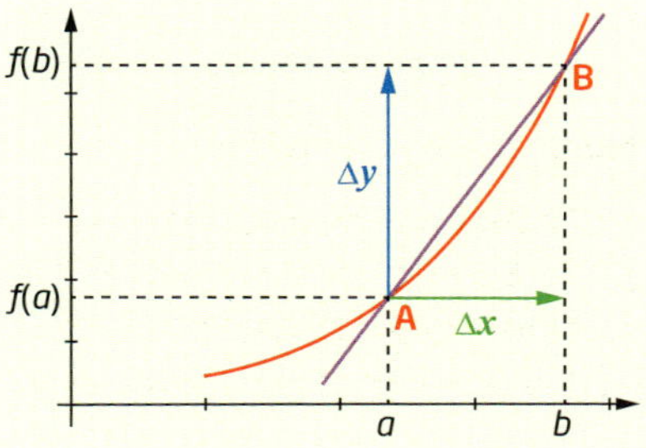

EXEMPLE 1.2 Grandeurs inversement proportionnelles

Le volume d'un récipient cylindrique est de 1 L, c'est-à-dire 1 dm^3.
On désire modéliser la dépendance entre l'aire de sa base B en dm^2 et sa hauteur h en dm.
Comme le volume V est constant et $V = B \times h$, alors on peut écrire :

$$1 = B \times h \quad \text{ou encore} \quad B = \frac{1}{h}.$$

La fonction qui à la hauteur h associe la base B est la fonction inverse $h \mapsto \dfrac{1}{h}$.

Ces 3 cylindres ont le même volume.

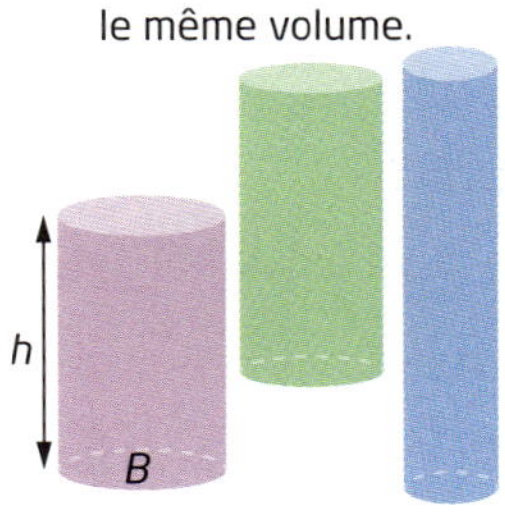

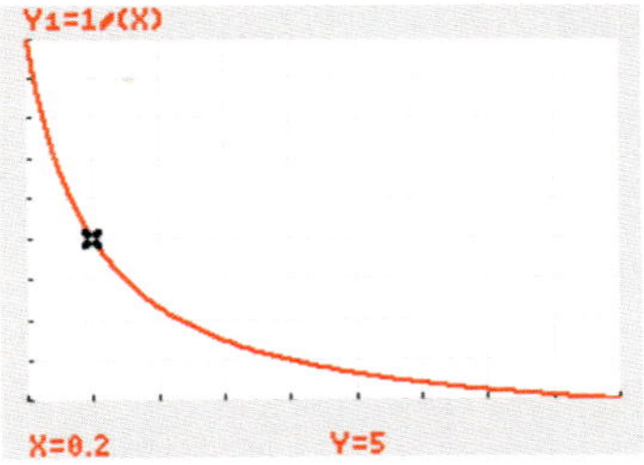

Ci-contre sa courbe sur l'intervalle $[0{,}1 ; 1]$.
Le taux de variation de la fonction inverse entre deux valeurs de x_1 et x_2 de cet intervalle est $\dfrac{-1}{x_1 \times x_2}$, toujours négatif si les deux réels sont dans $]0 ; +\infty[$ ou dans $]-\infty ; 0[$.

> Exercice 9

Le produit des deux grandeurs inversement proportionnelles est constant.

Tableau de grandeurs inversement proportionnelles

Hauteur h	0,1	0,2	0,3	0,5	0,8
Base B	10	5	3,33	2	1,25

Cours

2 • Fonctions polynômes de degré 2

ACTIVITÉ 2.1

On désire étudier la courbe des fonctions $x \mapsto ax^2$; $x \mapsto ax^2 + b$ et $x \mapsto a\,(x - x_1)\,(x - x_2)$, où le coefficient a est non nul, dans quelques cas simples.

1. À l'aide d'une calculatrice, visualiser les courbes $\mathscr{C}_1$, $\mathscr{C}_2$, $\mathscr{C}_3$ et $\mathscr{C}_4$ des fonctions suivantes :

a) $x \mapsto 1{,}5\,x^2$ **b)** $x \mapsto 3\,x^2$ **c)** $x \mapsto -x^2$ **d)** $x \mapsto -2\,x^2$

Indiquer leur axe de symétrie et dresser leur tableau de variations.

> Automatisme 21

2. De même, visualiser les courbes des trois fonctions de degré 2 définies sur $[-3\,;3]$.

a) $x \mapsto 1{,}5x^2 + 2$ **b)** $x \mapsto 3x^2 - 3$ **c)** $x \mapsto -x^2 + 4$

3. Soit deux fonctions, définies pour la variable réelle x, par :

$$x \mapsto -1{,}5\,(x-1)\,(x+3) \quad \text{et} \quad x \mapsto 2\,(x-5)\,(x-3)$$

Ci-contre la visualisation de leurs courbes pour $x \in [-7\,;8]$.

Conjecturer leur axe de symétrie, et leurs intersections avec l'axe des abscisses. Justifier ces abscisses.

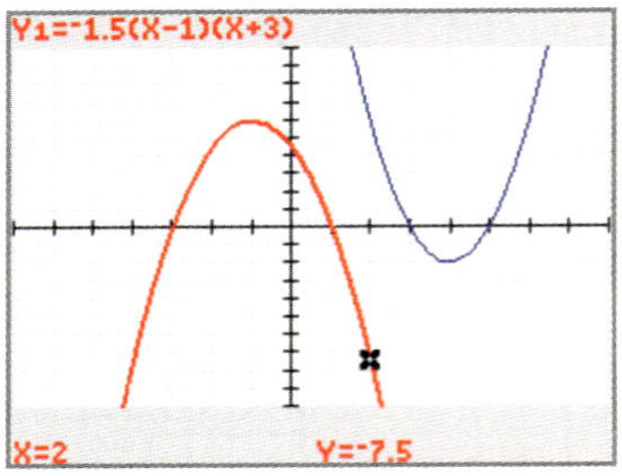

À RETENIR Cours 2.1

Définition Les fonctions $x \mapsto ax^2$; $x \mapsto ax^2 + b$ et $x \mapsto a(x - x_1)\,(x - x_2)$, avec a non nul, sont des fonctions **polynômes de degré 2**, représentées par des paraboles.

- **Si $a > 0$**, la parabole est tournée vers le haut.
- **Si $a < 0$**, la parabole est tournée vers le bas.

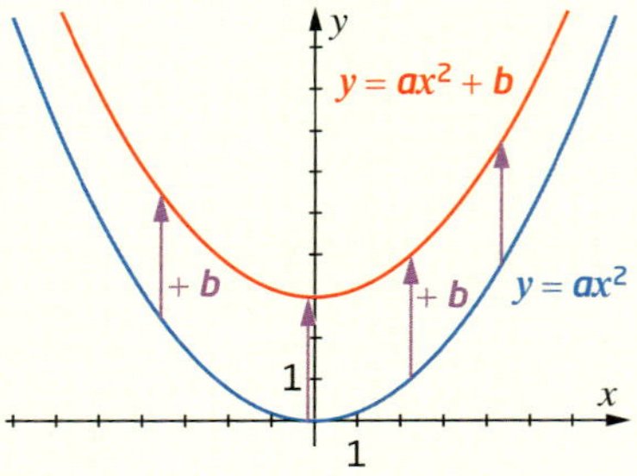

La courbe d'équation $y = ax^2 + b$ est l'image de la courbe d'équation $y = ax^2$ par la translation de vecteur $+b\vec{j}$.
Elle admet l'axe des ordonnées comme axe de symétrie.

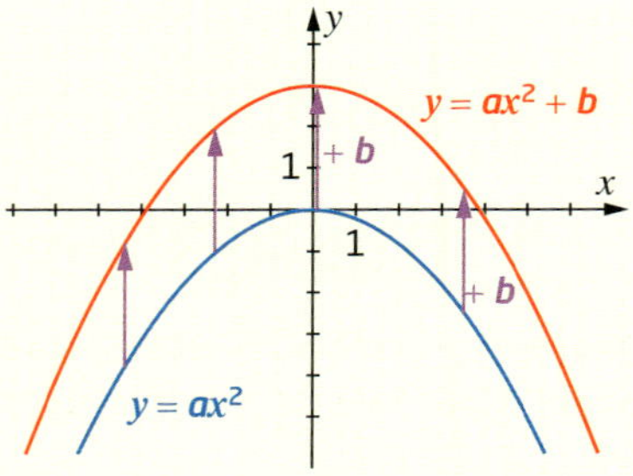

- La parabole d'équation $y = a\,(x - x_1)\,(x - x_2)$ traverse l'axe des abscisses en x_1 et x_2.

EXEMPLE 2.1 **Caractériser une fonction $x \mapsto a\,(x - x_1)\,(x - x_2)$**

Soit la fonction f telle que $f(x) = -0{,}5\,(x-1)\,(x-7)$.
Sa courbe est une parabole, tournée vers le bas ☹, car $a = -0{,}5$, qui traverse l'axe des abscisses en 1 et 7, solutions de l'équation $f(x) = 0$.

Par raison de symétrie, son sommet a pour abscisse : $x_S = \dfrac{1+7}{2} = 4$.

Et l'ordonnée du sommet est : $y_S = f(4) = -0{,}5\,(4-1)\,(4-7) = 4{,}5$.
On a $f(x) \geqslant 0$ sur $[1\,;7]$ et on a $f(x) \leqslant 0$ sur $]-\infty\,;1] \cup [7\,;+\infty[$.

> Automatisme 21

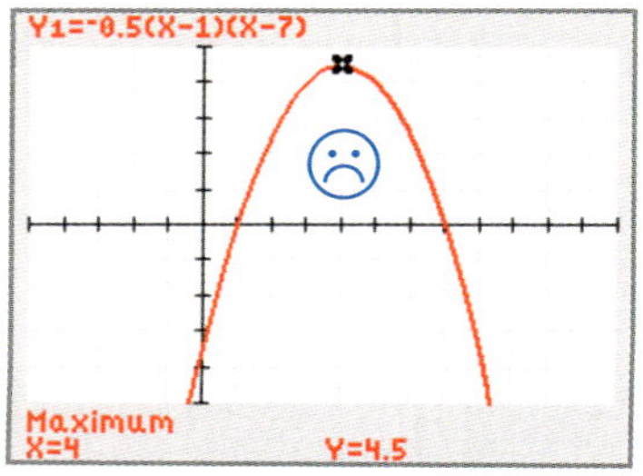

ACTIVITÉ 2.2

On donne deux polynômes de degré 2 :

$$f(x) = x^2 - 9 \quad \text{et} \quad g(x) = -x^2 + 5x - 4.$$

1. Factoriser $f(x)$, puis résoudre $x^2 - 9 = 0$.
Dresser son tableau de signes.

2. Pour le polynôme $g(x)$:

a) justifier que 1 est une racine de ce polynôme,

b) vérifier que 4 est aussi racine. Conjecturer une factorisation de $g(x)$,

c) dresser le tableau de signes de $g(x)$.

> Automatismes 14 et 15

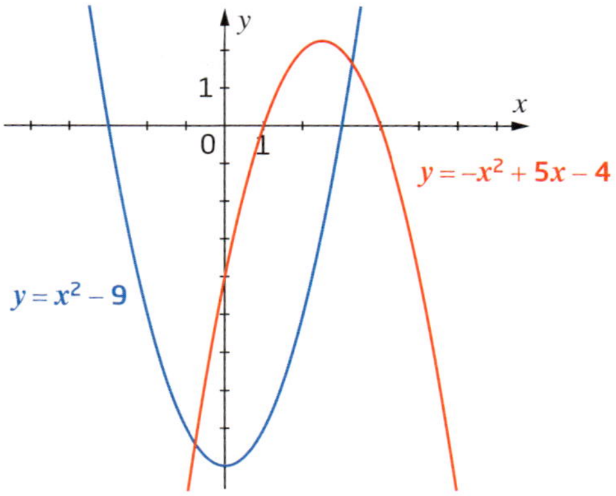

À RETENIR Cours 2.2

Propriété Un polynôme de degré 2, de forme factorisée $f(x) = a\,(x - x_1)\,(x - x_2)$, a deux **racines** x_1 et x_2, solutions de l'équation $f(x) = 0$.
On obtient le **signe du polynôme** suivant le signe du coefficient a et la position de la parabole par rapport à l'axe des abscisses.

- **Si a > 0 :**

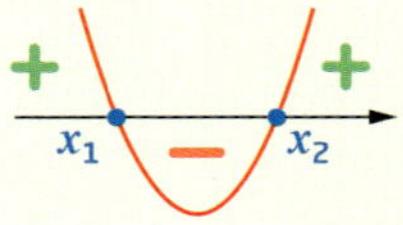

Tableau de signes

x		x_1		x_2	
Signe de $f(x)$	+	0	−	0	+

- **Si a < 0 :**

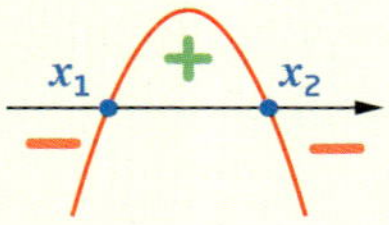

Tableau de signes

x		x_1		x_2	
Signe de $f(x)$	−	0	+	0	−

EXEMPLE 2.2 Étudier une trajectoire et déterminer une factorisation

- Maxime s'entraîne à marquer des paniers au basket : il prend de l'élan et lâche le ballon à 2,5 m du sol. Le panier est à 3,7 m de lui. La trajectoire du ballon est modélisée par :

$$h(x) = -0{,}5\,x^2 + 2x + 2{,}5$$

$h(x)$ est la hauteur du ballon au-dessus du sol et x la distance horizontale du joueur au ballon, x et $h(x)$ sont exprimés en mètre.
On vérifie que $h(0) = 2{,}5$, hauteur du lâcher.
Le panier est à une hauteur $h(3{,}7) = 3{,}055$.
Le ballon retouche le sol lorsque $h(x) = 0$.

- Comme $-0{,}5 \times (-1)^2 + 2 \times (-1) + 2{,}5 = 0$, l'équation $-0{,}5x^2 + 2x + 2{,}5 = 0$ a une solution évidente $x_1 = -1$.
Donc $h(x)$ se factorise en $(x + 1)\,(ax + k)$.

- On développe : $ax^2 + ax + kx + k$, et on identifie avec le polynôme ; ainsi on obtient $a = -0{,}5$ et $k = 2{,}5$.
D'où la factorisation : $h(x) = (x + 1)\,(-0{,}5\,x + 2{,}5)$.
Et $h(x) = 0$ pour $x_1 = -1$ et $x_2 = \dfrac{2{,}5}{0{,}5} = 5$.
Si le lancer est raté, le ballon retouche le sol à 5 m.

Cours

3 • Fonctions polynômes de degré 3

ACTIVITÉ 3.1

On désire étudier les fonctions $x \mapsto ax^3$ et $x \mapsto ax^3 + b$, où a est un réel non nul.

1. À l'aide d'une calculatrice, visualiser les courbes $\mathscr{C}_1$, $\mathscr{C}_2$ et $\mathscr{C}_3$ des fonctions suivantes :

$$f_1 : x \mapsto 2x^3 \;; \quad f_2 : x \mapsto -0{,}1\,x^3 \quad \text{et} \quad f_3 : x \mapsto 0{,}5\,x^3 - 4.$$

Indiquer leur sens de variation.
Préciser leur intersection avec l'axe des abscisses.

2. On rappelle que la fonction cube $x \mapsto x^3$ est croissante sur $\mathbb{R} =]-\infty, +\infty[$. Autrement dit : deux réels et leurs cubes sont rangés dans le même ordre : **si $x_1 < x_2$, alors $x_1{}^3 < x_2{}^3$.**

a) Si $a > 0$, démontrer que les fonctions $x \mapsto ax^3$ et $x \mapsto ax^3 + b$ sont croissantes sur $\mathbb{R}$.

b) Si $a < 0$, conjecturer le sens de variation des fonctions $x \mapsto ax^3$ et $x \mapsto ax^3 + b$.
Le démontrer.

3. On reprend la fonction f_3 : $x \mapsto 0{,}5\,x^3 - 4$.
Isoler x^3 dans l'équation $0{,}5\,x^3 - 4 = 0$.
Résoudre cette équation en s'appuyant sur le tableau de valeurs de la fonction cube.

À RETENIR Cours 3.1

Propriété Les fonctions $x \mapsto ax^3$ et $x \mapsto ax^3 + b$, où a est un réel non nul, sont strictement croissantes sur $\mathbb{R}$ si $a > 0$, et strictement décroissantes sur $\mathbb{R}$ si $a < 0$.

Définition Pour tout réel k, il n'existe qu'une seule solution à l'équation $x^3 = k$, appelée la **racine cubique** de k.

Notation La racine cubique du réel k s'écrit $k^{\frac{1}{3}}$ ou $\sqrt[3]{k}$.

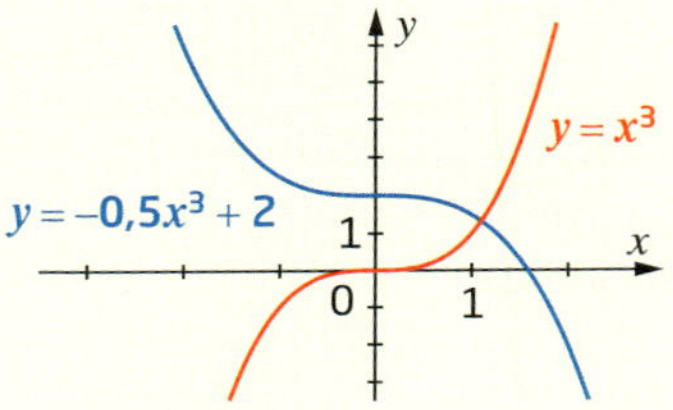

EXEMPLE 3.1 **Étudier une fonction de degré 3 et résoudre une équation $x^3 = k$**

Un gros producteur de poires étudie le coût total de sa production.
Pour une quantité q de 0 à 6 tonnes de poires, le coût total en milliers d'euros est modélisé par $C(q) = 0{,}05\,q^3 + 4$.
Le coût total est croissant, car pour toutes quantités $q_1 < q_2$, alors $q_1{}^3 < q_2{}^3$ et en multipliant par 0,05 et en ajoutant 4, on obtient :

$$0{,}05\,q_1{}^3 + 4 < 0{,}05\,q_2{}^3 + 4, \text{ c'est-à-dire } C(q_1) < C(q_2).$$

Les coûts fixes sont de 4 000 €, car $C(0) = 4$.
On cherche la quantité correspondant à un coût total de 10 250 €.
On résout l'équation $0{,}05\,q^3 + 4 = 10{,}250 \Leftrightarrow q^3 = \dfrac{10{,}25 - 4}{0{,}05} = 125$.
La solution est $q = 125^{\frac{1}{3}} = 5$.
Ainsi, le coût total est de 10 250 € pour 5 tonnes de poires, soit un coût moyen :

$$\frac{10\,250}{5\,000} = 2{,}05 \text{ c'est-à-dire } 2{,}05 \text{ € le kg.}$$

ACTIVITÉ 3.2

Descartes s'intéressait aux polynômes et aux nombres de leurs racines suivant leur degré.
Il affirmait qu'une «équation du 3e degré a 3 racines, réelles ou imaginaires ».

Soit l'équation $x^3 - 9x^2 + 26x - 24 = 0$.

Extraits de *La Géométrie* de Descartes

$x^3 - 9xx + 26x - 24 \propto 0$

qui eſt vne autre Equation en laquelle *x* ayant trois dimenſions a auſſi trois valeurs, qui ſont 2, 3, & 4.

1. a) Visualiser le tableau de valeurs de la fonction $x \mapsto x^3 - 9x^2 + 26x - 24$, par pas de 1.
Quelles semblent être les solutions de l'équation du texte de Descartes ?

b) Conjecturer alors une factorisation de $x^3 - 9x^2 + 26x - 24$, puis la développer pour vérifier.

2. On considère le polynôme $P(x) = -2(x - 0{,}5)(x + 1)(x - 1)$.

a) Déterminer ses racines. Visualiser sa courbe sur une calculatrice.

b) Étudier le signe de $P(x)$ à l'aide d'un tableau de signes, à compléter.

x	
$-2(x - 0{,}5)$	...
$x + 1$	...
$x - 1$	...
$P(x)$	...

> Automatisme 15

À RETENIR Cours 3.2

Propriété Un polynôme de degré 3 ayant la forme factorisée :
$x \mapsto a(x - x_1)(x - x_2)(x - x_3)$ admet 3 racines x_1, x_2 et x_3.
Si les trois solutions sont distinctes, la courbe traverse trois fois l'axe des abscisses, et le polynôme est alternativement positif ou négatif.

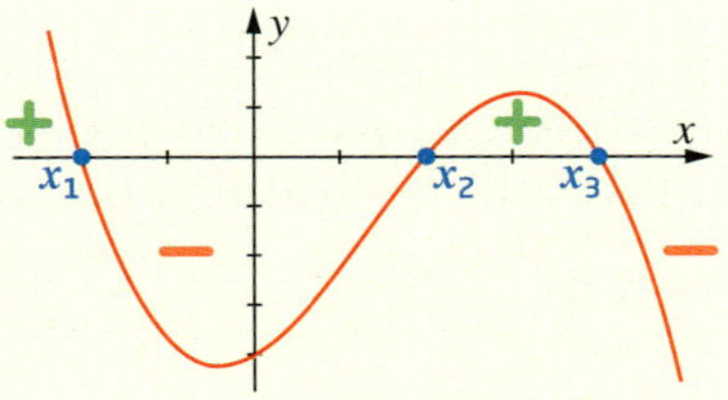

EXEMPLE 3.2 Polynôme de degré 3 : lire sur la courbe

• Marie-Cécile a créé le bijou ci-dessous.
Les lignes de ce bijou sont données par deux courbes :
$\mathscr{C}_1$ représentant la fonction $f : x \mapsto -x^3 + 10$ et $\mathscr{C}_2$ passant par les points A(2 ; 0), B(– 2,5 ; 0) et C(0 ; 10) et D($-\frac{4}{3}$; 13), représentant une fonction polynôme g de degré 3.

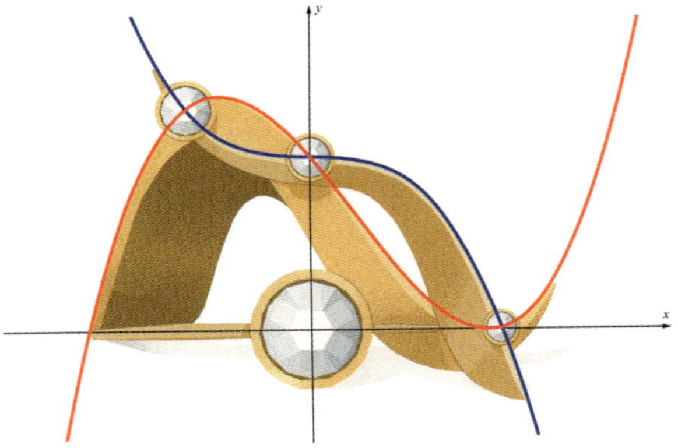

• On place le dessin sur une feuille d'un logiciel de géométrie dynamique.
On recherche l'équation de $\mathscr{C}_2$.
La courbe $\mathscr{C}_2$ traverse l'axe des abscisses en – 2,5 et en 2, et de plus il semble que 2 soit une racine double.

• On peut donc conjecturer que :

$$g(x) = a(x + 2{,}5)(x - 2)^2.$$

Comme $C(0 ; 10) \in \mathscr{C}_2 \Leftrightarrow g(0) = 10$.
Or $g(0) = a \times 2{,}5 \times 2^2 = 10a$. D'où $a = 1$.
Ainsi $\mathscr{C}_2$ a pour équation $y = (x + 2{,}5)(x - 2)^2$.

Algorithmique et programmation

Capacités attendues

Atelier 1 > *Modéliser la dépendance entre deux grandeurs à l'aide d'une fonction*
Atelier 2 > *Interpréter le taux de variation comme pente de la sécante à la courbe passant par deux points distincts*

Atelier 1 • Retraitement des déchets

Une usine retraite des déchets industriels. La machine de traitement fonctionne jour et nuit. On a relevé quelques volumes de ferraille traitée, suivant la durée d'utilisation de la machine.

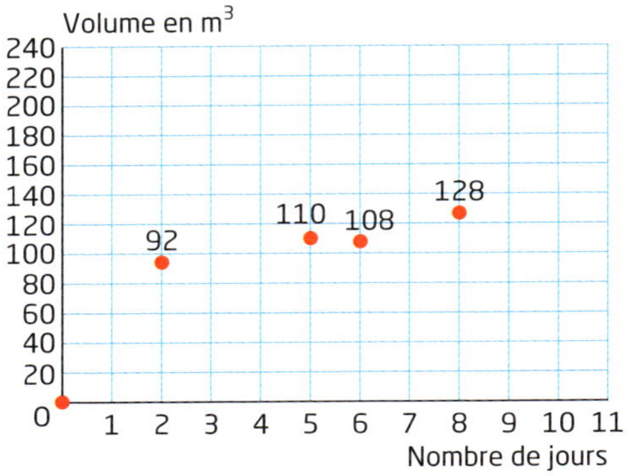

1. Peut-on modéliser cette production par une fonction affine ? Une fonction de degré 2 ?

2. Entrer les données sur un tableur et visualiser le nuage de points comme ci-dessus. Par clic droit sur un point du nuage, sélectionner **Ajouter une courbe de tendance** et ouvrir la fenêtre de **Format de courbe de tendance**. Essayer **Linéaire** ou **Polynomiale** et **Afficher l'équation sur le graphique**. Noter l'équation affichée.

3. Soit P la fonction définie sur $[0\,;10]$ par $P(t) = t^3 - 15\,t^2 + 72\,t$.

a) Par quelques calculs, vérifier que cette fonction est adaptée aux valeurs.

b) D'après ce modèle, calculer le volume de ferraille traitée après 10 jours.

Atelier 2 • Pente sur une colline

La courbe d'équation $y = x - 0{,}01x^2$ modélise une colline : x est la distance à l'horizontal d'un point de la colline et y la hauteur de ce point. On a $x \in [0\,;100]$. Les dimensions sont en m.
Soit $f(x) = x - 0{,}01\,x^2$.

1. a) Calculer le taux de variation de la fonction f entre 19 et 20, puis entre 19,5 et 20.
Interpréter la valeur obtenue en pente d'une sécante.

b) On a calculé le taux de variation de f entre 19,9 et 20.

$\dfrac{f1(20)-f1(19.9)}{0.1}$	0.601

Conjecturer la pente à 20 m du pied de la colline.

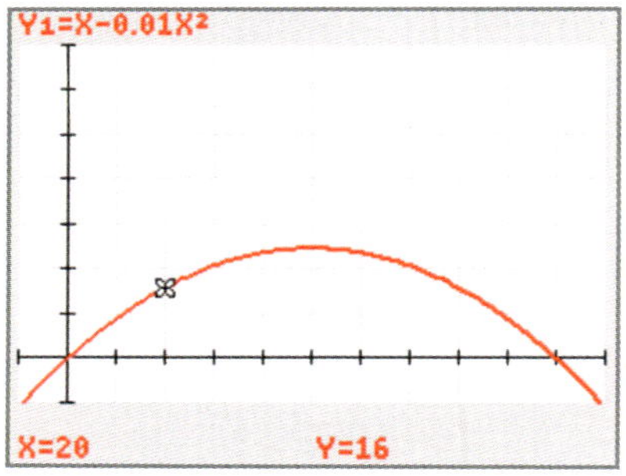

2. Calculer le taux de variation de f entre 70,1 et 70. Interpréter concrètement son signe.

3. Recherche : est-il possible d'avoir une pente de 0,5 sur cette colline ?
On présentera l'outil utilisé : tableur, script Python ou calcul algébrique…

Capacités attendues

Atelier 3 > *Associer une parabole à une expression algébrique de degré 2, pour les fonctions de la forme : $x \mapsto ax^2$, $x \mapsto ax^2 + b$, $x \mapsto a(x - x_1)(x - x_2)$*

Atelier 4 > *Vérifier qu'une valeur conjecturée est racine d'un polynôme de degré 2 ou 3*

Atelier 3 guidé • Parabole et expression algébrique

Pour chacune des paraboles tracées, conjecturer la fonction de degré 2 qu'elle représente.

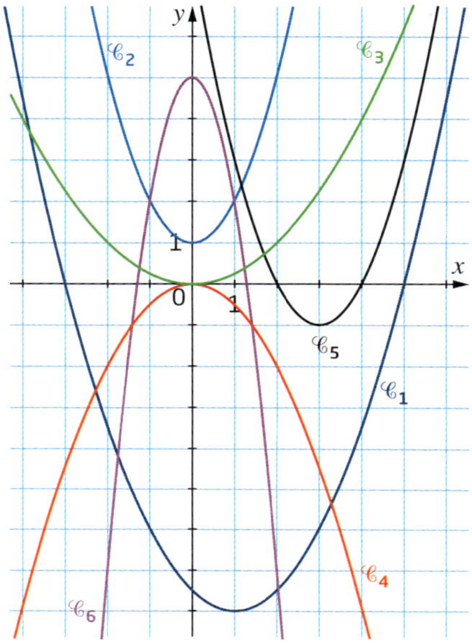

Étape 1 : Repérer si le sommet de la parabole est l'origine O.

Étape 2 : Si oui, la fonction est de la forme $x \mapsto ax^2$.
Lire les coordonnées d'un point à coordonnées entières et traduire son appartenance à la courbe d'équation $y = ax^2$.
On obtient une équation d'inconnue a.

Étape 3 : Si non, repérer si le sommet de la parabole est sur l'axe des ordonnées.
Si oui, la fonction est de la forme $x \mapsto ax^2 + b$.
Lire b et déterminer le coefficient a comme à l'étape 2.

Étape 4 : Si non, repérer l'axe de symétrie de la parabole et les points d'intersection de la parabole avec l'axe des abscisses.
La fonction est alors de la forme : $x \mapsto a(x - x_1)(x - x_2)$.

Pour tous ces cas, il reste à utiliser un autre point de la parabole pour déterminer le coefficient a.

Pour vérifier, s'appuyer sur une calculatrice graphique ou un logiciel de géométrie dynamique en créant des curseurs.

Atelier 4 • Point sur une courbe

La courbe $\mathscr{C}$ a pour équation $y = \dfrac{x^2 - 7x + 10}{4}$, représentation de $f : x \mapsto \dfrac{x^2 - 7x + 10}{4}$.

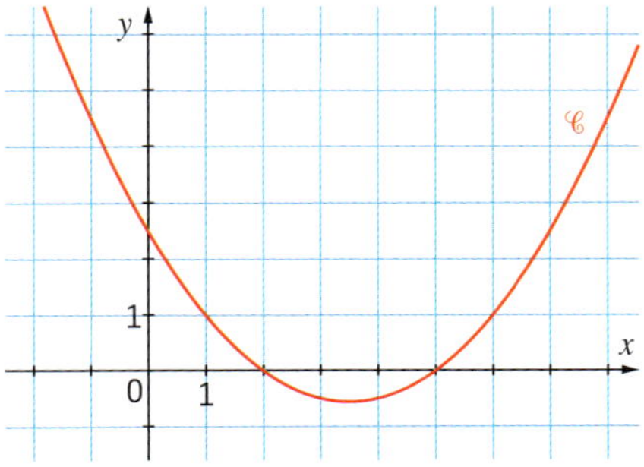

1. a) Quelles semblent être les coordonnées des points A et B, intersections de $\mathscr{C}$ avec l'axe des abscisses ?

b) Vérifier par le calcul que ces points appartiennent bien à la courbe $\mathscr{C}$.

> On rappelle que :
> $$A(x_A ; y_A) \in \mathscr{C} \Leftrightarrow f(x_A) = y_A$$
> Autrement dit, les coordonnées du point A vérifient l'équation de la courbe.
> > Automatisme 22

c) En déduire une factorisation de $\dfrac{x^2 - 7x + 10}{4}$.

d) Calculer les coordonnées du sommet de la courbe $\mathscr{C}$.

2. D'après la courbe, indiquer le signe de $f(x)$ suivant les valeurs de x.
Démontrer ce résultat à l'aide d'un tableau de signes.

Capacités attendues

Atelier 5 > *Savoir résoudre une équation du second degré à l'aide d'un solveur*

Atelier 5 guidé • Point d'équilibre : offre et demande égales

Pour un marché régional, on étude l'offre et la demande de viande de mouton.
Le prix varie entre 5 et 12 € le kg et les quantités offertes et demandées sont en tonnes, telles que :

Offre : $f(x) = 0{,}4x + 2{,}5$

Demande : $g(x) = -0{,}1x^2 + 0{,}7x + 9$.

Les courbes ci-dessous représentent ces fonctions.
Le marché est en équilibre lorsque les quantités offertes sont égales aux quantités demandées.

1. Répondre par lecture graphique :

a) Au prix de 9 € le kg, la demande est-elle satisfaite ? Argumenter.

b) Pour une quantité offerte de 7 tonnes, lire le prix de l'offre.
À ce prix, expliquer pourquoi la demande ne sera pas suffisante et qu'ainsi il y aura surplus.

c) Lire une valeur approchée du prix d'équilibre, prix pour lequel la quantité demandée est égale à la quantité offerte.

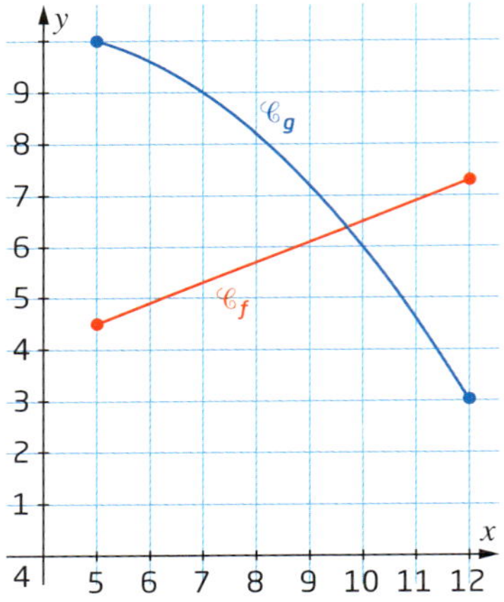

2. On se propose de chercher la quantité d'équilibre, à 10 kg près.

Étape 1 : Exprimer, en fonction de x, la différence entre l'offre et la demande $h(x) = f(x) - g(x)$, pour tout prix x de 5 à 10 € par kg.

Étape 2 : Utiliser le solveur d'une calculatrice pour résoudre l'équation $h(x) = 0$, équation de degré 2.

Sur TI-83 : résol 2:PlySmlt2 1:RACINES D'UN POLYNôME

Choisir le degré : DEGRÉ 1 2, puis SUIV. par table f5 graphe.

POLYNôME - DEGRÉ 2

Entrer les coefficients : 1x²+ 0x+ 0=0.

Obtenir les résultats : RÉSOL par table f5 graphe.

Étape 3 : Conclure pour le prix d'équilibre à 0,01 € près.

Étape 4 : Calculer la quantité d'équilibre à 10 kg près.

3. La fonction de demande est inchangée. Mais, suite à un problème dans le cheptel, la fonction d'offre devient $k(x) = 0{,}4\,x + 2$, ce qui signifie que l'offre baisse de 500 kg, quel que soit le prix x.
Déterminer le nouvel équilibre prix-quantité.
La nouvelle quantité a-t-elle baissé de 500 kg ?

Capacités attendues

Atelier 6 > *Savoir factoriser une expression du second degré connaissant au moins une de ses racines*
Atelier 7 > SITUATION ALGO : *Calculer une valeur approchée d'une solution d'une équation par balayage*

Atelier 6 • Factorisation d'un polynôme de degré 2 : recherche des points morts

L'entreprise Silver réalise un bénéfice sur la vente d'une quantité q de métaux, entre 0 et 9 tonnes.
Ce bénéfice est défini par :

$$B(q) = -q^2 + 9{,}4\,q - 8{,}4, \text{ en milliers d'euros.}$$

On désire connaître les **points morts**, c'est-à-dire les quantités pour lesquelles le bénéfice est nul.

1. Établir la **liste des bénéfices**, par tonne de 0 à 9 tonnes :

```
B=[-q**2+9.4*q-8.4 for q in range(10)]
```

Éditer cette liste en extension dans la console ou à l'écran d'une calculatrice.

2. a) Vérifier qu'il existe une quantité pour laquelle le bénéfice est nul. Soit q_1 cette quantité.
$B(q)$ s'écrit donc sous forme factorisée $B(q) = (q - q_1)(a\,q + k)$.

b) Développer $(q - q_1)(a\,q + k)$: on remplacera q_1 par la valeur trouvée en **2.a)**.
Par identification avec le polynôme $-q^2 + 9{,}4\,q - 8{,}4$, déterminer les réels a et k et la factorisation du polynôme $B(q)$.
En déduire les points morts de ce bénéfice.

c) Déterminer les quantités qui permettent de réaliser un bénéfice positif.

SITUATION ALGO

Atelier 7 • Recherche d'une solution par balayage

Le profil d'un toboggan est donné par la fonction f telle que :

$$f(x) = 0{,}02\,x^3 - 0{,}18\,x^2 + 2{,}16.$$

$f(x)$ est la hauteur en m pour une distance au sol de x mètres.
On cherche à quel niveau au sol placer un poteau de 1,5 m pour consolider le toboggan.

1. Définir la fonction f en langage Python et calculer $f(0)$ et $f(6)$.

```
def f(x):
    return
```

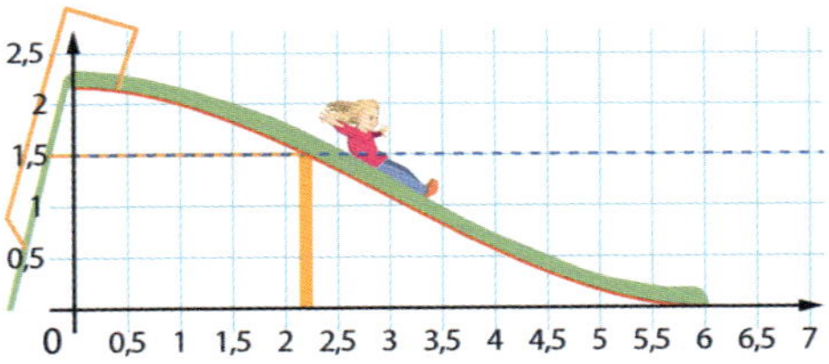

Conjecturer la hauteur maximale du toboggan et la distance maximale au sol.
On admet que la fonction f est décroissante sur $[0\,;6]$.

2. Pour résoudre le problème posé, on propose d'utiliser un programme qui permet de calculer toutes les valeurs de $f(x)$ par pas de 0,01 jusqu'à devenir inférieur ou égal à 1,5. On parle de résolution par balayage.

a) Compléter le script ci-contre.

b) Implanter la fonction f et le script dans un éditeur Python.

c) Copier la réponse obtenue, et l'interpréter dans le cadre du problème posé.

```
def poteau():
    x=0
    while f(x)>1.5:
        x=x+0.01
    return x
```

Faire le point

CAPACITÉS	L'ESSENTIEL

Modéliser la dépendance entre deux grandeurs à l'aide d'une fonction

Deux grandeurs peuvent être liées dans un modèle continu par une fonction. Une fonction f est représentée de deux façons :
- son **expression littérale $f(x)$** sur son ensemble de définition,
- sa **courbe d'équation $y = f(x)$**, ensemble des points M(x ; $f(x)$)

Savoir calculer et interpréter le taux de variation entre deux valeurs a et b

- Le **taux de variation** d'une fonction f entre a et b, avec $a < b$, est le quotient :

$$\frac{\Delta y}{\Delta x} = \frac{f(b) - f(a)}{b - a}$$

- C'est le coefficient directeur de la **sécante** (AB) à la courbe $\mathscr{C}$ de f.

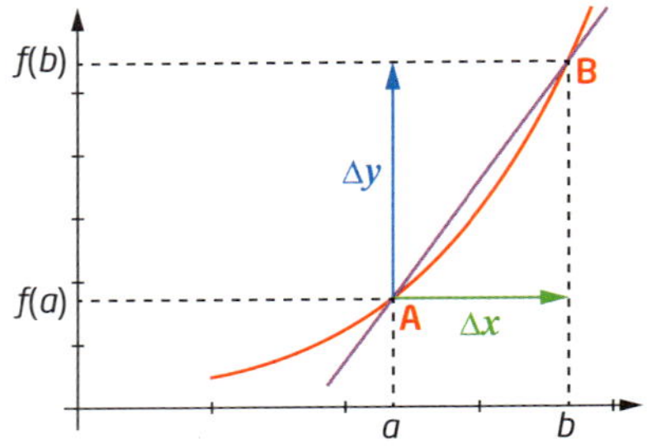

- Lorsque le taux de variation entre deux valeurs quelconques d'un intervalle garde **le même signe** la fonction est **monotone** sur cet intervalle.

Connaître la représentation graphique d'une fonction de degré 2 et donner son allure

Les fonctions $x \mapsto ax^2$; $x \mapsto ax^2 + b$ et $x \mapsto a(x - x_1)(x - x_2)$, avec a non nul, sont des fonctions polynômes de degré 2, représentées par des paraboles.

- Si $a > 0$, la parabole est tournée vers le haut.

- Si $a < 0$, la parabole est tournée vers le bas.

Savoir déterminer les racines et le signe d'un polynôme de degré 2 sous forme factorisée

Soit $f(x) = a(x - x_1)(x - x_2)$. Les solutions de l'équation $f(x) = 0$ sont les deux **racines x_1 et x_2**. Si les deux racines sont distinctes :

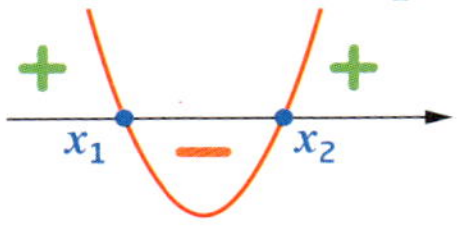

- **Si $a > 0$** : Tableau de signes

x		x_1		x_2	
Signe de $f(x)$	+	0	−	0	+

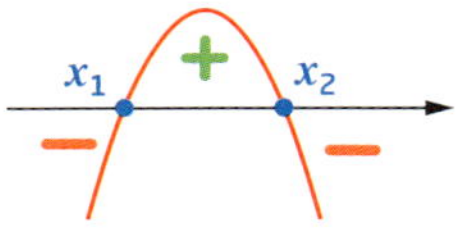

- **Si $a < 0$** : Tableau de signes

x		x_1		x_2	
Signe de $f(x)$	−	0	+	0	−

Savoir utiliser la forme factorisée d'un polynôme de degré 3

Un polynôme de degré 3 ayant pour forme factorisée :
$x \mapsto a(x - x_1)(x - x_2)(x - x_3)$
admet **3 racines x_1 ; x_2 et x_3**.
Si les 3 racines sont distinctes, la courbe traverse trois fois l'axe des abscisses.

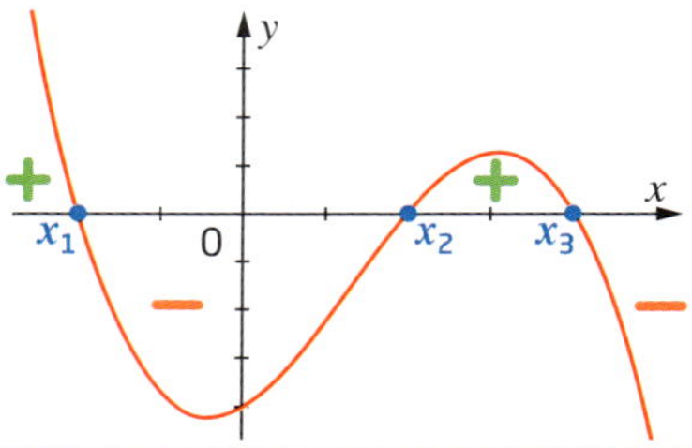

Savoir résoudre l'équation $x^3 = k$ pour tout réel k

L'unique solution de l'équation $x^3 = k$ est la **racine cubique** de k :

$$x = k^{\frac{1}{3}} \text{ noté aussi } \sqrt[3]{k}$$

S'évaluer

Dans chaque QCM, trouver la ou les bonnes réponses.

QCM interactif · À télécharger QCM · PPT · Questions Flash

QCM Cours 1

1 Le prix d'un produit subit l'offre et la demande.
On a pu modéliser la quantité demandée en fonction du prix suivant la courbe ci-contre.

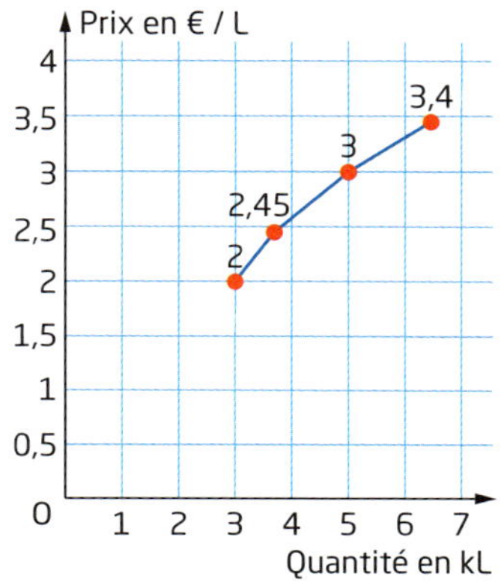

a) **Pour une quantité de 5 000 litres, le prix est de 3 € par litre.**

b) **Plus le prix diminue, plus la quantité diminue.**

c) **Si le prix augmente de 1 € par litre, la quantité augmente de 2 000 L.**

2 On considère la fonction d'offre f vue en **1**.
Le taux de variation du prix entre 3 kL et 5 kL est :

a) $\dfrac{f(5) - f(3)}{5 - 3}$ **b)** 0,5 **c)** 2

QCM Cours 2

3 La courbe d'équation $y = -2x^2 + 3$:

a) **est une parabole tournée vers le bas**

b) **a pour sommet le point S(– 2 ; 3)**

c) **est la translatée de la courbe d'équation $y = x^2$ par la translation de vecteur $3\vec{j}$**

4 Le polynôme $f(x) = 3(x - 4)(7 - 2x)$:

a) **a deux racines 4 et $\dfrac{7}{2}$** **b)** **s'écrit $f(x) = -6x^2 + 15x - 28$**

c) **est strictement positif sur $\left]\dfrac{7}{2}\,;4\right[$**

QCM Cours 3

5 L'équation $4x^3 - 17 = 239$ a pour solution(s) :

a) $x = 4$ **et** $x = -4$ **b)** $x = 4$ **c)** $x = 64$

6 On considère le polynôme $P(x) = 3(x + 2)(x + 5)(2x - 7)$:

a) **ce polynôme a 3 racines, dont – 2** **b)** $P(0) = -210$ **c)** $P(x) > 0$ **sur** $]-5\,;-2[\,\cup\,]7/2\,;+\infty[$

Vrai ou Faux

a) **Pour la fonction inverse $x \mapsto \dfrac{1}{x}$, le taux de variation entre – 1 et 2 est la pente de la sécante (AB) où A(– 1 ; – 1) et B(2 ; 0,5).**

b) **Dans la formule U = R × I, les deux grandeurs R et I sont inversement proportionnelles.**

c) **Quel que soit le réel x, la fonction $x \mapsto ax^2 + b$ n'est pas nulle.**

d) **Le polynôme $P(x) = -x^2 + 6x - 5$ a pour racine évidente 1 et se factorise en $(-x + 1)(x - 5)$.**

Exercices

Entraînement

1 • Fonction comme modèle d'évolution continue

1 Sur un site de permis de conduire, on trouve cette formule : **(S : 10)^2 : 2 × 1,5**
donnant la distance de freinage en m sur zone humide suivant la vitesse S en km/h.

a) Calculer la distance de freinage pour une vitesse de 90 km/h.

b) Écrire la fonction S ↦ D(S) , où D(S) est la formule simplifiée de la distance.

c) La fonction D est-elle continue ?

2 On donne la fonction $f : x \mapsto 2x - 3 + \dfrac{1}{x}$.
Calculer à la main les images de -1 ; 2 et 10.

3 On donne la fonction $g : t \mapsto \dfrac{(1+t)^2}{t}$, où $t > 0$.
Calculer à la main $g(2)$; $g(0{,}1)$ et $g(-0{,}5)$.

> Automatisme 9

4 Soit f, définie sur $\mathbb{R}$, par $f(x) = x^3 - 10\,x^2$.
Calculer à la main $f(2)$; $f(-3)$ et $f(10)$.

5 Le graphique ci-dessous présente le taux d'équipement en smartphone en France.

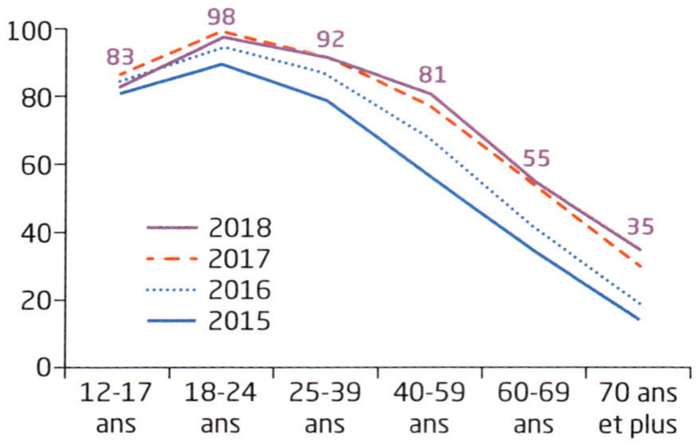

Source CREDOC

a) Interpréter les nombres 98 et 35.

b) Les segments de droite de la courbe violette ont-ils une signification ?

6 Le graphique ci-dessous présente l'évolution du taux d'équipement des foyers en France en ordinateur et en tablette en début d'année (année 0 en 2005).

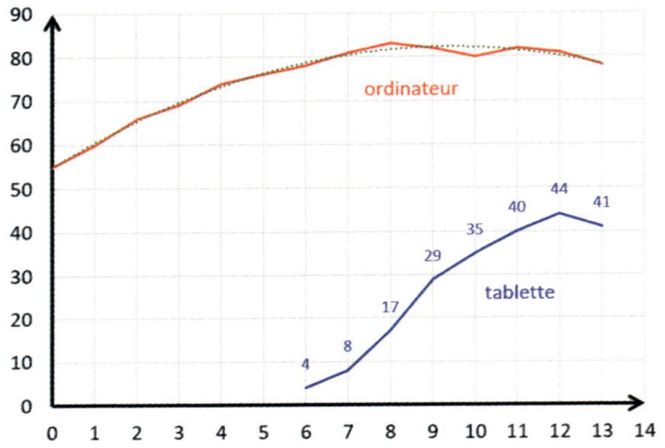

Source Arcep

1. a) Interpréter le nombre 40 sur la courbe bleue.

b) Peut-on dire que le taux d'équipement en tablette a augmenté de 9 % entre 2012 et 2013 ? Argumenter.

2. a) Lire le taux d'équipement en ordinateur début 2012 et 2017.

b) Justifier que la courbe en rouge est bien la représentation d'une grandeur continue.

3. On modélise la fonction f par une expression littérale : $f(x) = -0{,}3\,x^2 + 5{,}8\,x + 55$ sur $[0\,;13]$.
Vérifier par calcul les valeurs lues pour 2012 et 2017.

7 Exercice guidé **Taux de variation de la fonction carré**

Soit $f : x \mapsto x^2$ et x_1 et x_2 deux réels distincts.
Étape 1 : D'après la définition, exprimer le taux de variation entre x_1 et x_2.
Étape 2 : Factoriser le numérateur.
Étape 3 : Simplifier le quotient.
Étape 4 : Préciser le sens de variation de la fonction carré sur $[0\,;+\infty[$, puis sur $]-\infty\,;0]$.

8 Soit la fonction affine $f : x \mapsto ax + b$.

a) Exprimer le taux de variation entre x_1 et x_2.

b) Conclure sur la monotonie de la fonction affine sur $\mathbb{R}$.

9 On considère la fonction $x \mapsto \dfrac{1}{x}$, et deux réels x_1 et x_2 distincts non nuls.

a) Exprimer le taux de variation entre x_1 et x_2.

b) Simplifier au mieux le quotient.

c) Étudier son signe suivant le signe de x_1 et x_2.

d) En déduire la monotonie de la fonction inverse, en précisant l'intervalle.

10 Soit f définie sur $]-2\,;+\infty[$ par $f(x)=\dfrac{-4}{x+2}$ et deux réels distincts x_1 et x_2 de $]-2\,;+\infty[$.

a) Exprimer le taux de variation entre x_1 et x_2.

b) Conclure sur la monotonie de la fonction f.

11 On considère la fonction f représentée par la courbe $\mathscr{C}$.

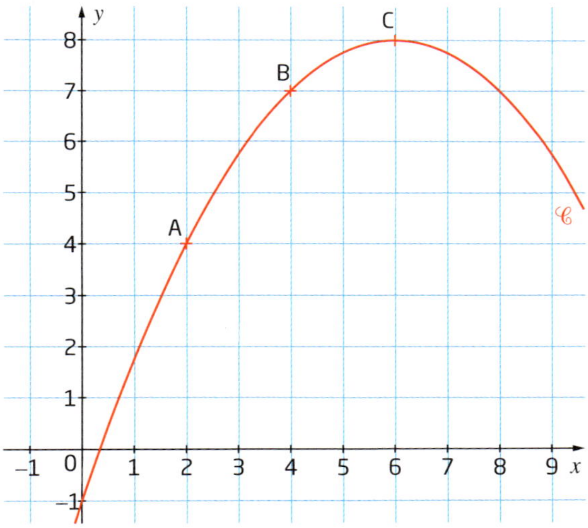

1. a) Lire la pente des sécantes (AB) et (BC).

b) Déterminer leur équation réduite.

2. La courbe $\mathscr{C}$ a pour équation $y=\dfrac{-x^2}{4}+3x-1$.

a) Calculer le taux de variation de f entre 0 et 2.

b) Calculer le taux de variation de f entre 3,9 et 4. On utilisera au mieux la calculatrice.

3. a) Compléter la fonction f en langage Python.

```python
def f(x):
  return -1/4*x
```

b) Interpréter le script de la fonction Python **taux(a, b)** ci-contre. Le résultat est-il le même si on écrit **taux(b, a)** ?

```python
def taux(a,b):
    vary = f(b)-f(a)
    varx = b - a
    return vary/varx
```

c) Vérifier les résultats obtenus en 2.

12 Exercice guidé **Grandeurs proportionnelles ou inversement proportionnelles**

On connaît les images par les fonctions f et g de quelques valeurs de la variable x ou t.

x	4	7	16
$f(x)$	6	10.5	24

t		20	10	40	16
$g(t)$		5	10	2,5	6,25

1. On désire savoir si le tableau de f est un tableau de proportionnalité ou non.

Étape 1 : Si $f(x)$ est proportionnelle à x, traduire la relation de proportionnalité.

Étape 2 : En appliquant cette relation pour le 1er couple (4 ; 6), conjecturer cette relation.

Étape 3 : Vérifier pour les autres couples.

Étape 4 : Conclure.

2. Procéder de même pour la fonction g. Conjecturer une relation entre t et $g(t)$.

13 Dans une entreprise, les dirigeants désirent conserver une masse salariale MS constante. On note W le salaire moyen annuel dans l'entreprise et L le nombre de salariés.

1. a) Écrire l'égalité donnant la masse salariale en fonction de L et W.

b) Justifier que, si le nombre de salariés diminue, alors le salaire moyen augmente, à masse salariale constante.

c) Comment varient ces deux grandeurs W et L ?

2. Dans une entreprise, la masse salariale annuelle est de 24 millions d'euros. Compléter le tableau, arrondir à l'unité :

W en €		65 000		38 000
L	400		500	

Exercices

Entraînement

2 • Fonctions polynômes de degré 2

14 Pour chaque fonction, indiquer le sommet et l'axe de symétrie de sa courbe $\mathscr{C}$, puis les points d'intersection de $\mathscr{C}$ avec l'axe des abscisses, s'ils existent.

a) $x \mapsto 2x^2 - 10$ **b)** $x \mapsto -x^2 - 4$

c) $x \mapsto \frac{1}{4}x^2 - 1$ **d)** $x \mapsto x^2 - 121$

15 Soit $\mathscr{P}$ la parabole d'équation $y = x^2$.

a) Indiquer la translation qui permet de passer de $\mathscr{P}$ à la courbe $\mathscr{C}$ d'équation $y = x^2 - 4$.

b) On note (xx') l'axe des abscisses. Préciser son équation. Interpréter la phrase mathématique :

$$\{ A ; B \} = \mathscr{C} \cap (xx').$$

c) Déterminer les coordonnées de A et de B.

d) Déterminer les coordonnées du sommet S de $\mathscr{C}$ en utilisant la symétrie de la parabole.

e) Donner l'allure de la courbe $\mathscr{C}$.

L'**allure** d'une parabole est :

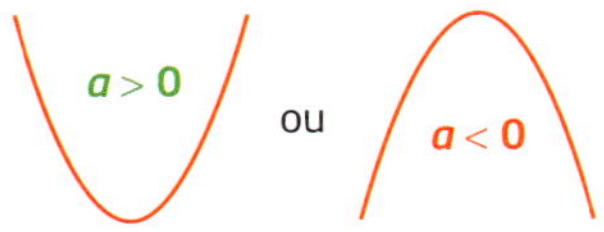

16 Soit $\mathscr{C}$ la courbe d'équation $y = x^2 - 4x$.

a) Factoriser $x^2 - 4x$.

b) En déduire les coordonnées des points A et B tels que $\{ A ; B \} = \mathscr{C} \cap (xx')$.

c) Déterminer le sommet de $\mathscr{C}$ et son allure.

17 La courbe $\mathscr{C}$ est la courbe de la fonction :

$f \mapsto 3x^2 - 13x + 14$.

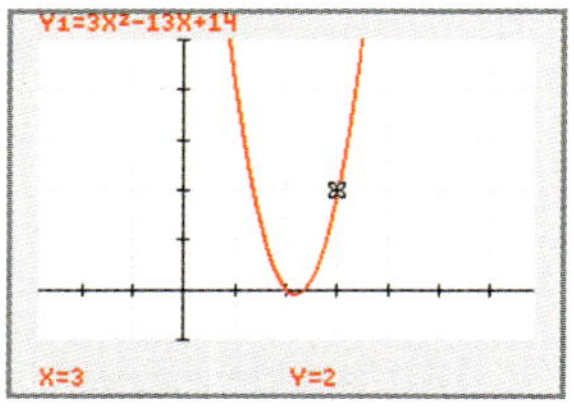

a) Conjecturer une racine de $f(x)$ et vérifier la conjecture.

b) En déduire une factorisation de $f(x)$.

c) Déterminer la seconde racine.

> Cours p. 69

18 Le coût de production, de q tonnes de tomates, est donné pour $q \in [0 ; 30]$ par :

$C(q) = \frac{1}{3}q^2 + 48$.

Le coût de production est en centaines d'euros

1. a) Indiquer les coûts fixes, coûts pour une production nulle.

b) Calculer $C(12)$. Interpréter le résultat.

c) Résoudre l'équation $C(q) = 240$. Interpréter le résultat.

2. a) En utilisant la fonction carré, déterminer le sens de variation de la fonction C sur $[0 ; 30]$.

b) Calculer le taux de variation du coût entre 12 et 18 tonnes produites.

3. Au-delà d'un coût de 20 000 €, le producteur estime que ce n'est pas rentable et cesse sa production. Déterminer la quantité à ne pas dépasser, arrondie à 10 kg.

19 Exercice guidé **Étude de la fonction**

$$f : x \mapsto 2(x - 3)(x + 7)$$

Déterminer les éléments caractéristiques de cette fonction f.

Étape 1 : Donner le nom de la courbe $\mathscr{C}$ d'équation $y = f(x)$ et son allure.

Étape 2 : Déterminer les solutions de l'équation $f(x) = 0$ et en donner une interprétation graphique.

Étape 3 : Déterminer les coordonnées du sommet S de la courbe $\mathscr{C}$.

Étape 4 : Étudier le signe de $f(x)$ dans un tableau de signes, ou à l'aide de l'allure de la parabole et des intersections avec l'axe des abscisses.

20 Étudier la fonction $f : x \mapsto -(x + 2)(2x + 1)$ en suivant les étapes vues à l'exercice **19**.

21 En suivant les étapes vues à l'exercice **19**, étudier la fonction $g : t \mapsto 0,5\,(t + 10)(t - 8)$.

22 L'énergie cinétique, en joules, est donnée par : $E = \frac{1}{2} m \times v^2$, où m est la masse en kg et v la vitesse en m/s.

1. a) Expliquer pourquoi l'énergie cinétique est proportionnelle à la masse, à vitesse constante. Est-elle proportionnelle à la vitesse ?

b) À masse m constante, on augmente la vitesse v de une unité (1 m/s). Déterminer le taux de variation de l'énergie cinétique.

2. a) Déterminer la vitesse, en mètre par seconde, pour une masse de 80 g et une énergie cinétique de 100 joules.

b) Déterminer la masse d'un objet lancé à une vitesse de 3 m/s et ayant une énergie cinétique de 207 joules.

23 On considère les deux fonctions f et g définies sur l'intervalle [0 ; 10] par :

$$f(x) = 0{,}5\,x^2 + 10 \quad \text{et} \quad g(x) = 5\,x + 2$$

1. a) Visualiser les courbes $\mathscr{C}_f$ et $\mathscr{C}_g$ de ces deux fonctions sur l'écran d'une calculatrice.
Indiquer leur sens de variation.

b) Conjecturer les abscisses des points d'intersection de ces deux courbes.
Vérifier par un calcul numérique.

2. Soit $h(x) = g(x) - f(x)$.

a) D'après la question **1.b)**, déterminer une factorisation de $h(x)$.

b) Étudier le signe de $h(x)$ sur [0 ; 10].
En donner une interprétation graphique.

24 Le coût total de production de x kg de produit d'entretien est donné par :

$$C(x) = x^2 + 100\,x + 4\,500, \text{ en euros.}$$

La production se situe entre 0 et 500 kg.

1. a) Calculer le coût de production de 300 kg de produit et le coût moyen de 1 kg de ces 300 kg.

b) Exprimer $C(x+1) - C(x)$ en fonction de x.
Étudier son signe sur [0 ; 500] et conjecturer le sens de variation du coût total.

2. Chaque kilogramme est vendu 560 €.

a) Exprimer la recette en fonction de x.

b) Sur l'écran d'une calculatrice, ou sur tableur, représenter les deux fonctions coût et recette dans la fenêtre X ∈ [0 ; 500].

> Calculatrices Rabats II et IV

c) Conjecturer la quantité telle que le coût est égal à la recette. Vérifier.

d) Déterminer la plage de bénéfice, c'est-à-dire les quantités telles que la recette est supérieure au coût.

25 L'offre et la demande d'un bien sont modélisées respectivement par :

$$f(q) = 2\,q^2 + 1 \quad \text{et} \quad g(q) = q^2 - 7\,q + 26$$

pour une quantité q variant de 1 à 3,5 tonnes.
Les prix $f(q)$ et $g(q)$ sont en euros par kg.

1. Calculer $f(2)$ et $g(2)$. Comparer $f(2)$ et $g(2)$.
En donner une interprétation concrète.

2. a) Visualiser les deux courbes sur une calculatrice. Par lecture graphique, donner le sens de variation des fonctions f et g sur [1 ; 3,5].

b) À l'aide des fonctionnalités graphiques de la calculatrice, déterminer la quantité, arrondie à 100 kg, et le prix d'équilibre arrondi à 0,01 €.
Sur TI-83 : Entrer les fonctions, choisir la fenêtre X ∈ [0 ; 3,5] [zoom] [0].
Puis l'intersection par [2nde] [trace] (calculs f4) [5]
et cliquer 3 fois sur [entrer].

> Calculatrice Casio Rabats II et III

c) Interpréter le résultat.

3. La fonction de demande ne change pas et le prix de l'offre diminue de 3 € par kg, quelle que soit la quantité offerte.

a) Écrire la nouvelle fonction d'offre.

b) Déterminer la nouvelle quantité d'équilibre et le nouveau prix d'équilibre.

Exercices

Entraînement

3 • Fonctions polynômes de degré 3

26 Pour chacune des fonctions suivantes, indiquer son sens de variation.

a) $f_1 : x \mapsto 2x^3$ **b)** $f_2 : x \mapsto -0{,}1\,x^3$

c) $f_3 : x \mapsto 0{,}5x^3 - 4$ **c)** $f_4 : x \mapsto \frac{1}{3}\,x^3 + 9$

27 Exercice **guidé** **Résoudre $x^3 = k$ à l'aide de la calculatrice, ou du tableur, à 10^{-3} près**

1. On considère l'équation $x^3 = -5$

Étape 1 : On calcule (– 5)^(1/3)

$(-5)^{\frac{1}{3}}$, (-5)^(1/3) ou `=(-5)^(1/3)`

Étape 2 : On arrondit à 3 chiffres après la virgule.

2. Pour chacune des fonctions de l'exercice 26, déterminer l'intersection de sa courbe avec l'axe des abscisses.

28 Une boîte rectangulaire a pour dimensions x, $x + 2$ et $x + 3$, en cm.

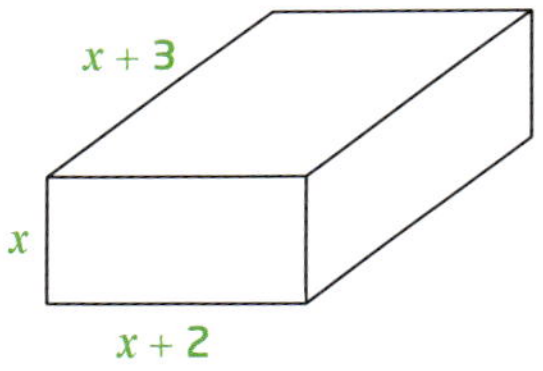

1. a) Exprimer le volume V de la boîte en fonction de la variable x.

b) Calculer le volume lorsque $x = 10$ cm.

2. a) Déterminer le taux de variation du volume si la valeur x passe de 10 cm à 11 cm.

b) Pour tout réel x de $[0\ ;+\infty[$, justifier que la fonction V est croissante.

c) À l'aide d'un tableur ou d'une calculatrice, déterminer x tel que le volume est égal à 90 cm^3.

29 Un cylindre est tel que sa hauteur h est égale au diamètre de sa base.

a) Exprimer le volume en fonction de h.

b) Calculer le volume du cylindre, en litres, pour une hauteur de 16 cm.

c) Si le cylindre a un volume de 1 L, sa hauteur est-elle plus grande ou plus petite que 16 cm ?

30 L'offre et la demande de poulets « label » sur un marché en gros sont modélisées par :

$$f(x) = 0{,}1\,x^3 + 5 \text{ et } g(x) = -0{,}05\,x^3 + 30$$

pour un prix x variant de 3 à 6 €/kg.
Les quantités échangées sur ce marché, $f(x)$ et $g(x)$, sont en tonnes.

1. Étudier le sens de variation de chacune des fonctions f et g sur $[3\ ;6]$.

2. a) Résoudre l'équation $f(x) = g(x)$.
Arrondir le résultat à 0,01 près.

b) En donner une signification concrète.

c) Calculer la quantité de volailles échangées au prix d'équilibre, à 100 kg près.

d) Calculer le chiffre d'affaires engendré par la vente de ces volailles au prix du marché.

31 Le volume d'une sphère de rayon R est donné par la formule $\frac{4}{3}\,\pi\,R^3$.

1. a) Calculer le volume pour un rayon de 10 cm.

b) Si le rayon augmente de 20 %, calculer le taux d'évolution du volume, l'exprimer en pourcentage.

2. a) Résoudre l'équation $(1 + t)^3 = 1{,}728$.

b) Donner une signification à la solution de cette équation, liée au volume de la sphère.

3. Déterminer le taux d'évolution du rayon qui engendre un doublement du volume de la sphère.
On montrera que cela revient à résoudre l'équation :

$$(1 + t)^3 = 2.$$

32 **Exercice guidé** **Déterminer le signe d'un polynôme factorisé de degré 3**

On considère le polynôme de degré 3 :

$$P(x) = (x+1)(x-5)(x-2)$$

Étape 1 : Résoudre l'équation $P(x) = 0$.

Étape 2 : Placer les racines de $P(x)$ sur un axe.

Étape 3 : Calculer $P(x)$ pour une valeur de x différente des racines et donner son signe.

Étape 4 : Appliquer l'alternance des signes + et − vue dans le cours page 47 pour obtenir le signe de $P(x)$ suivant les valeurs de x.

33 Soit le polynôme $P(x) = 2x(x+1)(3x-1)$.

1. Étudier le signe de $P(x)$ à l'aide d'un tableau de signes. Vérifier l'alternance des + et − pour le signe de $P(x)$.

2. Appliquer cette alternance pour obtenir le signe de $P(x) = (-2x+1)(x+2)(x-4)$.

34 On considère la fonction $f : x \mapsto 2x^3 - 3x$.

1. a) Factoriser $f(x)$ en produit de facteurs de degré 1, puis résoudre l'équation $f(x) = 0$.

b) Étudier le signe de $f(x)$ dans un tableau de signes. Vérifier l'alternance des signes + et − pour le signe de $f(x)$.

2. La courbe $\mathscr{C}$ ci-dessous est la courbe de la fonction f sur l'écran d'une calculatrice.

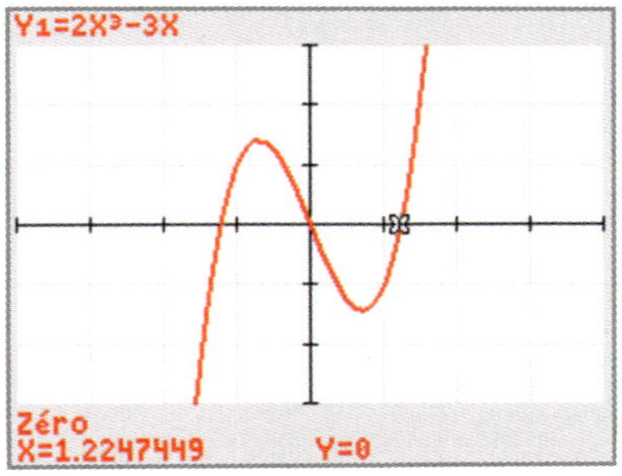

Résoudre l'inéquation $f(x) \geqslant 0$.

35 Étudier le signe de $V(t) = t^3 - 1{,}0404\,t$.

En déduire pour quelles valeurs de t la quantité $V(t)$ est positive ou nulle.

36 Soit le polynôme $P(x) = x^3 - 6x^2 + 9x$.

a) Sur l'écran d'une calculatrice, visualiser la courbe $\mathscr{C}$ d'équation $y = x^3 - 6x^2 + 9x$.

b) Factoriser $P(x)$ au maximum.

> Atelier 5

c) Préciser le signe de $P(x)$ suivant la variable x.

37 Le coût total variable de commercialisation d'un bien alimentaire est donné par :

$$C(q) = q^3 + 3q^2 + 2q, \text{ pour } q \in [0\,;4].$$

La quantité q est en tonnes et le coût $C(q)$ en milliers d'euros.

1. Calculer $C(1)$, puis $C(3)$.
Interpréter ces résultats.

b) Démontrer que $C(q)$ est positif ou nul.
On pourra utiliser une factorisation de $C(q)$ ou une autre méthode.

Python

2. On désire trouver à partir de quelle quantité le coût devient supérieur à 53 000 €.

a) Proposer une fonction **Python** qui calcule les images de C, pour une quantité q connue (en tonnes).

b) Créer une fonction Python qui retourne la quantité q répondant au problème.

> Atelier 7

38 Soit f la fonction définie sur $[-1\,;5]$ par :

$$f(x) = x^3 - 5x^2 + 4x.$$

1. a) Visualiser le courbe $\mathscr{C}$ représentative de la fonction f sur l'écran d'une calculatrice.

b) En déduire les racines de $f(x)$ et sa factorisation.

2. a) Résoudre l'équation $f(x) = 2x - 8$.

b) Soit $\mathscr{D}$ la courbe d'équation $y = 2x - 8$.
Interpréter graphiquement les solutions de l'équation $f(x) = 2x - 8$.

Exercices

Compétences
(1) chercher (2) modéliser (3) représenter
(4) raisonner (5) calculer (6) communiquer

Approfondissement

39 En raison notamment de l'inflation, les tranches des impôts sont réactualisées chaque année. On a donc arrondi les bornes à 1 000 € près, ce qui ne change rien au principe de calcul. Les taux donnés sont ceux applicables à un célibataire.

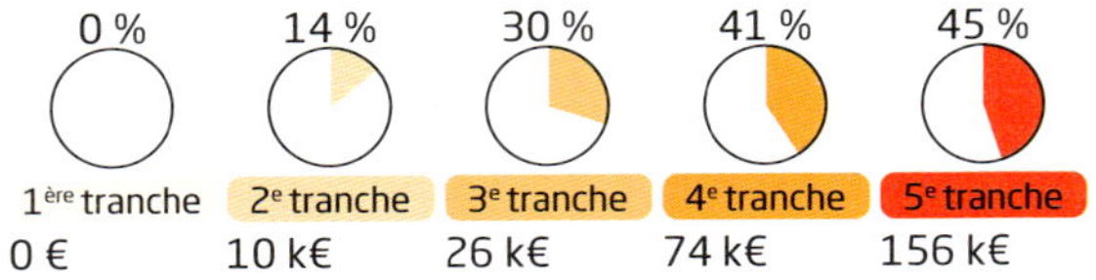

Source Insee

(1)(5) **1.** Ben a un revenu imposable (RI) de 17 000 € annuels. Déterminer sa tranche d'imposition et le montant de son impôt.

2. Adam a un RI exactement de 26 000 €.

(6) **a)** Est-il dans la 2e ou la 3e tranche ? Expliquer.

(5) **b)** Calculer le montant de son impôt.

(4) **c)** On lui propose 1 000 € de plus. Il refuse, argumentant que « tout va partir en impôts ». Prouver qu'il a tort.

3. On note x le revenu imposable en k€ et $R(x)$ le montant de l'impôt correspondant.

(2) **a)** Pour chaque tranche de revenu, déterminer la fonction R.
Par exemple, pour $x \in [\,0\,;10\,]$, on a $R(x) = 0$.

(5) **b)** Justifier que, pour tout $x \geqslant 156$, on a :
$$\mathrm{R}(x) = 0{,}45\,(x - 156) + 50{,}26.$$

40 La fonction de satisfaction de Thomas, pour son travail de recherche, est modélisée par :
$$S(t) = -\frac{25}{16}\,t^2 + 25\,t$$
où t est son temps d'étude en heures par jour.
$S(t)$ s'exprime en pourcentage, de 0 à 100.

(5) **1. a)** Soit $\mathscr{C}$ la parabole représentant la fonction S. Déterminer les points d'intersection de $\mathscr{C}$ avec l'axe des abscisses. En déduire l'intervalle de temps d'étude de Thomas.

(2) **b)** En déduire le sommet de la parabole $\mathscr{C}$.

(3) **c)** Indiquer l'allure de $\mathscr{C}$ et dresser le tableau de variation de la fonction S.

2. a) Thomas arrive à saturation, lorsque sa satisfaction est de 100.

(4) Déterminer au bout de combien de temps de travail Thomas arrive à saturation.

(2) **b)** Au bout de 10 h, Thomas décide qu'il n'a plus envie de travailler. Quelle est alors son niveau de « satisfaction » ?

(3) **c)** Résoudre l'équation $S(t) = 75$.
Préciser la méthode employée.

(6) Interpréter concrètement le résultat.

41 L'énergie dissipée par effet Joule est donnée par $\mathrm{E} = \mathrm{R} \times \mathrm{I}^2 \times t$, où R est la résistance interne, I l'intensité du courant utilisé durant un temps t.

(5) **1. a)** Calculer l'énergie pour un moteur ayant une résistance R de 40 Ω, parcourue par un courant I de 6 Ampères durant 3 min.

(1) **b)** Déterminer l'intensité du courant permettant de chauffer 120 L d'eau de 10° à 90°, sachant que le corps de chauffe a une résistance de 26 Ω.

2. Un appareil de résistance interne R = 20 Ω fonctionne durant 30 min.

(4) **a)** Indiquer le sens de variation de la fonction qui, à l'intensité I, associe l'énergie dissipée.

(1) **b)** Déterminer l'intensité maximale pour une énergie dissipée de $3{,}6 \times 10^{6}$ J.

42 On a inclus la photo d'une arche de la Casa Batlló de Barcelone dans un logiciel de géométrie dynamique.
Le repère du logiciel est orthonormé.

© Casa Batlló-Gaudí-Barcelona (www.casabatllo.es)

(2) Déterminer l'équation de l'arche dans ce repère orthonormé.
Sachant que la hauteur de l'arche est de 3,5 m, estimer la largeur de la pièce au sol au niveau de cette arche.

43 D'après une étude de marché, l'offre $f(x)$ et la demande $g(x)$ de poudre de papaye sont modélisées par :

$$f(x) = 10x^2 + 400x$$
$$\text{et} \quad g(x) = \frac{103587}{1 + 0{,}1x}$$

où x est le prix unitaire du produit en euros, variant de 10 à 50 €. Les quantités sont exprimées en kg. On recherche le prix d'équilibre, c'est-à-dire le prix pour lequel l'offre est égale à la demande, à l'aide d'une fonction Python par un balayage de pas 0,01.

Pour cela, on définit les deux fonctions f et g.

(2) **1. a)** Compléter les fonctions Python :

```
def f(x):
    return 10*...

def g(x):
    return 103587/...
```

(4)(5) **b)** Calculer la quantité offerte au prix de 30 € par kg à l'aide de la fonction Python, puis par un calcul numérique (à la main).
Comparer les résultats.

(5) **c)** Calculer de même la quantité demandée au prix de 30 € par kg.

2. Visualiser les courbes des fonctions f et g sur l'écran d'une calculatrice.

(3)(1) Conjecturer leur sens de variation.

3. a) Implanter le script Python ci-après, l'exécuter et demander **pe()** dans la console.

(5) **b)** Obtient-on une solution ?
Ne pas hésiter à stopper le debuggage.

```
def pe():
    x=10
    while f(x) != g(x) :
        x=x+0.01
    return x
```

(1) **4. a)** Transformer le script pour qu'il affiche le prix tel que l'offre devienne supérieure ou égale à la demande. Lire la solution p_E obtenue, à 10^{-2} près.
Vérifier à la calculatrice.

(5)(6) **b)** Calculer $f(p_E)$ et $g(p_E)$ à l'aide des fonctions Python. Commenter.

(1) **c)** Pourquoi ne peut-on pas résoudre l'égalité par un script Python ?

(2) **5.** Ouvrir une feuille de tableur et saisir le prix en **colonne A**, de 1 € en 1 €, la quantité offerte en **colonne B** et la quantité demandée en **colonne C**.
Déterminer une valeur du prix d'équilibre, à 1 € près.

44 La fonction de coût total d'un liquide est donnée par $f(x) = x^3 + 2x + 10$, pour toute quantité x de 0 à 5 milliers de litres. Le coût total est exprimé en milliers d'euros.

(4) **1.** Démontrer que la fonction f est croissante sur l'intervalle $[0\,;5]$.

2. Le chiffre d'affaires engendré par la vente de x milliers de litres est donné par $R(x) = 18x + 10$.

(4)(5) Résoudre l'équation $f(x) = 18x + 10$.
En déduire la plage de bénéfice, c'est-à-dire l'intervalle des quantités produites et vendues, permettant un bénéfice positif.

(2) **3.** Pour toute quantité x, exprimer en fonction de x le taux de variation du coût engendré par une augmentation de 1 L de la production.

(5)(6) Justifier que ce taux de variation s'exprime en milliers d'euros par milliers de litres, ou en euros par litre.
Calculer ce taux lorsque l'on a produit 2 000 L.

4. Partager le travail en 3 groupes.

(6) Pour chaque groupe, présenter le **travail oralement** et les différents outils numériques utilisés. Laisser une trace écrite des réponses aux questions.

Exercices

Approfondissement

Compétences
1 chercher 2 modéliser 3 représenter
4 raisonner 5 calculer 6 communiquer

45 On se propose d'étudier la **courbe de Lorenz** de l'impôt sur le revenu modélisée par une fonction de degré 3.

1. Soit $L(x) = 1{,}23\,x^3 - 0{,}23$, pour $x \in [0\,;1]$.

5 **a)** Calculer $L(1)$ et $L(0{,}7)$, arrondir à 0,01.

3 5 **b)** Résoudre $L(x) = 0$. Soit s la solution.
En déduire l'intervalle où $L(x) \geqslant 0$.

2. On note t la proportion de foyers fiscaux payant la part $L(t)$ du total de l'impôt sur le revenu en France en 2017.

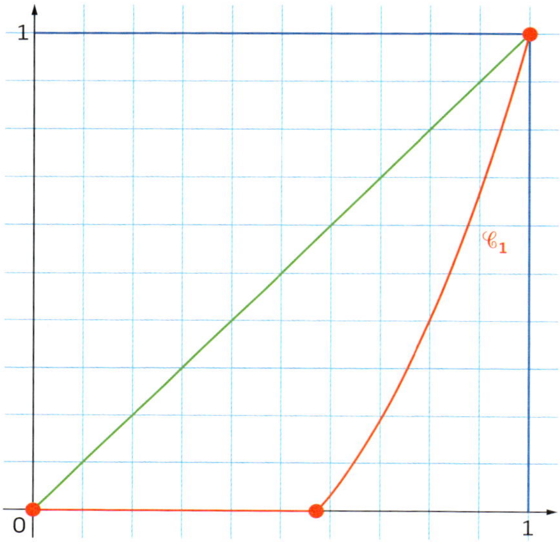

1 **a)** Préciser l'intervalle sur lequel $L(t)$ est nul.
Quelle est la proportion de foyers ne payant pas l'impôt sur le revenu ?

2 **b)** Comment vérifier l'information :
« 70 % des foyers fiscaux contribuent à seulement 19 % des recettes fiscales » ?

6 **c)** Résoudre $L(t) = 0{,}5$; arrondir la solution à 0,01 près. Interpréter ce résultat.

3. Si la répartition était égalitaire, x% des foyers contribueraient à x% du total de l'impôt sur le revenu.

2 **a)** Quelle est la courbe d'un impôt égalitaire ?

b) Plus la courbe de Lorenz s'éloigne de cette courbe, plus la répartition est inégalitaire.

6 Que peut-on en penser pour la France ?
Cette inégalité se calcule : c'est l'**indice de Gini**.

46 Une étude de marché dans l'immobilier montre que plus le nombre de logements proposés à la vente est grand, plus le prix au m² est important.

1 **1.** Les deux grandeurs citées sont-elles nécessairement proportionnelles ?

2. Une étude statistique pour une ville côtière a permis d'obtenir le graphique suivant :

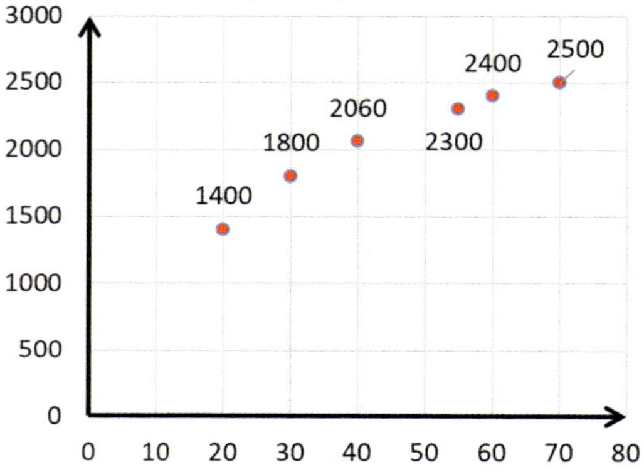

2 **a)** Expliquer pourquoi on ne peut pas ajuster ce nuage de points par une fonction de degré 2.

b) À l'aide d'un logiciel, on modélise le prix au m² par $f(x) = 0{,}0062\,x^3 - 1{,}17\,x^2 + 86\,x + 101$, pour un nombre de logements supérieur ou égal à 20.
À l'aide du tableur, de la calculatrice ou d'une fonction Python, établir la liste des prix au m² pour un nombre de logements allant de 20 à 150 par pas de 5.

2 La liste obtenue est-elle proche des valeurs obtenues à l'aide de l'étude statistique ?

6 **c)** Critiquer ce modèle pour un nombre de logements supérieur à 65.

3. On choisit de modéliser par une fonction rationnelle : $g(x) = \dfrac{3400x - 12000}{x + 20}$.
Établir la liste des prix au m² pour un nombre de logements allant de 20 à 150 par pas de 5.

4 Comparer les résultats obtenus avec les valeurs de l'étude statistique.

1 Que peut-on penser de ce modèle pour un grand nombre de logements ?

47 Dans un pays, la consommation d'un ménage est fonction de son revenu disponible.
On modélise cette consommation par la fonction C telle que $C(R) = \dfrac{0{,}8\,R^2 + 9{,}6\,R + 10}{R + 5}$ où R et $C(R)$ sont exprimés en k € pour un revenu disponible annuel R entre 10 000 et 80 000 €.

3 **1.** Saisir R et $C(R)$ sur une feuille de tableur et visualiser la courbe de la fonction C.
À quel type de fonction fait-elle penser ?

1 Rechercher une courbe de tendance approchant le nuage de points.

> Atelier 1

6 **2. a)** Pour un revenu disponible de 18 000 €, calculer la consommation.

3 **b)** D'après le tableau de valeurs, quel est le revenu R pour une consommation de 20 850 € ?

Python **3.** On veut connaître le revenu R pour une consommation C donnée.

1 2 **a)** Créer la fonction Python **def consommation (R)** pour la fonction $C(R)$ et la fonction **def revenu (C)** qui rend le revenu R dès que la consommation devient supérieure à C.

5 6 **b)** Vérifier si, en exécutant cette fonction dans un éditeur Python, on obtient le résultat obtenu en **2.b)**.

> Atelier 7

48 La population de bactéries dans une solution est modélisée par la fonction :

$$t \mapsto -0{,}02\,t^3 + 4\,t^2 + 3t,$$

où t est le temps écoulé en heures depuis l'introduction du germe dans la solution.

1 5 En utilisant les outils numériques, déterminer à quel moment t ce modèle n'est plus valable, car la population devient inférieure à 15 000 bactéries.
On pourra faire cette recherche par balayage avec une précision de 1 h.

6 Présenter l'outil choisi, la démarche et le résultat obtenu.

49 On se propose d'étudier la **courbe de Laffer**.
On admet que le revenu fiscal d'un pays est fonction du taux total d'imposition t défini dans ce pays.
Un ajustement statistique sur de nombreux pays donne $f(t) = 0{,}000326\,(100\,t^2 - t^3)$, où t est le taux total d'imposition en % et $f(t)$ le revenu fiscal total, exprimé en pourcentage du PIB du pays.

5 **1. a)** Factoriser $P(t) = 100\,t^2 - t^3$ et en déduire son signe sur $[0\,;100]$.

2 **b)** À l'aide d'arguments concrets, justifier que la fonction f est définie sur l'intervalle $[0\,;100]$.

3 **c)** Visualiser la courbe de la fonction f.
Lire graphiquement le tableau des variations de la fonction f sur $[0\,;100]$.
Cette courbe est dite courbe de Laffer.
On pourra chercher le maximum de la fonction P, puis conclure pour la fonction f.
Sur TI83 : Entrer la fonction P, et visualiser la courbe dans la fenêtre $X \in [0\,;100]$:

fenêtre | FENÊTRE Xmin=0 Xmax=100 Xgrad=10 | zoom | 0

puis fenêtre pour lire la valeur de **Y max**.

> Cours p. 42

5 **2. a)** En France, en 2017, le taux total d'imposition est de 62,2 % et le revenu fiscal représente 47,6 % du PIB. Le revenu fiscal en France est-il conforme au modèle proposé ?

1 Comparer avec l'Allemagne ayant un taux t de 48,9 % et un revenu fiscal de 40,4 % du PIB.

3 **b)** Si le taux total d'imposition augmente de 5 points de pourcentage en France, quelle est l'évolution du revenu fiscal ?

5 **c)** Justifier la phrase : si le taux est trop fort, les recettes fiscales baissent.
Commenter la phrase de Laffer (en 1974) : « *Trop d'impôt tue l'impôt* ».

Pour commencer

Dans chaque QCM, trouver la ou les bonnes réponses.

QCM interactif — À télécharger QCM · PPT — Questions Flash

QCM 1

Une librairie propose à la vente des livres neufs et des livres d'occasion dans son magasin ou sur internet. 70 % des livres vendus sont neufs et parmi ces livres, 10 % sont vendus sur internet.
Parmi les livres vendus, la proportion des livres neufs et vendus sur internet est :

a) **10 %** **b)** **7 %** **c)** **8 %**

QCM 2

Soit A et B deux sous-groupes d'une population E sans élément en commun. L'ensemble $A \cap B$ ...

a) **est l'intersection de A et B.** **b)** **contient les éléments communs à A et B.**

c) **contient les éléments appartenant à A ou à B.**

QCM 3

Soit A et B deux sous-groupes d'une population E sans élément en commun.
On note p(A) la proportion de A dans E et p(B) la proportion de B dans E.

a) $p(A \cap B) = p(A) + p(B)$ **b)** $p(A \cup B) = p(A) + p(B)$ **c)** $p(A \cap B) = 0$

QCM 4

Pour l'association sportive (AS) d'un lycée, les élèves doivent choisir une seule activité parmi les propositions suivantes : badminton, hand-ball ou tennis.
Le tableau ci-contre montre la répartition des 150 élèves inscrits à l'AS suivant qu'ils mangent ou non à la cantine.

	Badminton	Hand-ball	Tennis
Externe	30	15	5
Demi-Pensionnaire	60	25	15

a) **Parmi les élèves externes, 30 % pratiquent le hand-ball à l'AS.**

b) **Parmi les élèves pratiquant le tennis à l'AS, un tiers des élèves sont externes.**

c) **20 % des élèves inscrits à l'AS sont externes et pratiquent le badminton.**

QCM 5

Dans un groupe de 36 jeunes d'une association, 9 jeunes ont moins de 15 ans. 30 jeunes sont inscrits sur un réseau social et, parmi eux, 6 ont moins de 15 ans. On note R le groupe des jeunes inscrits sur un réseau social et M le groupe des jeunes ayant moins de 15 ans.

a) **Le groupe $M \cap R$ contient 6 jeunes.** **b)** **Le groupe $\overline{M}$ contient 27 jeunes.**

c) **Le groupe $M \cup R$ contient 39 jeunes.**

QCM 6

On lance trois fois de suite une pièce bien équilibrée et on obtient trois fois PILE. La probabilité d'obtenir PILE en lançant une quatrième fois la pièce est :

a) **strictement inférieure à 0,5** **b)** **égale à 0,5** **c)** **strictement supérieure à 0,5**

3 • Statistiques et probabilités

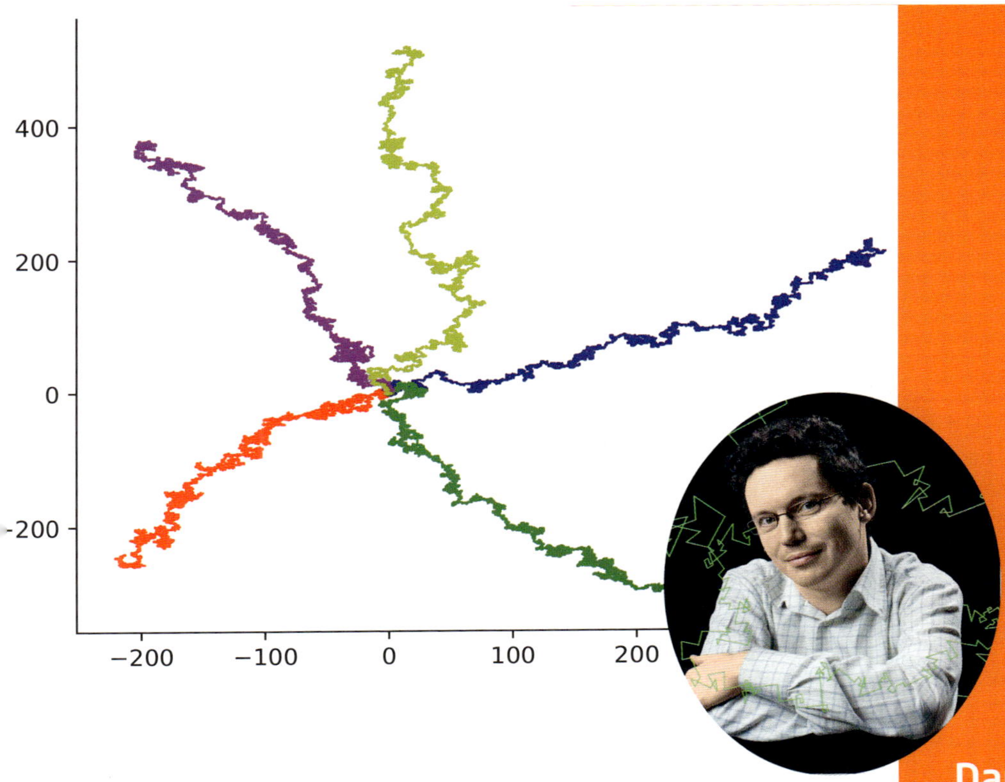

Wendelin WERNER et une représentation de marches aléatoires.

Histoire des maths

Les jeux étaient très courants dans les cours royales du XVIIe siècle et de nombreux mathématiciens se sont intéressés aux probabilités de gains (Fermat, Pascal, Galilée…). Jacques Bernoulli (1654-1705) a travaillé sur la loi des grands nombres « Lorsque n est grand, la fréquence observée est proche de la probabilité ». Il a donné son nom au schéma de Bernoulli.

L'arrivée des premiers ordinateurs a permis de réaliser des simulations aléatoires, seul moyen d'étudier certains problèmes dont on ne peut pas déterminer mathématiquement la solution.

Pour sa contribution à l'étude des marches aléatoires, le mathématicien français Wendelin Werner est devenu le premier probabiliste à recevoir en 2006 la médaille Fields, équivalent du prix Nobel pour les mathématiciens.

Dans la vie de tous les jours…

Les statistiques et les probabilités sont utilisées partout : recensement de populations, traitement de données, prévisions, sondages…
La simulation permet d'observer des phénomènes comme la fluctuation d'échantillonnage, vue en seconde, mais aussi de prévoir de nombreux phénomènes : financiers, météorologiques, etc.

Cours

1 • Croisement de deux variables catégorielles

ACTIVITÉ 1.1

Un groupe représentatif de 500 personnes se répartit suivant deux variables catégorielles :

- le sexe (**A** : féminin et **nonA** : masculin)
- la Profession et Catégorie Socioprofessionnelle (PCS) réparties en 4 groupes comme ci-contre.

	A	B	C	D	E	F
1		PCS1	PCS2	PCS3	PCS4	Total
2	A : féminin	25	125	105	5	260
3	non A : masculin	15	90	130	5	240
4	Total	40	215	235	10	500
5	freq marginale					
6						
7	PCS1 : Agriculteurs, artisans, commerçants et chefs d'entreprise					
8	PCS2 : Cadres, prof. intellectuelles sup., prof. intermédiaires					
9	PCS3 : Employés, ouvriers					
10	PCS4 : Autres professions ou catégories					

a) Calculer la proportion de A dans le total.

b) Calculer la proportion de PCS2 parmi les femmes, puis de femmes parmi les PCS2.
Obtient-on le même résultat ?

c) Calculer la fréquence de chacun des 4 groupes de PCS dans l'ensemble.
Indiquer la formule à saisir en **B5** et recopier jusqu'en **E5**.

d) Calculer la proportion de « A **et** PCS2 » dans le total. Interpréter le nombre obtenu.

e) Calculer la proportion de femmes **ou** de PCS3 dans le total.

> Automatisme 1

À RETENIR Cours 1.1

Définitions Soit deux variables **A** et **B** étudiées sur un même ensemble E d'individus.
On peut croiser ces deux variables dans un tableau d'effectifs, à deux entrées.
Card(A) est le nombre d'individus ayant le caractère **A**.

	B	non B	Total
A	Card(A ∩ B)		Card(A)
non A			
Total	Card(B)		Card(E)

La fréquence de A dans l'ensemble E est $f(A) = \dfrac{\text{Card}(A)}{\text{Card}(E)}$.

Les fréquences marginales en lignes donnent la répartition de la variable A.

La fréquence conditionnelle de **B dans A** est $f_A(B) = \dfrac{\text{Card}(A \cap B)}{\text{Card}(A)}$.

EXEMPLE 1.1 **Calculer des fréquences à partir d'un tableau d'effectifs**

On reprend le tableau précédent croisant le sexe et la PCS des 500 individus.

- Les fréquences marginales en colonnes donnent la répartition des PCS dans le groupe, indépendamment du sexe des individus. Ainsi, 47 % du groupe sont employés ou ouvriers.

	PCS1	PCS2	PCS3	PCS4
A : féminin	25	125	105	5
non A : féminin	15	90	130	5
fréq. marginale	0,08	0,43	0,47	0,02

- Les fréquences marginales en lignes donnent la répartition du sexe, indépendamment de la PCS des individus. Ainsi 52 % du groupe sont des femmes.

	PCS1	PCS2	PCS3	PCS4	fréq. marginale
A : féminin	25	125	105	5	0,52
non A : féminin	15	90	130	5	0,48

- La fréquence conditionnelle de la PCS3 dans les personnes de sexe féminin est :

$$f_A(PCS3) = \frac{\text{Card}(A \cap PCS3)}{\text{Card}(A)} = \frac{105}{260} = \frac{21}{53} \approx 0{,}404.$$

- La fréquence conditionnelle des femmes dans les PCS3 du groupe est :

$$f_{PCS3}(A) = \frac{\text{Card}(A \cap PCS3)}{\text{Card}(PCS3)} = \frac{105}{235} = \frac{21}{47} \approx 0{,}447.$$

ACTIVITÉ 1.2

Dans le Tableau de l'économie française (TEF), publié par l'Insee, on a le tableau suivant.

1. Calculer l'effectif des salariés ayant moins d'un an d'ancienneté dans l'entreprise.

2. a) Interpréter les nombres 11,3 et 1 699 de ce tableau.

b) En déduire l'effectif des salariés du secteur **construction** ayant **moins de 10 ans** d'ancienneté.

3. Calculer l'effectif total des salariés dont l'ancienneté est d'un an, ou plus, et de moins de 10 ans.

Ancienneté dans l'entreprise par secteur d'activité en 2016

en %

	Moins d'un an d'ancienneté	10 ans ou plus d'ancienneté	Ensemble en milliers
Agriculture	8,9	57,0	754
Industrie	7,3	50,2	3 626
Construction	11,3	35,6	1 699
Tertiaire	11,4	45,3	20 161
Ensemble	**10,9**	**45,4**	**26 584**

> Automatisme 1

À RETENIR / Cours 1.2

Propriétés

- Connaissant la fréquence marginale $f(A)$ d'un caractère A dans un ensemble E, on peut retrouver l'effectif des individus ayant ce caractère : $\text{Card}(A) = f(A) \times \text{Card}(E)$
- Connaissant la fréquence conditionnelle $f_A(B)$ d'un caractère B parmi les individus ayant le caractère A, et connaissant l'effectif de A, on peut retrouver l'effectif de ceux ayant les deux caractères « A et B » :

$$\text{Card}(A \cap B) = f_A(B) \times \text{Card}(A)$$

EXEMPLE 1.2 Réaliser un tableau croisé

- Une grande entreprise bretonne, Breizh'Good, produit deux types de produits : des aliments et des vêtements. Elle vend sa production dans trois magasins d'usine situés à Brest, Quimper et Lorient.

Amélie, responsable des ventes, a étudié les achats effectués en une journée, suivant la ville et le type de produits.

Elle a entré ces données dans le tableur ci-contre, sur lequel figure les 30 premières lignes du fichier **1ST ch3 1b.xls**.

- Elle désire faire le tri dans ces données de **$A$1 à $C$121**.

> Utilisation du tableur p. IV

	A	B	C
1	**Achat**	**Ville**	**Type**
2	gâteaux	Lorient : L	Alimentation : A
3	polo	Quimper : Q	Vêtement : V
4	pull	Quimper : Q	Vêtement : V
5	pull	Lorient : L	Vêtement : V
6	marinière	Brest : B	Vêtement : V
7	gâteaux	Lorient : L	Alimentation : A
8	chemise	Quimper : Q	Vêtement : V
9	chemise	Lorient : L	Vêtement : V
10	confiture	Lorient : L	Alimentation : A
11	boissons	Brest : B	Alimentation : A
12	chemise	Brest : B	Vêtement : V
13	produits de la mer	Brest : B	Alimentation : A
14	gâteaux	Brest : B	Alimentation : A
15	confiserie	Lorient : L	Alimentation : A
16	confiserie	Quimper : Q	Alimentation : A
17	confiserie	Quimper : Q	Alimentation : A
18	produits de la mer	Quimper : Q	Alimentation : A
19	gâteaux	Lorient : L	Alimentation : A
20	pull	Quimper : Q	Vêtement : V
21	confiture	Brest : B	Alimentation : A
22	manteau	Quimper : Q	Vêtement : V
23	manteau	Quimper : Q	Vêtement : V
24	boissons	Brest : B	Alimentation : A
25	marinière	Quimper : Q	Vêtement : V
26	confiserie	Brest : B	Alimentation : A
27	confiserie	Brest : B	Alimentation : A
28	pull	Quimper : Q	Vêtement : V
29	produits de la mer	Quimper : Q	Alimentation : A
30	manteau	Quimper : Q	Vêtement : V

Amélie sélectionne donc la colonne **Type** en catégories, la colonne **Ville** en série et la colonne **Achat** en **Σvaleurs**.

- On obtient le tableau des effectifs ci-dessous.

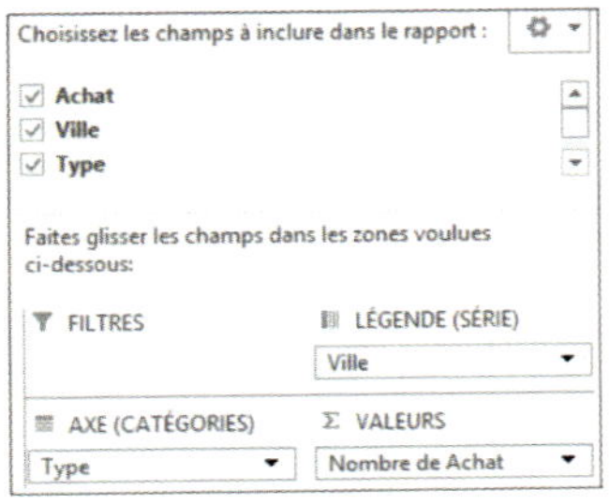

	A	B	C	D	E
1	**Nombre de Achat**	**Ville**			
2	**Type**	**Lorient : L**	**Quimper : Q**	**Brest : B**	**Total général**
3	**Alimentation : A**	22	10	18	50
4	**Vêtement : V**	12	35	23	70
5	**Total général**	**34**	**45**	**41**	**120**

Cours

2 • Probabilités conditionnelles

ACTIVITÉ 2.1

Amélie, responsable des ventes chez Breizh'Good, s'intéresse particulièrement aux achats de produits d'alimentation dans ces magasins.

	A	B	C	D	E
1	**Nombre de Achat**	Ville			
2	Type	**Lorient : L**	**Quimper : Q**	**Brest : B**	**Total général**
3	**Alimentation : A**	22	10	18	50
4	**Vêtement : V**	12	35	23	70
5	**Total général**	**34**	**45**	**41**	**120**

Elle choisit au hasard la fiche d'un achat effectué et regarde le type de produit acheté et le magasin dans lequel l'achat a eu lieu. Elle considère les évènements A et B :

A : « l'achat effectué est un produit d'Alimentation »

B : « l'achat a été effectué dans le magasin de Brest »

1. Combien d'achats réalisent l'évènement A ? et l'évènement **« A et B »** ?

2. Si on choisit **au hasard** une fiche d'achat, chaque achat a la **même probabilité** d'être choisie.
Quelle est la probabilité de l'évènement A, notée P(**A**) ?

3. Amélie choisit une fiche parmi les 50 fiches d'achats de produit d'alimentation, donc **on sait** que l'évènement A est réalisé.

a) Calculer la probabilité p que cet achat ait été effectué dans le magasin de Brest.

b) Quel calcul peut-on effectuer à partir des résultats de la question **1.** pour retrouver p ?

À RETENIR Cours 2.1

Définition Soit A et B deux évènements, de probabilité non nulle, d'une même expérience aléatoire.
La **probabilité conditionnelle**, notée $P_A(B)$, est la probabilité de B, **sachant que A est réalisé.**
Dans une situation d'équiprobabilité, on a :

$$P_A(B) = \frac{\text{Card}(A \cap B)}{\text{Card}(A)}$$

EXEMPLE 2.1 **Calculer des probabilités conditionnelles à l'aide d'un tableau croisé d'effectifs**

On note **V** l'évènement « l'achat effectué est un **V**êtement » et **L** l'évènement « l'achat a été effectué dans le magasin de **L**orient ».
Sachant que l'achat choisi au hasard a été effectué à Lorient, pour connaître la probabilité que cet achat soit un vêtement, on doit calculer $P_L(V)$.
Or :

$$P_L(V) = \frac{\text{Card}(L \cap V)}{\text{Card}(L)}.$$

Dans la cellule B5, on lit que 34 achats ont eu lieu dans le magasin de Lorient et parmi eux, 12 sont des achats de Vêtements (cellule B4).
Donc :

$$P_L(V) = \frac{12}{34} = \frac{6}{17}.$$

ACTIVITÉ 2.2

Pour évaluer les caractéristiques diagnostiques d'un test de détection d'une bactérie, on pratique deux études sur une population de 980 patients.

Les effectifs résultant de ces études sont donnés dans le tableau croisé ci-contre. On réalise une seule étude par patient.

	A	B	C	D
1			Test positif	Test négatif
2	Etude 1	Bactérie présente	473	27
3	Etude 2	Bactérie absente	5	475

- Pour la première étude, on fait subir le test à une population dont on sait que tous les patients sont porteurs de la bactérie.
- Pour la deuxième étude, on fait subir le test à une population dont on sait qu'aucun patient n'est porteur de la maladie.

On choisit **au hasard un patient** ayant participé à l'une de ces deux études.

On note : **B** l'évènement « Le patient choisi est porteur de la bactérie »

et **T** l'évènement « Le test est positif pour le patient choisi ».

1. a) Déterminer le nombre de tests positifs pour des patients non porteurs de la bactérie.

b) Calculer la probabilité d'avoir choisi un patient non porteur de la bactérie et ayant eu un test positif.

2. a) Combien de patients testés sont porteurs de la bactérie ?

b) Combien de patients testés sont porteurs de la bactérie et ont eu un test positif ?

3. On sait maintenant que le patient testé fait partie de la population de la première étude, c'est-à-dire qu'il est porteur de la bactérie.

Quelle est la probabilité p que ce patient ait eu un test positif ?

Exprimer la probabilité p à l'aide d'une probabilité conditionnelle.

À RETENIR Cours 2.2

Définitions Dans un test diagnostique, pour savoir si un patient est malade (M), on appelle **faux positif** un test positif à tort, c'est-à-dire un test **positif (T)** alors que le patient est **non malade ;** et **faux négatif** un test négatif ($\overline{T}$) alors que le patient est **malade**.

- La **sensibilité** d'un test correspond à la probabilité qu'un patient ait un **test positif sachant** qu'il est **malade**, soit la probabilité conditionnelle $P_M(T)$.
- La **spécificité** d'un test correspond à la probabilité qu'un patient ait un **test négatif sachant** qu'il n'est **pas malade**, soit $P_{\overline{M}}(\overline{T})$.

EXEMPLE 2.2 Calculer les caractéristiques d'un test à partir de données statistiques

On veut déterminer la probabilité qu'un patient choisi au hasard soit un faux négatif avec le test présenté dans l'activité **2.2** et calculer la spécificité de ce test, notée **Spé**.

Dans la cellule **D2** du tableur, on lit que 27 patients porteurs de la bactérie ont eu un test négatif.

Au total, l'étude a porté sur une population de 980 patients, donc la probabilité qu'un patient choisi au hasard soit un faux négatif est $\frac{27}{980}$.

La spécificité du test est :

$$\text{Spé} = P_{\overline{B}}(\overline{T}) = \frac{\textbf{nombre de patients non porteurs de la bactérie et ayant un test négatif}}{\textbf{nombre de patients non porteurs de la bactérie}} = \frac{475}{5+475} \approx 0{,}999.$$

Cours

3 • Expérience aléatoire à plusieurs épreuves indépendantes

ACTIVITÉ 3.1

Au jour anniversaire de la création d'un magasin, la gérante veut proposer à tous ses clients de gagner des bons d'achat.
À l'entrée de la boutique, le client glisse un jeton dans une machine qui peut indiquer « Bonus Anniversaire ».
Quel que soit le résultat obtenu à la machine, le client est invité à lancer un dé géant. Sur chacune des faces figurent l'une des trois lettres D, V ou C.
Pour évaluer le coût d'une telle opération, la gérante a fait appel à un spécialiste qui a déterminé les résultats théoriques ci-contre pour une affluence de 300 clients en cette journée spéciale.

	A	B	C	D	E
1	Résultat de	Résultat du dé géant			
2	la machine	D	V	C	Total
3	A	15	10	5	30
4	non A	135	90	45	270
5	Total	150	100	50	300

1. a) Parmi les 300 clients, calculer la proportion de ceux ayant obtenu le « Bonus Anniversaire ».

b) Parmi les clients ayant obtenu le « Bonus Anniversaire » à la machine, quelle est la proportion des clients ayant obtenu D sur la face du dé géant ?

c) En déduire la proportion des 300 clients ayant obtenu à la fois le « Bonus Anniversaire » à la machine **et** la lettre D sur la face du dé géant. Retrouver ce résultat à partir du tableau.

2. La gérante **choisit au hasard** l'un des clients de cette journée. On admet que les probabilités suivent les proportions du tableau.

a) Déterminer les probabilités $P_A(D)$ et $P_{\overline{A}}(D)$. Que remarque-t-on ?

b) Calculer $P(A)$, $P(D)$ et $P(A \cap D)$. Conjecturer un lien entre ces trois probabilités.

À RETENIR / Cours 3.1

Représentation La répétition d'une expérience aléatoire à **deux épreuves indépendantes** peut se représenter par un arbre de probabilités. Sur chaque branche, on indique la probabilité de l'évènement.

Principe multiplicatif La **probabilité** d'une **liste de plusieurs évènements**, représentée par un **chemin de l'arbre**, est égale au **produit** des probabilités indiquées sur chaque branche.

EXEMPLE 3.1 **Utiliser le principe multiplicatif sur un arbre de probabilités**

La situation précédente peut être représentée par l'arbre de probabilités ci-dessous.
Pour calculer la probabilité que le client n'ait pas obtenu le bonus Anniversaire et ait obtenu la face V au dé, on doit considérer le chemin $\overline{A} - V$ de l'arbre.
Sur les branches de ce chemin figurent les probabilités :

$$P(\overline{A}) = \frac{9}{10} \text{ et } P(V) = \frac{1}{3}, \text{ donc } P(\overline{A} \cap V) = \frac{9}{10} \times \frac{1}{3} = \frac{3}{10}.$$

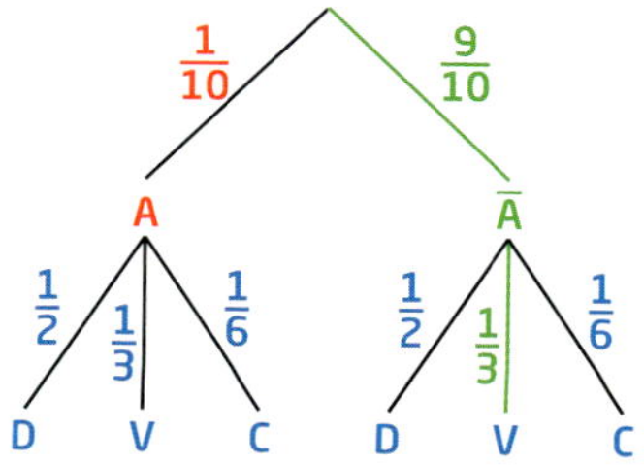

ACTIVITÉ 3.2

Pour tester la machine de l'activité **3.1**, on décide de placer 3 jetons dans la machine.
À chaque jeton, on estime que la probabilité d'obtenir le « Bonus Anniversaire » est $\frac{1}{10}$.

On dit alors que le jeton est gagnant.

1. Représenter la situation par un arbre de probabilités.

2. À l'aide de cet arbre, calculer la probabilité que les trois jetons soient gagnants.

3. De la même façon, calculer la probabilité que les deux premiers jetons soient gagnants, mais que le troisième jeton soit perdant.

À RETENIR Cours 3.2

Définition Une **épreuve de Bernoulli** est une expérience aléatoire ayant deux issues :

- le succès **S** de probabilité $P(S) = p$
- l'échec **E** de probabilité $P(E) = q = 1 - p$

On peut la représenter par l'arbre ci-contre.

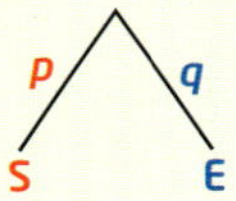

$p + q = 1$

Représentation

La répétition de ***n* épreuves de Bernoulli identiques et indépendantes** peut se représenter par un arbre de probabilités ayant ***n* niveaux**.

Pour calculer une probabilité à l'aide de l'arbre, on applique le principe multiplicatif.

EXEMPLE 3.2 Calculer une probabilité à partir de l'arbre de probabilités

- On choisit 3 clients au hasard mettant chacun un jeton dans la machine.
On cherche à déterminer la probabilité qu'aucun des trois clients n'obtienne un bonus.
- Cette situation est la répétition de **3 épreuves de Bernoulli identiques et indépendantes**.
On peut donc représenter cette répétition par l'arbre à **3** niveaux ci-contre.
- La probabilité demandée correspond à la probabilité du chemin **E-E-E** de l'arbre et est donc égale à :
$P(E) \times P(E) \times P(E) = 0{,}9 \times 0{,}9 \times 0{,}9 = 0{,}729$.

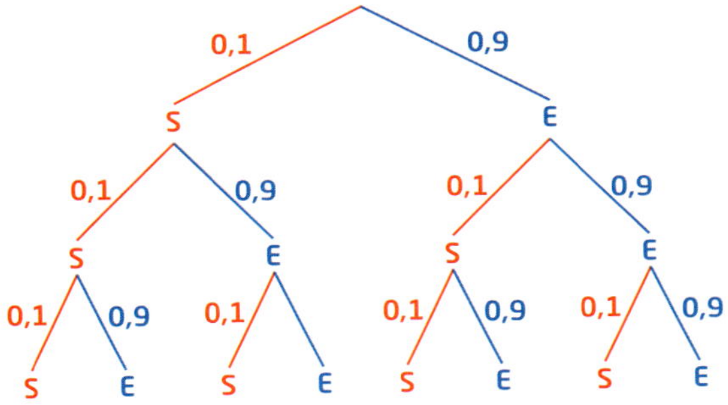

Cours

4 • Variables aléatoires

ACTIVITÉ 4.1

On reprend l'activité **3.1**. Suite aux résultats du jeton et du lancer du dé géant, le client du magasin reçoit un bon d'achat de 10 €, 20 € ou 50 € suivant le résultat **D**, **V** ou **C** du dé géant.
Si le client a obtenu le « Bonus **A**nniversaire » à la machine, alors le montant du bon d'achat est **doublé**.
Le tableau ci-contre indique les probabilités arrondies au millième de chacun des résultats de cette expérience aléatoire.

	A	B	C	D
1		D	V	C
2	A	0,05	0,033	0,017
3	non A	0,45	0,3	0,15

On lit par exemple que l'évènement « $\overline{A}$ et **C** » est réalisé avec une probabilité $P(\overline{A} \cap C) = 0{,}15$ et le client reçoit alors un bon d'achat d'un montant de 50 €. Au résultat de l'expérience aléatoire, on associe le montant du bon d'achat.

1. Citer tous les différents montants possibles d'un bon d'achat.

2. Calculer la probabilité que le client reçoive un bon d'achat de 10 €.

3. Quels évènements doivent être réalisés pour que le client reçoive un montant de 20 € en bon d'achat ?

4. Recopier et compléter le tableau ci-contre.

	A	B
1	Montant en €	Probabilité
2	10	
3	20	
4		
5	50	0,15
6		

À RETENIR Cours 4.1

Définition Une **variable aléatoire X** associe un nombre à chaque issue d'une expérience aléatoire :
X est **discrète** car elle prend un **nombre fini** n de valeurs, notées $x_1, x_2, ..., x_n$.

Notation On note { X = **a** } l'ensemble des issues auxquelles on associe la même valeur **a** et { X < **a** } l'ensemble des issues auxquelles on associe une valeur inférieure à **a**.
On note P(X = **a**) la probabilité de l'évènement { X = **a** }.

Définitions Définir une **loi de probabilité** d'une variable aléatoire X, c'est associer à chaque valeur x_i de la variable aléatoire un nombre positif p_i tel que la somme des p_i est égale à 1 :

$$p_1 + p_2 + ... + p_n = 1 \quad \text{avec } p_i = P(X = x_i).$$

L'espérance d'une variable aléatoire X, notée **E(X)**, est la moyenne des valeurs x_i prises par X, pondérées par leurs probabilité p_i : $E(X) = p_1 \times x_1 + p_2 \times x_2 + ... + p_n \times x_n$.

x_i	x_1	x_2	...	x_n
$P(X = x_i)$	p_1	p_2	...	p_n

EXEMPLE 4.1 **Exploiter une loi de probabilité**

Dans un autre magasin, on distribue des bons d'achat à l'aide d'enveloppes tirées au hasard par les clients. À l'issue de l'expérience aléatoire, on associe la variable aléatoire Y correspondant au montant du bon d'achat tiré. On admet que la loi de la probabilité de la variable aléatoire Y est donnée par le tableau ci-contre.

y_i	5	10	50	100
$P(Y = y_i)$	0,4	0,3	0,2	0,1

On souhaite calculer $P(Y < 50)$ et l'espérance E(Y).
On obtient $P(Y < 50) = P(Y = 5) + P(Y = 10) = 0{,}4 + 0{,}3 = 0{,}7$.
L'espérance est $E(Y) = 5 \times 0{,}4 + 10 \times 0{,}3 + 50 \times 0{,}2 + 100 \times 0{,}1 = 25$.
Cela signifie qu'un client recevra un bon d'achat d'un montant moyen de 25 €.

ACTIVITÉ 4.2

On admet que seulement 30 % des clients de la journée anniversaire ont été satisfaits par l'organisation.
À la sortie du magasin, un vendeur, Antoine, pose la question suivante à un client choisi au hasard : « Avez-vous été satisfait par l'organisation de cette journée spéciale ? ».

1. Montrer que cette expérience aléatoire correspond à une épreuve de Bernoulli. Indiquer son paramètre.

2. Antoine décide d'écrire sur un carnet **1** si le client répond « Oui », et **0** sinon.
On appelle X la variable aléatoire qui correspond au nombre inscrit par Antoine sur son carnet.

a) Quelle est la loi de probabilité suivie par X ?

b) Calculer l'espérance E(X) de la variable aléatoire X.

3. Antoine pose cette même question à 5 clients, choisis au hasard, et note à chaque fois **0** ou **1** sur son carnet comme dans la question **2.** Interpréter la somme des nombres marqués par Antoine.

À RETENIR Cours 4.2

Définitions

- On considère une **épreuve de Bernoulli**, on note p la probabilité du succès **S** et $q = 1 - p$ la probabilité d'échec **E**.
On définit la variable aléatoire X qui associe le nombre **1** au succès et le nombre **0** à l'échec.
- La loi de probabilité suivie par la variable aléatoire **X** est appelée **loi de Bernoulli (0 , 1)** de **paramètre p**.
On définit cette loi par le tableau ci-contre.

Issue	Succès	Échec
x_i	1	0
$P(X = x_i)$	p	$q = 1 - p$

Propriété L'espérance d'une variable aléatoire qui suit la loi de Bernoulli de paramètre p est :

$$E(X) = 1 \times p + 0 \times q = p.$$

EXEMPLE 4.2 Simuler une loi de Bernoulli à l'aide d'un tableur

La fonction **ALEA()** du tableur permet d'obtenir un nombre aléatoire réel dans l'intervalle [0 ; 1 [.
En lui ajoutant 0,3 on obtient un nombre dans l'intervalle [0,3 ; 1,3 [, puis la fonction **ENT** arrondit le nombre à l'entier immédiatement inférieur.

Ainsi l'instruction **ENT(ALEA()+0,3)** permet d'obtenir la valeur **1** dans 30 % des cas et la valeur **0** dans 70 % des cas.
Le résultat obtenu simule donc une variable aléatoire qui suit une **loi de Bernoulli (0 , 1)** de paramètre $p = 0{,}3$.

	A
1	=ENT(ALEA()+0,3)
2	0
3	1
4	1

Algorithmique et programmation

Capacités attendues

Atelier 1 > SITUATION ALGO *À partir de deux listes représentant deux caractères d'individus, déterminer un sous-ensemble d'individus répondant à un critère (filtre, utilisation des ET, OU, NON)*

SITUATION ALGO

Atelier 1 • Utilisation du tableur pour étudier les effectifs des lycées français

Pour étudier un grand nombre de données, il devient indispensable d'utiliser des outils numériques.
On souhaite étudier, à l'aide d'un tableur, les effectifs d'élèves des lycées français pour une année scolaire donnée.
Le fichier complet des données créé par le ministère de l'Éducation Nationale est accessible sur le site **data.education.gouv.fr**.
Le fichier proposé a été simplifié et contient les nombres d'élèves et secteur (public ou privé) de 2 645 lycées (généraux et technologiques) français repérés par un numéro et leur académie.

	A	B	C	D
1	Nu	Académie	Secteur	Nb élèves
2	006001	NICE	PUBLIC	1033
3	006002	NICE	PUBLIC	1915
4	006002	NICE	PUBLIC	904
5	001000	LYON	PUBLIC	907
6	002003	AMIENS	PUBLIC	1140
7	002005	AMIENS	PUBLIC	1244
8	002001	AMIENS	PUBLIC	1485
9	006198	NICE	PUBLIC	449
10	006208	NICE	PUBLIC	857
11	006188	NICE	PUBLIC	1093
12	022001	RENNES	PUBLIC	948
13	022005	RENNES	PUBLIC	1311
14	025004	BESANCON	PUBLIC	1480
15	025001	BESANCON	PUBLIC	2040
16	024007	BORDEAUX	PRIVE	377
17	021000	DIJON	PUBLIC	886
18	021001	DIJON	PUBLIC	433
19	019001	LIMOGES	PUBLIC	501
20	022157	RENNES	PUBLIC	704
21	024002	BORDEAUX	PUBLIC	1064
22	024001	BORDEAUX	PUBLIC	168
23	024002	BORDEAUX	PUBLIC	394
24	001001	LYON	PUBLIC	1176
25	001001	LYON	PUBLIC	1606
26	001003	LYON	PUBLIC	591

1. Avec des filtres

On va commencer par filtrer ces données. Ouvrir le fichier 1ST_ch3_A1etA2.xls et sélectionner la plage des données **A1:D2646**, puis dans le menu **Données**, cliquer sur Filtrer **Filtrer**.

On peut maintenant cliquer sur les flèches dans les en-têtes de colonne et sélectionner des valeurs.

a) En sélectionnant le bon filtre, déterminer le nombre de lycées dans l'académie de Corse. Préciser le nombre de lycées privés et le nombre de lycées publics.

b) En sélectionnant deux filtres, déterminer le nombre de lycées privés de l'académie de Besançon.

c) Sélectionner un filtre numérique dans la **colonne D** des effectifs pour déterminer les académies des lycées de plus de 2 700 élèves.

d) Pour aller plus loin : existe-t-il des lycées privés ayant entre 1 900 et 2 200 élèves ?

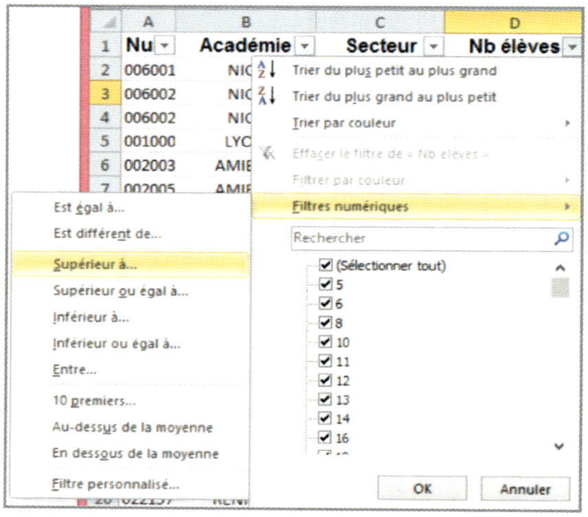

2. Avec des ET, OU ou NON

a) Nommer **Critère1** la **colonne E**.
Dans la cellule **E2**, copier la formule =ET(C2="PUBLIC";D2<100). Recopier cette formule vers le bas.
Quelles sont les caractéristiques des lycées dont l'affichage est VRAI dans la **colonne E** ?
On pourra utiliser un filtre pour créer le sous-ensemble de ces lycées.

b) Créer de la même façon une **colonne F** dont les cellules indiquent **VRAI** pour les lycées qui sont privés **OU** qui ont moins de 100 élèves.

> Utilisation du tableur p. III

Capacités attendues

Atelier 2 > *Calculer des fréquences conditionnelles et des fréquences marginales*
> *SITUATION ALGO Dresser le tableau croisé de deux variables catégorielles à partir du fichier des individus et calculer des fréquences conditionnelles ou marginales*

SITUATION ALGO

Atelier 2 • Utilisation de tableaux croisés pour étudier les effectifs des lycées français

On utilise le fichier **1ST_ch3_A1etA2** déjà utilisé dans l'atelier 1.

1. Réaliser un tableau croisé indiquant le nombre de lycées de chaque académie, en ligne, en séparant les lycées privés et publics comme sur le tableau ci-contre. > *Exemple 1.2 du cours*
> *Utilisation du tableur p. IV*

Nombre de Numero	**PRIVE**	**PUBLIC**	**Total général**
AIX-MARSEILLE	63	62	125
AMIENS	27	43	70
BESANCON	9	28	37
BORDEAUX	40	73	113
CAEN	24	40	64
CLERMONT-FERRAND	24	31	55
CORSE	3	9	12
CRETEIL	57	132	189

À partir de ce tableau, indiquer si chacune des affirmations suivantes est vraie ou fausse :

a) L'académie comportant le plus grand nombre de lycées est l'académie de Versailles.

b) L'académie comportant le plus grand nombre de lycées privés est l'académie de Versailles.

c) Dans l'académie de Rennes, il y a plus de lycées privés que de lycées publics.

2. On peut modifier le tableau croisé ci-dessus en entrant dans les **Paramètres des champs de valeurs**.
Dans l'onglet **Afficher les valeurs**, sélectionner **% du total général** pour calculer les fréquences marginales en pourcentage.

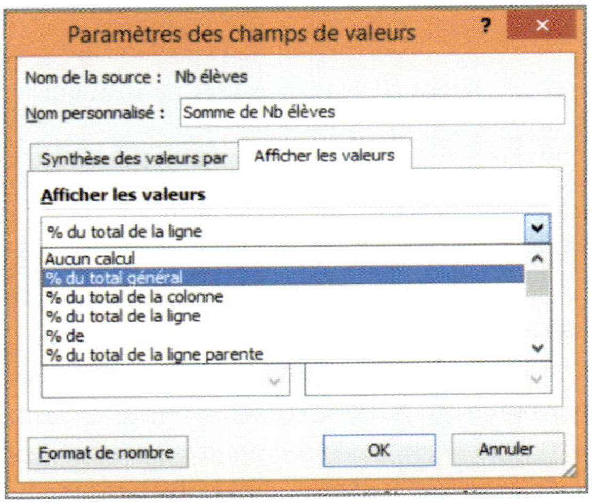

Pour chacune des affirmations suivantes, indiquer si elle est vraie ou fausse ; plusieurs modifications du tableau sont nécessaires pour répondre :

a) Plus de 6 % des lycées français sont situés dans l'académie de Paris.

b) Plus de 7 % des lycées privés français sont situés dans l'académie de Nantes.

c) 72 % des lycées de Guadeloupe sont des lycées publics.

d) Environ 5 % des lycées sont des lycées publics de l'académie de Créteil.

3. Réaliser, et modifier si nécessaire, un tableau croisé pour répondre aux questions suivantes.

a) Quel est le nombre de lycéens étudiés dans ce tableau ?

b) Quel est le nombre total d'élèves dans les lycées de l'académie de Lille ?

c) Quelle est la proportion en % des lycéens dont le lycée est dans l'académie de Grenoble ?

d) Parmi tous les lycées, quelle est la proportion de lycées publics ?

e) Quelle proportion des lycéens de l'académie de Bordeaux est en lycée public ?

Capacités attendues

Atelier 3
- *Interpréter en situation les écritures $\{X = a\}$, $\{X < a\}$ où X désigne une variable aléatoire et calculer les probabilités correspondantes*
- *Calculer et interpréter en contexte l'espérance d'une variable aléatoire discrète*

Python

Atelier 3 • Un pari pour financer une sortie !

Lors d'une réunion parents-professeurs, des élèves proposent aux parents une mini loterie, pour financer une sortie scolaire. En donnant 1 euro, le parent choisit un nombre parmi les entiers 1, 2, 3 ou 4 et exécute la fonction pari ci-contre, programmée en Python sur une calculatrice.
Les élèves annoncent :
- « si la calculatrice affiche dans la console "gagné", on vous donne une pièce de 2 € »,
- « si la calculatrice affiche "gagné + BONUS", on vous donne un billet de 10 € ! »

```
from random import *
def pari(n):
  a=randint(1,4)
  b=randint(1,10)
  if a==n and b==10:
    return "gagné+BONUS"
  elif a==n:
    return "gagné"
  else:
    return "perdu"
```

Le chef d'établissement veut s'assurer que ce jeu permettra bien de financer la sortie et demande à un professeur de mathématiques d'évaluer les gains possibles.

L'exécution de la fonction pari consiste donc en une expérience aléatoire dont l'issue peut être notée par un couple (a, b) où a et b sont les contenus des variables a et b à la fin de l'exécution de la fonction.

On rappelle que la fonction randint(1,4) permet de choisir un nombre entier aléatoire de 1 à 4.

1. Si un parent choisit d'exécuter pari(2), quelle(s) est (sont) la (ou les) issue(s) permettant de voir afficher « gagné + BONUS » ?

2. Le professeur décide d'appeler G la variable aléatoire correspondant au gain **pour les élèves**. **Attention**, ce gain peut-être négatif si le parent gagne.
Déterminer l'ensemble des issues composant les évènements $\{G = -9\}$, puis $\{G < 0\}$.

3. Le professeur décide d'utiliser une fonction Nparis afin de répéter N fois un pari.

a) Comment compléter la dernière ligne de la fonction afin qu'elle renvoie les fréquences d'apparition des différents affichages ?

b) Quelle instruction devra-t-il saisir dans la console afin d'afficher ces fréquences pour 1 000 paris ?

c) En exécutant cette instruction dans la console, il a obtenu les fréquences d'apparition ci-contre.
En utilisant ce modèle, déterminer la loi de probabilité de la variable aléatoire G.

```
def Nparis(N):
    gb,g,p=0,0,0
    aff=pari(randint(1,4))
    if aff=="gagné":
        g=g+1
    elif aff=="perdu":
        p=p+1
    else:
        gb=gb+1
    return
```

Affichage	Fréquences
« gagné + BONUS »	0,023
« gagné »	0,221
« perdu »	0,756

4. Calculer l'espérance E(G) de la variable aléatoire G.

5. Si un très grand nombre de parents décide de participer à ce jeu, conjecturer le montant des gains que vont gagner les élèves, en moyenne, sur chaque pari.
Quel serait le gain moyen pour 200 paris ?

Capacités attendues

Atelier 4 > *Reconnaître une situation aléatoire modélisée par une loi de Bernoulli*
> SITUATION ALGO *Simuler des échantillons de taille n d'une loi de Bernoulli à partir d'un générateur de nombres aléatoires entre 0 et 1*

SITUATION ALGO

Atelier 4 • Simulation d'un lot

Suite au destockage d'un très grand nombre de vêtements, ceux-ci sont vendus par lots de 20 pièces.
Mila veut acheter un lot pour revendre ces vêtements à l'unité. Elle sait que ces vêtements ne sont pas tous de bonne qualité car 20 % d'entre eux ont un défaut.
Elle risque de perdre de l'argent à la revente si son lot contient plus de 9 vêtements présentant un défaut.
Elle souhaite effectuer une simulation de composition de lots pour déterminer le nombre de vêtements avec un défaut dans ces lots.

1. a) Montrer que pour simuler la présence ou non du défaut sur **un** vêtement du lot, on peut simuler la réalisation ou non du succès dans une épreuve de Bernoulli.

b) On réalise la feuille de calcul ci-contre.
On rappelle que la fonction ALEA() du tableur permet d'obtenir un nombre aléatoire dans l'intervalle [0 ; 1 [.
Dans quel cas le résultat obtenu dans la cellule B4 sera D, et comment peut-on l'interpréter ?

	A	B	C
1	**Simulation lot de 20 vêtements**		
2	Proportion p :	0,2	
3	N° vêtement	Défaut ?	
4	1	=SI(ALEA()<$B$2;"D";"")	
5	2	D	
6	3		
7	4	D	

c) On recopie la formule saisie en B4 vers le bas jusqu'à la cellule B23. On obtient ainsi 20 simulations sur la présence ou non du défaut.
On souhaite compter le nombre de résultats D obtenu dans la plage B4:B23.
Pour cela, on saisit la formule =NB.SI(B$4:B$23;"D") dans la cellule B25.
Comment interpréter le résultat obtenu dans la cellule B25 ?

d) Relancer les 20 simulations une dizaine de fois en appuyant sur la touche F9.
A-t-on obtenu plus de 9 vêtements avec un défaut au cours d'une de ces simulations ?

> *Exemple 4.2 du cours*

Python

2. On veut simuler la même expérience aléatoire à l'aide d'un programme Python.
On programme la fonction ci-contre en langage Python.
On rappelle que l'instruction random() renvoie un nombre aléatoire dans l'intervalle [0 ; 1 [.

```
from random import *

def bernoulli(p):
    alea=random()
    if alea<p :
        return 1
    else:
        return 0
```

a) Pourquoi la fonction bernoulli(p) renvoie-t-elle l'entier **1** avec une fréquence p ?

b) Écrire une fonction defautlot( ) qui permet de répéter 20 fois l'épreuve de Bernoulli avec p = 0,2, en ajoutant à chaque répétition le résultat obtenu dans une variable nbd, et qui renvoie le contenu final de nbd.
Interpréter le contenu de la variable nbd dans les termes de l'énoncé.

c) Exécuter la fonction defautlot dans la console. Retrouve-t-on le résultat précédent ?

Algorithmique et programmation

Capacités attendues

Atelier 5 > *Interprétation des fréquences observées de 1 dans N échantillons*
Atelier 6 > *Simuler N échantillons de taille n d'une loi de Bernoulli et représenter les fréquences observées des 1 par un histogramme ou un nuage de points*
> SITUATION ALGO *Représenter par un histogramme ou un nuage de points les fréquences observées des 1 dans N échantillons de taille n d'une loi de Bernoulli*

Atelier 5 • Étude des fréquences de vêtements défectueux dans les lots

On reprend le tableau réalisé sur tableur dans l'**atelier 4**.

1. a) Sur la feuille de tableur, recopier la plage **B4:B23** sur la droite jusqu'à la colonne **AE**. Combien de lots de vêtements ont ainsi été simulés ?

b) Modifier la formule de la cellule **B25** afin qu'elle affiche la fréquence de « **D** » contenus dans la plage **B4:B23**.

c) Recopier la cellule **B25** vers la droite afin de calculer les fréquences de chacun des lots. Qu'observe-t-on ?
Interpréter ce résultat dans les termes de l'énoncé.

Python

2. a) Reprendre le script Python vu à l'**atelier 4**.
Modifier la fonction **defautlot**( ) en **freqdefautlot**( ) afin qu'elle renvoie la fréquence observée du nombre **1** dans l'échantillon.

b) On souhaite stocker, dans une liste, les fréquences observées dans N échantillons.
Pour cela, on utilise la fonction ci-contre. Exécuter cette fonction dans la console pour N = 100.
Interpréter les résultats observés dans les termes de l'énoncé.

```
def freqechant(N):
    return [freqdefautlot() for k in range(N)]
```

SITUATION ALGO

Atelier 6 • Réalisation d'un nuage de points ou d'un histogramme

Pour visualiser plus facilement les résultats observés dans l'**atelier 5**, on va utiliser deux types de graphiques : un **nuage de points** sur tableur et un **histogramme** en Python.

1. Sur tableur, sélectionner la **ligne 25** du tableau complété à l'**atelier 5**. Créer un nuage de points.
Quelle conjecture peut-on faire sur le nuage ainsi obtenu ?

Python

2. On veut représenter par un histogramme les résultats obtenus.
On utilise la fonction Python ci-contre, à ajouter au script précédent.
Exécuter l'instruction **histogramme(1000)** dans la console.
Tous les rectangles composant l'histogramme semblent-ils avoir la même hauteur ?

```
import matplotlib.pyplot as plt
def histogramme(N):
    freq=freqechant(N,100)
    h=plt.hist(freq,bins=10)
    plt.show()
    return h
```

Capacités attendues

Atelier 7 > SITUATION ALGO *Compter le nombre de valeurs situées dans un intervalle de la forme* [p − ks ; p + ks] *pour* k ∈ { 1 ; 2 ; 3 }

> *Interpréter sur des exemples la distance à* p *de la fréquence observée des 1 dans un échantillon de taille* n *d'une loi de Bernoulli de paramètre* p

SITUATION ALGO

Atelier 7 • Répartition des fréquences par rapport à l'écart-type

On reprend le contexte de l'atelier 4.
Dans le script Python ci-contre, on a modifié les deux fonctions **freqdefautlot** et **freqechant** afin de pouvoir créer des lots de taille **n** (à préciser en paramètre).
On a complété ce script par une fonction **ecarttype**, permettant de calculer l'écart-type d'une liste de valeurs.
Le symbole [...] dans l'éditeur indique que les instructions de ces fonctions ne sont pas affichées.
Ouvrir le script **atelier7.py**.

```
1  from random import random
2  from math import sqrt
3
4  def bernoulli(p): [...]
10
11 def freqdefautlot(n): [...]
13
14 def freqechant(N,n): [...]
16
17 def ecarttype(donnees) : [...]
27
28 def nbvalint(liste,k):
29     s=ecarttype(liste)
30     nbv=0
31     for v in liste:
32
33
34     return nbv
```

1. Compléter les lignes 32 et 33 de la fonction **nbvalint** afin de calculer le nombre de valeurs de la variable **liste** qui sont situées dans l'intervalle [0,2 − **k**×s ; 0,2 + **k**×s].
On rappelle que 0,2 est la proportion de vêtements ayant un défaut. Ce nombre est stocké dans la variable **nbv**.

2. On souhaite faire une simulation pour 100 lots de 50 vêtements.

a) Créer une liste **li** de fréquences obtenues pour 100 lots de taille 50, en saisissant dans la console :

```
>>> li=freqechant(100,50)
```

b) Indiquer l'instruction à saisir dans la console pour compter le nombre de valeurs de **li** situées dans [0,2 − s ; 0,2 + s], où s est l'**écart-type** de la liste **li** ; l'exécuter et noter le résultat obtenu.

c) Recommencer pour les intervalles [0,2 − 2s ; 0,2 + 2s] et [0,2 − 3s ; 0,2 + 3s].

3. On a obtenu une liste contenant 68 fréquences dans l'intervalle [0,2 − s ; 0,2 + s], 94 dans l'intervalle [0,2 − 2s ; 0,2 + 2s] et la totalité des fréquences dans [0,2 − 3s ; 0,2 + 3s].

a) Interpréter ces résultats dans ce contexte.

b) Peut-on penser que l'on obtient toujours ce même résultat ?

4. À l'aide du programme, on peut augmenter le nombre de lots, ainsi que la taille des lots, par exemple 1 000 lots. Dans chaque cas, on calcule l'écart-type de la liste des fréquences obtenues.

a) Dans la console, saisir `ecarttype(freqechant(1000,50))`,

puis `ecarttype(freqechant(1000,100))`

Par quel nombre a-t-on multiplié la taille de l'échantillon ?
Est-ce que l'écart-type a aussi été multiplié par ce même nombre ?

b) En recommençant par saisie de `ecarttype(freqechant(1000,400))`, conjecturer l'évolution de l'écart-type s en fonction de l'évolution de la taille n des échantillons.

Faire le point

CAPACITÉS	L'ESSENTIEL

Calculer des fréquences conditionnelles et des fréquences marginales dans un tableau croisé d'effectifs

Soit deux variables **A** et **B** sur un même ensemble E d'individus.
La fréquence de A dans l'ensemble E est $f(A) = \frac{\text{Card(A)}}{\text{Card(E)}}$.

	B	nonB	
A	Card(A ∩ B)		Card(A)
non A			
	Card(B)		Card(E)

La fréquence conditionnelle de B **dans A** est $f_A(B) = \frac{\text{Card}(A \cap B)}{\text{Card(A)}}$.

$\text{Card(A)} = f(A) \times \text{Card(E)}$ $\qquad$ $\text{Card}(A \cap B) = f_A(B) \times \text{Card(A)}$

Calculer des probabilités conditionnelles dans une situation d'équiprobabilité

Soit **A** et B deux évènements de probabilité non nulle.
La probabilité conditionnelle est la probabilité de B, sachant que **A** est réalisé : $P_A(B) = \frac{\text{Card}(A \cap B)}{\text{Card(A)}}$

Appliquer le principe multiplicatif

La **probabilité** d'une **liste de plusieurs évènements**, représentée par un **chemin de l'arbre**, est égale au **produit** des probabilités indiquées sur chaque branche

Représenter la répétition de *n* épreuves de Bernoulli et calculer des probabilités

La répétition de ***n* épreuves de Bernoulli identiques et indépendantes** se représente par un arbre de probabilités ayant ***n* niveaux.**

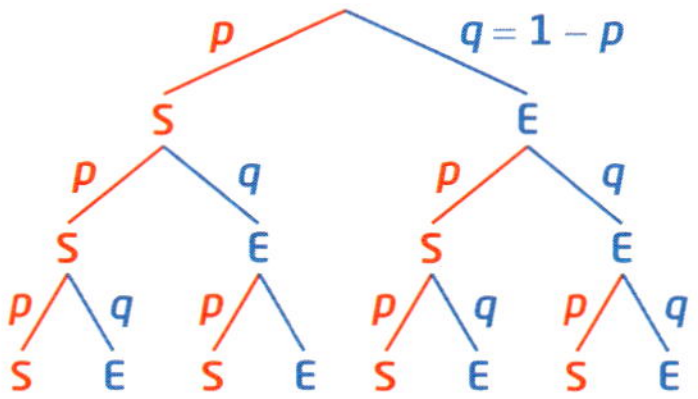

Déterminer une variable aléatoire

et calculer son espérance

Une **variable aléatoire X** associe à chaque issue d'une expérience aléatoire une valeur $x_1, x_2, ..., x_n$.
L'évènement $\{X = a\}$ est l'ensemble des issues associés à la valeur n. Sa probabilité est $P(X = a)$.
La **loi de probabilité** de X est donnée par un tableau.

x_i	x_1	x_2	...	x_n
$P(X = x_i)$	p_1	p_2	...	p_n

L'espérance de la variable aléatoire X, est : $E(X) = p_1 \times x_1 + p_2 \times x_2 + ... + p_n \times x_n$

Reconnaître une situation aléatoire modélisée par une loi de Bernoulli

La **loi de Bernoulli (0 , 1)**, **de paramètre *p***, est la loi suivie par la variable aléatoire X d'une épreuve de Bernoulli.
Elle associe **1** au succès de probabilité p, et **0** à l'échec.
Son espérance est $E(X) = p$.

$p + q = 1$

Pour simuler des échantillons d'une loi de Bernoulli

Pour simuler une épreuve de Bernoulli de probabilité p :

Avec le tableur

= SI(ALEA()<*p*;1 ;0)

ou

= ENT(ALEA()+*p*)

Avec une fonction Python

```
def bernoulli(p):
    if random()<p:
        return 1
    else:
        return 0
```

Pour simuler un échantillon de taille n, on répète n fois les instructions précédentes.

On copie la commande précédente sur n lignes.

On crée une liste de taille n.

```
[bernoulli(p) for i in range(n)]
```

S'évaluer

Dans chaque QCM, trouver la ou les bonnes réponses.

QCM Cours 1

1 Dans un restaurant, les clients peuvent commander de trois façons différentes. On étudie le montant de 150 commandes d'une demi-journée suivant le mode de commande.

	A	B	C	D	E	F
1		en ligne	à une borne	à un comptoir	Total	fréquence marginale
2	Moins de 15 €	36		15		0,7
3	Plus de 15 €		21			
4	Total	45	75	30	150	
5	fréquence marginale					

a) **La fréquence marginale en C5 est 0,5.**

b) **La fréquence conditionnelle des commandes en ligne dans les commandes de moins de 15 € est 0,24.**

c) **La fréquence conditionnelle des commandes de moins de 15 € dans les commandes effectuées en ligne est 0,8.**

QCM Cours 2

2 On choisit au hasard une commande parmi les 150 commandes étudiées dans la question **1**.

On considère les évènements suivants :

B : « La commande a été effectuée à une borne » et C : « La commande est supérieure à 15 € ».

a) **La probabilité de l'évènement B est $P(B) = 0,5$.**

b) **La probabilité conditionnelle de C, sachant que B est réalisé est $P_B(C) = 0,28$.**

c) **La probabilité de $B \cap C$ est 0,21.**

QCM Cours 3

3 Une expérience aléatoire est représentée par l'arbre ci-contre.

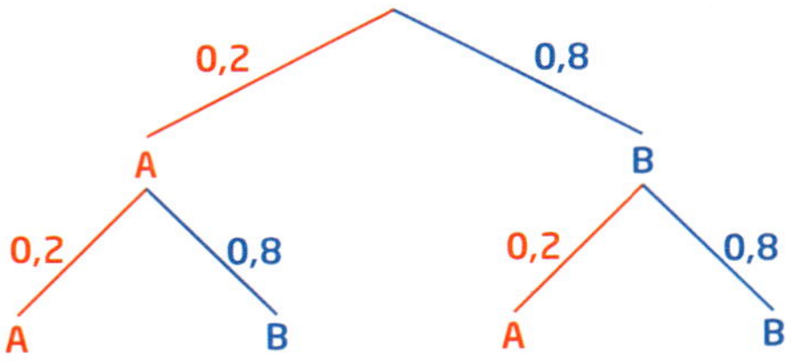

a) **Il peut s'agir de la répétition de deux épreuves de Bernoulli.**

b) **La probabilité du chemin A-A de l'arbre est 0,4.**

c) **La probabilité de tous les chemins contenant au moins un A est supérieure à 0,5.**

QCM Cours 4

4 Le tableau ci-contre est la loi de probabilité d'une variable aléatoire X.

x_i	0	1	2
$P(X = x_i)$	0,7	0,2	0,1

a) **L'espérance de la variable aléatoire X est 0,5.**

b) **$P(X > 0) = 0,3$.**

c) **La variable aléatoire suit une loi de Bernoulli (0 , 1) de paramètre 0,2.**

Vrai ou Faux

5 On a simulé un échantillon de taille 10 à l'aide du tableur ci-contre.

La formule écrite en B1 est recopiée vers le bas.

	A	B
1	1	=SI(ALEA()<0,7;0;1)
2	2	0
3	3	0
4	4	0
5	5	0
6	6	0
7	7	0
8	8	0
9	9	0
10	10	0

a) **La simulation correspond à un échantillon d'une loi de Bernoulli (0 , 1) de paramètre 0,7.**

b) **La cellule B1 contiendra la valeur 0 ou la valeur 1.**

c) **Si on relance la simulation, les cellules B2 à B10 contiendront uniquement des 0.**

Exercices

• Entraînement

1 • Croisement de deux variables catégorielles

1 Dans un club de sport, on connaît les effectifs des adhérents pour chaque discipline.

	A	B	C	D	E	F
1		**de 16 à 18**	**de 19 à 25**	**de 26 à 35**	**plus de 35**	**Total**
2	**Vélo**	6	14	20	15	
3	**Aqua-Gym**	4	9	18	35	
4	**Step**	2	5	12	10	
5	**Total**					

1. a) Combien d'adhérents pratiquent le vélo ?

b) Quel est le nombre d'adhérents de plus de 35 ans ? Quelle formule saisir pour obtenir ce nombre et dans quelle cellule ?

c) Combien d'adhérents de moins de 26 ans sont inscrits à l'aqua-gym ?

2. Recopier et compléter le tableau par les effectifs marginaux.
On pourra utiliser un tableur.

2 Exercice guidé **Calculer des fréquences marginales**

Le nombre de filets d'oranges de 2 kg, mis en vente sur une semaine suivant la provenance et la variété, est donné dans le tableau suivant.
On désire calculer des proportions à l'aide des fréquences marginales.

	A	B	C	D	E
1		**Maroc**	**Espagne**	**Brésil**	**total**
2	valencia	150		100	
3	navel	650	250	300	
4	**total**	**800**		**400**	**2000**

Étape 1 : On calcule les valeurs manquantes. Présenter les calculs : en C4 = ...

Étape 2 : On calcule les fréquences marginales suivant la variété d'oranges.

Étape 3 : On calcule les fréquences marginales suivant la provenance. Indiquer la provenance la plus fréquemment vendue.

Étape 4 : Parmi les oranges valencia, calculer la proportion provenant du Brésil.

3 Dans les théatres nationaux, une partie des billets sont plein tarif. Ci-dessous le tableau des fréquentations en 2015-2016, en milliers, suivant le type de billet.

	A	B	C	D	E	F
1		**Com.fran**	**Chaillot**	**La Colline**	**Odéon**	**TN.Stras.**
2	**plein tarif**	215	18	11	52	2
3	**autres**	139	96	92	141	53

Com.fran : Comédie française

1. a) Déterminer la proportion de billets plein tarif à la Comédie française.

b) La fréquentation totale de ces cinq théâtres est de 819 000 personnes. Quelle part représente le Théatre National de Strasbourg (TNS) ? Le théatre de l'Odéon ?

2. Pour chaque théatre, calculer la fréquence marginale de billets plein tarif.
En déduire le théatre où la fréquence de billets plein tarif est la plus grande.
Classer les théatres suivant cette fréquence.

4 Le tableau ci-après est extrait du **TEF 2018** (Tableaux de l'économie française).

Production de déchets en 2014 en millions de tonnes

	Déchets minéraux non dangereux	Déchets non minéraux non dangereux	Déchets dangereux	Total
Agriculture et pêche	///	1,0	0,3	1,3
Industrie	4,5	18,5	2,7	25,7
Construction	212,3	12,5	2,9	227,6
Tertiaire	0,8	17,4	1,4	19,6
Traitement des déchets, assainissement, dépollution	3,2	15,4	3,3	21,8
Ménages	2,8	25,4	0,2	28,4
Total	**223,5**	**90,2**	**10,8**	**324,5**

/// signifie insignifiant *Source SDES*

Reproduire ce tableau sur une feuille de tableur.

1. Calculer la colonne **Total** et la ligne **Total**.
Les différences de valeurs par rapport au document sont dues aux arrondis.
Calculer les fréquences marginales en lignes et en colonnes.

2. a) Quel(s) secteur(s) d'activités produit moins de 8 % de la totalité des déchets ?

b) Quelle est la part de la construction dans la production totale de déchets non minéraux non dangereux ?

5 Le tableau ci-dessous donne la répartition suivant le **type d'inscription** en handisport et sport adapté en France en 2016, ainsi que l'effectif total pour chaque type d'inscription. On connaît aussi l'effectif en handisport et l'effectif total.

	A	B	C	D
1	Type d'inscription	**Handisport**	**Sport adapté**	**Total**
2	**Licences**	0,741	0,798	76363
3	**Autres titres de participation**	0,221	0,183	19396
4	**Clubs**	0,038	0,019	2574
5	Effectif Total	36693		98333

1. Interpréter les nombres 0,183 et 0,741.

2. On sait qu'il y a 36 693 inscrits en handisport et, au total, 98 333 inscrits.
Retrouver le tableau complet des effectifs. Arrondir chaque effectif à 10 inscrits.

3. Déterminer les fréquences conditionnelles suivantes :

a) fréquence de licenciés en handisport,

b) fréquence de licenciés sport adapté parmi les licenciés,

c) fréquence de licenciés sport adapté parmi les inscrits en sport adapté.

6 **Exercice guidé** **Créer un tableau croisé dynamique**

Dans une TPE (très petite entreprise), le comptable a relevé chaque année le chiffre d'affaires, le bénéfice et l'épargne placée, en milliers d'euros.
Il a obtenu le tableau de données ci-dessous.

	A	B	C
1	**Année**	**Poste**	**Valeurs**
2	1	C.A.	64
3	1	Bénéfice	-14
4	1	Epargne	-15
5	2	C.A.	80
6	2	Bénéfice	-19,6
7	2	Epargne	-12

	A	B	C
1	**Année**	**Poste**	**Valeurs**
8	3	C.A.	100
9	3	Bénéfice	-25,5
10	3	Epargne	-9,6
11	4	C.A.	125
12	4	Bénéfice	-30,6
13	4	Epargne	-7,68

Il désire comparer l'évolution de chaque poste d'une année sur l'autre.

Étape 1 : On crée un tableau croisé dynamique présentant ces trois postes sur les 4 années.

> *Tableur p. IV*

Que représente la colonne « Total général » ?
Quel est le montant de l'épargne sur 4 ans ?

Étape 2 : Copier-coller ce tableau croisé en E1. Changer les paramètres des champs de valeurs afin d'afficher les valeurs en % par rapport à l'année précédente.

Comparer les évolutions obtenues.

7 Sur un mois, les 6 commerciaux d'une entreprise travaillent sur deux zones, notées 1 et 2.

	A	B	C	D	E	F
1	**Commerciaux**					
2	**n°**	**Prénom**	**Zone**	**C.A.**	**Prime**	**SurPrime**
3	1	Mat	1	12400		
4	2	Amelric	2	15350		
5	3	Corinne	1	23000		
6	4	Nadia	1	17600		
7	5	Léa	2	20200		
8	6	Julien	1	13200		

La direction accorde une prime de 100 € pour tout commercial travaillant dans la zone 2 ou réalisant au moins 15 000 € de chiffre d'affaires (CA).
Une surprime de 200 € est accordée pour un commercial travaillant en zone 2 et réalisant au moins 15 000 € de chiffre d'affaires.

1. a) Expliquer ce que permet de calculer `=SI(OU(D3>=15000;C3=2);100;0)` saisie en E3.

b) De même pour `=SI(ET(D3>=15000;C3=2);200;0)` saisie en F3.

c) Recopier vers le bas. Quels sont les résultats obtenus en E4 et en F5 ?

2. On nomme X un des 6 commerciaux.
On note P(X) : « X travaille en zone 2 » et Q(X) : « le CA de X est supérieur ou égal à 15 000 ».

a) Quels sont les commerciaux qui rendent vraie la proposition P(X) ? Existe-t-il un commercial X qui rend vraie la proposition P(X) et fausse la proposition Q(X) ?

b) Modéliser mathématiquement l'attribution de prime et de surprime, à l'aide de connecteurs logiques et des 2 propositions.

Exercices

Entraînement

2 • Probabilités conditionnelles

8 On reprend la situation de l'exercice **2**.
Un client du magasin a acheté au hasard un filet d'oranges de 2 kg.
Calculer la probabilité que ce soit un filet :

a) d'oranges d'Espagne,

b) d'oranges de variété navel,

c) de navel et provenant du Maroc,

d) de valencia ou provenant d'Espagne,

e) provenant du Brésil ou de variété navel.

9 Exercice guidé **Fréquences et probabilités**

Une ville nouvelle est composée de quatre quartiers A, B, C et D. En vue de l'implantation d'un centre sportif, on a recensé les jeunes de 10 à 15 ans qui pratiquent un seul des deux sports : football ou handball.

	A	B	C	D
football : F	160	130	122	138
handball : H	68	75	49	58

1. On veut créer un tableau de fréquences.

Étape 1 : Reproduire ce tableau en ajoutant les effectifs totaux en lignes et en colonnes.

Étape 2 : Dresser le tableau des fréquences par rapport à l'effectif total. Lire la fréquence des jeunes joueurs de football du quartier B.

2. On interroge au hasard un jeune de la ville.

a) On sait que le jeune est du quartier B : calculer la probabilité qu'il soit footballeur.

b) On sait que ce jeune est footballeur : calculer la probabilité qu'il soit du quartier B.

10 On reprend le tableau de l'exercice **9**.
On note A « le jeune est du quartier A » et de même pour les autres quartiers. Et on note :
F « il joue au foot » et H « il joue au hand ».

1. Donner l'écriture des évènements suivants.

a) le joueur joue au hand et est du quartier C,

b) le joueur est du quartier B et joue au foot,

c) le joueur est du quartier A ou joue au hand.

2. On interroge au hasard l'un des jeunes.
Calculer les probabilités suivantes.

a) $P(A)$, $P(H)$ et $P(A \cap H)$,

b) $P_A(H)$ et interpréter cette probabilité,

c) $P_H(A)$ et interpréter cette probabilité.

11 Une TPE loue du matériel, en particulier des tondeuses à gazon de marque Bosch (B) ou McCulloch (M).
Avant d'être relouées, les tondeuses sont vérifiées : elles fonctionnent (F) ou non ($\overline{F}$).
On vérifie une tondeuse, au hasard.

Pour chaque probabilité, indiquer son écriture mathématique à l'aide des évènements, que l'on note B, M, F et $\overline{F}$.

a) Probabilité que la tondeuse soit en panne et de marque Bosch.

b) Probabilité que la tondeuse Bosch fonctionne.

c) Probabilité que la tondeuse en panne soit de marque McCulloch.

12 Rudy, agent comptable, classe les factures suivant ses fournisseurs.
En vérifiant les factures du mois, Rudy s'aperçoit que certaines factures de deux fournisseurs A et B sont erronées.
Le tableau ci-dessous indique le détail des factures pour ces fournisseurs.

1. Recopier et compléter ce tableau.

	Facture erronée	Facture exacte	Total
Fournisseur A	3		72
Fournisseur B			
Total	15		**360**

2. Rudy prélève une facture au hasard.
On considère les évènements suivants :
A : « La facture provient du fournisseur A »
B : « La facture provient du fournisseur B »
E : « La facture est erronée ».

a) Calculer $P(E)$ et $P_A(E)$. Calculer $P_E(A)$.
Comment peut-on qualifier la répartition des factures erronées chez ces deux fournisseurs ?

b) Calculer $P(E \cup A)$ et interpréter le résultat.

c) Calculer la probabilité que la facture prélevée soit exacte et provienne du fournisseur B.

13 Le tableau suivant donne le statut d'emploi selon l'âge en France en 2017.

	A	B	C	D
1	%	**15-24 ans**	**25-49 ans**	**50 ou plus**
2	**Non-salariés**		10,5	
3	**Salariés**	97,7		83,6
4	**Total %**	100	100	100
5	**Effectif(en milliers)**	2160	16545	8174

Source Insee

1. a) Interpréter le nombre 97,7 en **B3** et le nombre 100 en **D4**.

b) Déterminer les nombres manquants.

2. a) Expliquer comment calculer l'effectif des salariés dans la tranche 25-49 ans, en utilisant les cellules du tableau 1. > Automatisme 26

b) Reproduire le tableau 2 suivant, en lignes 7 à 10.

7	en millliers	**15-24 ans**	**25-49 ans**	**50 ou plus**	**Total**
8	**Non-salariés**				
9	**Salariés**				
10	**Effectif(en milliers)**	2160	16545	8174	

c) Déterminer le tableau 2 des effectifs, arrondis au millier.

3. Lors d'un recensement, on interroge au hasard une personne ayant un emploi.
En utilisant l'un des deux tableaux, donner les probabilités des évènements suivants.

a) « la personne est non-salariée »

b) « la personne a 50 ans ou plus »

c) « la personne est dans la tranche 15-24 ans et est salariée »

d) « la personne est non-salariée ou dans la tranche 25-49 ans »

e) « la personne est salariée, sachant qu'elle est dans la tranche 25-49 ans ».

14 Parmi les salariés d'une entreprise, 25 % sont actionnaires, dont 60 % sont cadres.
Parmi les non actionnaires, 20 % sont cadres.
On s'intéresse à un salarié pris au hasard dans cette entreprise. On note A : « le salarié est actionnaire » et C : « le salarié est cadre ».

1. Placer ces données dans un tableau à deux entrées, présentant le répartition en %.

2. a) Calculer $P(A \cap C)$ et $P(\overline{A} \cap C)$.

b) Calculer P(C). Établir un lien avec les deux calculs précédents.

3. Calculer $P_C(A)$. Interpréter le résultat.

15 Lors d'un marathon inter-entreprises, 200 participants ont été contrôlés.

Parmi eux, 20 ont eu un résultat « positif » au test anti-dopage.
À la suite d'un examen plus poussé, on se rend compte que 5 coureurs parmi les 20 testés positif n'avaient pris aucun produit dopant et 2 coureurs parmi les testés négatifs avaient pris des produits.

1. Compléter le tableau de répartition des coureurs par les effectifs.

	Coureur dopé	**Coureur non dopé**	**Total**
Testé positif		5	20
Testé négatif		2	
Total			200

2. On choisit un coureur au hasard parmi les 200 marathoniens.

On considère les évènements suivants :
D : « Le coureur choisi s'est dopé »
N : « Le coureur choisi est testé négatif ».

a) Quelle est la probabilité qu'un coureur soit testé positif ?

b) Exprimer par une phrase chacun des évènements $D \cap \overline{N}$ et $\overline{D} \cap N$.

c) Calculer la sensibilité $\mathbf{P_D}(\overline{N})$ et la spécificité $\mathbf{P_{\overline{D}}}$ **(N)** de ce test.

d) Calculer $P(D \cap \overline{N}) + P(\overline{D} \cap N)$, appelé efficacité du test.

Exercices

• Entraînement

3 • Expérience aléatoire à plusieurs épreuves indépendantes

16 On joue avec un dé à 6 faces, bien équilibré, et un jeu de 32 cartes, non truqué : le résultat du dé n'interfère pas sur le résultat du jeu de cartes.
On lance le dé et on tire une carte.

a) Quelle est la probabilité d'obtenir une face multiple de 3 ?

b) Quelle est la probabilité d'obtenir un as ?

c) Calculer la probabilité d'obtenir une face paire **et** un cœur.

17 Sophie joue avec deux machines : elle peut gagner 5 ou 20 €, mais aussi perdre 10 €.
On a relevé le nombre de fois où on obtient ces gains : sur 100 parties jouées sur la machine ① et 400 sur la machine ②, on a obtenu :

	gain 5 €	gain 20 €	gain – 10 €	total
①	20	10	70	100
②	100	100	200	400

1. Établir la probabilité de chaque gain sur la machine ①. De même sur la machine ②.

2. Sophie joue sur la machine ①, puis sur la machine ② de manière indépendante.

a) À l'aide d'un arbre, indiquer les sommes que Sophie peut obtenir.

b) Déterminer la probabilité que Sophie obtienne exactement 40 €.

c) Déterminer la probabilité de perdre 20 €.

d) Déterminer la probabilité d'obtenir un gain négatif.

18 Un dé tétraédrique a 4 faces.
Ci-contre le dé indique **1**.

1. On lance le dé une fois.
Donner la probabilité d'obtenir un numéro autre que **1**.

2. On lance trois fois de suite ce dé.

a) Calculer la probabilité d'obtenir la liste **1-2-3**.

b) Justifier que la probabilité d'obtenir trois fois la face **1** est égale à la probabilité d'obtenir la liste **2-3-4**.

19 Pour ouvrir la porte d'un immeuble, un code secret de 4 chiffres doit être tapé sur un clavier à 9 chiffres. Le code peut contenir plusieurs fois le même chiffre.

a) Justifier que le nombre de codes possibles est 6 561.

b) Un code est programmé.
Karim se présente et tape un code au hasard.
Quelle est la probabilité qu'il tape le bon code ?

20 Marvin joue contre sa calculatrice.
Il programme un entier aléatoire de 0 à 9 et gagne si le résultat est **5**.

Sur TI :

```
entAléat(0,9)
                5
```

Sur Casio :

```
RanInt#(0,9)
               5
```

On nomme succès l'évènement S : « Marvin a obtenu l'entier **5** ».

1. a) Calculer $p = \text{P(S)}$.

b) Définir par une phrase l'évènement $\text{E} = \bar{\text{S}}$, appelé échec, et calculer $q = \text{P(E)}$.

c) Recopier et compléter le tableau ci-dessous.

	succès S	échec E
probabilité		

2. Marvin joue deux fois de suite.
Le résultat à la 2e partie ne dépend pas du résultat de la première.

a) Recopier l'arbre ci-contre, représentant les deux parties, et compléter les branches par les probabilités.

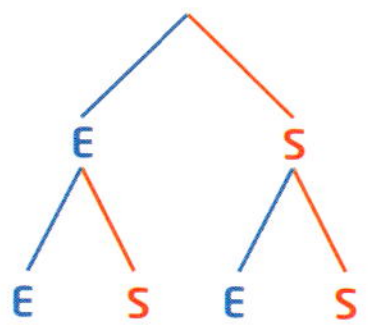

b) Écrire toutes les listes de résultats possibles.

3. a) Calculer la probabilité de l'évènement :
A : « Marvin a obtenu **5** deux fois de suite ».

b) On note B l'évènement : « Marvin a obtenu une seule fois l'entier **5** ».
Écrire les listes qui réalisent l'évènement B.
Calculer la probabilité de chacune de ces listes et en déduire P(B).

21 Une boîte opaque contient 20 jetons : 3 rouges, 7 jaunes et 10 bleus.
On choisit au hasard un jeton et on appelle succès : « obtenir un jeton rouge ».

a) On ne remet pas dans l'urne le jeton tiré, on tire à nouveau un jeton. Les deux épreuves sont-elles indépendantes ? Justifier.

b) On remet le jeton dans l'urne et on retire un jeton. Représenter ce double tirage par un arbre pondéré et calculer la probabilité d'obtenir au moins un succès.

22 Marie est employée par une plate-forme téléphonique.
Elle a remarqué qu'elle traitait la demande d'un client en moins de 2 minutes avec une probabilité de 0,3 et cela indépendamment des clients précédents.

1. Un client appelle. Montrer que la situation peut se modéliser par une épreuve de Bernoulli. Présenter la loi de Bernoulli dans un tableau.

2. Trois clients appellent successivement.

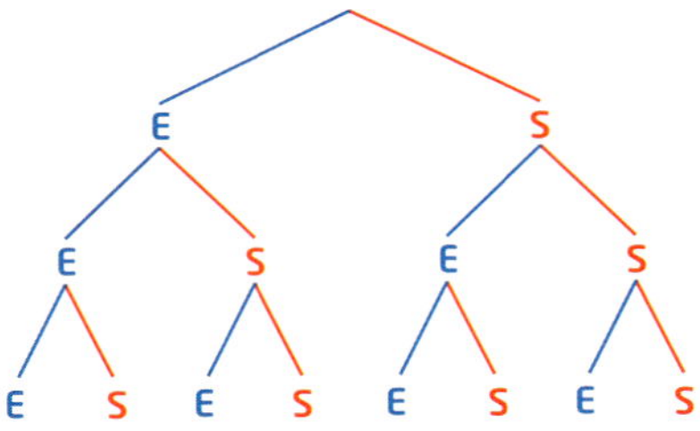

On traduit la situation par un arbre de probabilités. Recopier et compléter l'arbre.

3. Calculer la probabilité de l'évènement A :
« Marie a traité chacune des trois demandes en moins de deux minutes ».

23 Un club de sport a réalisé une enquête de satisfaction de ses clients. Il ressort que la probabilité qu'un client soit satisfait de ce club est de 0,9.
À la sortie de ce club, on interroge au hasard, et successivement, 4 adhérents.

a) Représenter ce schéma de Bernoulli par un arbre de probabilités.

b) Calculer la probabilité que les 4 clients interrogés soient satisfaits.

c) Calculer la probabilité qu'au moins un client soit satisfait.

24 Pour se rendre dans un restaurant situé sur une petite île de Polynésie française, le gérant du restaurant propose de réserver un bateau-navette pouvant venir chercher jusqu'à 8 clients depuis le ponton de leur hôtel.

La société constate qu'en moyenne 75 % des clients ayant réservé la navette choisissent finalement de ne pas la prendre.
Pour éviter des départs de navette incomplets, le restaurant attend maintenant 10 réservations pour faire partir la navette au risque de devoir envoyer en urgence une embarcation supplémentaire.
Afin d'évaluer le risque, le gérant souhaite simuler cette situation à l'aide d'un tableur.

1. Qu'obtient-on avec la formule de la cellule B2 ?

	A	B	C
1		Réservation 1	Réservation 2
2	Navette	=SI(ALEA()<0,75;1;0)	

2. Copier cette formule vers la droite jusqu'à la colonne K, puis dans la cellule L2 saisir la formule `=SOMME(B2:K2)`.
À quoi correspond le résultat affiché ? Interpréter le résultat.

3. a) Recopier la ligne 2 vers le bas pour obtenir 50 simulations de réservation de navette.

b) Calculer la fréquence d'apparition de l'évènement « le nombre de clients attendant la navette est supérieur au nombre de places maximum du bateau ».

4. Le gérant souhaite prendre le risque de devoir envoyer une autre embarcation en urgence si la fréquence calculée à la question **3.** est inférieure à 0,1. Le gérant du restaurant prendra-t-il ce risque ?

4 • Variables aléatoires

25 Pour vendre des produits d'entretien bio par téléphone, un commercial contacte trois clients importants. Le comportement d'un client est indépendant de celui des autres et la probabilité qu'un client soit intéressé par l'offre est de 0,2.
On note X la variable aléatoire associée au nombre de clients intéressés sur les trois individus contactés.

1. Préciser l'épreuve de Bernoulli répétée en indiquant la probabilité du succès **S** : « Le client est intéressé ». Pour la suite, on notera **E** l'échec de cette épreuve de Bernoulli.
Présenter la loi de Bernoulli dans un tableau.

2. Représenter la situation par un arbre de probabilités.

3. Calculer la probabilité des listes de réponses suivantes :

a) S – S – E **b)** E – S – S **c)** S – E – S

26 On reprend la situation précédente.

a) Préciser les valeurs prises par X.

b) Donner les listes qui réalisent $\{X = 1\}$.

c) Décrire par une phrase l'évènement $\{X = 0\}$.
Calculer sa probabilité.

d) Décrire par une phrase l'évènement contraire de $\{X = 0\}$.
Écrire cet évènement avec les notations du cours.
Quelle est sa probabilité ?

27 On reprend la situation précédente.

a) Déterminer l'évènement contraire de l'évènement « Tous les clients sont intéressés ».

b) Calculer sa probabilité.

28 Grâce à un système de détecteur, une borne de péage automatique peut délivrer des tickets à deux hauteurs différentes, selon le véhicule détecté, afin que le conducteur ne soit pas obligé de sortir pour saisir le ticket.
Si la hauteur du véhicule ne dépasse pas les 2 mètres (voiture, moto...), le ticket sort en bas ; sinon, pour les camions par exemple, le ticket sort en haut.
La société d'autoroute a étudié le fonctionnement de l'une de ces bornes défectueuses et a constaté que la probabilité qu'un conducteur ne soit pas obligé de sortir de son véhicule pour saisir le ticket est 0,9.

1. Un véhicule se présente devant la borne défectueuse. Montrer que cette situation peut se modéliser par une épreuve de Bernoulli dont on précisera la loi de probabilité.
On nommera « succès » l'issue « Le conducteur ne descend pas de son véhicule ».

2. Quatre véhicules se présentent successivement à cette même borne.
On note X la variable aléatoire associée au nombre de succès dans la répétition, de manière indépendantes, des quatre épreuves de Bernoulli.

a) Exprimer à l'aide d'une phrase les évènements $\{X = 2\}$ et $\{X \leqslant 3\}$.

b) Calculer $P(X = 4)$ et $P(X > 0)$.

29 On reprend la situation de l'exercice **28**.
On considère 5 véhicules se présentant devant une autre borne défectueuse. On note Y la variable aléatoire associée au nombre de succès. La loi de probabilité de Y est donnée par le tableau suivant :

y	0	1	2	3	4	5
$P(Y = y)$	0,01	0,08	0,22	0,35	0,26	0,08

Calculer l'espérance de la variable aléatoire Y. Interpréter ce résultat.

30 **Exercice ⌈guidé⌋ Nuage de fréquences**

Le maire d'une grande ville affirme que 80 % de ses administrés sont satisfaits des travaux entrepris pour améliorer la voirie de la cité.

Un membre de l'opposition souhaite faire un sondage sur 100 administrés de la population pour tester cette affirmation. Afin d'analyser les résultats de ce sondage, il souhaite simuler, à l'aide d'un tableur, un échantillon de taille 100 pour lequel l'affirmation du maire serait vérifiée.

Étape 1 : Reproduire le tableau ci-dessous en saisissant la formule en B3 et en recopiant vers le bas jusqu'en B102.

	A	B	C
1	p=	0,8	fréquence
2	n	satisfait ?	0,78
3	1	=ENT(ALEA()+$B$1)	
4	2	1	
5	3	0	
6	4	0	
7	5	1	

Étape 2 : Écrire une formule en C2 pour obtenir la fréquence de 1, observée dans la plage B3:B102.

Interpréter le nombre 0,78 obtenu ci-dessus. Recommencer la simulation en appuyant sur la touche F9 du clavier.

Peut-on obtenir une fréquence de 0,7 ?

Étape 3 : Recopier cette formule en B103.

Copier les cellules B3:B103 vers la droite jusqu'à la colonne AY : on crée ainsi 50 échantillons de taille 100.

Étape 4 : Représenter les fréquences obtenues à l'aide d'un nuage de points.

Dans quel intervalle semble être situées les fréquences observées de 1 ?

31 On reprend la situation de l'exercice **30**.

1. Calculer l'écart-type **s** de la série des fréquences observées de **1** dans les 50 échantillons.

2. Pour la suite, on admet que s = 0,04.

a) En utilisant la formule

=NB.SI(B103:AY103 ; "<=0,84")
- NB.SI(B103:AY103 ; "<0,76")

calculer le nombre de fréquences situées dans l'intervalle [0,8 – s ; 0,8 + s].

b) Recommencer avec [0,8 – 2s ; 0,8 + 2s], puis [0,8 – 3s ; 0,8 + 3s]. Déterminer le nombre de fréquences observées.

32 Python

On souhaite étudier la profession et catégorie socioprofessionnelle du chef de famille, de 15 ans ou plus, dans la population des ménages en France métropolitaine en 2017.

On interroge, au hasard et indépendamment les uns des autres, ***n*** chefs de famille de 15 ans ou plus. On admet que la probabilité que cette personne soit une femme exerçant une profession intermédiaire est de 0,135.

On note X la variable aléatoire égale au nombre de femmes exerçant une profession intermédiaire, parmi ces ***n*** chefs de famille interrogées.

1. Pourquoi peut-on modéliser cette expérience aléatoire par un échantillon d'une loi de Bernoulli dont on précisera le paramètre ?

Indiquer la taille de cet échantillon.

2. On souhaite simuler cet échantillon à l'aide d'un script Python.

Créer une fonction Python, nommée **echantillon(n)** qui, après avoir créé une liste correspondant à un échantillon de taille *n* renvoie la fréquence de **1** dans cet échantillon.

On pourra utiliser la fonction **bernoulli** définie dans l'**atelier 4** p. 77.

3. a) Saisir l'instruction :

```
listefreq =
[echantillon(100) for i in range(1000)]
```

On crée ainsi une liste de 10 000 fréquences de **1** dans des échantillons de taille 100.

b) En utilisant la fonction **ecartype** de l'**activité 2.2**, calculer l'écart-type de la liste de fréquences obtenue en **3. a)**.

4. Recommencer avec des échantillons de taille 400, puis 1 600. Par quels nombres semblent être multipliés les écarts-types ?

Exercices

Approfondissement

Compétences
1 chercher 2 modéliser 3 représenter
4 raisonner 5 calculer 6 communiquer

33 Le tableau croisé ci-dessous donne la répartition des ventes de chacun des cinq commerciaux d'une même PME dans deux régions.
La **colonne E** donne la répartition du total des ventes suivant les cinq commerciaux.

	A	B	C	D	E
1	**Ventes**	**Région**			
2	**Commercial**	**Nord**	**Sud**	**Total général**	**Répartition**
3	Axel	28,6%	71,4%	100%	14%
4	Bryan	50%	50%	100%	16%
5	Célia	33,3%	66,7%	100%	24%
6	Dylan	55,6%	44,4%	100%	18%
7	Éva	35,7%	64,3%	100%	28%
8	**Total général**	**40,00%**	**60,00%**	**100%**	**100%**

Le directeur de cette PME prend au hasard la fiche d'une des ventes.

(5) **1. a)** Quelle est la probabilité que cette vente ait été réalisée par Célia ?

(3) **b)** Interpréter le nombre 71,4 % de ce tableau, en terme de probabilité.

(5) **c)** Sachant que la vente a été réalisée par Éva, quelle est la probabilité que ce soit en région Sud ?

(5) **d)** Calculer la probabilité que cette vente soit une vente de Bryan dans la région Nord.

(4) **2.** Quelle est la probabilité que la vente ait été réalisée en région Sud ?

(5)(4) **3.** On veut retrouver ce résultat à l'aide des répartitions données pour les cinq commerciaux.

(1)(6) **a)** Expliquer le calcul à faire.

(2) **b)** Donner la formule à saisir dans une cellule du tableur pour effectuer ce calcul. Conclure.

34 Soit A et B deux évènements de probabilité non nulle d'une même expérience aléatoire.
On suppose que l'expérience aléatoire consiste à choisir au hasard un individu d'une population E et que les effectifs sont résumés dans le tableau croisé suivant.
On suppose que toutes les issues ont la même probabilité.

	B	nonB	
A	Card(A ∩ B)		Card(A)
non A			
	Card(B)		Card(E)

1. En utilisant les notations du tableau, déterminer la formule permettant de calculer :

(3) **a)** la probabilité de l'évènement A notée P(A).

(3) **b)** la probabilité P(A ∩ B).

(1) **2.** En déduire une formule donnant $\frac{P(A \cap B)}{P(A)}$, sans utiliser Card(A ∩ B) et Card(A).

(2) **3.** Comparer ce résultat à celui obtenu avec la formule du cours pour $P_A(B)$. Conclure.

35 Dans cet exercice, on appellera motard tout conducteur d'une moto dont la cylindrée est supérieure à 50 cm^3.
La moto peut être de type sportive ou routière.
On interroge au hasard un motard et on note :
A : « le motard conduit une moto de catégorie A, de cylindrée 125 cm^3 ou plus »,
B : « le motard conduit une moto de catégorie B, d'une cylindrée strictement inférieure à 125 cm^3 »,
S : « la moto est de type sportive »,
R : « la moto est de type routière ».

La catégorie A représentent 44 % de l'ensemble des motards et 65 % des motards possédant une moto de la catégorie B possèdent une moto de type sportive.
On sait que 36,6 % des motos sont de type routière. On pourra utiliser le tableau suivant.

	moto A	moto B	total
routière			
sportive			
total			100 %

Tous les résultats des différents calculs seront donnés sous forme décimale et arrondis à 10^{-3}.

(3) **1.** Démontrer que la probabilité que le motard interrogé soit dans la catégorie B et conduise une moto de type routière est égale à 0,196.

(5) **2. a)** Quelle est la probabilité que le motard choisi conduise une moto de type sportive et soit dans la catégorie A ?

b) Calculer la probabilité que le motard conduise une moto de type sportive, sachant qu'il a une moto de 125 cm^3 ou plus.

3. On choisit au hasard et de façon indépendante trois motards.

(2) Quelle est la probabilité qu'au moins un d'entre eux soit de la catégorie B ?

36 Dans un club sportif, chaque membre ne pratique qu'un seul sport. Leur répartition pour 4 sports est donnée dans le tableau ci-après.

(3) **1. a)** Indiquer la formule à écrire en **B4**, et recopier vers la droite, pour obtenir l'effectif de chaque sport.

	A	B	C	D	E	F
1		VTT	gymnastique	volley-ball	tir à l'arc	total
2	femmes	60	92	26	22	200
3	hommes	90	53	104	53	300
4	total					
5	proportions de femmes	0,4				

b) On désire connaître la proportion de femmes pour chaque sport.

(2) Donner la formule, placée en **B5**, pour la plage **B5:E5**.

On recopie cette formule jusqu'en **F5**.

(6) Quelle est la signification du nombre obtenu ?

2. On choisit au hasard un membre du club sportif et on considère les évènements :

A : « La personne choisie est une femme »,

B : « La personne choisie fait du VTT ».

(5) **a)** Calculer les probabilités P(A) et P(B) des évènements A et B.

(5) **b)** Calculer les probabilités $P(A \cap B)$ et $P(A \cup B)$.

(4) **3.** On choisit 2 personnes du club.

Quelle est la probabilité qu'elles soient de sexes différents ?

37 Des études statistiques ont prouvé que 4 % de la population d'un pays est intolérante au gluten. Pour cette maladie, un laboratoire pharmaceutique élabore un nouveau test de dépistage.

Les essais sur un groupe témoin de 1 000 individus ont donné les résultats résumés dans le tableau d'effectifs suivant :

- 4 % des individus du groupe témoin sont atteints par la maladie,
- 85 % des personnes atteintes par la maladie réagissent positivement au test,

Recopier et compléter le tableau d'effectifs ci-dessous.

	Test positif	Test négatif	Total
Malade			40
Non malade		950	960
			1 000

On choisit au hasard un individu dans le groupe témoin ; on admet que chaque individu a la même probabilité d'être choisi.

On note les évènements suivants :

- M : « l'individu choisi est atteint par la maladie »,
- T : « l'individu choisi réagit positivement au test ».

(5) **1.** Déterminer la probabilité de l'évènement M.

(3) **2. a)** Déterminer la probabilité qu'un individu réagisse positivement au test sachant qu'il est atteint par la maladie.

(6) **b)** Définir par une phrase l'évènement $M \cap T$ puis calculer sa probabilité.

(5) **c)** Déterminer la probabilité de l'évènement T.

3. Certains organismes de santé autorisent la commercialisation d'un test de dépistage lorsque la probabilité de ne pas être atteint par la maladie, sachant que la réaction au test est positive, est inférieure à 20 %.

(1) (6) **a)** Le laboratoire pharmaceutique peut-il espérer, selon ce critère, une commercialisation de son test ?

(1) (4) **b)** Proposer un critère qui permettrait sa commercialisation.

Exercices

Approfondissement

Compétences
1 chercher 2 modéliser 3 représenter
4 raisonner 5 calculer 6 communiquer

38 Python

Une salle de spectacle peut recevoir 400 personnes. Christelle, directrice de cette salle, se rend compte que, même pour des spectacles pour lesquels la salle est annoncée être complète, il reste trop régulièrement des places libres.

Sur les statistiques de la saison dernière, elle a établi que 3 % des personnes ayant réservé un spectacle n'y assistent pas.

Christelle propose donc à Aliette, agente chargée de la billetterie, d'accepter 410 réservations. Aliette la met en garde sur le risque que se présentent plus de spectateurs que de places disponibles. Leur objectif est d'estimer la probabilité de ce risque.

2 4 **1.** Montrer que cette situation peut être modélisée par 410 répétitions d'une épreuve de Bernoulli que l'on précisera et dont on donnera le paramètre p.

2 5 **2.** Compléter les points de suspension des lignes 4, 5 et 7 du script ci-dessous afin que la fonction **places_manquantes** renvoie **1** dans le cas où le nombre de spectateurs serait supérieur au nombre de places disponibles, et **0** sinon.

```
1  from random import random
2  def places_manquantes():
3      spect=0
4      for i in range(...):
5          if random()<=...:
6              spect=spect+1
7      if spect>... :
8          return 1
9      else:
10         return 0
```

1 2 **3.** En répétant un grand nombre de fois cette simulation, estimer la probabilité que plus de 400 personnes se présentent à un spectacle ayant eu 410 réservations.

On pourra utiliser la fonction suivante.

```
def frequence_risque(N): #pour N simulations
    simul=[]
    for i in range(N):
        simul.append(places_manquantes())
    return sum(simul)/N
```

3 **4. Pour aller plus loin** : on peut visualiser la situation à l'aide d'un nuage de points en utilisant la fonction suivante.

```
def nuage_de_points(N,nbe):
    #pour nbe échantillons de taille N
    X=range(1,nbe+1)
    Y=[]
    for i in X:
        Y.append(frequence_risque(N))
    plt.ylim(0,0.4)
    plt.scatter(X,Y)
    plt.show()
```

> Utilisation de Python p. VIII

39 Afin de diminuer la consommation électrique de la ville, Marie-Cécile, l'adjointe au maire, souhaite, pour les décorations de fêtes, utiliser un éclairage à diodes électroluminescentes (LED).

Ces diodes sont vendues en lot de 100 pièces par l'entreprise Diolux à la capacité de production très importante. Malheureusement, un contrôle qualité a permis d'estimer que 4 % des diodes Diolux ont un défaut qui les rend inutilisables.

On note D la variable aléatoire correspondant au nombre de diodes Diolux présentant un défaut dans un lot de 100 pièces.

2 **1.** Quelles valeurs peut prendre la variable aléatoire D ?

2. Marie-Cécile souhaite simuler l'état de fonctionnement des diodes dans un lot de 100 pièces à l'aide du tableur ci-après.

	A	B	C
1		Nb défauts :	
2		Diode	Lot 1
3		1	0
4		2	0
5		3	0
6		4	0

(2) **a)** Compléter la formule à saisir dans la cellule **C3** pour qu'elle affiche 1 dans 4 % des cas et 0 sinon :

= SI(ALEA()< .... ; .... ; ....)

(2) **b)** Pour simuler un échantillon de 100 diodes Diolux, indiquer jusqu'à quelle ligne on doit recopier cette formule vers le bas.

(5) **c)** Écrire et saisir en **C1** la formule pour calculer le nombre de diodes Diolux défectueuses dans le lot **1** de 100 pièces.

(5) **d)** Recopier la colonne **C** vers la droite jusqu'à la colonne **AZ** pour simuler 50 lots.

(2) **3.** La mairie de la ville estime qu'il ne serait pas acceptable de recevoir un lot avec plus de 5 diodes Diolux ayant un défaut.

Saisir la formule **=NB.SI(C1:AZ1;"<=5")** dans la cellule **A1**. Expliquer à quoi correspond l'affichage de cette cellule.

(1)(4)(6) **4.** Le groupe d'opposition à la mairie affirme qu'un nouvel appel d'offres doit être lancé car « la probabilité que le lot reçu ne respecte pas la condition est de l'ordre de 0,5 ».
Que peut répondre Marie-Cécile à cette affirmation ?

40 Un restaurant propose à sa carte deux types de dessert :

- un assortiment de macarons, choisi par 50 % des clients
- une part de tarte tatin, choisie par 30 % des clients.

20 % des clients ne prennent pas de dessert et aucun client ne prend plusieurs desserts.
Le restaurateur a remarqué que :

- parmi les clients ayant pris un assortiment de macarons, 80 % prennent un café ;
- parmi les clients ayant pris une part de tarte tatin, 60 % prennent un café ;
- parmi les clients n'ayant pas pris de dessert, 90 % prennent un café.

On interroge au hasard un client de ce restaurant.
On note :

- M l'évènement : « Le client prend un assortiment de macarons » ;
- T l'évènement : « Le client prend une part de tarte tatin » ;
- P l'évènement : « Le client ne prend pas de dessert » ;
- C l'évènement : « Le client prend un café ».

(5) **1.** Recopier et compléter l'arbre de probabilités suivant.

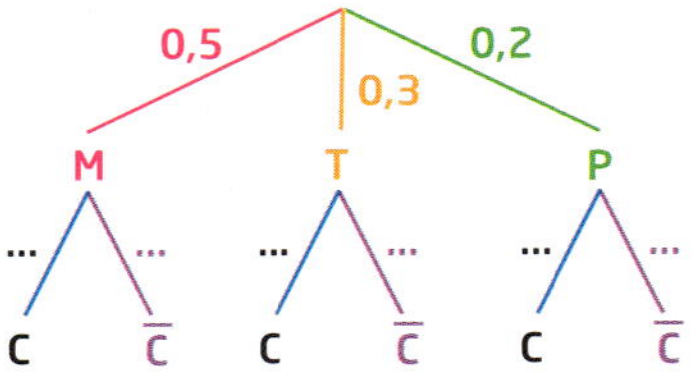

(5) **2. a)** Calculer la probabilité que le client prenne un café et un assortiment de macarons.

(5) **b)** Montrer que la probabilité que le client prenne un café est 0,76 .

(6) Bien mettre en valeur les calculs faits.

3. Un assortiment de macarons est vendu 6 €, une part de tarte tatin est vendue 7 € et un café est vendu 2 €.
Chaque client prend un plat, et un seul, au prix unique de 18 € et ne prend pas plus d'un dessert ni plus d'un café.
Soit X la variable aléatoire égale à la somme totale dépensée par le client.

(2) Déterminer la loi de probabilité de X .

(5)(6) Calculer l'espérance de X et interpréter le résultat.

Pour commencer

Dans chaque QCM, trouver la ou les bonnes réponses.

QCM interactif · À télécharger QCM . PPT · Questions Flash

QCM 1

La droite d_1 est représentée dans le graphique ci-contre.
La droite d_1 a pour coefficient directeur :

a) 2 **b)** $\frac{1}{2}$ **c)** -1

QCM 2

La droite d_2 est représentée dans le graphique ci-contre.
La droite d_2 a pour coefficient directeur :

a) 3 **b)** $\frac{-1}{3}$ **c)** -3

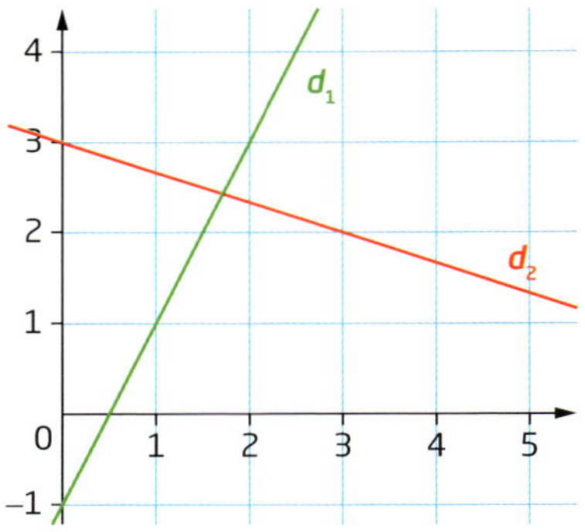

> Automatisme 24

QCM 3

Dans un repère, on donne les points A(3 ; 0) et B(– 6 ; – 3). Le coefficient directeur de la droite (AB) est :

a) 3 **b)** $\frac{1}{3}$ **c)** -3

QCM 4

Dans un repère, la droite *d* a pour équation : $y = 4x - 2$. Son coefficient directeur est :

a) 4 **b)** -2 **c)** $\frac{-2}{4}$

QCM 5

Dans un repère, la droite *d* a pour équation : $y = 4x - 2$
La droite *d* passe par le point :

a) A(4 ; – 2) **b)** B(– 2 ; 0) **c)** C(0 ; – 2)

QCM 6

On considère l'algorithme ci-contre, écrit en langage Python :
L'instruction `>>> valeurs(4)` renvoie :

a) [0, 1, 2, 3] **b)** [1, 2, 3, 4] **c)** [4, 4, 4, 4]

```
from math import *
def valeurs(n):
    l=[]
    for i in range(n):
        l.append(i)
    return l
```

QCM 7

Voici la représentation graphique d'une fonction *f*.
A et B sont deux points de la courbe. Les coordonnées de A et B sont des nombres entiers.
Graphiquement, on peut dire que :

a) $f(2) = 0$ **b)** $f(2) = 3$ **c)** $f(3) = 2$

> Automatisme 19

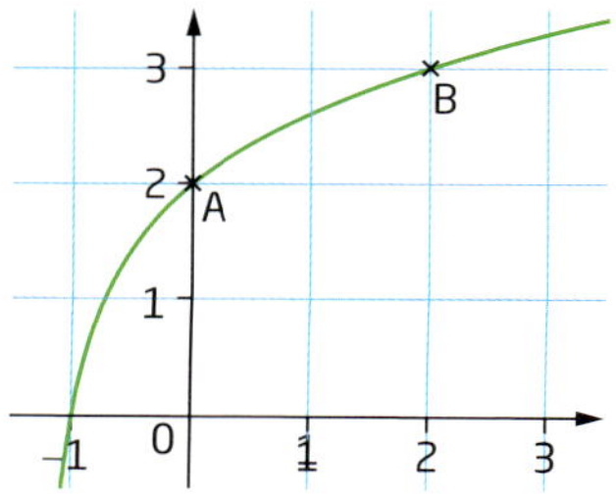

4 • Dérivation

Un skieur s'élance sur un tremplin de saut.

Histoire des maths

La notion d'« infiniment petit », ou calcul infinitésimal, occupa des mathématiciens comme Newton et Leibniz au XVIIe siècle.

Mais c'est à Jean Le Rond d'Alembert, au XVIIIe siècle, que l'on doit la définition du nombre dérivé au moyen de la limite du taux de variation d'une fonction sur un intervalle $[\, a \,;\, a + h \,]$ lorsque h tend vers zéro.

Un peu plus tard, Joseph-Louis Lagrange notera $f'(x)$ le nombre dérivé de f en x, définissant ainsi la fonction dérivée de f, notation la plus utilisée en mathématiques encore aujourd'hui.

Les dérivées sont utilisées aujourd'hui dans différents domaines, par exemple :

- en physique pour étudier la position, la vitesse et l'accélération d'un objet en déplacement ;

> Activité 1 p. 96

- en économie pour maximiser un bénéfice, calculer un coût marginal…

> Atelier 1 p. 100

Dans la vie de tous les jours...

La descente la plus rapide pour aller d'un point A à un point B, n'est pas la ligne droite, mais la courbe cycloïde. On obtient son expression à l'aide des fonctions dérivées.

Celle-ci est utilisée pour réaliser des tremplins pour le ski, le skate, les rollers... mais aussi en horlogerie et en acoustique pour ses différentes propriétés.

Cours

1 • Nombre dérivé

ACTIVITÉ 1

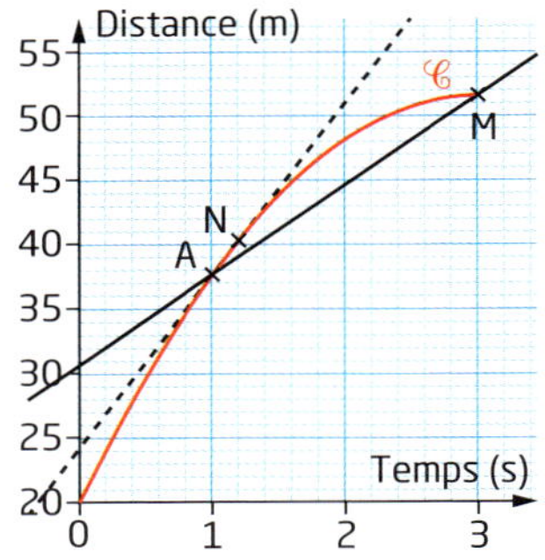

Un véhicule roule à 75 km par heure, soit environ 21 m par seconde.
La distance parcourue (réaction + freinage) est donnée par la formule $d(t) = -3{,}5\,t^2 + 21\,t + 20$
et représentée par la courbe $\mathscr{C}$ ci-contre, où t représente le temps de freinage en secondes et $d(t)$ la distance parcourue en mètres.
On veut estimer la vitesse instantanée V_1 du véhicule, une seconde après le début du freinage.

1. a) Calculer le quotient $v = \dfrac{d(3) - d(1)}{3 - 1}$, appelé **vitesse moyenne** du véhicule entre 1 s et 3 s.

b) Le point A, d'abscisse 1, et le point M, d'abscisse 3, sont deux points de la courbe $\mathscr{C}$. La droite (AM) est représentée sur le graphique. Calculer son coefficient directeur.
Faire le lien avec la question **1. a)**.

2. a) Calculer la vitesse moyenne du véhicule entre 1 s et 1,2 s.

3. En déduire le coefficient directeur de la droite (AN) où N est le point de la courbe $\mathscr{C}$ d'abscisse 1,2.

4. Comment choisir N pour que la vitesse moyenne s'approche un peu plus de V_1, la vitesse instantanée, au bout d'une seconde ? Vers quelle droite semble s'approcher la droite (AN) ?
On dit que V_1 est le nombre dérivé de la fonction d en 1. On note $V_1 = d'(1)$.

À RETENIR Cours 1

Définitions Lorsque b tend vers a, si le **taux de variation** d'une fonction f entre a et b tend vers un nombre, alors ce nombre est appelé **$f'(a)$, nombre dérivé de f en a.**

On le note $\displaystyle\lim_{b \to a} \frac{f(b) - f(a)}{b - a} = f'(a)$.

En posant $b = a + h$, on a aussi : $\displaystyle\lim_{h \to 0} \frac{f(a+h) - f(a)}{h} = f'(a)$.

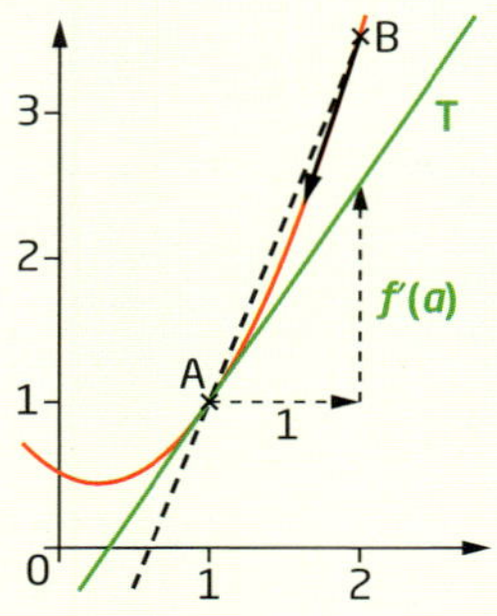

Graphiquement, lorsque h tend vers zéro, le point B se rapproche du point A et la droite (AB) tend vers la droite T appelée **tangente à la courbe au point A**. **$f'(a)$** est **le coefficient directeur** de la tangente T à la courbe représentative de f au point A d'abscisse a.

EXEMPLE 1 **Déterminer un nombre dérivé, un taux de variation**

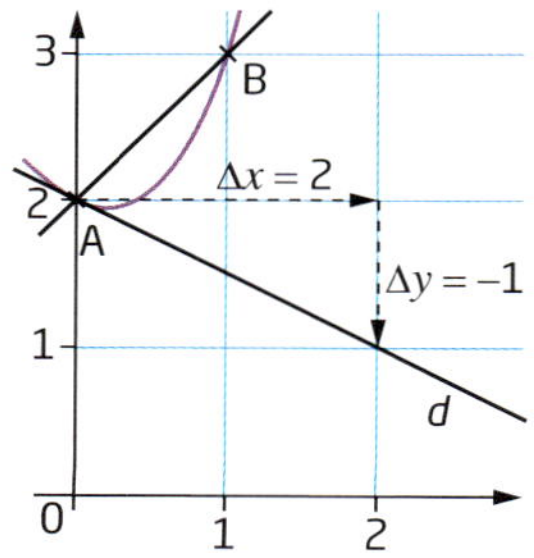

On donne la représentation graphique d'une fonction f ci-contre.
La droite d est tangente à la courbe représentative de f au point A d'abscisse 0.
Le coefficient directeur de la droite d est $a = \dfrac{\Delta y}{\Delta x} = \dfrac{-1}{2} = -0{,}5$,
c'est le **nombre dérivé de f en 0**. On écrit : **$f'(0) = -0{,}5$**.
Le taux de variation de la fonction f entre 0 et 1 est :

$$\frac{f(1) - f(0)}{1 - 0} = \frac{3 - 2}{1 - 0} = 1$$

> Chapitre 2 p. 43

Le taux de variation de la fonction f entre 0 et 1 est le coefficient directeur de (AB).

2 • Fonction dérivée

ACTIVITÉ 2

Les touches **math** **8** sur TI ou **OPTN** **F4** **F2** sur Casio permettent d'accéder au calcul approché d'un nombre dérivé.

On lit sur la copie d'écran ci-contre que le nombre dérivé en 3 de la fonction $x \mapsto x^2$ est égal à 6. > Calculatrices rabats p. II à IV

1. Calculer ainsi le nombre dérivé en 1 de la fonction $x \mapsto x^2$.

2. Soit la fonction f définie sur $\mathbb{R}$ par $f(x) = \dfrac{x^3}{3}$.

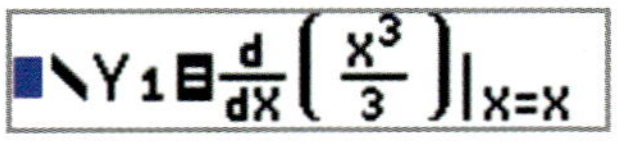

a) Calculer $f'(2)$ à la calculatrice.

b) En utilisant le tableau de valeurs d'une calculatrice, afficher les valeurs du nombre dérivé $f'(x)$ pour x allant de -3 à 3 avec un pas de 1.

c) Afficher la courbe de la fonction $x \mapsto f'(x)$. Cette fonction est appelée fonction dérivée de f. Conjecturer la fonction obtenue.

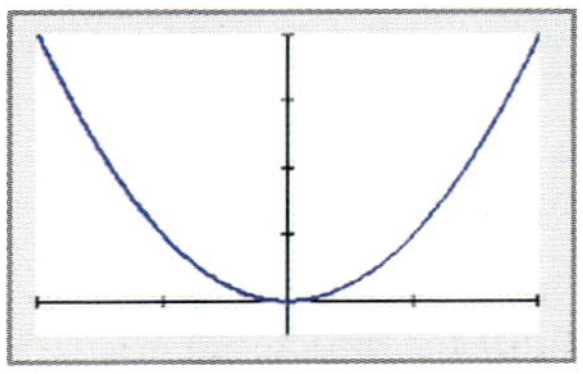

d) Reprendre la question **c)** en remplaçant la fonction f par $f(x) = x^3$.
Quelle fonction dérivée reconnaît-on ?

3. Même question en prenant $f(x) = x^2$, puis $f(x) = x$ et $f(x) = 2$.

À RETENIR **Cours 2**

Définition Une fonction f est dérivable sur un intervalle I, lorsque pour tout réel x de I, le nombre dérivé existe.

Quelques fonctions dérivées à connaître

$f(x) =$	Cte (constante)	x	x^2	x^3
$f'(x) =$	0	1	$2x$	$3x^2$

Propriétés Soit u et v deux fonctions dérivables sur un intervalle I et k un nombre réel, alors :

$u + v$ est dérivable sur I et sa fonction dérivée est la somme des dérivées : **$u' + v'$**.
$k \times u$ est dérivable sur I et a pour fonction dérivée : **$k \times u'$**.

Si $f(x) = a\,x^3 + b\,x^2 + c\,x + d$ avec a, b, c et d des nombres réels, alors :

$$f'(x) = a \times 3\,x^2 + b \times 2\,x + c \times 1 + 0$$

EXEMPLE 2 **Calculer une fonction dérivée**

- Soit f la fonction définie sur $\mathbb{R}$ par $f(x) = 3\,x^2 + 5\,x + 2$.

On calcule $f'(x)$, où f' est la fonction dérivée de f. On obtient $f'(x) = 3 \times 2\,x + 5 \times 1 + 0$

On réduit l'expression : $f'(x) = 6\,x + 5$.

- Soit g la fonction définie sur $\mathbb{R}$ par $g(x) = 4\,x^3 - 2\,x^2 + x - 1$.

On calcule $g'(x)$, où g' est la fonction dérivée de g.

$$g'(x) = 4 \times 3\,x^2 - 2 \times 2\,x + 1 \times 1 - 0 = 12\,x^2 - 4\,x + 1$$

Cours

3 • Tangente à une courbe

ACTIVITÉ 3

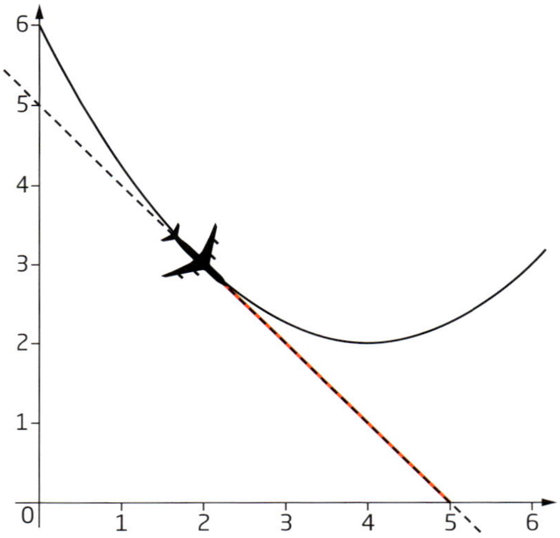

Dans un jeu vidéo, la trajectoire d'un avion est modélisée par la fonction f définie sur $[\,0\,;6\,]$ par $f(x) = 0{,}25\,x^2 - 2\,x + 6$ où x est la position de l'avion par rapport au sol et $f(x)$ sa hauteur.
Au point d'abscisse 2, il effectue un tir, matérialisé par le trait rouge.

1. Quelle est l'abscisse du point d'impact du tir sur le sol ?

2. On souhaite vérifier ceci par le calcul.
Pour cela, on remarque que la trajectoire du tir est sur la tangente T à la courbe représentative de f au point A d'abscisse 2.

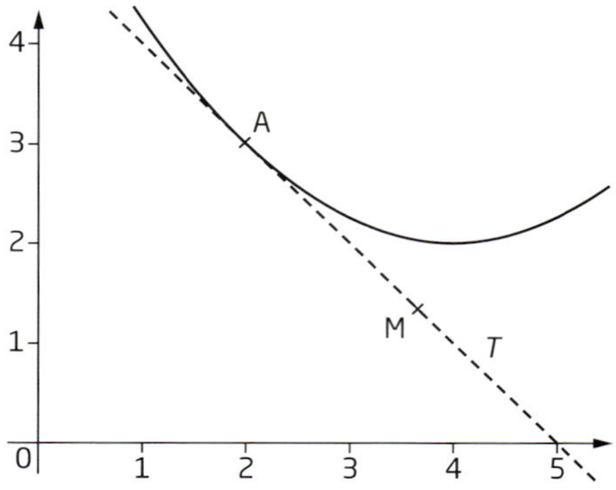

a) Calculer $f'(x)$, en déduire le coefficient directeur de T.

b) Soit les points $\mathrm{M}(x\,;y)$ et $\mathrm{A}(2\,;f(2))$.
Calculer le coefficient directeur de la droite (AM).

c) $\mathrm{M} \in T$ équivaut à dire que les droites T et (AM) ont le même coefficient directeur. Quelle égalité peut-on alors écrire ?

d) En déduire que $\mathrm{M} \in T$ équivaut à $y = f'(2) \times (x - 2) + f(2)$.
On obtient ainsi une équation de T.

e) Simplifier l'écriture de l'équation, puis vérifier par le calcul la réponse proposée au **1.**

À RETENIR Cours 3

Définition Soit $\mathscr{C}$ la courbe représentative d'une fonction f définie et dérivable sur un intervalle I.
La tangente à la courbe $\mathscr{C}$ au point A d'abscisse a est la droite T qui a pour coefficient directeur $f'(a)$ et qui passe par A. Une équation de la tangente T est : $y = f'(a) \times (x - a) + f(a)$.

EXEMPLE 3 **Déterminer une équation d'une tangente**

On considère la fonction f définie par $f(x) = x^2 - 5\,x + 6$ sur $[\,0\,;5\,]$ et $\mathscr{C}$ sa courbe représentative.

- On veut déterminer l'équation réduite de la tangente à la courbe $\mathscr{C}$ au point d'abscisse **1**.

Comme $f(x) = x^2 - 5\,x + 6$, alors $f'(x) = 2\,x - 5$.
On calcule : $f(1) = 1^2 - 5 \times 1 + 6 = 2$ et le coefficient directeur de la tangente $f'(1) = 2 \times 1 - 5 = -3$.
La tangente à la courbe $\mathscr{C}$ au point d'abscisse **1** admet pour équation : $y = f'(1) \times (x - 1) + f(1)$.
On simplifie l'écriture de cette équation :

$$y = -3\,(x - 1) + 2 \Leftrightarrow y = -3\,x + 3 + 2 \Leftrightarrow y = -3\,x + 5$$

- Fenêtre : Xmin = 0, Xmax = 5, Ymin = – 1, Ymax = 6.

On complète les lignes \Y$_1$ et \Y$_2$ comme indiqué ci-contre.

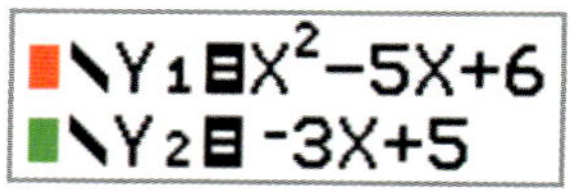

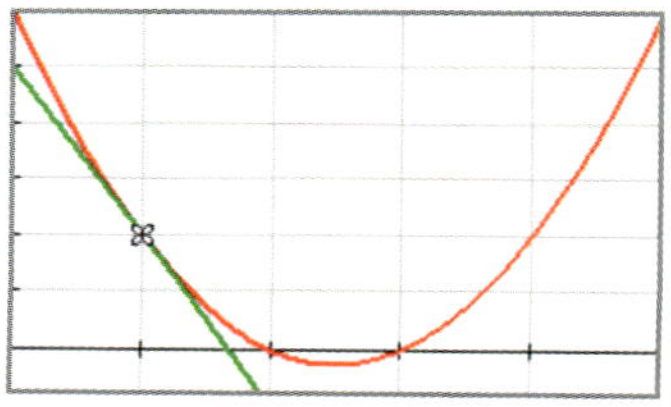

4 • Variation et extrema d'une fonction

ACTIVITÉ 4

Un moulin fabrique entre 0,5 et 8 tonnes de farine par jour.
Le coût moyen de fabrication en centaines d'euros par tonne est donné par la fonction C définie sur $[\ 0{,}5\ ;\ 8\ ]$ par $C(q) = 0{,}2\ q^2 - 1{,}4\ q + 6$ où q désigne le nombre de tonnes de farine.

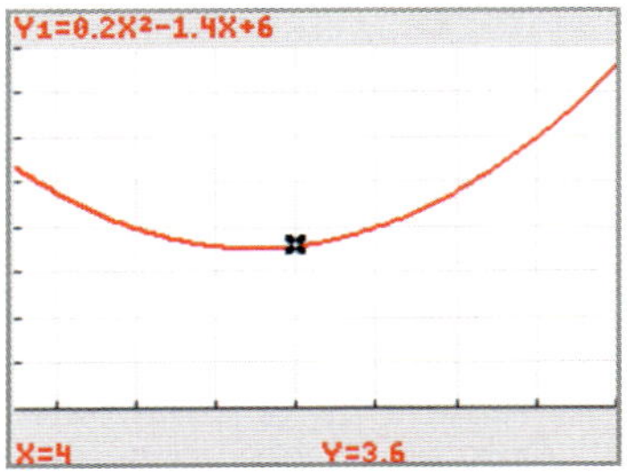

1. Résolution avec un graphique

a) Déterminer le signe du nombre dérivé de C en 1, 3, 5 et 7.

b) Quelle propriété de la fonction C peut-on conjecturer à l'aide de ces résultats ?

c) En quelle valeur la fonction dérivée semble-t-elle s'annuler ? Donner une signification de cette valeur pour la fonction C ?

2. Résolution par le calcul

a) Déterminer C', la fonction dérivée de C.

b) En déduire les nombres $C'(1)$, $C'(3)$, $C'(5)$ et $C'(7)$.

c) Résoudre l'équation $C'(q) = 0$.

3. Recopier et compléter le tableau de variations.

q	0,5		...		8
Signe de $C'(q)$		...	0	...	
Variations de C	...	↘	...	↗	...

> Automatisme 15

À RETENIR Cours 4

Théorèmes admis

Soit la fonction f définie et dérivable sur un intervalle I et f' est la fonction dérivée de f.

- **La dérivée est positive ou nulle** sur I si, et seulement si, la fonction f est **croissante** sur I.
- **La dérivée est négative ou nulle** sur I si, et seulement si, la fonction f est **décroissante** sur I.
- Si la dérivée **s'annule** en x_0 en **changeant de signe**, alors la fonction f admet un **extremum** en x_0.

x		x_0	
$f'(x)$	−	0	+
$f(x)$	↘	$f(x_0)$	↗

f admet un minimum en x_0.
Ce minimum vaut $f(x_0)$.

x		x_0	
$f'(x)$	+	0	−
$f(x)$	↗	$f(x_0)$	↘

f admet un maximum en x_0.
Ce maximum vaut $f(x_0)$.

EXEMPLE 4 **Dresser le tableau de variations d'une fonction, en utilisant la fonction dérivée**

On considère la fonction f est définie et dérivable sur l'intervalle $[-4\ ;\ 4]$ par $f(x) = x^2 - 4x$.

- On détermine la fonction dérivée de f.

$$f'(x) = 2x - 4.$$

- On étudie le signe de $f'(x)$, où f' est la dérivée de f. $f'(x) = 0 \Leftrightarrow 2x - 4 = 0 \Leftrightarrow x = 2$

x	−4		2		4
$f'(x)$		−	0	+	

> Automatisme 24

- On en déduit le tableau de variations de la fonction f.

On complète la troisième ligne du tableau :

$f(-4) = (-4)^2 - 4 \times (-4) = 32$

$f(2) = 2^2 - 4 \times 2 = -4$

$f(4) = 4^2 - 4 \times 4 = 0$

- La fonction f admet un minimum en $x = 2$ et ce minimum vaut -4.

x	−4		2		4
$f'(x)$		−	0	+	
$f(x)$	32	↘	−4	↗	0

Algorithmique et programmation

Capacités attendues

Atelier 1 > *Calculer la dérivée d'une fonction polynôme de degré 3*

Atelier 1 • Utilisation du nombre dérivé en économie : le coût marginal

Une entreprise fabrique des composants électroniques. Le coût en euros de fabrication est modélisé par $C(x) = 0{,}1\,x^3 - 2\,x^2 + 20\,x + 200$, où x représente le nombre de composants identiques fabriqués, en milliers.

1. a) Quel est le coût de fabrication de 2 milliers de composants ? De 3 milliers de composants ?

b) En déduire l'augmentation du coût résultant de la production d'un millier de composants supplémentaires.

2. a) Reprendre les questions précédentes avec 6 et 7 milliers de composants.

b) Le coût de production d'un millier de composants supplémentaires est-il constant ?

3. On souhaite calculer la différence $C(x+1) - C(x)$, c'est-à-dire l'augmentation du coût, pour la production d'un millier de composants supplémentaires, lorsqu'on en a fabriqué x. Cette différence est appelée **coût marginal** au niveau de x milliers de composants fabriqués.

On la note $\boldsymbol{C_m(x) = C(x+1) - C(x)}$.

Pour cela, l'entreprise a créé la feuille de calcul ci-dessous.

	A	B	C	D	E	F
1	x	0	1	2	3	
2	C(x)					
3	C_m (x)					

Ligne 1 : la quantité de composants fabriqués (en milliers).
Ligne 2 : le coût de production correspondant (en euros).
Ligne 3 : le coût marginal correspondant (en euros).

a) Quelle formule faut-il écrire dans la cellule **B2**, avant de la recopier vers la droite ?

b) Quelle formule faut-il écrire dans la cellule **B3**, avant de la recopier vers la droite ?

4. En mathématiques, on considère que le coût marginal de production est la variation moyenne du coût de production pour une « infime » augmentation h de la production après x unités déjà produites.

Soit : $\dfrac{C(x+h) - C(x)}{h}$ avec h proche de 0.

Les mathématiciens considèrent que $C'(x)$ est une bonne approximation du coût marginal $C_m(x)$.

a) Calculer $C'(x)$.

b) Calculer $C'(2)$, puis $C'(6)$. Faire une phrase pour interpréter vos résultats.

c) En comparant les résultats obtenus à la question précédente avec ceux des questions **1.** et **2.**, que penser de cette approximation ?

Capacités attendues

Atelier 2
> *Structurer un programme en ayant recours aux fonctions*
> *Construire la tangente à une courbe en un point*

Atelier 2 guidé • La dérivée en Python

1. Calcul approché du nombre dérivé

Étape 1 : On dispose des fonctions f et *tava* ci-contre. Quel résultat obtient-on en saisissant tava(f,1,1) dans la console ? À quoi correspond ce résultat ?

Étape 2 : Écrire une fonction diff(f,a) qui utilise la fonction *tava* et renvoie une valeur approchée du nombre dérivé de la fonction f au point d'abscisse a.

En déduire une valeur approchée de $f'(1)$.

```
def f(x):
    return x**3

def tava(f,a,h):
    return (f(a+h)-f(a))/h

def diff(f,a):
    # fonction à écrire
```

Étape 3 : On souhaite déterminer $g'(3)$ où g est la fonction définie par $g(x) = x^3 + 3x^2 - x + 3$.

Modifier le script précédent pour réaliser ce calcul.

2. Équation de la tangente

Pour déterminer les coefficients de l'équation d'une tangente à une courbe, on réalise le programme ci-contre. Après l'avoir implanté, en saisissant tangente(f,2) dans la console, on obtient :

```
1 def tangente(f,a):
2     m = diff(f,a)
3     p = f(a)-m*a
4     return m,p
```

```
(12.000006002210739, -16.000012004421478)
```

a) Interpréter ce résultat.

b) Justifier les lignes 2 et 3 de la fonction tangente.

c) Déterminer une équation de la tangente à la courbe de g au point d'abscisse 0.

> ***Rappel :*** Équation de la tangente à une courbe au point d'abscisse a :
> $y = f'(a)(x - a) + f(a)$.

3. Représentation graphique

a) Créer une liste nommée abscisses des nombres allant de – 3 à 3 avec un pas de 0,1. Ainsi :

abscisses = [−3, −2.9, −2.8, ..., 2.9, 3]

b) Compléter la ligne 9 en écrivant l'ordonnée du point de la tangente d'abscisse x.

```
1  import matplotlib.pyplot as plt
2  # il s'agit de la bibliothèque permettant de faire des dessins
3
4  abscisses = #liste à construire
5
6  def graphe(f,a):
7      m,p = tangente(f,a)
8      ordonnees_f = [f(x) for x in abscisses]
9      ordonnes_tg = [............ for x in abscisses]
10     plt.plot(abscisses,ordonnees_f)# plt.plot : construire des points
11     plt.plot(abscisses,ordonnees_tg)
12     plt.show()  # affiche la fenêtre graphique
```

c) Tester graphe(f,2). Que représente le nombre a ?

4. Pour aller plus loin

a) Modifier la fonction graphe pour qu'elle trace uniquement la tangente et non plus la courbe représentative de la fonction f.

b) Supprimer la ligne plt.show() de la fonction graphe, puis tester le script ci-dessous.

```
for x in abscisses:
    graphe(f,x)
plt.show()
```

Expliquer l'affichage obtenu ci-contre avec $f(x) = x^2$.

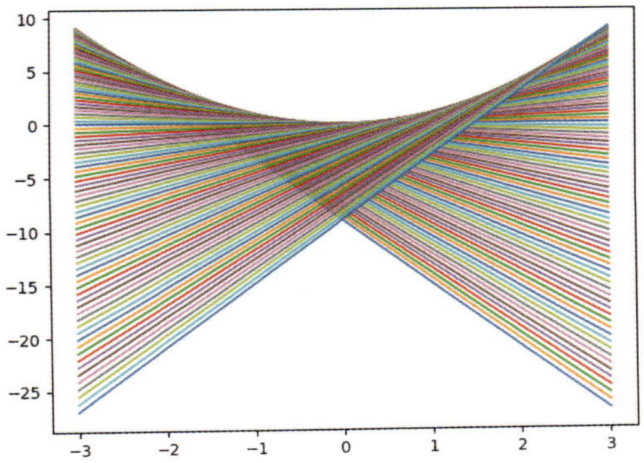

Capacités attendues

Atelier 3
> *Calculer la dérivée d'une fonction polynôme de degré 3*
> *Déterminer les variations et extremums d'une fonction polynôme de degré 3*

Atelier 3 • Optimisation

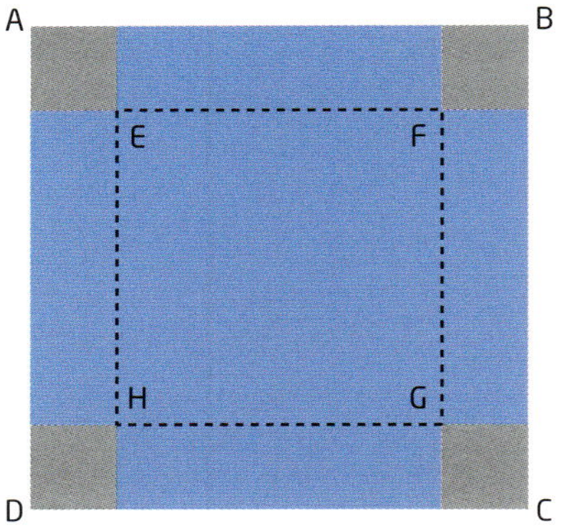

Une plaque métallique a la forme d'un carré ABCD de côté 10 cm.

On découpe un carré de côté x cm dans chaque angle du carré ABCD. On obtient alors un autre carré EFGH.

On fabrique une boîte, sans couvercle, ayant la forme d'un parallélépipède rectangle, par pliage des côtés du carré EFGH.

1. a) Dans quel intervalle doit varier la mesure x pour que cette boite existe ?
b) Donner, en fonction de x, les dimensions de cette boîte.

2. a) Démontrer que le volume de la boîte (en cm^3) s'écrit en fonction de x : $V(x) = 4x^3 - 40x^2 + 100x$.

b) Construire la courbe représentative de V sur une calculatrice en respectant la fenêtre donnée ci-contre.

FENÊTRE
Xmin=0
Xmax=5
Xgrad=1
Ymin=0
Ymax=80
Ygrad=10

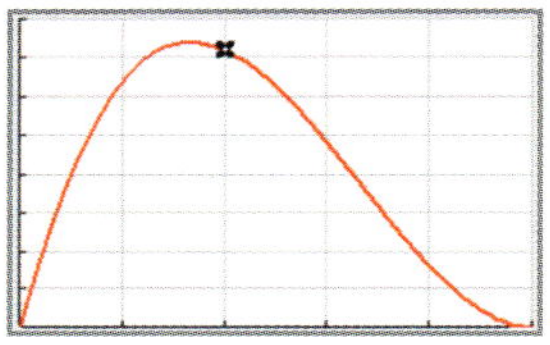

c) D'après le graphique, la fonction semble avoir un maximum. À l'aide d'une calculatrice, donner une valeur approchée de ce maximum. Pour quelle valeur est-il atteint ?

Utiliser les touches ci-dessous :

CASIO : SHIFT F5 (G-Solv), puis F2 MAX   T.I. : 2nde trace (calculs f4), puis **4:maximum**

d) Interpréter les résultats précédents dans le contexte du problème.

3. a) Calculer $V'(x)$, où V' est la fonction dérivée de V sur l'intervalle [0 ; 5].

b) Vérifier le résultat donné ci-dessous par un logiciel de calcul formel.

```
1 factoriser(12*x^2-80*x+100)
      4*(x-5)*(3*x-5)
```

c) Compléter le tableau de signes de $f'(x)$, puis le tableau de variations de f ci-dessous :

x	0		...		5
$4(x-5)$		...		...	
$3x-5$		...	0	...	
$f'(x)$		...	0	...	

x			...		5
$f'(x)$		...	0	...	
$f(x)$	...	↗	...	↘	...

d) Pour quelle valeur de x le volume de la boîte est-il maximal ? Calculer ce volume.

Capacités attendues

Atelier 4 > *Utiliser un logiciel de géométrie dynamique pour déterminer un extremum*

Atelier 4 • Propagation d'une épidémie

À la suite de la découverte d'une nouvelle souche du virus de la grippe, les autorités sanitaires décident d'observer l'évolution de la maladie dans une grande ville. On estime que le nombre de malades est donné par $f(t) = t^2 + 20\,t$, où t est le nombre de jours après l'apparition de l'épidémie.

1. a) Représenter la fonction f sur un logiciel de géométrie dynamique.

> Entrer f(t) = t^2 + 20t dans la zone de saisie

b) Quel sera le nombre de malades au bout de 30 jours ? Au bout de 60 jours ?

> Entrer f(30).

c) Placer les points A(5 ; f(5)) et B(10 ; f(10)). Tracer la droite (AB). Déterminer son équation.

> Entrer A = (5,f(5)) [icône] pour tracer (AB). L'équation s'affiche.

d) En utilisant l'équation de (AB), compléter la phrase : « entre le 5e et le 10e jour, l'épidémie s'est propagée à une vitesse moyenne de ... cas par jours ».

e) En déplaçant les points A et B, ou en créant deux autres points, déterminer la vitesse moyenne de propagation de l'épidémie entre le 10e et le 20e jour.

> [icône a=2] pour créer un curseur, puis entrer f'(t).

2. Le nombre dérivé en t correspond à la vitesse instantanée de propagation de l'épidémie.
Ainsi, $f'(20) = 60$ signifie qu'au bout de 20 jours, l'épidémie se répand à une vitesse de 60 nouveaux cas par jour.

a) Créer une variable t (ou curseur) allant de 0 à 100 et afficher le nombre dérivé $f'(t)$ dans la zone de saisie.

b) L'épidémie semble-t-elle sous contrôle ? Justifier.

3. À partir du 30e jour, les autorités sanitaires mettent en place un plan de lutte pour enrayer la progression de l'épidémie et le nombre de malades est alors donné par :

$$g(t) = -0{,}01\,t^3 + 1{,}5\,t^2 + 17\,t - 90.$$

a) Vérifier que le courbes de f et g ont une tangente commune au point d'abscisse 30.

> Sur un logiciel, l'instruction
> **f(t)=Si(0 ≤ t ≤ 30 ,t^2+20t ,-0.01t^3+1.5t^2+17t-90)**
> représente la fonction ci-contre, égale à f sur [0 ; 30] et à g sur [30 ; + ∞[.

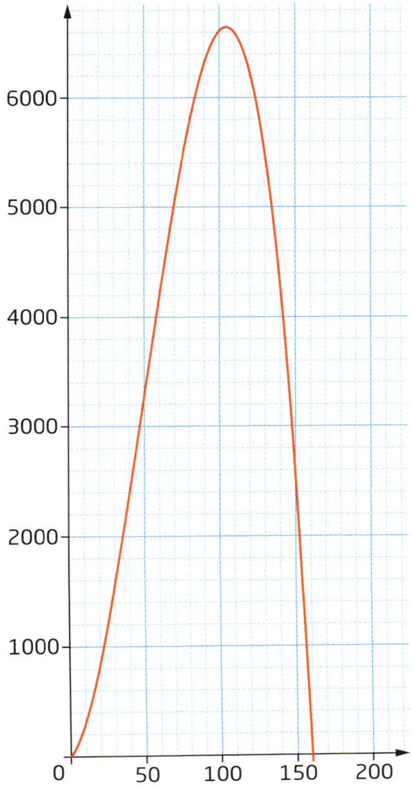

b) Représenter g', la fonction dérivée de g, à l'aide du logiciel.

c) Quand le pic de l'épidémie sera-t-il atteint ?
Combien de personnes seront alors malades ?

d) Un épidémiologiste affirme que le plan semble faire effet à partir du 50e jour. Pourquoi ?

Faire le point

CAPACITÉS	L'ESSENTIEL

Savoir déterminer un taux de variation et un nombre dérivé

Le taux de variation entre a et $a + h$ d'une fonction f, définie sur un intervalle I, est le nombre

$$\frac{f(a+h) - f(a)}{h}.$$

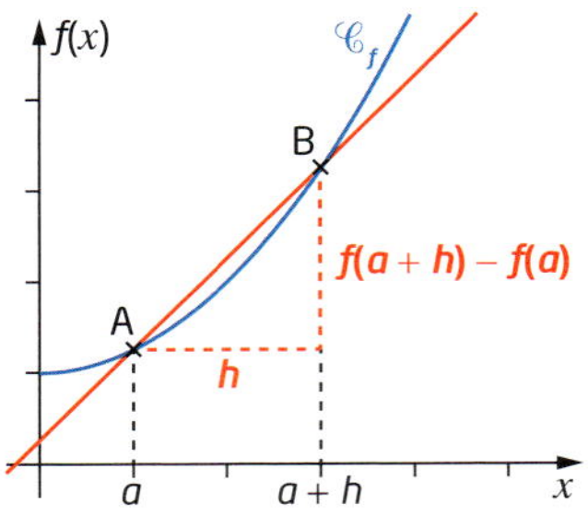

Graphiquement, si $(\mathscr{C}_f)$ est la représentation graphique de f, le taux de variation est le **coefficient directeur** de la droite (AB) où A et B sont les points de $(\mathscr{C}_f)$ d'abscisses respectives a et $a + h$. Le nombre dérivé en a de la fonction f est la limite, si elle existe, du taux de variation $\frac{f(a+h) - f(a)}{h}$, **lorsque h tend vers 0**.

On le note $f'(a)$ et on a $\lim\limits_{h \to 0} \frac{f(a+h) - f(a)}{h} = f'(a)$.

Interpréter géométriquement un nombre dérivé

$\mathscr{C}_f$ est la représentation graphique d'une fonction f définie sur un intervalle I.

Si $\mathscr{C}_f$ admet au point A d'abscisse a une tangente sécante avec l'axe des ordonnées, alors **le coefficient directeur de cette tangente est le nombre dérivé de f en a noté $f'(a)$.**

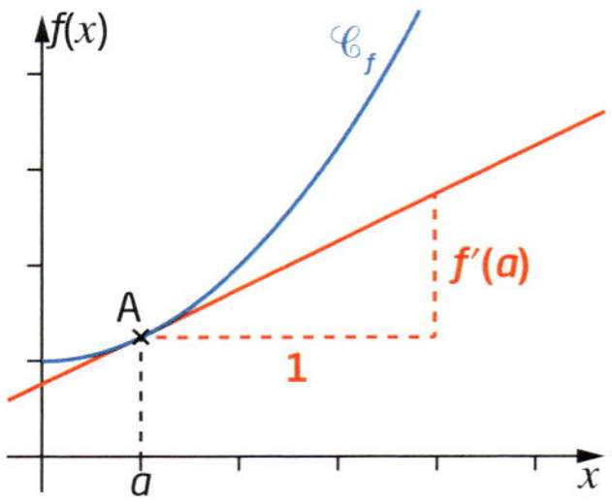

Calculer la dérivée d'une fonction polynôme de degré inférieur ou égal à 3

Si $f(x) = a\,x^3 + b\,x^2 + c\,x + d$ avec a, b, c et d réels.

$f(x) =$	d ($d \in \mathbb{R}$)	x	x^2	x^3
$f'(x) =$	0	1	$2\,x$	$3\,x^2$

La dérivée de f s'écrit :

$f'(x) = a \times 3\,x^2 + b \times 2\,x + c \times 1 + 0$, et après simplification $f'(x) = 3\,a\,x^2 + 2\,b\,x + c$

Déterminer l'équation d'une tangente à une courbe

La tangente à la courbe représentative de la fonction f, au point A d'abscisse a, a pour **équation réduite :**

$$y = f'(a)\,(x - a) + f(a).$$

Déterminer le sens de variation d'une fonction

- Soit I_1 un intervalle. $f'(x) \leqslant 0$ pour tout $x \in I_1$ si et seulement si **f est décroissante** sur I_1.
- Soit I_2 un intervalle. $f'(x) \geqslant 0$ pour tout $x \in I_2$ si et seulement si **f est croissante** sur I_2.

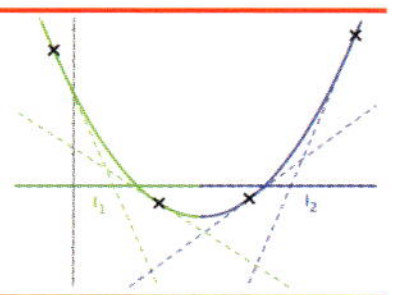

Déterminer les extremums d'une fonction

Si la dérivée d'une fonction s'annule en changeant de signe alors la fonction f change de variation, elle possède un extremum local. Pour l'exemple donné ci-dessous :

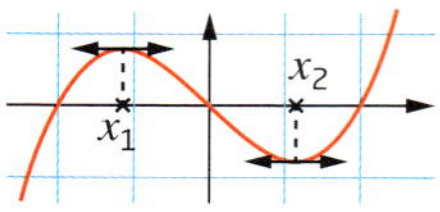

x		x_1		x_2	
$f'(x)$	+	0	–	0	+
$f(x)$	↗	$f(x_1)$	↘	$f(x_2)$	↗

S'évaluer

Dans chaque QCM, trouver la ou les bonnes réponses.

QCM Cours 1

1 La courbe $\mathscr{C}$ ci-contre est la représentation graphique d'une fonction f. On note f' la dérivée de f.
E et F sont deux points de $\mathscr{C}$, la tangente à la courbe en E passe par le point G. Les points E, F et G ont leurs coordonnées entières.

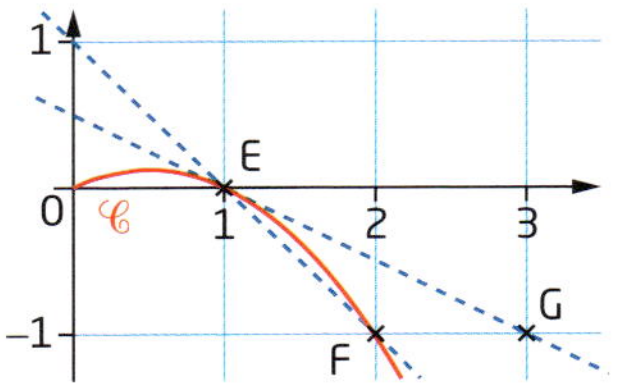

a) **Le taux de variation de la fonction f entre 1 et 2 vaut – 1.**

b) **$f'(1) = \dfrac{-1}{2}$**

c) **$f'(1) = -1$**

QCM Cours 2

2 Si $f(x) = 5x^3 - 2x^2 + x + 6$ alors :

a) **$f'(x) = 5 \times 3x^2 - 2 \times 2x + 1 + 6$**

b) **$f'(x) = 15x - 4x + 1$**

c) **$f'(x) = 15x^2 - 4x + 1$**

QCM Cours 3

3 Si la représentation graphique $\mathscr{C}$ d'une fonction f passe par le point A(2 ; 5) et si le nombre dérivé de la fonction f en 2 est égal à 1, alors la tangente à la courbe $\mathscr{C}$ en A a pour équation réduite :

a) **$y = x + 3$**

b) **$y = 2x + 5$**

c) **$y = x + 2$**

4 Si la représentation graphique d'une fonction f admet une tangente d'équation $y = 2x - 1$ en son point d'abscisse – 2, alors on a :

a) **$f'(-2) = 2$**

b) **$f'(-2) = -1$**

c) **$f(-2) = -5$**

QCM Cours 4

5 Le tableau de variations d'une fonction f définie et dérivable sur l'intervalle [– 5 ; 8] est donné ci-contre.
En utilisant ce tableau, on peut affirmer que :

x	–5		1		5		8
$f(x)$	9	↘	2	↗	3	↘	–2

a) **$f'(0) \leqslant 0$**

b) **$f'(3) = 0$**

c) **$f'(1) = 0$**

Vrai ou Faux

La représentation graphique d'une fonction f définie et dérivable sur l'intervalle [– 2,5 ; 2,5] est donnée ci-contre.

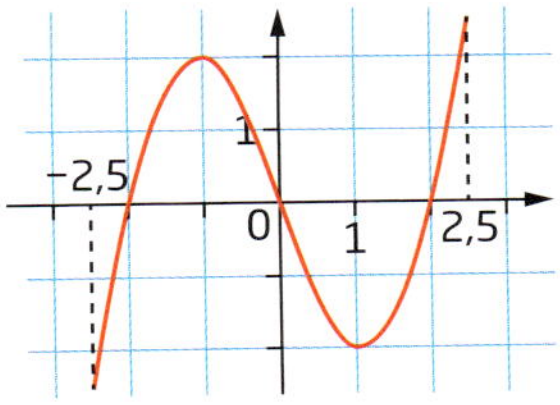

a) **$f'(x)$ est positif sur l'intervalle [– 2 ; 0].**

b) **$f'(x)$ est positif sur l'intervalle [– 2 ; – 1].**

c) **L'équation $f'(x) = 0$ admet exactement 2 solutions sur l'intervalle [– 2,5 ; 2,5].**

Exercices

Entraînement

1 • Nombre dérivé

1 Déterminer graphiquement le coefficient directeur de la droite (AB).

a)

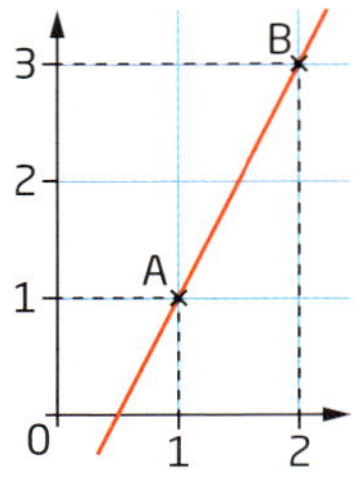

b)

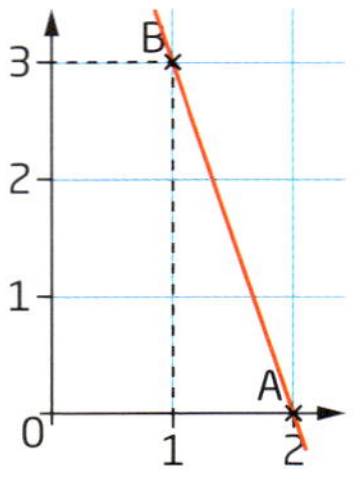

2 Même consigne que pour l'exercice **1**.

a)

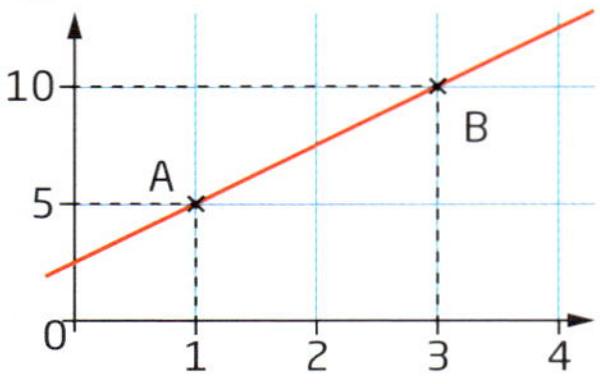

b)

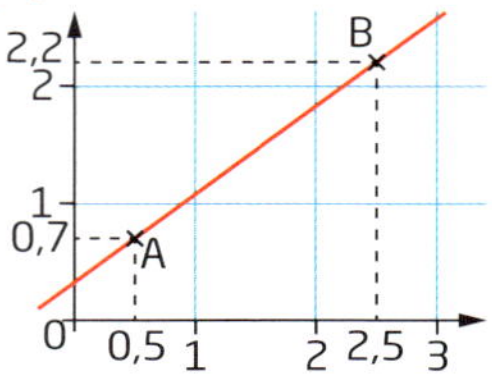

> Automatisme 24

3 Soit trois points A(– 4 ; 2), B(0 ; 5) et C(2 ; – 2).
Calculer le coefficient directeur de la droite :

a) (AB)

b) (AC)

c) (BC)

> Automatisme 25

4 Même question avec :
A(2,1 ; – 3,5) ; B(– 0,9 ; – 2,3) et C(1,1 ; – 0,5).

5 f est la fonction définie par $f(x) = x^2 + 2\,x$.
Calculer le taux de variation de f :

a) entre 1 et 3

b) entre – 5 et 5

6 f est la fonction définie par $f(x) = 2{,}5\,x^2 - 1{,}5$.
Calculer le taux de variation de f.

a) entre 1 et 2

b) entre – 4 et – 2

7 Exercice guidé **Lectures graphiques**

Soit $\mathscr{C}$ la courbe représentative d'une fonction f.
La droite T est tangente à la courbe au point A d'abscisse 1.
Lire $f(1)$ et $f'(1)$.

Étape 1 : $f(1)$ est l'image de 1 par la fonction f.
Suivre les flèches vertes
$f(1) = ...$

Étape 2 : $f'(1)$ est le coefficient directeur de T.
Suivre les flèches rouges pour obtenir Δx et Δy, puis utiliser la formule
$f'(1) = \dfrac{\Delta y}{\Delta x}$.

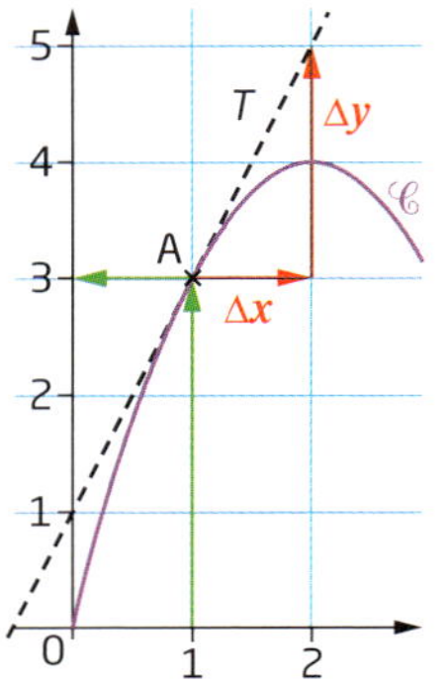

> Automatisme 19 et 24

8 $\mathscr{C}$ est la courbe représentative d'une fonction f.
(d_1) et (d_2) sont deux tangentes à la courbe aux points A et B.
Déterminer graphiquement :

a) $f(1)$ et $f'(1)$.

b) $f(2)$ et $f'(2)$.

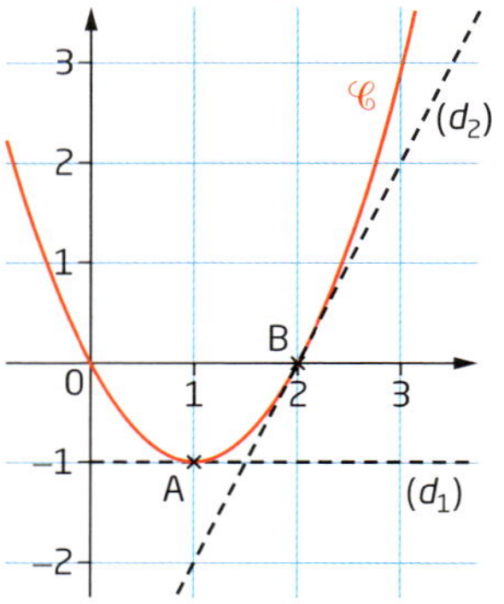

9 Même consigne que l'exercice précédent.

a) $f(-1)$ et $f'(-1)$

b) $f(1)$ et $f'(1)$

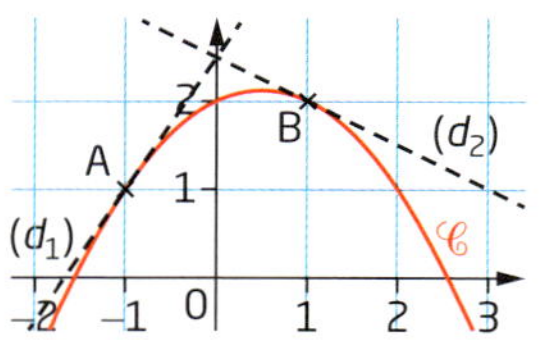

10 $\mathscr{C}$ est la courbe représentative d'une fonction f.
La droite (d) et l'axe des abscisses sont tangents à la courbe aux points A et B.
Déterminer graphiquement :

a) $f(-1)$ et $f'(-1)$

b) $f(1)$ et $f'(1)$

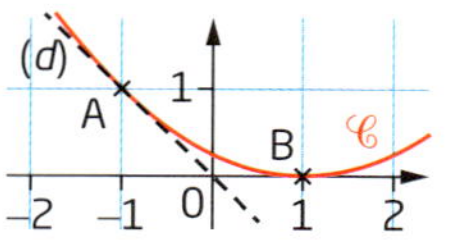

11 On donne les représentations graphiques de deux fonctions f (en vert) et g (en rouge).
On a représenté les tangentes aux courbes représentatives aux points d'abscisses 1 et 2.

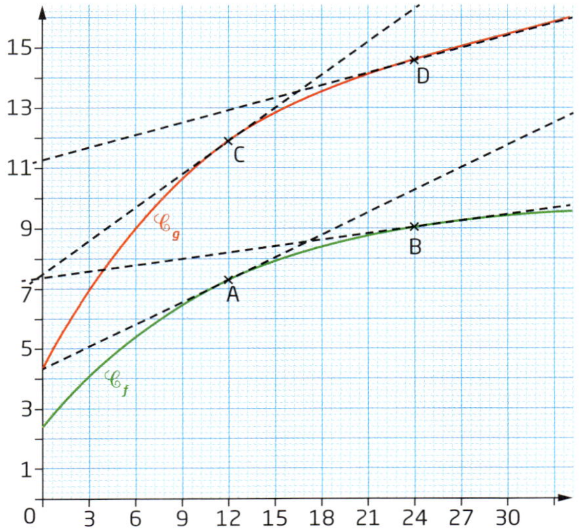

a) Déterminer, avec la précision permise par le graphique, $f'(12)$, $g'(12)$, $f'(24)$ et $g'(24)$.
Les fonctions f et g représentent les courbes de croissance du poids de deux bébés. Les fonctions dérivées associées correspondent aux vitesses de croissance en kg/mois.
b) Déterminer les vitesses de croissance des deux bébés à un an, puis à deux ans.

2 • Fonction dérivée

12 **Exercice guidé Calcul d'une dérivée**

Soit f la fonction définie par $f(x) = 3\,x^2 + 2\,x + 1$.
Calculer $f'(x)$ où f' est la dérivée de f.

Étape 1 : Commencer par dériver les fonctions : $x \mapsto x^2$ et $x \mapsto x$.

Étape 2 : Écrire $f'(x) = 3 \times ... + 2 \times ...$, puis simplifier.

Pour les exercices **13** à **20**, déterminer la fonction dérivée des fonctions définies sur $\mathbb{R}$ par leur expression.

13 **a)** $f(x) = 3$ **b)** $g(x) = 6\,x - 5$

14 **a)** $f(x) = -\,2\,x^2 - 3\,x$ **b)** $g(x) = x + x^2 + 7$

15 **a)** $f(x) = 3\,x^3 - 3\,x^2 + 3\,x$
b) $g(x) = -\,x^3 - x^2 + 5\,x + 10$

16 **a)** $u(x) = -\,2\,x^3 + 8\,x^2 + x\sqrt{2} + 3$
b) $v(x) = x^3\sqrt{3} - x^2\sqrt{5} + x\sqrt{7}$

17 **a)** $m(i) = -\,6\,i^3 - 3\,i - 3$ **b)** $n(t) = 2{,}4\,t^2 - t^3 - 5{,}1$

18 **a)** $h(t) = t^3\sqrt{7} + t^2\sqrt{11} + t\sqrt{7}$
b) $C(r) = -\,\dfrac{3}{7}\,r + \dfrac{1}{7} + \dfrac{-3}{14}\,r^2$

19 **a)** $f(x) = (2\,x - 1)^2$ **b)** $g(x) = (x - 5)\,(x + 5)$

20 **a)** $f(t) = (4 + 3t)^2$ **b)** $v(c) = c\,(2{,}2\,c - 1)\,(5 - 5\,c)$

21 On a défini une fonction **derpoly(a,b,c,d)** sur Python qui calcule la fonction dérivée d'un polynôme de degré inférieur ou égal à 3.

Python

1. a) Pour dériver le polynôme
$$f(x) = 2\,x^3 - 3\,x^2 + 8\,x - 4$$
on écrit >>> **derpoly(2, – 3, 8, – 4)**.
Expliquer le choix des paramètres.
b) Le résultat affiché est **(6, – 6, 8)**. Justifier.

2. Si maintenant $f(x) = -\,x^2 + x + 3$, que faudra-t-il écrire pour obtenir la fonction dérivée ?
Quel sera alors le résultat affiché ?

3. Compléter le programme ci-contre qui permet d'obtenir ces résultats.

```
from math import *
def derpoly(a,b,c,d):

..............................
..............................
..............................
    return a1,b1,c1
```

3 • Tangente à une courbe

Dans les exercices **22** et **23**, tracer la courbe représentative de la fonction f sur l'intervalle I et la tangente à la courbe au point d'abscisse a.

22 **Exercice guidé Construction d'une tangente**

$f(x) = 2\,x^2$ sur $\mathrm{I} = [-\,2\,;\,2\,]$ et $a = -\,1$.

Étape 1 : Tracer la courbe représentative de f en s'aidant d'une calculatrice graphique.

Étape 2 : Calculer $f'(x)$, puis $f'(-\,1)$.

Étape 3 : Tracer ensuite la tangente passant par le point de la courbe d'abscisse – 1 et de coefficient directeur $f'(-\,1)$. > Automatisme 23

23 Appliquer l'exercice guidé pour les deux fonctions suivantes.
a) $f(x) = x^2 - 2\,;\,\mathrm{I} = [-\,3\,;\,3\,]\,;\,a = 2$
b) $f(x) = -\,x^3 + 1\,;\,\mathrm{I} = [-\,2\,;\,2\,]\,;\,a = 1$

Exercices

Entraînement

Pour les exercices **24** et **25**, on considère une fonction f et on note C_f sa courbe représentative dans un repère. Déterminer une équation de la tangente à C_f au point d'abscisse a.

24 **a)** $f(x) = x^2 - 5x + 3$ $\quad a = 2$

b) $f(x) = x^3 - 3x^2 + x + 9$ $\quad a = 0$

25 **a)** $f(x) = 2x^3 - 3x^2$ $\quad a = 1$

b) $g(x) = 5x^3 + 9x^2 + 8x + 2$ $\quad a = -1$

26 **a)** En quel point la courbe représentative de la fonction $x \mapsto x^2 + 4x$ admet-elle une tangente parallèle à la droite d'équation $y = 2x + 1$?

b) Même question avec $x \mapsto x^3 - 2x$ et $y = 4x - 3$.

27 La fonction f est définie sur $\mathbb{R}$ par $f(x) = x^2$.

On définit f sur Python de la manière suivante :

```
def f(x):
    return x**2
```

1. Calculer $f'(x)$, puis créer la fonction f' sur Python

```
def fp(x):
    return ..............................
```

.

> ***Rappel*** $y = f'(a) \times (x - a) + f(a)$ est une équation de la tangente à la courbe représentative de f au point d'abscisse a.

2. Démontrer que cette équation réduite de la tangente peut s'écrire :

$y = mx + p$ avec $m = f'(a)$ et $p = f(a) - a \times f'(a)$.

3. Compléter le script ci-contre pour qu'il renvoie le coefficient directeur m et l'ordonnée à l'origine p de la tangente à la courbe au point d'abscisse a.

```
def tangente(a):
    m= ..............................
    p= ..............................
    return m,p
```

4. Vérifier que l'on obtient :

```
>>> tangente(1)
(2, -1)
```

.

Interpréter le résultat obtenu.

5. Utiliser ce script pour résoudre les exercices **24** et **25**.

28 Dans chacun des cas suivants, utiliser le résultat donné par une calculatrice pour déterminer une équation de la tangente à la courbe représentative de f au point d'abscisse a.

1. $f(x) = -2x^2 - 2x + 2$ en $a = 0$.

$\frac{d}{dX}(-2X^2-2X+2)|_{X=0}$

-2

2. $f(x) = 1 - x - x^2$ en $a = -1$.

$\frac{d}{dX}(1-X-X^2)|_{X=-1}$

1

29 La courbe suivante est la représentation graphique de la fonction f définie sur $\mathbb{R}$ par :

$f(x) = 2x^2 + 4x$.

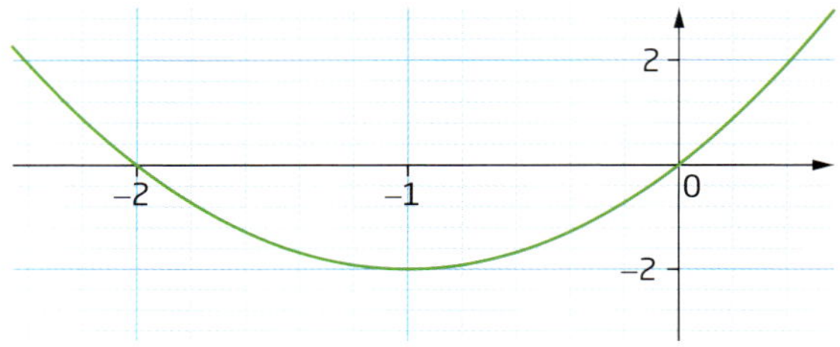

a) Déterminer graphiquement l'abscisse du point de la courbe où la tangente est parallèle à l'axe des abscisses.

b) Calculer $f'(x)$.

c) Vérifier par le calcul le résultat trouvé à la question **a)**.

30 La courbe ci-dessous est la représentation graphique d'une fonction f définie sur $\mathbb{R}$ par :

$f(x) = x^3 - 3x$.

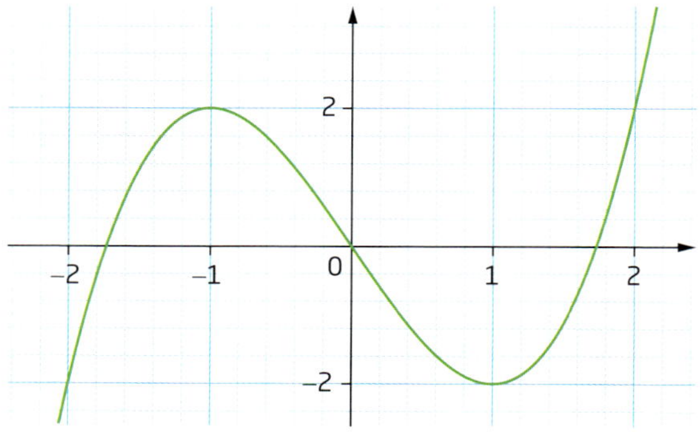

a) Déterminer graphiquement l'abscisse des points de la courbe où la tangente est parallèle à l'axe des abscisses.

b) Calculer $f'(x)$.

c) Vérifier par le calcul les résultats trouvés à la question **a)**.

4 • Variation et extrema d'une fonction

Dans les exercices **31** à **33**, reproduire et compléter les tableaux de variations.

31

x	-7		-1		2		6
$f'(x)$							
$f(x)$	3	↘	-1	↗	8	↘	0

32

x	-1		0		5		8
$f'(x)$							
$f(x)$	$f(-1)$	↗	$f(0)$	↘	$f(5)$	↗	$f(8)$

33

x	2		5		7		10
$f'(x)$		$+$	0	$-$	0	$+$	
$f(x)$							

34 La courbe ci-dessous est la représentation graphique d'une fonction f définie sur $[-5\,;3]$.

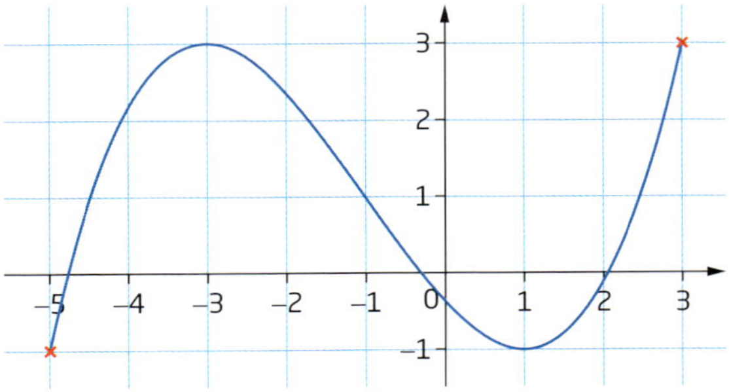

À partir des informations lues sur le graphique, compléter le tableau de variations.

x	-5		...		...		3
$f'(x)$			0		0		
$f(x)$							

> Automatisme 21

35 La courbe ci-après est la représentation graphique d'une fonction f.
À partir des informations lues sur le graphique, compléter le tableau de variations.

x	-2		...		...		6
$f'(x)$			0		0		
$f(x)$							

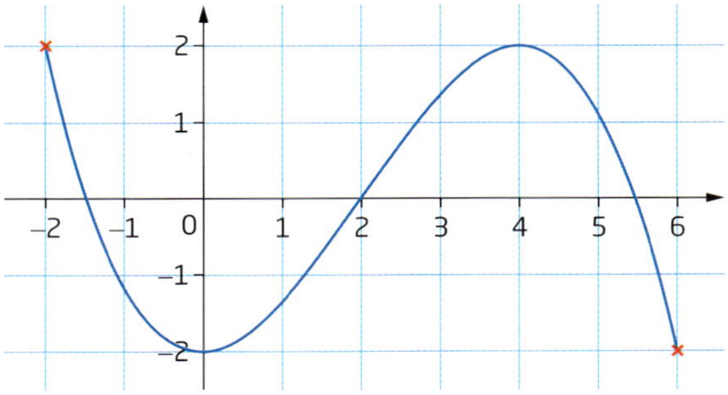

36 La fonction f est définie sur l'intervalle $[0\,;4]$.
La représentation graphique de sa fonction dérivée est donnée ci-contre.
On donne également un tableau de valeurs de la fonction f.

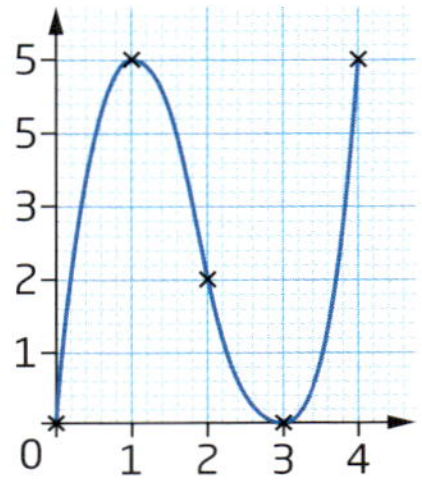

x	0	1	2	3	4
$f(x)$	0	5	2	0	5

Dresser le tableau de variations de la fonction f.

37 **Exercice guidé Étude de la fonction**

$$f : x \mapsto x^2 - 2x - 4$$

On souhaite dresser le tableau de variations de la fonction f définie sur $\mathbb{R}$.

Étape 1 : Calculer $f'(x)$, où f' est la dérivée de f.

Étape 2 : Déterminer le signe de $f'(x)$.

Indiquer dans le tableau la valeur α telle que $f'(\alpha) = 0$, puis le signe de $f'(x)$.

x	$-\infty$		α		$+\infty$
$f'(x)$		Signe ?	0	Signe ?	

Étape 3 : Terminer le tableau par les variations de la fonction f, en complétant la troisième ligne.

> ***Rappel*** Si la dérivée f' est positive, alors la fonction f est croissante.
> Si la dérivée f' est négative, alors la fonction f est décroissante.

x	$-\infty$		α		$+\infty$
$f'(x)$		Signe ?	0	Signe ?	
$f(x)$			Variations de f		

Exercices

Entraînement

38 Soit la fonction f définie sur $[-3\,;4]$ par :
$f(x)=-x^2+3x+7$.

1. Calculer $f'(x)$.

2. Étudier le signe de $f'(x)$.

3. En déduire le tableau de variations de f.

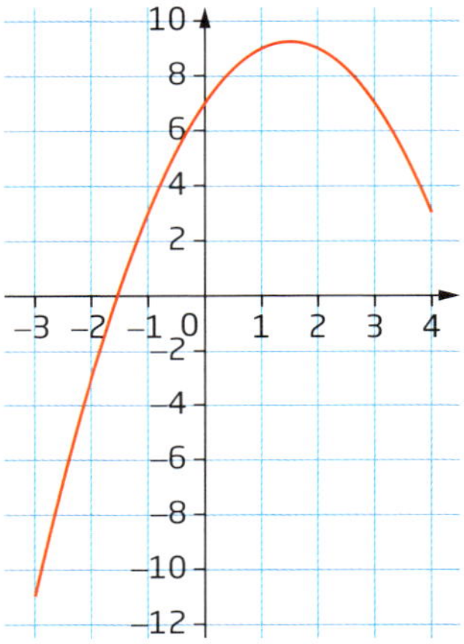

39 Soit la fonction f définie sur $[0\,;4]$ par :

$$f(x)=x^2-4x+3.$$

1. Calculer $f'(x)$.

2. Étudier le signe de $f'(x)$.

3. En déduire le tableau de variations de f.

40 Soit la fonction f définie sur $[-1\,;6]$ par :

$$f(x)=5(x-3)^2+1.$$

1. Calculer $f'(x)$.

2. Étudier le signe de $f'(x)$.

3. En déduire le tableau de variations de f.

41 Soit la fonction f définie sur $[-5\,;7]$ par :

$$f(x)=x^3-3x^2-45x+20.$$

1. Démontrer que $f'(x)=3(x+3)(x-5)$.

2. Étudier le signe de $f'(x)$.

3. En déduire le tableau de variations de f.

42 Soit la fonction f définie sur $[-5\,;5]$ par :

$$f(x)=\frac{x^3}{3}-x.$$

1. Calculer $f'(x)$.

2. Factoriser $f'(x)$.

3. En déduire le signe de $f'(x)$.

4. Dresser le tableau de variations de f.

43 Soit la fonction f définie sur $[-5\,;5]$ par :

$$f(x)=0{,}75x^3-0{,}6x^2+0{,}16x+0{,}45.$$

1. Démontrer que $f'(x)=(1{,}5x-0{,}4)^2$.

2. En déduire le signe de $f'(x)$.

3. Dresser le tableau de variations de f.

44 Python

Le script suivant permet de déterminer une valeur approchée du maximum d'une fonction f sur un intervalle $[a\,;b]$.

```
from math import *
def maximum(f,a,b):
    x,x0,max,h=a,a,f(a),0.01
    while x<b:
        x=x+h
        if max<f(x):
            max,x0=f(x),x
    return 'maximum environ',max,'en x ≈',x0
```

1. Expliquer le fonctionnement de ce script.

2. La fonction f de l'exercice **38**, définie par $f(x)=-x^2+3x+7$, admet un maximum dans l'intervalle $[-3\,;4]$.

Implanter le script :

```
def f(x):
    return -x**2+3*x+7
```

puis exécuter `maximum(f,-3,4)`, pour retrouver le résultat.

3. Utiliser ce programme pour retrouver le maximum dans l'intervalle $[-4\,;-2]$ pour la fonction f de l'exercice **41**.

45 Python

En s'inspirant du script de l'exercice **44**.

1. Écrire une fonction minimum, qui affiche pour une fonction f définie sur un intervalle $[a\,;b]$ une valeur approchée de :

- son minimum sur l'intervalle $[a\,;b]$;
- la valeur pour laquelle ce minimum est atteint.

2. Utiliser ce programme pour retrouver le minimum de la fonction f :

a) De l'exercice **39**, définie sur $[0\,;4]$ par :

$$f(x)=x^2-4x+3.$$

b) De l'exercice **40**, définie sur $[-1\,;6]$ par :

$$f(x)=5(x-3)^2+1.$$

46 Entre janvier 2016 et septembre 2018, le taux de chômage en France peut être modélisé par la fonction f définie sur $[0\,;2{,}75]$ par $f(t)=0{,}2474\,t^3-0{,}8009\,t^2+0{,}1092\,t+10{,}134$, où t est le temps écoulé en année depuis le 1er janvier 2016.

a) Calculer la fonction dérivée f'.

b) À l'aide d'une calculatrice graphique, étudier le signe de f' puis dresser le tableau de variations de f. Arrondir les valeurs à 0,01 près.

c) Selon ce modèle, à quelle date le taux de chômage a-t-il été le plus bas ?

d) Quelle évolution peut-on prévoir pour 2019 si ce modèle se maintient ?

47 Python La distance parcourue par le TGV lors d'un trajet est modélisée par la fonction f définie sur $[0 ; 3]$ par :

$f(t) = -5t^3 + 25t^2 + 280t$ où t est le temps en heure.

a) Calculer la fonction dérivée f'.

b) Que représente $f'(t)$?

c) Écrire une fonction Python **fp(t)** renvoyant la valeur de $f'(t)$.

La vitesse maximale autorisée est de 320 km/h. On veut construire une liste Python de valeurs prises par f' pour contrôler la vitesse du TGV.

d) Quelle(s) instruction(s) faut-il écrire pour obtenir une liste *abs* des valeurs de x allant de 0 à 3 avec un pas de 0,001 ?

e) En utilisant les listes en compréhension, écrire la liste des valeurs de $f'(x)$ pour $x \in$ *abs*.

f) Écrire maintenant la liste des valeurs de $x \in$ *abs* tels $f'(x) > 320$.

g) Disposant de la liste précédente en Python, comment savoir si le TGV a dépassé les 320 km/h ?

48 **QCM** On donne le tableau de variations d'une fonction f.

Pour chaque question, indiquer la bonne réponse.

x	-5		-2		2		7		10
$f'(x)$		$-$	0	$+$	0	$-$	0	$+$	
$f(x)$	1	↘	-1	↗	5	↘	2	↗	7

1. Comparer $f(3)$ et $f(5)$.

a) $f(3) < f(5)$ b) $f(3) > f(5)$ c) On ne peut pas savoir.

2. Comparer $f(1)$ et $f(3)$.

a) $f(1) < f(3)$ b) $f(1) > f(3)$ c) On ne peut pas savoir.

3. Comparer $f(-3)$ et $f(8)$.

a) $f(-3) < f(8)$ b) $f(-3) > f(8)$

c) On ne peut pas savoir.

4. Variation de la fonction f sur $[-1 ; 1]$

a) f est croissante sur $[-1 ; 1]$.

b) f est décroissante sur $[-1 ; 1]$.

c) Ni croissante, ni décroissante.

5. Le coefficient directeur de la tangente à la courbe de f au point d'abscisse -4 :

a) Est positif. b) Est négatif. c) Est égal à 0.

6. Sur l'intervalle $[2 ; 7]$, $f(x)$:

a) Est positif. b) Est négatif.

c) N'est pas de signe constant.

7. Sur l'intervalle $[2 ; 7]$, $f'(x)$:

a) Est positif. b) Est négatif.

c) N'est pas de signe constant.

49 **QCM** On donne ci-contre la représentation graphique $\mathscr{C}_f$ d'une fonction f définie et dérivable sur $[-1 ; 3]$. On note f' la fonction dérivée de f.

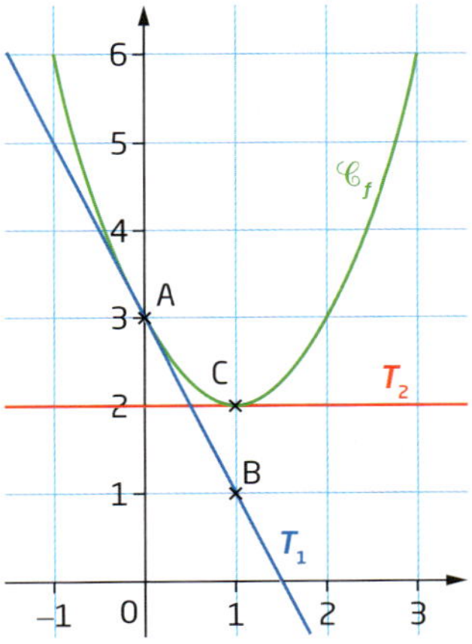

La courbe $\mathscr{C}_f$ passe par les points A$(0 ; 3)$ et C$(1 ; 2)$. La tangente T_1 à la courbe au point A passe par le point B$(1 ; 1)$ et la tangente T_2 au point C est horizontale. Pour chaque question, indiquer la bonne réponse.

1. $f(0) =$ a) 2 b) 0 c) 3 d) -2

2. $f'(0) =$ a) 2 b) 0 c) 3 d) -2

3. $f(1) =$ a) 2 b) 0 c) 3 d) -2

4. $f'(1) =$ a) 2 b) 0 c) 3 d) -2

5. La tangente T_1 a pour équation :

a) $y = 3$ b) $y = -2x + 3$ c) $y = -2x$ d) $y = f'(0)$

6. La tangente T_2 a pour équation :

a) $x = 2$ b) $y = 2$ c) $y = 2x + 1$ d) $y = x + 2$

Exercices

Compétences
1 chercher 2 modéliser 3 représenter
4 raisonner 5 calculer 6 communiquer

• Approfondissement

50 La représentation graphique d'une fonction f définie sur $[-4\,;2]$ est donnée ci-dessous.
On précise que :

- la droite d est tangente à la courbe au point $A(-2\,;3)$;
- au point $B(-1\,;4)$, la tangente à la courbe est parallèle à l'axe des abscisses.

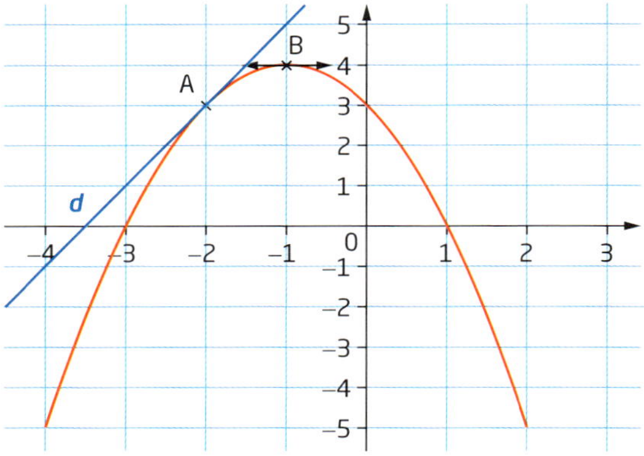

1. Lectures graphiques

1 6 **a)** Lire les valeurs entières de $f(-3)$; $f(-2)$; $f(-1)$ et $f(0)$.

1 **b)** Lire les valeurs entières de $f'(-2)$ et $f'(-1)$.

3 **c)** Recopier et compléter le tableau de variations.

x	-4	…	2
$f(x)$	… ↗	…	↘ …

d) Résoudre graphiquement l'équation $f(x)=0$.

1 **2.** On admet que $f(x)=-x^2-2x+3$.

5 **a)** Retrouver par le calcul les résultats du **1. a)**.

5 **b)** Calculer $f'(x)$. Retrouver par le calcul les résultats du **1. b)**.

4 5 **c)** Résoudre $f'(x)\geqslant 0$. En déduire les variations de f.

1 5 **d)** Démontrer que $f(x)=(x+3)(-x+1)$, puis retrouver par le calcul les résultats du **1. d)**.

51 Soit la fonction f définie sur $[0\,;3]$ par :
$f(x)=-x^3+x^2+5x$.
On donne ci-dessous la représentation graphique de f, la fenêtre utilisée, ainsi qu'un tableau de valeurs.

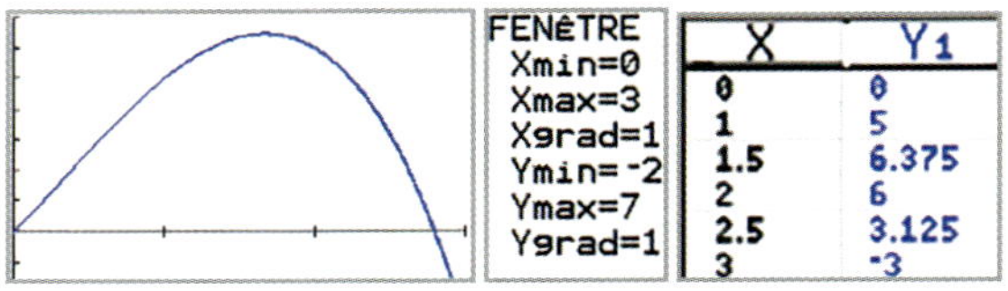

1 **1.** Avec la précision permise par le graphique, lire le maximum M de la fonction, ainsi que la valeur x_0 pour laquelle il est atteint.

3 **2.** Afin d'améliorer la précision, réaliser ce graphique sur une calculatrice en respectant la fenêtre graphique. Puis utiliser les touches :

CASIO : SHIFT F5 (G-Solv), puis F2 (Zoom) MAX.

TI : 2nde trace (calculs f4), puis **4:maximum**.
Quelles valeurs trouvez-vous pour M et x_0 ?

5 **3. a)** Calculer $f'(x)$.

5 **b)** Démontrer que $f'(x)=(5-3x)(x+1)$.

3 **c)** Compléter le tableau de variations de f, sur l'intervalle $[0\,;3]$.

4 **d)** Déterminer les valeurs exactes de M et x_0.

52 Monsieur et Madame Dupont souhaitent créer un potager de forme rectangulaire, le long du mur de leur maison.

Pour cela, ils disposent de 15 m de grillage pour clôturer les 3 côtés (le 4e étant le mur). Le potager devra avoir la plus grande surface possible.
On pose x et y les dimensions (en mètre) du potager comme indiqué sur le dessin.

(1) **1.** Compléter : On a ... $\leqslant x \leqslant$ ... et ... $\leqslant y \leqslant$ ....

(2) **2.** Démontrer que $y = 15 - 2x$.

(2) **3.** En déduire que la surface du potager est égale à : $-2x^2 + 15x$.

4. On pose la fonction f définie sur [0 ; 7,5] par $f(x) = -2x^2 + 15x$.

(5) **a)** Calculer $f'(x)$.

(3) **b)** Dresser le tableau de variations de f sur [0 ; 7,5].

(4) **c)** En déduire que la fonction f admet un maximum. Quel est ce maximum ? En quelle valeur est-il atteint ?

(6) **d)** Interpréter les résultats du **4. c)** dans le contexte de l'exercice.

53 La patronne d'un restaurant dispose d'un menu du soir à 15 €. En moyenne, elle sert 80 clients chaque soir.

Elle souhaite modifier le prix de son menu afin d'optimiser son bénéfice.
Une étude de son restaurant lui apporte les résultats suivants :

- le coût de réalisation d'un menu est de 10 € ;
- une augmentation du prix entraîne une baisse du nombre moyen de clients par soir. Pour une augmentation de 1 €, cette baisse est estimée à 5 clients.

A. Avec un tableur

On réalise le tableau ci-dessous :

	A	B	C	D	E
1	Prix du menu	Nombre de clients	Chiffre d'affaires	Coût total de fabrication	Bénéfice
2	15	80			
3	16	75			
4	17	70			

(4) **1.** Parmi les formules proposées, indiquer celle qui, saisie en C2, puis recopiée vers le bas donnera le chiffre d'affaires.

a) =15*80 **b)** =A2*B2 **c)** =A$2*B$2

(4) **2.** Parmi les formules proposées, indiquer celle qui, saisie en D2, puis recopiée vers le bas donnera le coût total de fabrication des menus.

a) =15*B2 **b)** =10*B2 **c)** =15*10

(4) **3.** Parmi les formules proposées, indiquer celle qui, saisie en E2, puis recopiée vers le bas donnera le bénéfice.

a) =C2-D2 **b)** =1200-800 **c)** =C$2-D$2

(6) **d)** En utilisant le tableau suivant, estimer le prix du menu pour que le bénéfice soit maximal.

	A	B	C	D	E
1	Prix du menu	Nombre de clients	Chiffre d'affaires	Coût total de fabrication	Bénéfice
2	15	80	1200	800	400
3	16	75	1200	750	450
4	17	70	1190	700	490
5	18	65	1170	650	520
6	19	60	1140	600	540
7	20	55	1100	550	550
8	21	50	1050	500	550
9	22	45	990	450	540
10	23	40	920	400	520

B. Avec une fonction

Pour une augmentation de x euros, on pose B(x) le bénéfice moyen réalisé en euro.
Par exemple, si le prix du menu passe à 16 €, $x = 1$ et $B(1) = 450$.

1. Pour une augmentation de x euros, donner en fonction de x :

(2) **a)** le prix du menu,

(2) **b)** le nombre de clients,

(5) **c)** le chiffre d'affaires par soir.

(5) **2.** En déduire que $B(x) = -5x^2 + 55x + 400$.

(3) **3.** Dresser le tableau de variations de la fonction B sur l'intervalle [0 ; 10].

4. Lorsque le bénéfice est maximal :

(6) **a)** Quelle est la valeur de x ?

(6) **b)** Donner alors le prix du menu.

c) Quel est le bénéfice ?

(6) **d)** Quel est le nombre moyen de clients par soir ?

Exercices

Approfondissement

Compétences
(1) chercher (2) modéliser (3) représenter
(4) raisonner (5) calculer (6) communiquer

54 Une entreprise produit des bouteilles d'eau issue des glaciers. L'eau arrive sous forme de cubes de glace de 1 m de côté. Ces cubes sont mis à fondre et l'eau ainsi produite se déverse dans une cuve qui contient déjà 100 L d'eau.
Le volume d'eau dans la cuve en fonction du temps est donné par la fonction v définie par $v(x) = x^3 - 30x^2 + 300x + 100$, où x est le temps en heure, et $v(x)$ le volume d'eau en litre.
Maxime et Paula, deux employés, veulent connaître le débit (en L.h^{-1}) au bout de 2 heures de fonte.

1. Maxime décide d'approcher ce débit en calculant le débit moyen entre 2 h et 4 h. Pour cela, effectuer les calculs suivants :

(2) **a)** $v(2)$, le volume présent dans la cuve au bout de 2 h. Puis $v(4)$.

(5) **b)** En déduire la quantité d'eau produite entre 2 h et 4 h.

(5) **c)** Calculer le débit moyen entre 2 h et 4 h.

2. Paula rappelle que l'on peut obtenir le débit instantané à n'importe quel moment et de manière exacte avec la fonction dérivée de v. Elle est notée v'.

(5) **a)** Calculer $v'(x)$.

(2) **b)** Calculer $v'(2)$, le débit instantané (en L.h^{-1}) après 2 heures de fonte.

(2) **c)** Comparer ce résultat avec celui de Maxime.

55 Un joueur de rugby se situe à une distance de 20 mètres des poteaux. Il souhaite que le ballon passe au-dessus de la barre située à 3 mètres du sol.
La trajectoire du ballon peut être modélisée par la fonction h définie par : $h(x) = ax^2 + bx + c$, où x représente la distance (en m) parcourue par la projection orthogonale du ballon sur le sol, et $h(x)$ la hauteur (en m) du ballon.

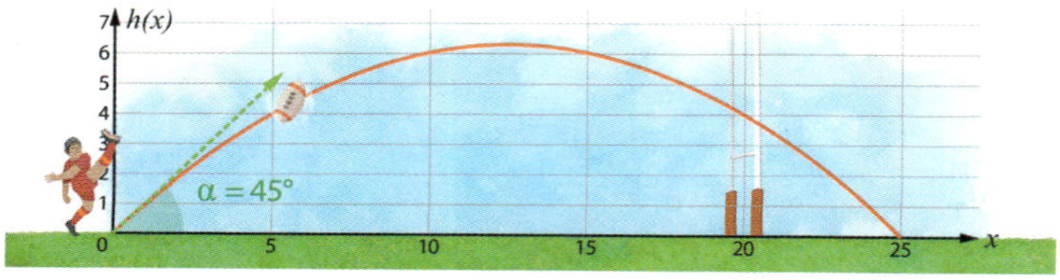

Partie A. Détermination de $h(x)$
On rappelle que : $h(x) = ax^2 + bx + c$.

(1) **1.** On sait que $h(0) = 0$, déterminer c.

2. Le joueur décide d'orienter son tir de telle sorte qu'au départ du ballon, l'angle formé par la tangente de la trajectoire avec le sol ait pour mesure 45°. On a alors $h'(0) = 1$.

(5) **a)** Calculer $h'(x)$.

(1) **b)** On sait que $h'(0) = 1$, déterminer b.

3. Il sait que le ballon retouchera le sol à 25 mètres de lui.

(4) **a)** Traduire cette nouvelle information en recopiant et en complétant $h(...) = ...$

(1) **b)** En déduire la valeur de a.

Partie B. Étude de la trajectoire du ballon
On admet que $h(x) = -0{,}04x^2 + x$ pour $x \in [0 ; 25]$.

(5) **1.** Calculer $h'(x)$.

(4) **2.** Étudier le signe de $h'(x)$ et dresser le tableau de variations de h sur $[0 ; 25]$.

(4) **3.** Quelle est la hauteur maximale atteinte par le ballon ? Pour quelle valeur de x ?

4. Les poteaux se situent à 20 mètres du joueur.

(1)(3) **a)** Quelle est la hauteur de ballon à cet endroit ?

(6) **b)** Le joueur réussit-il son tir ?

56 Une entreprise produit des pizzas surgelées. On suppose qu'elle vend toute sa production par lots de 25 pizzas, à la grande distribution.
L'entreprise produit entre 10 et 100 lots par jour.

Le prix de vente d'un lot est fixé à 78,50 €.
On estime que le coût total par jour de production, incluant les salaires, les ingrédients, les différentes charges, est donné par :

$$C(x) = 0{,}02\,x^3 - 2{,}5\,x^2 + 116\,x + 880$$

avec $x \in [\,10\,;100\,]$.
x est le nombre de lots fabriqués et $C(x)$ est le coût de fabrication de x lots en euro.

Partie A. Coût marginal

(5) **1.** Calculer $C'(x)$.

2. On sait que le coût marginal $C_m(x)$ peut être assimilé à $C'(x)$. On pose $C_m(x) = C'(x)$.

(5) **a)** Calculer $C_m'(x)$.

(4) **b)** Étudier les variations de la fonction C_m sur $[\,10\,;100\,]$.

(3) **c)** Représenter graphiquement la fonction C_m sur la calculatrice.

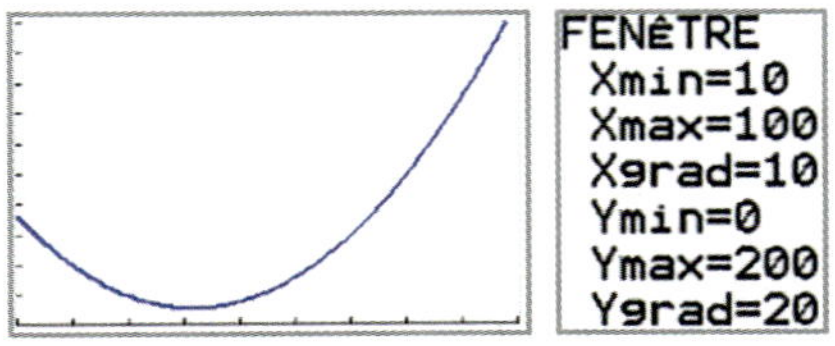

(1) **3.** Il est intéressant pour l'entreprise de continuer à produire tant que le coût marginal est inférieur au prix de vente, soit 78,50 €.
Tracer sur le graphique précédent, la droite d'équation $y = 78{,}5$. Déterminer graphiquement jusqu'à quelle valeur de x il est intéressant pour l'entreprise de continuer à produire.

Partie B. Étude du bénéfice

On pose $R(x) = 78{,}5\,x$, la recette en euro pour x lots vendus.
Le bénéfice $B(x)$, pour x lots fabriqués et x lots vendus, est la différence entre la recette et le coût de production. On pose $B(x) = R(x) - C(x)$.
On a représenté les fonctions C et R dans le graphique ci-après.

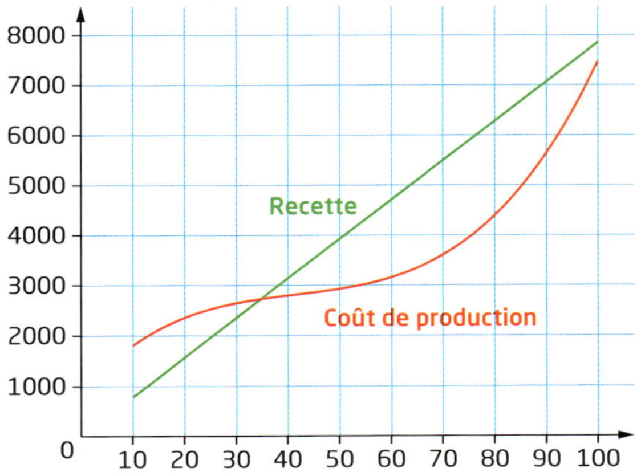

(4) **1.** Par lecture graphique, estimer la valeur de x pour laquelle le bénéfice est maximal.
(6) Expliquer le raisonnement.

(4) **2. a)** Démontrer que :
$$B(x) = -\,0{,}02\,x^3 + 2{,}5\,x^2 - 37{,}5\,x - 880.$$

(3)(5) **b)** Calculer $B'(x)$.

(1) **c)** Démontrer que $B'(x) = (-\,0{,}06\,x + 0{,}5)\,(x - 75)$.

(3)(4) **d)** Étudier le signe de $B'(x)$, puis dresser le tableau de variation de B sur $[\,10\,;100\,]$.

(6) **e)** Pour quelle valeur de x le bénéfice est-il maximal ? Quel est ce bénéfice ?

57 Python (3)(4)(5)
Quel est le plus grand des nombres de la liste suivante `[ 18+175*i-i**2 for i in range(500) ]` ?

58 **Problème ouvert**
(1)(2)(3)(4)(5)(6)
Une montagne a un profil parabolique, d'équation $y = -\,x^2 + 0{,}5\,x + 4$ dans un repère orthonormé d'unité 100 m. Loïc se situe au point L de coordonnées $(\,8{,}5\,;0\,)$.

a) Quelle est la hauteur de la montagne ?

b) Quel est le point le plus haut que peut voir Loïc ?

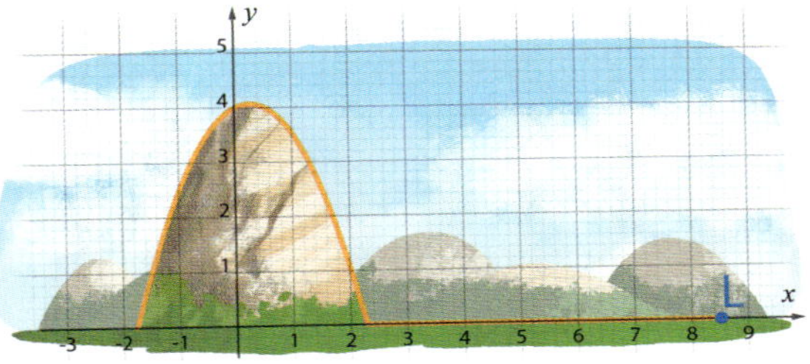

Pour commencer

Dans chaque QCM, trouver la ou les bonnes réponses.

QCM interactif — À télécharger QCM · PPT — Questions Flash

QCM 1

Dans le triangle ci-contre, $\widehat{AOB}$ est égal à :

a) **45°** **b)** **60°** **c)** $\widehat{OBA}$

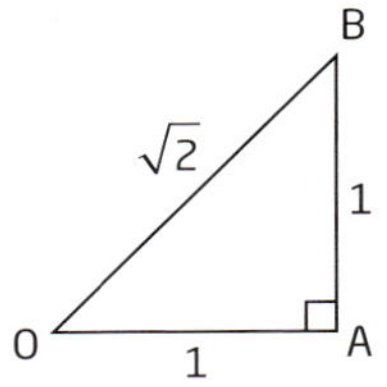

QCM 2

Dans le triangle ci-contre, $\cos(\widehat{AOB})$ est égal à :

a) $\frac{1}{\sqrt{2}}$ **b)** $\frac{\sqrt{2}}{2}$ **c)** $\frac{\sqrt{3}}{2}$

QCM 3

La formule $\cos^2(\alpha) + \sin^2(\alpha) = 1$ est vraie dans le triangle :

a) ABC **b) DEF** **c) GHI**

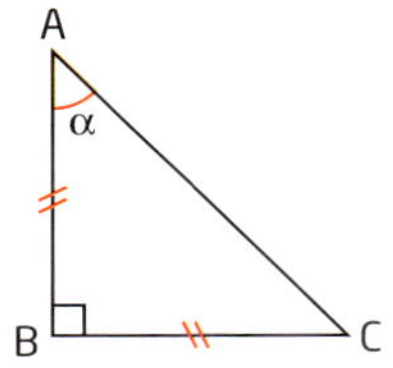

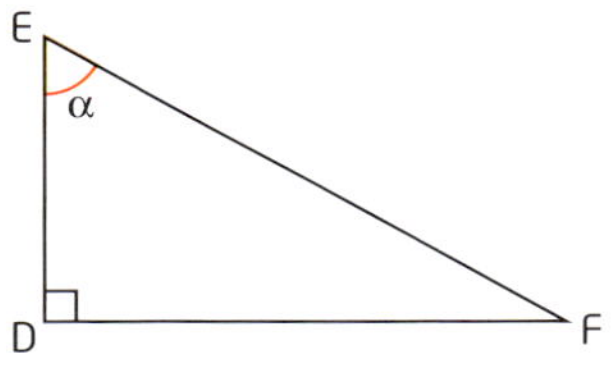

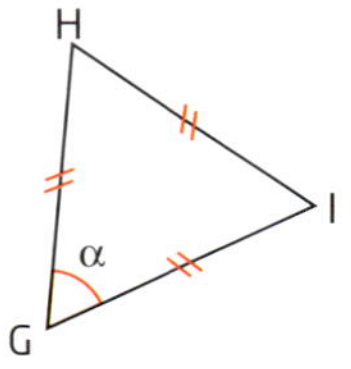

QCM 4

On considère le cercle ci-contre de centre O et de rayon r.
La longueur de l'arc $\overset{\frown}{AB}$ est :

a) πr **b)** πr^2 **c)** $3\overset{\frown}{AC}$

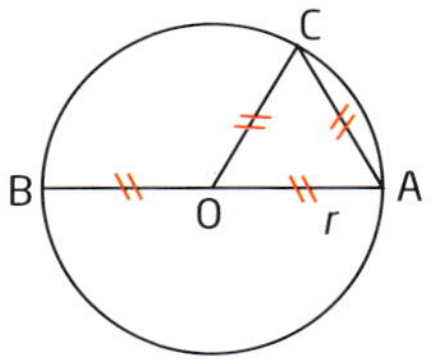

QCM 5

Parmi les fonctions proposées, identifier les fonctions **paires** :

a) $f(x) = x^2 + 2$ **b)** $g(x) = x - x^2$ **c)** $h(x) = \frac{3}{x}$

QCM 6

GIH est un triangle équilatéral de côté 1. On a :

a) IJ = 2 **b)** $\cos(\widehat{IGH}) = \frac{1}{2}$ **c)** $\sin(\widehat{JHI}) = \frac{\sqrt{3}}{2}$

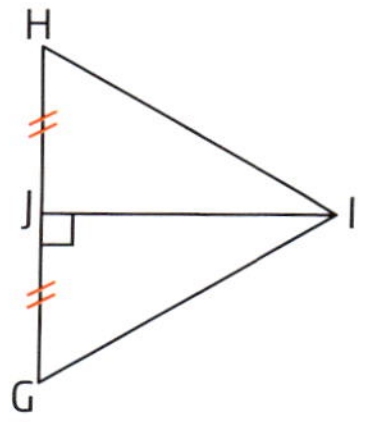

5 • Trigonométrie

Joseph FOURIER (1768-1830).

Histoire des maths

Les fonctions sinus et cosinus sont fréquemment utilisées pour **modéliser** de nombreux phénomènes périodiques (par exemple : mouvement d'un pendule, tension électrique).

En 2018, nous célébrions le 250e anniversaire du mathématicien et physicien français Jean Baptiste Joseph Fourier.

Joseph Fourier a montré en 1807 que tout signal périodique peut être décomposé en somme de fonctions sinusoïdales, c'est la création des **séries de Fourier.**

Elles permettent de décomposer tout signal périodique en une somme de sinus et de cosinus.

> Atelier 4 p. 125

Dans la vie de tous les jours...

Les séries de Fourier se rencontrent dans de nombreux domaines du traitement du signal : courant électrique, ondes (sonores, lumineuses, électromagnétiques, etc.), prédiction des marées...

Cours

Par abus de langage, dans tout le chapitre, la mesure en degrés de l'angle géométrique $\widehat{AOB}$ sera notée $\widehat{AOB}$.

1 • Cercle trigonométrique. Radian

ACTIVITÉ 1

Un **accélérateur de particules** est un instrument qui utilise des champs électriques ou magnétiques pour amener des particules (électrons, protons) chargées électriquement à des vitesses proches de celle de la lumière. Un accélérateur de particules circulaire, représenté ci-contre, a un rayon d'un kilomètre.
Les protons tournent dans le sens inverse des aiguilles d'une montre et les électrons dans l'autre sens.

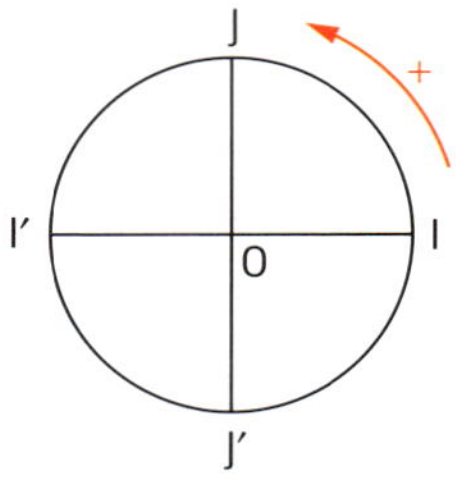

1. Calculer les distances parcourues par un proton allant de I en J, de I en I', puis de I en J'. Faire de même pour un électron.

2. Calculer les distances parcourues par un proton, puis par un électron lorsqu'ils auront parcouru, en partant de I, un huitième de tour, un sixième de tour, quatre tiers de tour.

3. On note P la position du proton dans l'accélérateur. Quelle distance a parcouru un proton partant du point I lorsque $\widehat{IOP} = 45°$, puis lorsque $\widehat{IOP} = 135°$?

À RETENIR Cours 1

Définition

- Dans un repère orthonormé $(O ; \vec{i}, \vec{j})$ du plan, le **cercle trigonométrique** est le cercle de centre O et de rayon 1, orienté dans le sens inverse des aiguilles d'une montre (appelé **sens direct**, **positif** ou **sens trigonométrique**).
- Un **radian** (rad) est la mesure d'un angle qui intercepte un arc dont la longueur est égale à son rayon. C'est l'unité angulaire du **S**ystème **I**nternational pour les angles plans.

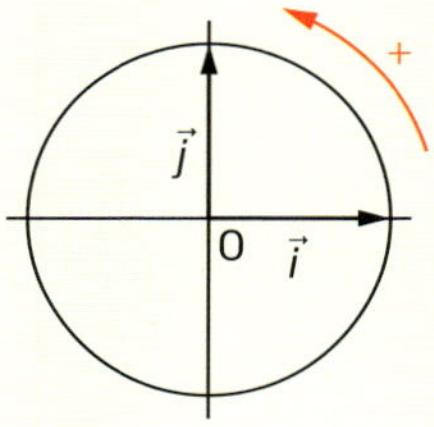

Propriété Les mesures en radians et les mesures en degrés sont proportionnelles.

Mesure en degrés	180	90	45	60	30
Mesure en radians	π	$\frac{\pi}{2}$	$\frac{\pi}{4}$	$\frac{\pi}{3}$	$\frac{\pi}{6}$

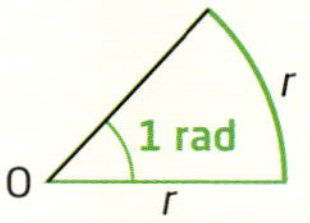

> Automatisme 1

EXEMPLE 1 **Convertir des angles de degrés en radians et inversement**

Une mesure d'angle étant donnée en degrés, pour la convertir en radians, on multiplie par $\frac{\pi}{180}$.
Ainsi pour un angle de 40° : $40 \times \frac{\pi}{180} = \frac{\pi}{9}$. Donc un angle de 40° a pour mesure $\frac{\pi}{9}$ rad.
Une mesure d'angle étant donnée en radians, pour la convertir en degrés, on multiplie par $\frac{180}{\pi}$.
Ainsi pour un angle de $\frac{\pi}{5}$ radian : $\frac{\pi}{5} \times \frac{180}{\pi} = 36$. Donc un angle de $\frac{\pi}{5}$ rad a pour mesure 36°.

2 • Mesures d'un angle orienté. Mesure principale

ACTIVITÉ 2

Après un tour complet dans l'accélérateur de particules de l'**activité 1**, le proton aura emmagasiné une énergie de 1 eV (électron Volts) et un électron aura emmagasiné une énergie de – 1 eV.
On suppose que cette énergie s'acquiert proportionnellement au chemin parcouru.
On note P la position du proton et E celle de l'électron.

1. a) Quelle distance a parcouru le proton lorsque $\widehat{IOP} = 60°$, puis lorsque $\widehat{IOP} = 120°$?

b) Quelle distance a parcouru l'électron lorsque $\widehat{IOE} = 60°$, puis lorsque $\widehat{IOE} = 120°$?

c) Comment peut-on différencier $\widehat{IOP} = 60°$ de $\widehat{IOE} = 60°$?

2. a) Sur un cercle trigonométrique, placer le point P donnant la position d'un proton lorsque celui-ci aura parcouru $\frac{2\pi}{3}$ km. Calculer l'énergie emmagasinée.

b) Reprendre la question précédente avec $\frac{8\pi}{3}$ km, puis $\frac{20\pi}{3}$ km.

3. a) Placer le point E, donnant la position de l'électron lorsque celui-ci aura parcouru $\frac{4\pi}{3}$ km.
Calculer l'énergie emmagasinée.

b) Reprendre la question précédente lorsque l'électron aura parcouru $\frac{16\pi}{3}$ km, puis $\frac{28\pi}{3}$ km.

À RETENIR Cours 2

Définition

• On appelle **angle orienté de vecteurs**, et on note $(\overrightarrow{OA}, \overrightarrow{OB})$, l'angle dont une mesure est $\widehat{AOB}$ lorsque l'on passe de A à B dans le **sens direct**,
ou l'angle dont une mesure est $-\widehat{AOB}$ lorsqu'on passe de A à B dans le **sens indirect**.

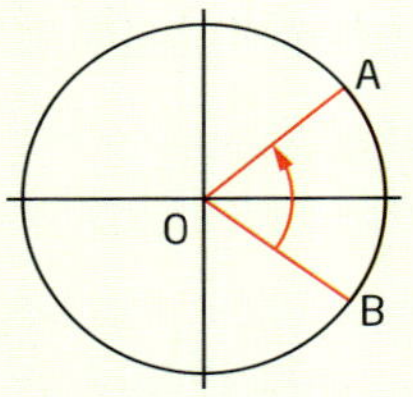

$(\overrightarrow{OA}, \overrightarrow{OB}) = \widehat{AOB}$

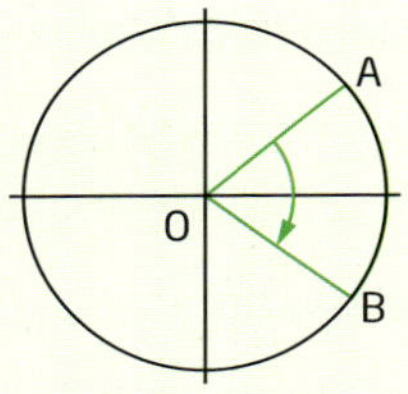

$(\overrightarrow{OA}, \overrightarrow{OB}) = -\widehat{AOB}$

• Soit M un point du cercle trigonométrique. Il existe une seule mesure de l'angle $(\overrightarrow{OI}, \overrightarrow{OM})$ qui appartienne à l'intervalle $]-\pi\ ;\ \pi]$: cette mesure est le plus court chemin sur le cercle en partant du point I.
On l'appelle **mesure principale** de l'angle $(\overrightarrow{OI}, \overrightarrow{OM})$.

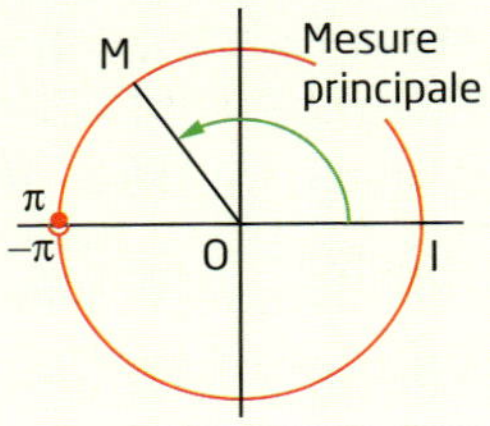

EXEMPLE 2 **Déterminer la mesure principale d'un angle**

Avec un angle de mesure $\frac{38\pi}{5}$, on effectue la **division euclidienne** de 38 par 5 : $38 = 5 \times 7 + 3$ $(0 \leqslant 3 < 5)$.

On a alors : $\frac{38\pi}{5} = \frac{(5\times 7+3)\pi}{5} = \frac{35\pi}{5} + \frac{3\pi}{5} = 7\pi + \frac{3\pi}{5} = 8\pi - 1\pi + \frac{3\pi}{5} = 8\pi - \frac{2\pi}{5} = -\frac{2\pi}{5} + 8\pi$

(car 8π est un nombre complet de tours, alors que 7π ne l'était pas).

8π représente quatre tours complets de cercle, donc $-\frac{2\pi}{5}$ est une nouvelle mesure de l'angle.

Enfin, comme $-\pi < -\frac{2\pi}{5} \leqslant \pi$, $-\frac{2\pi}{5}$ est bien la mesure principale de cet angle.

Toutes les autres mesures de cet angle sont de la forme : $-\frac{2\pi}{5} + 2\pi \times k$ avec $k \in \mathbb{Z}$.

Cours

3 • Fonctions circulaires : sinus et cosinus

ACTIVITÉ 3.1

Dans l'accélérateur, les particules sont repérées grâce à leurs coordonnées dans un repère orthonormé $(O\,;\vec{i}\,,\vec{j}\,)$ où O est le centre de l'accélérateur.
On a $\vec{i}=\overrightarrow{OI}$ et $\vec{j}=\overrightarrow{OJ}$.

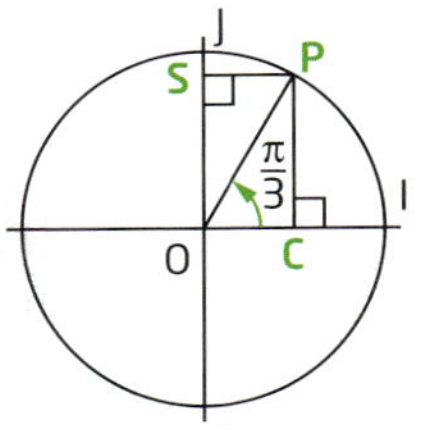

1. a) Dans cette question, on suppose que $(\overrightarrow{OI},\overrightarrow{OP})=\frac{\pi}{3}$.

Calculer les valeurs exactes de OC et OS. En déduire les coordonnées du point P.

b) Où se trouve P lorsque $(\overrightarrow{OI},\overrightarrow{OP})=\frac{7\pi}{3}$? En déduire les coordonnées de P.

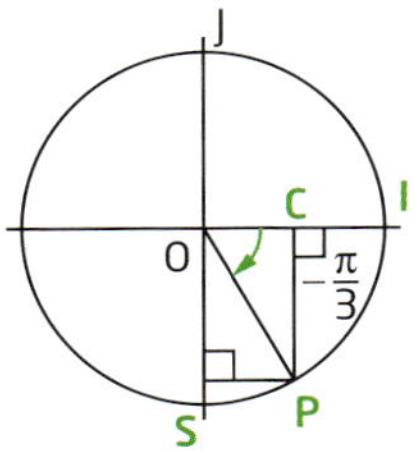

2. a) Dans cette question, on suppose que $(\overrightarrow{OI},\overrightarrow{OP})=-\frac{\pi}{3}$.

Calculer les valeurs exactes de OC et OS. En déduire les coordonnées de P.
Comparer avec les résultats obtenus au **1.**

b) Mettre une calculatrice en mode radians.

Calculer la valeur exacte de $\cos\left(-\frac{\pi}{3}\right)$ et $\sin\left(-\frac{\pi}{3}\right)$.

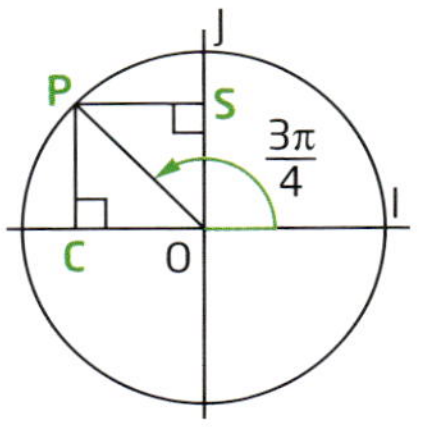

3. Dans cette question, on suppose que $(\overrightarrow{OI},\overrightarrow{OP})=\frac{3\pi}{4}$. Déterminer $\widehat{SOP}$.

Calculer OC et OS et en déduire les coordonnées de P.

À l'aide d'une calculatrice, calculer la valeur exacte de $\cos\left(\frac{3\pi}{4}\right)$ et $\sin\left(\frac{3\pi}{4}\right)$.

À RETENIR Cours 3.1

Définition

Soit M le point du cercle trigonométrique tel que $(\overrightarrow{OI},\overrightarrow{OM})=x$.
Les coordonnées de M dans $(O\,;\overrightarrow{OI},\overrightarrow{OJ})$ sont $(\cos(x)\,;\sin(x))$.

Propriétés Pour tout réel x :

- $\cos(-x)=\cos(x)$: la fonction cosinus est **paire**.
- $\sin(-x)=-\sin(x)$: la fonction sinus est **impaire**.
- $\cos(x+2\pi)=\cos(x)$ et $\sin(x+2\pi)=\sin(x)$: les fonctions circulaires sont **périodiques de période** 2π.

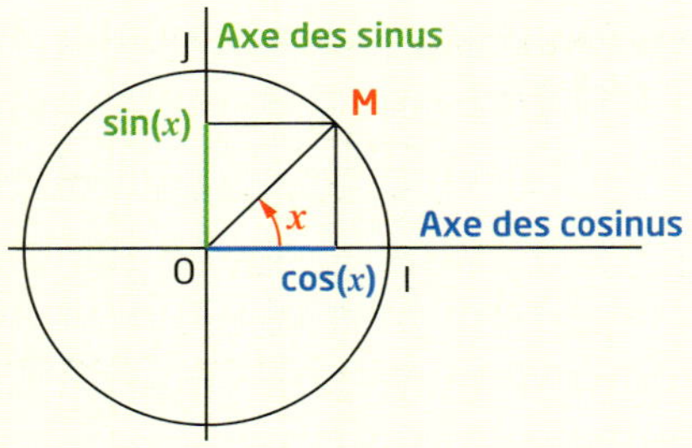

EXEMPLE 3.1 **Calculer des sinus et des cosinus d'angles**

- $\cos\left(\frac{\pi}{6}\right)=\frac{\sqrt{3}}{2}$, donc $\cos\left(\frac{13\pi}{6}\right)=\cos\left(\frac{\pi}{6}+2\pi\right)=\cos\left(\frac{\pi}{6}\right)=\frac{\sqrt{3}}{2}$.
- $\sin\left(\frac{\pi}{6}\right)=\frac{1}{2}$, donc $\sin\left(\frac{13\pi}{6}\right)=\sin\left(\frac{\pi}{6}+2\pi\right)=\sin\left(\frac{\pi}{6}\right)=\frac{1}{2}$.
- $\cos\left(\frac{\pi}{3}\right)=\frac{1}{2}$, donc $\cos\left(-\frac{\pi}{3}\right)=\cos\left(\frac{\pi}{3}\right)=\frac{1}{2}$.
- $\sin\left(\frac{\pi}{3}\right)=\frac{\sqrt{3}}{2}$, donc $\sin\left(-\frac{\pi}{3}\right)=-\sin\left(\frac{\pi}{3}\right)=\frac{\sqrt{3}}{2}$.
- $\cos\left(\frac{\pi}{4}\right)=\sin\left(\frac{\pi}{4}\right)=\frac{\sqrt{2}}{2}$, donc $\cos\left(-\frac{\pi}{4}\right)=\frac{\sqrt{2}}{2}$ et $\sin\left(-\frac{\pi}{4}\right)=-\frac{\sqrt{2}}{2}$.

ACTIVITÉ 3.2

Ouvrir un logiciel de géométrie dynamique et se placer dans un repère orthonormé d'origine O.
Tracer le cercle $\mathscr{C}$ de centre O et de rayon 1. On gradue l'axe des abscisses de $\frac{\pi}{2}$ en $\frac{\pi}{2}$.

Dans les paramètres avancés, définir la mesure angulaire en radians.
Créer un curseur a de type angle qui prend ses valeurs entre $-10\,\pi$ et $10\,\pi$.
Créer le point M de coordonnées (cos(a) ; sin(a)) et les points S (a ; sin(a)) et C(a ; cos(a)).
Activer leur trace et animer le curseur a.

a) De quelle fonction le lieu de S est-il la représentation graphique ?

b) De quelle fonction le lieu de C est-il la représentation graphique ?

c) Quels éléments de symétrie peut-on observer ?
Existe-t-il un motif qui se répète ?

> **Lieu d'un point** : c'est l'ensemble des points satisfaisant à une condition.

À RETENIR / Cours 3.2

Définition Les courbes représentatives des fonctions **sinus** et **cosinus** s'appellent des **sinusoïdes**.

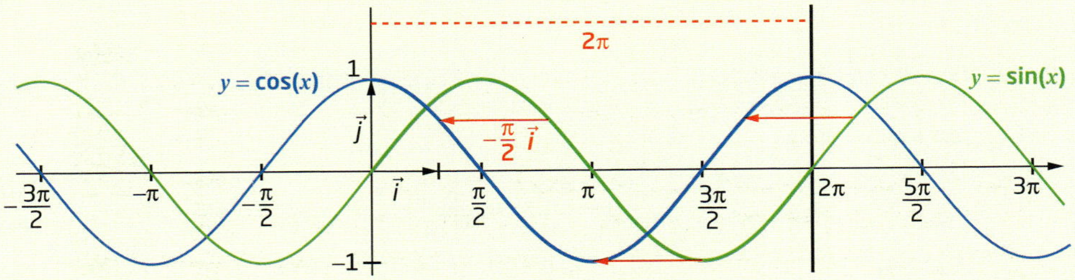

Propriétés

- Les fonctions **cosinus** et **sinus** sont périodiques de **période 2π**, donc le même motif se répète sur tout intervalle de longueur 2π. Les sinusoïdes sont globalement invariantes par translation de vecteur $2\pi\vec{i}$.
- La fonction **cosinus** est paire, donc sa courbe représentative est symétrique par rapport à l'axe des ordonnées.
- La fonction **sinus** est impaire, donc sa courbe représentative est symétrique par rapport à l'origine O du repère.
- Pour tout réel x, on a $\cos(x) = \sin\left(x + \frac{\pi}{2}\right)$, donc la courbe représentative de la fonction **cosinus** est l'image de la courbe représentative de la fonction **sinus** par la translation de vecteur $-\frac{\pi}{2}\vec{i}$.

EXEMPLE 3.2 Obtenir le tableau des variations des fonctions sin et cos sur [0 ; π]

Par lecture graphique, on peut obtenir les tableaux des variations des fonctions **cos** et **sin** sur $[0\,;\pi]$.

x	0		π
cos	1	↘	−1

x	0		$\frac{\pi}{2}$		π
sin	0	↗	1	↘	0

> Automatisme 21

Cours

ACTIVITÉ 3.3

On considère le cercle trigonométrique. On rappelle que, à tout angle $(\overrightarrow{OI}, \overrightarrow{OM})$, on fait correspondre un point M du cercle trigonométrique.
Tracer le cercle trigonométrique. Placer les points M_1, M_2 et M_3, associés respectivement aux mesures angulaires 0 rad, π rad et $\frac{\pi}{2}$ rad. En déduire le sinus et le cosinus de chacune de ces valeurs.

À RETENIR / Cours 3.3

Valeurs remarquables de sinus et cosinus

x rad	0	$\frac{\pi}{6}$	$\frac{\pi}{4}$	$\frac{\pi}{3}$	$\frac{\pi}{2}$	π
$\cos(x)$	1	$\frac{\sqrt{3}}{2}$	$\frac{\sqrt{2}}{2} = \frac{1}{\sqrt{2}}$	$\frac{1}{2}$	0	-1
$\sin(x)$	0	$\frac{1}{2}$	$\frac{\sqrt{2}}{2} = \frac{1}{\sqrt{2}}$	$\frac{\sqrt{3}}{2}$	1	0

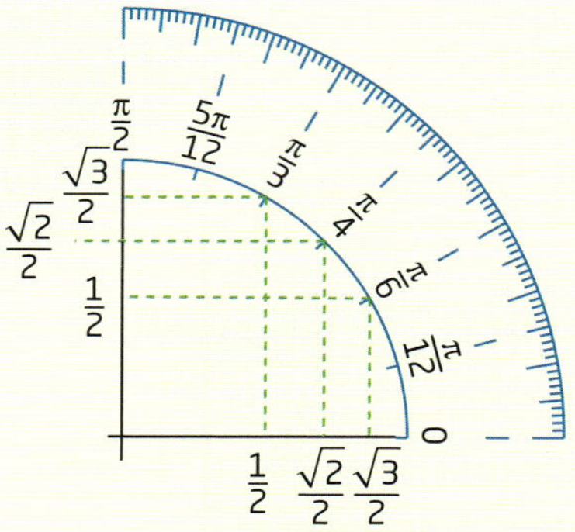

Angles associés

Configuration du rectangle	
$\cos(\pi - x) = -\cos(x)$	$\cos(\pi + x) = -\cos(x)$
$\sin(\pi - x) = \sin(x)$	$\sin(\pi + x) = -\sin(x)$

Angles complémentaires	Quart de tour gauche
$\cos\left(\frac{\pi}{2} - x\right) = \sin(x)$	$\cos\left(\frac{\pi}{2} + x\right) = -\sin(x)$
$\sin\left(\frac{\pi}{2} - x\right) = \cos(x)$	$\sin\left(\frac{\pi}{2} + x\right) = \cos(x)$

> Exercice guidé 23

Équations du type $\cos(x) = a$ et $\sin(x) = a$

Résoudre dans $\mathbb{R}$: $\cos(x) = a$

- **Si $a > 1$ ou $a < -1$** : pas de solution
- **Si $a = 1$** : $x = 0 + 2k\pi$, $k \in \mathbb{Z}$; si $a = -1$: $x = \pi + 2k\pi$, $k \in \mathbb{Z}$.
- **Si $-1 < a < 1$** : soit α le réel de $[0 ; \pi]$ tel que $\cos(\alpha) = a$
  Alors $x = \alpha + 2k\pi$ ou $x = -\alpha + 2k\pi$, $k \in \mathbb{Z}$.

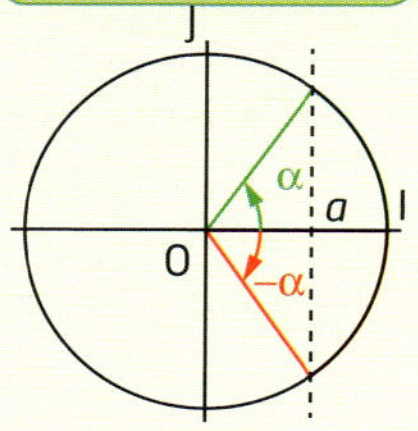

Résoudre dans $\mathbb{R}$: $\sin(x) = a$

- **Si $a > 1$ ou $a < -1$** : pas de solution.
- **Si $a = 1$** : $x = \frac{\pi}{2} + 2k\pi$, $k \in \mathbb{Z}$; **si $a = -1$** : $x = -\frac{\pi}{2} + 2k\pi$, $k \in \mathbb{Z}$.
- **Si $-1 < a < 1$** : soit α le réel de $[-\frac{\pi}{2} ; \frac{\pi}{2}]$ tel que $\sin(\alpha) = a$

Alors $x = \alpha + 2k\pi$ ou $x = \pi - \alpha + 2k\pi$, $k \in \mathbb{Z}$.

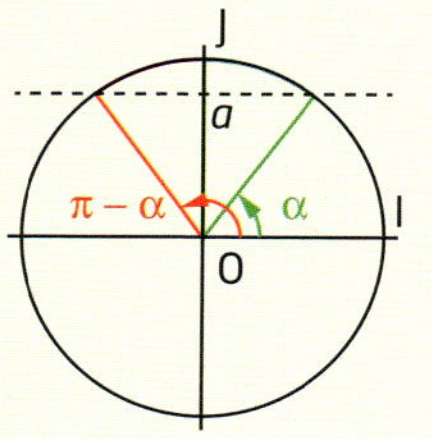

> Exercice guidé 32

EXEMPLE 3.3 **Calculer des cosinus à l'aide des angles associés**

Déterminer les valeurs exactes de $\cos\left(\frac{2\pi}{3}\right)$.

On connaît $\cos\left(\frac{\pi}{3}\right)$, de plus $\frac{2\pi}{3} = \pi - \frac{\pi}{3}$, donc en utilisant les formules relatives à $\pi - x$ et les valeurs remarquables en $\frac{\pi}{3}$, on obtient : $\cos\left(\frac{2\pi}{3}\right) = \cos\left(\pi - \frac{\pi}{3}\right) = -\cos\left(\frac{\pi}{3}\right) = -\frac{1}{2}$.

4 • Fonctions $t \mapsto A\cos(\omega t+\varphi)$ et $t \mapsto A\sin(\omega t+\varphi)$

ACTIVITÉ 4

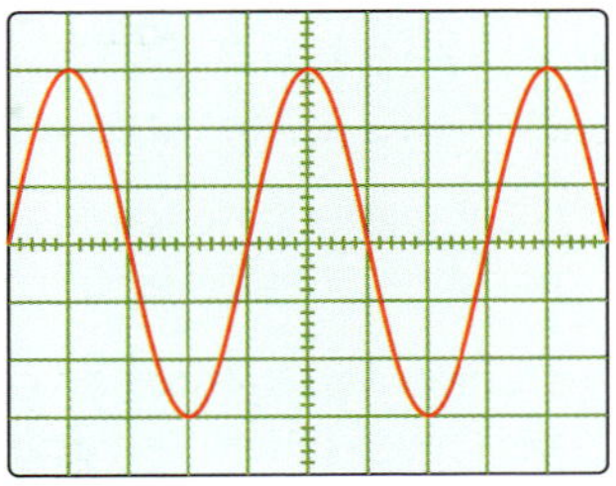

Aux bornes d'un circuit électrique, on relève la tension à l'aide d'un oscilloscope. On lit l'oscillogramme ci-contre.
On sait qu'il s'agit d'une tension alternative ayant pour expression $u(t) = A\sin(\omega t+\varphi)$. La sensibilité de l'oscilloscope est réglée de la façon suivante : sensibilité verticale : 5 volts par division (5 V/div),
sensibilité horizontale : 10 ms par division (10 ms/div).

1. Sur le graphique, lire la tension maximale et en déduire la valeur de A.

2. a) Montrer que la fonction u est périodique, de période $T = \dfrac{2\pi}{\omega}$, la période T s'exprime en secondes.

b) Sur le graphique, lire la valeur de T et en déduire la valeur de la pulsation ω.

c) Déterminer le nombre f de périodes par seconde, c'est-à-dire la fréquence (en Hertz [Hz]).

d) Sur le graphique, lire $u(0)$ et en déduire la valeur de φ.

À RETENIR Cours 4

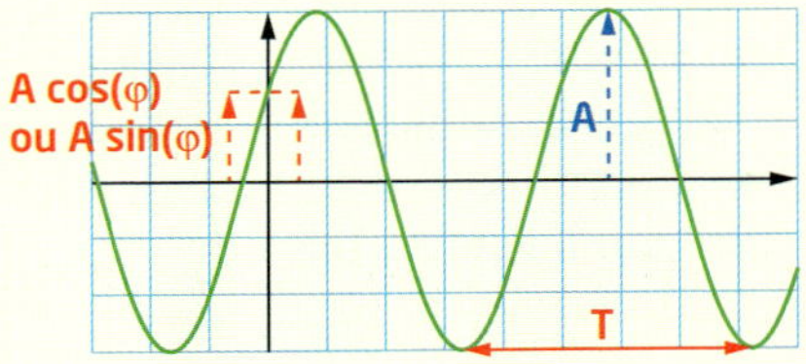

Définitions et vocabulaire Une **fonction sinusoïdale** est définie, pour tout réel t, par :

$$t \mapsto A\cos(\omega t+\varphi) \quad \text{ou} \quad t \mapsto A\sin(\omega t+\varphi)$$

- L'**amplitude** A de la sinusoïde est la valeur maximale.
- La **période** est T, elle s'exprime en secondes.
- La **fréquence** f est le nombre de périodes par seconde.
  $f = \dfrac{1}{T}$ Elle s'exprime en Hertz (Hz).
- La **pulsation** ω est le nombre de périodes par intervalle de longueur 2π.
  $\omega = \dfrac{2\pi}{T} = 2\pi \times f$. ω est proportionnelle à f et s'exprime en radians par seconde (rad/s).
- La **phase à l'origine** φ et la **phase instantanée** $(\omega t+\varphi)$ s'expriment en radians.

EXEMPLE 4 **Lire un oscillogramme**

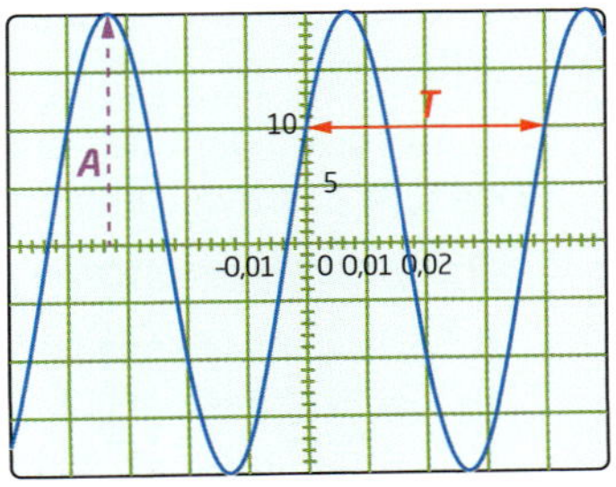

La tension alternative sinusoïdale aux bornes d'une bobine est donnée par $u(t) = A\cos(\omega t+\varphi)$, où t est le temps en secondes, $u(t)$ en volts et $0 \leqslant \varphi \leqslant \pi$.
En utilisant le quadrillage, on lit la période : $T = 4 \times 0{,}01 = \mathbf{0{,}04}$.

Donc la pulsion est $\omega = \dfrac{2\pi}{T} = \dfrac{2\pi}{0{,}04} = \mathbf{50\pi}$.

On lit l'amplitude, de 4 unités. Donc $A = 4 \times 5 = \mathbf{20}$.
D'où l'expression de la tension : $u(t) = 20 \times \cos(50\pi\, t+\varphi)$.
Par lecture graphique, en $t = 0$, on a $u(0) = 10$. Mais aussi $u(0) = 20 \times \cos(\varphi)$.

Donc on résout $20 \times \cos(\varphi) = 10 \Leftrightarrow \cos(\varphi) = \dfrac{1}{2}$. Comme $0 \leqslant \varphi \leqslant \pi$, alors $\varphi = \dfrac{\pi}{3}$.

Ainsi la tension est : $\boldsymbol{u(t) = 20 \times \cos\left(50\pi\, t + \dfrac{\pi}{3}\right)}$.

Algorithmique et programmation

Capacités attendues

Atelier 1 > *Effectuer des conversions de degré en radian et de radian en degré*
Atelier 2 > *Déterminer la mesure principale, découvrir une autre mesure*

Python

Atelier 1 • Mesures angulaires et conversions

1. Compléter la fonction ci-contre afin qu'elle permette de convertir une mesure en degrés en une mesure en radians.

```
from math import pi
def degres_en_radians(deg):
    return .................
```

2. Compléter la fonction ci-contre afin qu'elle permette de convertir une mesure en radians en une mesure en degrés.

```
from math import pi
def radians_en_degres(rad):
    return ..................
```

3. Implanter les fonctions précédentes dans un éditeur Python. Recopier et compléter le tableau ci-contre (arrondir à 10^{-2} près).

Mesure en degrés (°)			128	105
Mesure en radians (rad)	1	6		

Python

Atelier 2 ⌜guidé⌟ • Mesure principale – Plus petite mesure positive

1. a) Écrire un algorithme permettant de déterminer la mesure principale d'une mesure en radians.

b) En déduire une fonction renvoyant la mesure principale d'une mesure donnée en radians.

Étape 1 : Les connaissances : la mesure principale d'une mesure en radians est la mesure appartenant à $]-\pi\,;\,\pi]$. Un tour de cercle fait 2π.

Étape 2 : Si la mesure est négative, on ajoute 2π jusqu'à obtenir une valeur de $]-\pi\,;\,\pi]$.

Étape 3 : Si la mesure est positive, on soustrait 2π jusqu'à obtenir une valeur de $]-\pi\,;\,\pi]$.

Étape 4 : Compléter l'algorithme ci-dessous.

```
Tant que angle ... Étape 1
Si angle < – π
alors angle ← ... Étape 2
Sinon
    angle ← ... Étape 3
fin Si
fin Tant que
```

Étape 5 : Créer la fonction en Python.

```
def mes_principale(angle):
    while angle ...... :
        if angle <= -pi:
            angle = .....
        else:
            angle = ....
    return angle
```

Le test d'arrêt est : la mesure appartient à $]-\pi\,;\,\pi]$.

Il faut appeler la *bibliothèque math* afin d'utiliser π.

> Utilisation de Python p. V

2. Compléter l'algorithme et la fonction précédente pour qu'ils renvoient la mesure principale et le nombre de tours de cercles qui ont été retirés ou ajoutés.

3. On définit une nouvelle mesure : la plus petite mesure positive, c'est-à-dire la mesure qui appartient à $[0\,;\,2\pi[$.

a) En vous aidant des étapes 1 à 5, écrire un algorithme, puis une fonction qui renvoient la plus petite mesure positive d'un angle dont une mesure est donnée en radians.

b) Compléter la fonction afin qu'elle renvoie le nombre de tours retirés ou ajoutés.

4. Saisir dans la console :

```
>>> petite_mesure_positive(231*pi/7)
>>> petite_mesure_positive(- 135*pi/4)
>>> mes_principale(231*pi/7)
>>> mes_principale(- 135*pi/4)
```

5. a) Proposer une méthode qui permette de passer de la mesure principale à la plus petite mesure positive.

b) En déduire une nouvelle fonction qui renvoie la plus petite mesure positive d'un angle, connaissant sa mesure principale en radians.

Capacités attendues

Atelier 3 > *S'entraîner à utiliser des images mentales basées sur le cercle trigonométrique*
Atelier 4 > *Grandeurs physiques associées à une onde mécanique sinusoïdale*

Atelier 3 • Deux points pour une même position

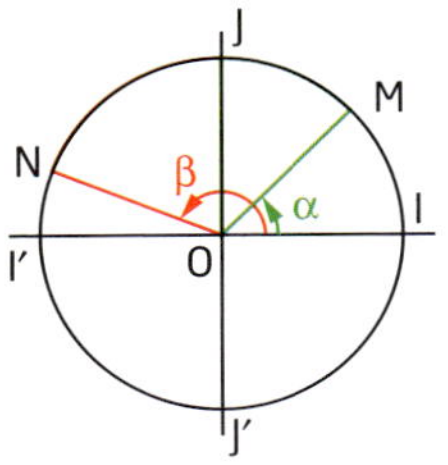

1. Soit deux points M et N du cercle trigonométrique, tels que :

$$(\overrightarrow{OI}, \overrightarrow{OM}) = \alpha \text{ rad} \quad \text{et} \quad (\overrightarrow{OI}, \overrightarrow{ON}) = \beta \text{ rad}.$$

On considère l'algorithme suivant :

> Si $\dfrac{x-y}{2\pi}$ est un entier
> alors afficher « M et N sont confondus ».
> Sinon afficher « M et N sont distincts ».

a) Qu'affiche cet algorithme avec $\alpha = \dfrac{17\pi}{5}$ et $\beta = -\dfrac{3\pi}{5}$?

b) Avec $\alpha = \dfrac{31\pi}{3}$ et $\beta = \dfrac{10\pi}{3}$?

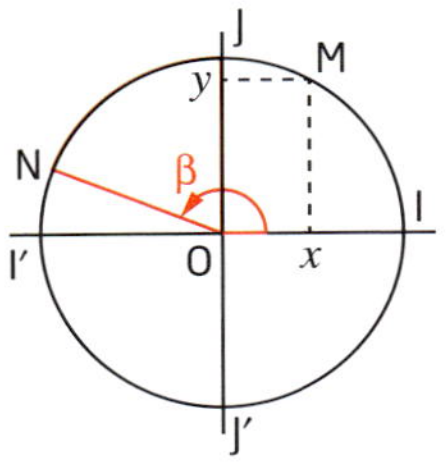

2. M et N sont deux points du cercle trigonométrique.

a) Soit M le point de coordonnées $\left(\dfrac{\sqrt{3}}{2} ; -\dfrac{1}{2}\right)$ et $(\overrightarrow{OI}, \overrightarrow{ON}) = \dfrac{107\pi}{6}$.

Les points M et N sont-ils confondus ?

b) Soit M le point de coordonnées $(x ; y)$ et N tel que $(\overrightarrow{OI}, \overrightarrow{ON}) = \beta$ rad.
Proposer un algorithme en langage naturel permettant de savoir si les points M et N sont confondus.

Atelier 4 • Modélisation mathématique : les marées dans un estuaire

À l'aide d'un logiciel de géométrie dynamique, créer trois curseurs : A et ω prenant leurs valeurs de 0 à 10, et φ prenant ses valeurs de -6 à 6, avec un pas de 0,1 pour les trois curseurs.
Afficher les courbes des fonctions $\sin : x \mapsto \sin(x)$ et $f : x \mapsto A\sin(\omega x + \varphi)$.

1. Pour chaque variation de curseur, expliquer son action sur la courbe représentative de la fonction f par rapport à la courbe représentative de la fonction sin.

a) Choisir $\omega = 1$ et $\varphi = 0$ et faire varier le curseur A

b) Choisir $\omega = 1$ et $A = 1$ et faire varier le curseur φ

c) Choisir $A = 1$ et $\varphi = 0$ et faire varier le curseur ω

2. Application : Lorsqu'un fleuve se jette dans l'océan, la hauteur de ce fleuve varie en fonction des marées. Le tableau ci-dessous prévoit l'évolution de la hauteur du fleuve, à partir de minuit, sur une durée de 24 heures. On fait l'hypothèse que cette hauteur peut être modélisée par la fonction h définie sur [0 ; 23] par $h(x) = A\sin(\alpha\pi x + \varphi)$

heure	0	1	2	3	4	5	6	7	8	9	10	11
hauteur	0	1,22	2,1	2,4	2,03	1,09	−0,15	−1,35	−2,17	−2,39	−1,94	−0,95
heure	12	13	14	15	16	17	18	19	20	21	22	23
hauteur	0,3	1,47	2,23	2,37	1,85	0,81	−0,45	−1,59	−2,28	−2,34	−1,75	−0,67

Créer la fonction $x \mapsto A\sin(\alpha\pi x + \varphi)$, afficher le tableur, insérer la liste des heures dans la **colonne A**, puis la liste des hauteurs dans la **colonne B**. Créer la liste des points.

a) Déterminer la valeur de α à 10^{-2} près sachant que la périodicité des marées est de 12 h.

b) Actionner les curseurs sur le logiciel pour déterminer les valeurs de A et φ.

c) Sachant qu'un navire de croisière a besoin d'une hauteur de 2 m pour naviguer en toute sécurité, déterminer à l'aide du graphique les intervalles de temps pendant lesquels la navigation n'est pas sûre.

> *Histoire des maths p. 117*

Faire le point

CAPACITÉS	L'ESSENTIEL

Effectuer des conversions de degrés en radians, de radians en degrés

Les mesures en radians d'angles orientés sont **proportionnelles** à leurs mesures en degrés.

Degré	180°	d	$r \times \frac{180°}{\pi}$
Radian	π	$d \times \frac{\pi}{180°}$	r

Déterminer la mesure principale d'un angle orienté

La mesure d'un angle est donnée en radians sous la forme $\frac{a\pi}{b}$ où a est un entier relatif et b un entier naturel.
Pour obtenir la mesure principale, on effectue la **division euclidienne** de a par b : $a = bq + r$.

- Si q est pair, la mesure principale est $\frac{r\pi}{b}$.
- Si q est impair, la mesure principale est $-\pi + \frac{r\pi}{b}$.

Par lecture sur le cercle trigonométrique, ou à l'aide d'une calculatrice :
• résoudre l'équation $\cos(x) = a$, où $-1 \leqslant a \leqslant 1$

- Soit on peut trouver, sur le cercle, un **angle remarquable**, ou un **angle associé** α, tel que : $\cos(\alpha) = a$. **α et $-\alpha$ ont le même cosinus.**
- Soit on utilise une **calculatrice** pour obtenir une valeur approchée d'un angle α comprise entre 0 et π, tel que $\cos(\alpha) = a$:

$x = \alpha + 2k\pi, k \in \mathbb{Z}$ ou $x = -\alpha + 2k\pi, k \in \mathbb{Z}$

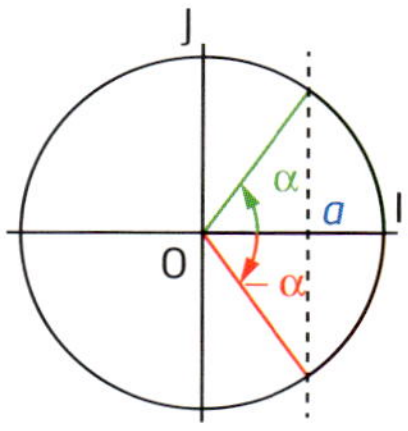

• résoudre l'équation $\sin(x) = a$, où $-1 \leqslant a \leqslant 1$

- Soit on peut trouver, sur le cercle, un **angle remarquable**, ou un **angle associé** α tel que : $\sin(\alpha) = a$. **α et $\pi - \alpha$ ont le même sinus.**
- Soit on utilise une **calculatrice** pour obtenir une valeur approchée d'un angle α, comprise entre $-\frac{\pi}{2}$ et $\frac{\pi}{2}$, tel que $\sin(\alpha) = a$

$x = \alpha + 2k\pi, k \in \mathbb{Z}$ ou $x = \pi - \alpha + 2k\pi, k \in \mathbb{Z}$

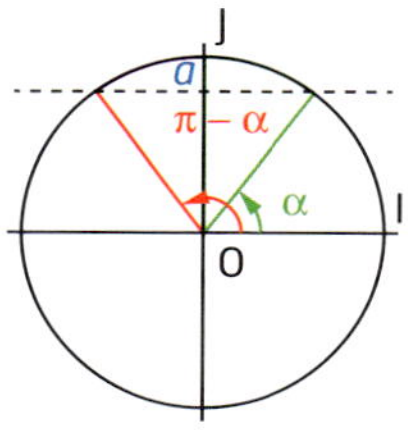

Connaître et utiliser les relations entre sinus et cosinus des angles associés

- Les fonctions cos et sin sont périodiques, de période 2π : pour tout réel x : $\cos(x + 2\pi) = \cos(x)$ et $\sin(x + 2\pi) = \sin(x)$.
Par parité, on a : $\cos(-x) = \cos(x)$ et $\sin(-x) = -\sin(x)$.
- Pour déterminer les sinus et cosinus des angles associés aux angles remarquables, on peut transformer leurs mesures sous la forme $\pi - \alpha$ ou $\pi + \alpha$ ou $\pi/2 + \alpha$ ou $\pi/2 - \alpha$ où α est une valeur remarquable.

Utiliser la représentation graphique d'une sinusoïde : $T \mapsto A\cos(\omega t + \varphi)$ ou $t \mapsto A\sin(\omega t + \varphi)$ pour déterminer la période, l'amplitude et la phase à l'origine

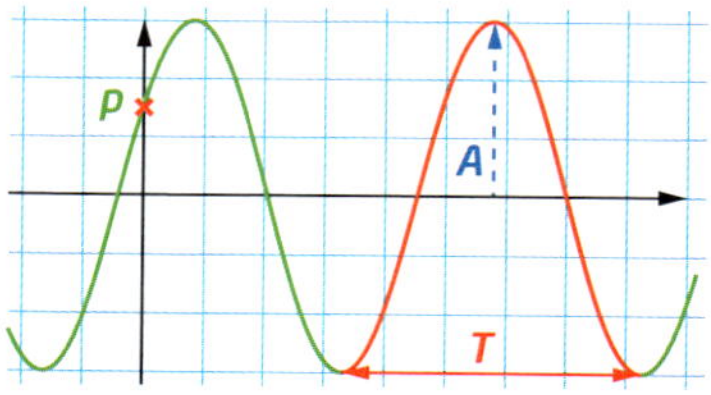

La **période** est la plus petite distance sur laquelle on peut observer la répétition d'un **motif**.
L'**amplitude** A est la distance de l'axe des abscisses aux crêtes.

Pour obtenir la **phase à l'origine** φ, on détermine l'intersection p de la courbe avec l'axe des ordonnées et on résout une équation : $\cos(\varphi) = \frac{p}{A}$ ou $\sin(\varphi) = \frac{p}{A}$.

S'évaluer

Dans chaque QCM, trouver la ou les bonnes réponses.

QCM interactif — À télécharger QCM . PPT — Questions Flash

QCM Cours 1

1 Un angle a une mesure de 155°. Une mesure en radians de cet angle est :

a) $\frac{31\pi}{36}$ b) $\frac{155\pi}{180}$ c) $\frac{180\pi}{155}$

QCM Cours 2

2 Un angle a une mesure de $-\frac{107\pi}{3}$ rad. Sa mesure principale en radians est :

a) $\frac{2\pi}{3}$ b) $-\frac{2\pi}{3}$ c) $\frac{\pi}{3}$

QCM Cours 3

3 $\cos\left(\frac{5\pi}{3}\right)$ est égal à :

a) $\cos\left(\frac{\pi}{3}\right)$ b) $-\frac{\sqrt{3}}{2}$ c) $\frac{1}{2}$

Vrai ou Faux

a) **La courbe représentative de la fonction sinus est symétrique par rapport à l'axe des ordonnées.**

b) **La fonction cosinus est décroissante sur $[0\,;\pi]$.**

c) **La courbe représentative de la fonction sinus se déduit de la courbe représentative de la fonction cosinus par la translation de vecteur $\frac{\pi}{2}\vec{i}$.**

QCM Cours 4

4 Soit (E) l'équation $\cos(x) = -\frac{1}{2}$, d'inconnue x.

a) **Dans l'intervalle $]-\pi\,;\pi]$, l'équation (E) a pour solutions $-\frac{\pi}{3}$ et $\frac{2\pi}{3}$.**

b) **Dans l'intervalle $[0\,;2\pi[$, l'équation (E) a pour solutions $\frac{2\pi}{3}$ et $\frac{4\pi}{3}$.**

c) **Dans $\mathbb{R}$, l'équation (E) a pour solutions $\frac{2\pi}{3} + 2k\pi$, $k \in \mathbb{Z}$ ou $-\frac{2\pi}{3} + 2k\pi$, $k \in \mathbb{Z}$.**

Vrai ou Faux

Soit f la fonction définie sur $\mathbb{R}$ par :
$f(t) = A\sin(\omega t + \varphi)$, représentée ci-contre.

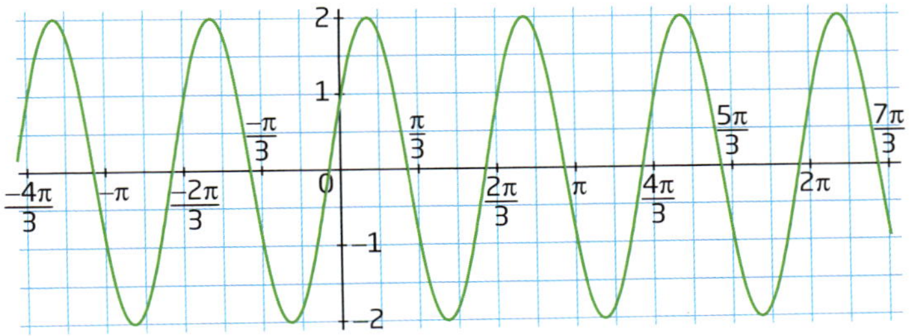

a) **Sa période est $T = \frac{2\pi}{3}$.**

b) **Son amplitude est 4.**

c) **Sa phase à l'origine est $\frac{\pi}{3}$.**

d) **On peut écrire $f(x) = 2\cos\left(3x - \frac{\pi}{3}\right)$.**

Exercices

Entraînement

1 • Cercle trigonométrique. Radian

1 Les mesures ci-dessous sont exprimées en radians, les convertir en degrés (valeurs exactes).
$\frac{3\pi}{5}$; $\frac{2\pi}{3}$; $\frac{3\pi}{4}$; $\frac{5\pi}{12}$; $\frac{\pi}{16}$; 1 ; $\frac{11\pi}{120}$

2 Les mesures ci-dessous sont exprimées en degrés, les convertir en radians (valeurs exactes).
$36°$; $15°$; $240°$; $270°$; $720°$; $105°$; $1°$

3 La molécule d'eau est formée de 3 atomes : 2 atomes d'hydrogène : H, et un atome d'oxygène : O.
L'angle formé par les 2 liaisons O-H fait 104°.

a) Déterminer la mesure en radians de l'angle de la liaison.

b) De manière générale, les mesures des angles des liaisons covalentes vont de 104° à 109,5°. Déterminer l'intervalle correspondant en radians.

4 On souhaite associer à chaque nombre de l'horloge la mesure en radians de l'angle formé par le centre de la pendule, le nombre 12 et les autres nombres. Ainsi « 12 » correspond à 0 rad. Construire cette montre mathématique, plusieurs possibilités peuvent être envisagées.

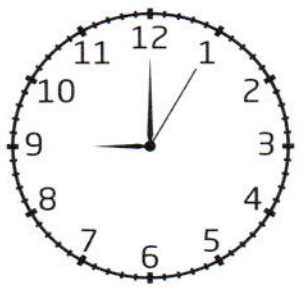

5 Dans chaque cas, exprimer en radians les mesures des trois angles α, β et γ d'un triangle, tel que :

a) $\alpha = 70°$ et $\beta = 15°$;

b) le triangle est rectangle isocèle ;

c) le triangle est isocèle et $\alpha = 45°$;

d) le triangle est équilatéral.

6 Certaines figures de snowboard portent des noms qui correspondent à des mesures d'angles en degrés.
Il y a le 180, le 270, le 360, le 450, le 630, le 720, le 810, le 900, le 1080, le 1260 et le 1440. Traduire ces figures en radians.

> Automatisme 1

7 Reproduire le cercle trigonométrique ci-dessous, puis placer les points associés aux réels suivants :

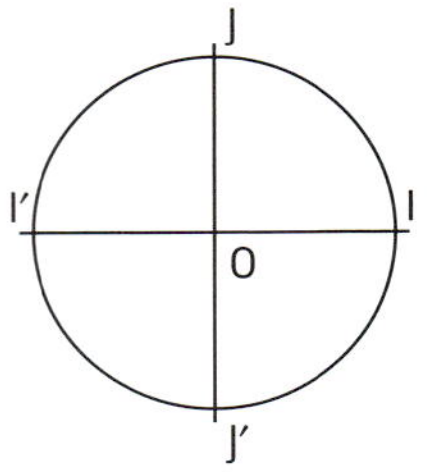

a) $\frac{\pi}{6}$; $\frac{\pi}{3}$; $\frac{\pi}{2}$; π

b) $\frac{2\pi}{3}$; $\frac{3\pi}{4}$; $\frac{3\pi}{2}$; 2π

c) $-\frac{\pi}{3}$; $-\frac{\pi}{2}$; $-\frac{2\pi}{3}$

8 Un enfant a réalisé une rosace de la façon suivante : il trace un cercle de centre O et de rayon 1 ; puis, en gardant l'écartement du compas, il le pique en I et fait un arc de cercle pour obtenir le point A ; puis il le pique en A et fait un arc de cercle pour obtenir le point B, et ainsi de suite, jusqu'à obtenir la figure ci-contre.
À quels réels de l'intervalle $]-\pi ; \pi]$ sont associés les points I, A, B, I', C et D ?

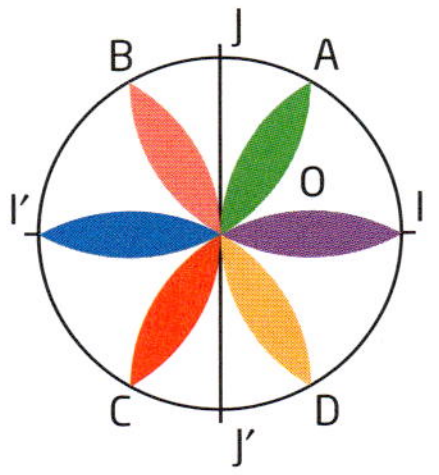

9 **Exercice guidé** **Le pentagone dans le cercle trigonométrique**

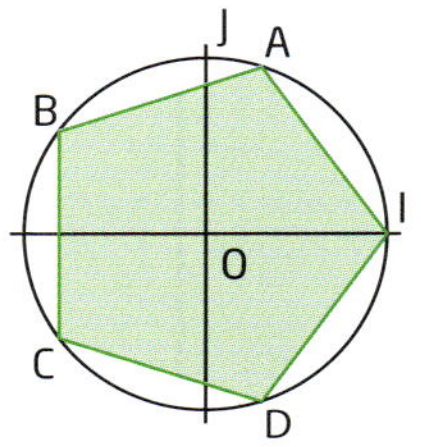

IABCD est un pentagone régulier, inscrit dans le cercle trigonométrique. À quels réels de l'intervalle $[0 ; 2\pi[$ sont associés les sommets de ce pentagone ?

Étape 1 : On sait que le pentagone est un polygone régulier à 5 côtés, le cercle est donc partagé en 5 secteurs angulaires ayant la même mesure.

Étape 2 : Observer que chaque sommet du pentagone est associé à 0, 1, 2, 3 ou 4 cinquièmes du cercle.

2 • Mesures d'un angle orienté. Mesure principale

10 Reproduire et compléter le tableau ci-dessous.

$(\overrightarrow{OI}, \overrightarrow{OM})$ en degrés	$(\overrightarrow{OI}, \overrightarrow{OM})$ en radians	Position de M
180		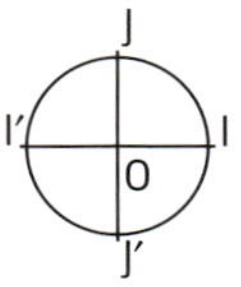
	$-\frac{\pi}{3}$	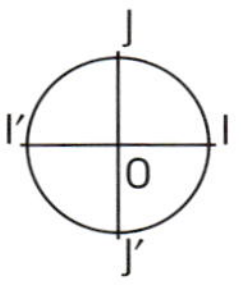
	$\frac{3\pi}{4}$	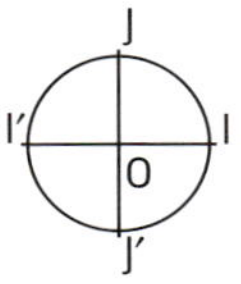
		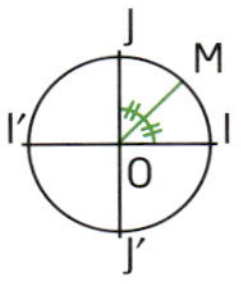
240		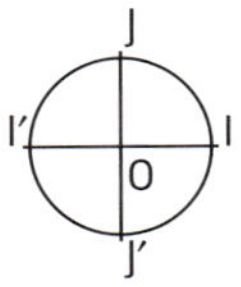

11 Le cercle trigonométrique est partagé en 6 parts égales.

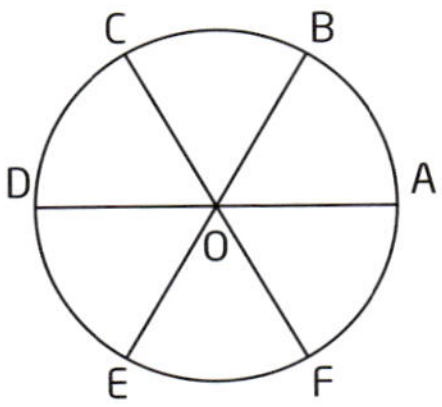

a) Donner une mesure en radians des angles suivants :

$(\overrightarrow{OA}, \overrightarrow{OB})$; $(\overrightarrow{OB}, \overrightarrow{OD})$;
$(\overrightarrow{OE}, \overrightarrow{OC})$; $(\overrightarrow{OD}, \overrightarrow{OA})$

b) Déterminer le point M tel que :

$(\overrightarrow{OB}, \overrightarrow{OM}) = \frac{2\pi}{3}$ $\quad$ $(\overrightarrow{OF}, \overrightarrow{OM}) = -\frac{\pi}{3} + 4\pi$

$(\overrightarrow{OA}, \overrightarrow{OE}) = (\overrightarrow{OC}, \overrightarrow{OM})$

12 Le cercle trigonométrique est partagé en 8 parts égales. Déterminer une mesure en radians des angles suivants :

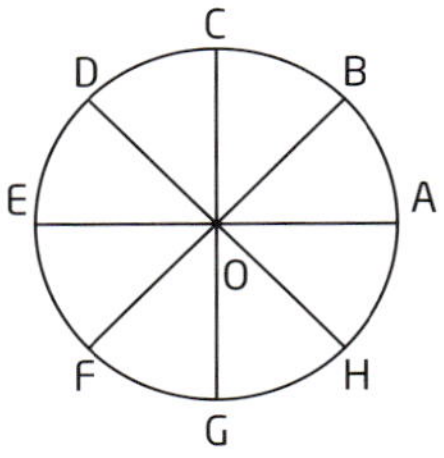

$(\overrightarrow{OA}, \overrightarrow{OB})$; $(\overrightarrow{OH}, \overrightarrow{OG})$;
$(\overrightarrow{OH}, \overrightarrow{OD})$; $(\overrightarrow{OG}, \overrightarrow{OB})$;
$(\overrightarrow{OF}, \overrightarrow{OH})$; $(\overrightarrow{OB}, \overrightarrow{OE})$.

13 **Exercice guidé** **Identifier des angles égaux**

Dans chaque cas, préciser si α et β sont des mesures d'un même angle orienté.

Étape 1 : Déterminer la mesure principale, en radians, de chaque mesure.

Étape 2 : Si les deux mesures obtenues sont égales, alors il s'agit de mesures d'un même angle orienté.

a) $\alpha = -\frac{\pi}{2}$ rad et $\beta = -\frac{3\pi}{2}$ rad

b) $\alpha = 120°$ et $\beta = \frac{20\pi}{3}$ rad

c) $\alpha = -\frac{5\pi}{4}$ rad et $\beta = \frac{3\pi}{4}$ rad

d) $\alpha = 1116°$ et $\beta = \frac{2\pi}{5}$ rad

14 Sur ce cercle, A′ est le symétrique de A par rapport à (OI), B′ est le symétrique de B par rapport à O, et C′ est le symétrique de C par rapport à la droite (OJ).

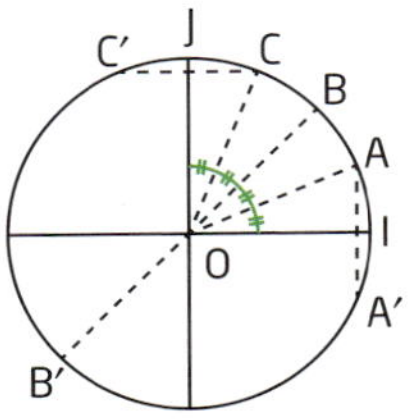

En vous aidant du codage de la figure, déterminer trois mesures dont deux de signes contraires des angles :
$(\overrightarrow{OI}, \overrightarrow{OA})$, $(\overrightarrow{OI}, \overrightarrow{OB})$, $(\overrightarrow{OI}, \overrightarrow{OC})$, $(\overrightarrow{OI}, \overrightarrow{OJ'})$,
$(\overrightarrow{OI}, \overrightarrow{OB'})$, $(\overrightarrow{OI}, \overrightarrow{OC'})$.

15 Construire le cercle trigonométrique de centre O et placer sur le cercle les points A, B, C et D tels que :

$(\overrightarrow{OI}, \overrightarrow{OA}) = \frac{3\pi}{4}$, $(\overrightarrow{OI}, \overrightarrow{OB}) = -\frac{4\pi}{3}$,

$(\overrightarrow{OI}, \overrightarrow{OC}) = \frac{13\pi}{6}$, $(\overrightarrow{OI}, \overrightarrow{OD}) = \frac{5\pi}{3}$

Exercices

Entraînement

16 Déterminer la mesure principale des angles dont une mesure est :

$\frac{8\pi}{11}$; $\frac{19\pi}{13}$; $\frac{107\pi}{3}$; $\frac{125\pi}{11}$; $-\frac{137\pi}{3}$; $-\frac{28\pi}{13}$

17 On a partagé le cercle en 20 parts identiques. Indiquer si les affirmations suivantes sont vraies ou fausses, puis justifier.

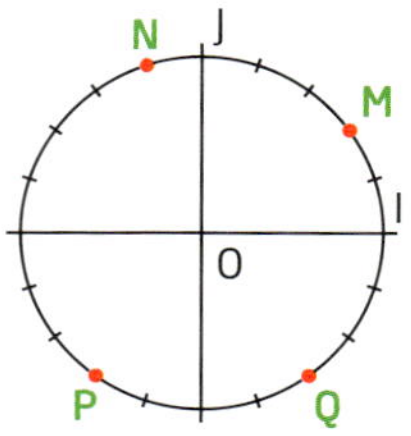

a) $(\overrightarrow{OI}, \overrightarrow{OM}) = \frac{21\pi}{5}$

b) $(\overrightarrow{OI}, \overrightarrow{ON}) = -\frac{27\pi}{5}$

c) $(\overrightarrow{OI}, \overrightarrow{OP}) = \frac{91\pi}{10}$

d) $(\overrightarrow{OI}, \overrightarrow{OQ}) = \frac{57\pi}{10}$

e) $(\overrightarrow{OI}, \overrightarrow{OP}) = \pi + (\overrightarrow{OI}, \overrightarrow{OM})$

f) $(\overrightarrow{OM}, \overrightarrow{ON}) = \frac{112\pi}{5}$

g) $(\overrightarrow{OP}, \overrightarrow{OQ}) = -\frac{72\pi}{5}$

18

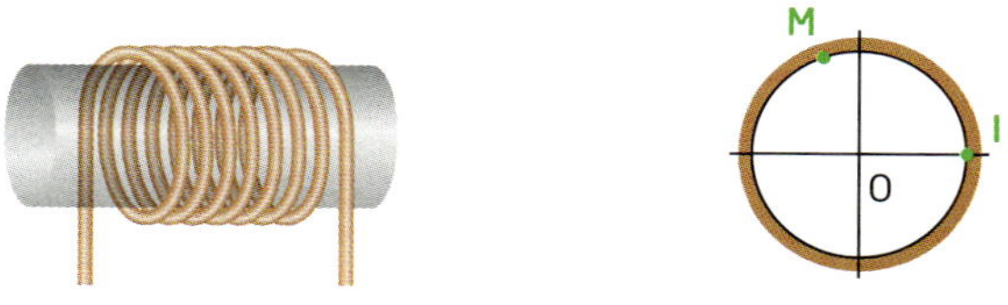

Solénoïde

On dispose d'un tube métallique de 2 cm de diamètre sur lequel on veut enrouler un fil de cuivre de 50 cm. Sur la coupe transversale ci-dessus, l'origine du fil est soudée en I, puis le fil est bobiné tout autour du tube et soudé à son extrémité en M.

Déterminer la position du point M sur le tube.

19 Parmi les mesures angulaires ci-dessous, regrouper les valeurs qui correspondent à un même angle orienté.

$-\frac{2\pi}{3}$; $\frac{11\pi}{2}$; $\frac{5\pi}{6}$; $-\frac{7\pi}{6}$; 0 ; $-\frac{\pi}{2}$; $\frac{4\pi}{3}$; 5π ; -9π ; $\frac{8\pi}{3}$; $\frac{9\pi}{4}$; $\frac{3\pi}{4}$; $\frac{10\pi}{3}$; 8π ; $\frac{24\pi}{3}$

3 • Fonctions circulaires sinus et cosinus

20 Pour chaque représentation graphique proposée, préciser si la fonction représentée est périodique et, dans ce cas, lire sa période.

a)

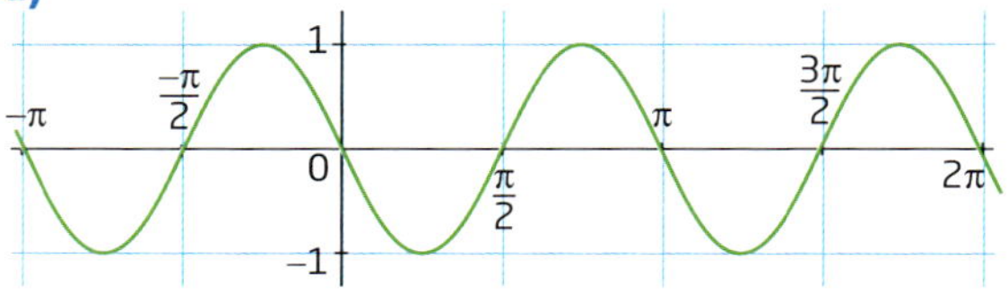

b)

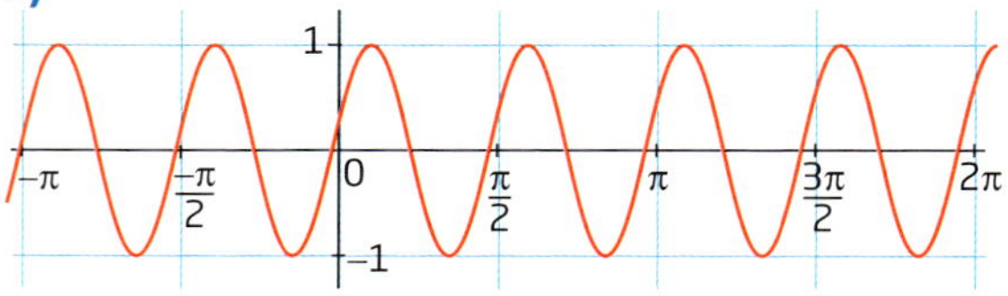

c)

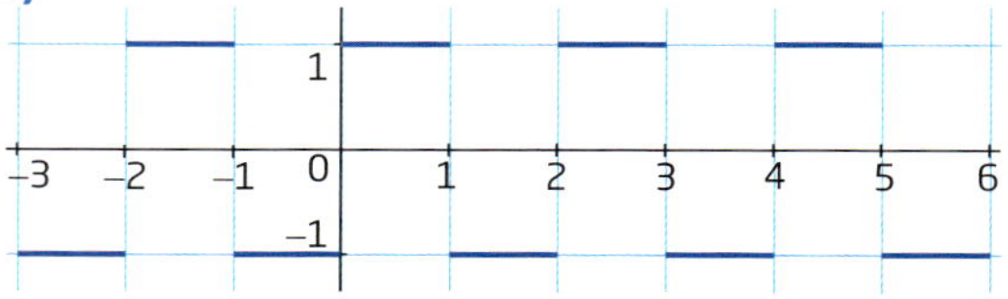

d)

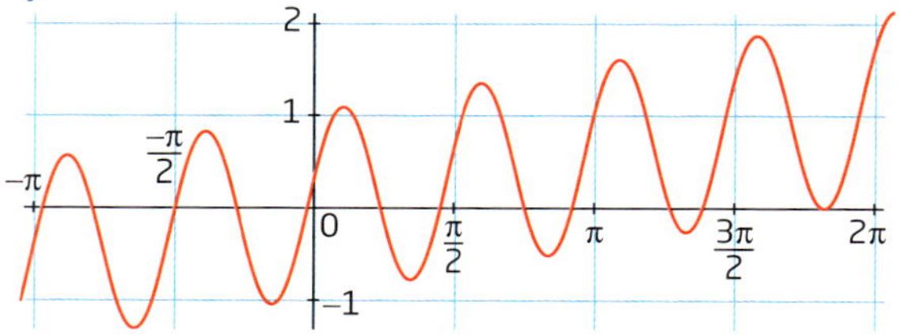

21 Exercice guidé Coordonnées trigonométriques

Que fait le script Python ci-dessous ?

```python
from math import pi,cos,sin
import matplotlib.pyplot as plt  #bibliothèque graphique
T = [-pi+h*0.001*2*pi for h in range(1001)]
abs = [cos(t) for t in T]
ord = [sin(t) for t in T]
plt.plot(abs,ord)
# point(x;y) où x appartient à abs et y à ord
plt.axis('equal') #repère orthonormé
plt.grid()          #quadrillage
plt.show()          #affiche le graphique
```

Étape 1 : Comprendre la liste T. Le premier nombre de la liste est obtenu pour $h = 0$ et le dernier pour $h = 1\,000$. Tous les nombres de la liste s'écrivent $-\pi + h \times 0{,}001 \times 2\pi$. De quelle subdivision T est-il l'intervalle ?

Étape 2 : Ligne 6, construire les points de coordonnées $(\cos(t)\,;\,\sin(t))$, où $t \in$ T.

Quel ensemble est ainsi décrit en repère orthonormé ?

22 Dans chaque cas, retrouver une mesure de l'angle α.

a) $\begin{cases} \cos(\alpha) = \dfrac{\sqrt{2}}{2} \\ \sin(\alpha) = \dfrac{\sqrt{2}}{2} \end{cases}$ b) $\begin{cases} \cos(\alpha) = \dfrac{\sqrt{3}}{2} \\ \sin(\alpha) = \dfrac{1}{2} \end{cases}$

c) $\begin{cases} \cos(\alpha) = 0 \\ \sin(\alpha) = 1 \end{cases}$ d) $\begin{cases} \cos(\alpha) = -1 \\ \sin(\alpha) = 0 \end{cases}$

23 **Exercice guidé** **Angles associés**

Lire sur le cercle trigonométrique les formules des angles associés.

$(\overrightarrow{OI}, \overrightarrow{OM}) = x$

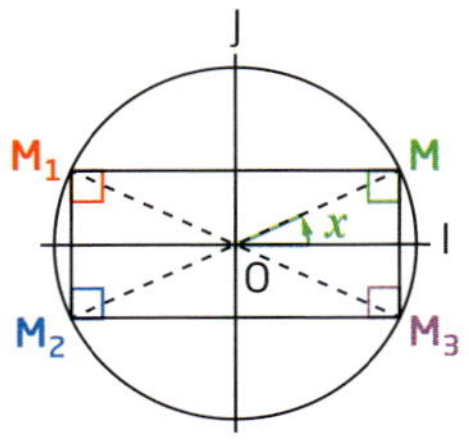

Étape 1 : Donner les coordonnées de M en fonction de x.

Étape 2 : $MM_1M_2M_3$ est un rectangle. Déterminer en fonction de x les mesures en radians des angles orientés $(\overrightarrow{OI}, \overrightarrow{OM_1})$, $(\overrightarrow{OI}, \overrightarrow{OM_2})$ et $(\overrightarrow{OI}, \overrightarrow{OM_3})$.

Étape 3 : Déterminer les coordonnées de M_1, M_2 et M_3 de deux façons différentes. En déduire 6 égalités correspondant à certaines propriétés des angles associés.

Étape 4 : M_1 est le symétrique de M par rapport à Δ la droite d'équation $y = x$ et M_2 est l'image de M par le quart de tour de centre O.

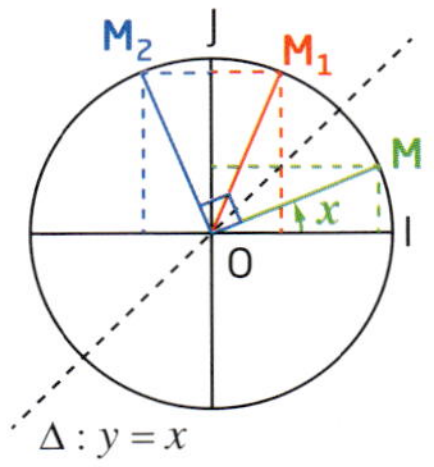

En reprenant les étapes 2 et 3, en déduire 4 nouvelles propriétés des angles associés.

24 M, P et Q sont des points du cercle trigonométrique tels que $(\overrightarrow{OI}, \overrightarrow{OM}) = \dfrac{\pi}{6}$.

P et Q sont deux points du cercle trigonométrique tels que : (PQ) et (OM) sont perpendiculaires.

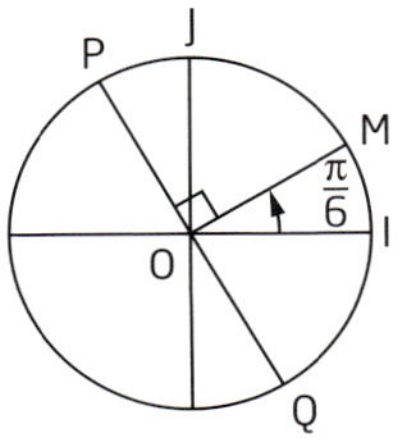

a) Déterminer une mesure des angles $(\overrightarrow{OI}, \overrightarrow{OP})$ et $(\overrightarrow{OI}, \overrightarrow{OQ})$.

b) Déterminer, en justifiant, les coordonnées des points M, P et Q dans le repère $(O\,; \overrightarrow{OI}, \overrightarrow{OJ})$.

25 Déterminer les valeurs exactes des sinus et cosinus de $\dfrac{3\pi}{4}$; $\dfrac{5\pi}{6}$ et $-\dfrac{2\pi}{3}$.

26 Simplifier au maximum :

$A = \cos(\pi - x) + 2\sin(\pi - x) - \cos(-x)$

$B = \sin(-x) + \cos\left(\dfrac{\pi}{2} - x\right) - 2\cos(\pi + x)$

$C = \sin(\pi + x) - \sin\left(\dfrac{\pi}{2} + x\right) + 2\sin\left(\dfrac{\pi}{2} - x\right)$

27 Python

On propose la fonction **cercle()** ci-contre.

```python
from math import cos,sin,pi
def cercle(a):
    if cos(a)>=0 and sin(a)>=0:
        rep = 1
    elif cos(a)<=0 and sin(a)>=0:
        rep = 2
    elif cos(a)<=0 and sin(a)<=0:
        rep = 3
    else:
        rep = 4
    return "quart de cercle n°",rep
```

a) Prévoir le résultat de
>>>cercle(pi/6) et
>>>cercle(-3*pi/4).

b) Expliquer ce que fait cette fonction.

28 **Exercice guidé** **Déterminer le sinus connaissant le cosinus**

Un réel x vérifie $\cos(x) = 0{,}8$.
Déterminer $\sin(x)$ lorsque x appartient à :

a) $\left[0\,; \dfrac{\pi}{2}\right]$. **b)** $\left[-\dfrac{\pi}{2}\,; 0\right]$.

Étape 1 : En utilisant la formule de Pythagore : $\cos^2(x) + \sin^2(x) = 1$, on obtient une valeur pour $\sin^2(x)$.

Étape 2 : $\sin(x)$ peut prendre deux valeurs, l'une positive, l'autre négative.

Étape 3 : x appartient à $\left[0\,; \dfrac{\pi}{2}\right]$ où $\sin(x) \geqslant 0$.

Étape 4 : x appartient à $\left[-\dfrac{\pi}{2}\,; 0\right]$ où $\sin(x) \leqslant 0$.

29 **a)** $x \in \left[\dfrac{\pi}{2}\,; \pi\right]$ et $\sin(x) = \dfrac{2}{3}$.

Sur le cercle trigonométrique, placer le point M tel que $(\overrightarrow{OI}, \overrightarrow{OM}) = x$.
Déterminer la valeur exacte de $\cos(x)$.

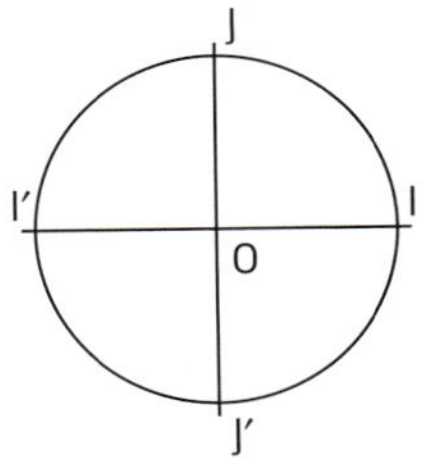

Exercices

Entraînement

b) $y \in [-\pi ; 0]$ et $\cos(y) = -0{,}6$.
Sur le cercle trigonométrique, placer le point N tel que $(\overrightarrow{OI}, \overrightarrow{ON}) = y$.
Déterminer la valeur exacte de $\sin(y)$.

30 On donne l'un des deux nombres $\cos(x)$ ou $\sin(x)$. Calculer l'autre, lorsque cela est possible.

a) $\cos(x) = -0{,}4$ et $\pi < x < \frac{3\pi}{2}$

b) $\sin(x) = 0{,}3$ et $-\frac{\pi}{2} < x < \frac{\pi}{2}$

c) $\cos(x) = 0{,}8$ et $\frac{\pi}{2} < x < \frac{3\pi}{2}$

d) $\sin(x) = -0{,}5$ et $-\pi < x < 0$

31 On admet que $\cos\left(\frac{\pi}{8}\right) = \frac{1}{2}\sqrt{2+\sqrt{2}}$.

Calculer $\sin\left(\frac{\pi}{8}\right)$ ainsi que les sinus et cosinus de $\frac{7\pi}{8}$ et $\frac{3\pi}{8}$.

32 **Exercice guidé** **Résoudre des équations trigonométriques**

Résoudre dans $]-\pi ; \pi]$: $\cos(x) = 0{,}5$

Étape 1 : Placer sur le cercle trigonométrique les points d'abscisse 0,5.

Étape 2 : En utilisant les valeurs remarquables des cosinus, déterminer la mesure de $(\overrightarrow{OI}, \overrightarrow{OM})$ qui appartient à $\left[0 ; \frac{\pi}{2}\right]$ tel que $\cos(\overrightarrow{OI}, \overrightarrow{OM}) = 0{,}5$.

Étape 3 : En s'aidant de la configuration du rectangle des angles associés, déterminer toutes les valeurs de x qui répondent à la question.

Adapter la réponse obtenue à l'étape 3 pour résoudre $\cos(x) = 0{,}5$ dans $[0 ; 2\pi[$, puis dans $\mathbb{R}$.
En reprenant les étapes 1 à 3 :

a) Résoudre dans $]-\pi ; \pi]$: $\sin(x) = \frac{\sqrt{3}}{2}$

b) Résoudre $\sin(x) = \frac{\sqrt{3}}{2}$ dans $[0 ; 2\pi[$

c) Résoudre dans $\mathbb{R}$: $\sin(x) = \frac{\sqrt{3}}{2}$

33 Résoudre dans $]-\pi ; \pi]$, puis dans $\mathbb{R}$:

a) $\cos(x) = \frac{\sqrt{2}}{2}$ **b)** $\sin(x) = 0{,}5$

c) $\cos(x) = 0$ **d)** $\sin(x) = 1$

e) $\cos(x) = -\frac{\sqrt{3}}{2}$ **f)** $\sin(x) = -\frac{\sqrt{2}}{2}$

34 Résoudre dans $[0 ; 2\pi[$ puis dans $\mathbb{R}$:

a) $\cos(x) = -\frac{\sqrt{2}}{2}$ **b)** $\cos(x) = -1$

c) $\sin(x) = 0$ **d)** $\sin(x) = -\frac{\sqrt{3}}{2}$

35 Résoudre dans $\mathbb{R}$:

a) $\cos(x) = \cos\left(\frac{\pi}{7}\right)$ **b)** $\sin(x) = \sin\left(\frac{3\pi}{5}\right)$

36 **Exercice guidé** **Résolution approchée des équations trigonométriques**

En utilisant une calculatrice, déterminer une valeur approchée à 10^{-3} près des réels x de $]-\pi ; \pi]$ tels que :

a) $\cos(x) = 0{,}7$ **b)** $\sin(x) = 0{,}3$

La calculatrice doit être en mode radian, les fonctions à utiliser sont $\mathbf{sin}^{-1}$ et $\mathbf{cos}^{-1}$.

Étape 1 : Déterminer $\cos^{-1}(0{,}7)$, à 10^{-3} près.

Étape 2 : La calculatrice ne donne qu'un résultat, celui qui appartient à $[0 ; \pi]$.

En s'aidant du cercle trigonométrique, déterminer la solution qui appartient à $[-\pi ; 0]$.

Étape 3 : En déduire la réponse au a).

Étape 4 : Déterminer $\sin^{-1}(0{,}3)$ à 10^{-3} près.

Étape 5 : La calculatrice ne donne qu'un résultat, celui qui appartient à $\left[-\frac{\pi}{2} ; \frac{\pi}{2}\right]$.

En s'aidant du cercle trigonométrique, déterminer la solution qui appartient à $\left[-\pi ; -\frac{\pi}{2}\right]$ ou $\left[\frac{\pi}{2} ; \pi\right]$.

Étape 6 : En déduire la réponse au b).

> Utilisation Calculatrices rabats

37 Une caisse glisse sur un plan incliné faisant un angle α avec l'horizontal.

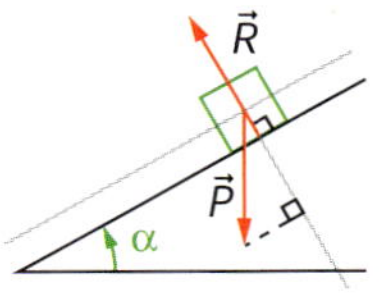

Trouver α sachant que $P = 400$ N où P est l'intensité de $\vec{P}$ en Newton (N) et $R = 200$ N ou $\vec{R}$ est la réaction du support.

38 Résoudre dans $[0\,;2\pi[$ à l'aide d'une calculatrice (arrondir à 10^{-3} près).

a) $\cos(x) = -0{,}7$ et $\sin(x) < 0$.

b) $\sin(x) = 0{,}4$ et $\cos(x) < 0$.

39 La réfraction est la déviation des rayons lumineux passant obliquement d'un milieu transparent dans un autre. Chaque milieu est défini par son indice de réfraction. L'indice de l'air est 1, celui de l'eau est 1,33, celle de l'huile d'olive est 1,47 et celui d'un diamant est 2,42.

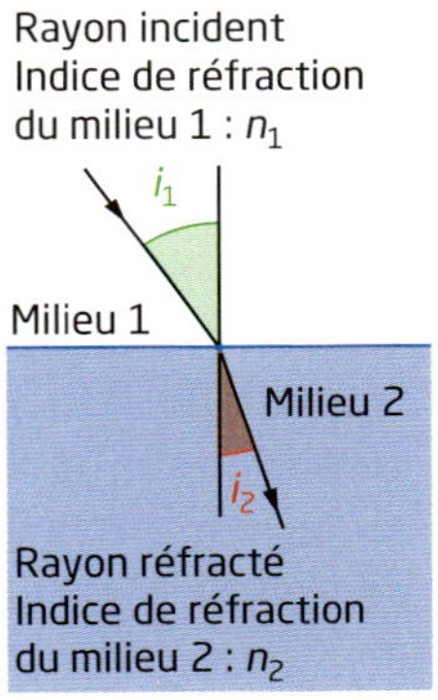

i_1 est l'angle d'incidence,
i_2 est l'angle de réfraction.
Cette déviation est régie par la loi de Snell-Descartes : $n_1 \sin(i_1) = n_2 \sin(i_2)$.

a) Déterminer une mesure de l'angle d'incidence lorsque l'angle de réfraction est égal à 30° et lorsque le rayon lumineux passe de l'air à l'eau.

b) Déterminer une mesure de l'angle de réfraction lorsque l'angle d'incidence est égal à 15° et lorsque le rayon lumineux passe de l'air à l'huile d'olive.

c) Hiéron possède un diamant. Pour être sûr qu'il s'agit bien d'un diamant, il le porte chez un bijoutier. Quelle sera la mesure de l'angle de réfraction si le bijoutier envoie un rayon lumineux avec un angle d'incidence de 45° ?

40 Résoudre en s'aidant d'une calculatrice.

a) $\cos\left(x + \dfrac{\pi}{2}\right) = \dfrac{2}{3}$ où $x \in \left[\dfrac{\pi}{2}\,;\,\dfrac{3\pi}{2}\right]$

b) $\sin(\pi + x) = 0{,}75$ où $x \in [-\pi\,;0]$

> Utilisation Calculatrices rabats

4 • Fonctions $t \mapsto A\cos(\omega t + \varphi)$ et $t \mapsto A\sin(\omega t + \varphi)$

41 Exercice **guidé** **Grandeurs physiques associées à une sinusoïde**

Donner l'amplitude, la période et la phase à l'origine du signal $f(t) = 5\cos\left(2t + \dfrac{\pi}{3}\right)$ où t est un réel.

Étape 1 : L'amplitude est la valeur maximale du signal. Sachant que la valeur maximale du cosinus est 1, en déduire l'amplitude de f.

Étape 2 : La période est le réel T tel que $2 = \dfrac{2\pi}{T}$.

Étape 3 : Lire la phase à l'origine. Reprendre les étapes 1 à 3 avec : $g(t) = 3\sin\left(\dfrac{1}{5}t - \dfrac{\pi}{4}\right)$.

42 Pour chaque question, donner les réponses exactes.

1. $f(t) = 3\cos\left(3t + \dfrac{\pi}{4}\right)$ où $t \in \mathbb{R}$.

a) f est paire. **b)** f est impaire.

c) f est périodique de période $\dfrac{2\pi}{3}$.

2. $g(t) = 2\sin\left(4t + \dfrac{\pi}{2}\right)$ où $x \in \mathbb{R}$.

a) g est paire. **b)** g est impaire.

c) g est périodique de période $\dfrac{\pi}{2}$.

43 Suite à un tremblement de terre, le Japon est touché par un tsunami. On modélise la hauteur de l'eau par la fonction h, définie pour $t \geqslant 0$ par $h(t) = a\cos(bt)$. (h en m, t en s).
Déterminer les nombres a et b dans le cas d'un tsunami où les vagues mesurent 12 mètres de haut et présentent une périodicité de 20 minutes.

> Atelier 4 p. 125

44 On modélise la température dans une ville par la fonction $\theta(t) = 15{,}7\sin\left(\dfrac{\pi}{6}(t-3)\right) + 9$ où t est exprimé en mois. Le 1er janvier correspond à $t = 0$.

a) Quelle est la température le 1er février ?
le 1er décembre ?

b) Quelles sont les températures extrêmes ?
À quelles dates correspondent-elles ?

c) À quelle périodicité retrouve-t-on des températures analogues ?

Exercices

Compétences
1 chercher 2 modéliser 3 représenter
4 raisonner 5 calculer 6 communiquer

Approfondissement

45 On réalise un montage en branchant en série une résistance ($R = 100\ \Omega$) et un condensateur à un G.B.F. (Générateur Basse Fréquence) qui génère une tension sinusoïdale, on branche sur ce circuit un oscilloscope bi-courbes.

La tension aux bornes du condensateur est :

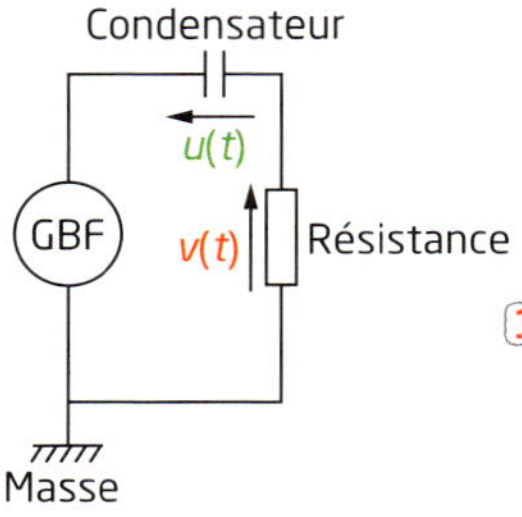

$u(t) = U\sin(\omega_1 t + \varphi_1)$

La tension aux bornes de la résistance est :

$v(t) = V\sin(\omega_2 t + \varphi_2)$

1 3 **1.** En utilisant l'oscillogramme ci-dessous, identifier :

U, ω_1, φ_1, V, ω_2 et φ_2.

Le réglage de l'oscilloscope est :
- sensibilité verticale : 1 V/div ;
- sensibilité horizontale : 0,25 ms/div.

> Cours 4 p. 123

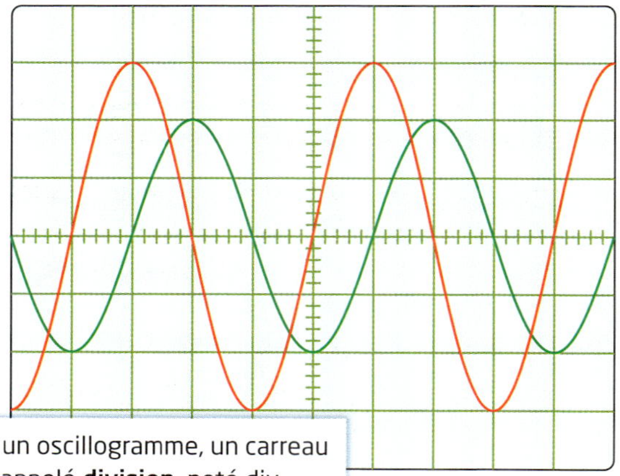

Sur un oscillogramme, un carreau est appelé **division**, noté div.

1 3 **2.** Le déphasage entre les signaux :
$s_1(t) = A_1\sin(\omega t + \varphi_1)$ et $s_2(t) = A_2\sin(\omega t + \varphi_2)$
est $\Delta\varphi = \varphi_2 - \varphi_1$.

Deux signaux sont en **phase** si les signaux sont proportionnels. Ils sont en **opposition de phase** si les signaux oscillent à l'opposé l'un de l'autre.

Traduire ces informations en termes de déphasage et en tirer des conséquences sur φ_1 et φ_2.

3 **3.** Deux signaux sont en **quadrature de phase** lorsque le déphasage est de $\frac{\pi}{2}$. Comment traduire cette information à l'aide des représentations graphiques des signaux ?

Si $\Delta\varphi$ est positif, le signal 2 est **en avance de phase** par rapport au signal 1. Si $\Delta\varphi$ est négatif, le signal 2 est **en retard de phase** par rapport au signal 1.

Quel vocabulaire permet de cataloguer les signaux u et v ?

5 3 **4.** La loi d'Ohm s'applique sur les valeurs instantanées en régime sinusoïdal. Ainsi $v(t) = R\,i(t)$. En déduire l'expression de $i(t)$.

i et u sont-elles en phase, en opposition de phase ou en quadrature de phase ?

46 Un skieur s'élance sur une pente verglacée à $t = 0$ s. Cette piste fait un angle de α rad avec l'horizontal.

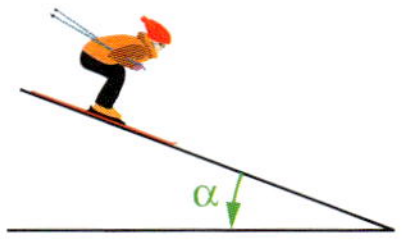

En physique, on montre que si on néglige les frottements, la vitesse à l'instant t du skieur est donnée, en mètre par seconde (m/s), par la formule : $v(t) = gt\sin(\alpha)$ où g est l'accélération de la pesanteur : $g \approx 9{,}81$ m/s^2.

Si besoin, arrondir à 10^{-2} près.

3 5 **1.** Dans cette question, on suppose que $\alpha = \frac{\pi}{9}$.

a) Calculer la vitesse du skieur après 5 s, puis après 10 s de glisse.

4 **b)** La vitesse du skieur est-elle proportionnelle au temps ?

> Automatisme 1

4 **c)** La vitesse du skieur est-elle une fonction croissante du temps ?

2. Maintenant supposons que α varie, et on mesure la vitesse du skieur après 5 s.

5 **a)** Recopier et compléter le tableau ci-dessous.

α	$\frac{\pi}{18}$	$\frac{\pi}{9}$	$\frac{\pi}{6}$	$\frac{\pi}{4}$	$\frac{5\pi}{18}$	$\frac{\pi}{3}$
$v(5)$						

4 **b)** La vitesse du skieur après 5 s est-elle proportionnelle à α ?

47 Un objet (M) de masse m peut glisser sans frottement sur un plan horizontal. Il est attaché à l'une des extrémités d'un ressort à réponse linéaire, de masse négligeable et de raideur k.

L'autre extrémité du ressort est fixe. On écarte le centre d'inertie P de l'objet de sa position d'équilibre, alors P effectue des oscillations autour de celle-ci.

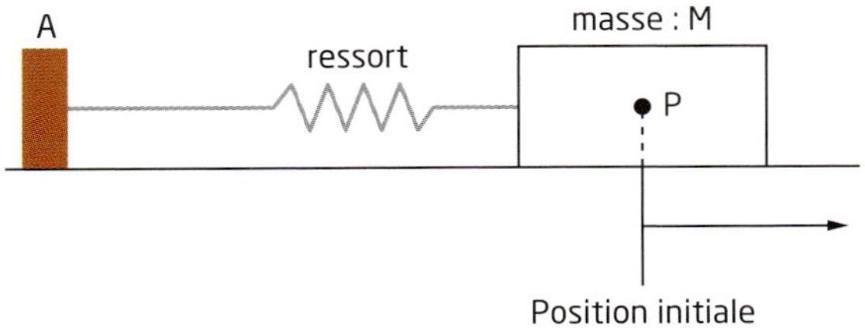

On admet que l'équation horaire du mouvement du point P est donnée en mètre par seconde (m/s) par : $p(t) = 0{,}1\sqrt{2}\cos\left(\frac{1}{4}t - \frac{\pi}{4}\right)$ où t est exprimée en secondes.

(3) (5) **a)** Calculer $p(1)$. Interpréter cette valeur en fonction des données du problème.

(5) **b)** Déterminer la valeur t_0 de t pour laquelle le point P se retrouve à sa position d'équilibre pour la première fois.

(5) **c)** Combien de fois le point P repasse-t-il par sa position d'équilibre dans l'intervalle [0 ; 40] ?

(2) **d)** En utilisant une calculatrice ou un logiciel de géométrie dynamique, tracer p et retrouver graphiquement les réponses aux questions précédentes.

> Automatisme 20

48 Un bras articulé est formé de deux tiges de longueur 4 m : OA et AB. O est fixe, A décrit le demi-cercle de centre O et de rayon 4 m, B coulisse sur la demi-droite [OI).
On note x la mesure en radians de l'angle $(\overrightarrow{OI}, \overrightarrow{OA})$.

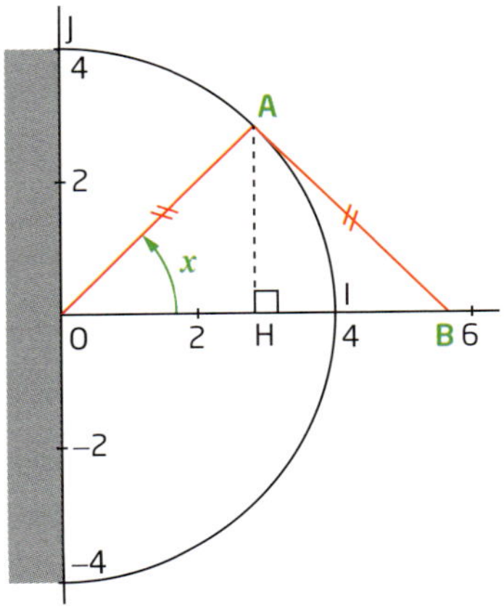

(3) **a)** Quelles sont les valeurs possibles de x ?

(5) **b)** Exprimer OH, puis OB en fonction de x.

c) Déterminer la (ou les) position(s) de A pour que OB = 4 m.

(4) **d)** En utilisant une calculatrice, reprendre la question précédente avec OB = 5 m, le résultat sera arrondi à 10^{-2} près.

(2) **e)** Un objet est placé à 9 m de O ; peut-on l'atteindre ?

(4) **f)** Déterminer l'intervalle auquel OB appartient.

49 On se place dans $(O ; \vec{i}, \vec{j})$ un repère orthonormé du plan. On a $A(2 ; 0)$ et $B(-2 ; 0)$.
$\mathscr{C}$ est le demi-cercle supérieur, de diamètre [AB] et de centre O. Soit M un point de $\mathscr{C}$. T est la tangente à $\mathscr{C}$ au point M. T coupe l'axe des abscisses en P. Construire le carré OPQR, au-dessus de l'axe des abscisses.
On note $(\overrightarrow{OA}, \overrightarrow{OM}) = x$.

(2) **a)** La figure est-elle toujours réalisable ?

(2) **b)** À l'aide d'un logiciel de géométrie dynamique, réaliser la figure.

(5) **c)** Déterminer l'aire de OPQR lorsque $(\overrightarrow{OA}, \overrightarrow{OM}) = \frac{\pi}{6}$.

(5) **d)** On note $(\overrightarrow{OA}, \overrightarrow{OM}) = x$.
Exprimer l'aire de OPQR en fonction de x. Donner le domaine de définition de cette fonction.

(2) (5) **e)** Conjecturer les valeurs de x pour lesquelles l'aire de OPQR vaut 16. Retrouver ce résultat par le calcul.

> Automatisme 20

50 (6) (4) Un élève souhaite utiliser les formules :
$$\cos(2x) = 2\cos(x) \quad \text{et} \quad \sin(2x) = 2\sin(x)$$
Ces formules sont-elles toujours vraies ?
Ces formules sont-elles toujours fausses ?
Ces formules sont-elles vraies pour quelques valeurs de x ? Dans ce cas, préciser les valeurs concernées.

51 Soit f et g les fonctions définies par :
$$f(x) = \sin(2x) \quad \text{et} \quad g(x) = 2\sin(x)\cos(x)$$

(5) **a)** Compléter le tableau de valeurs ci-dessous.

x	0	$\frac{\pi}{6}$	$\frac{\pi}{4}$	$\frac{\pi}{3}$
$f(x)$				
$g(x)$				

Que pouvez-vous conjecturer ?

Exercices

Compétences
1 chercher 2 modéliser 3 représenter
4 raisonner 5 calculer 6 communiquer

Approfondissement

2 **b)** ABC est un triangle isocèle en A. H est le milieu de [BC] et I est le pied de la hauteur issue de B. On pose AB = d. Exprimer les longueurs BC, puis BI, en fonction de d et x.

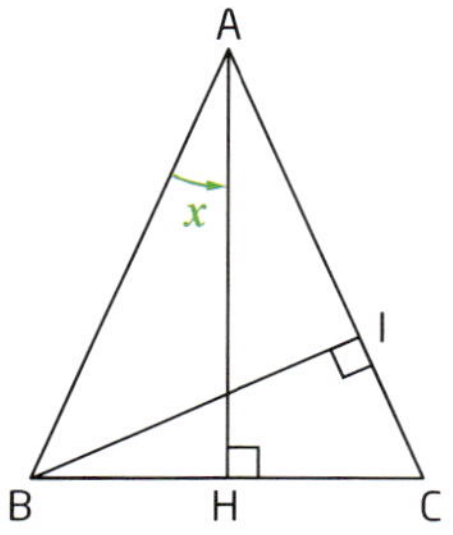

4 6 **c)** Conclure.

52 Une horloge à balancier comporte un pendule pesant dont les oscillations sont entretenues par un engrenage, cela permet au balancier d'entretenir des oscillations constantes.
On appelle θ la fonction qui, à tout instant t exprimé en secondes, associe l'angle orienté $\theta(t)$ exprimé en radians, que fait la tige à l'instant t avec la position d'équilibre.
On dispose de la représentation graphique de θ, et on admet que θ est périodique de période T.

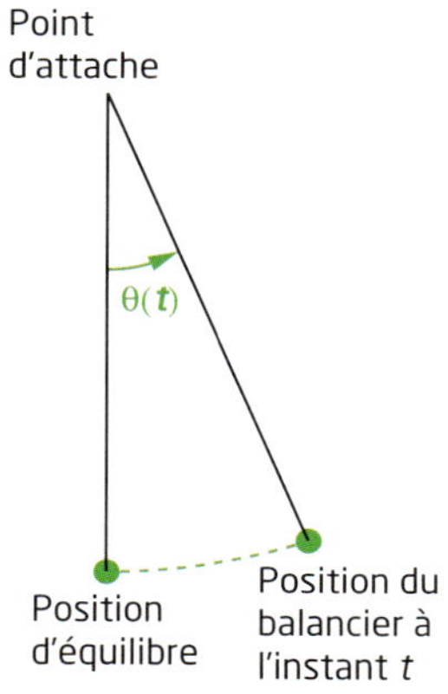

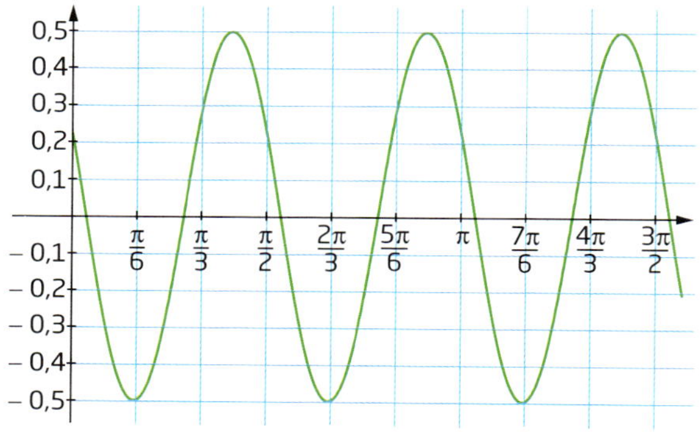

1 **1. a)** Lire $\theta(0)$ et interpréter le résultat en fonction des données du problème.

2 **b)** L'horloger affirme au propriétaire de la comtoise que la valeur maximale de $\theta(t)$ est de 60°. Qu'en pensez-vous ?

> Cours 1 p. 118

2. On admet que $\theta(t) = A\cos(\omega t + \varphi)$ pour tout $t \geqslant 0$.

1 **a)** Déterminer par lecture graphique la période T de $\theta(t)$ et la valeur de A.
> Cours 4 p. 123

2 6 **b)** Proposer une démarche qui permette de déterminer la valeur de φ.
> Cours 3.3 p. 122

6 5 **c)** Parmi les valeurs $\frac{\pi}{12}, \frac{\pi}{6}, \frac{\pi}{4}$ et $\frac{\pi}{3}$, l'une est la valeur exacte de φ. Déterminer laquelle en justifiant votre choix.
> Cours 3.1 p. 120

53 On se place dans un repère orthonormé, M est un point mobile sur le 1er quart du cercle trigonométrique tel que $(\overrightarrow{OI}, \overrightarrow{OM}) = x$.
On veut déterminer les valeurs de x pour lesquelles :

$$\cos(x) \geqslant \sin(x).$$

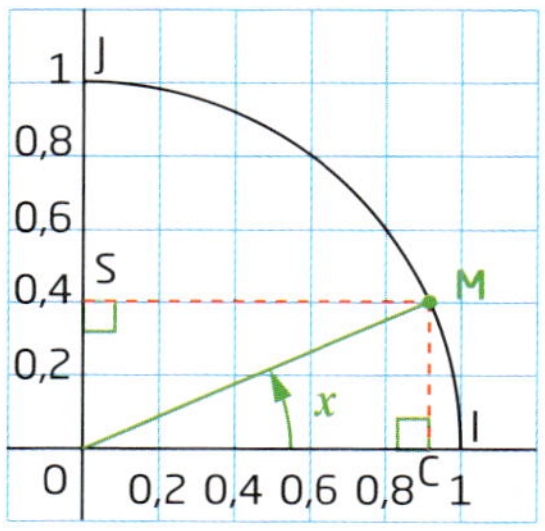

1 **a)** Déterminer l'intervalle décrit par x.

5 **b)** Rappeler les valeurs de $\cos\left(\frac{\pi}{4}\right)$ et $\sin\left(\frac{\pi}{4}\right)$.

4 6 **c)** Conclure.
> Cours 3.1 p. 120

3 **d)** Retrouver le résultat en utilisant les courbes représentatives des fonctions sin et cos. Répondre à la même question lorsque $x \in]-\pi ; \pi]$.

54 1 2 3 5 6 Un diapason est un petit objet métallique qui émet un son pur (sinusoïdal) qui sert de référence pour accorder des instruments, des voix...

Une école de musique a mélangé plusieurs de ses diapasons, afin d'identifier le son de référence de trois d'entre eux. On réalise, à l'aide d'un micro, l'acquisition du son, et on obtient les représentations ci-après.

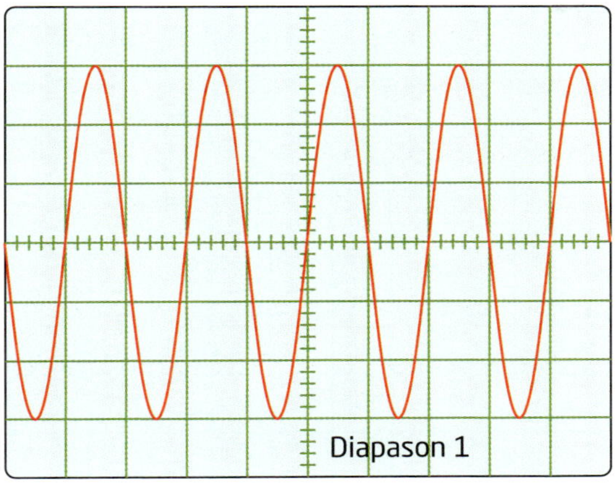

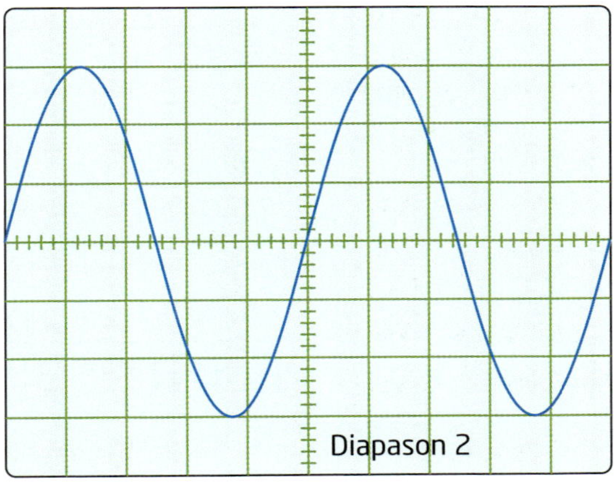

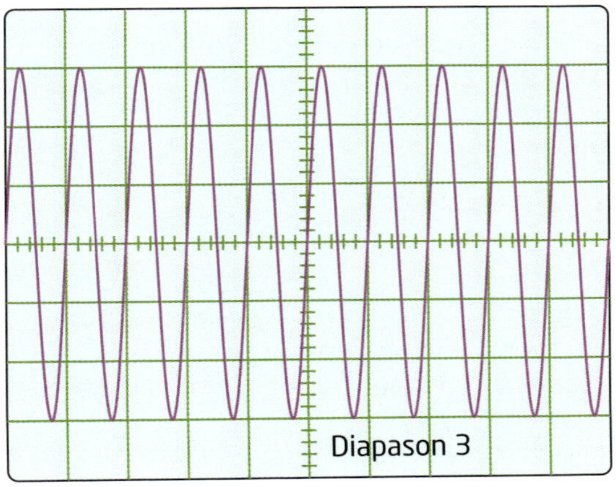

- Sensibilité horizontale : 1 ms/div.
- Sensibilité verticale : 1 dB/div.

Fréquences des notes (en Hz) - gamme tempérée

Note/octave	2	3	4	5
do	131	262	523	1047
ré	147	294	587	1175
mi	165	330	659	1319
fa	175	349	699	1397
sol	196	392	784	1568
la	220	440	880	1760
si	247	494	988	1976

Après avoir déterminé l'expression de l'intensité sonore de chaque diapason, en vous aidant des informations données, associer chaque diapason à sa note.

55 (4) (6) Les affirmations suivantes sont-elles vraies ou fausses ? Justifier.

a) Pour tous les réels x et y tels que $x \leqslant y$ alors $\sin(x) \leqslant \sin(y)$.

b) Si $\cos(x) = \cos(y)$ alors $x = y$.

c) Si $x \leqslant 0$ alors $\sin(x) \leqslant 0$.

d) Pour tout réel x, on a :

$$(\sin(x) + \cos(x))^2 + (\sin(x) - \cos(x))^2 = 2.$$

e) Pour tout réel x, on a :

$$\cos(x) = \sqrt{1 - \sin^2(x)}.$$

> Cours 4 p. 123

56 (5) **1.** En utilisant une calculatrice, déterminer $\cos\left(\frac{\pi}{12}\right)$ et $\sin\left(\frac{\pi}{12}\right)$.

2. Afin de démontrer ces résultats, on considère ABC un triangle isocèle en A, tel que $\widehat{ABC} = \frac{5\pi}{12}$.

H est le pied de la hauteur issue de B dans ABC.

(3) **a)** Faire une figure.

(4) (5) **b)** Exprimer BH, AH puis HC en fonction de AB.

(5) **c)** En déduire l'expression de BC en fonction de AB.

(6) **d)** Conclure.

Pour commencer

Dans chaque QCM, **trouver la ou les bonnes réponses**.

QCM interactif — À télécharger QCM · PPT — Questions Flash

Soit $(O\,;\vec{i}\,,\vec{j}\,)$ un repère orthonormé du plan. On considère également les vecteurs $\vec{u}$, $\vec{v}$ et $\vec{w}$ représentés ci-dessous.

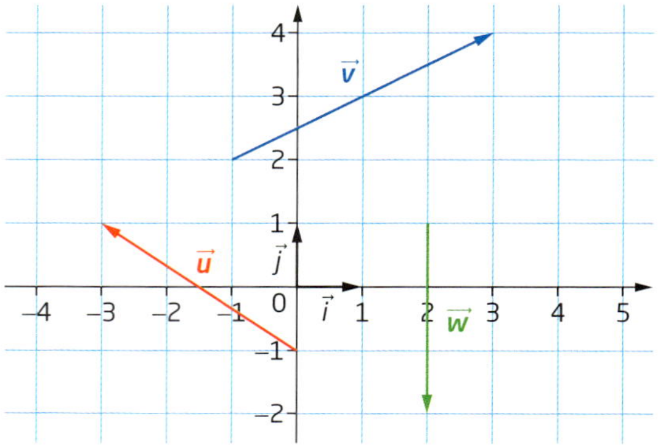

QCM 1

Les coordonnées de $\vec{u}$ sont :

a) (2 ; 3)

b) (3 ; – 2)

c) (– 3 ; 2)

d) (2 ; – 3)

QCM 2

La norme (longueur) du vecteur $\vec{v}$ est :

a) 4 **b)** 2 **c)** $2\sqrt{5}$ **d)** 20

QCM 3

Quelles sont les coordonnées du vecteur $\vec{v}+\vec{w}$?

a) (4 ; – 1) **b)** (0 ; 2) **c)** (2 ; – 4) **d)** (– 1 ; 4)

QCM 4

Pour tout nombre réel x :

a) $\cos(-x)=\sin(x)$ **b)** $\cos(-x)=\cos(x)$ **c)** $\cos(-x)=-\cos(x)$ **d)** $\cos(x)=\sin\left(\frac{\pi}{2}-x\right)$

QCM 5

Soit ABCD un parallélogramme :

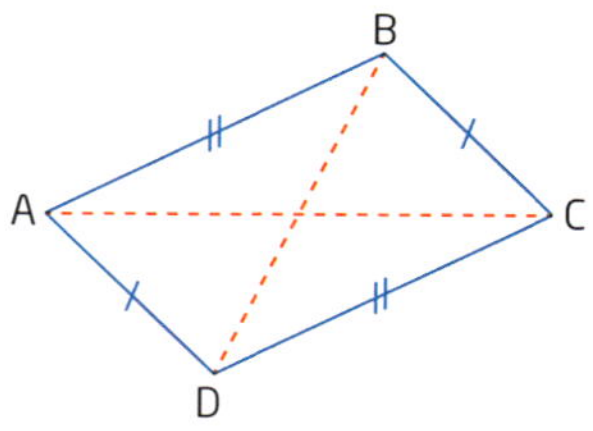

a) $\overrightarrow{AB}+\overrightarrow{AD}=\overrightarrow{BD}$

b) $\overrightarrow{AB}+\overrightarrow{AD}=\overrightarrow{AC}$

c) $\overrightarrow{BD}=\overrightarrow{AD}-\overrightarrow{AB}$

d) $\overrightarrow{AC}+\overrightarrow{BD}=2\,\overrightarrow{AD}$

QCM 6

Dans un repère orthonormé, on donne A(– 1 ; 1), B(2 ; – 1) et C(4 ; 2).

a) $\overrightarrow{AB}\,(1\,;-2)$ **b)** $AB=BC$ **c)** $BC=\sqrt{13}$ **d)** $\widehat{ABC}=90°$

6 • Produit scalaire

Cabine de pilotage d'un avion de ligne.

Dans la vie de tous les jours…

Le produit scalaire est utilisé en chaudronnerie pour calculer un angle de tuyauterie ou un angle de coupe, mais aussi par les pilotes d'avion pour corriger la trajectoire en cas de vent latéral, même si de nombreux calculs sont automatisés dans les cockpits actuels. Les résultats issus du produit scalaire sont utilisés par les systèmes GPS ou encore pour estimer la distance entre deux astres.

Histoire des maths

C'est au XIXe siècle que le mathématicien prussien Hermann Günter Grassmann (1809-1877) est amené à développer le calcul vectoriel dans le cadre de son étude… des marées !

En 1839, Grassmann rend sa thèse intitulée « Théorie des flots et des marées ». Ce travail, ignoré par son examinateur, ne sera publié qu'en 1911 alors qu'il contient des éléments de calcul vectoriel précurseurs pour l'époque, comme la somme de deux vecteurs ou le déterminant de trois vecteurs de l'espace.

En 1844, il publie sa « Théorie de l'extension » (*Die Lineale Ausdehnungslehre*) qui semble être la première publication dans le cadre nouveau de la théorie des espaces vectoriels. C'est dans cet ouvrage, passé presque aussi inaperçu que sa thèse, que Grassmann définit le produit linéaire, que nous appelons aujourd'hui **produit scalaire**.

Cours

1 • Produit scalaire : définition géométrique

ACTIVITÉ 1

Pendant une expédition en Antarctique, un explorateur tracte un traîneau. L'homme exerce une force constante $\vec{F}$ d'intensité F exprimée en Newton (N) et s'exerçant en formant un angle de mesure α avec l'horizontale. L'énergie produite par cette force lors du déplacement rectiligne du traineau d'un point A vers un point B s'appelle le **travail de $\vec{F}$ pour le déplacement $\overrightarrow{AB}$.**

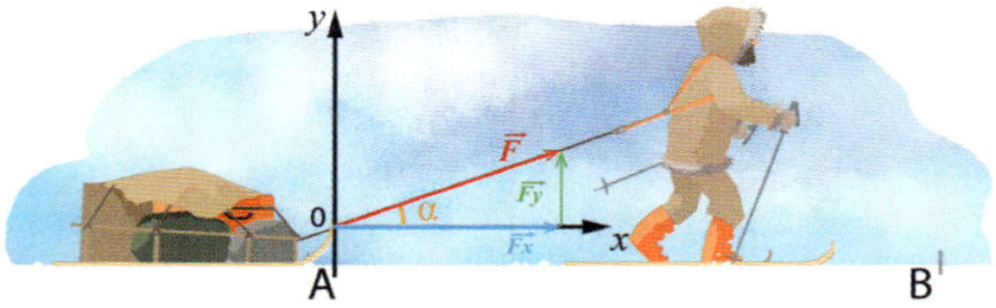

1. Soit $\vec{F_x}$ et $\vec{F_y}$ deux vecteurs dirigeants respectivement (Ox) et (Oy), et tels que $\vec{F} = \vec{F_x} + \vec{F_y}$.

Exprimer $F_x = \|\vec{F_x}\|$ en fonction de F et de α.

2. Le travail de la force $\vec{F}$ pour le déplacement $\overrightarrow{AB}$ est donné par $W = F_x \times AB$. La distance AB s'exprime en mètres (m) et le travail s'exprime en joules (J). On arrondira les résultats à l'unité.

a) Exprimer W en fonction de F, de AB et de α.

b) Calculer le travail d'une force $\vec{F}$ avec $F = 50$ N, faisant un angle de 50° avec l'horizontale sur une distance de 100 m.

c) Refaire le même calcul en modifiant l'angle par un angle de $\frac{\pi}{6}$ radians.

3. La corde de 2 m qu'utilisait l'explorateur a subitement cassé. Il utilise sa corde de secours qui mesure 1 m. Le travail produit pour une force de même intensité va-t-il changer ? De quelle façon ?

À RETENIR Cours 1

Définition Soit $\vec{u}$ et $\vec{v}$ deux vecteurs du plan. On appelle **produit scalaire** de $\vec{u}$ et de $\vec{v}$ le **nombre réel** noté $\vec{u} \cdot \vec{v}$ défini par :

- $\vec{u} \cdot \vec{v} = \|\vec{u}\| \times \|\vec{v}\| \times \cos(\theta)$ où θ est une mesure de l'angle entre $\vec{u}$ et $\vec{v}$, si $\vec{u} \neq \vec{0}$ et si $\vec{v} \neq \vec{0}$.
- $\vec{u} \cdot \vec{v} = 0$ si $\vec{u} = \vec{0}$ ou si $\vec{v} = \vec{0}$.

$\vec{u} \cdot \vec{v}$ se lit « *u* scalaire *v* »

Définition On dit que deux vecteurs $\vec{u}$ et $\vec{v}$ sont **orthogonaux** lorsque leur produit scalaire est nul :

$$\vec{u} \perp \vec{v} \Leftrightarrow \vec{u} \cdot \vec{v} = 0.$$

Interprétation géométrique **Lorsque $\vec{u}$ et $\vec{v}$ ne sont pas nuls**, dire que $\vec{u}$ et $\vec{v}$ sont **orthogonaux** équivaut à dire qu'ils ont des **directions perpendiculaires**.

EXEMPLE 1 **Calculer un produit scalaire avec la définition géométrique**

Dans la figure ci-contre :

$\overrightarrow{AB} \cdot \overrightarrow{AC} = AB \times AC \times \cos\left(\frac{\pi}{6}\right) = 6 \times 3\sqrt{3} \times \frac{\sqrt{3}}{2} = 27$

$\overrightarrow{BA} \cdot \overrightarrow{BC} = BA \times BC \times \cos\left(-\frac{\pi}{3}\right) = 6 \times 3 \times \frac{1}{2} = 9$

$\overrightarrow{CA} \cdot \overrightarrow{CB} = 3\sqrt{3} \times 3 \times \cos\left(\frac{\pi}{2}\right) = 0$ (**orthogonaux**)

$\overrightarrow{AC} \cdot \overrightarrow{AD} = 3\sqrt{3} \times 1 \times \cos\left(\frac{5\pi}{6}\right) = 3\sqrt{3} \times 1 \times \left(-\frac{\sqrt{3}}{2}\right) = -4,5$

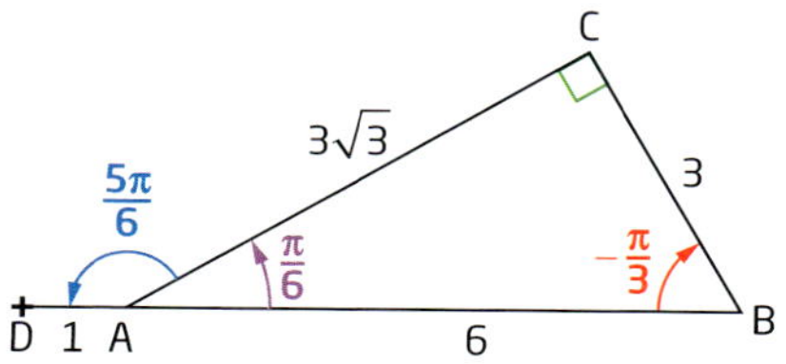

2 • Expression analytique du produit scalaire

ACTIVITÉ 2

Soit ABCD un carré de centre I et de côté 2 cm. On appelle K, L, M et N les milieux respectifs de [AB], [AD], [CD] et [BC].
On pose : $\vec{u} = \overrightarrow{IB}$ et $\vec{v} = \overrightarrow{DC}$.

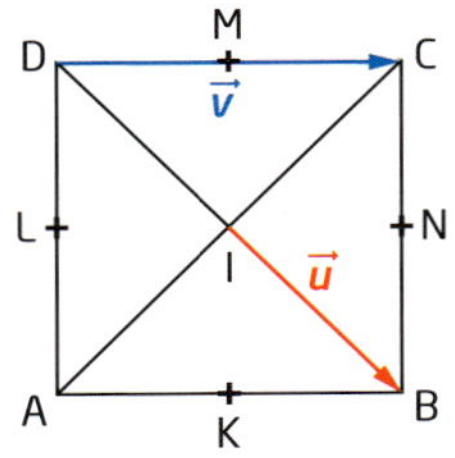

1. a) Montrer que $IB = \sqrt{2}$ cm.

b) Calculer $\vec{u} \cdot \vec{v}$.

2. a) Reproduire et compléter le tableau suivant.

Repère	$(A\,;\overrightarrow{AK}, \overrightarrow{AL})$	$(D\,;\overrightarrow{DM}, \overrightarrow{DL})$	$(A\,;\overrightarrow{AB}, \overrightarrow{AD})$	$(A\,;\overrightarrow{AB}, \overrightarrow{AL})$
Coordonnées de $\vec{u}$				
Coordonnées de $\vec{v}$				
$x_{\vec{u}} \times x_{\vec{v}} + y_{\vec{u}} \times y_{\vec{v}}$				

b) Dans quel(s) repère(s) le calcul $x_{\vec{u}} \times x_{\vec{v}} + y_{\vec{u}} \times y_{\vec{v}}$ permet-il de retrouver $\vec{u} \cdot \vec{v}$?

À RETENIR Cours 2

Théorème Soit $\vec{u}$ et $\vec{v}$ deux vecteurs du plan dont les coordonnées **dans un repère orthonormé** sont respectivement $(x\,;y)$ et $(x'\,;y')$. Alors on a :

$$\vec{u} \cdot \vec{v} = xx' + yy'$$

Ce calcul est appelé **expression analytique du produit scalaire** et, en l'utilisant, on peut montrer les résultats suivants.

Propriétés du produit scalaire Pour tous vecteurs $\vec{u}$, $\vec{v}$ et $\vec{w}$ et pour tout nombre réel a, on a :

- $\vec{u} \cdot \vec{v} = \vec{v} \cdot \vec{u}$ (Symétrie)
- $\vec{u} \cdot (\vec{v} + \vec{w}) = \vec{u} \cdot \vec{v} + \vec{u} \cdot \vec{w}$
- $a(\vec{u} \cdot \vec{v}) = (a\vec{u}) \cdot \vec{v} = \vec{u} \cdot (a\vec{v})$ (Bilinéarité)

EXEMPLE 2 **Calculer un produit scalaire avec l'expression analytique**

On se place dans un repère orthonormé $(O\,;\vec{i}, \vec{j})$ et on donne $A(1\,;3)$, $B(-3\,;1)$ et $C(4\,;-3)$. Le triangle ABC est-il rectangle isocèle en A ?

- On détermine d'abord les coordonnées des vecteurs $\overrightarrow{AB}$ et $\overrightarrow{AC}$:
$\overrightarrow{AB}(x_B - x_A\,; y_B - y_A)$ soit $\overrightarrow{AB}(-3-1\,;1-3)$ et $\overrightarrow{AB}(-4\,;-2)$. De la même façon, $\overrightarrow{AC}(3\,;-6)$.

- On calcule $\overrightarrow{AB} \cdot \overrightarrow{AC}$: $\overrightarrow{AB} \cdot \overrightarrow{AC} = -4 \times 3 + (-2) \times (-6) = 0$.
Le produit scalaire est nul, donc les vecteurs $\overrightarrow{AB}$ et $\overrightarrow{AC}$ sont orthogonaux et les droites (AB) et (AC) sont perpendiculaires. Le triangle ABC est donc rectangle en A.

- On calcule enfin les longueurs AB et AC :
$AB = \|\overrightarrow{AB}\| = \sqrt{(-4)^2 + (-2)^2} = \sqrt{20} = 2\sqrt{5}$
De même : $AC = \sqrt{45} = 3\sqrt{5}$
$AB \neq AC$ donc le triangle ABC n'est pas isocèle en A.
Conclusion : Le triangle ABC est bien rectangle en A, mais il n'est pas isocèle.

> **Rappel :** Dans un **repère orthonormé**
> $\|\overrightarrow{AB}\| = \sqrt{(x_B - x_A)^2 + (y_B - y_A)^2}$
> $\|\vec{u}\| = \sqrt{(x_{\vec{u}})^2 + (y_{\vec{u}})^2}$
> On dit que $\|\overrightarrow{AB}\|$ est la **norme** de $\overrightarrow{AB}$.

Cours

3 • Produit scalaire et projections orthogonales

ACTIVITÉ 3

1. Cas particuliers :

a) Prouver que si $\vec{u}$ et $\vec{v}$ sont deux vecteurs colinéaires et de même sens, alors $\vec{u} \cdot \vec{v} = \|\vec{u}\| \times \|\vec{v}\|$.

b) Que peut-on dire si $\vec{u}$ et $\vec{v}$ sont deux vecteurs colinéaires de sens opposé ?

2. Cas général :

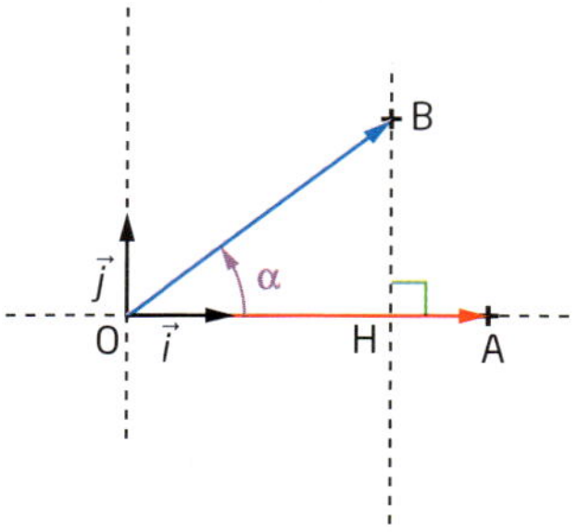

Soit O, A, B trois points distincts du plan tels que $(\overrightarrow{OA}, \overrightarrow{OB}) = \alpha$.
On choisit de considérer le repère orthonormal direct $(O ; \vec{i}, \vec{j})$ tel que

$$\vec{i} = \frac{1}{OA}\overrightarrow{OA}.$$

On appelle H le **projeté orthogonal de B sur (OA)**, c'est-à-dire l'unique point H de la droite (OA) tel que $(OA) \perp (BH)$ si O, A et B ne sont pas alignés (sinon, on convient que H = B).

a) Exprimer en fonction de OA, OB et α les coordonnées des points A, B et H.

b) Calculer $\overrightarrow{OA} \cdot \overrightarrow{OB}$ et $\overrightarrow{OA} \cdot \overrightarrow{OH}$. Que peut-on conjecturer ?

À RETENIR Cours 3

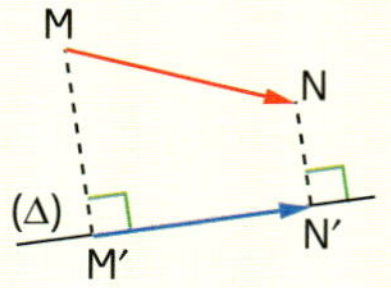

Définition On appelle **projeté orthogonal d'un vecteur $\vec{u}$** représenté par $\overrightarrow{MN}$ **sur un axe (Δ)** le vecteur $\vec{u'}$ représenté par $\overrightarrow{M'N'}$ où M′ et N′ sont les projetés orthogonaux respectifs de M et N sur l'axe (Δ).

Théorème Soit $\vec{u}$ un vecteur non nul et deux points A et B tels que $\vec{u} = \overrightarrow{AB}$.
Alors, pour tout vecteur $\vec{v}$, en notant $\vec{v'}$ le projeté orthogonal de $\vec{v}$ sur la droite (AB) :

$$\vec{u} \cdot \vec{v} = \vec{u} \cdot \vec{v'} = \begin{cases} \|\vec{u}\| \times \|\vec{v'}\| \text{ si } \vec{u} \text{ et } \vec{v'} \text{ sont de même sens.} \\ -\|\vec{u}\| \times \|\vec{v'}\| \text{ si } \vec{u} \text{ et } \vec{v'} \text{ sont de sens opposé.} \end{cases}$$

Théorème **Projection d'un vecteur sur les axes des coordonnées**

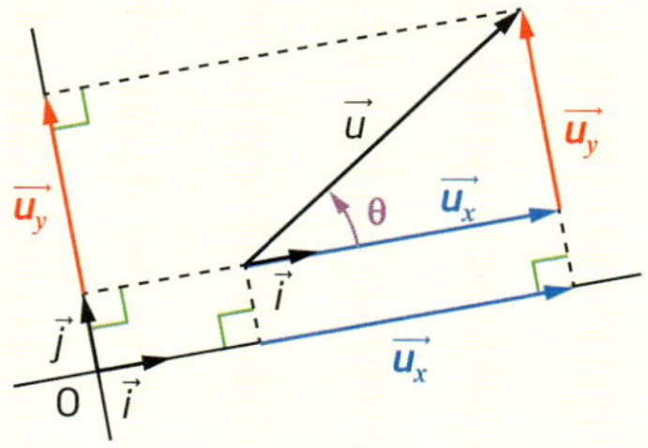

Soit $(O ; \vec{i}, \vec{j})$ un repère orthonormé et $\vec{u}$ un vecteur non nul tel que $(\vec{i}, \vec{u}) = \theta$.
Alors le vecteur $\vec{u}$ se décompose de manière unique sous la forme $\vec{u} = \vec{u_x} + \vec{u_y}$ où $\vec{u_x}$ et $\vec{u_y}$ sont les projetés respectifs du vecteur $\vec{u}$ sur l'axe des abscisses et sur l'axe des ordonnées.
De plus on a : $\vec{u_x} = \|\vec{u}\| \cos(\theta)\, \vec{i}$ et $\vec{u_y} = \|\vec{u}\| \sin(\theta)\, \vec{j}$.

EXEMPLE 3 **Calculer un produit scalaire à l'aide d'un projeté orthogonal**

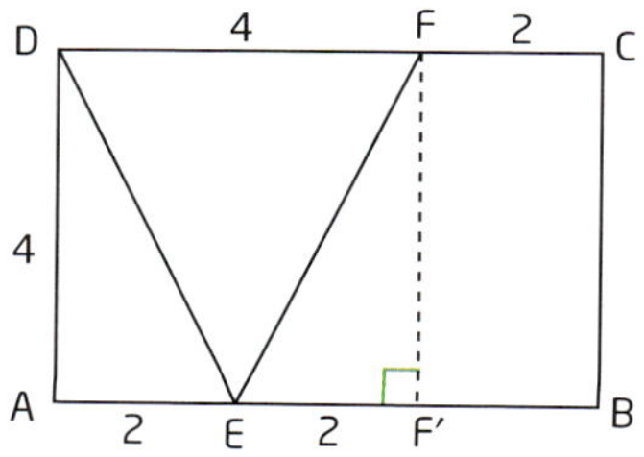

Il s'agit de remplacer l'**un des vecteurs** par son projeté orthogonal sur une droite dirigée par l'autre vecteur.
Dans la figure ci-contre, ABCD est un rectangle.

$\overrightarrow{EB} \cdot \overrightarrow{EF} = \overrightarrow{EB} \cdot \overrightarrow{EF'} = + EB \times EF' = 4 \times 2 = 8$

(**les vecteurs $\overrightarrow{EB}$ et $\overrightarrow{EF'}$ sont de même sens**)

$\overrightarrow{EA} \cdot \overrightarrow{EF} = \overrightarrow{EA} \cdot \overrightarrow{EF'} = - EA \times EF' = - 2 \times 2 = - 4$

(**les vecteurs $\overrightarrow{EA}$ et $\overrightarrow{EF'}$ sont de sens contraire**)

$\overrightarrow{FE} \cdot \overrightarrow{AD} = \overrightarrow{DA} \cdot \overrightarrow{AD} = - DA \times AD = - 4 \times 4 = - 16$

4 • Applications du produit scalaire

ACTIVITÉ 4

Dans cette activité, on se place dans un repère orthonormé du plan.

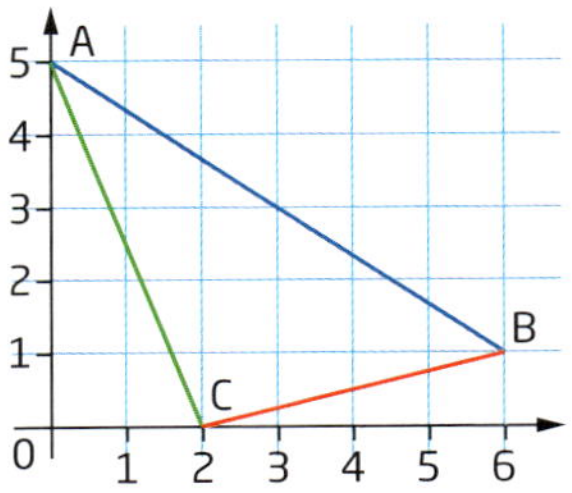

1. On donne A(0 ; 5), B(6 ; 1), C(2 ; 0).

a) Lire les coordonnées des vecteurs $\overrightarrow{AB}$, $\overrightarrow{AC}$ et $\overrightarrow{BC}$.

b) Calculer les valeurs de AB^2, AC^2 et BC^2.

c) Calculer $\overrightarrow{AB} \cdot \overrightarrow{AC}$ et comparer ce résultat avec $AB^2 + AC^2 - BC^2$.

d) Calculer $\overrightarrow{BA} \cdot \overrightarrow{BC}$ et comparer ce résultat avec $AB^2 + BC^2 - AC^2$.

e) Pouvez-vous prévoir la valeur de $\overrightarrow{CA} \cdot \overrightarrow{CB}$? Vérifier ensuite par le calcul.

2. Ouvrir un logiciel de géométrie dynamique.

a) Placer trois points A, B, C.

b) Faire afficher la valeur de $AB^2 + AC^2 - BC^2$ et celle de $\overrightarrow{AB} \cdot \overrightarrow{AC}$ (ou de $AB \times AC \times \cos(\widehat{BAC})$)

c) Déplacer les points A, B, C et formuler une conjecture.

d) Conjecturer une formule permettant de calculer le cosinus de l'angle $\widehat{ABC}$ uniquement à partir des longueurs des côtés du triangle ABC.

À RETENIR Cours 4

Théorème d'Al Kashi Dans tout triangle ABC, en utilisant les notations de la figure ci-contre :

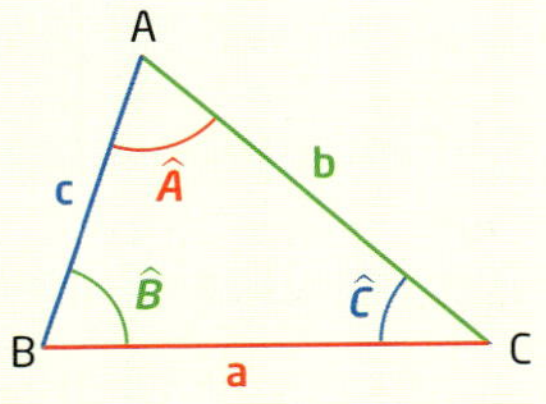

$$a^2 = b^2 + c^2 - 2\,b\,c\cos\widehat{A}$$
$$b^2 = a^2 + c^2 - 2\,a\,c\cos\widehat{B}$$
$$c^2 = a^2 + b^2 - 2\,a\,b\cos\widehat{C}$$

Ce théorème généralise le **théorème de Pythagore.**
En effet, si $\widehat{A} = 90°$, la première relation s'écrit alors simplement $a^2 = b^2 + c^2$

Égalité du parallélogramme Dans tout parallélogramme ABCD, on a l'égalité suivante :

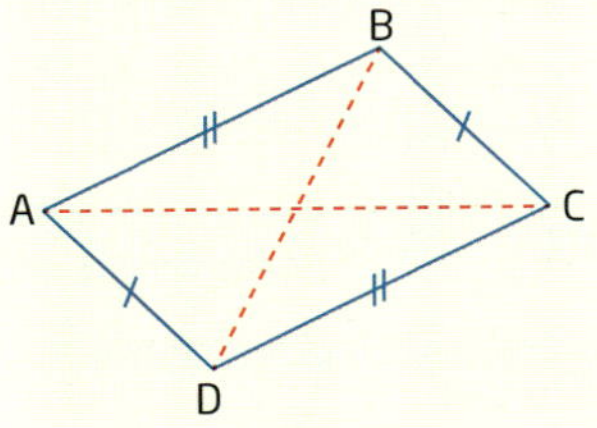

$$AC^2 + BD^2 = AB^2 + BC^2 + CD^2 + AD^2$$

Autrement dit, dans un parallélogramme, la somme des carrés des longueurs des diagonales est égale à la somme des carrés des longueurs des côtés.

EXEMPLE 4 **Calculer des longueurs dans un triangle, un parallélogramme**

Soit ABCD un parallélogramme tel que AB = 5 cm, AD = 2cm et $\widehat{BAD} = 60°$.
Calculons les longueurs des diagonales de ce parallélogramme.

Dans le triangle ABD, le **théorème d'Al Kashi** donne :

$BD^2 = AB^2 + AD^2 - 2 \times AB \times AD \times \cos(\widehat{BAD}) = 5^2 + 2^2 - 2 \times 5 \times 2 \times \cos(60°) = 19$ donc $BD = \sqrt{19}$ cm.

On utilise ensuite **l'égalité du parallélogramme** : $AC^2 + \left(\sqrt{19}\right)^2 = 5^2 + 2^2 + 5^2 + 2^2$.

On obtient $AC^2 = 39$ donc $AC = \sqrt{39}$ cm.

Algorithmique et programmation

Capacités attendues

Atelier 1 > *Programmer et utiliser la formule analytique du produit scalaire*
Atelier 2 > *Utiliser les différentes formules du produit scalaire pour déterminer si des angles sont aigus ou obtus*
Atelier 3 > *Utiliser la formule d'Al Kashi pour calculer des angles*

Atelier 1 • Formule analytique du produit scalaire dans un repère orthonormé

1. Connaissant les coordonnées de deux vecteurs $\vec{u}\,(x_1\,;y_1)$ et $\vec{v}\,(x_2\,;y_2)$, écrire une fonction Python **ps(**x1**,**y1**,**x2**,**y2**)** qui renvoie le produit scalaire $\vec{u}\cdot\vec{v}$.

2. Écrire une fonction Python **coordonnées(**xA**,**yA**,**xB**,**yB**)** qui, connaissant les coordonnées de deux points A$(x_A\,;y_A)$ et B$(x_B\,;y_B)$, renvoie les coordonnées du vecteur $\overrightarrow{AB}$.

3. En déduire une nouvelle écriture de la fonction **ps()** qui, connaissant les coordonnées de quatre points A$(x_A\,;y_A)$, B$(x_B\,;y_B)$, C$(x_C\,;y_C)$ et D$(x_D\,;y_D)$, renvoie le produit scalaire des vecteurs $\overrightarrow{AB}$ et $\overrightarrow{CD}$.

4. Adapter la fonction précédente pour qu'elle renvoie **True** si les vecteurs $\overrightarrow{AB}$ et $\overrightarrow{CD}$ sont orthogonaux et **False** sinon. On essayera d'optimiser la fonction pour qu'elle comporte un minimum de lignes de commandes.

Atelier 2 ⌈guidé⌋ • Secteur aigu et secteur obtus

On cherche à écrire une fonction qui, connaissant les coordonnées de deux vecteurs dans un repère orthonormé, permet de savoir si ces deux vecteurs définissent un secteur angulaire aigu ou obtus. On ne considère ici que les secteurs angulaires saillants, c'est-à-dire dont l'ouverture est inférieure ou égale à celle d'un angle plat.

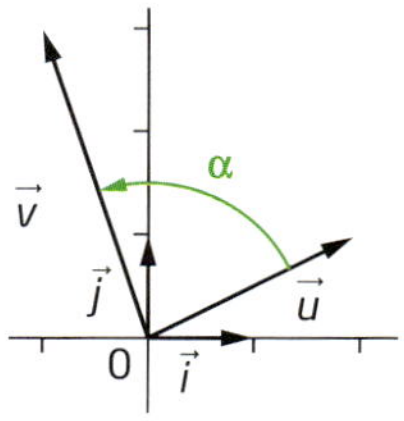

Étape 1 : Savoir ce qu'est un secteur angulaire aigu et un secteur angulaire obtus.
Un secteur angulaire est **aigu** lorsque son ouverture est inférieure à celle d'un angle droit.
Un secteur angulaire est **obtus** lorsque son ouverture est supérieure à celle d'un angle droit.

Étape 2 : Utiliser différentes expressions du produit scalaire.
Dans le repère orthonormé $(O\,;\vec{i}\,,\vec{j}\,)$, on a $\vec{u}\,(x_1\,;y_1)$ et $\vec{v}\,(x_2\,;y_2)$.
Calculer $\vec{u}\cdot\vec{v}$ en utilisant la formule analytique, puis en utilisant la définition géométrique.

Étape 3 : En utilisant les deux formules du produit scalaire, donner une expression de $\cos(\alpha)$.

Étape 4 : Donner le signe de $\cos(\alpha)$ en fonction de la mesure de α, avec $\alpha \in [0\,;\pi]$.

Étape 5 : En déduire une condition sur le produit scalaire qui nous permette d'affirmer que le secteur angulaire est aigu ou obtus.

Étape 6 : Compléter la fonction ci-contre afin qu'elle réponde à la question.

```
def type_angle(x1,y1,x2,y2):
    prodscal= ............
    if prodscal ........ :
        return 'obtus'
    elif prodscal ........ :
        return 'aigu'
    else:
        return 'droit'
```

Atelier 3 • Calculer des angles avec la formule d'Al Kashi

On cherche à écrire une fonction qui, connaissant les longueurs des trois côtés du triangle ABC, renvoie une mesure en radians de l'angle géométrique $\widehat{BAC}$.

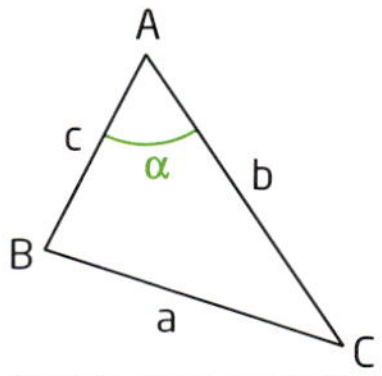

1. Exprimer $\cos(\alpha)$ en fonction de a, b et c.

2. En utilisant une calculatrice, déterminer, à 10^{-2} près, la mesure en radians de l'angle α lorsque $a = 6$, $b = 5$ et $c = 4$.

3. Compléter la fonction suivante afin qu'elle renvoie une valeur approchée de α à 10^{-2} près.

```
from math import cos
def angle_alpha(a,b,c):
    angle = 0
    cos_alpha = .................
    while cos(angle)... cos_alpha:
        angle = angle + 0.01
    return round(........,2)
```

4. Comment modifier la fonction précédente pour qu'elle renvoie les mesures des trois angles géométriques du triangle ABC ?

Capacités attendues

Atelier 4 > *Lien avec la physique : travail d'une force constante*
Atelier 5 > *Différentes formes du produit scalaire - Représentation type « Monte-Carlo »*

Atelier 4 • Travail d'une force constante

En physique, le **travail** d'une force constante $\vec{F}$ appliquée à un solide en mouvement, lorsque son point d'application se déplace d'un point A à un point B, est : $W_{\vec{F}} = \vec{F} \cdot \overrightarrow{AB}$.

$W_{\vec{F}}$ s'exprime en joules (J) ; F, la norme de $\vec{F}$ en Newton (N) et AB en mètres (m).

Un solide se déplace de A à B où AB = 7,7 m. On suppose que ce solide est soumis à une force $\vec{F}$ telle que F = 4 N et la mesure de l'angle géométrique $\widehat{(\overrightarrow{AB}, \vec{F})}$ est 30°.

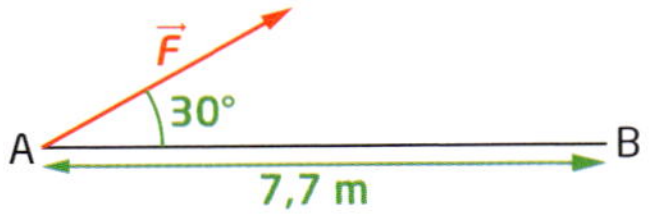

Le but de cet atelier est d'étudier le travail de $\vec{F}$ lorsque le solide se déplace de A à B.

1. Ouvrir un logiciel de géométrie dynamique. Placer les points A(0 ; 0) et B(7,7 ; 0).
Afin de construire $\vec{F}$, on utilisera les coordonnées polaires de $\vec{F}$, c'est-à-dire la norme et la mesure de l'angle $\widehat{(\overrightarrow{AB}, \vec{F})}$. Dans la ligne de saisie, on entre : $f = (4\,;30°)$.
Placer un point libre C dans la fenêtre graphique. Construire les vecteurs $\overrightarrow{AB}$, $\overrightarrow{AC}$ et $\overrightarrow{CB}$.

2. En utilisant l'expression géométrique du produit scalaire, calculer p, le travail de $\vec{F}$ sur le déplacement [AB]. Faire de même avec p_1 le travail de $\vec{F}$ sur le déplacement [AC] et p_2 le travail de $\vec{F}$ sur le déplacement [CB].

3. Déplacer le point C et observer les valeurs de p et de $p_1 + p_2$.
Que pouvez-vous émettre comme conjecture concernant le travail d'une force constante lorsque le solide se déplace de A à B ?

4. Démontrer cette conjecture.

Python

Atelier 5 • Cercle et produit scalaire

Dans un repère orthonormé, on considère deux points distincts A et B et I le milieu de [AB].

1. Montrer que, pour tout point M du plan, on a : $\overrightarrow{MA} \cdot \overrightarrow{MB} = MI^2 - AB^2$.

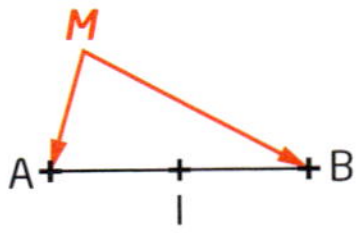

2. En déduire les affirmations suivantes :

a) M est intérieur au cercle de diamètre [AB] si et seulement si $\overrightarrow{MA} \cdot \overrightarrow{MB} < 0$.

b) M est extérieur au cercle de diamètre [AB] si et seulement si $\overrightarrow{MA} \cdot \overrightarrow{MB} > 0$.

3. Écrire une fonction **position**() qui, connaissant les coordonnées de A, B et M, renvoie **'interieur'** si M est intérieur au cercle de diamètre [AB], et **'exterieur'** si M est extérieur au cercle de diamètre [AB].

En prenant A(0 ; 0,5) et B(1 ; 0,5) , on obtiendra

```
>>> position(0,0.5,1,0.5,0,0)
'exterieur'
```

lorsque M(0 ; 0) et

```
>>> position(0,0.5,1,0.5,0.8,0.7)
'interieur'
```

lorsque M(0,8 ; 0,7).

```
import matplotlib.pyplot as plt
from random import uniform
x = uniform(…,…)
y = uniform(…,…)
if ..............:plt.plot(x,y,'bo')
else:plt.plot(x,y,'ro')
plt.axis('equal')#repère orthonormé
plt.xlim(0,1)#abscisses de 0 à 1
plt.ylim(0,1)#ordonnées de 0 à 1
plt.show()
```

4. Pour aller plus loin

Les points A et B sont ceux donnés à la question **3.**

a) Compléter le script ci-contre de façon à choisir aléatoirement un point $M(x\,;y)$ avec $0 \leqslant x \leqslant 1$ et $0 \leqslant y \leqslant 1$, qui sera représenté en rouge s'il est intérieur au cercle de diamètre [AB] et en bleu s'il est extérieur.

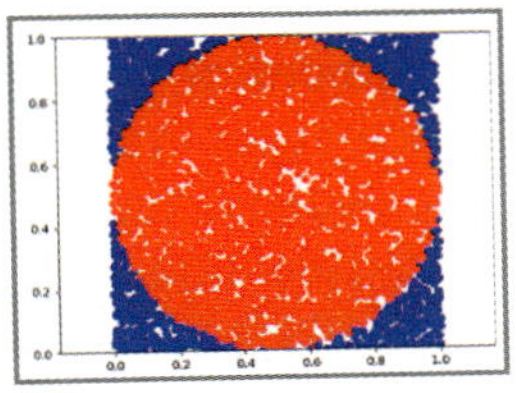

b) Compléter le script précédent pour obtenir l'affichage présenté.

Faire le point

CAPACITÉS	L'ESSENTIEL
Utiliser les différentes définitions du produit scalaire **Définition géométrique**	• $\vec{u}\cdot\vec{v}=0$ si $\vec{u}=\vec{0}$ ou si $\vec{v}=\vec{0}$ • $\vec{u}\cdot\vec{v}=\lVert\vec{u}\rVert\times\lVert\vec{v}\rVert\times\cos(\theta)$ sinon, où θ est une mesure de l'angle formé par les vecteurs $\vec{u}$ et $\vec{v}$.
Définition analytique	Dans un repère orthonormé : $\vec{u}\begin{pmatrix}x\\y\end{pmatrix}\cdot\vec{v}\begin{pmatrix}x'\\y'\end{pmatrix}=x\,x'+y\,y'$
Interprétation en termes de projections	Soit $\vec{u}$ et $\vec{v}$ deux vecteurs et soit $\vec{v'}$ le projeté orthogonal de $\vec{v}$ sur une droite dirigée par $\vec{u}$. $\vec{u}\cdot\vec{v}=\vec{u}\cdot\vec{v'}=\begin{cases}\lVert\vec{u}\rVert\times\lVert\vec{v'}\rVert \text{ si } \vec{u} \text{ et } \vec{v'} \text{ sont de même sens.}\\-\lVert\vec{u}\rVert\times\lVert\vec{v'}\rVert \text{ si } \vec{u} \text{ et } \vec{v'} \text{ sont de sens opposé.}\end{cases}$ 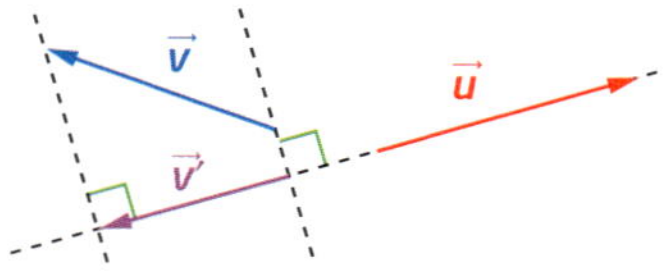
Calculer la projection d'un vecteur sur un axe dans un repère orthonormé	Dans un repère orthonormé $(O\,;\,\vec{i},\,\vec{j})$, tout vecteur $\vec{u}$ non nul se décompose de manière unique sous la forme $\vec{u}=\vec{u_x}+\vec{u_y}$ où $\vec{u_x}$ et $\vec{u_y}$ sont les projetés respectifs du vecteur $\vec{u}$ sur l'axe des abscisses et sur l'axe des ordonnées. 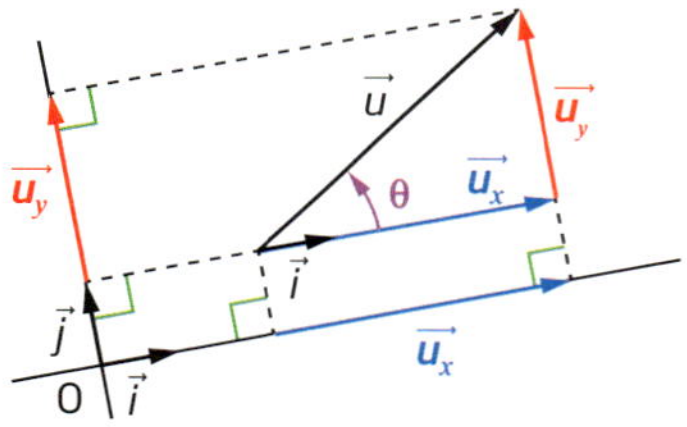 En posant $(\vec{i},\,\vec{u})=\theta$ $\vec{u_x}=\lVert\vec{u}\rVert\cos(\theta)\,\vec{i}$ $\vec{u_y}=\lVert\vec{u}\rVert\sin(\theta)\,\vec{j}$
Utiliser un produit scalaire pour calculer des longueurs	**Théorème d'Al Kashi** Dans tout triangle ABC, en utilisant les notations de la figure ci-contre : $a^2=b^2+c^2-2\,b\,c\cos\widehat{A}$ $b^2=a^2+c^2-2\,a\,c\cos\widehat{B}$ $c^2=a^2+b^2-2\,a\,b\cos\widehat{C}$ 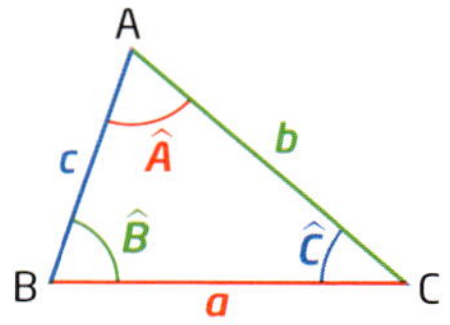 **Égalité du parallélogramme** Dans tout parallélogramme ABCD, on a l'égalité suivante : $AC^2+BD^2=AB^2+BC^2+CD^2+AD^2$ 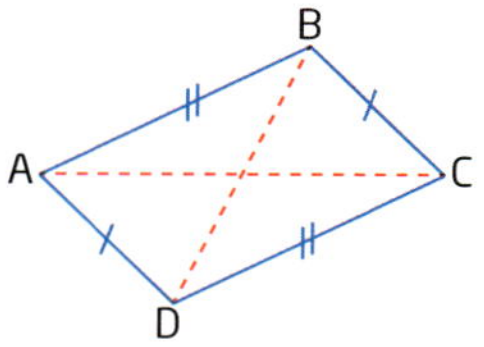
Utiliser un produit scalaire pour **• démontrer l'orthogonalité de deux vecteurs et** **• calculer une mesure d'un angle non orienté**	**Vecteurs orthogonaux** $\vec{u}$ et $\vec{v}$ orthogonaux $\Leftrightarrow \vec{u}\cdot\vec{v}=0$ **Loi des cosinus :** Dans un triangle ABC • avec la définition géométrique : $\cos\widehat{A}=\dfrac{\vec{AB}\cdot\vec{AC}}{AB\times AC}$ • avec le théorème d'Al Kashi : $\cos\widehat{A}=\dfrac{b^2+c^2-a^2}{2\,b\,c}$

S'évaluer

Dans chaque QCM, trouver la ou les bonnes réponses.

QCM Cours 1

1 Soit ABC le triangle ci-contre. $\overrightarrow{BA} \cdot \overrightarrow{BC}$ est égal à :

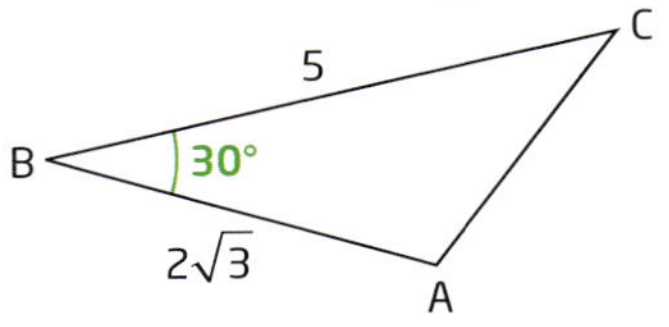

a) $5\sqrt{3}$ b) $\dfrac{5\sqrt{3}}{2}$ c) 15

Vrai ou Faux

Dans un repère orthonormé, $\vec{u}$ et $\vec{v}$ sont deux vecteurs orthogonaux.

a) $\vec{u}\begin{pmatrix}-6\\9\end{pmatrix}$ et $\vec{v}\begin{pmatrix}2\\3\end{pmatrix}$ b) $\vec{u}\begin{pmatrix}-6\\9\end{pmatrix}$ et $\vec{v}\begin{pmatrix}3\\2\end{pmatrix}$ c) $\vec{u}\begin{pmatrix}2\sqrt{2}\\-1\end{pmatrix}$ et $\vec{v}\begin{pmatrix}2\\4\end{pmatrix}$ d) $\vec{u}\begin{pmatrix}15\\2\sqrt{3}\end{pmatrix}$ et $\vec{v}\begin{pmatrix}0\\0\end{pmatrix}$

QCM Cours 2

2 Dans la figure ci-contre, le repère $(O\,;\vec{i},\vec{j})$ est orthonormé. On a :

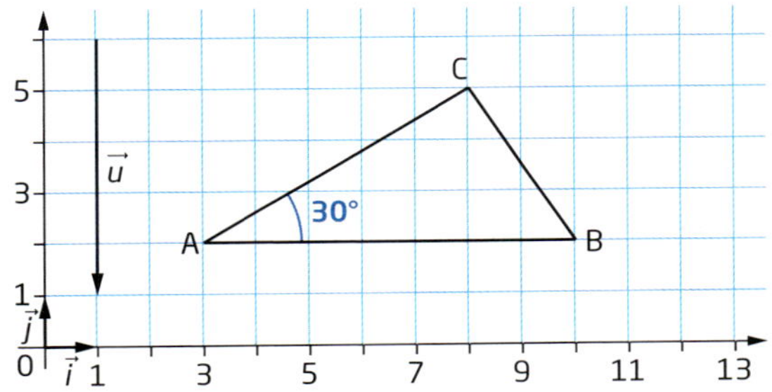

a) $\overrightarrow{AC} \cdot \vec{u} = 15$ b) $\overrightarrow{AC} \cdot \vec{u} = \overrightarrow{BC} \cdot \vec{u}$

c) $\overrightarrow{AC} \cdot \vec{i} = AC \times \dfrac{\sqrt{3}}{2}$ d) $\overrightarrow{AC} \cdot \vec{j} = AC \times \dfrac{\sqrt{3}}{2}$

QCM Cours 3

3 Dans un repère orthonormé, on donne A(– 2 ; 2), B(3 ; 5) et C(6 ; 1).

a) $\overrightarrow{AB}\begin{pmatrix}-5\\-3\end{pmatrix}$ b) $BC = 5$ c) $\overrightarrow{AB} \cdot \overrightarrow{AC} = 43$ d) $\widehat{BAC} \approx 38°$

Pour les deux questions qui suivent, on considère la figure suivante :

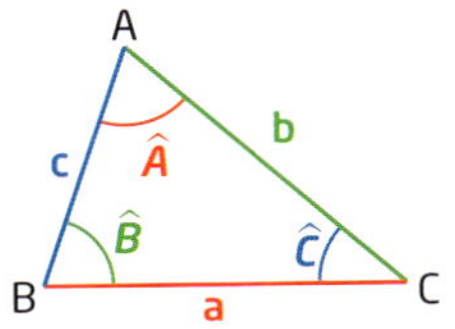

QCM Cours 4

4 Si $a = 5$, $b = 3$ et $\widehat{C} = 60°$, alors :

a) $c \approx 5{,}1$ b) $c = 19$ c) $c \approx 4{,}4$

QCM Cours 5

5 Si a = 4, b = 5 et c = 6, alors :

a) $\cos\widehat{A} = 0{,}6$ b) $\cos\widehat{C} = \dfrac{1}{8}$ c) $\cos\widehat{B} = \dfrac{9}{16}$ d) $\widehat{C} \approx 83°$

QCM Cours 6

6 Soit ABCD le parallélogramme ci-contre :

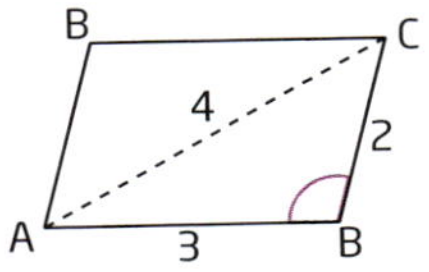

a) $BD = \sqrt{10}$ b) $\widehat{ABC} \approx 104°$ c) $\overrightarrow{AB} \cdot \overrightarrow{AC} < AB^2$

Exercices

Entraînement

1 • Produit scalaire : définition géométrique

1 On donne $\|\vec{u}\| = 3$, $\|\vec{v}\| = 4$ et $(\vec{u}, \vec{v}) = \dfrac{\pi}{3}$.
Calculer $\vec{u} \cdot \vec{v}$.

2 On donne $\|\vec{u}\| = 1$, $\|\vec{v}\| = 2$ et $(\vec{u}, \vec{v}) = 45°$.
Calculer $\vec{u} \cdot \vec{v}$.

3 On donne $\|\vec{u}\| = 2$, $\|\vec{v}\| = \sqrt{3}$ et $(\vec{u}, \vec{v}) = \dfrac{\pi}{6}$.
Calculer $\vec{u} \cdot \vec{v}$.

4 On donne $\|\vec{u}\| = 2$, $\|\vec{v}\| = 3$ et $(\vec{u}, \vec{v}) = 120°$.
Calculer $\vec{u} \cdot \vec{v}$.

5 On donne $\|\vec{u}\| = \dfrac{1}{2}$, $\|\vec{v}\| = 3\sqrt{2}$ et $(\vec{u}, \vec{v}) = -\dfrac{3\pi}{4}$.
Calculer $\vec{u} \cdot \vec{v}$.

6 ABC est un triangle équilatéral de côté 6 cm.
I est le milieu de [AB].
Calculer les produits scalaires suivants :

a) $\overrightarrow{AB} \cdot \overrightarrow{AC}$
b) $\overrightarrow{AB} \cdot \overrightarrow{AI}$
c) $\overrightarrow{IA} \cdot \overrightarrow{IB}$
d) $\overrightarrow{AB} \cdot \overrightarrow{IC}$

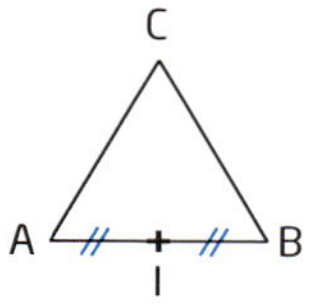

7 ABCDEF est un hexagone régulier de centre O et de côté 2 cm (on rappelle que tous les triangles joignant O à deux sommets consécutifs sont équilatéraux). Calculer :

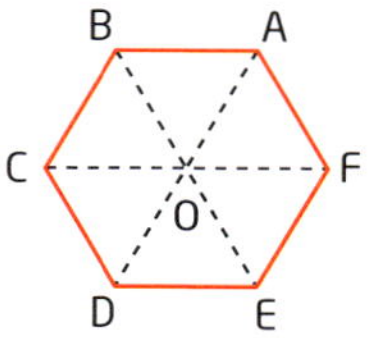

a) $\overrightarrow{OB} \cdot \overrightarrow{OC}$ **b)** $\overrightarrow{CD} \cdot \overrightarrow{CO}$ **c)** $\overrightarrow{AB} \cdot \overrightarrow{AF}$
d) $\overrightarrow{OA} \cdot \overrightarrow{OD}$ **e)** $\overrightarrow{AD} \cdot \overrightarrow{BE}$ **f)** $\overrightarrow{BE} \cdot \overrightarrow{AF}$
g) $\overrightarrow{OC} \cdot \overrightarrow{AF}$ **h)** $\overrightarrow{AB} \cdot \overrightarrow{EF}$ **i)** $\overrightarrow{AB} \cdot \overrightarrow{ED}$

8 Une personne pousse sa voiture en exerçant une force de 200 N suivant une direction qui fait un angle de 25° avec le niveau horizontal de la route.

> ***Rappel*** Le travail d'une force constante $\vec{F}$ (exprimée en Newton) s'exerçant sur un trajet rectiligne d'un point A vers un point B (donné en mètres) est donnée par $\vec{F} \cdot \overrightarrow{AB}$ et s'exprime en joules (J).

Calculer le travail de $\vec{F}$ pour un trajet de 50 m. On arrondira le résultat à l'unité.

9 Calculer le travail en joules de chacune des forces exercées lors d'un déplacement rectiligne de A vers B et préciser dans chaque cas si la force exerce un travail moteur ou résistant.
Les résultats seront arrondis à l'unité et on notera $F = \|\vec{F}\|$.

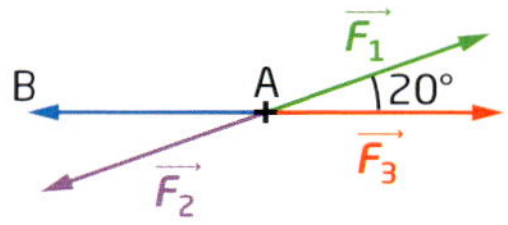

On donne $F_1 = 5$ N, $F_2 = 2{,}7$ N, $F_3 = 6$ N, AB = 75 m.

10 Reprendre l'exercice précédent avec ces nouvelles données : $F_1 = 3$ N, $F_2 = 10$ N, $F_3 = 7$ N, AB = 0,2 km.

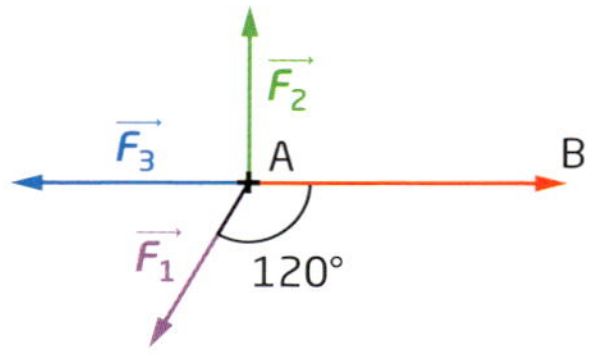

2 • Expression analytique du produit scalaire

Dans toute cette section, le plan est muni d'un repère orthonormé.

11 Pour chaque couple de vecteurs, calculer $\|\vec{u}\|$, $\|\vec{v}\|$ et $\vec{u} \cdot \vec{v}$.

a) $\vec{u}\begin{pmatrix} 2 \\ 5 \end{pmatrix}$ et $\vec{v}\begin{pmatrix} 3 \\ -1 \end{pmatrix}$ **b)** $\vec{u}\begin{pmatrix} 3 \\ -1 \end{pmatrix}$ et $\vec{v}\begin{pmatrix} 2 \\ -2 \end{pmatrix}$

c) $\vec{u}\begin{pmatrix} 1 \\ 3 \\ 5 \end{pmatrix}$ et $\vec{v}\begin{pmatrix} 6 \\ \frac{1}{2} \end{pmatrix}$ **d)** $\vec{u}\begin{pmatrix} -3 \\ 0 \end{pmatrix}$ et $\vec{v}\begin{pmatrix} 2 \\ 19 \end{pmatrix}$

12 On donne A(2 ; 3), B(– 2 ; 7) et C(– 3 ; 5).
a) Calculer les coordonnées des vecteurs $\overrightarrow{AB}$ et $\overrightarrow{AC}$ puis en déduire la valeur de $\overrightarrow{AB} \cdot \overrightarrow{AC}$.
b) Calculer de même $\overrightarrow{BA} \cdot \overrightarrow{BC}$.

13 Pour chaque couple de vecteurs, calculer le produit scalaire $\overrightarrow{AB} \cdot \overrightarrow{AC}$ et préciser si l'angle $\widehat{BAC}$ est aigu, obtus ou droit.

a) $\overrightarrow{AB}\begin{pmatrix}5\\2\end{pmatrix}$ et $\overrightarrow{AC}\begin{pmatrix}4\\-3\end{pmatrix}$

b) $\overrightarrow{AB}\begin{pmatrix}16\\8\end{pmatrix}$ et $\overrightarrow{AC}\begin{pmatrix}-2\\4\end{pmatrix}$

c) $\overrightarrow{AB}\begin{pmatrix}2\\-3\end{pmatrix}$ et $\overrightarrow{AC}\begin{pmatrix}-6\\4\end{pmatrix}$

d) $\overrightarrow{AB}\begin{pmatrix}-1\\-2\end{pmatrix}$ et $\overrightarrow{AC}\begin{pmatrix}1\\2\end{pmatrix}$

14 **a)** $\vec{u}\begin{pmatrix}7\\-2\end{pmatrix}$ et $\vec{v}\begin{pmatrix}4\\14\end{pmatrix}$ sont-ils orthogonaux ?

b) $\vec{u}\begin{pmatrix}2\\\sqrt{3}\end{pmatrix}$ et $\vec{v}\begin{pmatrix}\sqrt{3}\\2\sqrt{3}\end{pmatrix}$ sont-ils orthogonaux ?

15 Dans chaque cas, déterminer la valeur du réel inconnu pour que les vecteurs $\vec{u}$ et $\vec{v}$ soient orthogonaux.

a) $\vec{u}\begin{pmatrix}a\\6\end{pmatrix}$ et $\vec{v}\begin{pmatrix}2\\3\end{pmatrix}$

b) $\vec{u}\begin{pmatrix}-3\\b\end{pmatrix}$ et $\vec{v}\begin{pmatrix}5\\7\end{pmatrix}$

c) $\vec{u}\begin{pmatrix}c-2\\7\end{pmatrix}$ et $\vec{v}\begin{pmatrix}3\\3\end{pmatrix}$

16 En utilisant le produit scalaire, dire dans chacun des cas suivants si les droites (AB) et (MN) sont perpendiculaires.

a) A(1 ; 4), B(4 ; 3), M(– 2 ; 2) et N(3 ; 1).

b) A(– 3 ; 7), B(3 ; – 3), M(– 2 ; – 1) et N(6 ; 4).

c) A(– 1 ; 7), B(4 ; – 1), M(– 3 ; 2) et N(5 ; 7).

17 En utilisant le produit scalaire, dire dans chacun des cas suivants si le triangle ABC est rectangle ou non.

a) A(– 2 ; 2), B(8 ; 4) et C(3 ; – 2)

b) A(– 1 ; 1,5), B(0 ; 4) et C(5 ; 2)

c) A(8 ; 2), B(2 ; 4) et C(– 2 ; – 8)

18 **Exercice guidé Droites orthogonales**

Les droites $\mathcal{D}$ et $\mathcal{D}'$ d'équations respectives $y = -3x + 5$ et $y = \frac{1}{3}x - 2$ sont-elles perpendiculaires ?

Étape 1 : Déterminer les coordonnées des points A et B appartenant à la droite $\mathcal{D}$ d'abscisses respectives 0 et - 1.

Étape 2 : Déterminer les coordonnées de deux points M et N appartenant à la droite $\mathcal{D}'$ (on pourra prendre comme abscisses 0 et 6).

Étape 3 : Calculer $\overrightarrow{AB} \cdot \overrightarrow{MN}$.

Étape 4 : $\mathcal{D}$ et $\mathcal{D}'$ sont-elles perpendiculaires ?

19 Même exercice que le précédent avec :

$$\mathcal{D} : y = 2x + 5 \quad \text{et} \quad \mathcal{D}' : y = -\frac{3}{2}x - 2$$

20 On considère les points A(1 ; 3), B(– 3 ; – 3) et C(2 ; – 2). Quelle est la nature du triangle ABC ?

21 Soit $\mathcal{C}$ le cercle de centre I(1 ; 2) et de rayon $\sqrt{2}$ et $\mathcal{D}$ la droite d'équation $y = x - 1$.

a) Soit A le point de la droite $\mathcal{D}$ d'abscisse 2. Calculer son ordonnée.

b) Vérifier que A appartient au cercle $\mathcal{C}$.

c) Soit B le point de $\mathcal{D}$ d'ordonnée 4. Calculer son abscisse.

d) La droite $\mathcal{D}$ est-elle tangente au cercle $\mathcal{C}$?

22 Soit ABCD le quadrilatère représenté ci-dessous.

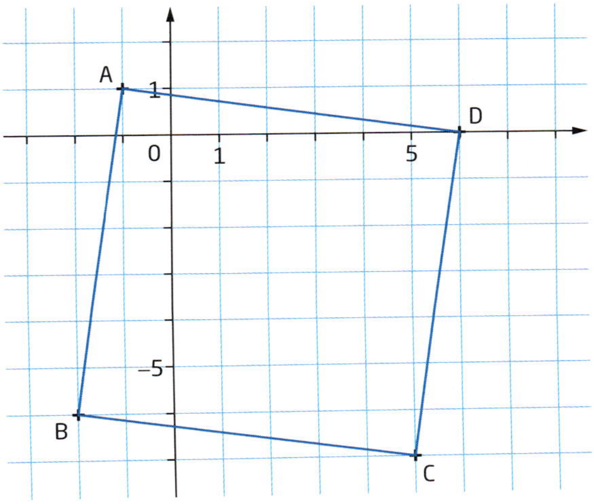

Quelle est la nature de ABCD ?

Exercices

Entraînement

23 On considère les points $A(1\ ;\ -1)$, $B(2\ ;\ \sqrt{2}\ )$, $C(3\ ;1)$ et $D(2\ ;\ -\sqrt{2}\ )$.

> ***Conseil*** En géométrie, pas de conjecture sans figure !

a) Formuler une conjecture sur la nature du quadrilatère ABCD.

b) Démontrer cette conjecture.

24 On donne $A(-2\ ;0)$, $B(0\ ;5)$ et $C(10\ ;1)$.

a) Montrer que le triangle ABC est rectangle.

b) Calculer les mesures des angles aigus du triangle ABC au degré près.

25 On donne : $\vec{u}\begin{pmatrix}1\\2\end{pmatrix}$, $\vec{v}\begin{pmatrix}-3\\-1\end{pmatrix}$ et $\vec{w}\begin{pmatrix}-1\\0\end{pmatrix}$. Calculer :

a) $\vec{u}\cdot(-2\vec{v})$ **b)** $\vec{u}\cdot(\vec{v}+\vec{w})$

c) $2\vec{u}\cdot(\vec{v}+3\vec{w})$

26 Soit $A(1\ ;-2)$ et $B(6\ ;1)$.
Existe-t-il un point M d'abscisse 5 tel que le triangle ABM soit rectangle en M ?

27 On considère le rectangle ABCD tel que $AB = 7$ cm et $AD = 4$ cm. M est un point appartenant à la droite (BC).
Déterminer la position du point M pour que les droites (AM) et (DB) soient perpendiculaires.

3 • Produit scalaire et projections orthogonales

28 Les points A, B, C et D appartiennent à la droite (OI). On pose $OI = 1$.

Calculer les produits scalaires suivants :

a) $\overrightarrow{OI}\cdot\overrightarrow{OA}$

b) $\overrightarrow{AC}\cdot\overrightarrow{AD}$

c) $\overrightarrow{AB}\cdot\overrightarrow{DC}$

d) $\overrightarrow{AB}\cdot\overrightarrow{IC}$

e) $\overrightarrow{AD}\cdot\overrightarrow{CB}$

f) $\overrightarrow{AI}\cdot\overrightarrow{CD}$

29 En utilisant le quadrillage, calculer :

a) $\overrightarrow{AB}\cdot\overrightarrow{AC}$

b) $\overrightarrow{AB}\cdot\overrightarrow{CD}$

c) $\overrightarrow{AB}\cdot\overrightarrow{AE}$

d) $\overrightarrow{AB}\cdot\overrightarrow{AG}$

e) $\overrightarrow{AE}\cdot\overrightarrow{AG}$

f) $\overrightarrow{AB}\cdot\overrightarrow{AD}$ de deux façons différentes.

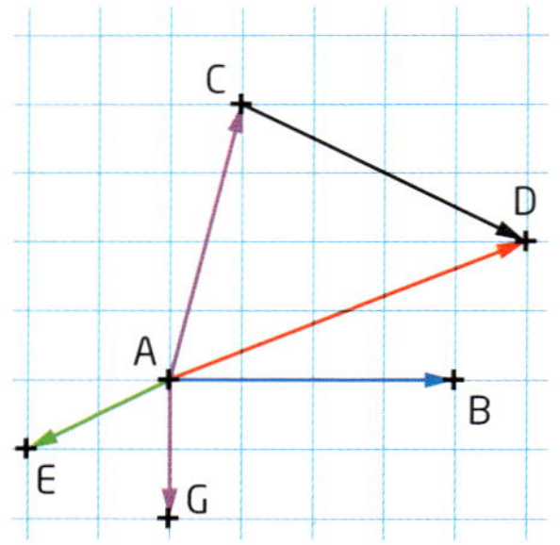

30 Dans chacun des cas suivants, calculer le produit scalaire $\vec{u}\cdot\vec{v}$ (l'unité est la longueur du côté d'un carreau).

a)

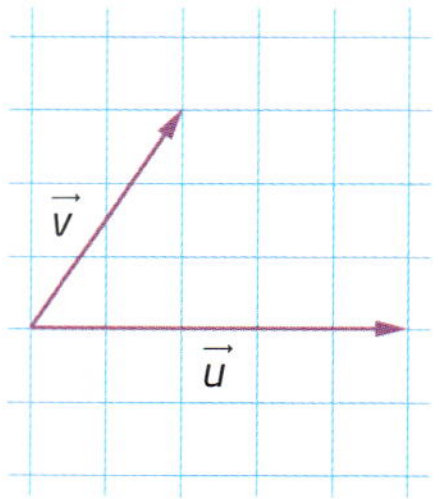

b)

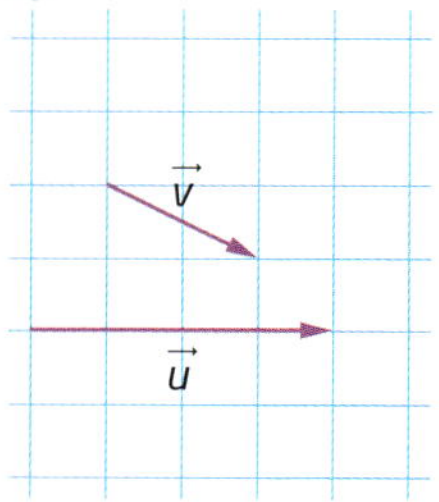

c)

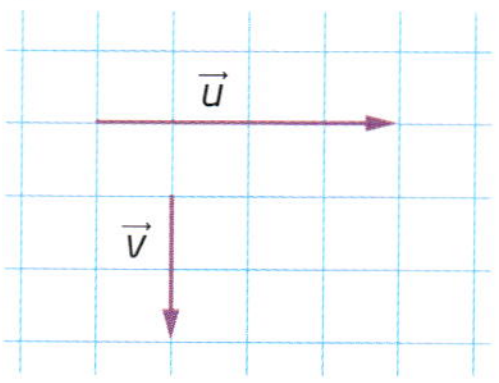

d)

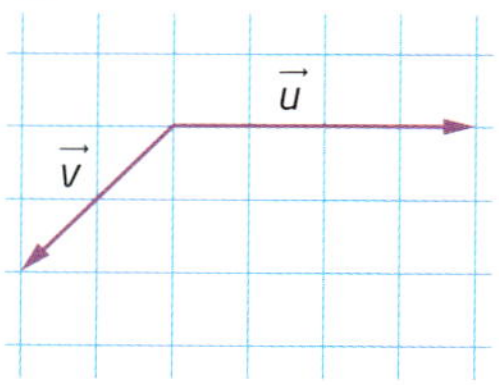

e)

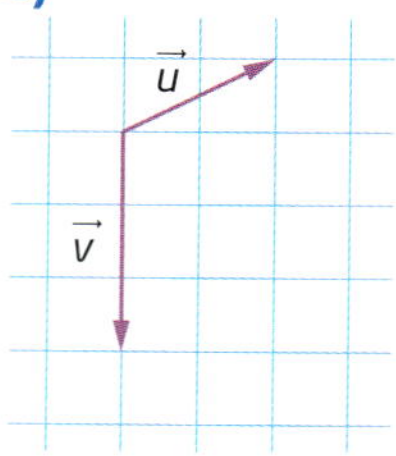

f)

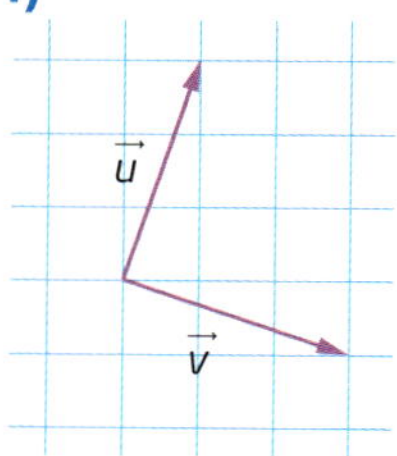

31 Soit ABCD un carré de centre O, avec $AB = 4$ et soit I le milieu de [AB].

a) Faire une figure.

b) Calculer $\overrightarrow{AB}\cdot\overrightarrow{BC}$, $\overrightarrow{AB}\cdot\overrightarrow{CD}$, $\overrightarrow{AB}\cdot\overrightarrow{DO}$ et $\overrightarrow{AB}\cdot\overrightarrow{AC}$.

4 • Applications du produit scalaire

Dans les exercices 32 à 35, le plan est muni d'un repère orthonormé (O ; $\vec{i}$, $\vec{j}$).

32 Exercice guidé **Calculer la mesure d'un angle**

On donne A(1 ; 3), B(3 ; 1) et C(4 ; 4) et on pose $\vec{u} = \overrightarrow{AB}$ et $\vec{v} = \overrightarrow{AC}$.

Le but de l'exercice est de déterminer une mesure de l'angle géométrique $\widehat{BAC}$.

Étape 1 : Faire une figure.

Étape 2 : Calculer les coordonnées de $\vec{u}$ et de $\vec{v}$.

Étape 3 : En déduire $\vec{u} \cdot \vec{v}$, $\|\vec{u}\|$ et $\|\vec{v}\|$.

Étape 4 : En utilisant la définition géométrique du produit scalaire, calculer $\cos(\vec{u}, \vec{v})$.

Étape 5 : En déduire la mesure en radian, puis en degré de l'angle $\widehat{BAC}$.

33 Dans chacun des cas suivants, déterminer $\vec{u} \cdot \vec{v}$, $\|\vec{u}\|$, $\|\vec{v}\|$ puis en déduire $\cos(\vec{u}, \vec{v})$ et une mesure possible de l'angle $(\vec{u}, \vec{v})$ en radian.

a) $\vec{u}\begin{pmatrix} 2 \\ -1 \end{pmatrix}$ et $\vec{v}\begin{pmatrix} 1 \\ 3 \end{pmatrix}$.

b) $\vec{u}\begin{pmatrix} 2 \\ -1 \end{pmatrix}$ et $\vec{v}\begin{pmatrix} -1 \\ 3 \end{pmatrix}$.

c) $\vec{u}\begin{pmatrix} 2 \\ -6 \end{pmatrix}$ et $\vec{v}\begin{pmatrix} 9 \\ 3 \end{pmatrix}$.

34 On donne A(– 1 ; – 3), B(5 ; – 1) et C (0 ; 1).

a) Calculer $\overrightarrow{AB} \cdot \overrightarrow{AC}$, AB, AC et en déduire une valeur approchée de $\widehat{BAC}$ à 0,1° près.

b) Calculer de la même façon une valeur approchée de $\widehat{BCA}$ à 0,1° près.

c) Déduire des résultats précédents une valeur approchée au dixième de l'angle $\widehat{ABC}$.

35 **a)** Placer les points A(– 2 ; 3), B(8 ; – 5) et C(1 ; – 3) et D(6 ; 2).

b) On appelle I le point d'intersection des droites (AB) et (CD). Calculer la mesure de l'angle $\widehat{AIC}$ au dixième de degré près.

36 Soit ABCD un carré de côté a. Les points I et J sont les milieux respectifs de [AB] et [BC] et on appelle K le point d'intersection des droites (AJ) et (CI). Déterminer une valeur approchée à 0,1° près de l'angle $\widehat{CKJ}$.

37 Dans le triangle ABC, calculer dans chaque cas la longueur manquante.

a) AB = 3, AC = 5 et $\widehat{BAC} = \frac{\pi}{3}$. Calculer BC.

b) AB = 3, BC = 2 et $\widehat{ABC} = \frac{3\pi}{4}$. Calculer AC.

c) AC = BC = 5 et $\widehat{ACB}$ = 15°. Calculer AB.

d) AB = 1, AC = 2 et $\widehat{BAC}$ = 60°. Déterminer BC.

38 **a)** Construire un triangle ABC tel que AB = 7 cm, AC = 5 cm et $(\overrightarrow{AB} ; \overrightarrow{AC}) = \frac{\pi}{6}$.

b) Calculer la valeur exacte de BC.

c) En déduire une valeur approchée au degré près de l'angle $\widehat{ACB}$.

39 Soit ABC un triangle avec AB = 5, BC = 2, AC = 6. Calculer la mesure des trois angles de ce triangle. On donnera des valeurs approchées au dixième de degré près.

40 Reprendre l'exercice précédent avec un triangle MNP tel que MN = 8, PN = 5 et MN = 10.

41 Soit ABCD un parallélogramme tel que AB = 8 cm, AD = 5 cm et $\widehat{BAD}$ = 120°.

a) Construire ce parallélogramme.

b) Calculer BD. En donner une valeur approchée au millimètre près.

c) En déduire une valeur approchée de AC au millimètre près.

42 Soit ABCD un parallélogramme de centre O avec AC = 4,2 cm et BD = 5,1 cm.

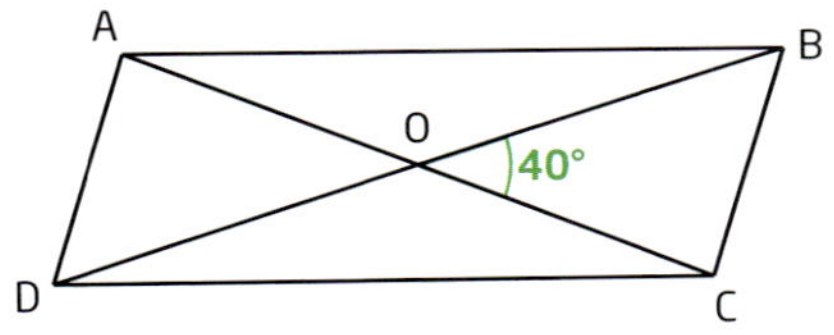

Calculer les longueurs des côtés de ce parallélogramme (on arrondira au millimètre).

Exercices

Entraînement

43 On souhaite calculer la somme de deux forces. Soit $\vec{F_1}$ et $\vec{F_2}$ deux forces s'exerçant sur un même point O et d'intensités respectives $F_1 = 40$ N et $F_2 = 30$ N en formant un angle de 50° comme l'illustre le schéma ci-dessous.

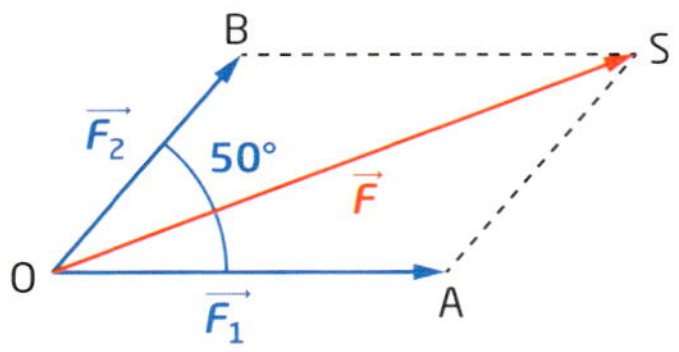

Ces deux forces s'exerçant simultanément sur O peuvent être résumées par une seule force $\vec{F}$ appelée **force résultante** et obtenue par la relation : $\vec{F} = \vec{F_1} + \vec{F_2}$.

On souhaite déterminer l'intensité et la direction de $\vec{F}$.

a) Déterminer la mesure de l'angle $\widehat{OAS}$.

b) En déduire la valeur approchée à 0,01 près de la distance OS.

c) Calculer enfin l'angle $\widehat{AOS}$ à 0,1° près.

d) Conclure par rapport au problème posé.

44 Le train avant d'un avion A380 est représenté par le schéma ci-dessous (qui n'est pas à l'échelle).

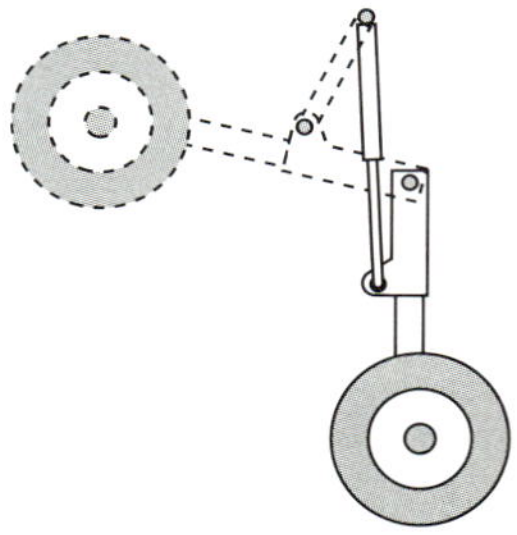

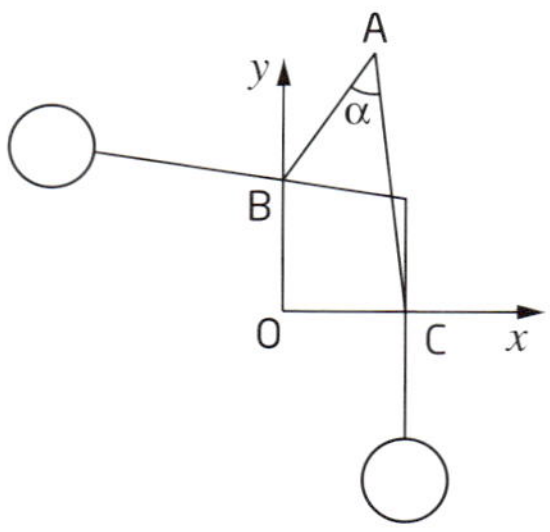

Le segment [AC] représente le vérin en position « train sorti » et le segment [AB] le vérin en position « train rentré ».

On se place dans un repère orthonormé $(O\,;\vec{i},\vec{j})$ où $\vec{i}$ et $\vec{j}$ sont les vecteurs unitaires de (Ox) et (Oy). En prenant 1 m comme unité graphique, on a repéré les points A, B et C de coordonnées respectives (0,8 ; 0,2), (0 ; 1,2) et (1,1 ; 0).

Le but de l'exercice est de déterminer l'allongement $\delta = AC - AB$ et le débattement α du vérin.

1. a) Calculer les coordonnées des vecteurs $\overrightarrow{AB}$ et $\overrightarrow{AC}$.

b) En déduire l'allongement du vérin, arrondi au millimètre près.

2. a) Calculer le produit scalaire $\overrightarrow{AB} \cdot \overrightarrow{AC}$.

b) En déduire une mesure de α au dixième de degré près.

45 Une poutrelle de poids inconnu est soulevée par deux élingues [AB] et [AC] selon le schéma ci-dessous :

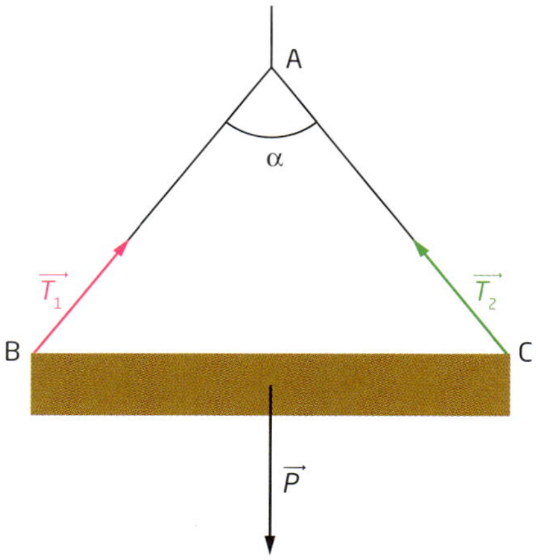

Les forces imposées dans les élingues et le poids de la poutrelle sont respectivement représentées par les vecteurs $\vec{T_1}$, $\vec{T_2}$ et $\vec{P}$.

α est l'angle entre deux élingues (ou angle d'élingage).

1. On considère un repère orthonormé d'unité graphique 1 cm, où 1 cm représente 1 000 Newton $\vec{T_1}$ est représenté par le vecteur $\overrightarrow{OM_1}$ de coordonnées (4 ; 5) et $\vec{T_2}$ par $\overrightarrow{OM_2}$ de coordonnées (– 4 ; 5).

Placer les vecteurs $\overrightarrow{OM_1}$ et $\overrightarrow{OM_2}$ dans ce repère.

2. Étude du poids

a) Construire dans ce repère le vecteur $\overrightarrow{OM}$ tel que : $\overrightarrow{OM} = \overrightarrow{OM_1} + \overrightarrow{OM_2}$.

b) Calculer les coordonnées du point M.

c) Tracer le vecteur $\vec{P} = -\overrightarrow{OM}$ et donner ses coordonnées.

d) En déduire la valeur, en Newton (N), du poids de la charge.

3. Étude de la tension et de l'angle

a) Calculer $\overrightarrow{OM_1} \cdot \overrightarrow{OM_2}$, $\|\overrightarrow{OM_1}\|$ et $\|\overrightarrow{OM_2}\|$.

b) En déduire une valeur approchée à l'unité de la tension dans chaque élingue, exprimée en Newton.

c) Déterminer l'angle d'élingage α, arrondi au degré.

46 Afin de réduire les pertes aérodynamiques, les concepteurs de véhicules s'imposent une contrainte : la mesure de l'angle « capot/pare-brise » doit être supérieure à 150°.

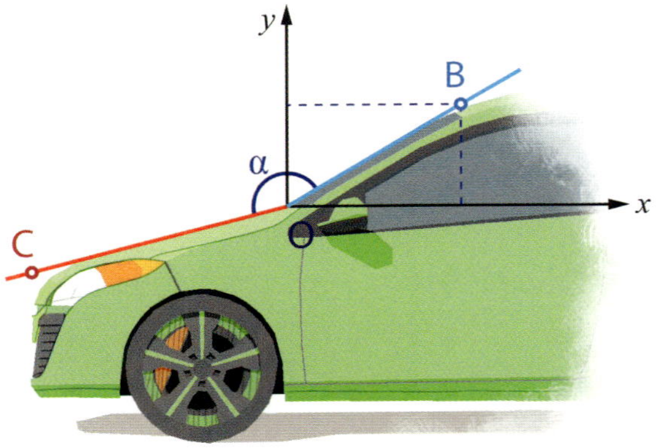

En considérant que les points O, B et C sont dans un même plan vertical muni d'un repère orthonormé d'origine O et d'axes (Ox) et (Oy), on a obtenu les coordonnées suivantes :
B(67,9 ; 37) et C(– 92,7 ; – 24,7).
La contrainte imposée est-elle vérifiée ?

47 Les micro-ondes sont générées dans un magnétron, cavité métallique cylindrique dont la dimension permet d'accueillir un champ électromagnétique à la fréquence de 2,45 GHz, propre à ces fours. Rapporté à un repère orthonormé du plan, le parcours d'une onde est donné par le schéma ci-dessous.

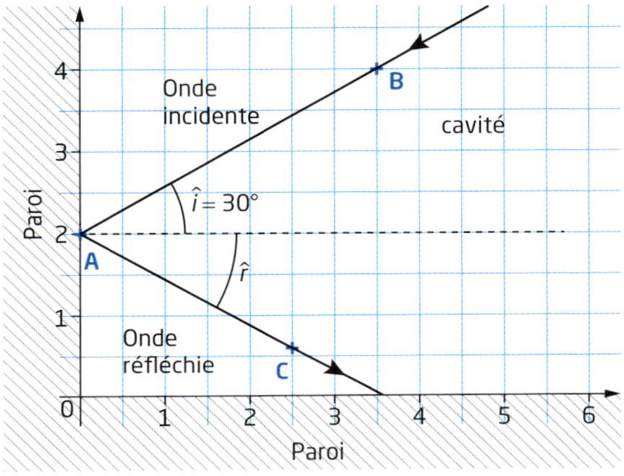

a) Calculer les coordonnées des vecteurs $\overrightarrow{AB}$ et $\overrightarrow{AC}$, puis le produit scalaire $\overrightarrow{AB} \cdot \overrightarrow{AC}$.

b) En déduire la mesure de l'angle $\widehat{BAC}$, arrondie au degré près.

c) Que peut-on conjecturer concernant les mesures $\hat{i}$ de l'angle incident et de l'angle réfléchi $\hat{r}$?

Exercices

Approfondissement

Compétences
1 chercher 2 modéliser 3 représenter
4 raisonner 5 calculer 6 communiquer

48 Soit x et y deux nombres réels positifs.
Soit A, B et M trois points tels que M appartienne au segment [AB], AM = x et BM = y.

1. a) Reproduire la figure ci-dessous pour différentes valeurs entières de x et de y et mesurer à chaque fois la longueur AD.
(On pourra utiliser un logiciel de géométrie dynamique.)

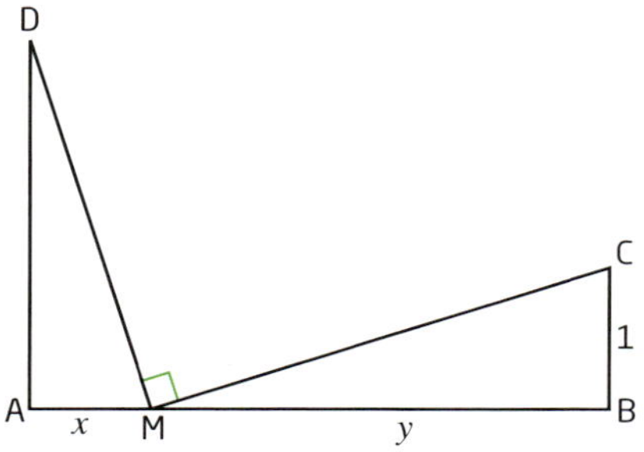

b) Émettre une conjecture sur l'expression de la longueur AD en fonction de x et de y.

2. On se place dans un repère orthonormé d'origine A de sorte que M(x ; 0) et D(0 ; δ).

1 **a)** Donner les coordonnées des points B et C.

5 **b)** En utilisant l'orthogonalité des vecteurs $\overrightarrow{MC}$ et $\overrightarrow{MD}$, exprimer δ en fonction de x et y.

3. On fixe à présent les positions de A et B avec AB = 10.

5 **a)** Exprimer δ en fonction de x.

4 **b)** Déterminer la valeur maximale de δ.

4 **c)** Soit f la fonction qui à tout nombre réel de $x \in [0 ; 10]$ associe la somme des aires des triangles AMD et MBC.
Déterminer la valeur maximale de $f(x)$.

> ***Aide*** On utilisera si nécessaire la copie d'écran ci-dessous où, à l'aide d'un logiciel de calcul formel, on a résolu l'équation :
>
> $$3x^2 - 20x + 1 = 0$$
>
> **Résoudre(3x² – 20x + 1 = 0)**
>
> $$\rightarrow \left\{ \mathbf{x = \frac{-\sqrt{97}+10}{3}, x = \frac{\sqrt{97}+10}{3}} \right\}$$

49 Le rectangle OABC ci-dessous représente la scène d'un théâtre vue de dessus. Les dimensions de la scène sont OA = 15 m et OC = 10 m. Au point O, on place un spot permettant d'éclairer la zone limitée par les segments de droite [OI] et [OJ] où I est le milieu de [AB] et J est le milieu de [CB].
Le plan est muni du repère orthonormal donné sur la figure, d'origine O et d'unité graphique le mètre.

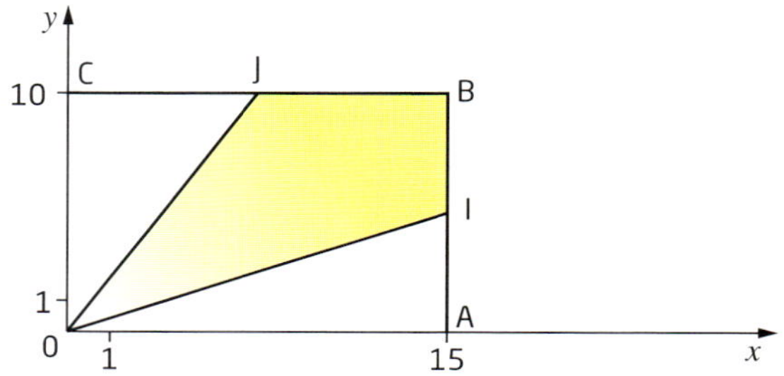

5 **a)** Calculer les coordonnées des points I et J.

5 **b)** Calculer le produit scalaire $\overrightarrow{OI} \cdot \overrightarrow{OJ}$.

1 4 **c)** En déduire la mesure, arrondie au degré près, de l'écartement du faisceau lumineux $\widehat{IOJ}$.

5 **d)** Calculer la proportion de la scène éclairée. On donnera un arrondi au % près.

50 Soit A, B et C trois points du plan tels que AB = 4, AC = 6 et $\overrightarrow{AB} \cdot \overrightarrow{AC} = -14$.
4 5
Dans chacun des cas suivants, justifier si les affirmations sont vraies ou fausses.

a) Les points A, B et C sont alignés.

b) $\widehat{BAC} = \dfrac{\pi}{5}$.

c) $BC = 4\sqrt{5}$.

Pour les exercices **51** et **52**, on se place dans un repère orthonormé (O ; $\vec{i}$, $\vec{j}$).

51 On considère les points A(– 1 ; 0), B(3 ; 3).
On souhaite déterminer une équation cartésienne du cercle $\mathscr{C}$ de diamètre [AB] par deux méthodes différentes.

1. Avec centre et rayon

(5) **a)** Calculer les coordonnées du point K, milieu de [AB].

(5) **b)** Calculer le rayon du cercle $\mathscr{C}$.

(4) **c)** Soit M(x ; y) un point du cercle $\mathscr{C}$. Montrer que l'on a : $(x-1)^2+(y-1{,}5)^2=6{,}25$

2. À partir d'un diamètre
Soit M(x ; y) un point du cercle $\mathscr{C}$.

> ***Rappel*** Un point M appartient au cercle $\mathscr{C}$ de diamètre [AB] si et seulement si AMB est un triangle rectangle en M.

(5) **a)** Calculer les coordonnées de $\overrightarrow{MA}$ et $\overrightarrow{MB}$.

(5) **b)** Calculer le produit scalaire $\overrightarrow{MA}\cdot\overrightarrow{MB}$.

(4)(5) **c)** En déduire une équation du cercle $\mathscr{C}$ et vérifier qu'elle est équivalente à celle obtenue dans la question **1. c)**.

52 (4)(5) En utilisant l'exercice précédent, déterminer l'équation du cercle :

a) de centre I(2 ; – 3) et de rayon 5.

b) de diamètre [AB] avec A(4 ; 3), B(– 2 ; 1).

53 (5)(4)(1)(6) Déterminer une valeur approchée au millimètre près du périmètre du quadrilatère ABCD.

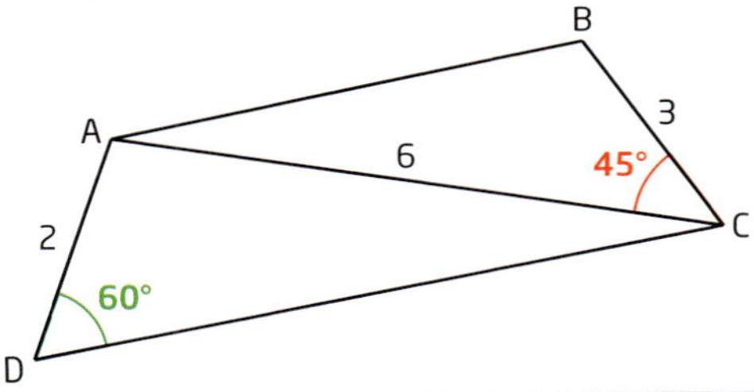

> ***Aide*** On utilisera au besoin la copie d'écran suivante où, à l'aide d'un logiciel de calcul formel, on a résolu l'équation $x^2-2x-32=0$.
>
> **Résoudre(x² - 2x - 32 = 0)**
>
> → $\{x=-\sqrt{33}+1, x=\sqrt{33}+1\}$

54 Un solide est en équilibre sur un plan incliné. Ce solide est soumis à trois forces :
- son poids : $\vec{P}$
- la réaction du support : $\vec{R}$
- la tension de la corde : $\vec{T}$

On sait que P = 20 N et $\alpha = 30°$.

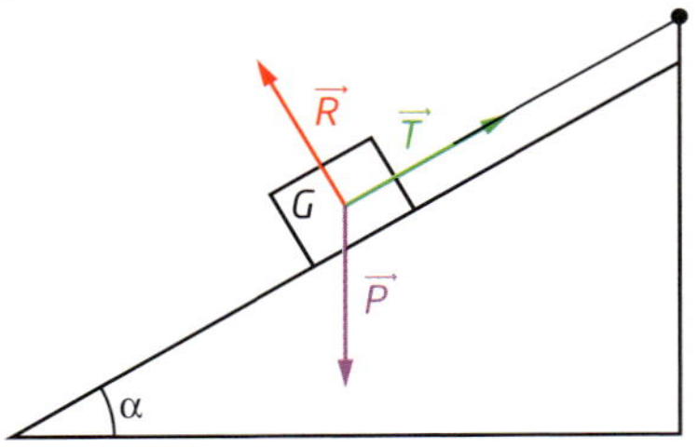

On cherche à déterminer l'intensité des deux autres forces.
Pour cela, on se place dans le repère orthonormé (G ; $\vec{i}$, $\vec{j}$).

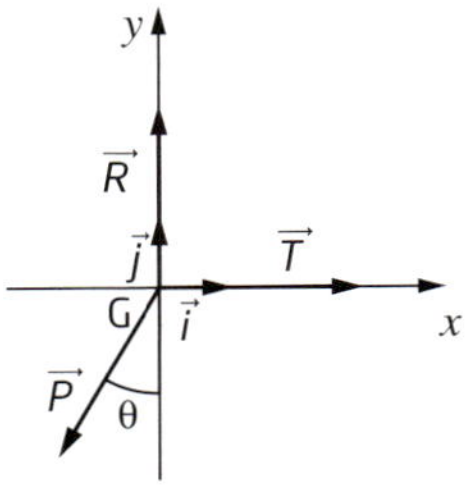

(1) **a)** Justifier que $\theta = 30°$

(3)(4)(5) **b)** On pose $\vec{P}=\vec{P_x}+\vec{P_y}$ où $\vec{P_x}$ et $\vec{P_y}$ sont les projetés orthogonaux de $\vec{P}$ sur les axes (Gx) et (Gy).
Calculer $\|\vec{P_x}\|$ et $\|\vec{P_y}\|$.

(4) **c)** Faire de même pour les vecteurs $\vec{R}$ et $\vec{T}$.

d) Dire que le solide est en équilibre signifie que $\vec{P}+\vec{R}+\vec{T}=\vec{0}$.
Montrer que $\|\vec{R}\|-\|\vec{P}\|\cos(\theta)=0$
et que $\|\vec{T}\|-\|\vec{P}\|\sin(\theta)=0$.

(4) **e)** En déduire l'intensité des forces $\vec{R}$ et $\vec{T}$.

Exercices

Approfondissement

Compétences
(1) chercher (2) modéliser (3) représenter
(4) raisonner (5) calculer (6) communiquer

55 ABCD est un trapèze rectangle comme représenté ci-dessous tel que AB = 8, CD = 3 et AD = 6. O est le point d'intersection de ses diagonales.

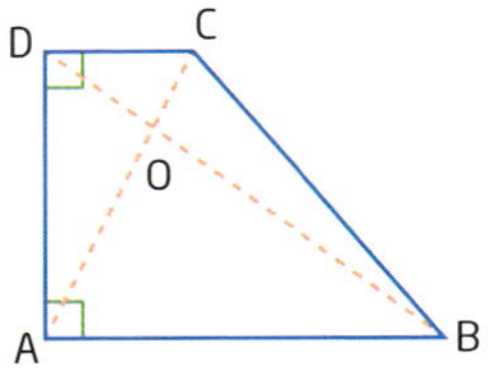

1. Première méthode

(5) **a)** Calculer $\overrightarrow{AC} \cdot \overrightarrow{AD}$.

(3)(5) **b)** En remarquant que $\overrightarrow{AC} = \overrightarrow{AD} + \overrightarrow{DC}$ et en effectuant une décomposition semblable pour $\overrightarrow{BD}$, prouver que : $\overrightarrow{AC} \cdot \overrightarrow{BD} = 12$.

(5) **c)** Déterminer alors la mesure de l'angle $\widehat{AOB}$ arrondie au degré près.

2. Deuxième méthode

(2) **a)** En utilisant un repère orthonormé bien choisi, donner les coordonnées de A, B, C et D.

(5) **b)** Calculer $\overrightarrow{AC} \cdot \overrightarrow{BD}$ et en déduire la mesure de l'angle $\widehat{AOB}$ arrondie au degré près.

56 **1.** Ouvrir un logiciel de géométrie dynamique.

a) Placer un point O, puis dessiner un cercle $\mathscr{C}$ de centre O et de rayon 4.

b) Placer un point M, puis un second point N de telle sorte que la droite (MN) coupe le cercle $\mathscr{C}$.

c) Placer les points d'intersection de la droite (MN) et du cercle $\mathscr{C}$. Les nommer A et B.

d) Dessiner des représentants des vecteurs $\overrightarrow{MA}$ et $\overrightarrow{MB}$.

e) Faire afficher le résultat du produit scalaire $p = \overrightarrow{MA} \cdot \overrightarrow{MB}$.

(2)(6) **2. a)** Sans bouger le point M, faire varier la position de N. Que remarquez-vous ?

(2)(6) **b)** Sans bouger le point N, faire à présent varier la position de M. Conjecturer le signe de p en fonction de la position de M.

> ***Aide*** On pourra utiliser le résultat suivant : un point P appartient à un cercle de diamètre [AB] si et seulement si $\overrightarrow{PA} \cdot \overrightarrow{PB} = 0$.

> Atelier 5

(4) **3. a)** Soit A′ le point symétrique de A par rapport à O. Montrer que :

$$\overrightarrow{MA} \cdot \overrightarrow{MB} = \overrightarrow{MA} \cdot \overrightarrow{MA'}$$

(5) **b)** En utilisant le fait que $\overrightarrow{MA} = \overrightarrow{MO} + \overrightarrow{OA}$ et que $\overrightarrow{MA'} = \overrightarrow{MO} + \overrightarrow{OA'}$, calculer p et en déduire que cette valeur ne dépend que de la position de M et du cercle $\mathscr{C}$.

(4) **c)** Utiliser l'expression de p obtenue dans la question précédente pour étudier son signe suivant la position de M.

57 Le plan est rapporté à un repère orthonormé $(O\,;\vec{u},\vec{v})$.

(5) **1.** On considère l'équation (E) d'inconnue z :

$$(2 - i)z = 2 - 6i$$

a) Résoudre dans $\mathbb{C}$ l'équation (E). On notera z_1 la solution de (E) que l'on écrira sous forme algébrique.

b) Déterminer la forme trigonométrique de z_1.

c) Soit z_2 le nombre complexe défini par :

$$z_2 = -i \times z_1.$$

Déterminer la forme algébrique et la forme trigonométrique de z_2.

2. Soit A, B et C les points du plan d'affixes respectives : $z_A = 2 - 2i$, $z_B = -2 - 2i$, $z_B = -4i$.

(3) **a)** Placer les points A, B et C dans le plan complexe.

(5) **b)** Calculer le produit scalaire $\overrightarrow{CA} \cdot \overrightarrow{CB}$.

(4)(5) **c)** Déterminer la nature du triangle ABC.

58 3 5 Le **halage** est un mode de traction terrestre des bateaux fluviaux destinés au transport de marchandises. Les embarcations sont tirées à partir de la rive au moyen d'une corde par des hommes ou des animaux circulant sur un chemin parallèle au cours d'eau appelé **chemin de halage**.

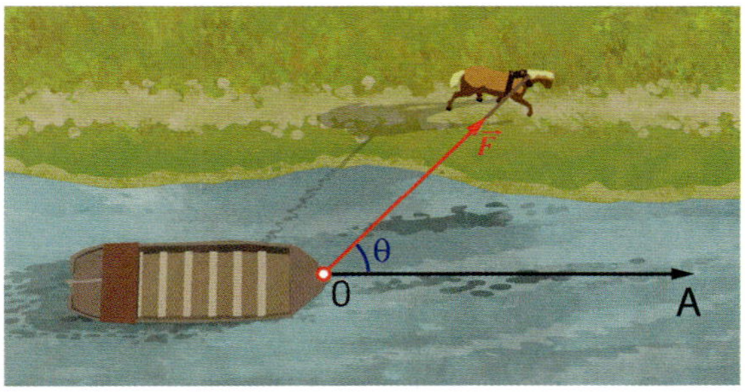

On suppose que le cheval exerce une force $\vec{F}$ constante d'intensité F et que l'angle θ entre la force $\vec{F}$ et le déplacement $\overrightarrow{OA}$ de la péniche reste constant.

1. On suppose dans cette question que $F = 3\ 500$ N, $\theta = 45°$ et $OA = 300$ m.

a) Calculer le travail exercé par la force $\vec{F}$ durant ce déplacement.

b) Si la péniche est tirée par un bateau suivant l'axe du déplacement, quelle force faut-il exercer pour obtenir le même travail ?

2. On définit la puissance P en W d'une force F (en N) pour un déplacement à la vitesse V (en $m.s^{-1}$) par la relation : $P = \vec{F} \cdot \vec{V}$.
Le vecteur $\vec{V}$ est de même direction et de même sens que le déplacement $\overrightarrow{OA}$.

a) Exprimer P en fonction de F, V et θ.

b) Calculer P pour $F = 3\ 500$ N, $V = 4{,}5$ $km.h^{-1}$ et $\theta = 30°$.

c) Si la péniche est tirée par un bateau suivant l'axe du déplacement, quelle force faut-il exercer pour obtenir la même puissance ?

59 1 2 4 5 6 Sur l'ensemble de son parcours un avion doit suivre des « routes aériennes » définies appelées ***airways***.

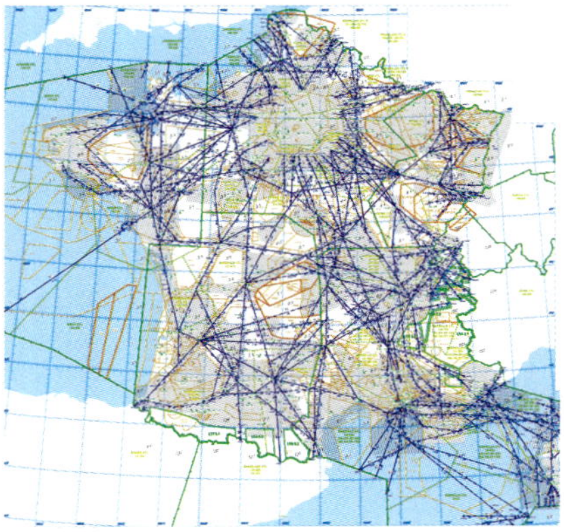

Source : spécimen reproduit avec l'autorisation du SIA n°E02/2019

Pour se diriger en vol, des balises au sol sont disposées un peu partout sur le territoire. Ce sont des installations électriques surmontées d'une ou plusieurs antennes.
À l'instant où un avion B survole la balise P suivant une route Sud 60° Ouest à une vitesse de 800 km/h, un autre avion A se situe à 300 km au sud de P et vole vers le nord à 950 km/h à la même altitude.
Le schéma ci-dessous n'est pas à l'échelle.

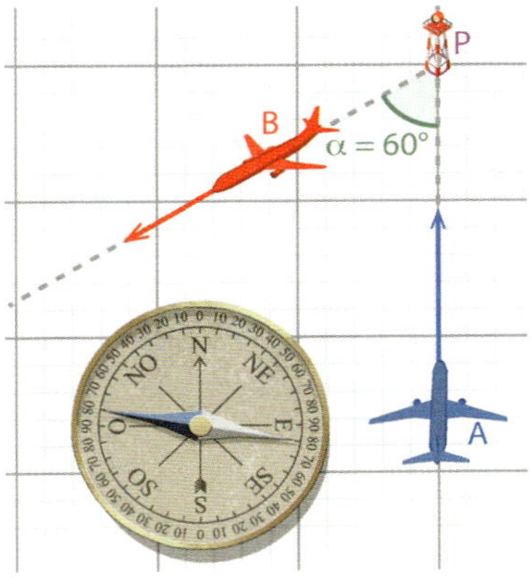

Si l'on considère comme instant initial le moment où l'avion B survole l'antenne P, au bout de combien de temps la distance entre les deux avions sera-t-elle minimale ?
On pourra si besoin utiliser un logiciel de géométrie dynamique pour modéliser la situation et/ou de calcul formel pour résoudre les équations rencontrées.

Pour commencer

Dans chaque QCM, trouver la ou les bonnes réponses.

QCM interactif — À télécharger QCM · PPT — Questions Flash

QCM 1

L'expression factorisée de la fonction g définie sur $\mathbb{R}$ par $g(x) = x^2 - 2$ est :

a) $g(x) = (x - 2)(x + 2)$ **b)** $g(x) = (x - \sqrt{2})(x + \sqrt{2})$ **c)** ne peut pas être factorisée dans $\mathbb{R}$.

> Automatisme 14

QCM 2

L'expression factorisée de la fonction g définie sur $\mathbb{R}$ par $g(x) = x^2 + 2$ est :

a) $g(x) = (x - 2)(x + 2)$ **b)** $g(x) = (x - \sqrt{2})(x + \sqrt{2})$ **c)** ne peut pas être factorisée dans $\mathbb{R}$.

QCM 3

$\sqrt{3}$ et $-\sqrt{3}$ sont les solutions de l'équation :

a) $x^2 - 9 = 0$ **b)** $x^2 + 3 = 0$ **c)** $x^2 - 3 = 0$

QCM 4

L'équation $(x - 1)^2 - 2 = 0$ a pour solutions :

a) $1 + \sqrt{2}$ et $1 - \sqrt{2}$ **b)** 3 et -1 **c)** n'a pas de solution dans $\mathbb{R}$.

QCM 5

L'équation $(x - 1)^2 + 2 = 0$ a pour solutions :

a) $1 + \sqrt{2}$ et $1 - \sqrt{2}$ **b)** 3 et -1 **c)** n'a pas de solution dans $\mathbb{R}$.

QCM 6

Dans un repère orthonormé direct $(O\,;\vec{u}, \vec{v})$, l'angle orienté $(\vec{u}, \overrightarrow{OM})$ vérifie $\cos(\vec{u}, \overrightarrow{OM}) = \frac{-\sqrt{3}}{2}$ et $\sin(\vec{u}, \overrightarrow{OM}) = \frac{1}{2}$, donc une mesure θ en radian de cet angle est :

a) $\theta = \frac{5\pi}{6}$ **b)** $\theta = \frac{-7\pi}{6}$ **c)** $\theta = \frac{2\pi}{3}$

QCM 7

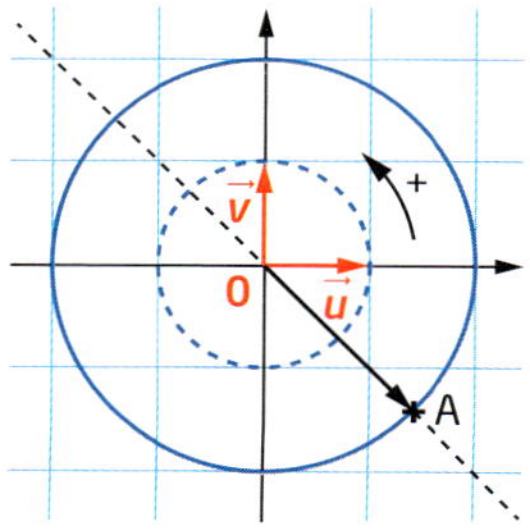

1. La norme du vecteur $\overrightarrow{OA}$ est égale à :

a) $\|\overrightarrow{OA}\| = 1{,}5$ **b)** $\|\overrightarrow{OA}\| = -1{,}5$ **c)** $\|\overrightarrow{OA}\| = 2$

2. Une mesure α de l'angle orienté $(\vec{u}, \overrightarrow{OA})$ en radian est :

a) $\alpha = \frac{7\pi}{4}$ **b)** $\alpha = \frac{-\pi}{4}$ **c)** $\alpha = \frac{5\pi}{4}$

3. Les valeurs exactes des coordonnées du point A sont :

a) A(1,5 ; – 1,5) **b)** A(2 ; – 2) **c)** A$(\sqrt{2}\,; -\sqrt{2})$

7 • Nombres complexes

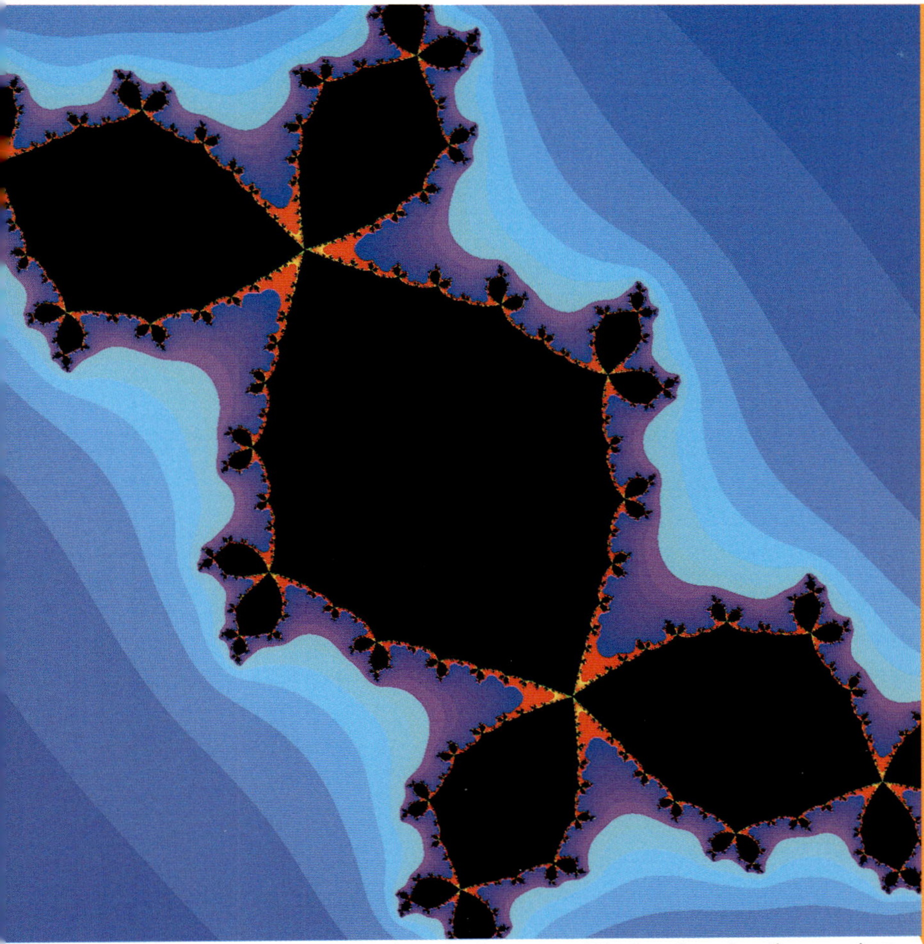

Le lapin de Douady : fractale obtenue par itération d'une fonction complexe.

Histoire des maths

L'histoire des racines carrées de nombres négatifs débute en Italie pour la résolution d'équations du 3e degré (Jérôme Cardan [1501-1576]). Raphaël Bombelli (1526-1572) les appelle « nombres impossibles » et introduit la règle $\sqrt{-1} \times \sqrt{-1} = -1$. > Exercice 44

René Descartes (1596-1650) les nomme « nombres imaginaires ».

Leonhard Euler (1707-1783) introduit la notation i au lieu de $\sqrt{-1}$ pour éviter certaines erreurs. > Exercice 45

Jean-Robert Argand (1768-1822) publie en 1806 son essai sur la représentation géométrique de ces nombres.

Carl Friedrich Gauss (1777-1855) nomme i « unité imaginaire », en référence à l'unité sur l'axe des ordonnées.

Augustin Fresnel (1788-1827), physicien français, les utilise dans la théorie ondulatoire de la lumière.

Dans la vie de tous les jours...

Les nombres complexes sont nécessaires pour représenter, modéliser et traiter des signaux électromagnétiques, acoustiques... Sans eux, aucun progrès, dans plusieurs domaines techniques (télécommunications, audiométrie, imagerie médicale, etc.), n'aurait pu être réalisé.

Cours

1 • Présentation des nombres complexes

ACTIVITÉ 1

1. Peut-on résoudre l'équation $z^2 = -1$, d'inconnue z, dans l'ensemble $\mathbb{R}$ des réels ?
On admet que cette équation a des solutions dans un nouvel ensemble, appelé ensemble des nombres complexes et noté $\mathbb{C}$.
Cet ensemble contient un nouveau nombre, noté i, qui vérifie $\mathbf{i^2 = -1}$.

2. Quelles sont les solutions de l'équation $z^2 = -1$ dans l'ensemble des nombres complexes $\mathbb{C}$?

3. Calculer $(2\,\mathrm{i})^2$ et $(-2\,\mathrm{i})^2$. En déduire les solutions de l'équation $z^2 = -4$ dans $\mathbb{C}$.

4. En déduire, dans l'ensemble $\mathbb{C}$, les solutions de l'équation $(z-3)^2 = -4$.

À RETENIR Cours 1

Définitions

On appelle **ensemble des nombres complexes** $\mathbb{C}$, l'ensemble, contenant $\mathbb{R}$, tel que :

- Il existe dans cet ensemble un élément, l'**unité imaginaire**, noté **i**, défini par $\mathbf{i^2 = -1}$.
- Tout élément z de $\mathbb{C}$ s'écrit de manière unique sous la **forme $z = x + y\,\mathrm{i}$, avec x et y réels.**
- L'ensemble $\mathbb{C}$ est muni d'une addition et d'une multiplication qui prolongent celles de $\mathbb{R}$ et qui suit les mêmes règles de calcul.

Vocabulaire

L'écriture $x + y\,\mathrm{i}$, avec x et y des nombres réels, est appelée **forme algébrique** de z.

- Le nombre réel x est la **partie réelle** de z, notée **Re(z)**.
- Le nombre réel y est la **partie imaginaire** de z, notée **Im(z)**.
- Si $y = 0$, alors $z = x + 0 \times \mathrm{i} = x$: le complexe est **réel**.
- Si $x = 0$, alors $z = 0 + y\,\mathrm{i} = y\,\mathrm{i}$: le complexe est **imaginaire pur**.

Définitions

Soit le nombre complexe $z = x + y\,\mathrm{i}$, avec x et y réels.

- Le **conjugué** de z est le nombre complexe $x - y\,\mathrm{i}$. On le note $\overline{z}$.
- Le **module** de z est le nombre réel positif $\sqrt{x^2 + y^2}$. On le note $|z|$.

Remarque : Un nombre complexe et son conjugué ont le même module.

EXEMPLE 1 **Calculer le conjugué et le module d'un nombre complexe**

Soit $z_1 = -3 + 4\,\mathrm{i}$. Son conjugué est $\overline{z_1} = -3 - 4\,\mathrm{i}$ et son module est $|z_1| = \sqrt{(-3)^2 + 4^2} = 5$.

Soit $z_2 = -1 + \sqrt{3}\,\mathrm{i}$. Son conjugué est $\overline{z_2} = -1 - \sqrt{3}\,\mathrm{i}$ et son module est $|z_2| = \sqrt{(-1)^2 + (\sqrt{3})^2} = 2$.

> Exercices 1 à 10

2 • Représentation géométrique, addition et soustraction dans $\mathbb{C}$

ACTIVITÉ 2

On considère le plan muni d'un repère orthonormé direct $(O ; \vec{u}, \vec{v})$.
À tout point M de coordonnées $(x ; y)$, on associe le nombre complexe $z = x + y\,i$ et réciproquement. Le nombre complexe z est appelée **affixe** de M.

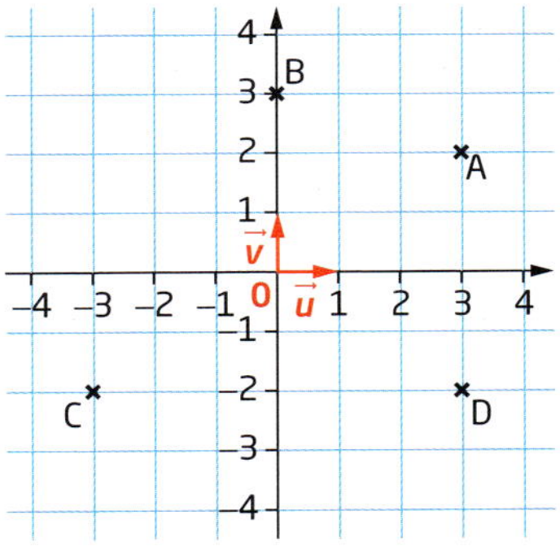

1. Sur le graphique ci-contre, déterminer les affixes z_A, z_B, z_C et z_D des points A, B, C et D.

2. Dans un repère orthonormé direct $(O ; \vec{u}, \vec{v})$, placer les points R, S et T associés respectivement aux nombres complexes $z_R = -2 + 4i$, $z_S = -4 + i$ et $z_T = -4 - 3i$.

3. Quelle propriété géométrique présentent deux points dont les nombres complexes associés sont conjugués ?

4. Calculer la distance OA et calculer le module de z_A. Quelle conjecture peut-on faire ?

À RETENIR Cours 2

Propriété Dans le plan, muni du repère orthonormé direct $(O ; \vec{u}, \vec{v})$, à tout nombre complexe $z = x + y\,i$, avec x et y réels, on associe comme **image** le point M de coordonnées $(x ; y)$.
On dit que z est l'**affixe** du point M, ou du vecteur $\overrightarrow{OM}$, et on note M(z).
Ce plan est alors appelé **plan complexe**.
L'axe des abscisses est appelé **axe réel**.
L'axe des ordonnées est appelé **axe imaginaire**.

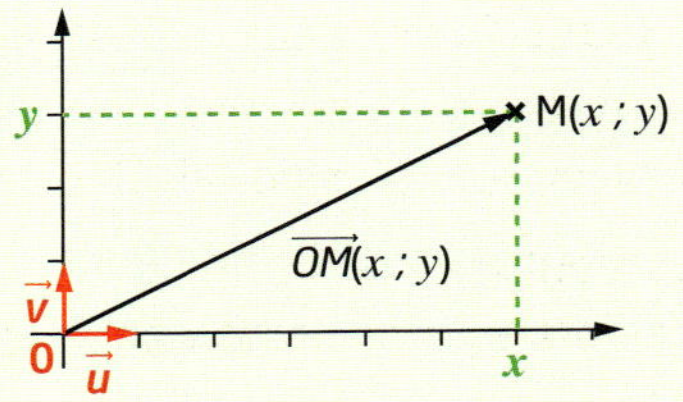

Si le point M a pour affixe le nombre complexe $z = x + y\,i$, avec x et y réels, alors $OM = |z| = \sqrt{x^2 + y^2}$.

- **Addition et soustraction. Affixe d'un vecteur**

Soit $z = x + y\,i$ et $z' = x' + y'\,i$ deux nombres complexes.
La **somme** de z et z' est le nombre complexe :

$$z + z' = (x + y\,i) + (x' + y'\,i) = (x + x') + (y + y')\,i.$$

La **différence** de z et z' est le nombre complexe :

$$z - z' = (x + y\,i) - (x' + y'\,i) = (x - x') + (y - y')\,i.$$

Soit A et B les points d'affixes z_A et z_B, le vecteur $\overrightarrow{AB}$ a pour affixe $z_{\overrightarrow{AB}} = z_B - z_A$.

- **Distance dans un repère orthonormé**

$$AB = |z_B - z_A|.$$

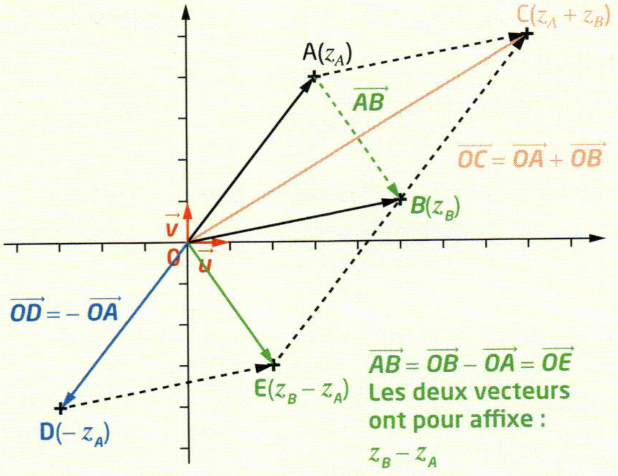

EXEMPLE 2 **Calculer l'affixe d'un vecteur et une longueur**

Soit A d'affixe $z_A = 3 + 4\,i$ et B d'affixe $z_B = 5 + i$.
On calcule l'affixe du vecteur $\overrightarrow{AB}$: $z_{\overrightarrow{AB}} = z_B - z_A = 2 - 3\,i$ et $AB = |z_{\overrightarrow{AB}}| = \sqrt{2^2 + (-3)^2} = \sqrt{13}$.

> Exercices 14 à 19

3 • Produit et quotient dans $\mathbb{C}$

ACTIVITÉ 3

En plus de l'addition, l'ensemble $\mathbb{C}$ est muni d'une multiplication qui prolonge celles de $\mathbb{R}$.
Les règles de calcul dans $\mathbb{R}$ sont aussi prolongées à $\mathbb{C}$ en tenant compte de la définition $i^2 = -1$.
On considère les deux nombres complexes suivants : $z' = 3 - 2\,i$ et $z'' = -1 + 2\,i$.
Déterminer la forme algébrique des nombres complexes suivants :

a) $Z_1 = z' \times z''$ **b)** $Z_2 = i\,z'$ **c)** $Z_3 = \overline{z'} \times \overline{z''}$ **d)** $Z_4 = (z' - z'')(z' + z'')$

À RETENIR Cours 3

Définition Le **produit** de z et z' est le nombre complexe :

$$z \times z' = (x + y\,i) \times (x' + y\,i') = (x\,x' - y\,y') + i\,(x\,y' + x'\,y)$$

Propriété Le produit $z\,\bar{z}$ est un nombre réel positif et on a : $z\,\bar{z} = x^2 + y^2 = |z|^2$, d'où $|z|^2 = \sqrt{z\,\bar{z}}$.

Définitions

- Si $z \neq 0$, l'**inverse** de z est le nombre complexe : $\dfrac{1}{z} = \dfrac{1}{x + y\mathrm{i}} = \dfrac{\bar{z}}{z\,\bar{z}} = \dfrac{x}{x^2 + y^2} - \dfrac{y}{x^2 + y^2}\mathrm{i}$

Pour déterminer la forme algébrique de l'inverse d'un nombre complexe non nul, on multiplie le numérateur et le dénominateur par son conjugué.

- Le **quotient** $\dfrac{z'}{z}$, avec z non nul, est le produit de z' et de l'inverse de z.

Propriétés sur les conjugués

- Pour tous nombres complexes z et z', on a :

$\overline{(z + z')} = \bar{z} + \overline{z'}$; $\overline{z\,z'} = \bar{z}\;\overline{z'}$ et pour tout z non nul, $\overline{(z^{-1})} = (\bar{z})^{-1}$ et $\overline{\left(\dfrac{z'}{z}\right)} = \dfrac{\overline{z'}}{\bar{z}}$.

- **Module du produit ou du quotient de deux nombres complexes**

Le module du produit $z \times z'$ est égal au produit leurs modules : $|z\,z'| = |z| \times |z'|$.

Le module du quotient $\dfrac{z}{z'}$, avec z non nul, est égal au quotient de leurs modules : $\left|\dfrac{z'}{z}\right| = \dfrac{|z'|}{|z|}$.

- **Caractérisation des réels et des imaginaires purs à l'aide du conjugué**

Pour tout nombre complexe z : z est réel si, et seulement si, $\bar{z} = z$
z est imaginaire pur si, et seulement si, $\bar{z} = -z$.

EXEMPLE 3 **Calculer le module de l'inverse ou d'un quotient et calculer avec des conjugués**

Soit les nombres complexes $z_1 = \dfrac{1}{\sqrt{5} + 2\,i}$ et $z_2 = \dfrac{3 - 2\,i}{-1 + 2\,i}$. Calculer $|z_1|$, $|z_2|$, $z_1\,\overline{z_1}$ et $z_2\,\overline{z_2}$.

Pour calculer $|z_1|$ on a $|z_1| = \dfrac{1}{|\sqrt{5} + 2\,i|} = \dfrac{1}{\sqrt{(\sqrt{5})^2 + 2^2}} = \dfrac{1}{\sqrt{5 + 4}} = \dfrac{1}{\sqrt{9}} = \dfrac{1}{3}$.

Pour calculer $|z_2|$ on a $|z_2| = \dfrac{|3 - 2\,i|}{|-1 + 2\,i|} = \dfrac{\sqrt{3^2 + (-2)^2}}{\sqrt{(-1)^2 + 2^2}} = \dfrac{\sqrt{9 + 4}}{1 + 4} = \sqrt{\dfrac{13}{5}}$.

Pour calculer $z_1\,\overline{z_1}$ on a $z_1\,\overline{z_1} = \dfrac{1}{(\sqrt{5} + 2\,i)(\sqrt{5} - 2\,i)} = \dfrac{1}{(\sqrt{5})^2 + 2^2} = \dfrac{1}{5 + 4} = \dfrac{1}{9}$.

Pour calculer $z_2\,\overline{z_2}$ on a $z_2\,\overline{z_2} = \dfrac{3 - 2i}{-1 + 2i} \times \dfrac{3 + 2i}{-1 - 2i} = \dfrac{(3 - 2\,i)(3 + 2i)}{(-1 + 2i)(-1 - 2i)} = \dfrac{3^2 + 2^2}{(-1)^2 + 2^2} = \dfrac{9 + 4}{1 + 4} = \dfrac{13}{5}$.

> Exercices 31 à 44

4 • Argument et forme trigonométrique d'un nombre complexe non nul

ACTIVITÉ 4

Soit A, B et C, trois points d'affixes respectives z_A, z_B et z_C, dans un repère orthonormé direct $(O\,;\vec{u}\,,\vec{v}\,)$.

1. Déterminer les modules de z_A, z_B et z_C.

2. À l'aide du cercle trigonométrique, déterminer des mesures respectives θ_A, θ_B et θ_C des angles orientés de vecteurs suivants $(\vec{u}\,,\overrightarrow{OA})$, $(\vec{u}\,,\overrightarrow{OB})$ et $(\vec{u}\,,\overrightarrow{OC})$.
Un argument du complexe z_A est une mesure θ_A en radian, à 2π près, de l'angle $(\vec{u}\,;\overrightarrow{OA})$. On note $\arg(z_A)=\theta_A\ [2\pi]$.

3. Déterminer les formes algébriques des nombres complexes $|z_A|\times(\cos(\theta_A)+i\sin(\theta_A))$, $|z_B|\times(\cos(\theta_B)+i\sin(\theta_B))$ et $|z_C|\times(\cos(\theta_C)+i\sin(\theta_C))$.
Comparer ces nombres à z_A, z_B et z_C.

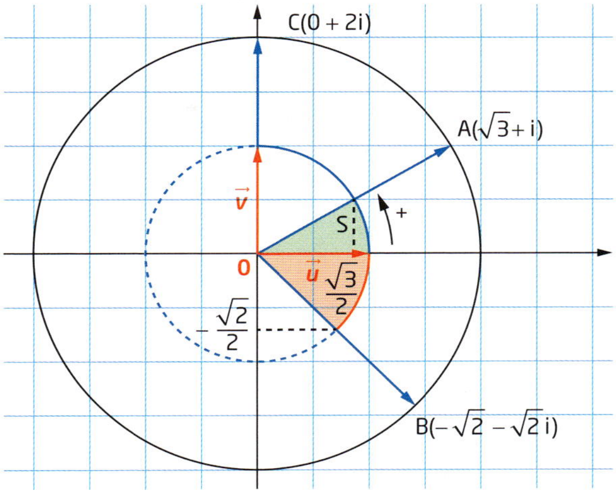

À RETENIR **Cours 4**

Soit $z=x+y\,i$ un nombre complexe **non nul** et M **son image** dans un repère orthonormé direct $(O\,;\vec{u}\,,\vec{v}\,)$.

Définition On appelle argument de z, et on note $\arg(z)$, toute mesure en radian de l'angle orienté $(\vec{u}\,;\overrightarrow{OM}\,)$. Soient $\theta=\arg(z)$ et $r=|z|$. On peut alors écrire : $z=r\times(\cos(\theta)+i\sin(\theta))$.
Cette écriture est appelée la **forme trigonométrique** du nombre complexe z.

Méthode Pour déterminer r et θ, on utilise les relations suivantes :

$$r=|z|=\sqrt{x^2+y^2}\ (r\neq 0 \text{ car } z\neq 0),\ \cos(\theta)=\frac{x}{r} \quad\text{et}\quad \sin(\theta)=\frac{y}{r}.$$

Remarques Le nombre complexe 0 n'a pas d'argument.
Si M est un point différent de l'origine, **r et θ** sont appelés communément **coordonnées polaires du point M**.

EXEMPLE 4 **Comment passer de la forme algébrique à la forme trigonométrique et inversement**

• On recherche la forme trigonométrique du nombre complexe $z_1=2-2\sqrt{3}\,i$.
On cherche θ tel que $z=r(\cos(\theta)+i\sin(\theta))$,
avec $r=|z|=\sqrt{2^2+(2\sqrt{3})^2}=\sqrt{4+12}=\sqrt{16}=4$.

L'angle θ vérifie donc : $\cos(\theta)=\frac{x}{r}=\frac{2}{4}=\frac{1}{2}$ et $\sin(\theta)=\frac{y}{r}=\frac{-2\sqrt{3}}{4}=-\frac{\sqrt{3}}{2}$.

Le cercle trigonométrique permet d'obtenir un argument de z : $\arg(z)=\theta=\frac{-\pi}{3}$.

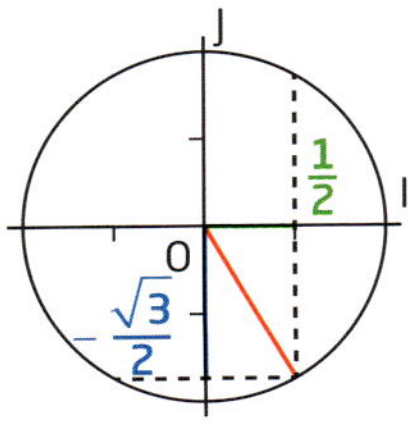

D'où la forme trigonométrique $z=4\left(\cos\left(\frac{-\pi}{3}\right)+i\sin\left(\frac{-\pi}{3}\right)\right)$.

• On cherche la forme algébrique du nombre complexe z' de **module 4** et d'argument $\frac{-\pi}{2}$.

Par définition : $z'=4\left(\cos\left(\frac{-\pi}{2}\right)+i\sin\left(\frac{-\pi}{2}\right)\right)=4(0+i\times(-1))=-4\,i$.

> Exercices 38 à 41

Algorithmique et programmation

Capacités attendues

Atelier 1 > *Analyser et réaliser un programme Python*
Atelier 2 > *Visualiser les formes algébrique et trigonométrique d'un nombre complexe*

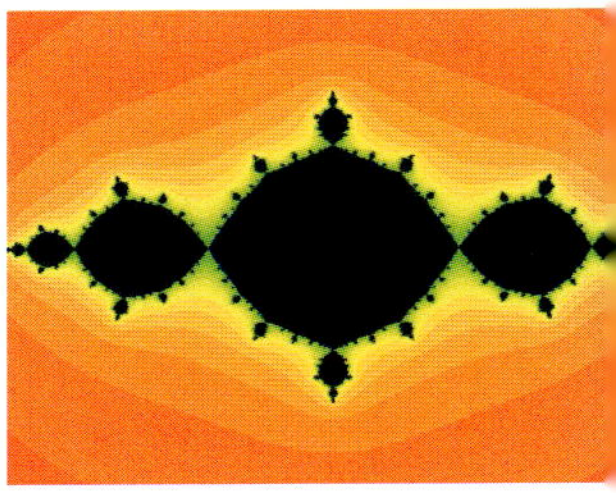

Atelier 1 • Nombres complexes et fractales

On considère le problème suivant : on choisit un nombre complexe c. Pour chaque point M d'affixe z_0, on considère la suite $(z(n))$ définie par :

$$z(0) = z_0 \text{ et } z(n+1) = (z(n))^2 + c \text{ où } n \in \mathbb{N}.$$

La suite des réels $(u(n))$ est définie par :

$$u(n) = |z(n)| \text{ où } n \in \mathbb{N}.$$

```
>>> import cmath
>>> c=complex(1,-1)
>>> z=0
>>> abs(0)
0
>>> z=z*z+c
>>> print(z)
(1-1j)
>>> abs(z)
1.4142135623730951
>>> z=z*z+c
>>> print(z)
(1-3j)
>>> abs(z)
3.1622776601683795
```

Python utilise **j** au lieu de **i** comme en physique !

Abs permet d'obtenir le module.

1. Ci-contre les calculs, à l'aide de Python, des premiers termes de $z(n)$ et $u(n)$ pour le choix de $c = 1 - i$ et $z_0 = 0$. D'après les calculs affichés, préciser :

a) les valeurs de $z(0)$, $z(1)$ et $z(2)$.

b) les valeurs, à 10^{-2} près, de $u(0)$, $u(1)$ et $u(2)$.

> Exercices 56 et 57 Automatisme 11

2. En utilisant les fonctions de Python ou une calculatrice, déterminer $u(0)$, $u(1)$ et $u(2)$ dans le cas où : $z_0 = i$ et $c = 1 - i$.
Que peut-on conjecturer sur la suite $(u(n))$?

3. Une fractale est obtenue en associant à chaque pixel d'une fenêtre fixée, un nombre complexe z_0.
On calcule ensuite les termes de la suite $(u(n))$ correspondante jusqu'au 41e rang, si la valeur de $u(n)$ ne dépasse pas le seuil 2, sinon on s'arrête avant.
Si le seuil n'est pas atteint avant le nombre maximal d'étapes (ou d'itérations) fixé, le pixel est colorié en bleu, sinon en orange.

a) Pour $c = 1 - i$, quelles seraient les couleurs des pixels correspondant à $z_0 = 0$ et à $z_0 = i$?

b) Implémenter et exécuter le programme ci-contre.

c) Changer les valeurs de la constante c pour obtenir différentes fractales.
Parmi les plus connues : la basilique avec $c = -1$, le lapin de Douady avec $c = -0{,}122 + 0{,}744\,i$...

```
from tkinter import *
#Tkinter est une boîte à outils d'interface graphique pour Python
# Variables
Largeur,Hauteur = 400,400
n_iteration = 40
xmin = -2
xmax = 2
ymin = -2
ymax = 2
c = complex(-0.75,-0.11)
dx = (xmax - xmin) / Largeur
dy = (ymax - ymin) / Hauteur
Fenetre = Tk()
zone_dessin=Canvas(Fenetre,width=Largeur,height=Hauteur,bg='orange')
zone_dessin.pack()
# Programme
x = xmin
for j in range(Largeur):
    y = ymin
    for i in range(Hauteur):
        y = y + dy
        z = complex(x, y)
        for k in range(n_iteration):
            z = z*z + c
            if abs(z) > 2:
                break
            if k == (n_iteration - 1):
                zone_dessin.create_line(i, j, i+1, j+1,fill='blue')
    x = x + dx
    zone_dessin.update()
Fenetre.mainloop()
```

Atelier 2 • Visualisation des formes algébrique et trigonométrique d'un nombre complexe

1. À l'aide d'un logiciel de géométrie dynamique, créer deux curseurs a et b (entre – 5 et 5 avec un pas de 0,1). On considère le point M d'affixe $z = a + b\,i$. Les commandes [cm] et [α] permettent d'afficher la longueur OM et une mesure α de l'angle de vecteur $(\vec{u}, \overrightarrow{OM})$.
Utiliser les Option/avancé pour le choix du **radian**.

a) Quelle est l'affichage de la mesure de l'angle α pour $a = b = 0$? Interpréter ce résultat.

b) Quelle est la valeur de l'angle affichée quand $b = 0$ et a un réel strictement positif ?

c) Mêmes questions dans les cas suivants : $b = 0$ et $a < 0$; $a = 0$ et $b > 0$; $a = 0$ et $b < 0$.

2. On choisit cette fois-ci deux curseurs r (entre 0 et 10 avec un pas de 0,1) et θ (entre $-3{,}14$ et 3,14 avec un pas de 0,01). Saisir $M = r\left(\cos(\theta) + i\sin(\theta)\right)$.

a) Garder la valeur de r fixée et faire varier θ.
Quel est le lieu géométrique des points M obtenus ?
On peut utiliser l'option Trace.

b) Même question, en gardant cette fois-ci θ constante et en faisant varier r.

c) Déterminer en fonction de θ un argument du nombre complexe $r\left(\cos(\theta) + i\sin(\theta)\right)$ pour r strictement négatif ?

> Exercice 55

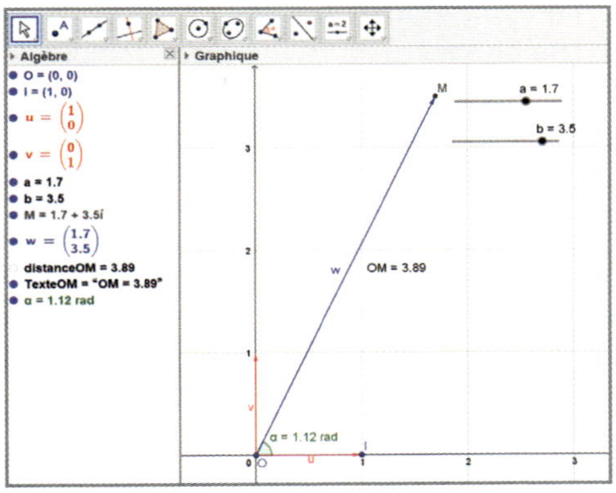

Capacités attendues

Atelier 3 > *Réaliser des sommes de grandeurs sinusoïdales de même période*

Atelier 3 • Utilisation des nombres complexes pour effectuer des sommes de grandeurs sinusoïdales

1. L'objectif de cette question est de déterminer le module et un argument de la somme de deux nombres complexes dont on connaît les modules et arguments.
Soit z_1 et z_2 tels que : $|z_1| = 2$ et $\arg(z_1) = \frac{\pi}{3}$; $|z_2| = 2$ et $\arg(z_2) = \frac{\pi}{6}$.

> Exercice 59

a) Vérifier avec une calculatrice, les résultats suivants :

$$z = z_1 + z_2 = (\sqrt{3} + 1)(1 + i) \quad \text{et} \quad |z| = \sqrt{6} + \sqrt{2} \text{ et } \arg(z) = \frac{\pi}{4}.$$

b) L'affirmation « le module de z est égal à la somme des modules de z_1 et de z_2 » est-elle vraie ? Justifier.

2. Soit les deux fonctions sinusoïdales f_1 et f_2 :

$$f_1(x) = 2\cos\left(x + \frac{\pi}{3}\right) \text{ et } f_2(x) = 2\cos\left(x + \frac{\pi}{6}\right).$$

a) À l'aide d'un logiciel de géométrie dynamique, tracer la fonction : $f(x) = f_1(x) + f_2(x)$.
On constate que f est aussi une fonction sinusoïdale du type $a\cos(x + \varphi)$.

b) Créer un curseur a entre 0 et 5 avec un pas de 0,01 et un curseur φ entre $-3{,}14$ et 3,14 avec un pas de 0,01. Tracer la fonction $g(x) = a\cos(x + \varphi)$.

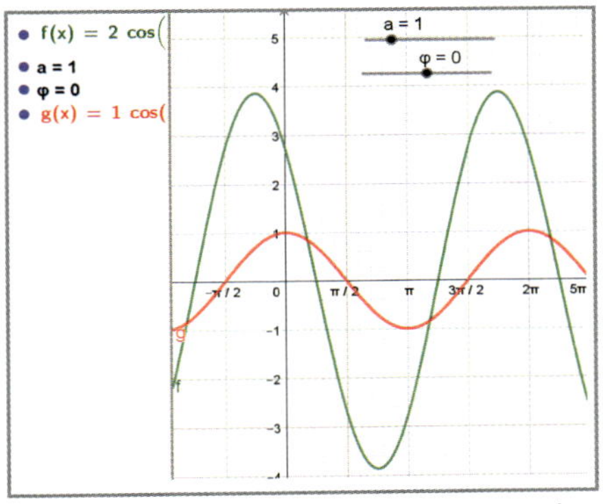

c) Faire varier les curseurs pour faire coïncider la courbe de g avec celle de f. Vérifier que les valeurs obtenues sont des valeurs approchées de $\sqrt{6} + \sqrt{2}$ pour a et $\frac{\pi}{4}$ pour φ (question **1. a)**).

On admet le résultat général suivant : si $f(x) = a_1\cos(x + \varphi_1) + a_2\cos(x + \varphi_2)$, alors $f(x)$ s'écrit sous la forme $a\cos(x + \varphi)$. On peut utiliser les nombres complexes pour déterminer a et φ. Pour cela, on détermine les formes algébriques des nombres complexes z_1 et z_2 tels que $|z_1| = a_1$ et $\arg(z_1) = \varphi_1$; $|z_2| = a_2$ et $\arg(z_2) = \varphi_2$, puis calculer $z = z_1 + z_2$. On a alors : $a = |z|$ et $\varphi = \arg(z)$. Cette méthode est utilisée pour l'additivité des tensions ou des courants en régime sinusoïdal.

> Exercices 60 et 61

Faire le point

	L'ESSENTIEL
Connaître la forme algébrique d'un nombre complexe *z* **Identifier sa partie réelle et sa partie imaginaire**	Tout nombre complexe a une écriture **unique sous la forme algébrique** $z = x + y\,\mathrm{i}$, où x et y sont deux nombres réels et i un nombre nouveau vérifiant : $\mathbf{i^2 = -1}$. $x = \mathrm{Re}\,(z)$ est la partie réelle de z. $y = \mathrm{Im}(\,z\,)$ est la partie imaginaire de z.
Connaître la définition du conjugué d'un nombre complexe *z*	Le nombre conjugué d'un nombre complexe z est $\bar{z} = x - y\,\mathrm{i}$.
Interpréter géométriquement la partie réelle et la partie imaginaire d'un nombre complexe	$(O\ ;\ \vec{u}\ ,\ \vec{v})$ est un repère **orthonormé direct**. Le point $M\,(x, y)$ est l'**image** du nombre complexe $z = x + y\,\mathrm{i}$. Le nombre complexe $z = x + y$ i est l'**affixe** du point $M\,(x, y)$. 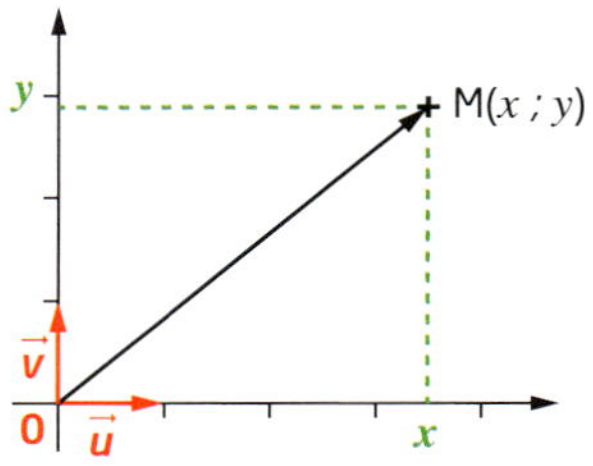
Interpréter géométriquement le module et un argument d'un nombre complexe	Le module r de z est le nombre réel positif tel que $\lvert z \rvert = \sqrt{x^2 + y^2} = OM = r$. Pour *z* **non nul**, un argument est une mesure de l'angle orienté $(\vec{u}\ ;\ \overrightarrow{OM})$. Si on pose $\arg(z) = \theta$, $\cos(\theta) = \dfrac{x}{\sqrt{x^2 + y^2}}$ et $\sin(\theta) = \dfrac{y}{\sqrt{x^2 + y^2}}$ 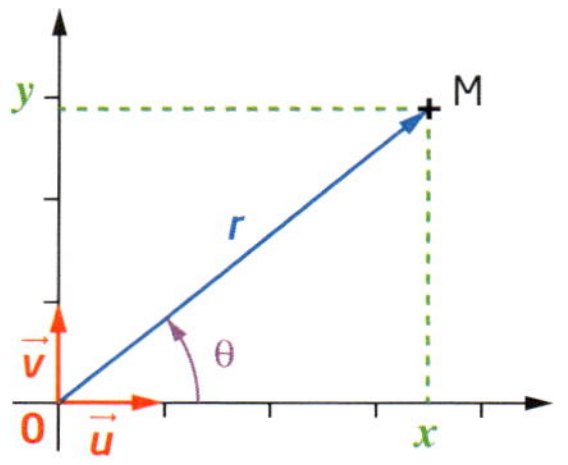 (x et y sont les coordonnées cartésiennes de M, *r* et θ sont ses coordonnées polaires).
Passer de la forme algébrique à la forme trigonométrique et inversement	La **forme trigonométrique** de *z* (*z* différent de 0) est : $Z = r\,(\cos(\theta) + \mathrm{i}\sin(\theta))$, avec $r = \lvert z \rvert$ et $\theta = \arg(z)$. Si $z = x + y\,\mathrm{i}$ alors $x = r\cos(\theta)$ et $y = r\sin(\theta)$.
Savoir effectuer des opérations sur les complexes	On calcule dans $\mathbb{C}$ comme dans $\mathbb{R}$, en utilisant la propriété $\mathrm{i}^2 = -1$. La forme algébrique du quotient de deux nombres complexes s'obtient en multipliant le numérateur et le dénominateur par le conjugué du dénominateur et en utilisant : $z\bar{z} = \lvert z \rvert^2 = x^2 + y^2$.
Savoir utiliser les nombres complexes en géométrie	L'affixe du vecteur $\overrightarrow{AB}$ est : $z_{\overrightarrow{AB}} = z_B - z_A$. On peut donc calculer la distance AB et l'angle orienté $(\vec{u}\ ,\ \overrightarrow{AB})$: $AB = \lvert z_B - z_A \rvert$ et $(\vec{u}\ ,\ \overrightarrow{AB}) = \arg(z_B - z_A)$ (à 2π près).

S'évaluer

Dans chaque QCM, trouver la ou les bonnes réponses.

QCM interactif — À télécharger QCM · PPT — Questions Flash

QCM Cours 1

1 L'unité imaginaire i vérifie :

a) $i^4 = 1$ b) $|i| = 1$ et $\arg(i) = \frac{\pi}{2}$ c) le conjugué de i est $-i$

2 On considère le nombre complexe $z = -2 + (2 + 2\sqrt{3})i$, alors :

a) $\text{Re}(z) = 0$ et $\text{Im}(z) = 2\sqrt{3}$ b) $\text{Re}(z) = -2$ et $\text{Im}(z) = 2i + 2\sqrt{3}i$ c) $\text{Re}(z) = -2$ et $\text{Im}(z) = 2 + 2\sqrt{3}$

3 On considère le nombre complexe $z = -2 + 2(1 + \sqrt{3})i$, alors :

a) $\bar{z} = -2 - 2i + 2\sqrt{3}i$ b) $\bar{z} = -2 - 2i - 2\sqrt{3}i$ c) $\bar{z} = 2 - 2i - 2\sqrt{3}i$

4 On considère le nombre complexe $z = -2 + \sqrt{3}i$, alors :

a) $|z|^2 = -2^2 + (\sqrt{3})^2$ b) $|z|^2 = (-2)^2 + (\sqrt{3})^2$ c) $|z|^2 = 4 + 3$

QCM Cours 2

On considère les deux nombres complexes $z_1 = -2 + i$ et $z_2 = 1 - i$

5 La différence $z_1 - z_2$ est égale à :

a) $-3 + 2i$ b) $-3 - 2i$ c) -3

6 Le produit $z_1 z_2$ est égal à :

a) -2 b) $-1 + 3i$ c) $-1 + 2i$

7 Le quotient $\frac{z_1}{z_2}$ est égal à :

a) $-2 - 2i$ b) -2 c) $-1{,}5 - 0{,}5i$

8 La forme trigonométrique de z_2 est :

a) $-\sqrt{2}\,s\left(\cos\left(\frac{-\pi}{4}\right) - I\sin\left(\frac{-\pi}{4}\right)\right)$ b) $\sqrt{2}\left(\cos\left(\frac{-\pi}{4}\right) + i\sin\left(\frac{-\pi}{4}\right)\right)$ c) $\sqrt{2}\left(\cos\left(\frac{7\pi}{4}\right) + i\sin\left(\frac{7\pi}{4}\right)\right)$

QCM Cours 3

On donne $z = -2\left(\cos\left(\frac{3\pi}{2}\right) - i\sin\left(\frac{3\pi}{2}\right)\right)$ alors :

9 Sa forme algébrique est :

a) $z = -2$ b) $z = -2i$ c) $z = 2i$

10 Sa forme trigonométrique est :

a) $z = -2\left(\cos\left(\frac{3\pi}{2}\right) - i\sin\left(\frac{3\pi}{2}\right)\right)$ b) $z = -2\left(\cos\left(\frac{\pi}{2}\right) + i\sin\left(\frac{\pi}{2}\right)\right)$ c) $z = 2\left(\cos\left(\frac{-\pi}{2}\right) + i\sin\left(\frac{-\pi}{2}\right)\right)$

Vrai ou Faux

Dans le plan complexe muni d'un repère orthonormé direct $(O ; \vec{u}, \vec{v})$, on considère le point A d'affixe $z_A = 1 + 2i$ et le point B d'affixe $z_B = i \times z_A$.

a) **Les distances OA et OB sont égales.** b) **Le produit scalaire $\overrightarrow{OA} \cdot \overrightarrow{OB}$ est non nul.**

c) **Le triangle OAB est isocèle, non rectangle**

Exercices

Entraînement

1 • Présentation des nombres complexes

1 Identifier les parties réelle et imaginaire des nombres complexes suivants.

a) $z_1 = -3 + 4\,\mathrm{i}$ **b)** $z_2 = -\dfrac{1}{2} + \dfrac{3}{2}\,\mathrm{i}$

c) $z_3 = -1 + \sqrt{3}\,\mathrm{i}$ **d)** $z_4 = -3$

e) $z_5 = 4\,\mathrm{i}$ **f)** $z_6 = -\mathrm{i} - \sqrt{3}$

g) $z_7 = - -\sqrt{2}\mathrm{i} + \sqrt{3}$ **h)** $z_8 = \dfrac{1}{2} - \dfrac{\sqrt{3}}{2}\,\mathrm{i}$

i) $z_9 = -\dfrac{\sqrt{2}}{2} - \dfrac{\sqrt{2}}{2}\,\mathrm{i}$

Réglages pour effectuer les calculs avec des nombres complexes sur une calculatrice

Casio : menu 1 : [Exe-Mat] puis [SHIFT] [SET UP MENU] et [Zoom F2] pour régler en mode complexe.

Touche [OPTN] puis [V-Window F3] (CPLX) pour les calculs

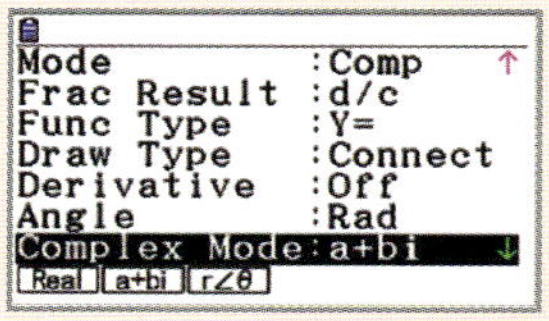

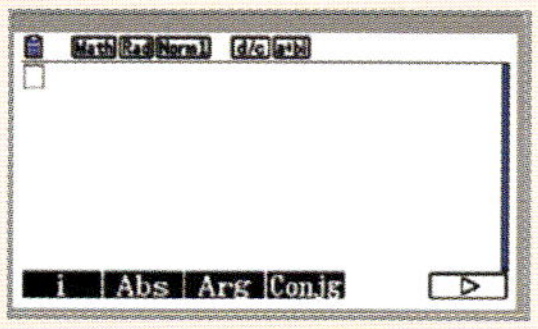

TI : touche [mode] pour régler en mode complexe et touche [math] pour menu CPLX.

Le nombre i est au clavier [.].

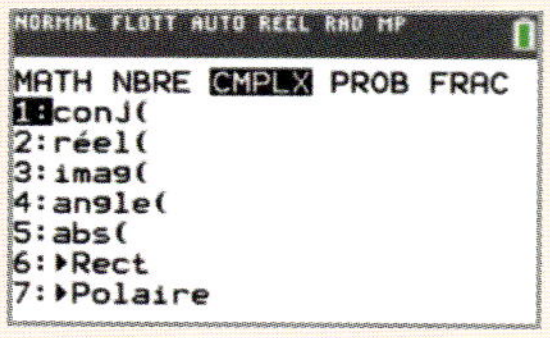

2 **Même question que l'exercice 1 et en utilisant une calculatrice.**

a) $z_1 = -\dfrac{1}{2}(5 - \mathrm{i})$ **b)** $z_2 = \dfrac{3 + 5\mathrm{i}}{4}$

c) $z_3 = \dfrac{-2 + 3\mathrm{i}}{-2}$ **d)** $z_4 = \dfrac{3}{4}(2\,\mathrm{i} + 1)$

e) $z_5 = -\dfrac{3}{4}(1 - \mathrm{i})$ **f)** $z_6 = \mathrm{i}(2\,\mathrm{i} + 1)$

3 Reprendre les exercices 1 et 2 pour calculer les modules des nombres complexes donnés et vérifier les résultats avec une calculatrice.

> ***Aide*** Pour $z = x + y\,\mathrm{i}$ avec x et $y \in \mathbb{R}$,
> $|z| = \sqrt{x^2 + y^2}$
> Sur la calculatrice, le module correspond à la fonction **abs(.)** dans le menu complexe.

4 Déterminer les parties réelle et imaginaire des nombres complexes suivants, sachant que a et b sont deux nombres réels donnés.

$z_1 = (a - 2) + b\,\mathrm{i}$ et $z_2 = 2a - 1 + (3 - b^2)\,\mathrm{i}$

> ***Aide*** Deux nombres complexes sont égaux si et seulement si leurs parties réelle et imaginaire sont égales.

5 **Exercice guidé** **Égalité de deux nombres complexes**

Déterminer les nombres réels a et b tel que :

$(2a - 5) - 4\,\mathrm{i} = 1 + (2b - 2)\,\mathrm{i}$

Étape 1 : On identifie les parties réelles et imaginaires de chacun des nombres complexes.

Étape 2 : L'égalité des deux nombres complexes est équivalente à l'égalité des parties réelles et des parties imaginaires.

On obtient deux équations à résoudre dans $\mathbb{R}$.

Étape 3 : On résout dans $\mathbb{R}$ les deux équations.

> *Automatisme 14*

6 Déterminer les nombres réels a et b tels que :
$(a + 3) - 5\,\mathrm{i} = -1 + (2b + 3)\,\mathrm{i}$

7 Déterminer les nombres réels a et b tels que :
$(a - 2) - (5 + b)\,\mathrm{i} = 1 - 5\,\mathrm{i}$.
Le nombre complexe $a + \mathrm{i}\,b$ est-il un réel, un imaginaire pur ou aucun des deux ?

8 Calculer et simplifier.
$(2\,\mathrm{i})^2$; $(-2\,\mathrm{i})^2$; $(\sqrt{5}\,\mathrm{i})^2$; $(-\sqrt{5}\,\mathrm{i})^2$; $(2\sqrt{3}\,\mathrm{i})^2$; $(-2\sqrt{3}\,\mathrm{i})^2$
Vérifier avec une calculatrice les résultats obtenus.

> ***Aide*** Dans l'ensemble $\mathbb{C}$ des nombres complexes :
> $Z^2 = a^2 \Leftrightarrow Z = a$ ou $Z = -a$.

9 **Exercice guidé** **Résolution dans $\mathbb{C}$**

Résoudre l'équation $Z^2 = -2$ et en déduire les solutions de l'équation $(z-1)^2 = -2$.

Étape 1 : On écrit -2 sous la forme du carré d'un nombre complexe : $-2 = (\mathrm{i}\sqrt{2})^2$.

Étape 2 : On utilise la propriété ci-dessus pour résoudre l'équation $Z^2 = (\mathrm{i}\sqrt{2})^2$.

Étape 3 : On remplace Z par $z-1$ et on résout les deux équations obtenues pour déterminer les solutions de la deuxième équation.

10 Résoudre dans $\mathbb{C}$ les équations suivantes.

a) $z^2 = -9$; $z^2 = -49$; $z^2 = -3$; $z^2 = -12$

b) En déduire les solutions dans $\mathbb{C}$ des équations suivantes :
$(z-2)^2 = -9$; $(z+3)^2 = -49$; $(z-1)^2 = -3$; $(z-\sqrt{3})^2 = -12$

> ***Aide*** L'opposé de $z = a + \mathrm{i}\,b$ est $-z = -a - \mathrm{i}\,b$.
> Le conjugué $z = a + \mathrm{i}\,b$ est : $\bar{z} = a - \mathrm{i}\,b$.

11 Déterminer les opposés et les conjugués des nombres complexes suivants.
$z_1 = -3 + 4\,\mathrm{i}$; $z_2 = -1 + \sqrt{3}\,\mathrm{i}$; $z_3 = -3$; $z_4 = 4\,\mathrm{i}$;
$z_5 = -\mathrm{i} - \sqrt{3}$; $z_6 = -\sqrt{2}\,\mathrm{i} + \sqrt{3}$

12 On considère z le nombre complexe : $z = 3 - 4\,\mathrm{i}$.

a) Déterminer $z_1 = \bar{z}$ et $z_2 = -z$.

b) Calculer les modules de z, z_1 et z_2.

c) Reprendre les deux questions précédentes dans le cas où $z = x + y\,\mathrm{i}$ avec x et y deux nombres réels.

d) L'affirmation : « un nombre complexe, son conjugué et son opposé ont le même module » est-elle juste ? Justifier votre réponse.

13 Un pantographe est un instrument de dessin qui permet de reproduire un motif à une échelle différente.
En utilisant la figure ci-après, répondre par **vrai** ou **faux** aux affirmations suivantes :

a) La figure A'B'C' est la reproduction à l'échelle 2 de la figure ABC.

b) Les affixes des points A', B' et C' sont les doubles des affixes de A, B et C respectivement.

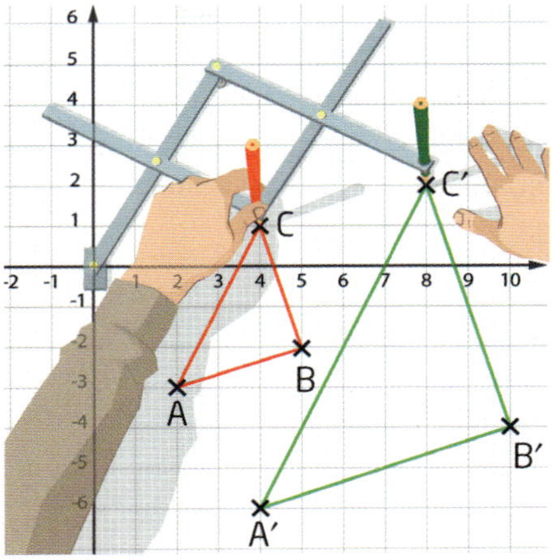

c) Les modules des affixes des points A', B' et C' sont les doubles des modules des affixes de A, B et C respectivement.

d) L'aire du triangle A'B'C' est le double de l'aire du triangle ABC.

2 • Représentation géométrique, addition et soustraction dans $\mathbb{C}$

> ***Rappel*** Dans un repère orthonormé, le point M de coordonnées $(x_M\ ;\ y_M)$ a pour affixe le nombre complexe $z_M = x_M + y_M\,\mathrm{i}$.
> Le vecteur $\vec{w}$ de coordonnées $(x_{\vec{w}}\ ;\ y_{\vec{w}})$ a pour affixe le nombre complexe $z_{\vec{w}} = x_{\vec{w}} + \mathrm{i}\ y_{\vec{w}}$.

14 Dans le repère orthonormé direct $(O\ ;\ \vec{u},\ \vec{v})$ ci-dessous, déterminer les affixes des points A, B, C, D et E. En déduire les distances OA, OB, OC, OD et OE.

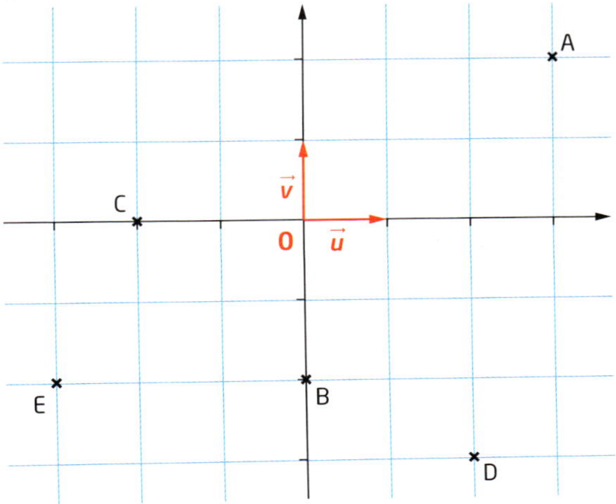

Exercices

Entraînement

15 **Exercice guidé Représentation géométrique de nombres complexes**

On considère le nombre complexe $z_1 = 3 + 2\,i$.

a) Représenter dans le plan complexe les points :

- M_1 d'affixe z_1
- M_2 d'affixe $z_2 = -\,z_1$
- M_3 d'affixe $z_3 = \overline{z_1}$
- M_4 d'affixe $z_4 = -\,\overline{z_1}$

b) Compléter les phrases suivantes :

M_2 se déduit de M_1 par la symétrie.....
M_3 se déduit de M_1 par la symétrie .....
M_4 se déduit de M_1 par la symétrie .....

Étape 1 : On identifie la partie réelle de z_1 qui est l'abscisse du point M_1 et la partie imaginaire de z_1 qui est l'ordonnée du point M_1. On procède de même pour z_2, z_3 et z_4.
Attention : $-\,z_1 = -(3 + 2\,i) = -3 - 2\,i$.

Étape 2 : On pense à la symétrie de centre O et aux symétries axiales.

16 Dans le repère orthonormé direct $(O\,;\,\vec{u}\,,\,\vec{v})$ ci-dessous, déterminer les affixes des vecteurs $\overrightarrow{w_1}$, $\overrightarrow{w_2}$, $\overrightarrow{w_3}$, $\overrightarrow{w_4}$ et $\overrightarrow{w_5}$ et déterminer géométriquement leurs modules.

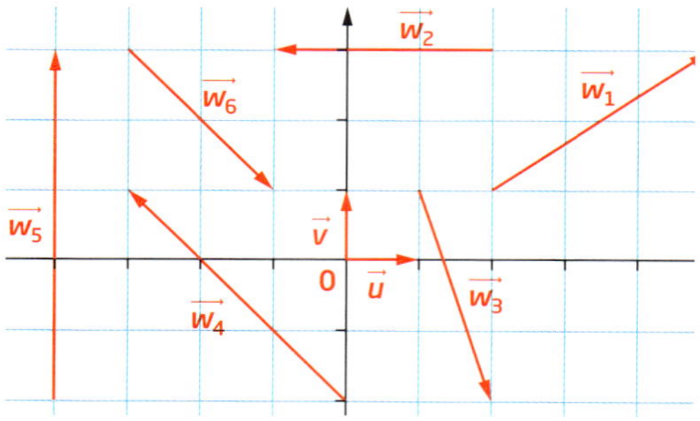

17 Dans le plan complexe muni d'un repère orthonormé direct $(O\,;\,\vec{u}\,,\,\vec{v})$, on considère les points A, B et C d'affixes respectives :

$$z_A = -2 + i\,;\ z_B = 3 - i\,;\ z_C = 5 - 4\,i \text{ et } z_D = -2\,i\,.$$

a) Placer les points A, B et C dans le plan complexe. Que peut-on conjecturer quant à la nature du quadrilatère ABCD ?

b) Déterminer les affixes des vecteurs $\overrightarrow{AB}$ et $\overrightarrow{DC}$.

c) Démontrer la conjecture du **a)**.

18 Dans le plan complexe muni d'un repère orthonormé direct $(O\,;\,\vec{u}\,,\,\vec{v})$, on considère les points A, B et C d'affixes respectives :

$$z_A = -2 + 4\,i\,;\ z_B = 2 + 2\,i\,;\ z_C = -1 - 2\,i \text{ et } z_D = -5\,.$$

a) Faire une figure. Que peut-on conjecturer quant à la nature du quadrilatère ABCD ?

b) Démontrer cette conjecture.

19 Dans le plan complexe muni d'un repère orthonormé direct $(O\,;\,\vec{u}\,,\,\vec{v})$, on considère les points A, B et C d'affixes respectives :

$$z_A = -3 + 4\,i\,;\ z_B = -1 + I\,;\ z_C = 1 - 2\,i\,.$$

a) Faire une figure.

b) Déterminer les affixes des vecteurs $\overrightarrow{AB}$ et $\overrightarrow{BC}$.

c) Que peut-on en déduire quant à la position des points A, B et C ?

20 Dans le plan complexe muni d'un repère orthonormé direct $(O\,;\,\vec{u}\,,\,\vec{v})$, placer les points A, B et C d'affixes respectives :

$$z_A = -4 + 7\,i\,;\ z_B = -1 + i \ \text{ et } \ z_C = \frac{z_A + z_B}{2}$$

Que représente le point C par rapport au segment [AB] ?

> ***Rappel*** Dans un repère orthonormé, si le vecteur $\overrightarrow{MN}$ a pour affixe le nombre complexe $z_{\overrightarrow{MN}} = x_{\overrightarrow{MN}} + i\ y_{\overrightarrow{MN}}$, alors la distance MN est égale au module de $z_{\overrightarrow{MN}}$.

21 Dans le plan complexe muni d'un repère orthonormé direct $(O\,;\,\vec{u}\,,\,\vec{v})$, on considère les points A, B et C d'affixes respectives :

$$z_A = -2\,;\ z_B = 4\,i \ \text{ et } \ z_C = 1 + 3\,i$$

a) Faire une figure.

b) Calculer les affixes des vecteurs $\overrightarrow{AB}$, $\overrightarrow{CA}$ et $\overrightarrow{CB}$.

c) En déduire les valeurs de AB^2, CA^2 et CB^2.

d) Que peut-on en déduire quant à la nature du triangle ABC ?

22 Dans le plan complexe muni d'un repère orthonormé direct $(O\,;\,\vec{u}\,,\,\vec{v})$, on considère les points A, B et C d'affixes respectives :

$$z_A = -\frac{5}{2} + 2\,i\,;\ z_B = 1 + 5\,i \ \text{ et } \ z_C = -3 - \frac{5}{4}\,i$$

a) Faire une figure.

b) Sonia affirme que le triangle ABC est rectangle en A. A-t-elle raison ?

23 Dans le plan complexe muni d'un repère orthonormé direct $(O ; \vec{u}, \vec{v})$, on considère les points A, B, C et D d'affixes respectives :

$z_A = -3 - 2i$; $z_B = 5 + 2i$; $z_C = 2 - 2i$ et $z_D = 2i$

a) Faire une figure.

b) Déterminer les affixes des vecteurs $\overrightarrow{AC}$, $\overrightarrow{DB}$ et $\overrightarrow{AD}$.

c) Calculer les longueurs AC et AD.

d) Préciser les égalités qui permettent d'affirmer que ADBC est un losange.

24 Le bras d'un robot est formé d'un socle et de deux parties OA et AB pouvant pivoter dans un même plan autour des points O et A.

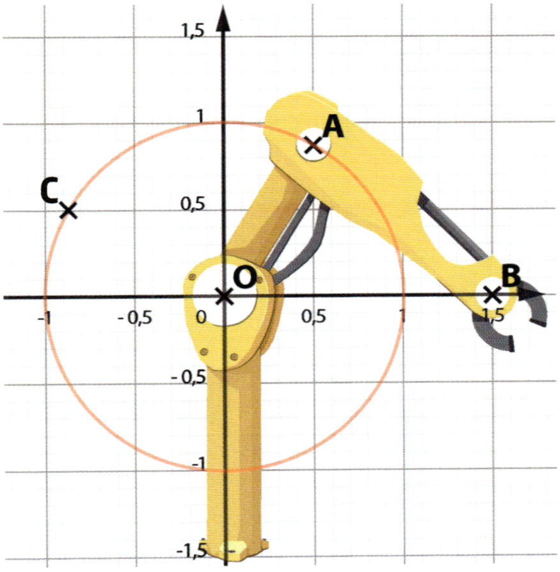

a) Déterminer les affixes des points A, B, C et D.

b) Calculer les distances AB et AD. Le robot peut-il atteindre le point D, en ne pivotant que la partie AB ? Justifier votre réponse.

c) Vérifier qu'en pivotant le bras OA pour que A soit en C, le robot peut atteindre le point D.

d) Existe-t-il une deuxième possibilité pour le point A pour atteindre le point D ?

25 On considère les deux nombres complexes suivants : $z_1 = -3 + 2i$ et $z_2 = 5 - 4i$.

Pour effectuer $z_1 - z_2$, Paul hésite entre les écritures suivantes à la calculatrice :

```
-3+2i-5-4i
-3+2i-(5-4i)
```

a) Utiliser une calculatrice pour effectuer les deux calculs. Obtient-on le même résultat ?

b) Laquelle des deux écritures donne le résultat juste pour $z_1 - z_2$?

c) Quelle modification doit-on apporter au premier calcul, si on ne veut pas mettre de parenthèses ?

26 Pour chaque question, déterminer la forme algébrique de $z_1 + z_2$ et de $z_1 - z_2$.

a) $z_1 = -3 + 4i$ et $z_2 = -1 + 2i$

b) $z_1 = -\dfrac{2}{3} + \dfrac{1}{3}i$ et $z_2 = \dfrac{4}{3} - \dfrac{1}{3}i$

c) $z_1 = -3 + 2i$ et $z_2 = \dfrac{2}{5} + \dfrac{1}{5}i$

d) $z_1 = -\sqrt{2} + 5\sqrt{3}\,i$ et $z_2 = 3\sqrt{2} + 2\sqrt{3}\,i$

27 Dans le plan complexe muni d'un repère orthonormé direct $(O ; \vec{u}, \vec{v})$, on considère les points A et B d'affixes respectives : $z_A = 4 + 2i$ et $z_B = -1 + 3i$.

a) Faire une figure.

b) Construire :
- le point C tel que $\overrightarrow{OC} = \overrightarrow{OA} + \overrightarrow{OB}$
- le point D tel que $\overrightarrow{OD} = \overrightarrow{OA} - \overrightarrow{OB}$.

c) Déterminer graphiquement l'affixe z_C du point C et z_D, l'affixe du point D.

d) Comment peut-on obtenir z_C et z_D par le calcul à partir de z_A et de z_B ?

28 On donne $z_1 = 2 + 3i$ et $z_2 = 1 - 2i$.

a) Déterminer la forme algébrique de $Z = z_1 + z_2$ et en déduire $\overline{Z}$.

b) Déterminer les conjugués $\overline{z_1}$ et $\overline{z_2}$, puis calculer $\overline{z_1} + \overline{z_2}$.

c) Que peut-on dire de $\overline{Z}$ et de $\overline{z_1} + \overline{z_2}$?

d) Reprendre les questions précédentes dans le cas où $z_1 = x + yi$ et $z_2 = x' + y'i$ avec x, x', y et y' des nombres réels.

Exercices

Entraînement

Que peut-on conclure pour :
$\overline{z_1} + \overline{z_2}$ et $\overline{z_1 + z_1}$?

> ***Rappel*** Pour multiplier des nombres complexes, on utilise les règles de distributivité ou d'identités remarquables comme dans $\mathbb{R}$.
> Dans les calculs, on utilise : $i^2 = -1$.

3 • Produit et quotient dans $\mathbb{C}$

29 On considère les deux nombres complexes suivants : $z_1 = -3 + 2i$ et $z_2 = 5 - 4i$.
Pour effectuer $z_1 \times z_2$, Paul hésite entre les écritures suivantes à la calculatrice :

```
-3+2i*5-4i
-3+2i*(5-4i)
(-3+2i)*(5-4i)
```

a) Utiliser une calculatrice pour effectuer les trois calculs. Obtient-on le même résultat ?

b) Laquelle des trois écritures donne le résultat juste pour $z_1 \times z_2$?

c) Quelle règle doit-on utiliser pour développer et réduire ce calcul ? L'appliquer pour retrouver le résultat donné avec une calculatrice.

30 Déterminer la forme algébrique de $z_1\, z_2$; z_1^2 ; $\overline{z_1}$; $z_1\,\overline{z_1}$ et $z_2\,\overline{z_2}$.
Vérifier les résultats avec une calculatrice.

> Automatisme 18

a) $z_1 = -3 + 4i$ et $z_2 = -1 + 2i$

b) $z_1 = -\dfrac{2}{3} + \dfrac{1}{3}i$ et $z_2 = \dfrac{4}{3} - \dfrac{1}{3}i$

c) $z_1 = -3 + 2i$ et $z_2 = \dfrac{2}{5} + \dfrac{1}{5}i$

d) $z_1 = -\sqrt{2} + 2\sqrt{3}\,i$ et $z_2 = 3\sqrt{2} + 2\sqrt{3}\,i$

31 **a)** Développer et réduire $(2 + 3i)(2 - 3i)$.

b) Développer et réduire $(x + yi)(x - yi)$ où x et y sont des nombres réels quelconques.
Quelle propriété du cours a-t-on démontrée ?

32 En utilisant la propriété démontrée dans l'exercice précédent, déterminer $z \times \overline{z}$ dans les cas suivants :

a) $z = 3 - 2i$ **b)** $z = -1 + \sqrt{3}\,i$
c) $z = -2i$ **d)** $z = -\sqrt{2}\,i + \sqrt{3}$
e) $z = -1 + \sqrt{3}\,i$ **f)** $z = -3$

33 On donne $z_1 = 2 + 3i$ et $z_2 = 1 - 2i$.

a) Déterminer la forme algébrique de $Z = z_1 \times z_2$ et en déduire $\overline{Z}$.

b) Déterminer les conjugués $\overline{z_1}$ et $\overline{z_2}$, puis calculer $\overline{z_1} \times \overline{z_2}$.

c) Que peut-on dire de $\overline{Z}$ et de $\overline{z_1} \times \overline{z_2}$?

d) Développer et réduire $\overline{z_1} \times \overline{z_2}$ et $\overline{z_1 \times z_1}$ dans le cas où $z_1 = x + yi$ et $z_2 = x' + y'i$ avec x, x', y et y' des nombres réels.

e) Quelle propriété du cours a-t-on démontrée ?

34 On considère les deux nombres complexes suivants : $z_1 = -1 + 2i$ et $z_2 = 3 - 4i$.
Pour effectuer $\dfrac{z_1}{z_2}$, Dalila hésite entre les écritures suivantes sur une calculatrice :

```
-1+2i/3-4i
-1+2i/(3-4i)
(-1+2i)/(3-4i)
```

a) Utiliser une calculatrice pour effectuer les trois calculs. Obtient-on le même résultat ?

b) Utiliser la touche pour écrire le calcul sous la forme fractionnaire $\dfrac{-1+2i}{3-4i}$

c) Lequel des trois calculs est juste ?

35 On considère les deux nombres complexes suivants : $z_1 = 1 - 2i$ et $z_2 = 3 + 4i$.

a) Déterminer $\overline{z}_2$, le conjugé de z_2 et calculer $z_1 \times \overline{z}_2$ et $z_2 \times \overline{z}_2$.

b) En utilisant l'égalité $\dfrac{z_1}{z_2} = \dfrac{z_1\overline{z_2}}{z_2\overline{z_2}}$, déterminer la forme algébrique de $\dfrac{z_1}{z_2}$.

> ***Rappel*** Pour obtenir la forme algébrique d'un quotient de nombres complexes, on peut multiplier le numérateur et le dénominateur par le conjugué de ce dernier.

36 Déterminer la forme algébrique de $\dfrac{1}{z_2}$ et de $\dfrac{z_1}{z_2}$ dans les cas suivants. Vérifier les résultats avec une calculatrice.

a) $z_1 = -3 + 4\,\text{i}$ et $z_2 = -1 + 2\,\text{i}$

b) $z_1 = -\dfrac{2}{3} + \dfrac{1}{3}\,\text{i}$ et $z_2 = \dfrac{4}{3} - \dfrac{1}{3}\,\text{i}$

c) $z_1 = -3 + 2\,\text{i}$ et $z_2 = \dfrac{2}{5} + \dfrac{1}{5}\,\text{i}$

d) $z_1 = -\sqrt{2} + 2\sqrt{3}\,\text{i}$ et $z_2 = 3\sqrt{2} + 2\sqrt{3}\,\text{i}$

37 Résoudre dans $\mathbb{C}$ l'équation d'inconnue z suivante : $(1 - \text{i})\,z = 3 - 2\,\text{i}$.

4 • Argument et forme trigonométrique d'un nombre complexe non nul

38 Déterminer les affixes des points A, B, C, E, F, W et P sous forme trigonométriques.

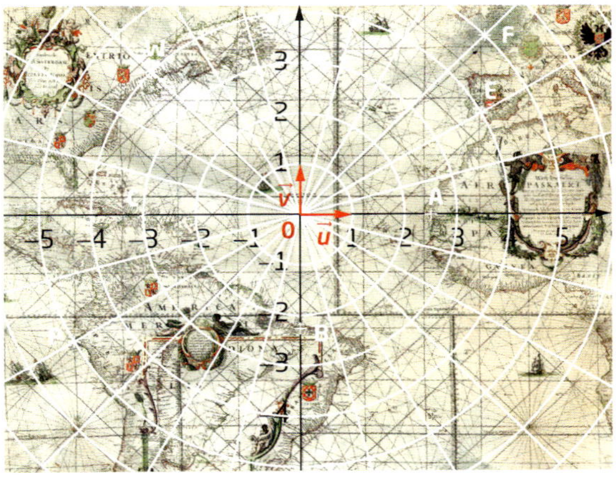

Pieter Goos, *Carte des Indes occidentales*, XVIIe siècle

39 On considère un repère orthonormé direct $(O\,;\,\vec{u}\,,\,\vec{v})$ d'unité graphique 2 cm.

a) Placer les points M, N, P et Q dont les affixes vérifient :

- $|z_M| = 2$ et $\arg(z_M) = -\dfrac{\pi}{2}$
- $|z_N| = 1{,}5$ et $\arg(z_N) = \pi$
- $|z_P| = 2{,}5$ et $\arg(z_P) = \dfrac{\pi}{3}$
- $|z_Q| = 2$ et $\arg(z_Q) = \dfrac{5\pi}{6}$

b) Déterminer les formes algébriques des affixes précédentes.

40 Dans le repère orthonormé direct $(O\,;\,\vec{u}\,,\,\vec{v})$ ci-dessous, déterminer les formes trigonométriques et algébriques des affixes des points A, B, C, D et E.

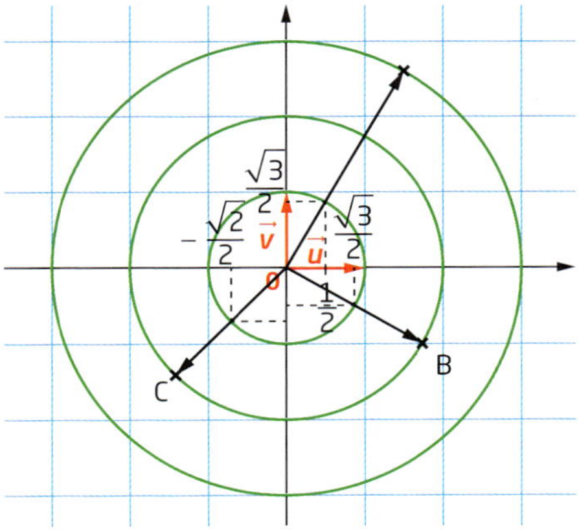

41 Exercice guidé **Forme trigonométrique**

Déterminer une forme trigonométrique du nombre complexe $z = -2 + 2\sqrt{3}\,\text{i}$.

Étape 1 : On calcule $|z|$.

Étape 2 : Si $\arg(z) = \theta$ alors

$$\cos(\theta) = \frac{\text{Re}(z)}{|z|} \quad \text{et} \quad \sin(\theta) = \frac{\text{Im}(z)}{|z|}$$

Étape 3 : On détermine θ à l'aide du cercle trigonométrique, d'une table ou d'une calculatrice.

> ***Rappel*** Obtenir un argument d'un nombre complexe avec une calculatrice :
> **Casio** : **Arg** dans le menu complexe.
> **TI** : 4 : **angle (** dans le menu complexe.
> La mesure peut être donnée en **degré** ou en **radian**.

42 Déterminer une forme trigonométrique du nombre complexe $z = 2 + 2\,\text{i}$. Peut-on en déduire les formes trigonométriques de $\bar{z}$, $-z$ et $-\bar{z}$?
On pourra s'aider d'une représentation graphique.

43 Déterminer une forme trigonométrique des nombres complexes et vérifier les résultats obtenus à l'aide d'une calculatrice :

$z_1 = -3 + 3\,\text{i}$; $z_2 = -1 + \sqrt{3}\,\text{i}$; $z_3 = -3$; $z_4 = 4\,\text{i}$;

$z_5 = -\text{i} - \sqrt{3}$; $z_6 = -\sqrt{2}$ I + ; $z_7 = 3 + 4\,\text{i}$;

$z_8 = -\dfrac{\sqrt{3}}{2} + \dfrac{3}{2}\,\text{i}$; $z_9 = -\dfrac{3}{4}$; $z_{10} = -\dfrac{1}{4}\,\text{i}$;

$z_{11} = -\dfrac{\sqrt{2}}{2} - \dfrac{\sqrt{2}}{2}\,\text{i}$

Exercices

• Approfondissement

Compétences
1 chercher 2 modéliser 3 représenter
4 raisonner 5 calculer 6 communiquer

44 5 Vérifier que $z_1 = 5 + \mathrm{i}\sqrt{15}$ et $z_2 = \bar{z}_1$ sont solutions de l'équation : $x(10 - x) = 40$.
Cette équation est connue dans l'histoire des mathématiques. En effet, Cardan (1501-1576) a proposé les solutions $5 + \sqrt{-15}$ et $5 - \sqrt{-15}$, qu'il a jugées à l'époque subtiles mais inutiles.

45 1 5 Dans l'extrait ci-dessous d'une traduction d'un manuscrit d'Euler, il y a une erreur (même les plus grands mathématiciens en font !). Euler va s'en rendre compte et pour l'éviter, il va proposer de noter i, le nombre tel que $\mathrm{i}^2 = -1$ au lieu de $\sqrt{-1}$, i$\sqrt{2}$ au lieu de $\sqrt{-2}$, i$\sqrt{3}$ au lieu de $\sqrt{-3}$, 2 i au lieu de $\sqrt{-4}$, etc. Sauriez-vous retrouver cette erreur ?

> De plus, comme $\sqrt{a}$ multipliée par $\sqrt{b}$ fait $\sqrt{ab}$, l'on aura $\sqrt{6}$ pour la valeur de $\sqrt{-2}$ multipliée par $\sqrt{-3}$; & $\sqrt{4}$ ou 2, pour la valeur du produit de $\sqrt{-1}$ par $\sqrt{-4}$. On voit donc que deux nombres imaginaires, multipliés l'un par l'autre, en produisent un réel ou possible.
>
> Mais au contraire un nombre possible, multiplié par un nombre impossible, donne toujours de l'imaginaire : $\sqrt{-3}$ par $\sqrt{+5}$ fait $\sqrt{-15}$.

Léonard Euler, *Éléments d'algèbre* (1795)

46 4 5 Résoudre dans $\mathbb{C}$, les équations d'inconnue z suivantes (on donnera la ou les solutions sous forme algébrique) :

a) $(1 - \mathrm{i})z + 3 - 2\,\mathrm{I} = 0$

b) $z + 2 - \mathrm{i}\sqrt{2} = -1 + 3\sqrt{2}$

c) $(1 + \mathrm{i})z + 4 = 2\mathrm{i}z$

d) $\dfrac{z}{1 - i} = -1 + 2\mathrm{i}$

e) $(z - 1 - \mathrm{i}\sqrt{3})(z - 3) = 0$

f) $(z - 2\mathrm{i} + \sqrt{3})^2 + 16 = 0$

g) $\dfrac{z + \mathrm{i}}{z} = 2 - \mathrm{i}$

47 1 4 5 Déterminer la partie réelle et la partie imaginaire du nombre complexe Z dans les cas suivants :

a) $Z = (2 - \mathrm{i}\sqrt{3})(1 - \mathrm{i})$

b) $Z = \dfrac{3}{1 - \mathrm{i}\sqrt{5}}$

c) $Z = \dfrac{1 + \mathrm{i}\sqrt{5}}{1 - \mathrm{i}\sqrt{5}}$

48 1 4 5 Déterminer le nombre complexe z, sachant que :
$z + \bar{z} = -4\sqrt{3}$ et $z - \bar{z} = 6$

49 4 6 Le nombre $Z = \dfrac{1 + \mathrm{i}\sqrt{5}}{1 - \mathrm{i}\sqrt{5}} + \dfrac{1 - \mathrm{i}\sqrt{5}}{1 + \mathrm{i}\sqrt{5}}$ est-il réel ?
Justifier le plus simplement possible la réponse.

> Automatisme 18

50 Soit f la fonction définie sur $\mathbb{C}$ par :
$f(z) = z^2 + 6z + 12$.

1 4 **a)** Démontrer qu'elle peut s'écrire : $(z + 2)^2 + 3$.

5 **b)** Résoudre l'équation $f(z) = 0$.

51 Soit la fonction définie sur $\mathbb{C}$ par :
$$f(z) = z^2 + 4z + 6.$$

1 4 **a)** Déterminer le nombre a tel que :
$$f(z) = (z + 2)^2 + a.$$

5 **b)** Résoudre alors l'équation $f(z) = 0$.

52 Dans le plan complexe muni d'un repère orthonormé direct $(O\,;\,\vec{u},\,\vec{v})$ d'unité graphique 2 cm, on considère les points M, N et P d'affixes respectives z_M, z_N et z_P telles que : $z_M = -\mathrm{i}$; $z_N = \sqrt{3} + 2\mathrm{i}$ et $z_P = -\sqrt{3} + 2\mathrm{i}$.

3 **a)** Faire une représentation graphique.

2 4 5 **b)** Montrer que le triangle MNP est équilatéral.

53 Dans le plan complexe muni d'un repère orthonormé direct $(O\,;\,\vec{u},\,\vec{v})$ d'unité graphique 1 cm, on considère les points A, B, C et D d'affixes respectives z_A, z_B, z_C et z_D telles que : $z_A = -2 + \mathrm{i}$; $z_B = -1 + (\sqrt{3} + 1)\mathrm{i}$; $z_C = 1 + (\sqrt{3} + 1)\mathrm{i}$ et $z_D = 2 + \mathrm{i}$.

3 **a)** Faire une représentation graphique.

2 5 6 **b)** Déterminer les affixes des vecteurs $\overrightarrow{AD}$ et $\overrightarrow{BC}$.
Que peut-on en déduire pour les droites (AD) et (BC).

5 **c)** Calculer les longueurs AB et CD.

1 4 6 **d)** Déduire des deux questions précédentes la nature du quadrilatère ABCD.

2 5 **e)** Soit E le milieu du segment [AD]. Déterminer z_E, affixe de E.

5 **f)** Calculer les distances EA, EB, EC et ED.

(1)(3)(6) **g)** En déduire que les points A, B, C et D sont sur un même cercle dont on précisera le centre et le rayon.

54 (2)(5)(6) Dans le repère orthonormé direct $(O\,;\,\vec{u}\,,\,\vec{v}\,)$ ci-dessous, KLMNPQ est un hexagone régulier de centre O. Donner les affixes des sommets de l'hexagone sous forme trigonométrique et algébrique.

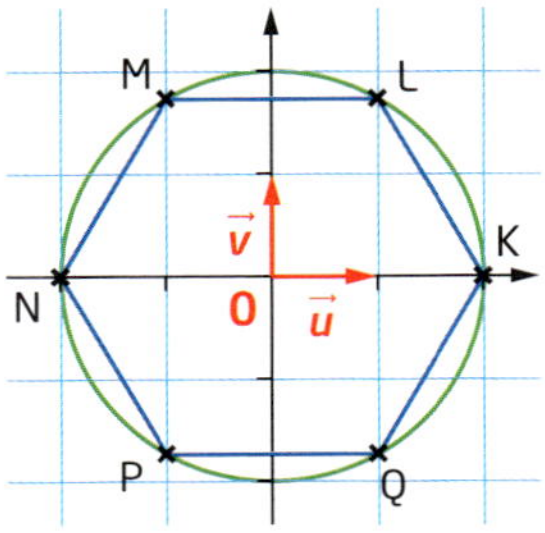

55 (1)(5)(6) Déterminer le module et un argument de chacun des nombres complexes suivants. > *Atelier 2*

a) $z = 4\left(\cos\left(\frac{\pi}{3}\right) + \mathrm{i}\sin\left(\frac{\pi}{3}\right)\right)$

b) $z = -4\left(\cos\left(\frac{\pi}{2}\right) + \mathrm{i}\sin\left(\frac{\pi}{2}\right)\right)$

c) $z = \sqrt{2}\left(\cos\left(\frac{\pi}{4}\right) - \mathrm{i}\sin\left(\frac{\pi}{4}\right)\right)$

d) $z = \sqrt{3}\left(-\cos\left(\frac{\pi}{3}\right) + \mathrm{i}\sin\left(\frac{\pi}{3}\right)\right)$

56 Python Le module **cmath** de Python permet d'accéder à des fonctions sur les nombres complexes.

```
>>> from cmath import*
>>> z=complex(0,1)
>>> print(z)
1j
>>> polar(z)
(1.0, 1.5707963267948966)
```

Rappel Dans Python, j est utilisé à la place de i comme en physique.

(6) **a)** Rappeler le module et l'argument de j.

(4)(6) **b)** Vérifier sur l'encadré ci-dessus que la commande **polar** donne les valeurs attendues sous forme décimale.

(2)(5) **c)** Utiliser ces commandes pour obtenir le module et l'argument des nombres complexes suivants (on donnera des valeurs approchées à 10^{-2} près) :
$z_1 = -3 + 4\,\mathrm{i}$; $z_2 = -1 + \sqrt{3}\,\mathrm{i}$; $z_3 = -3$; $z_4 = 4\,\mathrm{i}$;
$z_5 = -\mathrm{i} - \sqrt{3}$ et $z_6 = -\sqrt{2}\,\mathrm{i} + \sqrt{3}$

57 Python La commande **rect** permet d'obtenir la forme algébrique d'un nombre complexe, connaissant son module et son argument.

```
>>> z=rect(1,pi/2)
>>> print(z)
(6.123233995736766e-17+1j)
```

(1)(6) **a)** Quelle est la forme trigonométrique du nombre complexe choisi dans l'encadré ci-dessus ? De quel nombre complexe s'agit-il ?

(3)(4) **b)** Que signifie **e-17** dans la partie réelle affichée dans la console ?

(2)(5) **c)** Ci-dessous, une possibilité pour gérer les arrondis :

```
>>> z=rect(1,pi/2)
>>> x=round(z.real,2)
>>> y=round(z.imag,2)
>>> z=complex(x,y)
>>> print(z)
1j
```

Déterminer la forme algébrique du nombre complexe z dans les cas suivants (on donnera des valeurs approchées à 10^{-3} près de ses parties réelle et imaginaire).

$|z| = 2$ et $\arg(z) = -\frac{\pi}{2}$ $\quad |z| = 2{,}4$ et $\arg(z) = -\frac{\pi}{12}$

$|z| = \sqrt{2}$ et $\arg(z) = \frac{3\pi}{4}$ $\quad |z| = 1{,}8$ et $\arg(z) = 0{,}931$

58 Passer de la forme algébrique à la forme trigonométrique à la calculatrice (et inversement) en une seule touche !
Casio : menu complexe ▸r∠θ pour la forme polaire et SHIFT X,θ,T pour saisir une forme polaire.

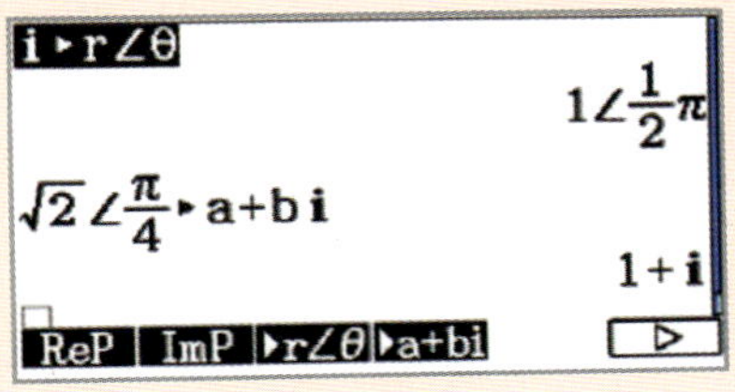

Exercices

Approfondissement

Compétences
1 chercher 2 modéliser 3 représenter
4 raisonner 5 calculer 6 communiquer

TI : menu complexe `7:▸Polaire` pour la forme polaire et 2nde ln pour saisir une forme polaire.

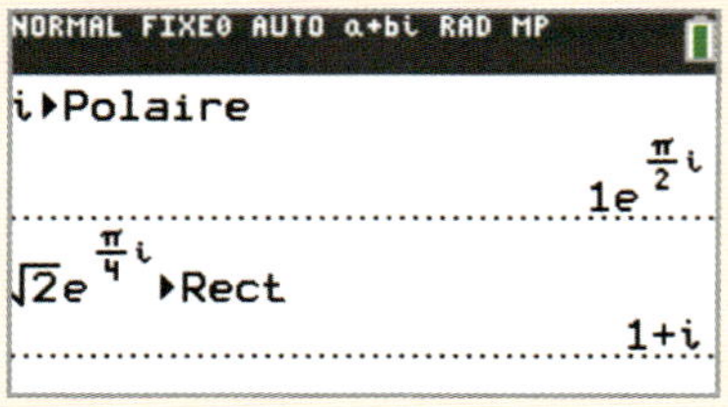

Il faut attendre la classe de terminale pour les explications de cette fonction !

2 5 6 **a)** Déterminer, avec cette méthode, la forme trigonométrique des nombres complexes suivants (on arrondira les valeurs, si nécessaire, à 10^{-2} près)
$z_1 = -3 + 4\,\mathrm{i}$; $z_2 = -1 + \sqrt{3}\ \mathrm{i}$; $z_3 = -3$; $z_4 = 4\,\mathrm{I}$;
$z_5 = -\mathrm{i} - \sqrt{3}$ et $z_6 = -\sqrt{2}\ \mathrm{i} + \sqrt{3}$

2 5 6 **b)** Déterminer la forme algébrique des nombres complexes suivants (on arrondira les valeurs, si nécessaire, à 10^{-2} près).

$|z_1| = 2$ et $\arg(z_1) = -\dfrac{\pi}{2}$

$|z_2| = \sqrt{2}$ et $\arg(z_2) = \dfrac{3\pi}{4}$

$|z_3| = 2{,}4$ et $\arg(z_3) = -\dfrac{\pi}{12}$

$|z_4| = 1{,}8$ et $\arg(z_4) = 0{,}931$

Rappel • En physique, on note j le nombre complexe dont le carré vaut – 1, pour éviter la confusion avec la notation du courant électrique.
• En électricité, une tension ou un courant sinusoïdal s'écrit en fonction du temps t, sous la forme :

$$s(t) = S\sqrt{2}\ \cos(2\pi f\,t + \varphi)$$

avec S la valeur efficace (en volt ou en ampère), $s f$ la fréquence (en hertz) et φ le déphasage en radian. On lui associe un nombre complexe de module S et d'argument φ.

Pour les exercices suivants, on utilise le résultat généralisé de l'**atelier 2**.

59 On se propose d'étudier le montage série et l'additivité des tensions par la loi des mailles.

$u_1(t) = 2\sqrt{2}\ \cos(100\,\pi\,t + \dfrac{\pi}{3})$ et

$u_2(t) = 2\sqrt{2}\ \cos(100\,\pi\,t + \dfrac{\pi}{6})$.

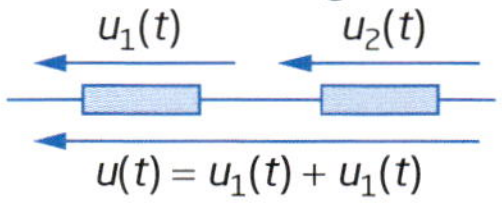

1 2 6 **a)** Déterminer la fréquence et la période commune des tensions précédentes.

5 **b)** Déterminer U et φ à 10^{-2} près tels que :
$u(t) = U\sqrt{2}\ \cos(100\,\pi\,t + \varphi)$ à partir des calculs ci-dessous.

> Exercices 56 et 57

```
>>> U1=rect(2,pi/3)
>>> U2=rect(2,pi/6)
>>> U=U1+U2
>>> polar(U)
(3.8637033051562732, 0.7853981633974483)
```

3 5 **c)** Déterminer à 10^{-2} près les valeurs maximales atteintes par $u_1(t)$, $u_2(t)$ et $u(t)$.

4 6 **d)** L'affirmation : « la valeur maximale de $u(t)$ est la somme des valeurs maximales de $u_1(t)$ et $u_2(t)$ » est-elle vraie ?

2 6 **e)** Ci-contre une résolution basée sur l'utilisation d'une règle graduée, d'un compas et d'un rapporteur (elle est due au physicien français Augustin Fresnel [1788-1827]).

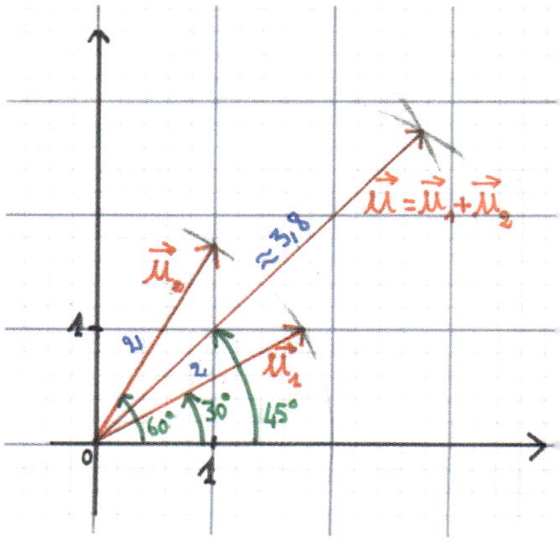

Son équivalent avec un logiciel de géométrie dynamique donne la forme suivante.

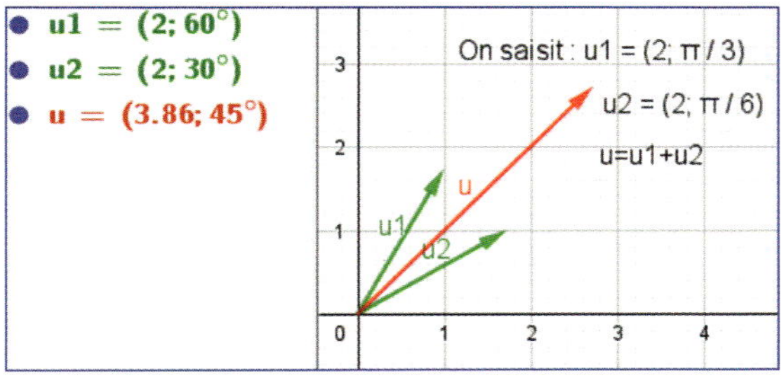

Décrire sous forme d'un algorithme le programme de construction et la déduction des valeurs approchées de U et φ.

60 Soit $u(t) = u_1(t) + u_2(t)$ avec
$u_1(t) = 2{,}5\sqrt{2}\ \cos(2\pi t + 0{,}524)$ et
$u_2(t) = 1{,}3\sqrt{2}\ \cos(2\pi t - 0{,}393)$.

1 2 6 **a)** Déterminer la fréquence et la période communes de ces tensions.

3 5 **b)** Déterminer, avec la méthode de votre choix, U et φ à 10^{-2} près tel que :

$$u(t) = U\sqrt{2}\ \cos(100\pi t + \varphi).$$

2 4 **c)** Utiliser une calculatrice ou un traceur pour vérifier la coïncidence des courbes de $u(t)$ et de $u_1(t) + u_2(t)$.

61 On se propose d'étudier le montage parallèle et l'additivité des courants par la loi des nœuds.
$i_1(t) = \sqrt{2}\ \cos(0{,}1\ \pi t)$ et
$i_2(t) = 2\sqrt{2}\ \cos\left(0{,}1\ \pi t + \dfrac{\pi}{4}\right)$.

1 2 6 **a)** Déterminer la fréquence et la période communes des tensions précédentes.

3 5 **b)** Déterminer, à 10^{-2} près, I et φ tels que $i(t) = I\sqrt{2}\ \cos(0{,}1\ \pi t + \varphi)$.

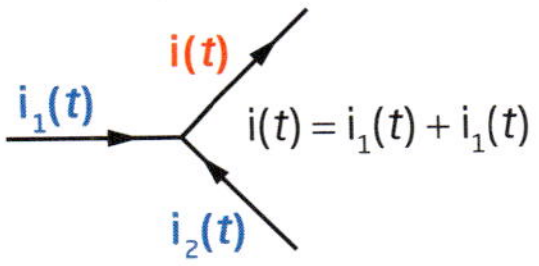

Pour les exercices **62** et **63**, on donne des schémas de circuits et leurs impédances complexes Z. En régime sinusoïdale, l'impédance complexe Z d'un circuit permet de tenir compte du rapport entre tension et courant. Le module de Z est l'impédance du circuit.
Les associations série ou parallèle des impédances sont les mêmes que pour les résistances en continu.

62 2 3 5 On donne $Z_1 = -1{,}5 + 2\,j$ et $Z_2 = 3 - 2{,}5\,j$. Calculer la forme algébrique de l'impédance complexe Z et son module $|Z|$ à 10^{-1} près, dans les deux cas suivants :

a) Association série : $Z = Z_1 + Z_2$

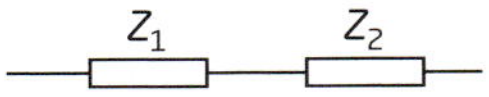

b) Association parallèle : $\dfrac{1}{Z} = \dfrac{1}{Z_1} + \dfrac{1}{Z_2}$

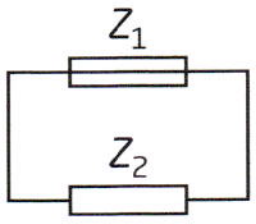

63 2 3 5 Calculer la forme algébrique de l'impédance complexe Z et son module $|Z|$ à 10^{-1} près, dans les deux cas suivants, sachant que :
$Z_R = R$, $Z_L = j\,L \times 2\pi f$,
$Z_C = \dfrac{1}{j\,C \times 2\pi f}$ et $f = 13{,}5$ Hz
Avec $R = 1\ \Omega$, $L = 0{,}142$ H et $C = 0{,}001$ F.

a) Association série : $Z = Z_C + Z_R + Z_L$

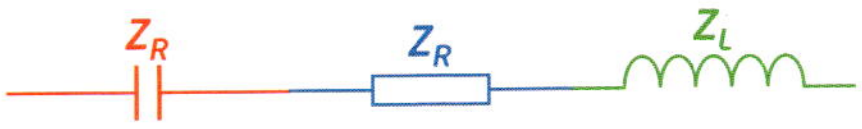

b) Association parallèle :

$$\frac{1}{Z} = \frac{1}{Z_C} + \frac{1}{Z_R} + \frac{1}{Z_L}$$

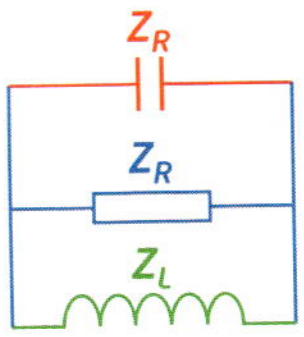

Pour commencer

Dans chaque QCM, trouver la ou les bonnes réponses.

QCM interactif — À télécharger QCM · PPT — Questions Flash

QCM 1

Soit la fonction f définie par $f(x) = x^3 + x^2 + x + 1$. La courbe représentative de f dans un repère a pour tangente au point d'abscisse 1 la droite d'équation :

a) $y = 6x$ **b)** $y = 6x - 2$ **c)** $y = 6x + 4$

QCM 2

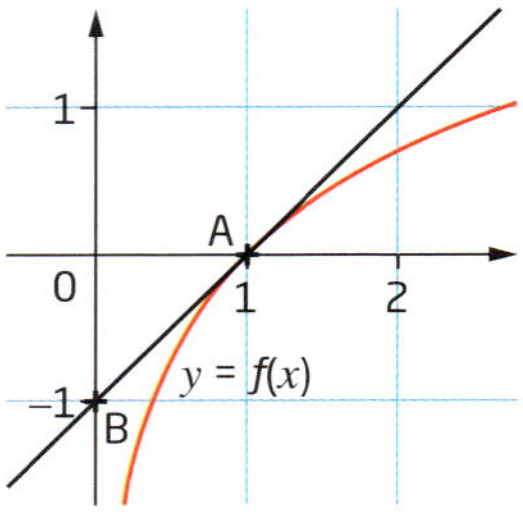

A(1 ; 0) est un point de la représentation graphique d'une fonction f.
La tangente à la courbe au point A passe par le point B(0 ; – 1). On a :

a) $f(1) = 0$ et $f'(1) = 0$

b) $f(0) = 1$ et $f'(1) = 1$

c) $f(1) = 0$ et $f'(1) = 1$

QCM 3

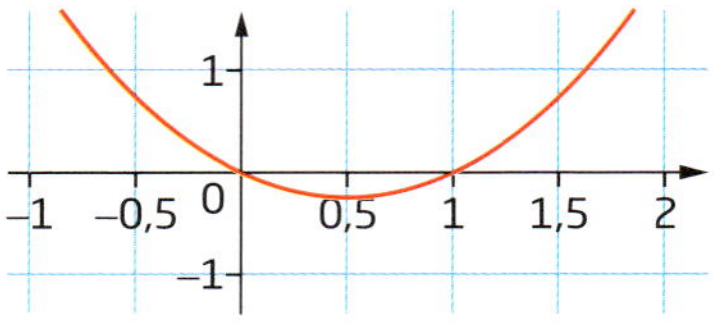

Voici la représentation graphique de la fonction dérivée d'une fonction f.
Une représentation graphique possible de f est :

a)

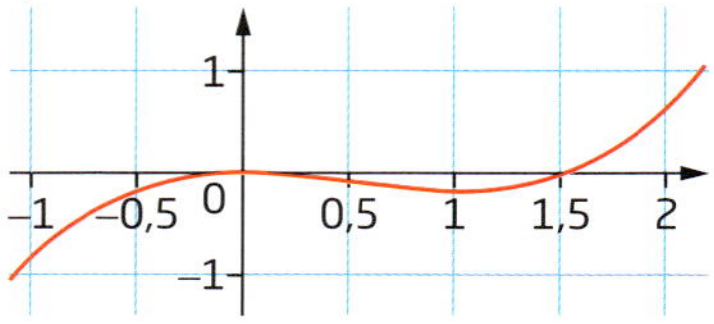

b)

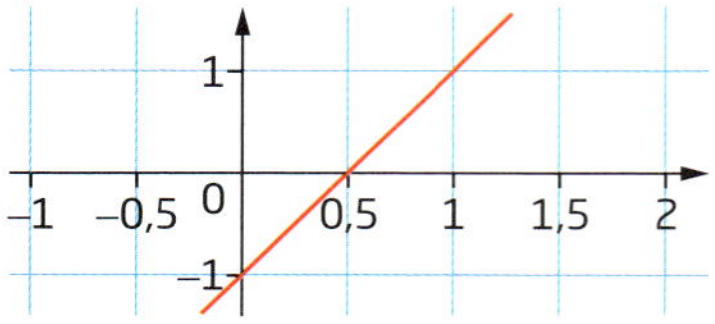

c)

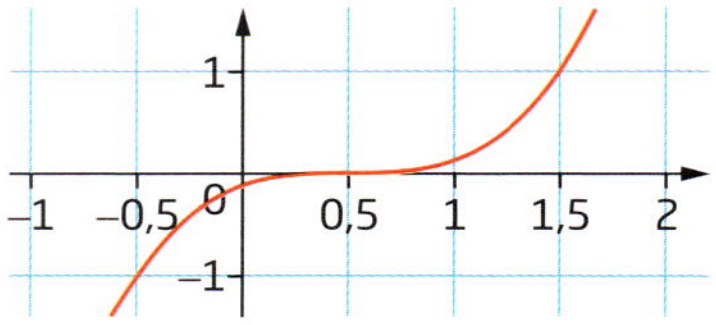

QCM 4

Soit une fonction f et f' sa fonction dérivée. Si $f'(x) = 6x^2 + 2x - 5$, alors on peut avoir :

a) $f(x) = 2x^3 + x^2 - 5x + 1$ **b)** $f(x) = 12x + 2$ **c)** $f(x) = 6x^3 + 2x^2 - 5x$

QCM 5

La distance d (en mètres), parcourue par un véhicule, en fonction du temps t (en secondes), est donnée par la formule $d(t) = 0{,}8\,t^2 + 1{,}2$. Au bout d'une seconde, sa vitesse est de :

a) 2 m.s^{-1} **b)** 0,8 m.s^{-1} **c)** 1,6 m.s^{-1}

QCM 6

Soit f une fonction. On note f' sa fonction dérivée et I un intervalle.
Sachant que pour tout $x \in$ I, on a $f'(x) \geqslant 0$, alors :

a) $f(x) \geqslant 0$, pour tout $x \in$ I. **b)** f est croissante sur I. **c)** On ne peut rien dire pour f.

8 • Dérivées et primitives

Sofia Kovalevskaya (1850-1891).

Histoire des maths

Sofia Kovalevskaya est la première femme à avoir obtenu un doctorat en mathématiques et le poste de professeure dans une université européenne.

Née à Moscou en 1850, elle étudie les mathématiques en Allemagne où elle obtient son doctorat sous la direction du célèbre mathématicien Karl Weierstrass. Elle occupe ensuite un poste de professeure à l'université de Stockholm. Le résultat de ses recherches sur les équations aux dérivées partielles est maintenant connu sous le nom de théorème de Cauchy-Kovalevskaya.

Les recherches sur les équations aux dérivées partielles continuent puisqu'en 2018, l'Italien Alessio Figalli obtient la plus haute distinction en mathématiques, la médaille Fields, pour ses travaux sur ces équations, ayant des applications dans des domaines aussi divers que l'économie et la météorologie. Il avait passé sa thèse en 2010 sous la direction du mathématicien français Cédric Villani.

> Exercice 29

Dans la vie de tous les jours...

Les dérivées aident à la résolution de problèmes d'optimisation dans des domaines aussi variés que la distribution d'énergie, l'économie, la production, l'aérodynamique. Les primitives servent à étudier le mouvement d'un objet (ex. 71). Le film *Les figures de l'ombre* de T. Melfi raconte comment la méthode d'Euler a permis de mettre en orbite le premier astronaute américain, John Glenn.

Cours

1 • Notation de Leibniz

ACTIVITÉ 1

Léonie et Léna ont mesuré le côté d'un carré avec une règle. La valeur trouvée est $x = 10$ cm avec une précision $\Delta x = 0{,}1$ cm. Elles se demandent quelle sera la précision ΔA obtenue pour l'aire du carré.

1. Léonie décide de calculer l'aire du carré avec un côté de 9,9 cm, puis de 10,1 cm. Effectuer les deux calculs, puis en déduire un encadrement de l'aire du carré.
Donner une valeur approchée de l'aire, puis démontrer que la précision de l'aire est $\Delta A = 2$ cm^2.

2. Léna décide de poser A la fonction aire avec $A(x) = x^2$. Calculer $A'(x)$, où A est la fonction dérivée de la fonction A.

Les notations présentées dans cette page sont dues à Gottfried Wilhelm Leibniz. Il construisit en 1694 l'une des premières machines à calculer.

3. On admet que si Δx est proche de zéro, alors $\dfrac{\Delta A}{\Delta x}$ est proche de $A'(x)$. Montrer qu'alors $\Delta A \approx 2x\,\Delta x$, puis calculer ΔA.

À RETENIR Cours 1

Le point $A(x_0\,;f(x_0))$ est un point de la courbe représentative d'une fonction f.
Une variation de x (notée Δx) produit une variation de $y = f(x)$ (notée Δy). Graphiquement, le point A passera en B.
Le **coefficient directeur** de la droite (AB) est $\dfrac{\Delta y}{\Delta x}$ noté aussi $\left(\dfrac{\Delta y}{\Delta x}\right)_{x_0}$ pour indiquer qu'il s'agit du taux de variation au point d'abscisse x_0.

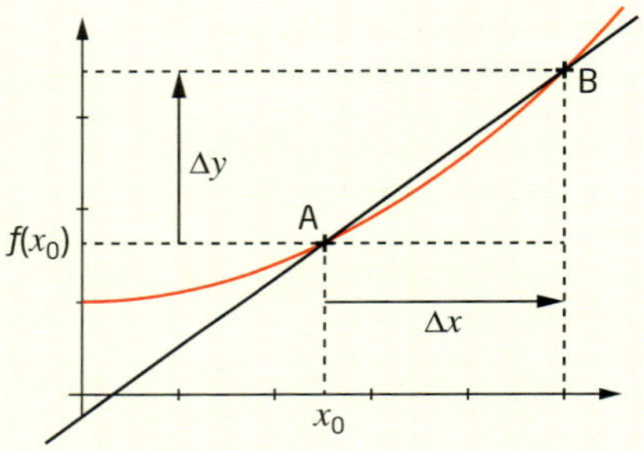

Lorsque Δx se rapproche de zéro, on notera dx au lieu de Δx, et dy au lieu de Δy.
La droite (AB) se rapproche de la tangente en A à la courbe et le coefficient directeur de la droite (AB) se rapproche de $f'(x_0)$.
On obtient $f'(x_0) = \dfrac{dy}{dx}(x_0) = \dfrac{df}{dx}(x_0)$ ou encore $f' = \dfrac{df}{dx}$.

EXEMPLE 1 **Appliquer ces notations à la physique**

On s'intéresse à la puissance P dissipée par un dipôle résistif de résistance $R = 50\ \Omega$ alors qu'il est parcouru par un courant continu d'intensité 2 A. On sait que $P = R\,I^2$.

1. La puissance P dissipée si $I = 2$ A est $P = 50 \times 2^2 = 200$ W.

2. L'incertitude indiquée sur l'appareil est 0,05 A soit $\Delta I = 0{,}05$ A. On souhaite calculer ΔP, l'incertitude du résultat obtenu au **1**.

On pose donc la fonction P avec $P(I) = 50\,I^2$ et $\dfrac{dP}{dI}(I) = 50 \times 2\,I = 100\,I$.

On utilise l'approximation $\dfrac{\Delta P}{\Delta I} \approx 100\,I$ c'est-à-dire $\Delta P \approx 100\,I\,\Delta I$.

$\Delta P \approx 100 \times 2 \times 0{,}05$ donc $\Delta P \approx 10$ W. La puissance dissipée sera de 200 ± 10 W.

2 • Approximation affine

ACTIVITÉ 2

Un blouson coûte 100 € en 2018. Chaque année, son prix augmente de a %.

1. Reproduire et compléter le tableau ci-contre.

Augmentation	2018	2019	2020
30 %	100	130	
10 %	100		121
3 %	100		106,09
0,5 %	100		

2. Les affirmations suivantes sont-elles vraies ou fausses ?
- Deux hausses successives de 30 %, c'est environ une hausse de 60 %.
- Deux hausses successives de 10 %, c'est environ une hausse de 20 %.
- Deux hausses successives de 3 %, c'est environ une hausse de 6 %.
- Deux hausses successives de 0,5 %, c'est environ une hausse de 1 %.

3. Après deux hausses successives de a %, le prix est multiplié par $\left(1+\dfrac{a}{100}\right)^2$.

On pose $t=\dfrac{a}{100}$, et la fonction f définie par $f(t)=(1+t)^2$.

a) En utilisant la forme développée de $f(t)$, calculer $f'(t)$.

b) Déterminer une équation de la tangente T à la courbe représentative de f au point d'abscisse 0.

c) Les graphiques de la courbe de f et de la droite T ci-contre ont été obtenus à l'aide d'une calculatrice. Modifier la fenêtre avec les paramètres suivants :
Xmin : 0 ; Xmax : 0.1 ; Ymin : 1 ; Ymax : 1.2. Que constate-t-on ?

```
FENÊTRE
 Xmin=0
 Xmax=1
 Xgrad=0.1
 Ymin=0
 Ymax=4
 Ygrad=1
```

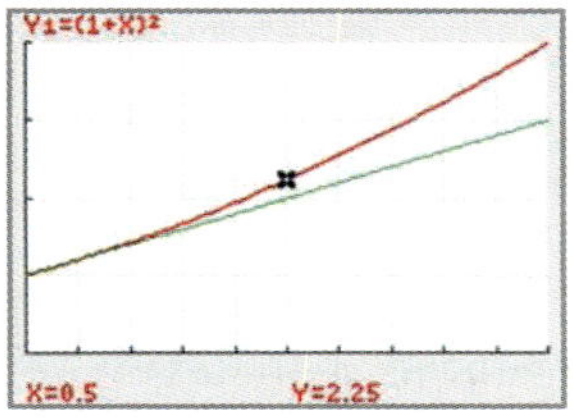

4. Si t est proche de zéro, alors $f(t)\approx 1+2t$. Justifier les commentaires du **2**.

À RETENIR Cours 2

Soit T la tangente à la courbe représentative d'une fonction f au point A d'abscisse a. Alors, T est la meilleure façon d'approcher la courbe représentative de f au voisinage de A à l'aide d'une droite.

On a donc $f(x)\approx f'(a)(x-a)+f(a)$ si **x proche de a**.

Si on pose $x=a+h$ alors $f(a+h)\approx f(a)+f'(a)\times h$ est **l'approximation affine** de $f(a+h)$ pour **h proche de 0**.

En notant $\Delta x=h$ et $\Delta y=f(a+h)-f(a)$, cette approximation s'écrit : $\Delta y\approx f'(a)\,\Delta x$

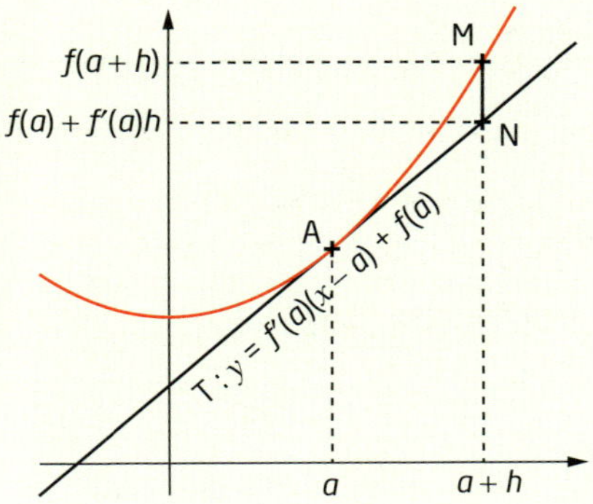

EXEMPLE 2 **Effectuer une approximation affine**

Soit f la fonction définie sur $\mathbb{R}$ par $f(x)=x^3$.
On souhaite déterminer une valeur approchée de $f(2{,}1)$ et $f(1{,}99)$.

1. Pour déterminer l'approximation affine de $f(2+h)$, on calcule $f(2)$, puis $f'(x)$ et $f'(2)$.

$$f(2)=2^3=8 \text{ et } f'(x)=3x^2 \text{ donc } f'(2)=3\times 2^2=12.$$

$f(2+h)\approx f(2)+f'(2)\,h$ est l'approximation affine de f, soit $f(2+h)\approx 8+12\,h$, pour h proche de 0.

2. Si on pose $h=0{,}1$, on obtient $f(2{,}1)\approx 8+12\times 0{,}1$ soit $f(2{,}1)\approx 9{,}2$.
En posant $h=-0{,}01$, on trouve $f(1{,}99)\approx 8+12\times(-0{,}01)$ soit $f(2{,}1)\approx 7{,}88$.

Cours

3 • Calculs de dérivées

ACTIVITÉ 3

Soit une fonction f définie pour tout réel par $f(x) = (4x + 2)(x^2 + 1)$.
On souhaite calculer f' la fonction dérivée de f de deux façons différentes.

```
f(x) := u(x) v(x)
→ f(x) := u(x) v(x)
f'(x)
→ u'(x) v(x) + v'(x) u(x)
```

1. Avec des formules connues
Développer $f(x)$, puis calculer $f'(x)$.

2. Avec une nouvelle formule
On remarque que $f(x) = u(x) \times v(x)$ avec $u(x) = 4x + 2$ et $v(x) = x^2 + 1$.

a) Calculer $u'(x)$ et $v'(x)$.
On démontre que si $f(x) = u(x) \times v(x)$ alors $f'(x) = u'(x) \times v(x) + u(x) \times v'(x)$.

> Exercice 18

b) Utiliser cette nouvelle formule pour calculer $f'(x)$.

c) Comparer avec le résultat obtenu à la question **1**.

3. On suppose que $f(x) = u(x) \times v(x)$ avec $u(x) = x$ et $v(x) = x^3$. Dans cette situation $f(x) = x^4$.
Montrer à l'aide de la nouvelle formule que $f'(x) = 4x^3$.

4. On pose $u(x) = \dfrac{1}{x}$ et $v(x) = x$. Dans cette situation, $f(x) = \dfrac{1}{x} \times x = 1$. En déduire $f'(x)$.
Montrer à l'aide de la nouvelle formule que $u'(x) = \dfrac{-1}{x^2}$.

À RETENIR Cours 3

Définition Si f est définie par $f(x) = x^n$, où n est un entier naturel non nul, alors $f'(x) = n\,x^{n-1}$.

$n =$	2	3	4	5	...
$f(x) =$	x^2	x^3	x^4	x^5	...
$f'(x) =$	$2x$	$3x^2$	$4x^3$	$5x^4$	...

$f(x) = 2x^5 - 4x^3 + 6x - 8$

$f'(x) = 2 \times 5x^4 - 4 \times 3x^2 + 6 \times 1 - 0$

Après simplifications :
$f'(x) = 10\,x^4 - 12\,x^2 + 6$

Si f est définie par $f(x) = \dfrac{1}{x}$, $(x \neq 0)$, alors $f'(x) = -\dfrac{1}{x^2}$.

Dérivées et opérations f, u et v sont des fonctions dérivables sur un intervalle I, avec v ne s'annulant pas s'il est au dénominateur. On note f', u' et v' leurs fonctions dérivées.

Produit	Inverse	Quotient
Si $f = uv$ alors $f' = u'v + uv'$	Si $f = \dfrac{1}{v}$ alors $f' = \dfrac{-v'}{v^2}$	Si $f = \dfrac{u}{v}$ alors $f' = \dfrac{u'v - uv'}{v^2}$

EXEMPLE 3 **Calculer la dérivée d'un quotient**

Soit la fonction f définie sur $]\,2\,;+\infty\,[$, par $f(x) = \dfrac{4 - 3x}{x - 2}$. Pour calculer $f'(x)$, on remarque que $f = \dfrac{u}{v}$.

On pose $u(x) = 4 - 3x$ et $v(x) = x - 2$, on a $u'(x) = -3$ et $v'(x) = 1$.

$f' = \dfrac{u'v - uv'}{v^2}$, donc $f'(x) = \dfrac{-3 \times (x-2) - (4 - 3x) \times 1}{(x-2)^2}$, soit $f'(x) = \dfrac{10}{(x-2)^2}$.

4 • Fonctions trigonométriques

ACTIVITÉ 4

Une bille suspendue à un ressort décrit un mouvement sinusoïdal.

L'équation horaire de son mouvement est $h(t) = \sin\left(2\pi t + \frac{\pi}{6}\right)$, où t est le temps en seconde et $h(t)$ la position du mobile à l'instant t sur l'axe gradué en dm.

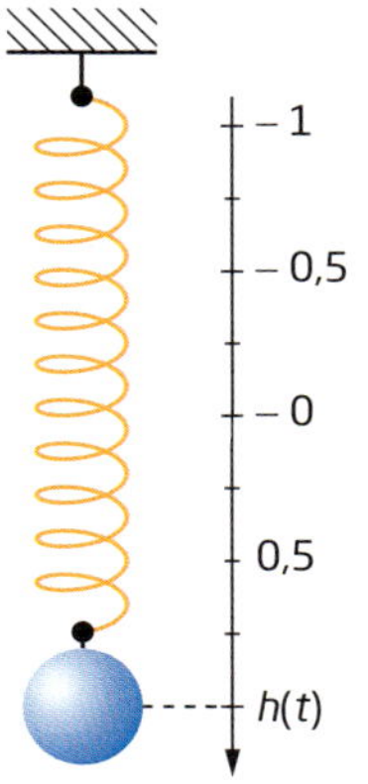

1. Déterminer la position du mobile à l'instant $t = 2$ s.

2. On souhaite déterminer la vitesse du mobile à l'instant $t = 2$ s. On rappelle que la fonction vitesse vérifie $v(t) = h'(t)$. Un logiciel de calcul formel donne le résultat :

```
1 h(t):=sin(2*pi*t+pi/6)
```

$t \;\text{->}\; \sin(2*\pi*t+\frac{\pi}{6})$

```
2 v:=deriver(h)
```

$t\text{->}\; 2*\pi*\cos(2*\pi*t+\frac{\pi}{6})$

a) Recopier l'expression de $v(t)$, puis simplifier son écriture.

b) Déterminer $v(2)$ la vitesse du mobile au bout de 2 s (en dm.s^{-1}).

c) Le logiciel a utilisé une formule pour calculer la dérivée de fonctions du type : $f(t) = \sin(\omega\, t + \varphi)$. Quelle semble être cette formule ?

3. On souhaite maintenant déterminer l'accélération du mobile à l'instant $t = 2$ s. On admet que la fonction accélération vérifie $a(t) = v'(t)$. Le logiciel de calcul formel donne le résultat :

```
3 a:=deriver(v)
```

$t\text{->}\, -2*\pi*2*\pi*\sin(2*\pi*t+\frac{\pi}{6})$

a) Recopier l'expression de $a(t)$, puis simplifier son écriture.

b) Déterminer $a(2)$ l'accélération du mobile au bout de 2 s (en dm.s^{-2}).

c) Le logiciel a utilisé une formule pour calculer la dérivée de fonctions vérifiant $f(t) = \cos(\omega\, t + \varphi)$. Quelle semble être cette formule ?

À RETENIR Cours 4

- Si f et g sont deux fonctions définies par $f(t) = \cos t$ et $g(t) = \sin t$ alors $f'(t) = -\sin t$ et $g'(t) = \cos t$.
- Si f et g sont deux fonctions définies par $f(t) = \cos(\omega\, t + \varphi)$ et $g(t) = \sin(\omega\, t + \varphi)$ alors $f'(t) = -\omega \sin(\omega\, t + \varphi)$ et $g'(t) = \omega \cos(\omega\, t + \varphi)$.
- Si f est une fonction dérivable sur un intervalle J et $x \mapsto ax + b$ une fonction affine telle que pour tout $x \in$ I, $ax + b \in$ J, alors la fonction g définie sur I par $g(x) = f(ax + b)$ est dérivable sur I et $g'(x) = a\,f'(ax + b)$.

EXEMPLE 4 **Calculer la dérivée d'une fonction trigonométrique**

Soit f une fonction définie sur $\mathbb{R}$ par $f(t) = \cos(2\,t + 3) + \sin(4 + 3\,t)$.
On calcule $f'(t)$, où f' est la fonction dérivée de f.

$$f(t) = \cos(2\,t + 3) + \sin(4 + 3\,t)$$

$$f'(t) = -2\sin(2\,t + 3) + 3\cos(4 + 3\,t)$$

Cours

5 • Primitives d'une fonction

ACTIVITÉ 5

Loïc lâche une bille du dernier étage de la Tour Eiffel, à une hauteur de **280 m** du sol. On suppose que la bille tombe dans un mouvement rectiligne sans vitesse initiale et avec une accélération égale à **9,81 m.s**$^{-2}$. On note $\boldsymbol{v(t)}$ la vitesse de la bille et $\boldsymbol{x(t)}$ la distance parcourue après t secondes de chute.

a) Proposer une expression du 1er degré ($t \mapsto a\,t + b$) pour $v(t)$ vérifiant $v(0) = 0$ et $v'(t) = 9{,}81$.

b) Proposer une expression du 2nd degré ($t \mapsto a\,t^2 + b\,t + c$) pour $x(t)$ vérifiant $x'(t) = v(t)$.

c) À l'aide d'un logiciel ou d'une calculatrice, déterminer au bout de combien de temps la bille touchera le sol. Quelle sera alors sa vitesse ?
Expérience à ne pas faire !

À RETENIR Cours 5

Définition Soit f une fonction définie sur un intervalle I.
On appelle **primitive** de f sur l'intervalle I **toute fonction F dérivable sur l'intervalle I dont la dérivée F' est égale à f.**

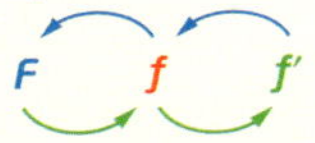

Remarque F est une primitive de $f \Leftrightarrow f$ est la dérivée de F.

Propriété **Deux primitives d'une même fonction** sur un intervalle **diffèrent d'une constante.**
Ainsi, si F est une primitive d'une fonction f, alors toutes les primitives de f sont les fonctions de la forme $F + k$, où k est une constante réelle appelée **constante d'intégration.**

Graphiquement, les primitives d'une même fonction ont le même nombre dérivé en tout x de I, donc leurs courbes représentatives sont des « courbes parallèles » : l'une s'obtient à partir de l'autre par une translation verticale.

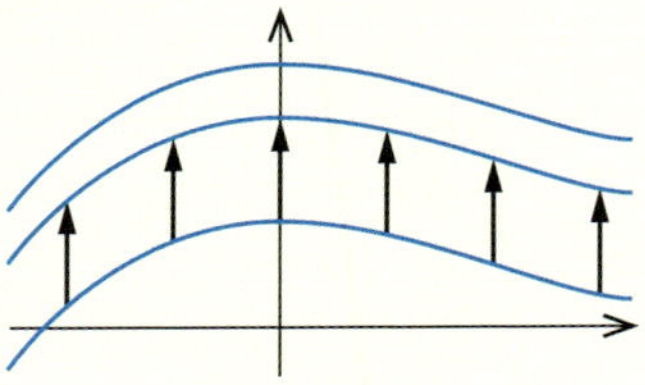

EXEMPLE 5 **Vérifier qu'une fonction est une primitive d'une autre**

Les fonctions F et G définies sur $\mathbb{R}$ par $F(x) = 2x^2 - 5x + 6$ et $G(x) = 2x^2 - 5x - 3$ sont deux primitives de la fonction f définie sur $\mathbb{R}$ par $f(x) = 4x - 5$.

En effet, F est dérivable sur $\mathbb{R}$ et pour tout $x \in \mathbb{R}$, $F'(x) = 2 \times 2x - 5 = 4x - 5 = f(x)$

Pour le vérifier, on peut dériver G ou remarquer que $G = F - 9$, donc que F et G diffèrent d'une constante.

6 • Calculs de primitives

ACTIVITÉ 6

On a effectué plusieurs calculs de primitives à l'aide d'un logiciel de calcul formel.
Sur ce logiciel, « $\int x - 2\,dx$ » renvoie une primitive de $x - 2$.
Vérifier les résultats donnés par le logiciel, puis expliquer comment les obtenir sans logiciel.

$\int x - 2\,dx$	$\int t^3 + 7\,t^2 + t + 1\,dt$	$\int 5\,\cos\left(3\,t + \frac{\pi}{8}\right)dt$
$\rightarrow \frac{1}{2}\,x^2 - 2\,x + c_1$	$\rightarrow \frac{1}{4}\,t^4 + \frac{7}{3}\,t^3 + \frac{1}{2}\,t^2 + t + c_3$	$\rightarrow \frac{5}{3}\,\sin\left(3\,t + \frac{1}{8}\,\pi\right) + c_5$
$\int t^2 - 3\,t + 4\,dt$	$\int a_3\,x^3 + a_2\,x^2 + a_1\,x + a_0\,dx$	$\int A\,\sin(\omega\,t + \varphi)\,dt$
$\rightarrow \frac{1}{3}\,t^3 - \frac{3}{2}\,t^2 + 4\,t + c_2$	$\rightarrow \frac{1}{4}\,a_3\,x^4 + \frac{1}{3}\,a_2\,x^3 + \frac{1}{2}\,a_1\,x^2 + a_0\,x + c_4$	$\rightarrow -A\,\frac{\cos(t\,\omega + \varphi)}{\omega} + c_6$

À RETENIR Cours 6

Propriété Les primitives d'une fonction polynôme f définie sur $\mathbb{R}$ par
$f(x) = a_n\,x^n + \ldots + a_2x^2 + a_1x + a_0$ sont les fonctions F définies sur $\mathbb{R}$ par
$F(x) = \frac{a_n}{n+1}\,x^{n+1} + \ldots + \frac{a_2}{3}\,x^3 + \frac{a_1}{2}\,x^2 + a_0x + k$, avec $k \in \mathbb{R}$.

Propriété Soit A, ω et φ des réels.
Les primitives de la fonction $t \mapsto A\cos(\omega t + \varphi)$ sont les fonctions $t \mapsto \frac{A}{\omega}\sin(\omega t + \varphi) + k$, avec $k \in \mathbb{R}$.
Les primitives de la fonction $t \mapsto A\sin(\omega t + \varphi)$ sont les fonctions $t \mapsto -\frac{A}{\omega}\cos(\omega t + \varphi) + k$, avec $k \in \mathbb{R}$.

EXEMPLE 6 **Calculer une primitive**

- Soit la fonction f définie sur $\mathbb{R}$ par $f(x) = 2x^3 + 6x^2 - 3x + 1$.

Les primitives de f sont définies par $F(x) = \frac{2}{4}x^4 + \frac{6}{3}x^3 - \frac{3}{2}x^2 + 1x + k$, avec $k \in \mathbb{R}$.

On simplifie : $F(x) = \frac{1}{2}x^4 + 2x^3 - \frac{3}{2}x^2 + x + k$.
La primitive de f telle que $F(0) = 2$ est définie par :
$$F(x) = \frac{1}{2}x^4 + 2x^3 - \frac{3}{2}x^2 + x + 2.$$

- Une primitive sur $\mathbb{R}$ de $t \mapsto 10\sin\left(2t + \frac{\pi}{4}\right)$ est $t \mapsto -\frac{10}{2}\cos\left(2t + \frac{\pi}{4}\right)$,

donc en simplifiant, $t \mapsto -5\cos\left(2t + \frac{\pi}{4}\right)$.

Méthode
Pour calculer une primitive d'une fonction polynôme, on procède terme par terme en remplaçant chaque terme par une primitive :

$x^3 \longrightarrow \frac{1}{4}x^4$

$x^2 \longrightarrow \frac{1}{3}x^3$

$x \longrightarrow \frac{1}{2}x^2$

$1 \longrightarrow x$

Conseil : Ne pas oublier la constante d'intégration k quand on cherche **toutes** les primitives ou **une primitive** particulière **déterminée par une condition initiale**. Dans le cas contraire, on peut prendre $k = 0$.

Capacités attendues

Atelier 1 > SITUATION ALGO *Construire différents points d'une approximation de courbe intégrale par la méthode d'Euler*
> *Organiser une feuille de calcul*

SITUATION ALGO

Atelier 1 guidé • Méthode d'Euler

La méthode d'Euler permet de construire la représentation graphique d'une primitive y d'une fonction f même si on ne sait pas calculer cette primitive. On doit connaître l'expression de $y'(x) = f(x)$ et un premier point $A_0(x_0 ; y_0)$, correspondant à la valeur initiale (constante d'intégration).

On obtient alors un autre point $A_1(x_1 ; y_1)$ en effectuant une approximation affine de y au voisinage de x_0 :

$\frac{\Delta y}{\Delta x}(x_0) \approx f(x_0)$, donc $y_1 = y_0 + f(x_0) \times \Delta x$.

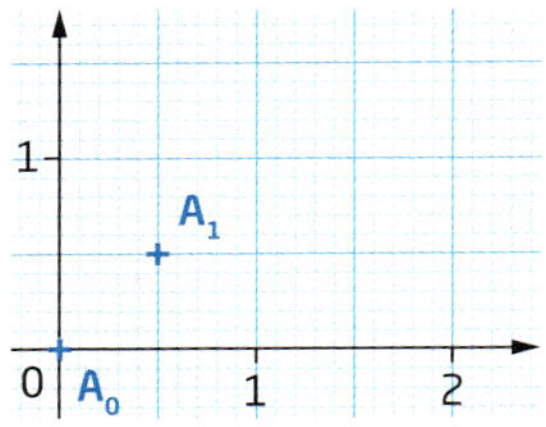

Connaissant A_1, on applique la même méthode pour construire un deuxième point A_2, et on renouvelle l'opération jusqu'à obtenir une suite de points $A_i(x_i ; y_i)$ qu'il suffit ensuite de relier par des segments.

Application

1. Soit f la fonction définie sur $[\,0 ; +\infty\,[$ par $f(x) = \frac{1}{1+x^2}$.

Ne connaissant pas l'expression explicite d'une primitive de cette fonction, on décide d'utiliser la méthode d'Euler pour représenter graphiquement la primitive y de f vérifiant $y(0) = 0$ sur l'intervalle $[0 ; 5]$.

Étape 1 : Placer dans un repère le point $A_0(0 ; 0)$.

Étape 2 : Construire le point A_1 d'abscisse 0,5 et d'ordonnée $y_1 = 0 + f(0) \times 0,5$.

Étape 3 : Construire le point A_2 d'abscisse 1 et d'ordonnée $y_2 = y_1 + f(0,5) \times 0,5$.

Étape 4 : Construire le point A_3 d'abscisse 1,5 et d'ordonnée $y_3 = y_2 + f(1) \times 0,5$.

Étape 5 : Poursuivre ainsi, de 0,5 en 0,5, jusqu'au point d'abscisse 5, puis relier les points (A_i).

2. On obtient une courbe plus précise en choisissant un pas de 0,001 au lieu de 0,5. Le graphique n'est plus réalisable à la main et on doit utiliser l'outil informatique.

a) Reproduire la feuille de calcul ci-dessous sur un tableur.

	A	B	C	D	E	F	G	H	I	J	K
1	x_i	0	0,001	0,002	0,003	0,004	0,005	0,006	0,007	0,008	0,009
2	$f(x_i)$										
3	y_i										

b) Quelle valeur faut-il saisir dans la cellule B3 ?

c) Quelle formule, que l'on pourra recopier vers la droite, doit-on entrer dans la cellule B2 ? Dans la cellule C3 ?

d) Compléter par recopie jusqu'à la colonne GJJ (qui correspond à $x_i = 5$), puis afficher le nuage de points approchant la représentation graphique de la fonction y : 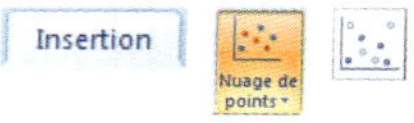

Capacités attendues

Atelier 2 > SITUATION ALGO *Construire différents points d'une approximation de courbe intégrale par la méthode d'Euler*
> *Compétence : modéliser*

SITUATION ALGO

Atelier 2 • Application à la datation au carbone 14

Un organisme contient à sa mort des atomes de carbone 14 qui se désintègrent lentement.
On note p la proportion d'atomes de carbone 14 restant dans l'organisme t années après sa mort.
$p = 1$ à l'instant $t = 0$ et p diminue en fonction du temps t en années suivant la loi :
$\frac{\Delta p}{\Delta t} = -\frac{p}{8\,267}$. En prenant l'inverse, on obtient $\frac{\Delta t}{\Delta p} = -\frac{8\,267}{p}$.
Cette relation entre p et t permet d'exprimer le temps t comme une fonction de p, qui donne en considérant des quantités proches de zéro : $\frac{\mathrm{d}t}{\mathrm{d}p} = -\frac{8\,267}{p}$.

Soit f la fonction définie sur $[0\,;1]$ par $f(p) = -\frac{8\,267}{p}$. Le temps t écoulé depuis la mort de l'organisme est donc donné par la primitive F de la fonction f vérifiant $F(1) = 0$.
Connaissant $F(1) = 0$, on obtient une approximation de $F(0{,}999)$ à l'aide de la méthode d'Euler :

$$F(0{,}999) \approx F(1) - f(1) \times 0{,}001.$$

On obtient d'autres valeurs de la fonction F en procédant de manière similaire.

	A	B	C	D	E	F	G	H	I
1	p	1	0,999	0,998	0,997	0,996	0,995	0,994	0,993
2	$f(p)$	-8267	-8275	-8284	-8292	-8300	-8309	-8317	-8325
3	$F(p)$	0	8,2753	16,559	24,851	33,151	41,459	49,776	58,102

a) Pourquoi a-t-on $F(1) = 0$?

b) Expliquer l'approximation $F(0{,}999) \approx F(1) - f(1) \times 0{,}001$.

c) Quelle formule a-t-on entrée dans la cellule **B2** puis recopiée vers la droite ?

d) Même question avec la cellule **C3**.

e) Reproduire le tableau précédent sur un tableur, avec p allant de 1 à 0 avec un pas de 0,001, puis représenter $F(p)$ en fonction de p (insérer une courbe de type nuage de points). On obtient le nuage de points ci-dessous.

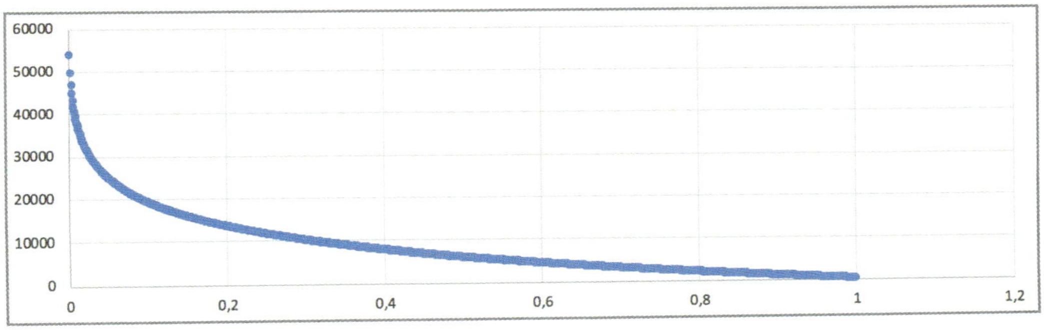

f) Déterminer une valeur approchée de $F(0{,}5)$. Quel est l'âge d'un fossile ne contenant plus que 50 % de sa quantité initiale de carbone 14 ?

g) Expliquer pourquoi le carbone 14 n'est pas fiable pour dater des fossiles ayant plus de 40 000 ans.

Algorithmique et programmation

Capacités attendues

Atelier 3 > *Programmation en Python*
> *Lien avec la physique*

Atelier 3 • Modélisation du système solaire

La Terre évolue dans un plan $(O\,;\,\vec{i},\,\vec{j})$ centré sur le Soleil.
À l'instant $t = 0$, la Terre est au point de coordonnées $(1{,}5 \times 10^{11}\,;\,0)$ et évolue à une vitesse de 29 800 m/s dans la direction donnée par le vecteur $\vec{j}$. Son vecteur vitesse est donc $\vec{v}\,(0\,;\,29\,800)$.
Le Soleil exerce sur la Terre une force gravitationnelle $\vec{F}$ allant de la Terre vers le Soleil d'intensité

$$F = \frac{G\,m_T\,m_S}{d^2},$$ où $G = 6{,}674 \times 10^{-11}$ N.m^2.kg^{-2} (constante gravitationnelle)

$m_T = 5{,}972 \times 10^{24}$ kg (masse de la Terre)

$m_S = 1{,}989 \times 10^{30}$ kg (masse du Soleil)

$d = 1{,}5 \times 10^{11}$ m (distance Terre – Soleil)

Le déplacement de la Terre dans le plan peut être décomposé en deux déplacements rectilignes, l'un suivant l'axe $(O\,;\,\vec{i})$, à une vitesse v_x modifiée par une accélération a_x et l'autre suivant l'axe $(O\,;\,\vec{j})$, à une vitesse v_y modifiée par une accélération a_y.
On utilise la correspondance suivante entre les objets mathématiques et les objets Python.

Mathématiques	Python	Description
t	*t*	Temps en seconde depuis le début de la simulation
$t \mapsto x(t)$	*x*	Abscisse de la Terre à l'instant t
$t \mapsto y(t)$	*y*	Ordonnée de la Terre à l'instant t
$t \mapsto v_x(t)$	*vx*	Vitesse de la Terre à l'instant t suivant l'axe $(O\,;\,\vec{i})$
$t \mapsto v_y(t)$	*vy*	Vitesse de la Terre à l'instant t suivant l'axe $(O\,;\,\vec{j})$
$t \mapsto a_x(t)$	*ax*	Accélération de la Terre à l'instant t suivant l'axe $(O\,;\,\vec{i})$
$t \mapsto a_y(t)$	*ay*	Accélération de la Terre à l'instant t suivant l'axe $(O\,;\,\vec{j})$

Dans un souci de simplification, on écrira :

x pour $x(t)$, identifiant ainsi la fonction x et la position $x(t)$ à l'instant t.

À l'instant t, la Terre est au point de coordonnées (x, y). On cherche sa position à l'instant $t + \mathrm{d}t$.

Python

1. Calcul de la force gravitationnelle exercée par le Soleil sur la Terre

a) Exprimer en fonction de x et y les coordonnées d'un vecteur $\vec{u}$ de norme 1 allant de la Terre vers le Soleil.

b) Écrire les coordonnées du vecteur $\vec{F}$ en fonction de x, y et F.

c) Écrire une fonction Python **force(*x*, *y*)** renvoyant les coordonnées Fx, Fy du vecteur $\vec{F}$.

2. Calcul de l'accélération

D'après le principe fondamental de la dynamique, l'accélération de la Terre est donnée par :

$$a_x = \frac{F_x}{m_T} \quad \text{et} \quad a_y = \frac{F_y}{m_T}.$$

Écrire une fonction Python **acceleration(*x*, *y*)** renvoyant les valeurs a_x et a_y.

3. Déplacement de la Terre

En appliquant le principe de la méthode d'Euler, on suppose l'accélération suivant l'axe $(O\,;\vec{i}\,)$ constante égale à a_x durant l'intervalle de temps dt et on obtient alors l'approximation

$$v_x(t+dt) \approx v_x(t) + a_x(t) \times dt$$

a) Traduire cette égalité en langage Python, afin d'obtenir la nouvelle valeur de la variable vx en fonction de l'ancienne.

b) Exprimer $x(t+dt)$ en fonction de $x(t)$, de $v_x(t)$ et de dt, et traduire cette égalité en instruction Python.

c) Écrire de même les instructions Python mettant à jour la vitesse vy et la position y de la Terre suivant l'axe $(O\,;\vec{j}\,)$.

4. Construction de la fonction simulation

Compléter la fonction simulation ci-dessous permettant de modéliser le mouvement de la Terre autour du Soleil. T est la durée de la simulation en seconde et n le nombre de points sur la trajectoire.

Les abscisses et les ordonnées des différentes positions sont stockées respectivement dans les listes *abscisses* et *ordonnees*. La fonction **plot** de la bibliothèque **matplotlib.pyplot** permet d'afficher la trajectoire de la Terre à la fin de la simulation.

```
from math import sqrt
import matplotlib.pyplot as plt

def simulation(T,n):
    vx = 0
    vy = 29800
    x = 1.5E11
    y = 0
    dt = # à compléter
    abscisses = [x]
    ordonnees = [y]
    for i in # à compléter
        ax,ay = acceleration(x,y)
        vx = # à compléter
        vy = # à compléter
        x = # à compléter
        y = # à compléter
        abscisses.append(x)
        ordonnees.append(y)
    plt.plot(abscisses, ordonnees)
    plt.show()
```

5. Tests

Tester la simulation sur 3 mois, sur 1 an, sur 10 ans, avec différentes valeurs de n allant de $n = 10$ à $n = 1\,000\,000$. Les résultats obtenus sont-ils conformes aux attentes ?

6. Pour aller plus loin...

a) Pour simplifier, on a fixé la distance Terre-Soleil. En réalité, cette distance varie.
On peut créer une fonction **distance(*x*, *y*)** renvoyant la distance Terre-Soleil selon la position de la Terre et remplacer dans la simulation la distance constante d par celle renvoyée par cette fonction.

b) On peut chercher sur Internet les distances au Soleil, vitesses et masses des autres planètes du système solaire et les rajouter dans la simulation en s'inspirant du modèle de la Terre.

Faire le point

CAPACITÉS	L'ESSENTIEL

Utiliser les différentes notations du taux de variation et du nombre dérivé en un point

Le taux de variation au point d'abscisse x_0 est noté $\left(\frac{\Delta y}{\Delta x}\right)_{x_0}$ ou parfois simplement $\frac{\Delta y}{\Delta x}$. On note $f'(x_0)$, $\frac{dy}{dx}(x_0)$ ou $\frac{df}{dx}(x_0)$ le nombre dérivé en x_0. Il est égal à la limite, si elle existe, du taux de variation quand Δx (et donc Δy) tend vers 0.

Effectuer des calculs approchés à l'aide de l'approximation affine en un point

Soit f une fonction dérivable en a.
Si x est proche de a, alors $f(x) \approx f'(a)\,(x - a) + f(a)$.
Si h est proche de 0, alors $f(a + h) \approx f(a) + f'(a) \times h$.
Si x est proche de a et Δx proche de 0, alors $\Delta y \approx f'(a)\,\Delta x$.

Calculer une fonction dérivée

On utilise les formules ci-dessous : k, ω, φ désignent des constantes, u et v des fonctions dérivables sur un intervalle I. On suppose dans les deux dernières lignes du tableau de droite que v ne s'annule pas sur I.

f	f'
k	0
x	1
x^2	$2x$
x^3	$3x^2$
x^n	$n\,x^{n-1}$
$\frac{1}{x}$	$-\frac{1}{x^2}$

f	f'
$\cos t$	$-\sin t$
$\sin t$	$\cos t$
$\cos(\omega t + \varphi)$	$-\omega \sin(\omega t + \varphi)$
$\sin(\omega t + \varphi)$	$\omega \cos(\omega t + \varphi)$
$g(ax + b)$ (a et b réels, g fonction dérivable sur $\mathbb{R}$)	$a\,g'(ax + b)$

f	f'
$u + v$	$u' + v'$
ku	ku'
uv	$u'v + uv'$
$\frac{1}{v}$	$-\frac{v'}{v^2}$
$\frac{u}{v}$	$\frac{u'v - uv'}{v^2}$

Étudier le sens de variation d'une fonction

On calcule d'abord la fonction dérivée, puis on étudie son signe et on établit le tableau de variations.

Calculer des primitives

Une **primitive** d'une fonction f sur un intervalle I est une **fonction F dérivable** sur l'intervalle I **telle que** $F' = f$.
Deux primitives d'une même fonction sur un intervalle **diffèrent d'une constante.** Les primitives d'une fonction polynôme f définie sur $\mathbb{R}$ par $f(x) = a_n x^n + \ldots + a_2 x^2 + a_1 x + a_0$ sont les fonctions F définies sur $\mathbb{R}$ par :

$$F(x) = \frac{a_n}{n+1} x^{n+1} + \ldots + \frac{a_2}{3} x^3 + \frac{a_1}{2} x^2 + a_0 x + k,$$

avec $k \in \mathbb{R}$, k est appelée constante d'intégration.
Les primitives de la fonction $t \mapsto A\cos(\omega t + \varphi)$ sont les fonctions :

$$t \mapsto \frac{A}{\omega} \sin(\omega t + \varphi) + k, \text{ avec } k \in \mathbb{R}.$$

Les primitives de la fonction $t \mapsto A\sin(\omega t + \varphi)$ sont les fonctions :

$$t \mapsto -\frac{A}{\omega} \cos(\omega t + \varphi) + k, \text{ avec } k \in \mathbb{R}.$$

Construire par la méthode d'Euler une approximation de la courbe représentative d'une fonction y vérifiant $y'(t) = f(t)$ et $y(t_0) = y_0$

Le premier point de coordonnées $(t_0\,;\,y_0)$ est donné, ainsi que la relation $y'(t) = f(t)$. On construit le deuxième point de coordonnées $(t_1\,;\,y_1)$, avec $t_1 = t_0 + h$, où h est le pas choisi, en utilisant l'approximation affine $y_1 = y_0 + f(t_0) \times h$.
On construit les points suivants un par un en répétant le même procédé.

S'évaluer

Dans chaque QCM, trouver la ou les bonnes réponses.

QCM interactif — À télécharger QCM · PPT — Questions Flash

QCM Cours 1

1 L'intensité en ampère d'un courant électrique est donnée par la formule $I = \frac{q}{t}$, où q est la charge électrique en coulomb et t le temps en seconde.

Si q est constant, alors $\frac{dI}{dt}(t_0)$ est égal à :

a) $\frac{q}{1}$ b) $\frac{q}{t_0}$ c) $-\frac{q}{t_0^2}$

2 On reprend la situation du QCM précédent. On s'interroge sur l'effet sur l'intensité I d'une petite variation de t. Si $t_0 = 1$ et $q = 2$, alors :

a) $\Delta I \approx -\frac{q}{t_0^2}\Delta t$ b) $\Delta I \approx -\frac{1}{4}\Delta t$ c) $\Delta I \approx -2\,\Delta t$

QCM Cours 2

3 Soit la fonction f définie sur $[0\,;+\infty[$ par $f(x) = \frac{3-x}{2x+1}$, alors :

a) $f'(x) = \frac{7}{(2x+1)^2}$ b) f est croissante sur $[0\,;+\infty[$

c) f est décroissante sur $[0\,;+\infty[$

4 La fonction dérivée sur $\mathbb{R}$ de $t \mapsto 5\cos\left(2\pi t + \frac{\pi}{4}\right)$ est :

a) $t \mapsto -5\sin\left(2\pi t + \frac{\pi}{4}\right)$ b) $t \mapsto 5\sin(2\pi t)$ c) $t \mapsto -10\pi\sin\left(2\pi t + \frac{\pi}{4}\right)$

QCM Cours 3

5 Une primitive sur $\mathbb{R}$ de $x \mapsto 2x^3 - 6x^2 + 3$ est :

a) $x \mapsto 6x^2 - 12x$ b) $x \mapsto 2 \times \frac{x^4}{4} - 6 \times \frac{x^3}{3} + 3x$ c) $x \mapsto \frac{1}{2}x^4 - 2x^3 + 3x - 235$

6 Une primitive sur $\mathbb{R}$ de $t \mapsto 8\cos\left(4t - \frac{\pi}{6}\right)$ est :

a) $t \mapsto -32\sin\left(4t - \frac{\pi}{6}\right)$ b) $t \mapsto 8\sin\left(4t - \frac{\pi}{6}\right)$ c) $t \mapsto 2\sin\left(4t - \frac{\pi}{6}\right)$

Vrai ou Faux

On souhaite construire par la méthode d'Euler une approximation de la courbe représentative d'une fonction y vérifiant $y'(t) = \frac{1}{1-t^2}$ et $y(0) = 0$, avec un pas de 0,5 et une précision d'une décimale.

a) **La courbe obtenue va être une représentation graphique d'une primitive de $t \mapsto \frac{1}{1-t^2}$.**

b) **La courbe passe par le point de coordonnées (0,5 ; 0,7).**

c) **Augmenter le pas améliore la précision du graphique.**

Exercices

Entraînement

1 • Notation de Leibniz
2 • Approximation affine

1 L'abscisse x d'un point sur un axe horizontal est donnée par l'équation :
$x = 3t^2 + 2t + 5$, avec x en mètres et t en secondes.

a) Quelle est l'abscisse de ce point à l'instant $t = 0$? À l'instant $t = 5$?

b) Exprimer la vitesse du point $v = \dfrac{dx}{dt}$ en fonction de t. Quelle est la vitesse de ce point à l'instant $t = 1$?

c) Montrer que l'accélération de ce point, $a = \dfrac{dv}{dt}$, est constante.

2 Un point est mobile dans un plan muni d'un repère orthonormé $(O ; \vec{i}, \vec{j})$. Les coordonnées $(x ; y)$ de ce point évoluent en fonction du temps t suivant les équations :

$$x = 3t + 1 \qquad \text{et} \qquad y = 2t^2 - 4$$

a) Déterminer les coordonnées du vecteur vitesse $v_x(t) = \dfrac{dx}{dt}(t)$ et $v_y(t) = \dfrac{dy}{dt}(t)$.

b) En dérivant les coordonnées du vecteur vitesse par rapport au temps, déterminer les coordonnées du vecteur accélération.

3 Le salicylate de méthyle, très utilisé dans la fabrication de parfums, se dégrade sous l'action de la lumière. On a représenté par la courbe $\mathscr{C}$ la quantité de salicylate de méthyle qui se décompose en fonction du temps lors de l'exposition à un rayonnement ultraviolet. En rouge, on a tracé les tangentes à la courbe aux points d'abscisses 0 et 250.

La vitesse moyenne de réaction entre deux instants t_1 et t_2 est $\dfrac{\Delta x}{\Delta t} = \dfrac{x(t_2) - x(t_1)}{t_2 - t_1}$.

La vitesse instantanée de réaction à l'instant t_0 est $\dfrac{dx}{dt}(t_0)$.

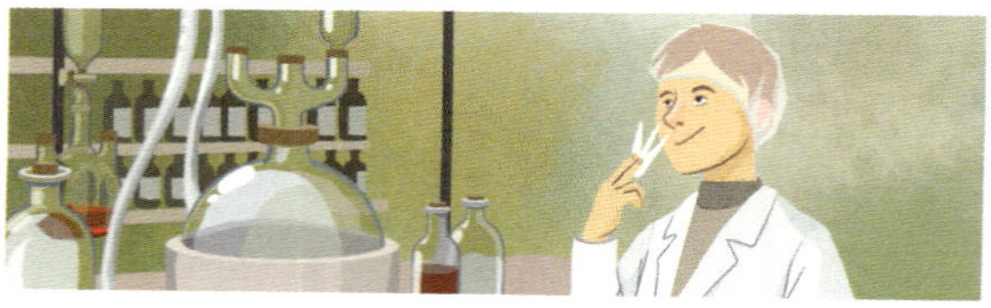

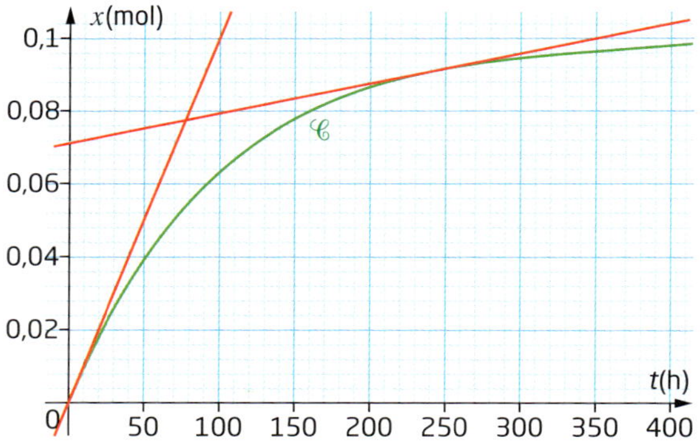

Déterminer avec la précision permise par le graphique sur la courbe $\mathscr{C}$:

a) la vitesse moyenne de réaction entre les instants $t = 0$ et $t = 50$;

b) la vitesse moyenne de réaction entre les instants $t = 100$ et $t = 250$;

c) la vitesse instantanée de réaction à $t = 0$;

d) la vitesse instantanée de réaction à $t = 250$.

4 On dispose des mesures de la concentration C d'un produit au cours d'une réaction chimique.

1. Dans un fichier tableur :

	A	B	C	D	E	F
1	**Temps, en min**	**0**	**1**	**2**	**3**	**4**
2	**Concentration en mol/h**	0	0,0002	0,0009	0,0021	0,0038
3	**Vitesse de réaction**					

Quelle formule doit-on écrire dans la cellule B3, puis recopier vers la droite, afin de déterminer le taux de variation $\dfrac{\Delta C}{\Delta t}$ entre deux instants t et $t + 1$, qui correspond à la vitesse de la réaction ?

2. Dans une liste Python :
C = [0, 0.0002, 0.0009, 0.0021, 0.0038, ..., 0.06]
La réaction a duré 60 minutes avec une mesure à chaque minute.

a) Quelle(s) instruction(s) faut-il écrire pour construire la liste T = [0, 1, 2, ..., 60] correspondant aux instants des mesures ?

b) Écrire le code permettant de construire la liste des vitesses de réaction à chaque instant t compris entre 0 et 59.

C[–1], dernière valeur de la liste C, est égal à la concentration du produit à la fin de la réaction. On a écrit une fonction pour déterminer le temps de demi-réaction, c'est-à-dire le temps t tel que $C[t] \approx \frac{C[-1]}{2}$.

```
def demireaction(C):
    while C[t] != C[-1]/2:
        t = t + 1
    return t
```

c) Lorsqu'on exécute la fonction ci-dessus, Python affiche un message d'erreur :

```
local variable 't' referenced before assignment
```

Expliquer cette erreur. Comment la corriger ?

d) Une fois l'erreur ci-dessus corrigée, la fonction précédente provoque une boucle infinie. Comment y remédier ?

5 Une moto accélère de 50 à 80 km/h en 8 secondes. On admet que durant l'intervalle de temps $[0 ; t]$, son moteur fournit une énergie $E(t) = 50\,t + 0{,}1\,t^2$, en kJ. La puissance moyenne, en kW, développée par le moteur pendant un intervalle de temps Δt est $P_m = \frac{\Delta E}{\Delta t}$.

a) Calculer la puissance moyenne entre les instants $t = 0$ et $t = 8$, puis entre les instants $t = 5$ et $t = 6$.

b) Exprimer, en fonction de dt, la puissance moyenne $P_m(5 ; 5 + dt)$ entre les instants $t = 5$ et $t = 5 + dt$.

c) Déterminer la limite de $P_m(5 ; 5 + dt)$ quand dt tend vers 0. Ce résultat est la puissance instantanée à l'instant $t = 5$.

d) Déterminer la fonction dérivée E' de la fonction E, puis calculer $E'(5)$. Commenter le résultat obtenu.

e) Déterminer la puissance instantanée à l'instant $t = 8$.

6 Soit la fonction f définie sur $]0 ; +\infty[$ par $f(x) = \frac{1}{x}$.

a) Calculer $f'(1)$.

b) À l'aide de l'approximation affine de $f(1 + h)$ pour h proche de 0, montrer que :

$$\frac{1}{1+h} \approx 1 - h$$

c) Utiliser le résultat précédent pour donner une approximation de $\frac{1}{0{,}99}$ puis de $\frac{1}{1{,}02}$.

7 L'énergie cinétique d'un objet de masse m se déplaçant à une vitesse v est égale à $E_c = \frac{1}{2}\,mv^2$.

a) Calculer l'énergie cinétique d'un véhicule d'une tonne allant à 90 km/h.

b) Calculer $\frac{dE_c}{dv}(v)$.

c) En réalisant une approximation affine, exprimer la variation d'énergie cinétique ΔE_c en fonction de la variation de vitesse Δv.

d) En déduire une estimation de ΔE_c pour le véhicule d'une tonne si $\Delta v = 5$ km/h.

e) Calculer la valeur réelle de E_c lorsque le véhicule roule à 95 km/h et comparer la variation réelle avec l'approximation.

8 Dans un circuit électrique, l'intensité I et la tension U aux bornes d'une résistance sont liées par la relation U = RI. On applique une tension de 220 V.

a) Exprimer I en fonction de R.

b) On fait varier la résistance R. En utilisant une approximation affine, exprimer la variation de l'intensité ΔI lorsque la résistance varie de ΔR.

c) Calculer une approximation de ΔI lorsque la résistance R passe de 50 à 51 Ω.

Exercices

Entraînement

9 Soit C un cône de révolution de demi-angle au sommet 45°, et de hauteur x.

a) On note r le rayon de sa base. Montrer que $x = r$, puis en déduire que le volume V de ce cône est tel que $V(x) = \frac{\pi x^3}{3}$.

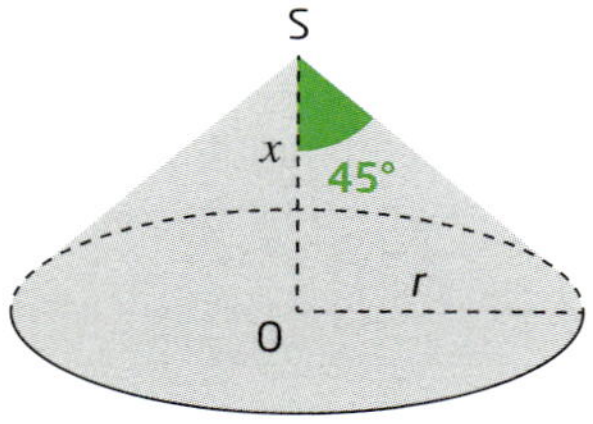

> ***Rappel*** Volume d'un cône de révolution :
> $V = \frac{\pi r^2 \times h}{3}$ (r : rayon de la base ; x : hauteur)

b) Calculer le volume si $x = 10$ cm, c'est-à-dire V(10).

c) Donner l'approximation affine de $V(10 + h)$ pour h proche de 0.

d) En déduire une approximation de V(10,01).

e) Expliquer le résultat précédent.

3 • Calculs de dérivées
4 • Fonctions trigonométriques

Dans les exercices **10** à **17**, en utilisant les dérivées des fonctions usuelles, déterminer la dérivée de la fonction définie sur l'intervalle I.

10 **a)** $f(x) = 3x^5 + 4x^4 - 5x^2 + x + 2$; $I = \mathbb{R}$.

b) $g(x) = 3 + \frac{1}{x}$; $I =]0 ; +\infty[$.

11 **a)** $f(x) = -x^7 + x^5 - x^3 + x$; $I = \mathbb{R}$.

b) $g(x) = 5 - \frac{1}{x}$; $I =]0 ; +\infty[$.

12 **a)** $f(x) = \frac{1}{2}x^2 + \frac{2}{x}$; $I =]0 ; +\infty[$.

b) $g(x) = \frac{x^3}{6} + \frac{x}{5} - \frac{1}{3x}$; $I =]0 ; +\infty[$.

13 **a)** $m(x) = -\frac{2}{3}x^6 + \frac{4}{5}x^5 + \frac{1}{2}x^2 - 1$; $I = \mathbb{R}$.

b) $n(x) = -\frac{7x^4}{6} + \frac{2x^3}{5} + \frac{x^2}{4} - \frac{x}{3} - \frac{1}{2}$; $I = \mathbb{R}$.

14 **a)** $u(x) = -\frac{2}{3}x^6 + \frac{4}{5}x^5 + \frac{1}{2}x^2 - 1$; $I = \mathbb{R}$.

b) $v(x) = -\frac{x^3}{4} + \frac{2x^2}{4} + 8 + \frac{5}{x}$; $I =]0 ; +\infty[$.

15 **a)** $u(m) = -\frac{m}{2} - \frac{2}{m}$; $I =]0 ; +\infty[$.

b) $v(n) = \frac{-5}{2n} + 1 + \frac{1}{2}n$; $I =]0 ; +\infty[$.

16 **a)** $h(t) = 3\cos(t) + 2\sin(t)$; $I = \mathbb{R}$.

b) $i(t) = -\cos(t) - \sin(t)$; $I = \mathbb{R}$.

17 **a)** $u(t) = -t + \sin(2t + \frac{\pi}{4})$; $I = \mathbb{R}$.

b) $v(t) = -2\cos(3t - \frac{\pi}{3})$; $I = \mathbb{R}$.

18 On suppose que u et v sont deux fonctions dérivables en un réel x. On veut montrer que :
$f = u \times v$ est dérivable en x et
$f'(x) = u'(x)v(x) + u(x)v'(x)$.

> ***Rappel*** Le nombre dérivé d'une fonction f en x est :
> $$f'(x) = \lim_{h \to 0} \frac{f(x+h) - f(x)}{h}$$

a) Puisque u est dérivable en x,

$$u'(x) = \lim_{h \to 0} \frac{u(x+h) - u(x)}{h}$$

Écrire de même l'expression de $v'(x)$.

b) Soit $h \in]0 ; +\infty[$. Montrer que :

$$\frac{f(x+h) - f(x)}{h} = \frac{u(x+h) - u(x)}{h} \times v(x+h) + u(x) \times \frac{v(x+h) - v(x)}{h}$$

c) Utiliser une approximation affine de $v(x + h)$ pour justifier que $\lim_{h \to 0} v(x+h) = v(x)$.

d) Montrer que :

$$\lim_{h \to 0} \frac{f(x+h) - f(x)}{h} = u'(x)v(x) + u(x)v'(x).$$

Dans les exercices 19 à 27, en utilisant les opérations sur les dérivées, déterminer la dérivée de la fonction définie sur l'intervalle I.

19 **Exercice guidé** **Dériver un produit**

$f(x) = -2x\cos(x)$; $I = \mathbb{R}$.

Étape 1 : On reconnaît un produit $f = uv$.

On pose $u(x) = -2x$ et $v(x) = \cos(x)$, puis on calcule $u'(x)$ et $v'(x)$.

Étape 2 : On utilise la formule : $f' = u'v + uv'$.

20 **a)** $u(t) = t\sin(3t - \frac{\pi}{6})$; $I = \mathbb{R}$.

b) $v(t) = (2t - 1)\cos(2t)$; $I = \mathbb{R}$.

21 **a)** $f(x) = x^2\sin(x)$; $I = \mathbb{R}$.

b) $g(x) = \cos(x)\sin(x)$; $I = \mathbb{R}$.

22 **a)** $f(x) = \cos\left(2x + \frac{\pi}{2}\right)\sin\left(\frac{x}{2}\right)$; $I = \mathbb{R}$.

b) $g(x) = (\cos(x))^2$; $I = \mathbb{R}$.

23 **Exercice guidé** **Dériver un quotient**

$f(x) = \dfrac{2x+7}{x-1}$; $I =]1 ; +\infty[$.

Étape 1 : On reconnaît un quotient $f = \dfrac{u}{v}$.

On pose $u(x) = 2x + 7$ et $v(x) = x - 1$, puis on calcule $u'(x)$ et $v'(x)$.

Étape 2 : On utilise la formule : $f' = \dfrac{u'v - uv'}{v^2}$.

Étape 3 : On simplifie l'expression du numérateur. On laisse le dénominateur sous la forme d'un carré.

24 **a)** $f(x) = \dfrac{3x-5}{2x+1}$; $I = \left]-\frac{1}{2} ; +\infty\right[$.

b) $g(x) = \dfrac{2}{3x-6}$; $I =]2 ; +\infty[$.

25 **a)** $f(x) = \dfrac{-1}{x^2+1}$; $I = \mathbb{R}$.

b) $g(x) = \dfrac{2x}{x^2+2x}$; $I =]0 ; +\infty[$.

26 **a)** $f(t) = \dfrac{1}{t^2+t+1}$; $I = \mathbb{R}$.

b) $g(t) = 2t - 4 - \dfrac{2}{1-t}$; $I =]1 ; +\infty[$.

27 **a)** $f(x) = \dfrac{\sin x}{\cos x}$; $I = \left]-\frac{\pi}{2} ; \frac{\pi}{2}\right[$.

b) $g(x) = \dfrac{x}{\sin x}$; $I =]0 ; \pi[$.

28 Soit f la fonction dépendant de deux variables x et y définie par :

$$f(x, y) = 2x^2 + 3xy + 4y^2$$

a) Calculer $\dfrac{df}{dx}(x, y)$.

b) Calculer $\dfrac{df}{dy}(x, y)$.

29 **1.** On considère l'équation $\dfrac{du}{dx} + 2\dfrac{du}{dy} = 0$, appelée équation aux dérivées partielles.

Soit la fonction u définie pour tous réels x et y par $u(x, y) = y - 2x$.

a) Calculer $\dfrac{du}{dx}$ et $\dfrac{du}{dy}$.

b) Vérifier que la fonction u est solution de l'équation aux dérivées partielles.

c) Soit la fonction v définie par :
$v(x, y) = \sin(y - 2x)$.
Est-elle solution de l'équation aux dérivées partielles précédente ?

2. Proposer une fonction solution de l'équation aux dérivées partielles : $3\dfrac{du}{dx} - 4\dfrac{du}{dy} = 0$.

Exercices

Entraînement

30 Un générateur de force électromotrice E (en volts) a une résistance interne r (en ohms).
Dans le circuit suivant, on branche ce générateur à une résistance variable R.

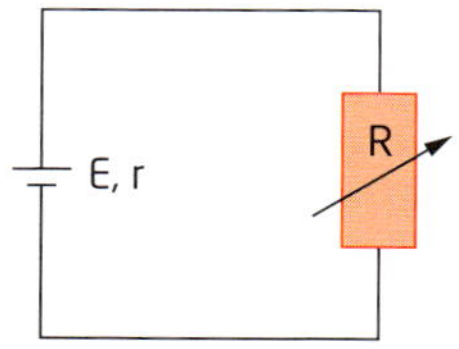

Données : $E = 12$ V ; $r = 4{,}5\ \Omega$; $1\ \Omega \leqslant R \leqslant 10\ \Omega$.
La puissance en watts dissipée dans ce circuit vérifie : $P = \dfrac{RE^2}{(R+r)^2}$.

1. Montrer que la fonction puissance P est définie sur l'intervalle [1 ; 10] par :

$$P(R) = \frac{144R}{(R+4{,}5)^2}.$$

2. Conjectures

a) Représenter graphiquement la fonction P sur une calculatrice.

> Calculatrices rabats II ou IV

b) Comment semble varier la puissance ? Pour quelle valeur de R est-elle maximale ? Quelle est alors cette puissance ?

3. Justifications

a) On pose $u(R) = 144\,R$. Calculer $u'(R)$.

b) On pose $v(R) = (R + 4{,}5)^2$.
Montrer que $v'(R) = 2\,(R + 4{,}5)$.

c) En utilisant les questions **a)** et **b)**, démontrer que $P'(R) = \dfrac{144(4{,}5 - R)}{(R+4{,}5)^3}$.

En déduire le signe de $P'(R)$, avec $1 \leqslant R \leqslant 10$.

d) Dresser le tableau de variations de P sur [1 ; 10]. Retrouver la puissance maximale de ce circuit, ainsi que la valeur de R pour laquelle elle est atteinte.

31 **Exercice guidé Étude de variations 1**

Montrer que la fonction f définie sur [0 ; 5] par $f(x) = \dfrac{2x}{x+3}$ est croissante sur [0 ; 5].

Étape 1 : Calculer f' la fonction dérivée de f.

Étape 2 : Montrer que f' est positive.

32 Montrer que la fonction f définie sur [0 ; 4] par $f(t) = \dfrac{t-4}{2t+1}$ est croissante sur [0 ; 4].

33 Montrer que la fonction θ définie sur $[-2\pi\,;\,2\pi]$ par $\theta(t) = 2\sin\left(\dfrac{t}{4}\right)$ est croissante sur $[-2\pi\,;\,2\pi]$.

Dans les exercices **34** à **39**, dresser le tableau de variations de la fonction donnée sur l'intervalle I en étudiant le signe de sa fonction dérivée.

34 **Exercice guidé Étude de variations 2**

$f(x) = -\dfrac{3}{x^2 + 2x + 4}$; $I = \mathbb{R}$.

Étape 1 : Calculer f' la fonction dérivée de f en conservant le dénominateur sous forme factorisée.

Étape 2 : Justifier que $f'(x)$ est du signe de son numérateur, puis dresser le tableau de variations de f en utilisant la règle du signe d'une fonction affine.

35 $f(x) = \dfrac{4}{2x^2 + 3x + 8}$; $I = [-5\,;\,5]$.

36 $f(x) = \dfrac{2x+1}{x^2 + 6x + 9}$; $I = [0\,;\,8]$.

> ***Indication*** Pour simplifier $f'(x)$, on factorisera le numérateur en remarquant que :
> $2x + 6 = 2(x+3)$ et $(x^2 + 6x + 9) = (x+3)^2$.

37 $f(x) = 4x - \dfrac{5}{2x}$; $I = [1\,;\,+\infty[$.

38 $f(x) = \cos(3x) + 3x$; $I = \mathbb{R}$.

> ***Indication*** Pour tout $x \in \mathbb{R}$, $-1 \leqslant \sin x \leqslant 1$.

39 $f(x) = 2 \sin x + 5$; $I = [-2\pi ; 2\pi]$.

40 **Exercice guidé Étude de variations 3**

Soit f la fonction définie sur $\mathbb{R}$ par :

$$f(x) = x^5 - 5x + 1.$$

a) Montrer que pour tout $x \in \mathbb{R}$,
$$f'(x) = 5(x^2 + 1)(x + 1)(x - 1).$$

b) Étudier le signe de $f'(x)$ puis dresser le tableau de variations de f.

Étape 1 : Calculer f', puis la factoriser en utilisant les identités remarquables ou bien développer le résultat proposé pour vérifier qu'il est bien égal à votre expression de $f'(x)$.

Étape 2 : Utiliser un tableau de signes pour dresser le tableau de variations de f.

41 Soit f la fonction définie sur $[-2 ; 8]$ par :
$$f(x) = 3x^4 - 22x^3 + 30x^2 + 48x + 2.$$

a) Montrer que pour tout $x \in [-2 ; 8]$,
$$f'(x) = 6(2x + 1)(x - 2)(x - 4).$$

b) Étudier le signe de $f'(x)$ puis dresser le tableau de variations de f.

c) À l'aide du tableau de variations, justifier que l'équation $f(x) = 0$ admet 2 solutions.

42 Soit g la fonction définie sur $[-1 ; 2]$ par :
$$g(t) = -t^4 + 2t^3 - t^2 + 4.$$

a) Montrer que pour tout $t \in [-1 ; 2]$,
$$g'(t) = -2t(2t - 1)(t - 1).$$

b) En étudiant les variations de g, déterminer le maximum de la fonction g sur $[-1 ; 2]$.

43 Soit f la fonction définie sur $[0 ; 5]$ par :
$$f(x) = \frac{x^2 + 3}{x + 1}.$$

a) Montrer que pour tout $x \in [0 ; 5]$,
$$f'(x) = \frac{(x - 1)(x + 3)}{(x + 1)^2}.$$

b) Étudier le signe de $f'(x)$ puis dresser le tableau de variations de f.

c) Quel est le minimum de f ? En quelle valeur est-il atteint ?

44 Soit g la fonction définie sur
$D = \left]-\infty ; -\frac{3}{4}\right[\cup \left]-\frac{3}{4} ; +\infty\right[$ par $g(x) = \dfrac{x^2 + 1}{4x + 3}$.

a) Montrer que pour tout $x \in D$,
$$g'(x) = \frac{(2x + 4)(2x - 1)}{(4x + 3)^2}.$$

b) Étudier le signe de $g'(x)$ puis dresser le tableau de variations de g.

45 Soit h la fonction définie sur $\mathbb{R}$ par $h(u) = \dfrac{u - 3}{u^2 + 7}$.

a) Montrer que pour tout réel u,
$$h'(u) = \frac{-(u + 1)(u - 7)}{(u^2 + 7)^2}.$$

b) Déterminer les extrema de la fonction h.

46 **Exercice guidé Étude de variations 4**

Soit f la fonction définie sur $[0 ; 2\pi]$ par :
$$f(t) = \sin(2t).$$

a) Calculer sa fonction dérivée f'.

b) Résoudre l'inéquation $f'(t) \geqslant 0$.

c) En déduire le tableau de variations de f.

Étape 1 : Calculer f', justifier que $2t$ évolue dans $[0 ; 4\pi]$ et compléter le tableau de signes suivant en inscrivant d'abord dans la deuxième ligne les valeurs de $2t$ pour lesquelles $\cos(2t)$ change de signe.

t	0		$\frac{\pi}{4}$		$\frac{3\pi}{4}$		...		...		2π
$2t$	0		$\frac{\pi}{2}$		$\frac{3\pi}{2}$		...		...		4π
$\cos(2t)$		...	0	...	0	...	0	...	0	...	

Étape 2 : En déduire le tableau de variations de f.

47 Même exercice avec $f(t) = 3\cos(2t)$ sur $[0 ; 2\pi]$.

48 Même exercice avec $f(t) = 5\cos\left(t + \frac{\pi}{4}\right)$ sur $[-\pi ; \pi]$.

Exercices

Entraînement

49 Un produit est fabriqué lors d'une réaction chimique. Sa concentration en cg/L est donnée en fonction du temps t en minutes par la fonction f définie sur $[\,0\,;30\,]$ par :

$$f(t) = \frac{5t^2 + 21t}{t^2 + t + 14}.$$

On obtient sa fonction dérivée f' à l'aide d'un logiciel de calcul formel.

$$f(t) := \frac{5\,t^2 + 21\,t}{t^2 + t + 14}$$

$$\rightarrow\ \mathbf{f(t)} := \frac{5\,t^2 + 21\,t}{t^2 + t + 14}$$

Factoriser(f′(t))

$$\rightarrow\ -2\,(2\,t - 21)\,\frac{4\,t + 7}{(t^2 + t + 14)^2}$$

a) Étudier le signe de $f'(t)$.

b) En déduire le tableau de variations de f.

c) Quand faut-il stopper la réaction pour que la quantité de produit soit maximale ?

50 Une résistance chauffante de 1 400 W est plongée dans un récipient contenant m kg d'eau à 20 °C, pendant 1 minute.
L'élévation de la température de l'eau en degrés, notée $\Delta\theta$, peut se calculer en utilisant la formule suivante : $\Delta\theta = \dfrac{P \times t}{m \times C}$,

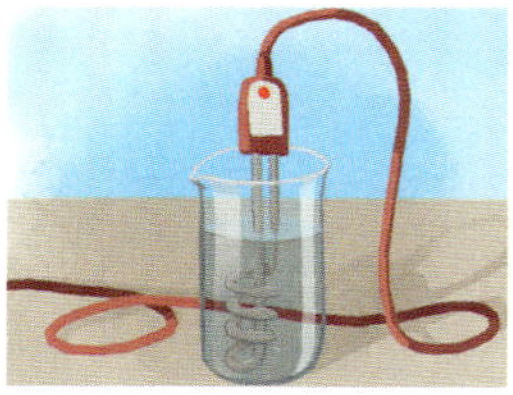

où P est la puissance (en W), t le temps (en s), m la masse (en kg) et $C = 4\,200$ J.kg^{-1}.K^{-1} la capacité calorifique de l'eau.
On supposera que $m \in [0{,}5\,;2]$.
On a donc $\Delta\theta = \theta_{\text{Finale}} - 20$.

1. Démontrer que $\theta_{\text{Finale}} = \dfrac{20}{m} + 20$.

2. On introduit la fonction θ définie sur $[0{,}5\,;2]$ par $\theta(m) = \dfrac{20}{m} + 20$.

a) Calculer $\theta'(m)$ et donner son signe.

b) Que peut-on en déduire pour le sens de variation de la fonction θ ? Ce résultat était-il prévisible ?

5 • Primitives d'une fonction
6 • Calculs de primitives

51 Exercice guidé **Vérifier une primitive**

Vérifier que la fonction $f : x \mapsto \dfrac{10x}{(x^2+1)^2}$ admet pour primitive sur $\mathbb{R}$ la fonction $F : x \mapsto -\dfrac{5}{x^2+1}$.

Étape 1 : Dériver F.

Étape 2 : Vérifier que $F' = f$ et conclure.

52 La fonction F est-elle une primitive sur $\mathbb{R}$ de la fonction f ?

a) $f(x) = 4$ $\quad$ $F(x) = 4x + 7$

b) $f(x) = -x$ $\quad$ $F(x) = -x^2$

53 La fonction F est-elle une primitive sur $\mathbb{R}$ de la fonction f ?

a) $f(u) = 3u^2 + 1$ $\quad$ $F(u) = u^3 + 1$

b) $f(t) = t^3 - 2t$ $\quad$ $F(t) = \dfrac{t^4}{4} - t^2 - 3$

54 La fonction F est-elle une primitive sur $]\,0\,;+\infty\,[$ de la fonction f ?

a) $f(x) = x^2 - \dfrac{1}{x^2}$ $\quad$ $F(x) = \dfrac{1}{3}x^3 + \dfrac{1}{x}$

b) $f(u) = -\dfrac{u}{1+u^2}$ $\quad$ $F(u) = \dfrac{1}{1+u^2}$

55 La fonction F est-elle une primitive sur $]\,0\,;+\infty\,[$ de la fonction f ?

a) $f(t) = \dfrac{3}{(t+2)^2}$ $\quad$ $F(t) = \dfrac{t-1}{t+2}$

b) $f(v) = \dfrac{5v^4}{1+v^5}$ $\quad$ $F(v) = \dfrac{1}{1+v^5}$

56 Justifier que la fonction F est une primitive sur $[\,0\,;+\infty\,[$ de la fonction f.

a) $f(t) = -6\sin\left(3t + \dfrac{\pi}{3}\right)$ $\quad$ $F(t) = 2\cos\left(3t + \dfrac{\pi}{3}\right)$

b) $f(t) = \cos\left(\dfrac{t}{2} - \dfrac{\pi}{8}\right)$ $\quad$ $F(t) = 2\sin\left(\dfrac{t}{2} - \dfrac{\pi}{8}\right)$

57 Associer chaque fonction de la colonne de gauche à une primitive de la colonne de droite.

1. $x \mapsto 60x^2$	a) $x \mapsto x^5 - 3x^2 + 7$
2. $x \mapsto \sin\left(2x + \frac{\pi}{6}\right)$	b) $x \mapsto -\frac{1}{2}\cos\left(2x + \frac{\pi}{6}\right)$
3. $x \mapsto 5x^4 - 6x$	c) $x \mapsto 2\cos\left(2x + \frac{\pi}{6}\right)$
4. $x \mapsto -4\sin\left(2x + \frac{\pi}{6}\right)$	d) $x \mapsto 20x^3 - 6$

58 Les fonctions F et G sont-elles deux primitives sur $\mathbb{R}$ d'une même fonction ?

$F(x) = x\cos x + 2$ $\qquad$ $G(x) = x\cos x - 5$

59 Justifier, de deux manières différentes, que les fonctions F et G sont deux primitives sur $]-1\,;+\infty[$ d'une même fonction :

$F(x) = \dfrac{3x+7}{x+1}$ $\quad$ et $\quad$ $G(x) = \dfrac{x+5}{1+x}$

60 Parmi les quatre fonctions représentées ci-dessous, deux sont des primitives d'une même fonction. Lesquelles ?

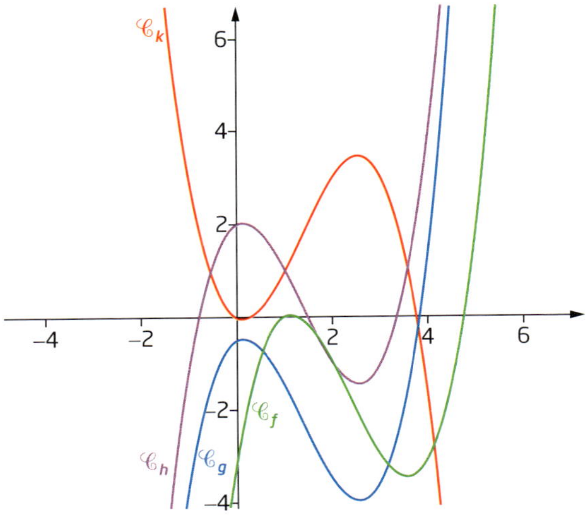

61 Un logiciel de calcul nous fournit une primitive sur $\mathbb{R}$ de la fonction $x \mapsto x\sin x$.

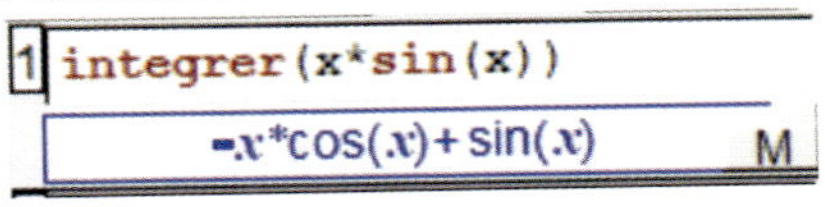

```
1 integrer(x*sin(x))
      -x*cos(x)+sin(x)        M
```

Déterminer la primitive de $x \mapsto x\sin x$ qui s'annule en π.

62 On donne la représentation graphique d'une fonction et de sa primitive. Dire dans chaque cas laquelle des deux fonctions f ou g est une primitive de l'autre.

a)

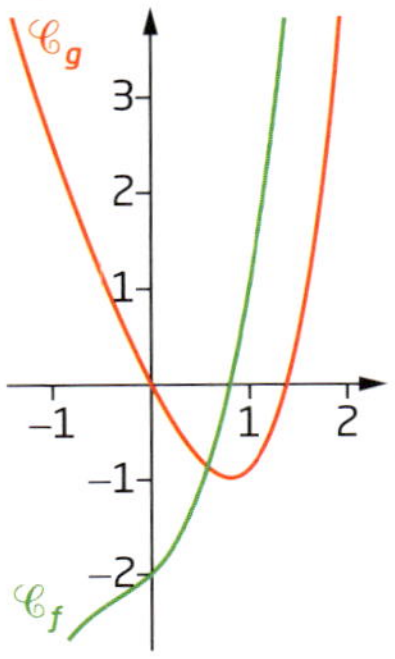

b)

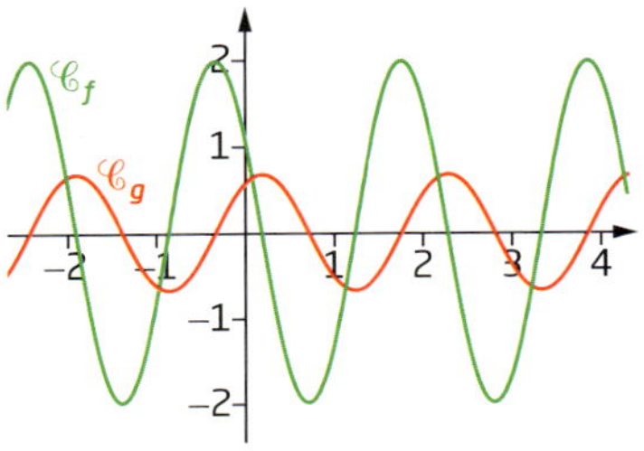

63 **a)** Montrer que la fonction définie sur $\mathbb{R}$ par $x \mapsto \dfrac{x^4}{8} + 5x - 3$ est une primitive de la fonction $f : x \mapsto \dfrac{x^3}{2} + 5$.

b) Déterminer la primitive F de f telle que $F(0) = 2$.

64 **a)** Montrer que la fonction définie sur $[0\,;+\infty[$ par $t \mapsto -2\cos t$ est une primitive de la fonction v définie par $v(t) = 2\sin t$.

b) Déterminer la primitive x de v telle que $x(0) = 5$.

65 La vitesse d'un avion de chasse en m/s est donnée par une fonction v du temps t définie sur l'intervalle $[0\,;10]$ par :

$$v(t) = -1{,}5t^2 + 48t + 200.$$

Exercices

• Entraînement

On note $x(t)$ la distance parcourue par l'avion au bout de t secondes et on rappelle que x est une primitive de v.

a) Montrer que les fonctions définies sur $[\,0\,;10\,]$ par $t \mapsto -0{,}5t^3 + 24t^2 + 200t + k$, avec $k \in \mathbb{R}$, sont des primitives de v.

b) Justifier que pour tout $t \in [0, 10]$,

$$x(t) = -0{,}5t^3 + 24t^2 + 200t$$

c) Quelle distance aura parcouru l'avion au bout de 10 secondes ?

66 Exercice guidé **Primitive d'un polynôme**

Déterminer une primitive F de la fonction f définie sur $\mathbb{R}$ par $f(x) = 5x^3 + 6x^2 - 4$.

Étape 1 : Vérifier qu'il s'agit d'une fonction polynôme, puis écrire sa primitive en remplaçant chaque puissance de x par une primitive :
x^3 par $\frac{1}{4}x^4$, x^2 par $\frac{1}{3}x^3$, x par $\frac{1}{2}x^2$. Remplacer le terme constant a_0 par a_0x.

Étape 2 : Simplifier le résultat si possible.

67 Déterminer une primitive sur $\mathbb{R}$ de la fonction donnée.

a) $x \mapsto x^2 - 4x + 1$

b) $t \mapsto t^3 + 3t^2 - 2$

68 Déterminer une primitive sur $\mathbb{R}$ de la fonction donnée.

a) $t \mapsto \dfrac{t^2}{2} + 3$

b) $x \mapsto -5x^4 + 6x^2 - 4x$

69 Déterminer toutes les primitives sur $\mathbb{R}$ des fonctions f et g définies par :

$$f(x) = x^3 - 4 \quad \text{et} \quad g(x) = -2 + 6x - 3x^5$$

70 Déterminer la primitive F sur $\mathbb{R}$ de la fonction f vérifiant la condition donnée.

a) $f(x) = -4x^3 + 4x^2 - 5$ et $F(0) = 2$

b) $f(t) = 1 + t + t^2$ et $F(1) = 0$

71 La voiture de course la plus rapide est capable de passer de 0 à 100 km/h en 2,4 s.

a) Calculer la valeur a de l'accélération que l'on suppose constante.

b) Déterminer la vitesse v de la voiture en fonction du temps t.

c) Exprimer la distance d parcourue par la voiture en fonction du temps.

d) Quelle distance aura parcouru la voiture en passant de 0 à 100 km/h ?

> ***Rappel*** L'accélération sur un intervalle de temps Δt est défini par $a = \dfrac{\Delta v}{\Delta t}$, où Δv est la variation de la vitesse. En interprétant l'accélération, la vitesse et la distance comme des fonctions du temps, la distance est une primitive de la vitesse et la vitesse est une primitive de l'accélération.

> *Automatisme 13*

72 Un projectile est lâché sans vitesse initiale à 500 m d'altitude. Il tombe vers la Terre sous l'effet de la pesanteur dans un mouvement rectiligne. Son accélération est égale à 9,81 m/s^2.

a) Déterminer sa vitesse $v(t)$ puis la distance parcourue $x(t)$ au bout de t secondes.

> ***Conseil*** Pensez aux conditions initiales $v(0)$ et $x(0)$ pour déterminer les constantes.

b) À l'aide d'une calculatrice, déterminer à quel instant le projectile touchera le sol. Quelle sera alors sa vitesse ?

73 Un cycliste démarre sa course avec une accélération donnée pendant les 20 premières secondes par $a(t) = -\frac{t^2}{80} + \frac{t}{4}$ en m.s^{-2}, où t désigne le temps écoulé depuis le début de sa course.

a) Calculer sa vitesse $v(t)$, la primitive de $a(t)$ qui s'annule en 0.

b) Calculer la distance parcourue $x(t)$, la primitive de $v(t)$ qui s'annule en 0.

c) Quelle distance aura parcouru le cycliste au bout de 20 secondes ?

74 **Exercice guidé** **Primitive d'une fonction trigonométrique**

Déterminer une primitive F de la fonction f définie sur $\mathbb{R}$ par $f(x) = 6\cos\left(4t + \frac{\pi}{4}\right)$.

Étape 1 : Appliquer la formule du cours.

Étape 2 : Simplifier le résultat si possible.

75 Déterminer une primitive sur $\mathbb{R}$ de la fonction donnée.

a) $t \mapsto \cos\left(t + \frac{2\pi}{3}\right)$ **b)** $u \mapsto \sin\left(\frac{u}{2}\right)$

76 Déterminer une primitive sur $\mathbb{R}$ de la fonction donnée.

a) $t \mapsto 6\cos\left(2t - \frac{\pi}{6}\right)$ **b)** $v \mapsto -4\sin\left(\frac{v}{4} + \frac{\pi}{8}\right)$

77 Déterminer toutes les primitives sur $\mathbb{R}$ des fonctions f et g définies par :

$f(t) = 6{,}4\cos\left(-4{,}8\,t + \frac{\pi}{3}\right)$ et $g(t) = \dfrac{\sin\left(8t + \frac{\pi}{4}\right)}{10}$

78 Déterminer la primitive F sur $\mathbb{R}$ de la fonction f vérifiant la condition donnée.

a) $f(t) = -\sin\left(2t + \frac{\pi}{4}\right)$ et $F(0) = 0$

b) $f(t) = 10\cos\left(5t - \frac{\pi}{6}\right)$ et $F\left(\frac{\pi}{2}\right) = \sqrt{3}$

79 L'intensité d'un courant alternatif sinusoïdal évolue en fonction du temps t suivant la formule :

$$i(t) = i_0 \sin(\omega t + \varphi)$$

où i_0 est l'amplitude du signal en ampère,

$\omega = \frac{2\pi}{T}$ est la pulsation du signal en rad.s^{-1},

T est la période du signal en seconde,

φ est le déphasage, exprimé en radian.

Lorsque ce courant traverse une résistance R, l'énergie émise sur l'intervalle de temps $[0\,;\,T]$ est égale à $E = R(F(T) - F(0))$ où F est une primitive de i^2.

Un logiciel de calcul nous fournit deux expressions de i^2. On admet qu'elles sont égales :

$i^2(t) = i_0^2\,(\sin(\omega t + \varphi))^2$

et $i^2(t) = \frac{i_0^2}{2} - \frac{i_0^2}{2}\cos(2\omega t + 2\varphi)$

a) Après avoir choisi une de ces deux expressions, déterminer une primitive F de i^2.

b) Montrer que $E = \frac{1}{2} R i_0^2 T$.

80 On peut démontrer que toutes les fonctions dérivables admettent des primitives. La méthode d'Euler permet d'obtenir la représentation graphique d'une primitive, même si on ne sait pas la calculer. L'objectif de cet exercice est de construire sur $[\,1\,;\,5\,]$ une représentation graphique de la primitive de la fonction inverse s'annulant en 1.

a) Recopier et compléter le tableau.

x	1	1,5	2	2,5	3	3,5	4	4,5	5
$\frac{1}{x}$									

b) Exécuter l'algorithme suivant :

$x \leftarrow 1$
$y \leftarrow 0$
Tant que $x < 5$, faire :
  A $\leftarrow$ point de coordonnées (x, y)
  Tracer le segment de droite de coefficient directeur $\frac{1}{x}$ et d'extrémités le point A et un point B d'abscisse $x + 0{,}5$.
  $x \leftarrow x + 0{,}5$
  $y \leftarrow y_B$

La méthode présentée dans l'atelier 1 permet un tracé plus précis en utilisant un tableur.

Exercices

Approfondissement

Compétences
1 chercher 2 modéliser 3 représenter
4 raisonner 5 calculer 6 communiquer

81 Le phare d'Eckmühl est situé à Penmarc'h, dans le Finistère. Inauguré en 1897, sa hauteur est de 65 m, pour une portée lumineuse de 45 km.
On cherche à savoir à quelle distance la lumière de ce phare serait visible pour un observateur situé au niveau de la surface de l'eau.
Le schéma ci-dessous représente la Terre de rayon R ainsi que le phare (en rouge) de hauteur *a*.

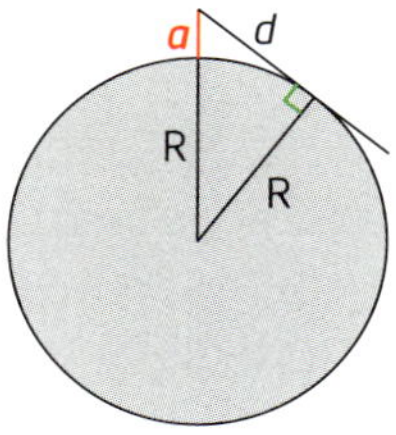

3 5 **a)** Montrer que $d^2 = R^2\left(1+\dfrac{a}{R}\right)^2 - R^2$.

5 **b)** On pose la fonction $f(x) = x^2$.
À l'aide de l'approximation affine de $f(1+h)$ pour h proche de 0, montrer que :
$$(1+h)^2 \approx 1 + 2h.$$

5 **c)** En utilisant l'approximation affine de $(1+h)^2$, avec $h = \dfrac{a}{R}$, montrer que $d \approx \sqrt{2aR}$.

2 **d)** Calculer la distance d avec cette approximation, en prenant pour rayon de la Terre R = 6 400 km et pour la hauteur du phare $a = 65$ m.

82 On souhaite construire une boîte en forme de parallélépipède de 10 cm de haut.
La boîte devra contenir un volume de 2 litres.
On souhaiterait, pour construire cette boîte, utiliser le moins de matière possible, c'est-à-dire une surface totale minimale, pour les six faces.

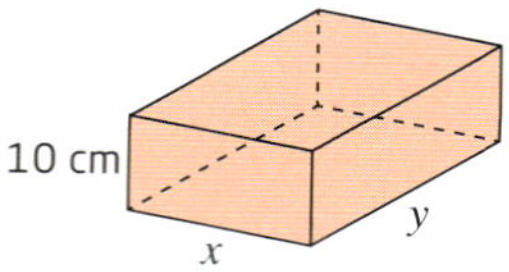

1 4 **1.** Sachant que $V = 2\,000$ cm^3, montrer que $y = \dfrac{200}{x}$.

3 5 **2.** Démontrer que la surface totale (en cm^3) des six faces de la boîte, vérifie :
$S(x) = 20\,x + 400 + \dfrac{4\,000}{x}$, pour $x > 0$.

5 **3. a)** Indiquer la formule qui, saisie en B2, puis recopiée vers le bas donnera un tableau de valeurs pour la fonction S.

5 **b)** En utilisant le tableau, donner une valeur approchée de x (à 1 cm près), pour laquelle la surface est minimale.

	A	B
1	x	Surface S(x)
2	10	1000
3	11	983,6
4	12	973,3
5	13	967,7
6	14	965,7
7	15	966,7
8	16	970
9	17	975,3
10	18	982,2
11	19	990,5

4. Étude de la fonction S.

5 **a)** Montrer que :
$$S'(x) = \frac{20(x-\sqrt{200})(x+\sqrt{200})}{x^2}$$

5 **b)** Étudier le signe de $S'(x)$ sur $]\,0\,;+\infty\,[$.

4 **c)** Compléter le tableau de variations.

x	0		$+\infty$
$S'(x)$		0	
$S(x)$			

6 **d)** Pour quelle valeur de x la surface est-elle minimale ?

2 **e)** Donner les dimensions de la boîte, arrondir les résultats à 1 mm près.

83 Un satellite tourne autour de la Terre dans un plan muni d'un repère orthonormé géocentrique $(O\,;\vec{i},\vec{j})$ d'unité le kilomètre.
1. Les coordonnées $(x\,;y)$ du satellite vérifient les équations :
$x = 1\,800\cos\left(\dfrac{\pi}{12}t\right)$ et $y = 1\,600\sin\left(\dfrac{\pi}{12}t\right)$
où t est le temps en heures.

2 5 **a)** Déterminer les coordonnées du vecteur vitesse et les coordonnées du vecteur accélération.

> ***Rappel*** Les coordonnées du vecteur vitesse s'obtiennent en dérivant celles du vecteur position $(x\ ;\ y)$, les coordonnées du vecteur accélération en dérivant celles du vecteur vitesse.

4 5 **b)** En utilisant la relation $\cos^2 x + \sin^2 x = 1$, montrer que x et y vérifient une équation d'ellipse, c'est-à-dire $\left(\frac{x}{a}\right)^2 + \left(\frac{y}{b}\right)^2 = 1$
où a et b sont des réels à déterminer.

1 5 **2.** Soit la fonction f définie sur $[\,0\,;+\infty\,[$ par :

$$f(t) = \left(\frac{x(t)}{a}\right)^2 + \left(\frac{y(t)}{b}\right)^2$$

En calculant sa fonction dérivée f', montrer que si $a = b$ (trajectoire circulaire), le vecteur vitesse est toujours orthogonal au vecteur position.

84 Soit la fonction f définie sur $[0\,;2\pi]$ par

$$f(x) = 2\sin\left(\frac{x-\pi}{2}\right) + 2.$$

4 5 **1.** Calculer sa fonction dérivée f' et vérifier que f est strictement croissante sur $[0\,;2\pi]$.

2. On constate graphiquement que la croissance de f semble ralentir à partir du point A. Ce point est appelé point d'inflexion.

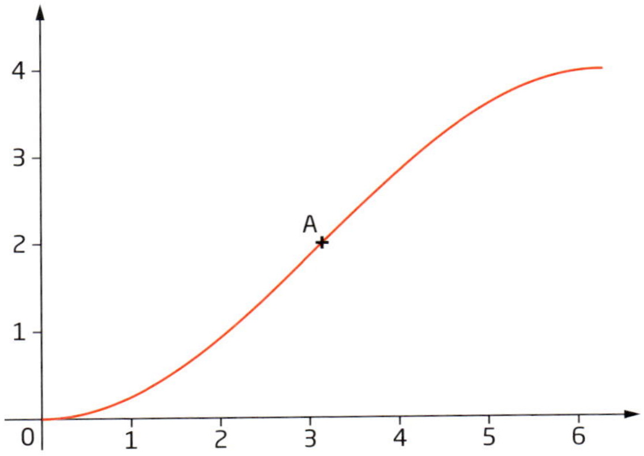

Python On utilise une fonction en Python pour rechercher son abscisse.

```
from math import cos,pi

def pinf(h):
    x1 = 0
    x2 = x1 + h
    while fprime(x1) < fprime(x2):
        x1 = x2
        x2 = x2 + h
    return x1
```

3 4 **a)** Écrire la fonction **fprime(x)** qui renvoie la valeur de $f'(x)$ puis tester la fonction **pinf**.

4 **b)** Proposer une modification afin que la boucle s'arrête toujours, même s'il n'y a pas de point d'inflexion.

3. On peut aussi utiliser les listes en compréhension.

1 4 **a)** Créer une fonction **valeursdex(h)** renvoyant la liste des nombres de 0 à 2π avec un pas de h.

Soit les listes L1 et L2 définies par les instructions :

```
L1 = [x for x in valeursdex(h)
        if fprime(x) < fprime(x+h)]
L2 = [x for x in valeursdex(h)
        if fprime(x) > fprime(x+h)]
```

4 6 **b)** Comment obtenir l'abscisse du point d'inflexion à partir de la liste L1 ? À partir de la liste L2 ?

4 6 **c)** À quoi vont être égales les listes L1 et L2 dans le cas où la fonction f' est toujours croissante (pas de point d'inflexion) ?

85 La lumière est un rayonnement dont l'intensité est fonction de la longueur d'onde comme le montre la courbe ci-dessous. La lumière visible par notre œil correspond aux longueurs d'ondes comprises entre 400 et 800 nm.

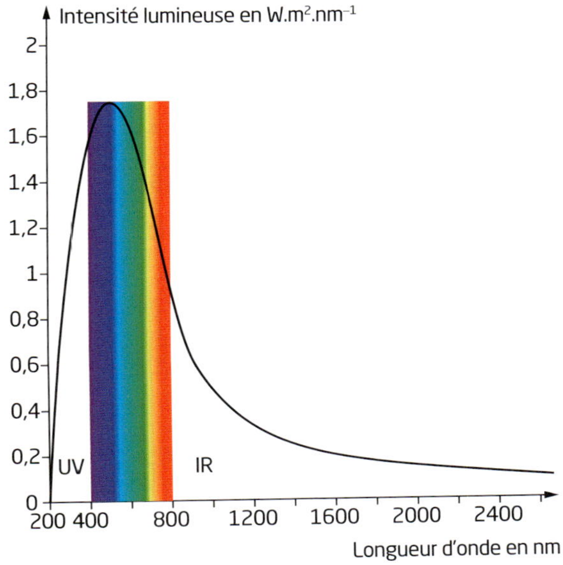

Exercices

Approfondissement

Compétences
1 chercher 2 modéliser 3 représenter
4 raisonner 5 calculer 6 communiquer

1. Richard parvient à modéliser cette courbe sur l'intervalle [200 ; 800] par la fonction f définie par $f(x) =$

$$\frac{39x^3 - 94\,000x^2 + 65\,000\,000x - 9\,500\,000\,000}{2\,500\,000\,000}$$

5 **a)** Écrire $f(x)$ sous la forme $ax^3 + bx^2 + cx + d$ avec les coefficients a, b, c en écriture scientifique.

3 **b)** Représenter cette fonction sur une calculatrice graphique. Permet-elle de modéliser l'intensité lumineuse pour toutes les longueurs d'onde ?

2. On pourra s'aider d'un logiciel de calcul formel dans cette partie.

L'allure de la courbe sur l'intervalle [800 ; 2 800] fait penser à la fonction inverse. Richard décide d'utiliser une fonction g définie par $g(x) = \dfrac{1}{ax+b}$.

Les représentations graphiques des fonctions f et g doivent se rejoindre au point d'abscisse 800.

3 5 **a)** Montrer que cette condition équivaut à :

$$b = \frac{625}{577} - 800\,a$$

5 **b)** Calculer les fonctions dérivées f' et g'.

Les deux fonctions doivent également vérifier $f'(800) = g'(800)$.

6 **c)** Expliquer cette condition.

5 **d)** Calculer $f'(800)$ et $g'(800)$.

4 5 **e)** Montrer que $a = \dfrac{6\,575}{1\,331\,716}$

puis que $g(x) = \dfrac{1\,331\,716}{6\,575x - 3\,817\,500}$.

3 **f)** Représenter sur une calculatrice la fonction h définie par morceaux par :

$$h(x) = \begin{cases} f(x) & \text{si } x \in [200\,;800] \\ g(x) & \text{si } x \in [800\,;2\,600] \end{cases}$$

Pour cela, on entre $f(x)$ dans **Y1**, $g(x)$ dans **Y2** et (Y1)(200 ⩽ x And x ⩽ 800) + (Y2) (800 < x And x ⩽ 2600) dans **Y3**, puis on affiche **Y3**.

2 **g)** La modélisation choisie par Richard semble-t-elle pertinente ?

86 Lors d'une pénalité au rugby, la trajectoire du ballon peut être modélisée par deux fonctions x et y donnant le déplacement horizontal et vertical du ballon en fonction du temps t.

Le buteur se trouve à 50 m face aux poteaux et le ballon est posé sur le sol. À l'instant $t = 0$, le coup de pied donne au ballon une vitesse initiale de 25 m/s représentée par un vecteur $\overrightarrow{v_0}$ faisant un angle de 30° avec l'horizontale.

1 4 5 **a)** Calculer la vitesse horizontale $v_x(0)$ et la vitesse verticale $v_y(0)$ du ballon juste après le coup de pied ($v_x(0)$ et $v_y(0)$ sont les coordonnées du vecteur $\overrightarrow{v_0}$).

5 **b)** La vitesse horizontale est constante et la fonction x vérifie pour $t \in [\,0\,;+\infty\,[$,

$$x'(t) = v_x(0) \text{ et } x(0) = 0.$$

Donner l'expression de $x(t)$.

5 **c)** La vitesse verticale v_y varie en fonction du temps sous l'effet de la pesanteur. Pour tout $t \in [\,0\,;+\infty\,[$, $v'_y(t) = -9{,}81$.

Exprimer $v_y(t)$.

5 **d)** Exprimer $y(t)$ sachant que $y'(t) = v_y(t)$ pour tout $t \in [\,0\,;+\infty\,[$.

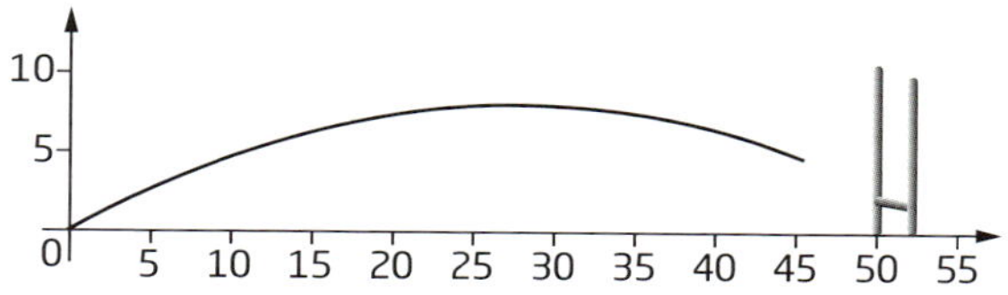

2 **e)** Pour marquer la pénalité, le ballon doit passer au-dessus de la barre transversale située à 3 m du sol. Le buteur va-t-il marquer ?

87 Un skieur descend une pente à 45° en ligne droite. La force de gravité est représentée par un vecteur vertical $\vec{g} = \vec{g_x} + \vec{g_y}$ comme indiqué ci-dessous.

L'accélération du skieur $a(t)$ est constante égale à $\|\vec{g_x}\|$. On donne $\|\vec{g}\| = 9{,}81$ m/s^2.
L'accélération, la vitesse et la distance parcourue sont des fonctions du temps t en secondes.

3 5 **a)** Calculer $\|\vec{g_x}\|$.

2 5 **b)** Déterminer la vitesse du skieur $v(t)$, primitive de $a(t)$, sachant que la vitesse initiale $v(0)$ est égale à 1 m/s.

5 **c)** Exprimer la distance parcourue $x(t)$, primitive de $v(t)$.

2 **d)** Quelle distance aura parcouru le skieur au bout de 25 secondes ? Le résultat semble-t-il cohérent ? Commenter.

88 1 2 3 4 5 6 La maison située au point de coordonnées (4 ; 0,5) doit être connectée au réseau de distribution d'eau qui suit la courbe d'équation $y = x^2$. Afin de minimiser les coûts, déterminer le point du réseau le plus proche de la maison.

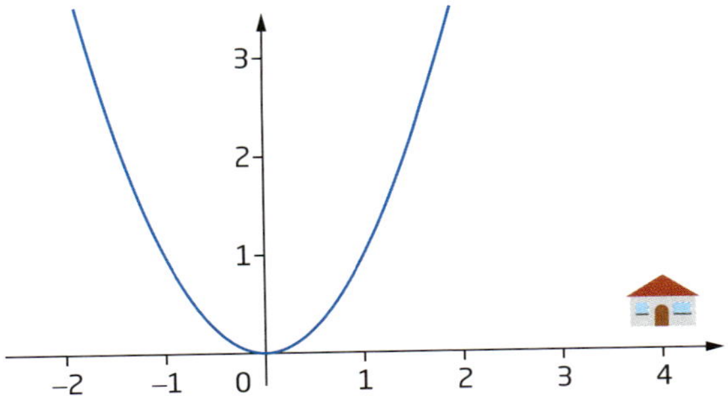

Le mathématicien Cédric Villani a reçu la médaille Fields en 2010. Il a expliqué que ses équations permettent à des ingénieurs qui doivent établir un réseau – par exemple de distribution d'eau – de réaliser celui qui sera le plus économique.

89 Un drone effectue un mouvement circulaire dans un plan horizontal. Ses coordonnées en mètres dans un repère orthonormé sont fonctions du temps t exprimé en secondes :

$$x(t) = 3 + 2\cos\left(\frac{2\pi}{5}t\right) \quad \text{et} \quad y(t) = 5 + 2\sin\left(\frac{2\pi}{5}t\right)$$

5 **a)** Calculer les coordonnées $x'(t)$ et $y'(t)$ du vecteur vitesse $\vec{v}(t)$.

5 **b)** Le vent exerce sur le drone une force constante représentée par le vecteur $\vec{F}\ (3\ ;2)$.
Soit la fonction P définie par $P(t) = \vec{F} \cdot \vec{v}(t)$.
Déterminer l'expression analytique de $P(t)$ et en déduire la primitive W de la fonction P s'annulant en 0.

2 **c)** $W(t)$ est le travail de la force du vent au cours du déplacement sur l'intervalle $[0\ ;t]$.
Calculer le travail du vent lorsque le drone parcourt un tour complet.

90 1 2 3 4 5 6 Suite à des découpes dans un atelier d'usinage, on récupère des chutes plates ayant la forme ci-dessous. La partie courbe de la pièce correspond à la représentation graphique sur $[0\ ;2{,}5]$ de la fonction : $x \mapsto \dfrac{2x-5}{2x-9}$

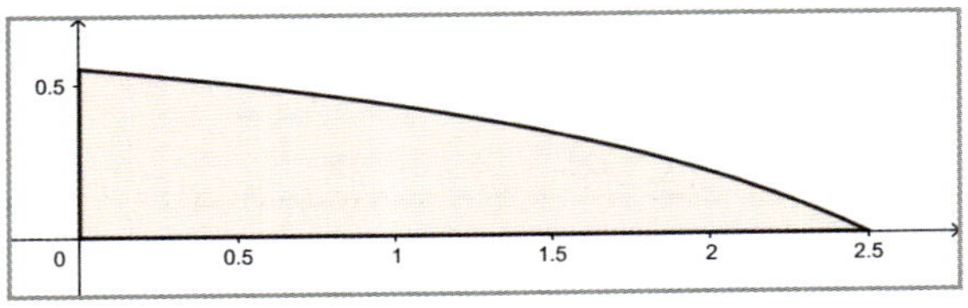

Dans un souci de recyclage, on souhaite découper à l'intérieur de chaque chute un rectangle d'aire maximale. Déterminer les dimensions d'un tel rectangle.

> ***Indication*** On pourra exprimer l'aire $A(x)$ du rectangle en fonction d'un x bien choisi et s'aider d'un logiciel de calcul formel pour factoriser $A'(x)$.

Corrigés

Automatismes

A ● Proportions et pourcentages

1 Calculer, appliquer, exprimer une proportion sous différentes formes

1. a) $\dfrac{12}{30} = 0{,}4 = \dfrac{2}{5} = 40\,\%$

b) $\dfrac{45}{60} = 0{,}75 = \dfrac{3}{4} = 75\,\%$

c) $\dfrac{5}{80} = 0{,}0625 = \dfrac{1}{16} = 6{,}25\,\%$

3. a) $75\,\% = \dfrac{3}{4}$ **b)** $80\,\% = \dfrac{4}{5}$ **c)** $\dfrac{1}{5} = 20\,\%$

d) $0{,}02 = \dfrac{2}{100}$ **e)** $\dfrac{1}{20} = 5\,\%$ **f)** $0{,}45 = \dfrac{45}{100}$

5. a) $\dfrac{2 \times 15}{3} = 10$ **b)** $\dfrac{3 \times 80}{4} = 60$ **c)** $\dfrac{65 \times 220}{100}$

d) $\dfrac{30 \times 80}{100} = 24$ **e)** $0{,}5 \times 288 = 144$

7. $0{,}2 \times 860 = 172$ €

9. $\dfrac{21\,240}{0{,}48} = 44\,250$ inscrits

2 Calculer la proportion d'une proportion

11. a) $\dfrac{3}{8} \times \dfrac{2}{5} = \dfrac{3}{20} = 0{,}15$

b) $\dfrac{3}{4} \times \dfrac{20}{100} = \dfrac{3}{20} = 0{,}15$

c) $\dfrac{1}{3} \times \dfrac{3}{7} = \dfrac{1}{7}$ **d)** $0{,}15 \times 0{,}08 = 1{,}2\,\%$

e) $1{,}7\,\%$ de $23\,\% = 0{,}017 \times 0{,}23 = 0{,}00391$
$= 0{,}391\,\%$ **f)** $\dfrac{1}{4} \times \dfrac{4}{9} = \dfrac{1}{9}$

13. $\dfrac{2}{3} \times 42\,\% = 28\,\%$ de cadres

15. $0{,}08 \times 0{,}352 = 0{,}02816 = 2{,}816\,\%$

B ● Évolutions et variations

3 Passer d'une formulation additive à une formulation multiplicative

17. a) $\nearrow 0{,}5\,\%$, c'est $\times 1{,}005$
b) $\searrow 0{,}02\,\%$, c'est $\times 0{,}09998$
c) $\nearrow 200\,\%$, c'est $\times 3$
d) $\searrow 99\,\%$, c'est $\times 0{,}01$

19. a) $1{,}2 \times 100 - 100 = 20$, soit $\nearrow 20\%$
b) $1{,}05 \times 100 - 100 = 5$, soit $\nearrow 5\,\%$
c) $0{,}92 \times 100 - 100 = 0{,}08$, soit $\searrow 8\,\%$
d) $\nearrow 46\,\%$ **e)** $\nearrow 110\,\%$ $\searrow 98\,\%$

4 Appliquer un taux d'évolution pour calculer une valeur finale ou initiale

21. a) $\nearrow 3\,\%$: $1\,500 \times 1{,}03 = 1\,545$
ou mentalement : $1\,500 \times 0{,}03 + 1\,500$
b) $\nearrow 1{,}5\,\%$: $2\,200 \times 1{,}015 = 2\,233$

23. $\searrow 30\,\%$: CM $= 0{,}7$, d'où $\dfrac{5\,460}{0{,}7} = 7\,800$ €

25. $\searrow 25\,\%$: CM $= 0{,}75$, d'où $\dfrac{135}{0{,}75} = 180$ €

27. $\nearrow 8\,\%$: CM $= 1{,}08$, d'où $\dfrac{48\,600}{1{,}08} = 45\,000$ €

5 Calculer un taux d'évolution, l'exprimer en pourcentage

29. a) CM $= 0{,}54$ soit $\searrow 46\,\%$
b) CM $= 1{,}34$ soit $\nearrow 34\,\%$
c) CM $= 1{,}82$ soit $\nearrow 82\,\%$
d) CM $= 0{,}93$ soit $\searrow 7\,\%$
e) CM $= 0{,}02$ soit $\searrow 98\,\%$
f) CM $= 5$; or $5 \times 100 - 100 = 400$, soit $\nearrow 400\,\%$

31. $\dfrac{78{,}9}{46{,}6} \approx 1{,}69$ soit $\nearrow 69\,\%$ du prix

6 Interpréter un indice base 100 ; calculer un indice, calculer le taux d'évolution entre deux valeurs

33. a) De 2010 à 2011 : $\dfrac{365{,}3}{350{,}9} \times 100 \approx 104{,}1$
soit $\nearrow 4{,}1\,\%$ des ventes d'ordinateurs PC.
De 2010 à 2017 : $\dfrac{262{,}8}{350{,}9} \times 100 \approx 74{,}9$
soit $\searrow 26{,}1\,\%$ des ventes d'ordinateurs PC.
b) De 2011 à 2017 : $\dfrac{74{,}9}{104{,}1} \approx 0{,}7195$
soit $\searrow 28\,\%$ des ventes d'ordinateurs PC.

35. a) Indice des dépenses PEI en 2005 : 360 soit $\nearrow 260\,\%$ depuis 1990.
Et en 2016 : 595 soit $\nearrow 495\,\%$ depuis 1990.
b) Dépenses de consommation : de 100 à 150 $\nearrow 50\,\%$.
Dépenses de PEI : de 100 à 600 soit $\nearrow 500\,\%$, donc 10 fois plus vite.

7 Calculer le taux d'évolution équivalent à plusieurs évolutions successives

37. On effectue le produit des coefficients multiplicateurs : $0{,}9 \times 1{,}2 \times 0{,}9 = 0{,}972$
$0{,}972 \times 100 - 100 = -2{,}8$, soit ↘ 2,8 %.
On ne retrouve pas la valeur initiale.
L'ordre importe peu, car le produit reste le même : $1{,}2 \times 0{,}9 \times 0{,}9 = 0{,}972$.

39. Chaque semaine, l'eau du lac diminue de 10 % ; donc le volume est multiplié chaque semaine par 0,9 et ce durant 8 semaines :

$0{,}9^8 \approx 0{,}43$ soit ↘ 57 %.

Le volume a baissé au total d'environ 57 %.

41. Chaque année, le prix baisse de 5 % : sur 8 ans, $0{,}95^8 \approx 0{,}6634$, soit ↘ 33,66 %.

8 Calculer un taux d'évolution réciproque

43. ↘ 8 % : CM = 0,92 et $\dfrac{1}{\text{CM}} = \dfrac{1}{0{,}92} \approx 1{,}084$
Soit une hausse d'environ 8,4 % pour revenir à la population initiale.

C • Calcul numérique et algébrique

9 Effectuer des opérations et des comparaisons entre des fractions simples

45. 1.a) $\dfrac{3}{25} = \dfrac{12}{100}$; donc $\dfrac{11}{100} < \dfrac{3}{25}$

b) $\dfrac{-3}{20} = \dfrac{-15}{100}$; donc $\dfrac{-13}{100} > \dfrac{-3}{20}$

Attention à l'ordre sur les nombres négatifs !

c) $\dfrac{29}{25} = \dfrac{58}{50}$; donc $\dfrac{57}{50} < \dfrac{29}{25}$

2. a) $\dfrac{-11}{25} = \dfrac{-44}{100}$ et $\dfrac{-9}{20} = \dfrac{-45}{100}$;

donc $\dfrac{-11}{25} < \dfrac{-9}{20}$

b) $\dfrac{2}{3} = \dfrac{8}{12}$ et $\dfrac{3}{4} = \dfrac{9}{12}$; donc $\dfrac{2}{3} < \dfrac{3}{4}$

c) On peut aussi ne regarder que les numérateurs :
$20 \times 31 = 620$ et $21 \times 30 = 630$.

Donc $\dfrac{20}{21} < \dfrac{30}{31}$.

47. On peut effectuer les produits en croix.

a) $6x = 7 \times 18 \Leftrightarrow x = \dfrac{7 \times 18}{6} = 7 \times 3 = 21$

Ne pas effectuer les produits avant de simplifier.

b) $20\,x = -11 \times 100 \Leftrightarrow x = \dfrac{-11 \times 100}{20} = -55$

c) $21\,x = -28 \times 6 \Leftrightarrow x = \dfrac{-4 \times 7 \times 2 \times 3}{3 \times 7} = -8$

d) $4\,x = 0{,}25 \times 16 \Leftrightarrow x = \dfrac{0{,}25 \times 16}{4} = 1$

e) $6\,x = -15 \times 4 \Leftrightarrow x = \dfrac{-5 \times 3 \times 2 \times 2}{2 \times 3} = -10$

f) $0{,}25\,x = 4 \times 5 \Leftrightarrow x = \dfrac{4 \times 5}{0{,}25} = 20 \times 4 = 80$

Diviser par 0,25 c'est multiplier par 4.

49. a) $1 + \dfrac{1}{2} - \dfrac{1}{3} = \dfrac{6+3-2}{6} = \dfrac{7}{6}$

b) $\dfrac{1}{4} + \dfrac{3}{16} - \dfrac{7}{8} = \dfrac{4+3-14}{16} = \dfrac{-7}{16}$

c) $2 - \dfrac{2}{9} + \dfrac{7}{18} = \dfrac{36-4+7}{18} = \dfrac{39}{18} = \dfrac{13}{6}$

d) $\dfrac{3}{60} - \dfrac{1}{10} + \dfrac{1}{5} = \dfrac{1}{20} - \dfrac{1}{10} + \dfrac{1}{5} = \dfrac{1-2+4}{20} = \dfrac{3}{20}$

51. a) $\dfrac{3}{4}\,x - \dfrac{x}{3} = \dfrac{9-4}{12}\,x = \dfrac{5}{12}\,x$

b) $\dfrac{x}{3} - \dfrac{5x}{4} = \dfrac{4-15}{12}\,x = \dfrac{-11}{12}\,x$

c) $2x - \dfrac{2}{3}\,x = \dfrac{6-2}{3}\,x = \dfrac{4}{3}\,x$

2. a) $\dfrac{x^2}{4} + \dfrac{x^2}{3} - x^2 = \dfrac{3+4-12}{12}\,x^2 = \dfrac{-5}{12}\,x^2$

b) $\dfrac{x^2}{3} - \dfrac{3x^2}{2} = \dfrac{2-9}{6}\,x^2 = \dfrac{-7}{6}\,x^2$

c) $3t^2 - \dfrac{2}{5}\,t^2 + t^2 = \dfrac{15-2+5}{5}\,t^2 = \dfrac{18}{5}\,t^2$

53. a) On a $x = \dfrac{-2}{3}$; $y = \dfrac{7}{6}$ et $z = \dfrac{14}{3}$.

Donc $\dfrac{x\,y}{z} = \dfrac{-2}{3} \times \dfrac{7}{6} \times \dfrac{3}{14} = \dfrac{-2 \times 7 \times 3}{3 \times 6 \times 2 \times 7} = \dfrac{-1}{6}$

b) On a $x = \dfrac{0{,}75}{5}$; $y = \dfrac{4}{3}$ et $z = \dfrac{-11}{10}$

$\dfrac{0{,}75}{5} \times \dfrac{4}{3} \times \dfrac{10}{-11} = \dfrac{-0{,}75 \times 4 \times 10}{5 \times 3 \times 11} = \dfrac{-3 \times 10}{5 \times 3 \times 11} = \dfrac{-2}{11}$

55. On peut compléter le schéma :

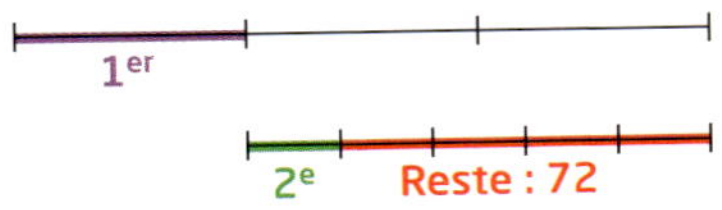

On lit : $72 = \dfrac{4}{5} \times \dfrac{2}{3} \times x \Leftrightarrow x = \dfrac{72 \times 5 \times 3}{4 \times 2} = 135$
Donc les économies sont de 135 €.

Corrigés

10 Effectuer des opérations sur les puissances

57. a) $\dfrac{1}{4^2} = 4^{-2}$ **b)** $\dfrac{4^{-3}}{4^{-2}} = 4^{-3+2} = 4^{-1}$

c) $\left(\dfrac{1}{4}\right)^{-4} = (4^{-1})^{-4} = 4^4$

d) D'après **c)**, on a $\left(\dfrac{1}{4}\right)^{-3} = 4^3$; d'où $\dfrac{4^3}{4^3} = 1$

e) On a $0{,}25^2 = \left(\dfrac{1}{4}\right)^2 = 4^{-2}$; d'où $\dfrac{1}{0{,}25^2} = 4^2$

59. a) $\dfrac{1}{10^2} = 10^{-2}$

b) On a $0{,}01 = 10^{-2}$; d'où $\dfrac{1}{0{,}01^2} = 10^4$

c) $\dfrac{0{,}01}{100} = \dfrac{10^{-2}}{10^2} = 10^{-2} \times 10^{-2} = 10^{-4}$

d) $\dfrac{100^3}{0{,}01^{-3}} = \dfrac{(10^2)^3}{(10^{-2})^{-3}} = 10^6 \times 10^6 = 10^{12}$

e) $\left(\dfrac{1000}{0{,}1}\right)^{-4} = \left(\dfrac{10^3}{10^{-1}}\right)^{-4} = (10^4)^{-4} = 10^{-16}$

11 Passer d'une écriture d'un nombre à une autre

61. a) $\dfrac{17}{5\,000} = 0{,}0034 = 3{,}4 \times 10^{-3}$

b) $\dfrac{108}{3\,600} = 0{,}03 = 3 \times 10^{-2}$

c) $\dfrac{13\,400}{25} = 536 = 5{,}36 \times 10^2$

d) $\dfrac{4\,023}{150} = 26{,}83 = 2{,}683 \times 10$

e) $\dfrac{27}{45\,000} = 0{,}0006 = 6 \times 10^{-4}$

f) $\dfrac{107}{80\,000} = 0{,}0013375 = 1{,}3375 \times \times 10^{-3}$

63. a) $6 \times 5{,}5 \times 10^{8+6} = 33 \times 10^{14} = 3{,}3 \times 10^{15}$

b) $2 \times 10^3 \times 5 \times 10^8 = 2 \times 5 \times 10^{11} = 10^{12}$

c) $\dfrac{2 \times 10^5}{8 \times 10^{12}} = 0{,}25 \times 10^{5-12} = 2{,}5 \times 10^{-8}$

d) $\dfrac{3 \times 10^3 \times 5 \times 10^2}{10^8} = 3 \times 5 \times 10^{3+2+8}$

$= 15 \times 10^{13} = 1{,}5 \times 10^{14}$

65. 1. a) $\dfrac{1}{3} \approx 0{,}3333$ **b)** $\dfrac{1}{6} \approx 1{,}3333$

c) $= 0{,}25$ **d)** $\dfrac{1}{5} = 0{,}2$ **e)** $\dfrac{5}{6} \approx 0{,}8333$

2. a) $0{,}333... = \dfrac{1}{3}$ **b)** $0{,}666... = \dfrac{2}{3}$

c) $0{,}25 = \dfrac{1}{4}$

12 Estimer un ordre de grandeur

67. 1. $2\,836 \times 3\,157 \approx 3\,000 \times 3\,000$ $= 9\,000\,000$; donc réponse **c)** 8 953 252

2. $52\,615 \div 1\,238 \approx \dfrac{50\,000}{1\,000} = 50$; donc **a)** 42,5

3. $2\,425\,138 + 121\,598 \approx 2 \times 10^6 + 1 \times 10^5$; donc réponse **b)** 2 546 736

69. Chiffres de 2018 : **procéder par élimination.**

PIB de la France en dollars	$2{,}5 \times 10^{12}$
PIB des États-Unis en dollars	2×10^{13}
Population mondiale	$7{,}7 \times 10^9$
Salaire annuel moyen en France en €	$3{,}6 \times 10^4$
Chiffre d'affaires de Facebook en $	$3{,}4 \times 10^{10}$
Population Russie	$1{,}5 \times 10^8$

13 Effectuer des conversions d'unités

71. a) Fourmi : 0,6 cm = 0,006 mm
b) Rayon Terre : 6 371 km = 6 371 000 m
c) Acarien : 0,4 mm = 0,0004 m
d) Terre-Lune : 384 400 km = 384 400 000 m

73. a) 1 020 cm^2 = 0,1020 m^2
b) 8 450 000 m^2 = 8,45 km^2
c) 5×10^9 mm^2 = 0,005 km^2
d) 5 380 m^2 = 0,538 ha

75. a) 0,000 047 m^3 = 47 cm^3
b) 53 cm^3 = 0,053 L
c) 12 800 000 cm^3 = 0,0128 dam^3
d) 80 cL = 800 000 mm^3

77. a) On convertit 1 m^3 en mL :
1 m^3 = 1 000 L = 1 000 000 mL = 10^6 mL
Nombre de cuillères de 5 mL :
$\dfrac{1\,000\,000}{5} = 200\,000$ cuillères à café

b) 350×10^6 m^3 = $350 \times 10^6 \times 10^5$ cL

Nombre de canettes de 33 cL :

$\dfrac{35 \times 10^{12}}{33} \approx 1{,}06 \times 10^{12}$ canettes par an

c) 1 km^3 = 10^9 m^3 = $10^9 \times 1\,000$ L = 10^{12} L

Donc $8{,}2 \times 10^{-9}$ km^3 = $8{,}2 \times 10^{-9} \times 10^{12}$ L

= $8{,}2 \times 10^3$ L

79. a) Terre : $5{,}972 \times 10^{30}$ mg

= $5{,}972 \times 10^{30} \times 10^{-6}$ kg = $5{,}972 \times 10^{24}$ kg

car 1 mg = 10^{-3} g = $10^{-3} \times 10^{-3}$ kg = 10^{-6} kg

b) Tour Eiffel : 9 700 t = $9{,}7 \times 10^6$ kg

c) Pain : 200 g = 2×10^{-1} kg

d) Once d'or : 31,104 g = $31{,}104 \times 10^{-3}$ kg

= $3{,}1104 \times 10^{-2}$ kg

81. 1. a) 2 h 15 min = $\left(2 + \dfrac{1}{4}\right)$ h = $\dfrac{9}{4}$ h

b) 40 min = 2 × 20 min = $\dfrac{2}{3}$ h

c) 1 h 12 min = $\left(1 + \dfrac{1}{5}\right)$ h = $\dfrac{6}{5}$ h

d) 3 h 50 min = $\left(3 + \dfrac{5}{6}\right)$ h = $\dfrac{23}{6}$ h

e) 3 min = $\dfrac{1}{20}$ h

f) 1 h 10 min = $\left(1 + \dfrac{1}{6}\right)$ h = $\dfrac{7}{6}$ h

L'écriture « mn » pour minute est fausse.

83. a) Vitesse du son : 340 m.s^{-1}

= $\dfrac{340 \times 3\,600}{1\,000}$ km.h^{-1} = 1 224 km.h^{-1}

b) Vitesse d'un Rafale : 1 912 m.s^{-1}

= $\dfrac{1\,912 \times 3\,600}{1\,000}$ km.h^{-1} = 6 883,2 km.h^{-1}

14 Résoudre une équation ou inéquation du premier degré ; une équation du type $x^2 = a$

85. a) $2x - 4x = 1 + 5 \Leftrightarrow -2x = 6 \Leftrightarrow \boldsymbol{x = -3}$

b) $x - x = -3 + 5 \Leftrightarrow 0x = 2$ pas de solution

c) $0{,}5x - x = 4 + 3 \Leftrightarrow -0{,}5x = 7 \Leftrightarrow \boldsymbol{x = -14}$

d) $-3x - 2x = -3 - 4 \Leftrightarrow -5x = -7 \Leftrightarrow \boldsymbol{x = \dfrac{7}{5}}$

87. a) $-\dfrac{x}{5} - x = 3 - 4 \Leftrightarrow \dfrac{-6}{5}x = -1 \Leftrightarrow \boldsymbol{x = \dfrac{5}{6}}$

b) $3x - \dfrac{x}{2} = -3 + 5 \Leftrightarrow \dfrac{5}{2}x = 2 \Leftrightarrow \boldsymbol{x = \dfrac{4}{5}}$

c) $0{,}5\,t - t = -5 - 3 \Leftrightarrow -0{,}5\,t = -8 \Leftrightarrow \boldsymbol{t = 16}$

d) $-2\,y - 2\,y = 3 - 1{,}5 \Leftrightarrow -4y = 1{,}5 \Leftrightarrow \boldsymbol{y = \dfrac{-3}{8}}$

89. a) $3x + 1 = 0$ ou $1 - x = 0 \Leftrightarrow \boldsymbol{x = \dfrac{-1}{3}}$ ou $\boldsymbol{x = 1}$

b) $-4\,x + 20 = 0$ ou $0{,}5\,x + 3 = 0$

$\Leftrightarrow x = \mathbf{5}$ ou $x = \dfrac{\mathbf{-3}}{\mathbf{0{,}5}} = \mathbf{-6}$

c) $4x = 0$ ou $x + 3 = 0 \Leftrightarrow \boldsymbol{x = 0}$ ou $\boldsymbol{x = -3}$

91. a) $x - 1 > -4 \Leftrightarrow \boldsymbol{x > -3}$

b) $2x + 1 \leqslant -2 \Leftrightarrow 2x \leqslant -3 \Leftrightarrow \boldsymbol{x \leqslant \dfrac{-3}{2}}$

c) $\dfrac{3}{5}x \geqslant \dfrac{5}{2} \Leftrightarrow 6x \geqslant 25 \Leftrightarrow \boldsymbol{x \geqslant \dfrac{25}{6}}$

d) $-\dfrac{4}{3}x \geqslant 0 \Leftrightarrow \boldsymbol{x \leqslant 0}$ **on divise 0 par $\dfrac{-4}{3}$, négatif**

93. a) $-4x - 4 > x - 1 \Leftrightarrow -5x > 3 \Leftrightarrow \boldsymbol{x < \dfrac{-3}{5}}$

b) $2x^2 + 2x - 3x - 3 \leqslant 2\,x^2$

$\Leftrightarrow 2x^2 - 2x^2 - x - 3 \leqslant 0$

$\Leftrightarrow -x - 3 \leqslant 0 \Leftrightarrow -x \leqslant 3 \Leftrightarrow \boldsymbol{x \geqslant -3}$

c) $-\dfrac{3}{4}x + \dfrac{1}{6} > \dfrac{1}{3} \Leftrightarrow -\dfrac{3}{4}x > \dfrac{1}{3} - \dfrac{1}{6}$

$\Leftrightarrow x < \dfrac{1-2}{6} \times \dfrac{-4}{3} \Leftrightarrow \boldsymbol{x < \dfrac{-2}{9}}$

d) $3 + 2x \leqslant x + \dfrac{3}{2} \Leftrightarrow 2x - x \leqslant \dfrac{3}{2} - 3 \Leftrightarrow \boldsymbol{x \leqslant \dfrac{-3}{2}}$

95. a) $x^2 = -1$: pas de solution dans $\mathbb{R}$.

b) $100\,x^2 = 1 \Leftrightarrow x^2 = \dfrac{1}{100} \Leftrightarrow \boldsymbol{x = \dfrac{-1}{10}}$ ou $\boldsymbol{x = \dfrac{1}{10}}$

c) $9x^2 = 4 \Leftrightarrow x^2 = \dfrac{4}{9} \Leftrightarrow \boldsymbol{x = \dfrac{-2}{3}}$ ou $\boldsymbol{x = \dfrac{2}{3}}$

d) $\dfrac{t^2}{4} = 1 \Leftrightarrow t^2 = 4 \Leftrightarrow t = -2$ ou $\boldsymbol{t = 2}$

e) $5\,t^2 = 0 \Leftrightarrow t^2 = 0 \Leftrightarrow \boldsymbol{t = 0}$

f) $(2t - 1)^2 = -1$: pas de solution dans $\mathbb{R}$.

15 Déterminer le signe d'une expression du premier degré, d'une expression factorisée du second degré

97. a)

x		3/5	
$5x - 3$	−	0	+

b) $-3x + 9 = 0 \Leftrightarrow x = 3$. Et $a = -3 < 0$

x		7	
$-3x + 9$	+	0	−

Corrigés

c) $4 - 0{,}1\,x = 0 \Leftrightarrow x = \dfrac{4}{0{,}1} = 40$. Et $a = -0{,}1 < 0$

x		40	
$4 - 0{,}1\,x$	+	0	−

d) $-2x - 3 = 0 \Leftrightarrow x = \dfrac{-3}{2}$. Et $a = -2 < 0$

x		$-3/2$	
$2x - 3$	+	0	−

99. Expliquer oralement la détermination de la solution de $2x - 3 = 0$ et $x + 1 = 0$, la position des droites par rapport à l'axe des abscisses pour obtenir leur signe.

x		-1		1,5	
signe de $2x - 3$	−		−	0	+
signe de $x + 1$	−	0	+		+
signe du produit	+	0	−	0	+

101. Signe de $P(x) = (-x + 5)(6 - 3x)$

x		-5		2	
signe de $-x + 5$	+		+	0	−
signe de $6 - 3x$	+	0	−		−
signe du produit	+	0	−	0	+

16 Isoler une variable dans une égalité ou une inégalité qui en comporte plusieurs

103. a) $b = y - ax$ **b)** $x = \dfrac{y - b}{a}$ **c)** $N = \dfrac{n}{p}$

105. a) $h = \dfrac{2A}{b}$ **b)** $\rho = \dfrac{P}{g \times V}$ **c)** $R = \dfrac{L}{2\pi}$

107. a) $T^2 = \dfrac{4\pi^2 \times a^3}{M \times G} \Leftrightarrow T = 4\pi \times a \times \sqrt{\dfrac{a}{M \times G}}$

b) On élève au carré : $T^2 = 4\pi^2 \times \dfrac{l}{g} \Leftrightarrow l = \dfrac{g \times T^2}{4\pi^2}$

109. a) $1 + x \geqslant \dfrac{5}{4} \Leftrightarrow x \geqslant \dfrac{5}{4} - 1 \Leftrightarrow x \geqslant \dfrac{1}{4}$

b) $\dfrac{1}{2} - x \leqslant \dfrac{1}{6} \Leftrightarrow -x \leqslant \dfrac{-2}{6} \Leftrightarrow x \geqslant \dfrac{1}{3}$

111. a) $\dfrac{x}{b} < k \Leftrightarrow x < b \times k$

b) $\dfrac{a}{x} \geqslant \dfrac{c}{d} \Leftrightarrow x \times c \geqslant a \times d \Leftrightarrow x \geqslant \dfrac{a \times d}{c}$

c) $a + \dfrac{x}{c} \leqslant d \Leftrightarrow \dfrac{x}{c} \leqslant d - a \Leftrightarrow x \leqslant c\,d - c\,a$

17 Effectuer une application numérique d'une formule utilisée dans une autre discipline

113. On a $f(x) = x^2 - 4$, donc :

$f(0) = -4$, $f(1) = -3$ et $f(-1) = -3$

On a $g(x) = -x^2 + 5$, donc :

$g(0) = 5$, $g(1) = -1 + 5 = 4$ et $g(-1) = 4$

On a $h(x) = (x + 1)(2x - 1)$, donc :

$h(0) = -1$, $h(1) = 1 \times (2 - 1) = 2$ et $h(-1) = 0$

On a $k(x) = 2x(x - 1)$, donc :

$k(0) = 0$, $k(1) = 0$ et $k(-1) = -2 \times (-1 - 1) = 4$

115. On a $f(x) = \dfrac{1}{x + 2} + \dfrac{2}{2 - x}$, donc :

$f(0) = \dfrac{1}{2} + \dfrac{2}{2} = \dfrac{3}{2}$, $f(3) = \dfrac{1}{5} + \dfrac{2}{-1} = \dfrac{-9}{5}$

et $f(-3) = \dfrac{1}{-1} + \dfrac{2}{5} = \dfrac{-3}{5}$

117. a) $\text{P.TTC} = \text{P.HT} \times (1 + t) \Leftrightarrow t = \dfrac{\text{P.TTC}}{\text{P.HT}} - 1$

Si P.TTC = 96 et P.HT = 80, alors $t = \dfrac{96}{80} - 1 = 0{,}2$ soit un taux de TVA de 20 %.

b) Si le montant de la TVA est 54, alors :

P.HT = 254 − 54 = 200, d'où $t = \dfrac{254}{200} - 1 = 0{,}27$ soit un taux de TVA de 27 % en Hongrie.

119. a) $100\,°\text{C} = T_F = \dfrac{9}{5} \times 100 + 32 = 212\,°\text{F}$

b) $T_C = (T_F - 32) \times \dfrac{5}{9}$

c) $100\,°\text{F} = T_C = (100 - 32) \times \dfrac{5}{9} \approx 37{,}78\,°\text{C}$

18 Développer, factoriser, réduire une expression algébrique simple

121. a) $(x + 3)(x - 3) - x^2 = x^2 - 9 - x^2 = -9$

b) $-x(x^2 - 4x + 4) = -x^3 + 4x^2 - 4x$

c) $(1 - 3x)^2 + (x - 2)^2$

$= 1 - 6x + 9x^2 + x^2 - 4x + 4 = 10x^2 - 10x + 5$

d) $x^2 - (x - 1)^2 = x^2 - (x^2 - 2x + 1) = 2x - 1$

123. a) $(3x+4)(x-1)=3x^2+x+4$

b) $3x(x+2)(1-3x)=(3x^2+6x)(1-3x)$
$=-9x^3-15x^2+6x$

c) $x(x-2)^2+2x^2-2$
$=x(x^2-4x+4)+2x^2-2$
$=x^3-2x^2+4x-2$

d) $x(x-1)(-x+3)+(x-2)(x-4)$
$=(x^2-x)(-x+3)+x^2-6x+8$
$=-x^3+5x^2-9x+8$

125. a) Faux, car $4x^2-y^2=(2x-y)(2x+y)$.
b) Vrai. **c)** Faux, car $(-x+3)^2=(x-3)^2$.
d) Vrai. **d)** Vrai.

127. a) $x^2+4x=x(x+4)$
b) $x^2-4=(x-2)(x+2)$
c) $-4x+x^2=x(x-4)$
d) $4-x^2=(2-x)(2+x)$
e) $4x^2-x=x(4-x)$
f) $4x^2-1=(2x-1)(2x+1)$

129. a) $(x+1)(x-2)+2(x-2)^2$
$=(x-2)(x+1+2x-4)=(x-2)(3x-3)$

b) $x^2+4x-(x+4)(x-2)$
$=(x+4)(x-x+2)=2(x+4)$

c) $2x(x-3)^2+3x-x^2$
$=x(x-3)(2(x-3)-1)=x(x-3)(2x-7)$

d) $x^2-1+(x+2)(x-1)$
$=(x-1)(x+1+x+2)=(x-1)(2x+3)$

D • Fonctions et représentations

19 Déterminer graphiquement des images et des antécédents

131. a) $f(2)=1$. **b)** $f(-1)=-1$.
c) Un antécédent de 2 est -1 ou 2.
d) Les antécédents de 1 sont -2 et 2.
e) 1 est l'image de 2 et de -2.

133. $f(-3)=0$; $f(-1)=2$; $f(1)=3$;
$f(4)=0$ et $f(6)=-2$

135. Pour f, $D=[-1\,;+\infty[$, lu sur l'axe des abscisses, et l'ensemble des images $f(x)$ est l'intervalle $I=[-6\,;+\infty[$, lu sur l'axe des ordonnées, en partant du point le plus bas sur la courbe.
Pour g : $D=]-\infty\,;0]$ et $I=]-\infty\,;4]$.

20 Résoudre graphiquement une équation, une inéquation, du type $f(x)=k$, $f(x)<k$...

137. a) Équation $f(x)=3$: on lit $S=\{-7\,;-1\,;3\}$.
b) Équation $f(x)=0$: les solutions sont les abscisses des points d'intersection de la courbe avec l'axe des abscisses. $S=\{-6\,;-3\,;4\}$.
c) Équation $f(x)=-1$: on lit $S=\{-1\,;\approx 4{,}2\}$.
d) Équation $f(x)=-2$: on lit $S=\{5\}$.

139. a) Inéquation $f(x)>4$: $S=]0\,;2[$.
b) Inéquation $f(x)<0$: on lit $S=]4\,;+\infty[$.
Ce sont les abscisses des points de la courbe situés en dessous de l'axe des abscisses.
c) Inéquation $f(x)\geqslant 5$: $S=\varnothing$.

21 Déterminer graphiquement le signe d'une fonction ou son tableau de variations

141. La courbe traverse l'axe des abscisses aux points d'abscisses -1 et 3.

x		-1		3	
signe de $f(x)$	$-$	0	$+$	0	$-$

143. $g(x)=0$ en -4 et en 2.

x		-4		2	
signe de $g(x)$	$-$	0	$+$	0	$-$

145. Attention à l'ensemble de définition.
La courbe **touche** l'axe des abscisses en 2.

x	$-\infty$		2		4
signe de $f(x)$		$+$	0	$+$	

147. On commence par dessiner les flèches de sens de variation, puis on place les valeurs de x, où il y a changement de variations, et leurs ordonnées.

x	$-\infty$		0		2		$+\infty$
variations de f		↗	1	↘	-3	↗	

149. On peut omettre de noter l'ensemble $\mathbb{R}$.

x	$-\infty$		-1		1		3		$+\infty$
variations de h		↘	-1	↗	3	↘	-1	↗	

Corrigés

151. $D_g = \mathbb{R}$

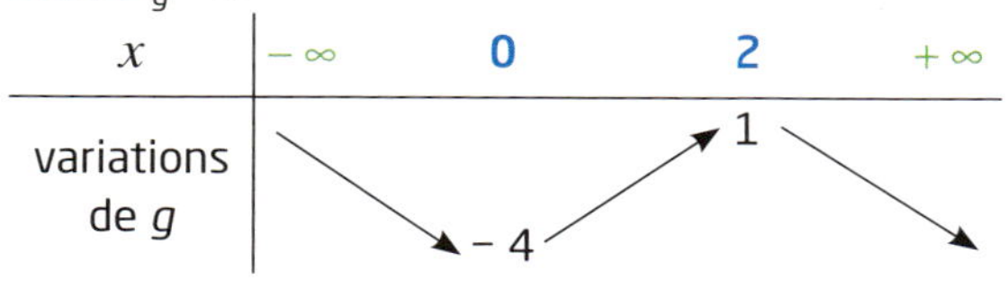

22 Exploiter une équation de courbe (appartenance d'un point, calcul de coordonnées)

153. La droite Δ a pour équation $y = 2x - 3$.

a) $A(2\,;-3) \notin \Delta$, car $2 \times 2 - 3 = 1 \neq -3$.

b) $B(0\,;-3) \in \Delta$, car $2 \times 0 - 3 = -3$.

c) $C(1\,;1) \notin \Delta$, car $2 \times 1 - 3 = -1 \neq 1$.

d) $D(1{,}5\,;0) \in \Delta$, car $2 \times 1{,}5 - 3 = 0$.

155. a) Faux, car on a $f(1) = 2$ et non $f(2) = 1$.

b) Vrai, car $f(4) = 5$.

c) Vrai, car 1 a une seule image.

d) Faux, car 5 peut avoir plusieurs antécédents.

157. $\mathscr{C}$ a pour équation $y = 5x - x^2$.

a) Vrai : on résout l'équation $5x - x^2 = 0$

$\Leftrightarrow x(5 - x) = 0 \Leftrightarrow x = 0$ ou $x = 5$.

b) Faux : $f(2) = 5 \times 2 - 2^2 = 10 - 4 = 6 \neq 5$.

c) Faux, car $f(3{,}5) = 5{,}25$ et $f(2) = 6 > f(3{,}5)$.

d) Vrai, car, d'après la courbe, 4 a deux antécédents : 1 et 4. Or, $f(1) = 5 \times 1 - 1 = 4$ et $f(4) = 5 \times 4 - 4^2 = 20 - 16 = 4$.

159. 1. On calcule $f(-2) = (-2)^2 + 4x(-2) = -4$ donc $A(-2\,;-4)$.

2. a) $x^2 + 4x = x\,(x + 4)$.

b) On résout $f(x) = 0 \Leftrightarrow x = 0$ ou $x = -4$.

D'où les points $B(0\,;0)$ et $C(-4\,;0)$.

23 Tracer une droite donnée par son équation réduite ou par un point et son coefficient directeur

161. Utiliser le point P d'abscisse 0 et le coefficient directeur *m*.

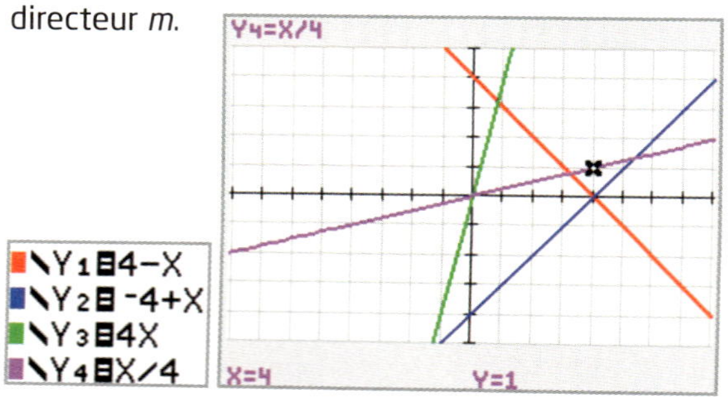

163. a) Pour D1, $y_A = \dfrac{1+2}{3} = 1 \in \mathbb{N}$.

En prenant $x_B = 4$, on a $y_B = \dfrac{4+2}{3} = 2 \in \mathbb{N}$.

X	Y1	Y2
3	5/3	-1/7
4	2	-3/7
5	7/3	-5/7
6	8/3	-1

Y1 = (X+2)/3

X	Y1	Y2
-1	1/3	1
0	2/3	5/7
1	1	3/7
2	4/3	1/7

Y2 = (5-2X)/7

b) Pour D2, $y_C = \dfrac{5+2}{7} = 1 \in \mathbb{N}$.

En prenant $x_D = 6$: $y_D = \dfrac{5-12}{7} = -1 \in \mathbb{N}$.

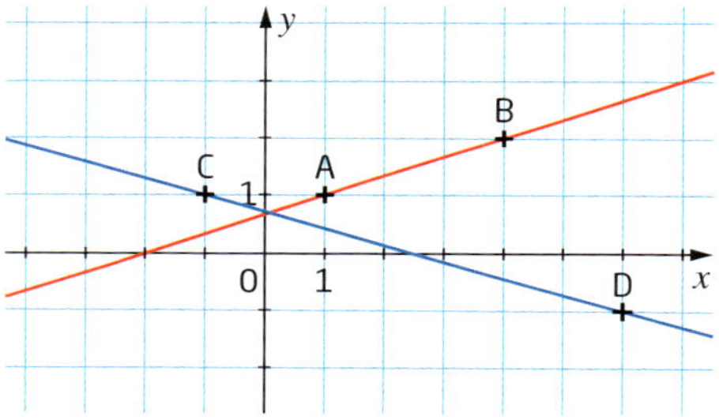

165. a) $d_1 = (AA_1)$

b) $d_2 = (BB_2)$

c) $d_3 = (OO_3)$

d) $d_4 = (CC_4)$

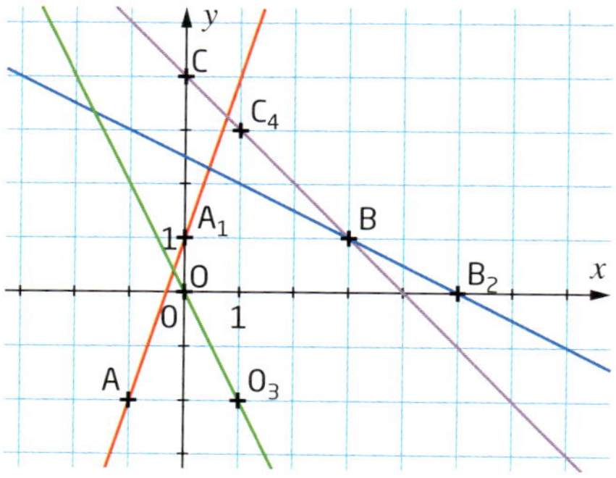

24 **Lire graphiquement l'équation réduite d'une droite**

167. d_1 est horizontale : $y = 5$;
$d_2 : y = \frac{-1}{2}x - 2$; d_3 est verticale : $x = -4$.
$d_4 : y = x - 3$; $d_5 : y = -2x + 3$.

169. a) $d_1 : y = \frac{-1}{5}x + 4$
$d_2 : y = \frac{-1}{10}x + 2$ $d_3 : y = \frac{1}{10}x - 2$.
b) $d_1 : y = -50x + 100$
$d_2 : y = -12{,}5x + 100$ $d_3 : y = 12{,}5x$.

25 **Déterminer l'équation réduite d'une droite à partir des coordonnées de deux de ses points**

171. a) $m = \frac{5-3}{6-2} = \frac{1}{2}$. $A(2\,;3) \in (AB)$
$\Leftrightarrow 2 \times \frac{1}{2} + p = 1 \Leftrightarrow p = 2$. D'où $y = \frac{1}{2}x + 2$.
b) $m = \frac{1}{6}$; $y = \frac{1}{6}x - \frac{1}{2}$ **c)** $m = -1$; $y = -1x + 5$.
d) $m = \frac{5}{4}$; $y = \frac{5}{4}x + \frac{11}{4}$.

173. a) (DF) a pour équation $y = \frac{8}{5}x - \frac{7}{5}$.
b) (EF) les points ont même ordonnée : $y = 5$.
c) (DE) les points ont même abscisse : $x = -1$.

E • Représentations graphiques de données chiffrées

26 **Lire un graphique, un histogramme, un diagramme en barres ou circulaire, un diagramme en boîte ou toute autre représentation**

175. a) L'origine du repère est (1990 ; 0). L'axe horizontal est gradué en année tous les 4 ans.
b) Point (1996 ; 2). En 1996, l'indice des prix a augmenté de 2 %.
c) De 2008 à 2009, l'accroissement de l'indice des prix a chuté de 3 % à 0,1 %, soit une baisse de 3 points de pourcentage.

177. a) En 2013, le pourcentage de bacheliers dans une génération est de 38 % pour le Bac général, 20 % pour le Bac pro et 16 % pour le Bac technologique.
b) On obtient la courbe la plus haute par somme des ordonnées des 3 autres courbes.
c) Oui, un nuage de points serait plus correct, car les valeurs sont des pourcentages annuels, donc des valeurs discrètes.

179. a) Ce sont des pourcentages, car leur somme vaut 100 %.
b) En 1970, 32 % des Françaises de plus de 20 ans ont une taille de 160 à 165 cm, 165 exclu.
c) Un carreau représente 2 % des Françaises.

181. a) Me = 12. 50 % de la clientèle A ont moins de 1 200 factures par an.
b) Q3 = 15. 75 % de la clientèle A ont moins de 1 500 factures par an.
c) Si les deux clientèles présentent la même médiane, la clientèle B est plus concentrée.

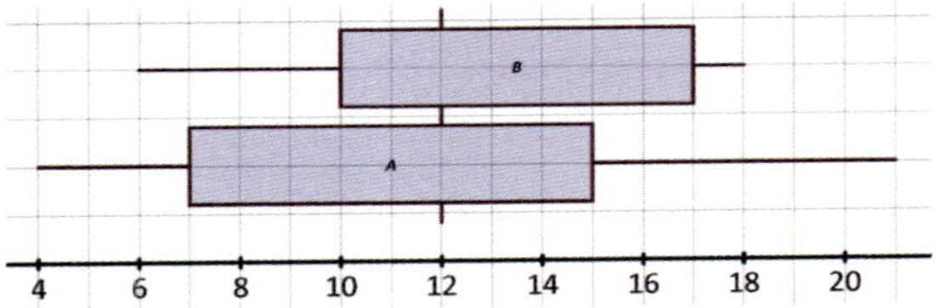

27 **Passer du graphique aux données et vice-versa**

183. Le taux d'équipement est une variable discrète : on connaît sa valeur chaque année.
Le nuage de points est donc le plus adapté.

185. a) On peut aussi utiliser un diagramme en barre (empilée) ou en barres comme ci-dessous.

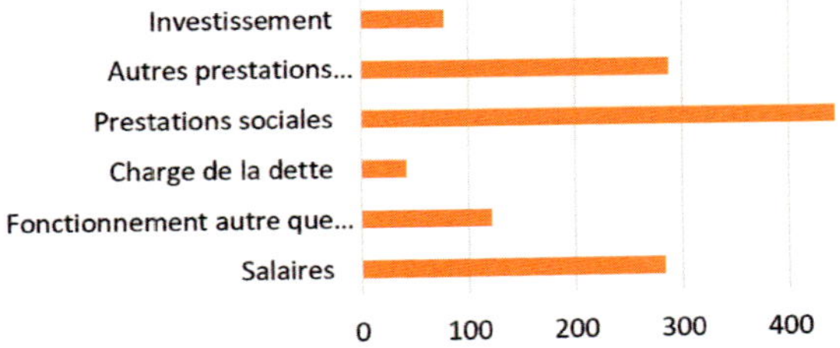

b) La charge de la dette est de 42 milliards d'euros, soit 3,34 % des dépenses publiques en 2016.

Corrigés

Chapitre 1 • Suites

Pour commencer

QCM1 a) Vrai : $\frac{7,05}{5} = 1,41$, soit ↗ 41 %.
b) Vrai : Δprix $= 6,3 - 5,3 = 1$
c) Faux : $\frac{5}{7,05} \approx 0,709$, soit ↘ 29,1 %.

QCM2 b) et c) Vrai, car il y a 11 évolutions.

QCM3 c) Vrai. b) Faux : il faudrait (C2-B2)/B2*100.

QCM4 a) Vrai, car $1 - 0,2 = 0,8$; b) Faux ;
c) Vrai, car $15\,000 \times 0,8 \times 0,8 = 9\,600$.

QCM5 a) Vrai, car n commence en 0.

QCM6 a) Vrai :

```
>>> suite(3)
0.25
```

S'évaluer

QCM1 a) Vrai ; b) Faux : la relation de récurrence est : $u(n+1) = u(n) \times 1,1 - 20$.
c) Faux : $u(1) = 240 \times 1,1 - 20 = 244$;
$u(2) = 244 \times 1,1 - 20 \approx 248$ et $u(3) \approx 253$.

QCM2 a) Vrai
$(240 + 244 + 248 + 253) \times 65 = 47\,580$.

QCM3 a) Faux : ce sont des points ; b) Vrai : faire la représentation ; c) Faux : voir la représentation.

QCM4 a) Vrai, car de la forme $u(n+1) = u(n) + a$
b) Vrai, car $a = -13$; c) Vrai, car la raison $a < 0$.

QCM5 a) Faux, c'est s(4) ; b) Vrai ; c) Vrai.

QCM6 a) Vrai : $\frac{3\,200}{4\,000} = \frac{2\,560}{3\,200} = 0,8$;
b) Faux : c'est une suite géométrique ;
c) Faux : ce n'est pas un pourcentage.

Vrai ou faux

a) Faux, car les points ne sont pas alignés.
b) Faux :
$227,3 \times 1,27$
$\approx 288,6 \neq 285$.
c) Faux, mais c'est très proche de 0,3 (voir tableau).

	A	B	C
1	année	population	taux de variation
2	1950	227,3	
3	1960	285	=B3/B2-1
4	1970	366,8	0,29
5	1980	482,2	0,31
6	1990	638,7	0,32
7	2000	819,5	0,28
8	2010	1044,1	0,27

Exercices d'entraînement

2 E1 : les différences sont 1 ; 2 ; 3 ; 4 ; 5 ; 6.
E2 : les différences ne sont pas égales, ni les quotients. Mais on peut remarquer que pour obtenir le n-ième nombre, on ajoute n au précédent.

8 a) D'un mois sur l'autre, le compte augmente de 150 € : $1\,300 - 1\,150 = 150$.
b) B2 **= B1 + 150** et on recopie vers le bas.
Au 1er septembre, Pauline n'aura plus que 100 €.

13 E1 : n prend la valeur 0 ; puis u prend la valeur 100 ; puis n prend la valeur n + 1 ; puis u prend la valeur u × 2 × n ; puis u prend la valeur u – 40.
E2 : Tableau d'état des variables

Ligne	Valeur de n	Valeur de u
1	0	vide
2	0	100
3	$0 + 1 = 1$	100
4	1	$100 \times 2 \times 1 = 200$
5	1	$200 - 40 = 160$

14 Relation de récurrence : $u(n+1) = \frac{1}{u(n)} + 1$.
$2 \mapsto \frac{1}{2} + 1 = \frac{3}{2}$ $\quad$ $0,5 \mapsto \frac{1}{0,5} + 1 = 2 + 1 = 3$

20 a) 1 mois de placement : $6\,000 + 300 = 6\,300$
2 mois de placement : $6\,300 + 300 = 6\,600$
3 mois de placement : $6\,600 + 300 = 6\,900$
b) On trouve les placements de mois en mois.
c) 1er script et 2e script

```
>>> epargne(3)
6900
```

et

```
>>> epargne(3)
7200
```

Le 1er script fait 3 calculs dans la boucle :
$6\,000 + 300$; $6\,300 + 300$; $6\,600 + 300$.
Le 2e script fait un calcul de plus.

22 1. Achat :
$a(n+1) = a(n) + 10\,000$, avec $a(0) = 100\,000$
et stock : $s(n) = 0,2 \times a(n)$.
2. a) Créer trois colonnes : en A, l'année, en B les achats et en C le stock.

	A	B	C
1	année	achat	stock
2	2000	100000	20000
3	2001	110000	=0,2*B3
4	2002	120000	24000
5	2003	130000	26000
21	2019	290000	58000
22	2020	300000	60000
23		somme:	840000

b) En C23 **= Somme(C2:C22)** = 840 000.

26 $u(n) = -2^n + 100$ et non $(-2)^n + 100$

E1 : $u(0) = -1 + 100 = 99$; $u(1) = -2 + 100 = 98$
$u(2) = -2^2 + 100 = -4 + 100 = 96$

E2 : $u(n+1) - u(n) = -2^{n+1} + 100 - (-2^n + 100)$
$= -(2^n \times 2) + 2^n = 2^n(-2+1) = -1 \times 2^n$.

$a^{n+1} = a^n \times a$

On remarque que cette différence est négative, quelle que soit la valeur de l'entier n.

E3 :

```
Graph1   Graph2   Graph3
TYPE: SUITE(n)  SUITE(n+1)
nMin=0
u(n)=-2^n+100
u(0)=
```

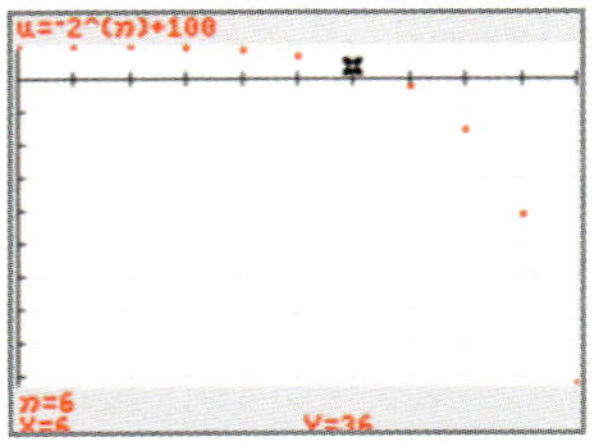

E4 : La suite u est décroissante.

32 **E1 et E2 :** Les points de la suite sont les points à abscisses entières de la droite $\mathscr{D}$ d'équation :

$$y = -0{,}5\,x + 7.$$

E3 : $u(n) = -0{,}5\,n + 7$. Comme le coefficient directeur de $\mathscr{D}$ est $-0{,}5$, alors :
$u(n+1) = u(n) + 0{,}5$. La raison est $a = 0{,}5$, coefficient directeur de la droite $\mathscr{D}$.

35 On obtient la liste des nombres $-2 \times n + 50$, lorsque n varie de 0 à 4.

```
>>> L
[50, 48, 46, 44]
```

38 On a $u(n+1) = u(n) - 5$ et $u(0) = 50$.
On peut obtenir la suite sur calculatrice :

mode **SUITE** f(x)

```
TYPE: SUITE(n)  SUITE(n+1)
nMin=0
u(n+1)=u(n)-5
u(0)=50
```

n	u
0	50
1	45
2	40
3	35
4	30
5	25
6	20
7	15
8	10
9	5
10	0

u(n+1)=u(n)-5

a) Non, $65 \notin L$.

b) Oui, le 5e élément est $u(4) = 30$.

c) Oui, car $u(0) = 50$ et on enlève 5 pas à pas.
Si $u(n) = 5 \times p$, alors $u(n+1) = 5 \times p - 5$
$= 5 \times (p-1)$, donc $u(n)$ est multiple de 5.

40 $u(n+1) = u(n) + 0{,}23 \times 1\,500 - 200 = u(n) + 145$.
La suite est donc arithmétique de raison $145 > 0$, et elle est croissante.

45 **1. a)** On calcule les différences :
$334 - 323 = 345 - 334 = 11$. Donc ce sont les 3 termes consécutifs d'une suite arithmétique de raison $a = 11$.

```python
def commande(n):
    u = 323
    S = u
    for i in range(n-1):
        u = u + 11
        S = S + u
    return S
```

b) $u(n+1) = u(n) + 11$, avec $u(1) = 323$.

2.a) $323 + 334 + 345 = 1\,002$.

b) On calcule de $n = 1$ à $n = 3$, donc il y a 3 termes à calculer et en faire la somme : i sera égal à 0, 1, 2.

```
>>> commande(3)
1002
```

c) En mars de l'année suivante, n = 12. On doit donc calculer **commande(12)**

```
>>> commande(12)
4602
```

47 **a) E2 :** Géométrique, car $\frac{10}{1} = \frac{100}{10} = 10$.
Raison $q = 10$.

b) E2 : Géométrique, car $\frac{1{,}5}{4{,}5} = \frac{0{,}5}{1{,}5} = \frac{1}{3}$, $q = \frac{1}{3}$.

c) E1 : Arithmétique, car $3 - (-5) = 11 - 3 = 8$.
Raison $a = 8$.

d) E2 : Géométrique, $\frac{105}{100} = \frac{110{,}25}{105} = 1{,}05 = q$.

51 **a)** $CM = 1{,}025$.

b) $C(n+1) = C(n) \times 1{,}025$ avec $C(0) = 1\,000$
C'est une suite géométrique, de raison : $q = 1{,}025$.

c) Au bout de 10 ans, le capital acquis est 1 280,08 €.

	A	B
1	nb années	C(n)
2	0	1000
3	1	=B2*1,025
11	9	1248,86
12	10	1280,08

53 **1. a)** Revenu annuel net : $1\,800 \times 12 = 21\,600$.

b) $s_1 = s_0 \times 1{,}04 = 21\,600 \times 1{,}04 = 22\,464$.
$s_2 = 22\,464 \times 1{,}04 = 23\,362{,}56$.

2.a) $s_{n+1} = s_n \times 1{,}04$, avec $s_0 = 21\,600$.

b) La suite est géométrique, de raison $q = 1{,}04$.

c) En 2022, $n = 4$. On calcule de proche en proche :
$s_3 \approx 24\,297{,}06$ et $s_4 \approx 25\,268{,}94$.

3. Taux d'évolution entre 2022 et 2018 :
$\dfrac{25\,268{,}94}{21\,600} \approx 1{,}16985 \approx 1{,}17$, soit ↗ 17 %.

56 On a $u_{n+1} = 1{,}05\ u_n$ et $u_0 = 1\,000$.

	A	B
1	n	u(n)
2	0	1000
3	1	=1,05*B2

1.a) La suite est géométrique, car $u_{n+1} = q \times u_n$

b) La raison $q = 1{,}05$ indique un taux d'évolution de 0,05, soit ↗ 5 %.

2.a) B3 = B2*1,05

b) En C2 : =SI(B2>=$B$2*2;"seuil";"non")

Le seuil est $s = 15$. | 17 | 15 | 2078,93 seuil |

3. Au bout de 15 ans, la dette aura doublé.

Exercices d'approfondissement

67 **1. a)** On obtient le terme suivant en multipliant le terme par 1,6 et en enlevant 150 au résultat obtenu.

b) $v(0) = 2\,230$ d'après le texte.
$v(1) = 2\,230 \times 1{,}6 - 150 = 3\,418$
$v(2) = 5\,318{,}8$ et $v(3) \approx 8\,360{,}08$

c) Fonction Python :

```python
def followers(n):
    v = 2230
    for i in range(n):
        v = 1.6*v - 150
    return v
```

et résultat obtenu dans la console :

```
>>> followers(3)
8360.08
```

2. Sur un tableur : =B2*1,6-150

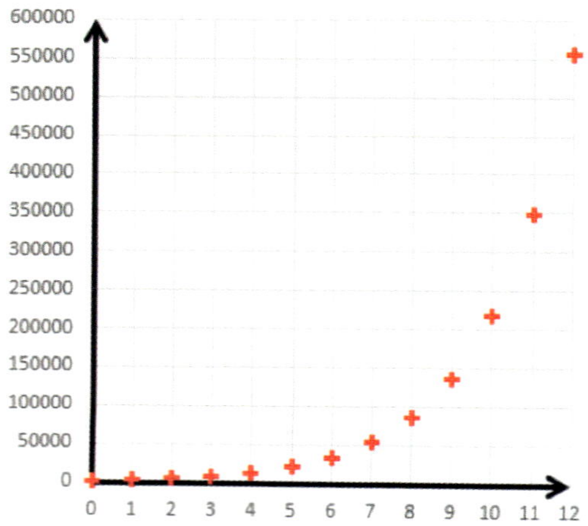

Chapitre 2 • Fonctions

Pour commencer

QCM1 **c)** Vrai : $(2x-3)^2 = (2x)^2 - 2 \times 2x \times 3 + 3^2$.

QCM2 **a)** Vrai : développer $(5x - x^2)(6x - 2)$.
b) Vrai : $(-2x^2 + 10x)(3x - 1)$
$= -6x^3 + 2x^2 + 30x^2 - 10x = B(x)$.
c) Vrai : $-6x^3 + 30x^2 + 2x^2 - 10x = B(x)$.

QCM3 **a)** Vrai, car $t^2 - 1 = (t-1)(t+1)$.
b) Faux, car $E(-0{,}5) = -0{,}5 - 1 = -1{,}5$.
c) Vrai, car $E(2) = 2 - 1 = 1$.

QCM4 **a)** et **b)** Vrai ; **c)** Faux, car il y a deux solutions, on ne peut pas dire « la ».

QCM5 **b)** Vrai : $C(x) = 0$ en 1/3 et 3.

x		1/3		3	
-3	−		−		−
$3x-1$	−	0	+		+
$3-x$	+		+	0	−
$C(x)$	+	0	−	0	+

QCM6 **a)** Faux, x^2 s'écrit x**2 en Python.
b) Vrai ; **c)** Vrai, car la variable est locale : elle prend le nom que l'on veut : t, X, x ...

QCM7 **a)** Vrai, car $f(-3) = 2$; **b)** Vrai, car $f(-4) = 0$ et $f(1) = 0$; **c)** Vrai, car $f(4) = 10$.

S'évaluer

QCM1 **a)** Vrai, car 5 000 L = 5 kL ; **b)** Vrai : c'est une autre façon de lire le sens de variation, utilisé en gestion ; **c)** Faux : la courbe n'est pas une droite.

QCM2 **a)** Vrai ; **b)** Vrai, car $\dfrac{3-2}{5-3} = 0{,}5$; **c)** Faux.

QCM3 **a)** Vrai ; **b)** Faux, c'est S(0 ; 3) ; **c)** Faux.

QCM4 **a)** Vrai ; **b)** Faux, car $f(x) = -6x^2 + 45x - 84$;
c) Vrai, $a = -6$ négatif ☹.

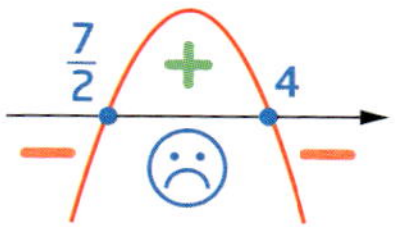

QCM5 **b)** Vrai, car $4x^3 - 17 = 239 \Leftrightarrow x^3 = 64$ et $64 = 4^3$, d'où $x = 64^{1/3} = 4$.

QCM6 **a)** Vrai : les racines sont −2 ; − 5 et 7/2 ;
b) Vrai : on calcule 3*2*5*(− 7) ; **c)** Vrai.

Vrai ou faux

a) Vrai, car $f(-1) = \dfrac{1}{-1} = -1$ et $f(2) = \dfrac{1}{2} = 0{,}5$.

b) Vrai, car $R = \dfrac{U}{I}$.

c) Faux, par exemple : pour $a = 1$ et $b = -4$, $1 \times x^2 - 4$ s'annule en -2 et 2.

d) Vrai : $P(1) = -1 + 6 - 5 = 0$, donc 1 est racine évidente. On développe :

$$(-x+1)(x-5) = -x^2 + 6x - 5 = P(x)$$

Exercices d'entraînement

3 $g(2) = \dfrac{(1+2)^2}{2} = \dfrac{9}{2} = 4{,}5$

$g(0{,}1) = \dfrac{(1+0{,}1)^2}{0{,}1} = \dfrac{1{,}21}{0{,}1} = 12{,}1$

$g(-0{,}5) = \dfrac{(1-0{,}5)^2}{-0{,}5} = -\dfrac{0{,}5^2}{0{,}5} = -0{,}5$

7 **E1 :** Taux de variation entre x_1 et x_2 :

$$\frac{f(x_2) - f(x_1)}{x_2 - x_1} = \frac{x_2^{\,2} - x_2^{\,2}}{x_2 - x_1}.$$

E2 : Différence de deux carrés :

$$x_2^{\,2} - x_1^{\,2} = (x_2 - x_1)(x_2 + x_1)$$

E3 : On simplifie par $(x_2 - x_1)$:

$$\frac{f(x_2) - f(x_1)}{x_2 - x_1} = x_2 + x_1$$

E4 : Sur $[0\,;+\infty[$, x_2 et x_1 sont positifs, donc leur somme est positive, donc la fonction carré est croissante.

Sur $]-\infty\,;0]$, x_2 et x_1 sont négatifs, donc leur somme est négative, donc la fonction carré est décroissante.

12 **1. E1 :** Il existe un réel k tel que $f(x) = k \times x$.

E2 : On veut $f(4) = 6 \Leftrightarrow k \times 4 = 6 \Leftrightarrow k = 1{,}5$.

Ainsi on peut conjecturer que $f(x) = 1{,}5 \times x$.

Attention, cela n'est pas une démonstration.

E3 : Pour $(7\,;10{,}5)$: $1{,}5 \times 7 = 10{,}5 = f(7)$ et $1{,}5 \times 16 = 24 = f(16)$, donc c'est vérifié.

E4 : Les grandeurs x et $f(x)$ sont proportionnelles pour le tableau donné.

2. On remarque que les produits $t \times g(t) = 100$ pour tous les couples de valeurs du tableau.

On peut donc conjecturer que les grandeurs t et $g(t)$ sont inversement proportionnelles.

15 **a)** Translation de vecteur $-4\,\vec{j}$.

b) L'équation de l'axe (xx') est $y = 0$.

On cherche les points A et B, intersections de la courbe $\mathscr{C}$ avec l'axe des abscisses.

c) Ces points ont leur ordonnée nulle.

On résout donc $x^2 - 4 = 0 \Leftrightarrow x = -2$ ou $x = 2$

> **Automatisme 14**

D'où les points A$(-2\,;0)$ et B$(2\,;0)$.

c) $\mathscr{C}$ coupe l'axe des abscisses en -2 et 2, donc par symétrie : $x_S = \dfrac{-2+2}{2} = 0$

et $y_S = f(0) = 4$.

D'où S$(0\,;4)$.

e) Allure de la courbe :

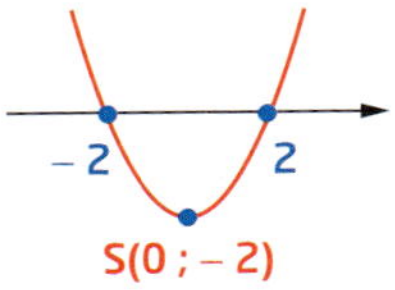

19 **E1 :** $a = 2 > 0$, donc la parabole tournée vers le haut ☺.

E2 : $f(x) = 0 \Leftrightarrow x = 3$ ou $x = -7$. La parabole coupe l'axe des abscisses en 3 et -7.

E3 : $x_S = \dfrac{3 + (-7)}{2} = -2$

et $y_S = f(-2) = -50$.

E4 : Signe de $f(x)$:

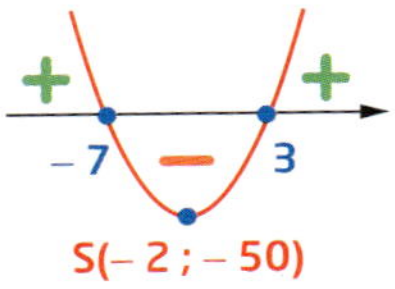

23 **1.a)** Courbes $\mathscr{C}_f$ en rouge et $\mathscr{C}_g$ en bleu. Les deux fonctions f et g sont croissantes.

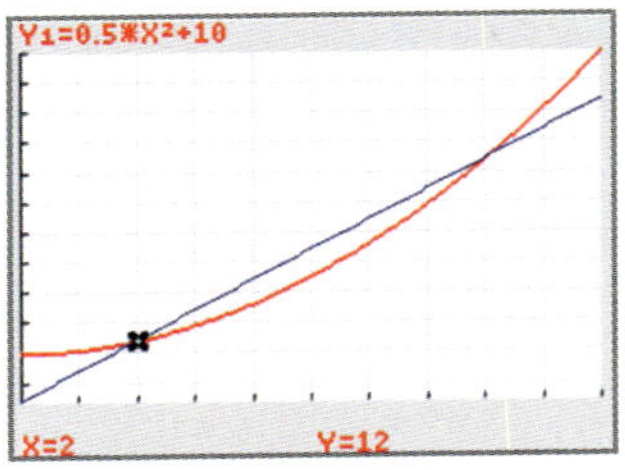

b) Elles semblent se couper en $x = 2$ et $x = 8$.

On vérifie en calculant :

$$f(2) = g(2) = 12 \quad \text{et} \quad f(8) = g(8) = 42.$$

2. a) $h(x) = -0{,}5\,x^2 + x - 8$. D'après **1. b)**, 2 et 8 sont racines de $h(x)$. Donc $h(x)$ se factorise :

$h(x) = -0{,}5\,(x-2)(x-8)$, car $a = -0{,}5$.

b) Signe de $h(x)$ sur le schéma.

$h(x) > 0$ sur $]2\,;8[$.

Ainsi sur $]2\,;8[$ la courbe $\mathscr{C}_g$ est située au-dessus de $\mathscr{C}_f$ et en dessous sur $[0\,;2[\ \cup\ ]8\,;10]$.

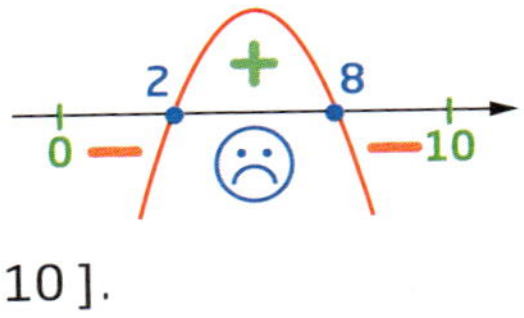

27 **1. E1 :** Sur tableur, on obtient -1,7099759

E2 : La racine cubique de -5 est $-1{,}7100$.

Le 5e chiffre est 7, donc on ajoute 1 au 4e chiffre...

2. a) Pour f_1 : $2x^3 = 0 \Leftrightarrow x = 0$.

Corrigés

b) Pour f_2 : $-0{,}1\,x^3 = 0 \Leftrightarrow x = 0$.

c) Pour f_3 : $0{,}5\,x^3 - 4 = 0 \Leftrightarrow x^3 = \dfrac{4}{0{,}5} = 8$

$\Leftrightarrow x = 8^{1/3} = 2$.

d) Pour f_4 : $1/3\,x^3 + 9 = 0 \Leftrightarrow x^3 = -9 \times 3 = -27$

$\Leftrightarrow x = (-27)^{1/3} = -3$.

29 **a)** hauteur = diamètre = 2 × rayon.
V = hauteur × Base et Base = π × (rayon)^2.

Donc $V = h \times \pi \times \left(\dfrac{h}{2}\right)^2 = \dfrac{\pi}{4} \times h^3$.

b) Si $h = 16$ cm, alors $V = \dfrac{\pi}{4} \times 16^3 \approx 3\,216$
soit 3 216 cm^3 ≈ 3,2 L.

c) V = 1 L = 1 000 cm^3. On cherche h tel que :

$\dfrac{\pi}{4} \times h^3 = 1\,000 \Leftrightarrow h^3 = \dfrac{4000}{\pi} \Leftrightarrow h = \dfrac{4000}{\pi}^{1/3}$

On obtient :
$h \approx 10{,}8$ cm,
inférieur à
16 cm.

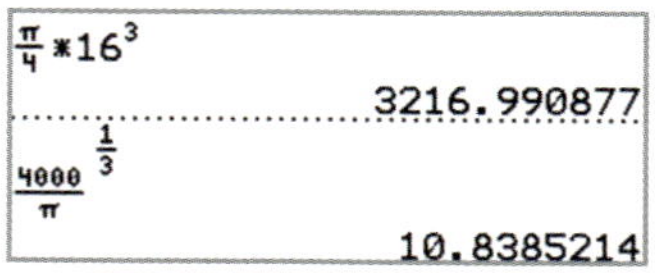

32 On a $P(x) = (x+1)(x-5)(x-2)$.

E1 : $P(x) = 0 \Leftrightarrow x = -1$ ou $x = 5$ ou $x = 2$.

E2 : -1 … 2 … 5 (axe)

E3 : $P(0) = 1 \times (-5) \times (-2) = 10$, positif.

E4 :

x		-1		0		2		5	
$C(x)$	−	0			+	0	−	0	+

36 **a)** Courbe $\mathscr{C}$: d'après le tableau de valeurs, on peut choisir X ∈ [−1 ; 5] pour la fenêtre.

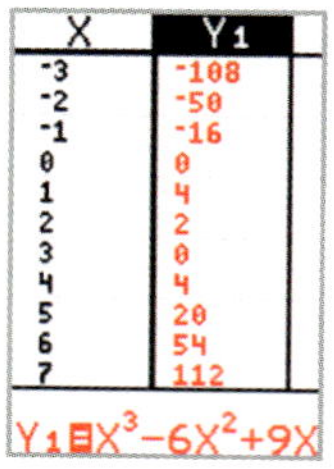

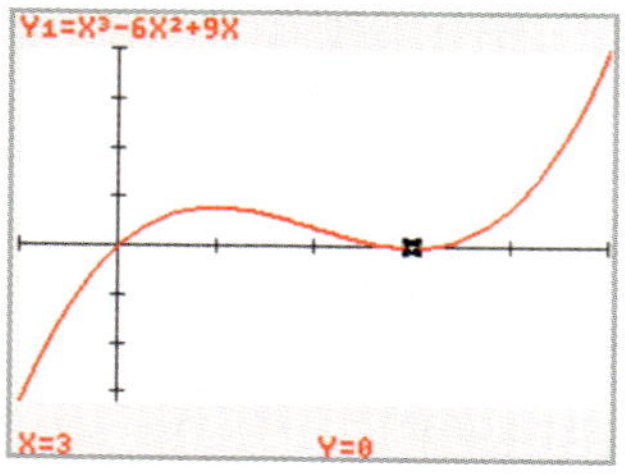

b) $P(x) = x(x^2 - 6x + 9) = x(x-3)^2$.

c) On a $(x-3)^2 \geqslant 0$ sur $\mathbb{R}$. D'où le signe :

x		0		3	
x	−	0	+		+
$(x-3)^2$	+		+	0	+
$P(x)$	+	0	−	0	+

Exercices d'approfondissement

39 **1.** Pour Ben, dans la tranche des 14 % :
0 € pour les 10 000 premiers euros, puis 14 % de 7 000 € restants, soit 0,14 × 7 000 = 980 €.

2. a) Avec 26 000 €, Adam est à la borne des deux tranches. Le calcul sera le même, car 0 € sont imposés à 30 %.

b) 0 × 10 000 + 0,14 × 16 000 = 2 240.
Donc Adam paye 2 240 € d'impôts.

c) Si Adam a 1 000 € de plus, ils sont imposés à 30 %, soit 0,3 × 1 000 = 300.
Il reste 700 € à Adam sur ses 1 000 € de plus.

3. a) Soit $x \in [0\,;10]$, alors $R(x) = 0 \times x = 0$.
Soit $x \in [10\,;26]$, alors :
$R(x) = 0 + (x-10) \times 0{,}14 = 0{,}14x - 1{,}4$.
Soit $x \in [26\,;74]$, alors :
$R(x) = (26-10) \times 0{,}14 + (x-26) \times 0{,}3$
$= 2{,}24 + 0{,}3x - 7{,}8 = 0{,}3x - 5{,}56$.
Soit $x \in [74\,;156]$, alors :
$R(x) = 16{,}64 + (x-74) \times 0{,}41 = 0{,}41x - 13{,}7$
et $R(156) = 50{,}26$.
Soit $x \in [156\,;+\infty]$, alors :
$R(x) = 50{,}26 + (x-156) \times 0{,}45 = 0{,}45x - 19{,}94$.

48 C'est une recherche de **seuil** : voir l'**atelier 7** du chapitre 2 p. 51 et l'**atelier 7** du chapitre 1 p. 22.
Sur tableur : on calcule la population tous les 12 h, par exemple, puis toutes les heures à partir du moment où elle est proche de 15 000. On trouve **177 h**.

	A	B	C	D	E	F	G	H
1	temps	bactéries		temps	bactéries	test		
2	0	0		168	18567,4	=SI(E2<=15000;"seuil";"non")		
3	12	577,4		169	18214,8	non		
4	24	2099,5		170	17850,0	non		
5	36	4358,9		171	17472,8	non		
6	48	7148,2		172	17083,0	non		
7	60	10260,0		173	16680,7	non		
8	72	13487,0		174	16265,5	non		
9	84	16621,9		175	15837,5	non		
10	96	19457,3		176	15396,5	non		
11	108	21785,8		177	14942,3	seuil		
12	120	23400,0						
13	132	24092,6						
14	144	23656,3						
15	156	21883,7						
16	168	18567,4						
17	180	13500,0						

Ci-contre sur calculatrice.

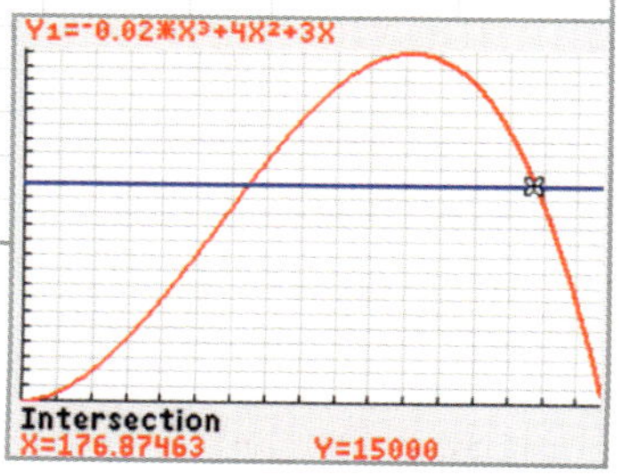

Chapitre 3 • Statistiques et probabilités

Pour commencer

QCM1 **b)** Vrai : $0{,}1 \times 0{,}7 = 0{,}07$; donc 10 % de 70 % correspond à 7 %. **a)** et **c)** Faux

QCM2 **a)** et **b)** Vrai : par notation et définition de l'intersection $A \cap B$; **c)** Faux : il s'agit de $A \cup B$.

QCM3 **b)** et **c)** Vrai : dans le cas général :

$$P(A \cup B) = P(A) + P(B) - P(A \cap B)$$

et si les ensembles A et B n'ont pas d'élément en commun, leur intersection est vide donc

$$P(A \cap B) = 0.$$

QCM4 **a)** Vrai : 15 élèves pratiquent le hand-ball parmi les 50 externes ; or $\frac{15}{50} = 0{,}3$ soit 30 %.

b) Faux, car parmi les 20 élèves pratiquant le tennis, seulement 5 sont externes, soit un quart.

c) Vrai, car 30 élèves sur 150 sont externes et pratiquent le badminton ; or $\frac{30}{150} = 0{,}2$ soit 20 %.

QCM5 **a)** Vrai : 6 jeunes ont moins de 15 ans **et** sont inscrits sur un réseau social.

b) Vrai : $36 - 9 = 27$; 27 élèves ont plus de 15 ans.

c) Faux, $M \cup R$ ne contient pas plus de 36 jeunes.

QCM6 **b)** Vrai : la pièce n'a pas de mémoire des lancers précédents et reste bien équilibrée.

S'évaluer

QCM1 **a)** Vrai, car $\frac{75}{150} = 0{,}5$ soit 50 % ;

b) Faux : $E2 = 0{,}7 \times 150 = 95$ et $\frac{36}{95} \neq 0{,}24$;

c) Vrai : $\frac{36}{45} = 0{,}8$.

QCM2 **a)** Vrai : $P(B) = \frac{75}{150} = 0{,}5$;

b) Vrai : $P_B(C) = \frac{\text{Card}(B \cap C)}{\text{Card}(B)} = \frac{21}{75} = 0{,}28$;

c) Faux : $P(B \cap C) = \frac{21}{150} \neq 0{,}21$.

QCM3 **a)** Vrai : répétition d'expériences identiques à 2 issues ; **b)** Faux : $0{,}2 \times 0{,}2 = 0{,}04$; **c)** Faux : $1 - 0{,}8^2 = 0{,}36 < 0{,}5$.

QCM4 **a)** Faux :

$$E(X) = 0 \times 0{,}7 + 1 \times 0{,}2 + 2 \times 0{,}1 = 0{,}4 ;$$

b) Vrai : $P(X > 0) = P(X = 1) + P(X = 2) = 0{,}3$;

c) Faux, car X prend aussi la valeur 2.

Vrai ou faux

a) Faux : le paramètre est 0,3 car on obtient 1 si ALEA() $\geqslant 0{,}7$.

b) Vrai : la formule permet d'afficher soit 0, soit 1.

c) Faux : les cellules peuvent contenir 0 ou 1 de façon totalement aléatoire, voire jusqu'à dix 1.

Exercices d'entraînement

2 **E1 :** `C4 = E4 - B4 - D4` = 800 ; `C1 = C4 - C2`

`E2 = somme(B2:D2)` et `E3 = somme(B3:D3)`

On obtient le tableau ci-après.

E2 : Exemple de formule pour calculer des fréquences marginales suivant la variété `F2 = E2/$E$4`

E3 : Exemple de formule pour calculer des fréquences marginales suivant la provenance :

`B5 = B4/$E$4`

	A	B	C	D	E	F
1		Maroc	Espagne	Brésil	total	fréquence marginale
2	valencia	150	550	100	800	0,4
3	navel	650	250	300	1200	0,6
4	total	800	800	400	2000	1
5	fréquence marginale	0,4	0,4	0,2	1	

La provenance la plus fréquente est l'Espagne ou le Maroc.

E4 : On a $\frac{100}{800} = 0{,}125$; donc 12,5 % des oranges valencia proviennent du Brésil.

4 **1.** On obtient le tableau suivant.

	A	B	C	D	E	F
1		type 1	type 2	type 3	Total	fréquence
2	Agriculture		1	0,3	1,3	0,004
3	Industrie	4,5	18,5	2,7	25,7	0,079
4	Construction	212,3	12,5	2,9	227,7	0,701
5	Tertiaire	0,8	17,4	1,4	19,6	0,060
6	Traitement	3,2	15,4	3,3	21,9	0,067
7	Ménages	2,8	25,4	0,2	28,4	0,087
8	Total	223,6	90,2	10,8	324,6	
9	fréquence	0,689	0,278	0,033		

2. a) On lit dans la colonne **F** que l'agriculture, l'industrie, le tertiaire et le traitement des déchets produisent chacun moins de 8 % de la totalité des déchets.

b) On calcule : =C4/C8. Donc, dans le production de déchets non minéraux non dangereux, la part de la construction est environ 13,9 %.

6 **E1 :** On obtient le tableau croisé suivant.

E	F	G	H	I
Somme de Valeurs2	**Postes**			
Années	**Bénéfice**	**C.A.**	**Epargne**	**Total général**
1	-14	64	-15	35
2	-19,6	80	-12	48,4
3	-25,5	100	-9,6	64,9
4	-30,6	125	-7,68	86,72
Total général	**-89,7**	**369**	**-44,28**	**235,02**

La colonne **Total général** correspond au bilan de chaque année, en milliers d'euros.
On lit dans le Total général de la colonne H que le montant de l'épargne est de − 44,28 milliers d'euros sur les 4 ans.

E2 : Avec le paramétrage ci-contre, on obtient le nouveau tableau croisé ci-dessous :

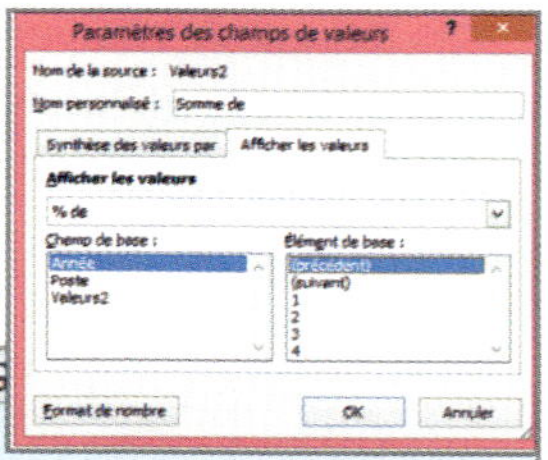

E	F	G		
Somme de	**Postes**			
Années	**Bénéfice**	**C.A.**	**Epargne**	**Total général**
1	100,00%	100,00%	100,00%	100,00%
2	140,00%	125,00%	80,00%	138,29%
3	130,10%	125,00%	80,00%	134,09%
4	120,00%	125,00%	80,00%	133,62%
Total général				

On observe que, d'une année sur l'autre, le chiffre d'affaires augmente de 25 %, que l'épargne baisse de 20 % et enfin que le bénéfice augmente mais de moins en moins vite (40 % puis 30 % et enfin 20 %).

9 **1. E1 :** On a reproduit le tableau des effectifs.

	A	B	C	D	E	F
1	Effectifs	A	B	C	D	Total
2	football	160	130	122	138	**550**
3	handball	68	75	49	58	**250**
4	Total	**228**	**205**	**171**	**196**	**800**

E2 : On détermine le tableau des fréquences par rapport à l'effectif total.

Fréquences	A	B	C	D	Total
football	0,2	0,1625	0,1525	0,1725	**0,6875**
handball	0,085	0,09375	0,06125	0,0725	**0,3125**
Total	**0,285**	**0,25625**	**0,21375**	**0,245**	**1**

On lit : la fréquence des jeunes joueurs de football du quartier B est 0,1625.

2.a) La probabilité cherchée est $\dfrac{130}{205} \approx 0{,}634$.

b) La probabilité cherchée est $\dfrac{130}{550} \approx 0{,}236$.

11 **a)** $P(\overline{F} \cap B)$ **b)** $P_B(F)$ **c)** $P_{\overline{F}}(B)$

14 **1.**

%	Cadre	Non Cadre	Total
Actionnaire	15	10	25
Non actionnaire	15	60	75
Total	30	70	100

2. a) $P(A \cap C) = 0{,}6 \times 0{,}25 = 0{,}15$.
$P(\overline{A} \cap C) = 0{,}2 \times 0{,}75 = 0{,}15$.

b) $P(C) = 0{,}3 = P(A \cap C) + P(\overline{A} \cap C)$.

3. $P_C(A) = \dfrac{\text{card}(A \cap C)}{\text{card}(A)} = \dfrac{15}{30} = 0{,}5$.

18 **1.** Avec un dé tétraédrique, la probabilité d'obtenir un numéro autre que 1 est $\dfrac{3}{4} = 0{,}75$.

2. a) La probabilité d'obtenir la liste **1-2-3** est :
$$\left(\frac{1}{4}\right)^3 = \frac{1}{64} \approx 0{,}016.$$

b) La probabilité d'obtenir **1-1-1** est égale à $\left(\dfrac{1}{4}\right)^3$ comme celle de **2-3-4**. Attention, on tient ici compte de l'ordre d'apparition des résultats.

19 **a)** Pour chacun des quatre chiffres du code, il y a 9 possibilités, soit au total $9^4 = 6\,561$ codes possibles.

b) La probabilité de taper le bon code au hasard est donc $\dfrac{1}{6561}$, soit environ 0,00015.

21 **a)** Si on ne remet pas le jeton dans l'urne, les probabilités pour le deuxième tirage sont différentes suivant la couleur du premier jeton tiré : donc les deux épreuves ne sont pas indépendantes.

b) Le succès a une probabilité égale à $\dfrac{3}{20}$, soit 0,15.
D'où l'arbre ci-contre pour lequel on note S le succès et E l'échec.

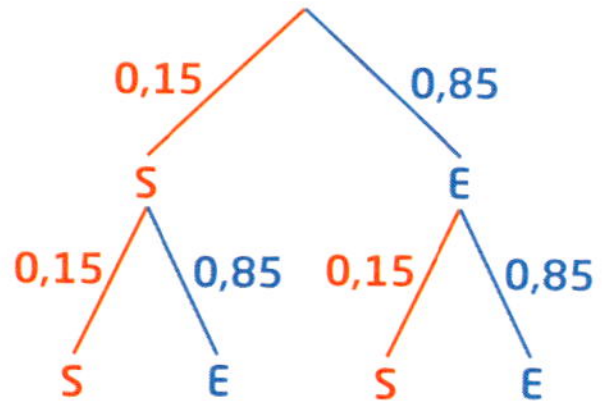

L'évènement contraire de l'évènement « avoir **au moins un** succès » est « avoir **aucun** succès » de probabilité $0{,}85^2 = 0{,}7225$. Donc la probabilité d'obtenir au moins un succès est $1 - 0{,}7225 = 0{,}2775$.

23 **a)** On construit un arbre de probabilités à 4 niveaux avec 0,9 sur les branches des succès et 0,1 sur les branches des échecs.

b) La probabilité que les 4 clients interrogés soient satisfaits est la probabilité du chemin **S-S-S-S** de l'arbre, soit $0{,}9 \times 0{,}9 \times 0{,}9 \times 0{,}9 = 0{,}9^4 = 0{,}6561$.

c) On utilise la probabilité de l'événement contraire : « **aucun** client est satisfait » de probabilité :

$$0{,}1^4 = 0{,}0001. \text{ Or } 1 - 0{,}0001 = 0{,}9999.$$

Donc la probabilité qu'**au moins un** client soit satisfait est presque égale à 1.

25 **1.** L'épreuve de Bernoulli répétée est le choix d'un client au hasard pour savoir s'il est intéressé ou non par les produits d'entretien.

Le succès a une probabilité de 0,2 , donc la loi de cette épreuve de Bernoulli est :

X	0 (échec)	1 (succès)
p	0,8	0,2

2. L'arbre est le même que celui de l'exercice **22**, avec 0,2 sur les branches S et 0,8 sur les branches E.

3. L'ordre d'apparition des échecs ne change pas le calcul donc les trois probabilités sont égales à :

$$P(\mathbf{S - S - E}) = 0{,}2 \times 0{,}2 \times 0{,}8 = 0{,}032$$

29 $E(Y) = 0 \times 0{,}01 + 1 \times 0{,}08 + 2 \times 0{,}22 + ... + 5 \times 0{,}08 = 3{,}01$.

Donc, si on considère un grand nombre de groupes de 5 véhicules, en moyenne, 3 conducteurs sur les 5 ne descendront pas de leur véhicule.

30 **E1 :** On reproduit le tableau demandé.

E2 : On saisit en **C2** `= NB.SI(B3:B102;1)/100`

ou `=SOMME(B3:B102)/100`

Dans l'échantillon obtenu dans l'énoncé, 78 % des administrés interrogés sont satisfaits des travaux entrepris. En recommençant plusieurs fois la simulation, on obtient quasiment jamais une fréquence de 0,7.

E3-E4 : On obtient 50 échantillons avec la fréquence de **1** dans chaque échantillon et le nuage suivant. Les fréquences de **1** observées sur ces 50 échantillons semblent être comprises entre 0,7 et 0,9.

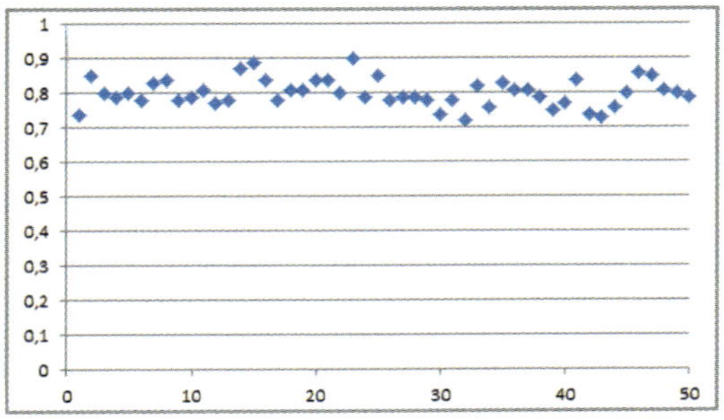

Exercices d'approfondissement

38 **1.** On répète 410 fois l'épreuve de Bernoulli consistant à choisir au hasard un spectateur ayant réservé, en vérifiant qu'il assiste bien au spectacle. Le succès correspond à l'évènement « Le spectateur assiste au spectacle » de probabilité $p = 0{,}97$.

2. On complète le script comme ci-dessous :

```
from random import random
def places_manquantes():
    spect=0
    for i in range(410):
        if random()<=0.97:
            spect=spect+1
    if spect>400 :
        return 1
    else:
        return 0
```

3. En répétant 10 000 fois la simulation, on peut estimer que la probabilite que plus de 400 personnes se présentent est de l'ordre de 0,21.

4. On peut visualiser à l'aide du nuage ci-dessous. On observe que les fréquences sont essentiellement comprises entre 0,18 et 0,24.

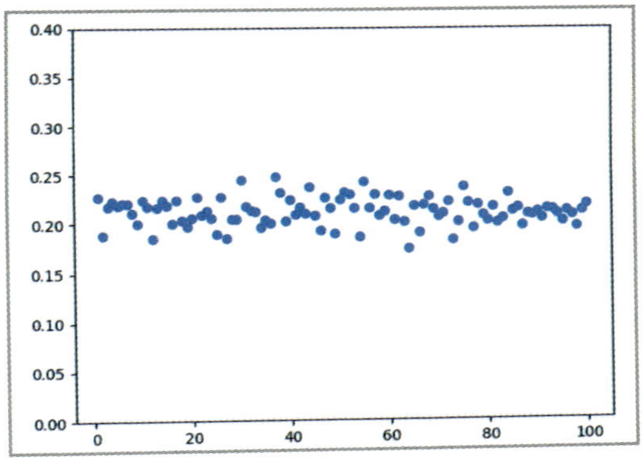

Corrigés

Chapitre 4 • Dérivation

Pour commencer

QCM1 a) Vrai.
Par exemple, la droite d_1 passe par les points de coordonnées (1 ; 1) et (2 ; 3).
Le coefficient directeur est égal à : $\frac{3-1}{2-1} = 2$.
b) et c) Faux, car le coefficient directeur est 2.

QCM2 b)Vrai
Par exemple, la droite d_1 passe par les points de coordonnées (0 ; 3) et (3 ; 2).
Le coefficient directeur est égal à : $\frac{2-3}{3-0} = \frac{-1}{3}$.
a) et c) Faux car le coefficient directeur est $\frac{-1}{3}$.

QCM3 b) Vrai
Le coefficient directeur est égal à : $\frac{-3-0}{-6-3} = \frac{1}{3}$.
a) et c) Faux car le coefficient directeur est $\frac{1}{3}$.

QCM4 a) Vrai. Si $y = ax + b$ est l'équation réduite d'une droite, alors le coefficient directeur est a. Donc ici $a = 4$.
b) et c) Faux car le coefficient directeur est 4.

QCM5 c) Vrai. En effet, si on remplace x par 0 dans l'équation de la droite, on trouve $y = 4 \times 0 - 2$, soit $y = -2$. Donc le point C(0 ; – 2) ∈ d.
a) Faux, si $x = 4$, on trouve $y = 14$ et donc $y \neq -2$. Donc le point A(4 ; – 2) ∉ d.
b) Faux, si $x = -2$, on trouve $y = -10$ et donc $y \neq 0$. Donc, le point B(– 2 ; 0) ∉ d.

QCM6 a) [0, 1, 2, 3]

QCM7 b) Vrai. En effet, le point B(2 ; 3) est un point de la représentation graphique de f, donc $f(2) = 3$.
a) Faux, le point de coordonnées (2 ; 0) n'est pas un point de la courbe.
c) Faux, le point de coordonnées (3 ; 2) n'est pas un point de la courbe.

S'évaluer

QCM1 a) Vrai, le taux de variation de la fonction f entre 1 et 2 est : $\frac{f(2)-f(1)}{2-1} = \frac{-1-0}{1} = -1$.
b) Vrai, le coefficient directeur de la tangente à la courbe au point d'abscisse 1 est égal à $\frac{-1}{2}$.
c) Faux, voir en b).

QCM2 c) Vrai, $f'(x) = 5 \times 3x^2 - 2 \times 2x + 1$; $f'(x) = 15x^2 - 4x + 1$.
a) et b) Faux, car $f'(x) = 15x^2 - 4x + 1$.

QCM3 a) Vrai. On sait que $f(2) = 5$ et $f'(2) = 1$. L'équation réduite de la tangente à la courbe de f au point d'abscisse 2 est :
$y = f'(2)(x-2) + f(2)$.
$y = 1(x-2) + 5 \Leftrightarrow y = x - 2 + 5 \Leftrightarrow y = x + 3$.
b) et c) Faux, d'après a).

QCM4 a) Vrai, $f'(-2)$ est le coefficient directeur de la tangente à la courbe au point d'abscisse -2.
$f'(-2) = 2$.
c) Vrai, la courbe et la droite sont tangentes au point d'abscisse -2. $y = 2 \times (-2) - 1$ est l'ordonnée de ce point. Donc, $f(-2) = -5$.
b) Faux, car $f'(-2) = 2$.

QCM5 a) Vrai, la fonction f est décroissante sur $[-5 ; 1]$. Donc, pour tout $x \in [-5 ; 1]$, $f'(x) \leqslant 0$, en particulier $f'(0) \leqslant 0$.
c) Vrai, la fonction f admet un minimum local en $x = 1$, donc $f'(1) = 0$.
b) Faux , on ne peut pas affirmer que $f'(3) = 0$. En effet, la fonction est croissante sur $[1 ; 5]$, donc pour tout $x \in [1 ; 5]$, $f'(x) \geqslant 0$, on peut seulement affirmer que $f'(3) \geqslant 0$.

Vrai ou faux

a) Faux, en effet la fonction est croissante, puis décroissante sur cet intervalle. La fonction dérivée n'est pas de signe constant.
b) Vrai, en effet la fonction est croissante sur cet intervalle. La fonction dérivée est alors positive.
c) Vrai, la courbe admet deux tangentes horizontales, donc l'équation $f'(x) = 0$ admet deux solutions, 1 et -1.

Exercices d'entraînement

7 E1 : On lit sur l'axe des ordonnées : $f(1) = 3$.
E2 : $\Delta x = 1$ et $\Delta y = 2$; donc :

$$f'(1) = \frac{\Delta y}{\Delta x} = \frac{2}{1} = 2.$$

8 **a)** A(1 ; –1) $\in \mathscr{C}$, donc $f(1) = -1$.
La tangente (d_1) à la courbe $\mathscr{C}$ au point A(1 ; –1) est horizontale. Donc $f'(1) = 0$.
b) B(2 ; 0) $\in \mathscr{C}$, donc $f(2) = 0$ et le coefficient directeur de (d_2) tangente à $\mathscr{C}$ en B(2 ; 0) est $f'(2) = 2$.

12 **E1 :** La dérivée de $x \mapsto x^2$ est $x \mapsto 2x$ et la dérivée de $x \mapsto x$ est $x \mapsto 1$.
E2 : On a $f(x) = 3x^2 - 3x + 1$.
D'où $f'(x) = 3 \times 2x + 2 \times 1 + 0 = 6x + 2$.

15 **a)** La dérivée de $x \mapsto x^3$ est $x \mapsto 3x^2$, donc :
$f'(x) = 3 \times 3x^2 - 3 \times 2x + 3 \times 1 = 9x^2 - 6x + 3$.
b) De même $g'(x) = -3x^2 - 2x + 5$.

22 **E1 :** Tracer de la courbe, comme ci-dessous.
E2 : $f'(x) = 2 \times 2x = 4x$; $f'(-1) = 4 \times (-1) = -4$
E3 : $f(-1) = 2$. L'équation réduite de la tangente à la courbe de f au point d'abscisse $a = -1$ est :
$y = -4(x+1) + 2$
$\Leftrightarrow y = -4x - 4 + 2$
$\Leftrightarrow y = -4x - 2$

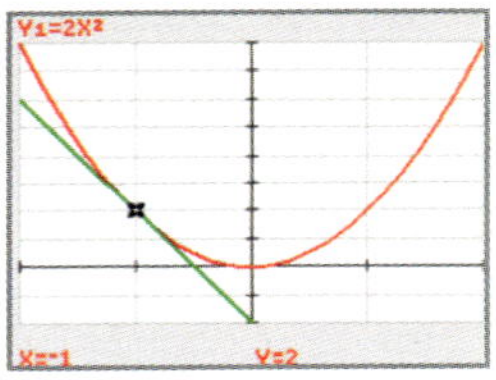

28 **1.** On lit $f'(0) = -2$ et on calcule $f(0) = 2$.
L'équation réduite de la tangente à la courbe de f au point d'abscisse $a = 0$ est :
$y = f'(0)(x - 0) + f(0)$. D'où $y = -2x + 2$.
2. On a $f(-1) = 1 - (-1) - (-1)^2 = 1$; $f'(-1) = 1$.
D'où l'équation réduite de la tangente :
$y = 1(x+1) + 1 \Leftrightarrow y = x + 1 + 1 \Leftrightarrow y = x + 2$.

31 On a f décroissante sur $[-7 ; -1]$ et sur $[2 ; 6]$, donc $f'(x) \leqslant 0$ pour tout $x \in [-7 ; -1] \cup [2 ; 6]$ et f est croissante sur $[-1 ; 2]$ donc $f'(x) \geqslant 0$ pour tout $x \in [-1 ; 2]$.

37 **E1 :** On a $f'(x) = 2x - 2 \times 1 + 0 = 2x - 2$.
E2 : $f'(x) = 0 \Leftrightarrow 2x - 2 = 0 \Leftrightarrow x = 1$. La dérivée f' est une fonction affine de coefficient directeur 2 (positif) et qui s'annule en 1. Ainsi
$f'(x) \leqslant 0$ pour $x \leqslant 1$, f décroissante sur $]-\infty ; 1]$
$f'(x) \geqslant 0$ pour $x \geqslant 1$, f croissante sur $[1 ; +\infty[$

x	$-\infty$		1		$+\infty$
$f'(x)$		$-$	0	$+$	
$f(x)$	↘		-5		↗

E3 : D'où le tableau de variations ci-contre, avec $f(1) = -5$.

41 **1.** On a $f'(x) = 3x^2 - 3 \times 2x - 45 \times 1 + 0$.
On réduit : d'où $f'(x) = 3x^2 - 6x - 45$.
On développe $3(x+3)(x-5) = (3x+9)(x-5)$
$= 3x^2 + 3x \times (-5) + 9x + 9 \times (-5)$
$= 3x^2 - 15x + 9x - 45 = 3x^2 - 6x - 45$.
On retrouve l'expression de $f'(x)$.
Donc $f'(x) = 3(x+3)(x-5)$.
2. Tableau de signes > *Automatisme 15*

x	-5		-3		5		7
$3(x+3)$		$-$	0	$+$		$+$	
$x - 5$		$-$		$-$	0	$+$	
$f'(x)$		$+$	0	$-$	0	$+$	

3. D'où le tableau de variations sur $[-5 ; 7]$

x	-5		-3		5		7
$f'(x)$		$+$	0	$-$	0	$+$	
$f(x)$	45	↗	101	↘	-155	↗	-99

Par calcul : $f(-5) = 45$; $f(-3) = 101$; $f(5) = -155$ et $f(7) - 99$

Exercices d'approfondissement

50 **1.** On lit **a)** $f(-3) = 0$; $f(-2) = 3$; $f(-1) = 4$ et $f(0) = 3$. **b)** $f'(-2) = 2$ et $f'(-1) = 0$.
c) Tableau des variations sur $[-4 ; 2]$

x	-4		-1		2
$f(x)$	-5	↗	4	↘	-5

d) Équation $f(x) = 0$: on lit $S = \{-3 ; 1\}$
2. a) Par calcul, on retrouve les valeurs de **1**.
b) $f'(x) = -2x - 2$. $f'(-2) = 2$ et $f'(-1) = 0$.
c) $f'(x) \geqslant 0 \Leftrightarrow -2x - 2 \geqslant 0 \Leftrightarrow x \leqslant -1$.
Donc f est croissante sur $[-4 ; -1]$ et f est décroissante sur $[-1 ; 2]$.
d) On développe : $(x+3)(-x+1)$
$= -x^2 + x - 3x + 3 = -x^2 - 2x + 3 = f(x)$.
Donc $f(x) = (x+3)(-x+1)$.
On résout $f(x) = 0 \Leftrightarrow (x+3)(-x+1) = 0$
$\Leftrightarrow x = -3$ ou $x = 1$. D'où $S = \{-3 ; 1\}$

Corrigés

Chapitre 5 • Trigonométrie

Pour commencer

QCM1 a) Vrai, AOB rectangle isocèle, les angles aigus mesurent 45° ; b) Faux ; c) Vrai.

QCM2 a) Vrai, $\cos(45°) = \frac{\sqrt{2}}{2} = \frac{1 \times \sqrt{2}}{\sqrt{2} \times \sqrt{2}} = \frac{1}{\sqrt{2}}$;
b) Vrai ; c) Faux.

QCM3 a) et b) Vrai. Dans un triangle rectangle, $\cos^2(\alpha) + \sin^2(\alpha) = 1$; c) Vrai .

$\cos^2(60°)+\sin^2(60°)=\left(\frac{1}{2}\right)^2+\left(\frac{\sqrt{3}}{2}\right)^2=\frac{1}{4}+\frac{3}{4}=1$.

QCM4 a) Vrai. Le périmètre du cercle fait $2\pi r$, donc un demi-périmètre fait πr ;
b) Faux, c'est l'aire du cercle ;
c) Vrai, $3\ \widehat{AC} = 3 \times \frac{2\pi r}{6} = \pi r$.

QCM5 a) Vrai : $f(-x) = (-x)^2 + 2 = x^2 + 2 = f(x)$;
b) Faux $g(-x) = -x - x^2$;
c) Faux $h(-x) = -h(x)$: h impaire.

QCM6 a) Faux, $IJ = \frac{\sqrt{3}}{2}$;

b) Vrai : $\cos(\widehat{IGH}) = \cos(60°) = \frac{1}{2}$;

c) Vrai : $\sin(\widehat{JHI}) = \sin(60°) = \frac{\sqrt{3}}{2}$.

S'évaluer

QCM1 a) et b) Vrai : $155 \times \frac{\pi}{180} = \frac{155\pi}{180} = \frac{31\pi}{36}$;
c) Faux.

QCM2 a) et b) Faux ; c) Vrai $-\frac{107\pi}{3} = -36\pi + \frac{\pi}{3}$.

QCM3 a) et c) Vrai,

$\cos\left(\frac{5\pi}{3}\right) = \cos\left(2\pi - \frac{\pi}{3}\right) = \cos\left(-\frac{\pi}{3}\right) = \cos\left(\frac{\pi}{3}\right) = \frac{1}{2}$;
b) Faux.

Vrai ou faux 1 a) Faux, la symétrie est par rapport à l'origine du repère ;
b) Vrai ;
c) Vrai, $\cos\left(x - \frac{\pi}{2}\right) = \sin(x)$.

QCM4 a) Faux ; b) Vrai ; c) Vrai.

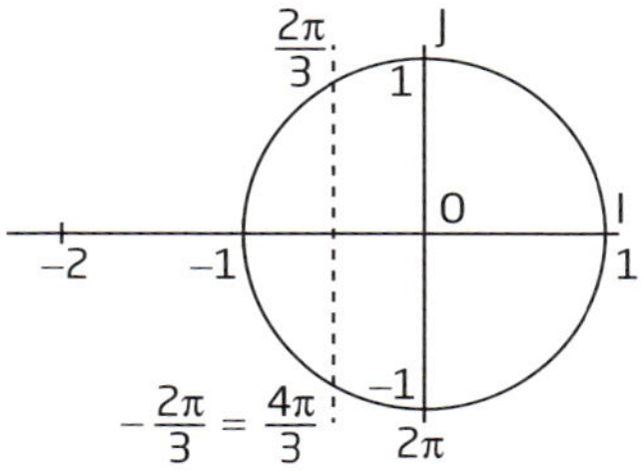

Vrai ou faux 2 a) Vrai ; b) Faux : A = 2 ; c) Faux
$f(0) = 2\sin(\varphi) = 1$ donc $\sin(\varphi) = \frac{1}{2}$ d'où $\varphi = \frac{\pi}{6}$;

d) Vrai :

$2\cos\left(3x - \frac{\pi}{3}\right)$

$= 2\sin\left(3x - \frac{\pi}{3} + \frac{\pi}{2}\right)$

$= 2\sin\left(3x + \frac{\pi}{6}\right) = f(x)$.

Exercices d'entraînement

1

$\frac{3\pi}{5}$	$\frac{2\pi}{3}$	$\frac{3\pi}{4}$	$\frac{5\pi}{12}$	$\frac{\pi}{16}$	1	$\frac{11\pi}{120}$
108	120	135	75	11,25	$\frac{180}{\pi}$	16,5

2

36	15	240	270	720	105	1
$\frac{\pi}{5}$	$\frac{\pi}{12}$	$\frac{4\pi}{3}$	$\frac{3\pi}{2}$	4π	$\frac{7\pi}{12}$	$\frac{\pi}{180}$

9 E1 : Un secteur angulaire a pour mesure $\frac{2\pi}{5}$.

E2 :

I	A	B	C	D
0	$\frac{2\pi}{5}$	$\frac{4\pi}{5}$	$\frac{6\pi}{5}$ ou $-\frac{4\pi}{5}$	$\frac{8\pi}{5}$ ou $-\frac{2\pi}{5}$

10

$(\overrightarrow{OI},\overrightarrow{OM})$ en degrés	$(\overrightarrow{OI},\overrightarrow{OM})$ en radians	Position de M
180	π	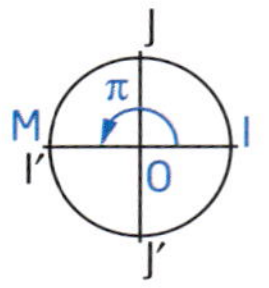
– 60	$-\frac{\pi}{3}$	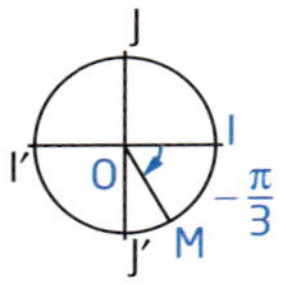
135	$\frac{3\pi}{4}$	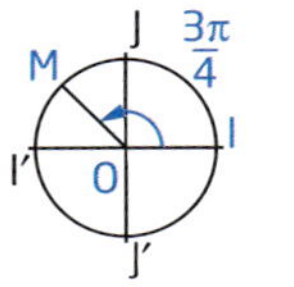
45	$\frac{\pi}{4}$	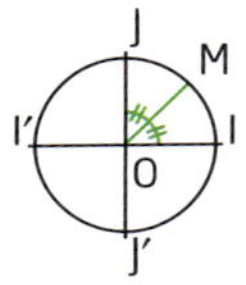
240	$\frac{4\pi}{3}$	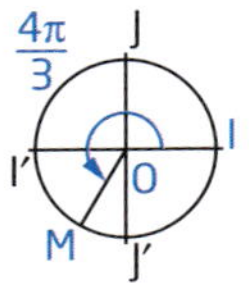

13 a) **E1 :** $\alpha = -\frac{\pi}{2}$ et $\alpha = \frac{\pi}{2}$; **E2 :** α et β ne sont pas deux mesures d'un même angle orienté.

b) **E1 :** $\alpha = \frac{2\pi}{3}$ et $\beta = \frac{2\pi}{3}$ **E2 :** α et β sont deux mesures d'un même angle orienté.

c) **E1 :** $\alpha = \frac{3\pi}{4}$ et $\beta = \frac{3\pi}{4}$ **E2 :** α et β sont deux mesures d'un même angle orienté.

d) **E1 :** $\alpha = \frac{\pi}{5}$ et $\beta = \frac{2\pi}{5}$ **E2 :** α et β ne sont pas deux mesures d'un même angle orienté.

17

a)	$(\overrightarrow{OI},\overrightarrow{OM}) = \frac{4\pi}{20} = \frac{\pi}{5}$	$\frac{21\pi}{5} = \frac{\pi}{5} + 4\pi$	Vrai
b)	$(\overrightarrow{OI},\overrightarrow{ON}) = \frac{12\pi}{20} = \frac{3\pi}{5}$	$-\frac{27\pi}{5} = \frac{3\pi}{5} - 6\pi$	Vrai
c)	$(\overrightarrow{OI},\overrightarrow{OP}) = -\frac{14\pi}{20} = -\frac{7\pi}{10}$	$\frac{91\pi}{10} = -\frac{9\pi}{10} + 10\pi$	Faux
d)	$(\overrightarrow{OI},\overrightarrow{OQ}) = -\frac{6\pi}{20} = -\frac{3\pi}{10}$	$\frac{57\pi}{10} = -\frac{3\pi}{10} + 6\pi$	Vrai
e)	$(\overrightarrow{OI},\overrightarrow{OP}) = -\frac{7\pi}{10}$	$\pi + (\overrightarrow{OI},\overrightarrow{OM}) = -\frac{4\pi}{5}$	Faux
f)	$(\overrightarrow{OM},\overrightarrow{ON}) = \frac{8\pi}{20} = \frac{2\pi}{5}$	$\frac{112\pi}{5} = \frac{2\pi}{5} + 22\pi$	Vrai
g)	$(\overrightarrow{OP},\overrightarrow{OQ}) = \frac{8\pi}{20} = \frac{2\pi}{5}$	$-\frac{72\pi}{5} = -\frac{2\pi}{5} + 14\pi$	Faux

21 **E1 :** Il s'agit d'une subdivision de $[-\pi ; \pi]$

$h = 0 : -\pi + 0 \times 0{,}001 \times 2\pi = -\pi$

$h = 1000 : -\pi + 1000 \times 0{,}001 \times 2\pi = \pi$

E2 : Ligne 6 : les points de coordonnées $(\cos(t) ; \sin(t))$ sont des points du cercle trigonométrique.

L'ensemble ainsi décrit est le cercle trigonométrique.

23 **E1 :** $M(\cos(x) ; \sin(x))$.

E2 : $(\overrightarrow{OI},\overrightarrow{OM_1}) = \pi - x$

$(\overrightarrow{OI},\overrightarrow{OM_2}) = \pi + x$

$(\overrightarrow{OI},\overrightarrow{OM_3}) = -x$

E3 : $M_1(\cos(\pi - x) ; \sin(\pi - x))$

$M_1(-\cos(x) ; \sin(x))$

$M_2(\cos(\pi + x) ; \sin(\pi + x))$

$M_2(-\cos(x) ; -\sin(x))$

$M_3(\cos(-x) ; \sin(-x))$

$M_3(\cos(x) ; -\sin(x))$.

D'où les égalités :

$\cos(\pi - x) = -\cos(x)$; $\sin(\pi - x) = \sin(x)$

$\cos(\pi + x) = -\cos(x)$; $\sin(\pi + x) = -\sin(x)$

$\cos(-x) = \cos(x)$; $\sin(-x) = -\sin(x)$.

Corrigés

E4 : $(\overrightarrow{OI},\overrightarrow{OM_1}) = \frac{\pi}{2} - x$

$(\overrightarrow{OI},\overrightarrow{OM_2}) = \frac{\pi}{2} + x$

$M_1\left(\cos\left(\frac{\pi}{2} - x\right) ; \sin\left(\frac{\pi}{2} - x\right)\right)$

$M_1(\sin(x) ; \cos(x))$

$M_2\left(\cos\left(\frac{\pi}{2} + x\right) ; \sin\left(\frac{\pi}{2} + x\right)\right)$

$M_2(-\sin(x) ; \cos(x))$

28 E1 : $\sin^2(x) = 1 - 0{,}8^2 = 1 - 0{,}64 = 0{,}36$

E2 : $\sin(x) = 0{,}6$ ou $\sin(x) = -0{,}6$

E3 : on a $\sin(x) = 0{,}6$

E4 : on a $\sin(x) = -0{,}6$

32 E1 :

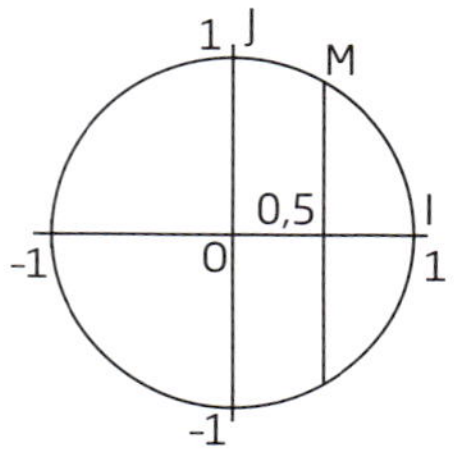

E2 : $(\overrightarrow{OI},\overrightarrow{OM}) = \frac{\pi}{3}$

E3 : $\cos(-x) = \cos(x)$ donc $x = \frac{\pi}{3}$ ou $x = -\frac{\pi}{3}$

Dans $[0 ; 2\pi[$: $x = \frac{\pi}{3}$ ou $x = -\frac{\pi}{3} + 2\pi = \frac{5\pi}{3}$

Dans $\mathbb{R}$: $x = \frac{\pi}{3} + 2k\pi, k \in \mathbb{Z}$ ou $x = -\frac{\pi}{3} + 2k\pi, k \in \mathbb{Z}$

a) $(\overrightarrow{OI},\overrightarrow{OM}) = \frac{\pi}{3}$

$\sin(\pi - x) = \sin(x)$

donc $x = \frac{\pi}{3}$

ou $x = \pi - \frac{\pi}{3} = \frac{2\pi}{3}$

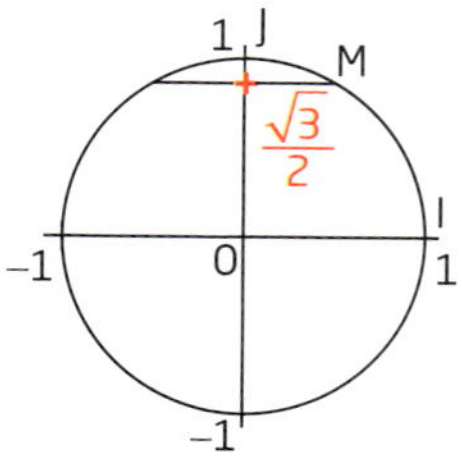

b) Dans $[0 ; 2\pi[$: $x = \frac{\pi}{3}$

ou $x = \frac{2\pi}{3}$

c) Dans $\mathbb{R}$: $x = \frac{\pi}{3} + 2k\pi, k \in \mathbb{Z}$ ou $x = \frac{2\pi}{3} + 2k\pi,$ $k \in \mathbb{Z}$

36 E1 : $\cos^{-1}(0{,}7) \approx 0{,}795$

E2 : Dans $[-\pi ; 0]$:

$x \approx -0{,}795$

E3 : $x \approx 0{,}795$ ou

$x \approx -0{,}795$

E4 : $\sin^{-1}(x) \approx 0{,}305$

E5 : $x \approx \pi - 0{,}305 \approx 2{,}837$

E6 : $x \approx 0{,}305$ ou $x \approx 2{,}837$

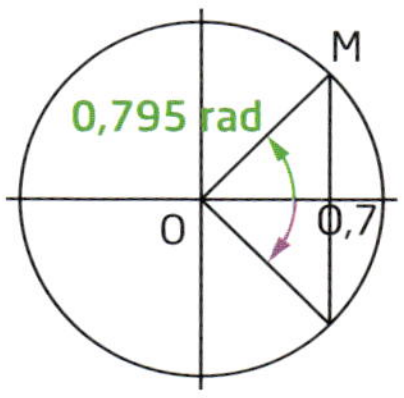

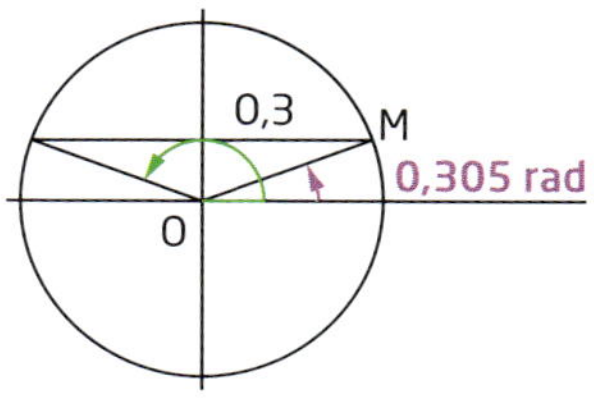

41 E1 : l'amplitude est 5.

E2 : $2 = \frac{2\pi}{T}$, $T = \frac{2\pi}{2}$, $T = \pi$

E3 : $\varphi = \frac{\pi}{3}$

Pour $g(t)$: amplitude 3

$\frac{1}{5} = \frac{2\pi}{T}$, $T = 5 \times 2\pi$, $T = 10\pi$ et $\varphi = -\frac{\pi}{4}$

Exercices d'approfondissement

46 **1.a)** $v(5) = 9{,}81 \times 5 \times \sin\left(\frac{\pi}{9}\right)$

$= 49{,}05 \sin\left(\frac{\pi}{9}\right) \approx 16{,}77$ m/s

b) $v(t) = t \times 9{,}81 \sin\left(\frac{\pi}{9}\right)$

$v(t)$ est une fonction linéaire du temps, donc la vitesse du skieur est proportionnelle au temps.

c) $9{,}81\sin\left(\frac{\pi}{9}\right) \geqslant 0$ donc v est une fonction croissante.

2.a)

α	$\frac{\pi}{18}$	$\frac{\pi}{9}$	$\frac{\pi}{6}$	$\frac{\pi}{4}$	$\frac{5\pi}{18}$	$\frac{\pi}{3}$
$v(5)$	8,52	16,78	25,525	34,68	37,57	42,48

b) $\frac{\pi}{18} \times 9{,}81 \times 5 \times \sin\left(\frac{\pi}{9}\right) \approx 2{,}93$

$\frac{\pi}{9} \times 9{,}81 \times 5 \times \sin\left(\frac{\pi}{18}\right) \approx 2{,}97$

Donc le tableau du **2.a)** n'est pas un tableau de proportionnalité, la vitesse du skieur après 5 s n'est pas proportionnelle à α.
On aurait pu aussi remarquer, par exemple, que $\frac{\pi}{3} = 2 \times \frac{\pi}{6}$, alors que 42,48 est très différent de $2 \times 34{,}68$ (test du double).

49 **a)** La figure n'est pas réalisable lorsque M(0 ; 2) car, dans ce cas, T et (AB) sont parallèles, donc P n'existe pas.

b)

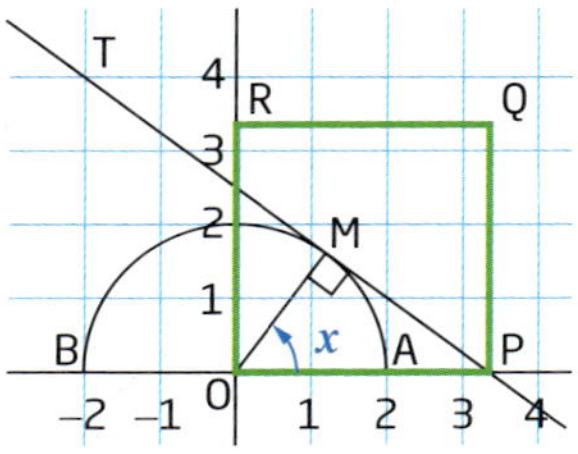

c) T est la tangente à $\mathscr{C}$ en M, donc T est perpendiculaire à (OM).
Dans OMP rectangle en M, on a :

$$\cos(\overrightarrow{OP},\overrightarrow{OM}) = \frac{OM}{OP} = \frac{2}{OP}$$

$$\cos(\overrightarrow{OP},\overrightarrow{OM}) = \cos(\overrightarrow{OA},\overrightarrow{OM}) = \cos\left(\frac{\pi}{6}\right) = \frac{\sqrt{3}}{2}$$

Donc $\frac{\sqrt{3}}{2} = \frac{2}{OP} \Leftrightarrow OP = \frac{4}{\sqrt{3}}$

L'aire OPQR est $\left(\frac{4}{\sqrt{3}}\right)^2 = \frac{16}{3}$.

d) $\cos(x) = \cos(\overrightarrow{OP},\overrightarrow{OM}) = \frac{OM}{OP} = \frac{2}{OP}$

Donc $OP = \frac{2}{\cos(x)}$

L'aire de OPQR est $OP^2 = \frac{4}{\cos^2(x)}$

L'ensemble de définition est $\left[0\,;\frac{\pi}{2}\right[\cup \left]\frac{\pi}{2};\pi\right]$.

e) Avec le logiciel de géométrie dynamique, on conjecture $x = \frac{\pi}{3}$ ou $x = \frac{2\pi}{3}$.

$\frac{4}{\cos^2(x)} = 16$ donc $\cos^2(x) = \frac{1}{4}$.

Ainsi $\cos(x) = \frac{1}{2}$ ou $\cos(x) = -\frac{1}{2}$.

Comme $x \in \left[0\,;\frac{\pi}{2}\right[\cup \left]\frac{\pi}{2}\,;\pi\right]$,

alors $x = \frac{\pi}{3}$ ou $x = \frac{2\pi}{3}$.

Chapitre 6 • Produit scalaire

Pour commencer

Dans les QCM ci-dessous, on ne donne que les propositions vraies.

QCM1 **c)** $(-3\,;2)$

QCM2 **c)** $2\sqrt{5}$ car $\vec{v}\,(4\,;2)$ donc :

$$\|\vec{v}\| = \sqrt{4^2+2^2} = \sqrt{20} = 2\sqrt{5}$$

QCM3 **a)** $(4\,;-1)$ car $\vec{v}\,(4\,;2)$ et $\vec{w}(0\,;-3)$ donc :

$$\vec{u}+\vec{v}\,(4+0\,;2+(-3))$$

QCM4 **b)** $\cos(-x) = \cos(x)$ et
d) $\cos(x) = \sin\left(\frac{\pi}{2} - x\right)$

QCM5 **b)** $\overrightarrow{AB} + \overrightarrow{AD} = \overrightarrow{AC}$ et **c)** $\overrightarrow{BD} = \overrightarrow{AD} - \overrightarrow{AB}$
et **d)** $\overrightarrow{AC} + \overrightarrow{BD} = 2\,\overrightarrow{AD}$

$$\overrightarrow{AB} + \overrightarrow{AD} = \overrightarrow{AB} + \overrightarrow{BC} = \overrightarrow{AC}$$

$$\overrightarrow{AD} - \overrightarrow{AB} = \overrightarrow{AD} + \overrightarrow{BA} = \overrightarrow{BA} + \overrightarrow{AD} = \overrightarrow{BD}$$

En notant I le milieu des diagonales :

$$2\,\overrightarrow{AD} = 2\,(\overrightarrow{AI} + \overrightarrow{ID}) = 2\,\overrightarrow{AI} + 2\,\overrightarrow{ID} = \overrightarrow{AC} + \overrightarrow{BD}$$

QCM6 **c)** $BC = \sqrt{13}$ et **d)** $\widehat{ABC} = 90°$ car :

$\overrightarrow{BC}(2\,;3)$ donc $BC = \|\overrightarrow{BC}\| = \sqrt{2^2+3^2} = \sqrt{13}$

De même, on a : $AB = \sqrt{13}$ et $AC = \sqrt{26}$.

Comme $AC^2 = AB^2 + BC^2$, d'après la réciproque du théorème de Pythagore, le triangle ABC est rectangle en B.

S'évaluer

QCM1 **c)** 15

$$\overrightarrow{BA}\cdot\overrightarrow{BC} = BA \times BC \times \cos(\widehat{ABC}) = 5 \times 2\sqrt{3}\,\cos(30)$$
$$= 5 \times 2\sqrt{3} \times \frac{\sqrt{3}}{2}$$

Vrai ou faux

a) Faux ; **b)** Vrai ; **c)** Faux ; **d)** Vrai.

QCM2 **b)** $\overrightarrow{AC}\cdot\vec{u} = \overrightarrow{BC}\cdot\vec{u}$ et **c)** $\overrightarrow{AC}\cdot\vec{i} = AC \times \frac{\sqrt{3}}{2}$ car :

- les vecteurs $\overrightarrow{AC}$ et $\overrightarrow{AB}$ ont le même projeté orthogonal sur une droite dirigée par $\vec{u}$;
- $\overrightarrow{AC}\cdot\vec{i} = \|\overrightarrow{AC}\| \times \|\vec{i}\| \times \cos(\vec{i},\overrightarrow{AC}) = AC \times 1 \times \frac{\sqrt{3}}{2}$

Corrigés

QCM3 b) BC = 5 et d) $\widehat{BAC} \approx 38°$ car :
$\overrightarrow{AB}\,(5\,;3)$, $\overrightarrow{BC}\,(3\,;-4)$ et $\overrightarrow{AC}\,(8\,;-1)$
donc $BC = \sqrt{3^2+(-4)^2} = \sqrt{25}$
Comme le repère est orthonormé :
$\overrightarrow{AB} \cdot \overrightarrow{AC} = 5 \times 8 + 3 \times (-1) = 37$
$$\widehat{BAC} = \cos^{-1}\left(\frac{\overrightarrow{AB} \cdot \overrightarrow{AC}}{AB \times AC}\right) = \cos^{-1}\left(\frac{37}{\sqrt{34}\sqrt{65}}\right)$$
Et donc : $\widehat{BAC} \approx 38°$

QCM4 c) $c \approx 4{,}4$ car, d'après le théorème d'Al Kashi,
$c^2 = a^2 + b^2 - 2\,a\,b\cos\widehat{C}$
$= 5^2 + 3^2 - 2 \times 5 \times 6 \times \cos 60 = 19$
Donc : $c = \sqrt{19} \approx 4{,}4$.

QCM5 b) $\cos\widehat{C} = \frac{1}{8}$; c) $\cos\widehat{B} = \frac{9}{16}$; d) $\widehat{C} \approx 83°$
D'après le théorème d'Al Kashi, pour $a \neq 0$ et $c \neq 0$:
$c^2 = a^2 + b^2 - 2\,a\,b\cos\widehat{C} \Leftrightarrow \cos\widehat{C} = \frac{a^2+b^2-c^2}{2\,a\,b}$
Et donc : $\cos\widehat{C} = \frac{4^2+5^5-6^2}{2 \times 4 \times 5} = \frac{5}{40} = \frac{1}{8}$,
soit $\widehat{C} \approx 83°$.
De la même façon :
$$\cos\widehat{B} = \frac{a^2+c^2-b^2}{2\,a\,c} = \frac{27}{48} = \frac{9}{16}.$$

QCM6 a) $BD = \sqrt{10}$ et b) $\widehat{ABC} \approx 104°$.
L'égalité du parallélogramme donne :
$BD^2 + AC^2 = 2\,AB^2 + 2\,BC^2$ et ainsi :
$BD^2 = 2 \times 3^2 + 2 \times 2^2 - 4^2 = 10$ donc $BD = \sqrt{10}$.
Le théorème d'Al Kashi donne :
$$\cos\widehat{B} = \frac{a^2+c^2-b^2}{2\,a\,c} = \frac{-3}{12} = \frac{-1}{8}$$

Exercices d'entraînement

1 $\vec{u}\cdot\vec{v} = \|\vec{u}\| \times \|\vec{v}\| \times \cos(\vec{u}, \vec{v}) = 3 \times 4 \times \frac{1}{2} = 6$

5 $\vec{u}\cdot\vec{v} = \|\vec{u}\| \times \|\vec{v}\| \times \cos(\vec{u}, \vec{v}) = \frac{1}{2} \times 3\sqrt{2} \times \frac{-\sqrt{2}}{2}$
$= -1{,}5$

6 a) $\overrightarrow{AB}\cdot\overrightarrow{AC} = 6 \times 6 \times \cos(60°) = 18$
b) $\overrightarrow{AB}\cdot\overrightarrow{AI} = 6 \times 3 \times \cos(0) = 18$
c) $\overrightarrow{IA}\cdot\overrightarrow{IB} = 3 \times 3 \times \cos(180°) = -9$
d) $\overrightarrow{AB}\cdot\overrightarrow{IC} = 0$ (vecteurs orthogonaux)

8 $W_{\vec{F}} = \vec{F}\cdot\overrightarrow{AB} = \|\vec{F}\| \times \|\overrightarrow{AB}\| \times \cos\left(\widehat{\vec{F}, \overrightarrow{AB}}\right)$ donc :
$W_{\vec{F}} = 200 \times 50 \times \cos(25°) \approx 9063$ N.

9 $\vec{F_1}\cdot\overrightarrow{AB} = F_1 \times AB \times \cos\left(\widehat{\vec{F_1}, \overrightarrow{AB}}\right)$
$= 5 \times 75 \times \cos(160°) \approx -352$ N.
$\vec{F_2}\cdot\overrightarrow{AB} = F_2 \times AB \times \cos\left(\widehat{\vec{F_2}, \overrightarrow{AB}}\right)$
$= 2{,}7 \times 75 \times \cos(20°) \approx 190$ N.
$\vec{F_3}\cdot\overrightarrow{AB} = F_3 \times AB \times \cos\left(\widehat{\vec{F_3}, \overrightarrow{AB}}\right)$
$= 6 \times 75 \times \cos(180°) \approx -450$ N.

11 a) $\|\vec{u}\| = \sqrt{2^2+5^2} = \sqrt{29}$;
$\|\vec{v}\| = \sqrt{3^2+(-1)^2} = \sqrt{10}$;
$\vec{u}\cdot\vec{v} = 2 \times 3 + 5 \times (-1) = 6 - 5 = 1$.
b) $\|\vec{u}\| = \sqrt{10}$; $\|\vec{v}\| = \sqrt{8} = 2\sqrt{2}$; $\vec{u}\cdot\vec{v} = 8$.
c) $\|\vec{u}\| = \frac{\sqrt{226}}{3}$; $\|\vec{v}\| = \frac{\sqrt{145}}{2}$; $\vec{u}\cdot\vec{v} = 4{,}5$.
d) $\|\vec{u}\| = 3$; $\|\vec{v}\| = \sqrt{365}$; $\vec{u}\cdot\vec{v} = -6$.

12 a) $\overrightarrow{AB}(-4\,;4)$, $\overrightarrow{AC}(-5\,;2)$
Comme le repère est orthonormé :
$\overrightarrow{AB}\cdot\overrightarrow{AC} = -4 \times (-5) + 4 \times 2 = 28$
b) $\overrightarrow{BA}(4\,;-4)$, $\overrightarrow{BC}(-1\,;-2)$
Comme le repère est orthonormé :
$\overrightarrow{BA}\cdot\overrightarrow{BC} = 4 \times (-1) + (-4) \times (-2) = 4$

13 Pour cet exercice, on pourra consulter l'**atelier 2** pour la détermination de la nature de l'angle.
a) $\overrightarrow{AB}\cdot\overrightarrow{AC} = 14 > 0$ donc $\widehat{BAC}$ est aigu.
b) $\overrightarrow{AB}\cdot\overrightarrow{AC} = 0$ donc $\widehat{BAC}$ est droit.
c) $\overrightarrow{AB}\cdot\overrightarrow{AC} = -24 < 0$ donc $\widehat{BAC}$ est obtus.
d) $\overrightarrow{AB}\cdot\overrightarrow{AC} = -5 < 0$ donc $\widehat{BAC}$ est obtus.

18 Les droites $\mathscr{D}$ et $\mathscr{D}'$ d'équations respectives $y = -3x + 5$ et $y = \frac{1}{3}x - 2$ sont-elles perpendiculaires ?

E1 : A $\in \mathscr{D}$ donc $y_A = -3x_A + 5 = -3 \times 0 + 5 = 5$.
A(0 ; 5)
B $\in \mathscr{D}$ donc $y_B = -3x_B + 5 = -3 \times (-1) + 5 = 8$.
B(–1 ; 8)

E2 : M $\in \mathscr{D}'$ donc $y_M = \frac{1}{3}x_M - 2 = \frac{1}{3} \times 0 - 2 = -2$.
M(0 ; – 2)
N $\in \mathscr{D}'$ donc $y_N = \frac{1}{3}x_N - 2 = \frac{1}{3} \times 6 - 2 = 0$. N(6 ; 0)

E3 : $\overrightarrow{AB}(-1;3)$; $\overrightarrow{MN}(6;2)$
Comme le repère est orthonormé :
$\overrightarrow{AB} \cdot \overrightarrow{MN} = -1 \times 6 + 3 \times 2 = 0$

E4 : Comme les vecteurs $\overrightarrow{AB}$ et $\overrightarrow{MN}$ sont orthogonaux (et non nuls) et qu'ils dirigent respectivement les droites $\mathscr{D}$ et $\mathscr{D}'$, alors ces droites sont bien perpendiculaires.

24 **a)** $AB^2 = 29$; $AC^2 = 145$; $BC^2 = 116$.
On a $AC^2 = AB^2 + BC^2$ donc le triangle ABC est rectangle en B d'après la réciproque du théorème de Pythagore.

b) Le triangle étant rectangle en B : $\widehat{ABC} = 90°$

$$\cos(\widehat{BAC}) = \frac{\overrightarrow{AB} \cdot \overrightarrow{AC}}{AB \times AC} = \frac{29}{\sqrt{29} \times \sqrt{145}}$$

donc $\widehat{BAC} = \cos^{-1}\left(\frac{29}{\sqrt{29} \times \sqrt{145}}\right) \approx 63°$

La somme des angles dans un triangle nous permet de conclure pour l'angle $\widehat{ACB}$: $\widehat{ACB} \approx 27°$.

26 **Indication**
Poser M(5 ; y) et traduire le fait que ABM soit rectangle en M à l'aide du produit scalaire.
Résoudre l'équation d'inconnue y obtenue.

29 **a)** $\overrightarrow{AB} \cdot \overrightarrow{AC} = 4$ (par projection orthogonale de $\overrightarrow{AC}$ sur (AB))

b) $\overrightarrow{AB} \cdot \overrightarrow{CD} = 16$

c) $\overrightarrow{AB} \cdot \overrightarrow{AE} = -8$

d) $\overrightarrow{AB} \cdot \overrightarrow{AG} = 0$

e) $\overrightarrow{AE} \cdot \overrightarrow{AG} = 2$ (par projection orthogonale de $\overrightarrow{AE}$ sur (AG))

f) $\overrightarrow{AB} \cdot \overrightarrow{AD} = 20$ par projection orthogonale de $\overrightarrow{AD}$ sur (AB) ou en développant $\overrightarrow{AB} \cdot (\overrightarrow{AC} + \overrightarrow{CD})$

32 **E2 :** $\vec{u}(2;-2)$ $\vec{v}(3;1)$
E3 : Comme le repère est orthonormé :
$\vec{u} \cdot \vec{v} = 2 \times 3 + (-2) \times 1 = 4$
$\|\vec{u}\| = \sqrt{2^2 + (-2)^2} = 2\sqrt{2}$ et $\|\vec{v}\| = \sqrt{10}$
E4 : Comme $\vec{u}$ et $\vec{v}$ ne sont pas nuls :

$$\cos(\vec{u}, \vec{v}) = \frac{\vec{u} \cdot \vec{v}}{\|\vec{u}\| \times \|\vec{v}\|} = \frac{4}{2\sqrt{2} \times \sqrt{10}} = \frac{\sqrt{5}}{5}$$

E5 : $\widehat{BAC} = (\widehat{\overrightarrow{AB}, \overrightarrow{AC}}) = \cos^{-1}\left(\frac{\sqrt{5}}{5}\right) \approx 1{,}11 \text{ rad} \approx 63°$

33 **a)** $\vec{u} \cdot \vec{v} = -1$; $\|\vec{u}\| = \sqrt{5}$; $\|\vec{v}\| = \sqrt{10}$
$(\widehat{\vec{u}, \vec{v}}) \approx 1{,}71$ rad

b) $\vec{u} \cdot \vec{v} = -5$; $\|\vec{u}\| = \sqrt{5}$; $\|\vec{v}\| = \sqrt{10}$
$(\widehat{\vec{u}, \vec{v}}) = \frac{3\pi}{4}$ rad

c) $\vec{u} \cdot \vec{v} = 0$; $\|\vec{u}\| = 2\sqrt{10}$; $\|\vec{v}\| = 3\sqrt{10}$
$(\widehat{\vec{u}, \vec{v}}) = \frac{\pi}{2}$ rad

35 $\widehat{AIC} = (\widehat{\overrightarrow{IA}, \overrightarrow{IC}}) = (\widehat{\overrightarrow{BA}, \overrightarrow{DC}}) = \cos^{-1}\left(\frac{\overrightarrow{BA} \cdot \overrightarrow{DC}}{BA \times DC}\right)$
$\widehat{AIC} \approx 83{,}7°$

37 **a)** D'après le théorème d'Al Kashi :
$BC^2 = AB^2 + AC^2 - 2 \times AB \times AC \times \cos(\widehat{BAC}) = 384$
$BC = \sqrt{384} = 8\sqrt{6}$.

b) D'après le théorème d'Al Kashi :
$AC^2 = AB^2 + BC^2 - 2 \times AB \times BC \times \cos(\widehat{ABC})$
$= 13 - 6\sqrt{2}$
$AC = \sqrt{13 - 6\sqrt{2}}$.

c) D'après le théorème d'Al Kashi :
$AB^2 = AC^2 + BC^2 - 2 \times AC \times BC \times \cos(\widehat{ACB}) \approx 1{,}704$
$AB \approx 1{,}3$

d) $BC = \sqrt{3}$.

Corrigés

38 **b)** D'après le théorème d'Al Kashi, $BC^2 = 74 - 35\sqrt{3}$

$BC = \sqrt{74 - 35\sqrt{3}}$

c) D'après le théorème d'Al Kashi

$\cos\widehat{C} = \dfrac{BC^2 + AC^2 - AB^2}{2 \times BC \times AC}$

Donc : $\widehat{ACB} \approx 107°$

Exercices d'approfondissement

51 **1. a)** $K\left(\dfrac{x_A + x_B}{2} ; \dfrac{y_A + y_B}{2}\right)$ donc $K(1 ; 1{,}5)$.

b) $r = KA = \sqrt{(x_A - x_K)^2 + (y_A - y_K)^2} = 2{,}5$.

c) $M(x ; y) \in \mathscr{C} \Leftrightarrow AM = 2{,}5 \Leftrightarrow AM^2 = 6{,}25$ puisque $AM > 0$ donc

$M(x ; y) \in \mathscr{C}$ donc

$\Leftrightarrow (x_M - x_A)^2 + (y_M - y_A)^2 = 6{,}25$

$\Leftrightarrow (x - 1)^2 + (y - 1{,}5)^2 = 6{,}25$

2. a) $\overrightarrow{MA}\begin{pmatrix}-1 - x \\ -y\end{pmatrix}$ et $\overrightarrow{MB}\begin{pmatrix}3 - x \\ 3 - y\end{pmatrix}$

b) Comme le repère est orthonormé,

$\overrightarrow{MA} \cdot \overrightarrow{MB} = (-1 - x) \times (3 - x) + (-y) \times (3 - y)$
$= x^2 - 2x + y^2 - 3y - 3$

c) $M \in \mathscr{C} \Leftrightarrow$ ABM rectangle en M $\Leftrightarrow \overrightarrow{MA} \cdot \overrightarrow{MB} = 0$

donc $M(x ; y) \in \mathscr{C} \Leftrightarrow x^2 - 2x + y^2 - 3y - 3 = 0$

$(x - 1)^2 + (y - 1{,}5)^2 = 6{,}25$

$\Leftrightarrow x^2 - 2x + 1 + y^2 - 3y + 2{,}25 = 6{,}25$

$\Leftrightarrow x^2 - 2x + y^2 - 3y - 3 = 0$

57 **1. a)** $z_1 = \dfrac{2 - 6i}{2 - i} = 2 - 2i.$

b) $z_1 = 2\sqrt{2}\left(\cos\left(-\dfrac{\pi}{4}\right) + i\sin\left(-\dfrac{\pi}{4}\right)\right)$

c) $z_2 = -2 - 2i = 2\sqrt{2}\left(\cos\left(-\dfrac{3\pi}{4}\right) + i\sin\left(-\dfrac{3\pi}{4}\right)\right)$

2. b) $\overrightarrow{CA}(2 ; 2)$ et $\overrightarrow{CB}(-2 ; 2)$. $\overrightarrow{CA} \cdot \overrightarrow{CB} = 0$

c) $CA = CB = 2\sqrt{2}$.

ABC est un triangle isocèle et rectangle en C.

Chapitre 7 • Nombres complexes

Pour commencer

QCM1

a) Faux ; **b)** Vrai, $g(x) = x^2 - 2 = x^2 - (\sqrt{2})^2$ d'où $g(x) = (x - \sqrt{2})(x + \sqrt{2})$; **c)** Faux.

QCM2

a) Faux ; **b)** Faux ; **c)** Vrai, $g(x) = x^2 + 2$ ne peut pas être factorisée dans $\mathbb{R}$.

QCM3

a) Faux ; **b)** Faux ; **c)** Vrai, $(\sqrt{3})^2 - 3 = 3 - 3 = 0$ et $(-\sqrt{3})^2 - 3 = 3 - 3 = 0$.

QCM4

a) Vrai, $(x - 1)^2 - 2 = 0 \Leftrightarrow (x - 1)^2 = (\sqrt{2})^2$

$\Leftrightarrow x - 1 = \sqrt{2}$ ou $x - 1 = -\sqrt{2}$

$\Leftrightarrow x = 1 + \sqrt{2}$ ou $x = 1 - \sqrt{2}$

b) Faux ; **c)** Faux.

QCM5

a) Faux ; **b)** Faux ;

c) Vrai, $(x - 1)^2 + 2 = 0 \Leftrightarrow (x - 1)^2 = -2$ n'a pas de solution dans $\mathbb{R}$ car le carré d'un réel est toujours positif.

QCM6

a) Vrai ; **b)** Vrai, $\cos\left(\dfrac{5\pi}{6}\right) = \cos\left(\dfrac{-7\pi}{6}\right) = \dfrac{-\sqrt{3}}{2}$;

et $\sin\left(\dfrac{5\pi}{6}\right) = \sin\left(\dfrac{-7\pi}{6}\right) = \dfrac{1}{2}$.

c) Faux.

QCM7

1. a) Faux ; **b)** Faux ; **c)** Vrai, $\|\overrightarrow{OA}\| = 2$, car A appartient au cercle de centre O et de rayon 2.

2. a) Vrai ; **b)** Vrai ; car A appartient à la droite d'équation : $y = -x$ et $x > 0$.

c) Faux.

3. a) Faux ; **b)** Faux ; **c)** Vrai, le point A a pour abscisse :

$x_A = \|\overrightarrow{OA}\| \cos\left(\dfrac{-\pi}{4}\right) = 2 \times \dfrac{\sqrt{2}}{2} = \sqrt{2}$

et pour ordonnée :

$y_A = \|\overrightarrow{OA}\| \sin\left(\frac{-\pi}{4}\right) = 2 \times \frac{-\sqrt{2}}{2} = -\sqrt{2}$.

S'évaluer

QCM1

1 **a)** Vrai : $i^4 = (i^2)^2 = (-1)^2 = 1$;

b) Vrai :

$1 \times \left(\cos\left(\frac{\pi}{2}\right) + i \sin\left(\frac{\pi}{2}\right)\right) = 1 \times (0 + i \times 1) = i$;

c) Vrai : le conjugué de $0 + i$ est $0 - i$.

2 **a)** Faux ; **b)** Faux ; **c)** Vrai :

$\text{Re}(z) = -2$ et $\text{Im}(z) = 2 + 2\sqrt{3}$.

3 **a)** Faux ; **b)** Vrai : $\bar{z} = -2 - 2i - 2\sqrt{3}\, i$;

c) Faux.

4 **a)** Faux ; **b)** et **c)** Vrai :

$|z|^2 = (-2)^2 + (\sqrt{3})^2 = 4 + 3$.

QCM2

1 **a)** Vrai : $z_1 - z_2 = (-2 + i) - (1 - i)$

$= -2 + i - 1 + i = -3 + 2i$

b) Faux ; **c)** Faux.

2 **a)** Faux ; **b)** Vrai : $z_1 z_2 = (-2 + i) \times (1 - i)$

$= -2 + 2i + i - i^2 = -2 + 2i + i + 1 = -1 + 3i$.

c) Faux.

3 **a)** Faux ; **b)** Faux ; **c)** Vrai :

$$\frac{z_1}{z_2} = \frac{-2 + i}{1 - i} = \frac{(-2 + i)(1 + i)}{(1 - i)(1 + i)} = \frac{-2 - 2i + i + i^2}{1^2 + (-1)^2}$$

$$= \frac{-2 - 2i + i - 1}{1 + 1} = \frac{-3 - i}{2} = \frac{-3}{2} - \frac{1}{2} i$$

$= -1{,}5 - 0{,}5\, i$.

4 **a)** Faux : $-\sqrt{2} < 0$;

b) Vrai : $\sqrt{2}\left(\cos\left(\frac{-\pi}{4}\right) + i \sin\left(\frac{-\pi}{4}\right)\right)$

$$= \sqrt{2}\left(\frac{\sqrt{2}}{2} + i\frac{-\sqrt{2}}{2}\right) = \frac{(\sqrt{2})^3}{2} + i\frac{-(\sqrt{2})^2}{2}$$

$$= \frac{2}{2} + i\frac{-2}{2} = 1 - i = z_2\ ;$$

c) Vrai : $\sqrt{2}\left(\cos\left(\frac{7\pi}{4}\right) + i \sin\left(\frac{7\pi}{4}\right)\right)$

$$= \sqrt{2}\left(\frac{\sqrt{2}}{2} + I\frac{-\sqrt{2}}{2}\right)) = 1 - i = z_2.$$

QCM3

1 **a)** Faux ; **b)** Vrai :

$$z = -2\left(\cos\left(\frac{3\pi}{2}\right) - i \sin\left(\frac{3\pi}{2}\right)\right)$$

$= -2(0 - i \times (-1)) = -2(+i) = -2i$

c) Faux.

2 **a)** Faux ; **b)** Faux ; **c)** Vrai :

$|-2i| = 2$ et $\arg(-2i) = \frac{-\pi}{2}$, donc la forme trigonométrique de z est :

$$2\left(\cos\left(\frac{-\pi}{2}\right) + i \sin\left(\frac{-\pi}{2}\right)\right)$$

Vrai ou faux

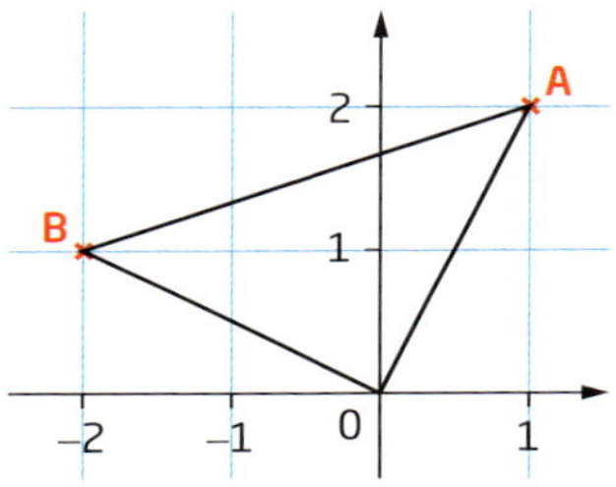

a) Vrai : $|z_B| = |i \times z_A| = |i| \times |z_A| = |z_A|$ car $|i| = 1$.

b) Faux : $\overrightarrow{OA}\ (1 ; 2)$ et $\overrightarrow{OB}\ (-2 ; 1)$, donc :

$\overrightarrow{OA} \cdot \overrightarrow{OB} = 1 \times (-2) + 2 \times 1 = 0$.

c) Faux : OAB est un triangle rectangle **et** isocèle en O car (OA) et (OB) sont perpendiculaires et $OA = OB$.

Exercices d'entraînement

5 **E1 :** $(2a - 5) - 4i = 1 + (2b - 2)i$

E2 : L'égalité est équivalente à :

$2a - 5 = 1$ et $2b - 2 = -4$

E3 : $a = 3$ et $b = -1$

9 **E1 :** $Z^2 = -2 \Leftrightarrow Z = i\sqrt{2}$ ou $Z = -i\sqrt{2}$

E2 : $S = \{i\sqrt{2} ; -i\sqrt{2}\}$

E3 : $(z - 1)^2 = -2 \Leftrightarrow z - 1 = i\sqrt{2}$ ou

$z - 1 = -i\sqrt{2} \Leftrightarrow z = 1 + i\sqrt{2}$ ou $z = 1 - i\sqrt{2}$

$S = \{1 + i\sqrt{2} ; 1 - i\sqrt{2}\}$

Corrigés

15 **a)**

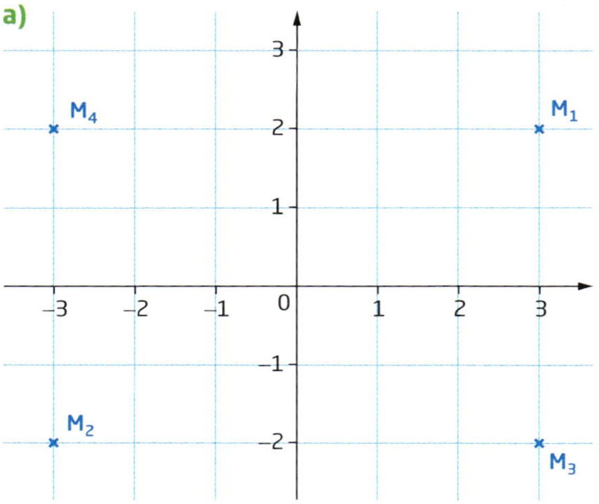

b) M_2 se déduit de M_1 **par la symétrie centrale de centre O**.

M_3 se déduit de M_1 par **la symétrie axiale, d'axe la droite d'équation $y = 0$**.

M_4 se déduit de M_1 **par la symétrie axiale, d'axe la droite d'équation $x = 0$**.

17 **a)** Le quadrilatère ABCD semble être un parallélogramme.

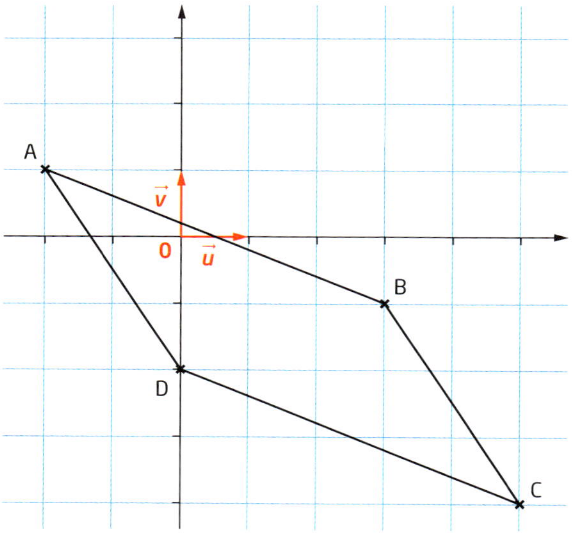

b) $z_{\overrightarrow{AB}} = z_B - z_A = (3 - i) - (-2 + i) = 5 - 2i$

$z_{\overrightarrow{DC}} = z_D - z_C = -2 I - (5 - 4i) = 5 - 2i$.

c) Les vecteurs $\overrightarrow{AB}$ et $\overrightarrow{DC}$ sont égaux car ils ont la même affixe.

$\overrightarrow{AB} = \overrightarrow{DC} \Leftrightarrow$ ABCD est un parallélogramme.

21 Dans le plan complexe muni d'un repère orthonormé direct $(O\,;\vec{u}\,,\vec{v}\,)$, on considère les points A, B et C d'affixes respectives :

$z_A = -2$; $z_B = 4\,i$ et $z_C = 1 + 3\,i$.

a)

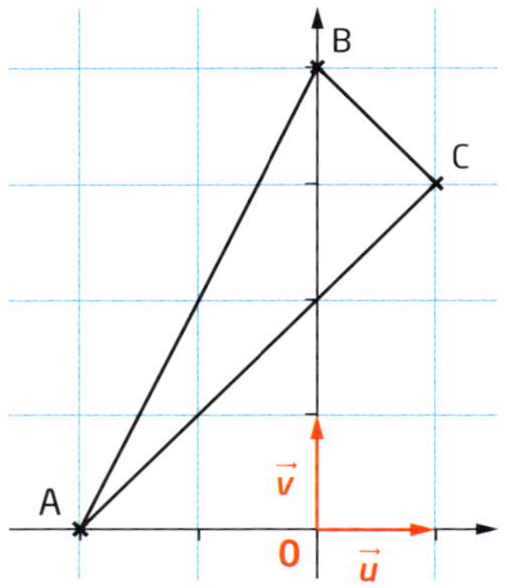

b) $z_{\overrightarrow{AB}} = z_B - z_A = 4\,i - (-2) = 2 + 4\,i$

$z_{\overrightarrow{CA}} = z_A - z_C = -2 - (1 + 3\,i) = -3 - 3\,i$

$z_{\overrightarrow{CB}} = z_B - z_C = 4\,i - (1 + 3\,i) = -1 + i$

c) $AB^2 = |z_B - z_A|^2 = 2^2 + 4^2 = 20$

$CA^2 = |z_A - z_C|^2 = (-3)^2 + (-3)^2 = 18$

$CB^2 = |z_B - z_C|^2 = (-1)^2 + 1^2 = 2$

d) $CA^2 + CB^2 = 18 + 2 = 20 = AB^2$.

D'après la réciproque du théorème de Pythagore, le triangle ABC est rectangle en C.

35 On considère les deux nombres complexes suivants : $z_1 = 1 - 2\,i$ et $z_2 = 3 + 4\,i$.

a) $\overline{z_2} = 3 - 4\,i$

$z_1 \times \overline{z_2} = (1 - 2\,i) \times (3 - 4\,i) = 3 - 4\,i - 6\,i + 8\,i^2$
$= 3 - 10\,i - 8 = -5 - 10\,i$

$z_2 \times \overline{z_2} = 3^2 + 4^2 = 25$

b) $\dfrac{z_1}{z_2} = \dfrac{z_1\overline{z_2}}{z_2\overline{z_2}} = \dfrac{-5 - 10\,i}{25} = \dfrac{-5}{25} - \dfrac{10}{25}i$
$= \dfrac{-1}{5} - \dfrac{2}{5}i$

37 $(1 - i)\,z = 3 - 2\,i \Leftrightarrow z = \dfrac{3 - 2\,i}{1 - i} = \dfrac{(3 - 2\,i)(1 + i)}{(1 - i)(1 + i)}$

$\Leftrightarrow z = \dfrac{3 + 3\,i - 2\,i - 2\,i^2}{1^2 + 1^2} = \dfrac{3 + i + 2}{2} = \dfrac{5}{2} + \dfrac{1}{2}i$

41 Déterminer une forme trigonométrique du nombre complexe $z = -2 + 2\sqrt{3}\;i$.

E1 : $|z|^2 = (-2)^2 + (2\sqrt{3})^2 = 4 + 12 = 16$.

D'où $|z| = \sqrt{16} = 4$

E2 : $\cos(\theta) = \dfrac{\text{Re}(z)}{|z|} = \dfrac{-2}{4} = \dfrac{-1}{2}$

et $\sin(\theta) = \dfrac{\text{Im}(z)}{|z|} = \dfrac{2\sqrt{3}}{4} = \dfrac{\sqrt{3}}{2}$

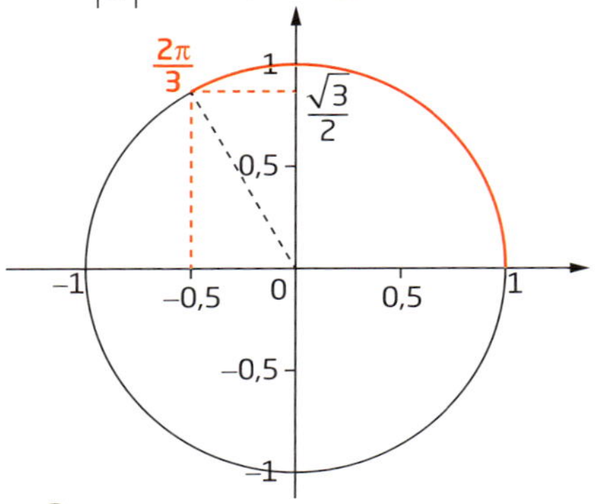

E3 : $\theta = \dfrac{2\pi}{3}$ à 2π près

$z = 4\left(\cos\left(\dfrac{2\pi}{3}\right) + \text{i}\sin\left(\dfrac{2\pi}{3}\right)\right)$

42 Déterminer une forme trigonométrique du nombre complexe $z = 2 + 2\,\text{i}$. Peut-on en déduire les formes trigonométriques de $\bar{z}$, $-z$ et $-\bar{z}$?

On peut s'aider d'une représentation graphique.

$|z| = \sqrt{2^2 + 2^2} = \sqrt{2 \times 2^2} = 2\sqrt{2}$

$\cos(\theta) = \dfrac{\text{Re}(z)}{|z|} = \dfrac{2}{2\sqrt{2}} = \dfrac{1}{\sqrt{2}} = \dfrac{\sqrt{2}}{2}$

et $\sin(\theta) = \dfrac{\text{Im}(z)}{|z|} = \dfrac{2}{2\sqrt{2}} = \dfrac{1}{\sqrt{2}} = \dfrac{\sqrt{2}}{2}$

$\theta = \dfrac{\pi}{4}$ à 2π près

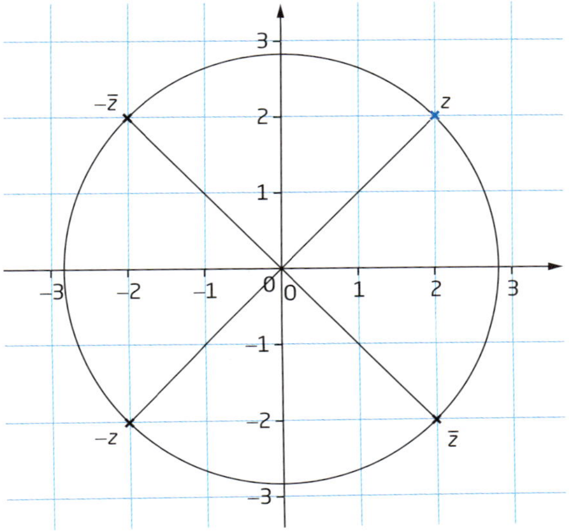

$z = 2\sqrt{2}\left(\cos\left(\dfrac{\pi}{4}\right) + \text{i}\sin\left(\dfrac{\pi}{4}\right)\right)$

Graphiquement, on constate que :

$|\bar{z}| = |-z| = |-\bar{z}| = |z|$

$\arg(\bar{z}) = -\arg(z) = \dfrac{-\pi}{4}$

$\arg(-z) = \arg(z) + \pi = \dfrac{5\pi}{4}$

$\arg(-\bar{z}) = \arg(z) + \dfrac{\pi}{2} = \dfrac{3\pi}{4}$

$\bar{z} = 2\sqrt{2}\left(\cos\left(\dfrac{-\pi}{4}\right) + \text{i}\sin\left(\dfrac{-\pi}{4}\right)\right)$

$-z = 2\sqrt{2}\left(\cos\left(\dfrac{5\pi}{4}\right) + \text{i}\sin\left(\dfrac{5\pi}{4}\right)\right)$

$-\bar{z} = 2\sqrt{2}\left(\cos\left(\dfrac{3\pi}{4}\right) + \text{i}\sin\left(\dfrac{3\pi}{4}\right)\right)$

Exercices d'approfondissement

45 Dans l'extrait, il est écrit : $\sqrt{-2} \times \sqrt{-3}$ donne $\sqrt{6}$ alors que le résultat juste est :

$\text{i}\sqrt{2} \times \text{i}\sqrt{3} = \text{i}^2\sqrt{6} = -\sqrt{6}$.

Il est écrit aussi : $\sqrt{-1} \times \sqrt{-4}$ donne 2 , alors que le résultat juste est : $\text{i} \times \text{i}\sqrt{4} = \text{i}^2\sqrt{4} = -2$.

49 $\bar{Z} = \overline{\dfrac{1+\text{i}\sqrt{5}}{1-\text{i}\sqrt{5}}} + \overline{\dfrac{1-\text{i}\sqrt{5}}{1+\text{i}\sqrt{5}}} = \dfrac{1-\text{i}\sqrt{5}}{1+\text{i}\sqrt{5}} + \dfrac{1+\text{i}\sqrt{5}}{1-\text{i}\sqrt{5}} = Z$

$\bar{Z} = Z \Leftrightarrow Z \in \mathbb{R}$

61 **a)** $f = \dfrac{0{,}1\pi}{2\pi} = 0{,}05$ Hz et $T = \dfrac{1}{f} = \dfrac{1}{0{,}05} = 20$ s.

b) Les calculs avec la Casio :

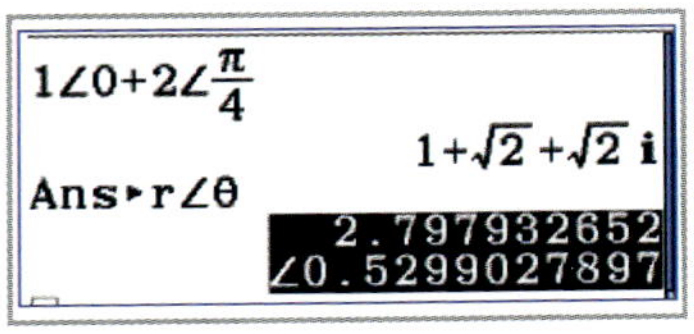

Les mêmes calculs avec la TI :

$I \approx 2{,}8$ A et $\varphi \approx 0{,}53$ rd.

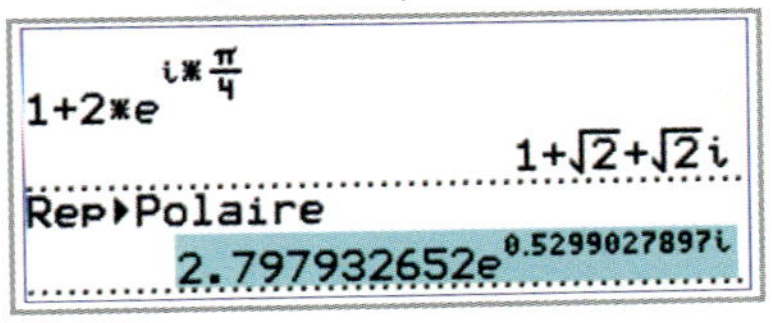

Corrigés

Chapitre 8 • Dérivées et primitives

Pour commencer

QCM1

b) Vrai : $f(1) = 4$ et $f'(x) = 3x^2 + 2x + 1$

$f'(1) = 3 \times 1^2 + 2 \times 1 + 1 = 6$, d'où l'équation de la tangente :

$$y = f'(1)(x-1) + f(1) \Leftrightarrow y = 6(x-1) + 4$$
$$\Leftrightarrow y = 6x - 2.$$

QCM2

c) Vrai : $f(1) = 0$ car $A(1\,;0) \in \mathscr{C}_f$ et le coefficient directeur de (AB) est $f'(1) = 1$.

QCM3

a) Vrai, car la dérivée de f est positive, puis négative, puis positive, donc f est croissante, puis décroissante, puis croissante.

QCM4

a) Vrai : il suffit de dériver $f(x)$.

QCM5

c) Vrai : $v(t) = d'(t) = 1{,}6t$ donc $v(1) = 1{,}6$.

QCM6

b) Vrai : $f'(x) \geqslant 0$ sur l'intervalle I signifie que f est croissante sur I.

S'évaluer

QCM1

c) Vrai, car la dérivée de $\dfrac{1}{t}$ est $\dfrac{-1}{t^2}$.

QCM2

a) Vrai car $\Delta I \approx f'(t_0)\,\Delta t$;

c) Vrai, car $t_0 = 1$ et $f'(1) = -2$.

QCM3

a) Faux, car $f'(x) = \dfrac{-1 \times (2x+1) - (3-x) \times 2}{(2x+1)^2}$

donc $f'(x) = \dfrac{-7}{(2x+1)^2}$;

c) Vrai, car $f'(x) < 0$ sur $[0\,;+\infty[$.

QCM4

c) Vrai : $t \mapsto 5 \times 2\pi\left(-\sin\left(2\pi\, t + \dfrac{\pi}{4}\right)\right)$.

QCM5

a) Faux : c'est la dérivée pas la primitive ; **b)** Vrai ; **c)** Vrai, seule la constante change.

QCM6

c) Vrai : une primitive de la fonction donnée est

$t \mapsto \dfrac{8}{4}\sin\left(4t - \dfrac{\pi}{6}\right) = 2\sin\left(4t - \dfrac{\pi}{6}\right)$.

Vrai ou faux

a) Vrai.

b) Faux, car le 1er point de $\mathscr{C}$ est $(0\,;0)$ et le 2e point a pour abscisse 0,5 et ordonnée :

$y_1 = 0 + \dfrac{1}{1-0^2} \times 0{,}5 = 0{,}5 \neq 0{,}7$.

c) Faux : il faut au contraire diminuer le pas pour améliorer la précision du graphique.

Exercices d'entraînement

1 **a)** À l'instant $t = 0$, on a $x = 5$.

À l'instant $t = 5$, on a $x = 3 \times 5^2 + 2 \times 5 + 5 = 90$.

b) $v = 6t + 2$. À l'instant $t = 1$, on a $v = 8$.

c) $a = 6$. C'est bien une constante.

6 **a)** $f'(x) = -\dfrac{1}{x^2}$ donc $f'(1) = -1$.

b) Pour h proche de 0, $f(1+h) \approx f(1) + f'(1) \times h$

donc $\dfrac{1}{1+h} \approx 1 + (-1) \times h = 1 - h$.

c) $\dfrac{1}{0{,}99} = \dfrac{1}{1+(-0{,}01)} \approx 1 - (-0{,}01) = 1{,}01$

et $\dfrac{1}{1{,}02} = \dfrac{1}{1+0{,}02} \approx 1 - 0{,}02 = 0{,}98$.

10 **a)** On applique : la dérivée d'une somme est la somme des dérivées et la dérivée de

$$x \mapsto ax^n \text{ est } x \mapsto na\,x^{n-1}$$

D'où $f'(x) = 3 \times 5x^4 + 4 \times 4x^3 - 5 \times 2x + 1$
$= 15x^4 + 16x^3 - 10x + 1$, sur $\mathbb{R}$.

b) $g'(x) = 0 - \dfrac{1}{x^2} = -\dfrac{1}{x^2}$ sur $]0\,;+\infty[$.

18 **a)** Par définition : $v'(x) = \lim\limits_{h \to 0} \dfrac{v(x+h) - v(x)}{h}$

b) On calcule la différence $\Delta f = f(x+h) - f(x)$

$u(x+h) \times v(x+h) - u(x) \times v(x)$
$= u(x+h)\,v(x+h) - u(x)\,v(x+h) + v(x+h)\,u(x) - u(x)\,v(x)$

On ajoute $u(x) \times v(x+h)$ et on le retranche ; on regroupe les termes avec $v(x+h)$ et on factorise et ceux avec $u(x)$ et on factorise.

D'où $\Delta \dfrac{f}{h} = \dfrac{u(x+h) - u(x)}{h}\, v(x+h)$

$+ u(x)\, \dfrac{v(x+h) - v(x)}{h}$.

c) Lorsque h est proche de 0, alors on peut faire une approximation affine :

$$v(x+h) \approx v(x) + h \times v'(x)$$

Donc $\lim\limits_{h \to 0} v(x+h) = v(x)$.

d) On considère la limite de $\Delta \dfrac{f}{h}$, quand h tend vers 0. Il suffit donc de remplacer

$\lim\limits_{h \to 0} \dfrac{u(x+h) - u(x)}{h}$ par $u'(x)$ et $\lim\limits_{h \to 0} \dfrac{v(x+h) - v(x)}{h}$ par $v'(x)$ et $v(x+h)$ par $v(x)$.

19 **E1 :** $f(x)$ est un produit :
on a $u(x) = -2x$, donc $u'(x) = -2$
et $v(x) = \cos(x)$, donc $v'(x) = -\sin(x)$.
E2 : $f'(x) = u'(x)\, v(x) + u(x)\, v'(x)$
$= -2\cos(x) + (-2x)(-\sin(x))$
$= -2\cos(x) + 2x\sin(x)$.

23 **E1 :** $f(x)$ est un quotient :
on a $u(x) = 2x + 7$, donc $u'(x) = 2$
et $v(x) = x - 1$, donc $v'(x) = 1$
E2 : Or la dérivée de $\dfrac{u}{v}$ est :

$$f'(x) = \frac{u'(x)\, v(x) - u(x)\, v'(x)}{(v(x))^2}$$

D'où $f'(x) = \dfrac{2 \times (x-1) - (2x+7) \times 1}{(x-1)^2}$

$= \dfrac{2x - 2 - 2x - 7}{(x-1)^2} = \dfrac{-9}{(x-1)^2}$

On développe le numérateur et on ne touche pas au dénominateur.

28 **a)** On dérive par rapport à la variable x en considérant y comme une constante.

$$\frac{df}{dx}(x, y) = 2 \times 2x + 3y + 0 = 4x + 3y.$$

b) On dérive par rapport à la variable y et on considère x comme une constante.

$$\frac{df}{dy}(x, y) = 0 + 3x + 4 \times 2y = 3x + 8y.$$

31 **E1 :** On pose $u(x) = 2x$ et $v(x) = x + 3$.
On a alors $u'(x) = 2$ et $v'(x) = 1$.

Or $f'(x) = \dfrac{u'(x)\, v(x) - u(x)\, v'(x)}{(v(x))^2}$

D'où $f'(x) = \dfrac{2\,(x+3) - 2x \times 1}{(x+3)^2} = \dfrac{6}{(x+3)^2}$

E2 : $6 > 0$ et pour tout $x \in [\,0\,;\,5\,]$, on a $(x+3)^2 > 0$, donc f' est positive et on en déduit que f est croissante sur $[\,0\,;\,5\,]$.

34 **E1 :** On peut écrire $f(x) = -3 \times \dfrac{1}{x^2 + 2x + 4}$,

donc $f'(x) = -3 \times \dfrac{-(2x+2)}{(x^2 + 2x + 4)^2} = \dfrac{6x + 6}{(x^2 + 2x + 4)^2}$

en utilisant la dérivée de $\dfrac{1}{v}$ égale à $\dfrac{-v'}{v^2}$.

E2 : Pour tout réel x, on a $(x^2 + 2x + 4)^2 > 0$ donc $f'(x)$ est du signe de $6x + 6$.

> Automatisme 15

$6x + 6 = 0 \Leftrightarrow 6x = -6 \Leftrightarrow x = -\dfrac{6}{6} \Leftrightarrow x = -1$

D'où le tableau de variations de f :

x	$-\infty$		-1		$+\infty$
$f'(x)$		$-$	0	$+$	
$f(x)$		↘	-1	↗	

$f(-1) = -\dfrac{3}{(-1)^2 + 2 \times (-1) + 4} = -1$.

Remarque : On garde le dénominateur, car c'est un carré dont on connaît le signe ! On aurait pu vérifier, mais ce n'est pas demandé, que la fonction f est bien définie sur $\mathbb{R}$, c'est-à-dire que son dénominateur ne s'annule pas.
Pour cela, on peut visualiser la courbe d'équation $y = x^2 + 2x + 4$.

> Chapitre 2

Corrigés

40 **a) E1 :** On calcule la dérivée
$f'(x) = 5x^4 - 5 = 5\left((x^2)^2 - 1^2\right)$
$= 5(x^2+1)(x^2-1^2) = 5(x^2+1)(x+1)(x-1)$

b) E2 : On a $5 > 0$ et pour tout réel x, $x^2+1 > 0$ donc $f'(x)$ est du signe de $(x+1)(x-1)$.
D'où le tableau de variations de f :

x	$-\infty$		-1		1		$+\infty$
$x+1$		$-$	0	$+$		$+$	
$x-1$		$-$		$-$	0	$+$	
$f'(x)$		$+$	0	$-$	0	$+$	
$f(x)$		↗	5	↘	-3	↗	

46 **E1 : a)** $f'(t) = 2\cos(2t)$

b) Lorsque $0 \leqslant t \leqslant 2\pi$, on a $0 \leqslant 2t \leqslant 4\pi$.
On cherche donc le tableau de signes de $\cos(2t)$ quand $2t$ évolue entre 0 et 4π.
On commence par compléter la ligne de $2t$ en écrivant les valeurs pour lesquels $\cos(2t)$ s'annule, puis on inscrit les valeurs de t correspondantes dans la ligne 1 et les signes de $\cos(2t)$ dans la 3e ligne.

t	0		$\frac{\pi}{4}$		$\frac{3\pi}{4}$		$\frac{5\pi}{4}$		$\frac{7\pi}{4}$		2π
$2t$	0		$\frac{\pi}{2}$		$\frac{3\pi}{2}$		$\frac{5\pi}{2}$		$\frac{7\pi}{2}$		4π
$\cos(2t)$		$+$	0	$-$	0	$+$	0	$-$	0	$+$	

Or $2 > 0$, donc $f'(t) \geqslant 0 \Leftrightarrow \cos(2t) \geqslant 0$.
D'après le tableau de signes ci-dessus :
$S = \left[0 ; \frac{\pi}{4}\right] \cup \left[\frac{3\pi}{4} ; \frac{5\pi}{4}\right] \cup \left[\frac{7\pi}{4} ; 2\pi\right]$.

c) E2 : On en déduit le tableau de variations.

x	0		$\frac{\pi}{4}$		$\frac{3\pi}{4}$		$\frac{5\pi}{4}$		$\frac{7\pi}{4}$		2π
$f'(x)$		$+$	0	$-$	0	$+$	0	$-$	0	$+$	
$f(x)$	0	↗	1	↘	-1	↗	1	↘	-1	↗	0

51 **E1 :** On a $F(x) = -5 \times \dfrac{1}{x^2+1}$, donc :

$F'(x) = -5 \times \dfrac{-2x}{(x^2+1)^2}$, car $\left(\dfrac{1}{v}\right)' = \dfrac{-v'}{v^2}$.

D'où $F'(x) = \dfrac{10x}{(x^2+1)^2}$.

E2 : On retrouve $f(x)$, donc $F'(x) = f(x)$ pour tout réel x, ce qui prouve que f admet pour primitive la fonction F.

63 **a)** En dérivant la fonction $x \mapsto \dfrac{x^4}{8} + 5x - 3$, on obtient $\dfrac{4x^3}{8} + 5 = f(x)$. Donc la fonction donnée est bien une primitive de f.

b) Toutes les primitives de f sont définies à une constante près. Ainsi, la primitive cherchée est telle qu'il existe un réel k vérifiant $F(x) = \dfrac{x^4}{8} + 5x + k$.
Or on veut $F(0) = 2 \Leftrightarrow 0 + 0 + k = 2 \Leftrightarrow k = 2$.
Ainsi $F(x) = \dfrac{x^4}{8} + 5x + 2$.

66 **E1 :** f est une fonction polynôme.
Une primitive est la fonction F définie sur $\mathbb{R}$ par
$F(x) = 5 \times \dfrac{1}{4}x^4 + 6 \times \dfrac{1}{3}x^3 - 4x$.

E2 : $F(x) = \dfrac{5}{4}x^4 + 2x^3 - 4x$.

Puisque l'énoncé demande **une** primitive, on n'a pas eu besoin d'ajouter la constante d'intégration.

74 **E1 :** D'après les formules du cours, une primitive de f est la fonction F définie sur $\mathbb{R}$ par
$F(x) = \dfrac{6}{4}\sin\left(4t - \dfrac{\pi}{4}\right)$.

E2 : On simplifie $F(x) = \dfrac{3}{2}\sin\left(4t - \dfrac{\pi}{4}\right)$.

Exercices Python

14 a)
```
def iode(N,q):
    for i in range(N):
        q=0.917*q
    return q
```

b)
```
>>> iode(10,10**5)
42042.96698195168
```

Après 10 jours, il reste 42 043 noyaux d'iode 131.

c)
```
def iode_c(q):
    N=0
    moitié=q/2
    while q>moitié:
        q=0.917*q
        N=N+1
    return N
```

```
>>> iode_c(10**5)
8
```

La demi-vie de l'iode 131 est de 8 jours.

d) Il suffit de modifier la ligne qui permet de calculer q : $q = 0{,}9998 \times q$.

```
def uranium(q):
    N=0
    moitié=q/2
    while q>moitié:
        q=0.9998*q
        N=N+1
    return N
```

```
>>> uranium(10**3)
3466
```

La demi-vie de l'uranium 234 est 3 466 siècles.

16 a) On utilise la formule :

$$AB = \sqrt{(x_B - x_A)^2 + (y_B - y_A)^2}$$

```
from math import sqrt
def longueur(xA,yA,xB,yB):
    return sqrt((xB-xA)**2+(yB-yA)**2)
```

b) La liste *abs* permet de déterminer une liste de $n+1$ nombres allant de 0 à 2 avec un pas de $\frac{2}{n}$, on pourra constituer n segments.

```
def brisée(n):
    abs=[2*h/n for h in range(n+1)]
    ord=[x**2 for x in abs]
    return abs,ord
```

c) Il faut appeler la fonction **longueur()** pour calculer la longueur de tous les segments.

```
def long_courbe(n):
    long = 0
    (abs,ord)=brisée(n)
    for i in range(n):
        long = long + longueur(abs[i],ord[i],abs[i+1],ord[i+1])
    return long
```

La fonction **brisée()** renvoie deux listes. La variable *abs* prendra comme valeur la première liste renvoyée par **brisée()**, c'est-à-dire la liste des abscisses. La liste *ord* prendra comme valeur la seconde liste, à savoir la liste des images de *abs* par la fonction carré, donc la liste des ordonnées.

d) On obtient une longueur d'environ 4,65.

```
>>> long_courbe(100)
4.6467514243339325
```

19 La ligne brisée obtenue avec 10 points est affichée ci-contre.

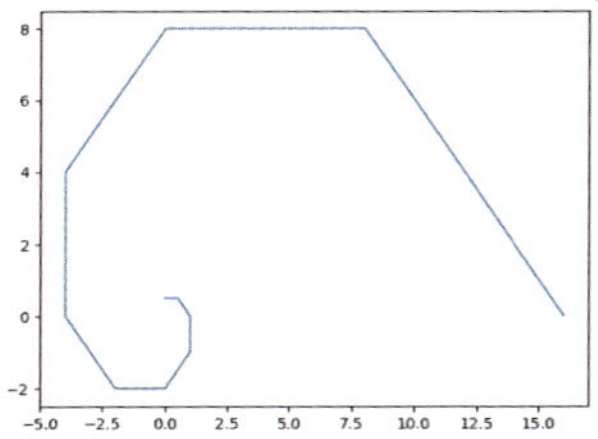

a) On a : $z(n+1) = \dfrac{1+i}{2} z(n)$, si on écrit $z(n+1)$ et $z(n)$ sous forme algébrique, on obtient :

$z(n+1) = x(n+1) + i\,y(n+1)$

$z(n) = x(n) + i\,y(n+1)$

Comme $\dfrac{1+i}{2}(x(n) + i\,y(n))$

$= 0{,}5\,(x(n) + i\,y(n) + i\,x(n) - y(n))$

$= 0{,}5\,(x(n) - y(n)) + 0{,}5\,i\,(y(n) + x(n))$

Alors $x(n+1) = 0{,}5\,(x(n) - y(n))$

et $y(n+1) = 0{,}5\,(y(n) + x(n))$

Donc, les valeurs de $x(n)$ étant dans la liste *abs* et les valeurs de $y(n)$ dans la liste *ord*, on retrouve bien les parties réelles et imaginaires des affixes des points A_n.

b) $A_kA_{k+1} = \left|\dfrac{1+i}{2}z(n) - z(n)\right| = \left|\dfrac{-1+i}{2}z(n)\right|$

$= \left|\dfrac{-1+i}{2}\right| |z(n)| = \left|\dfrac{-1+i}{2}\right| r(n)$

$\left|\dfrac{-1+i}{2}\right| = \sqrt{\left(\dfrac{-1}{2}\right)^2 + \left(\dfrac{1}{2}\right)^2} = \sqrt{\dfrac{1}{2}} = \dfrac{1}{\sqrt{2}} = \dfrac{\sqrt{2}}{\sqrt{2}\sqrt{2}} = \dfrac{\sqrt{2}}{2}$

Donc $A_kA_{k+1} = \dfrac{\sqrt{2}}{2} r(n)$.

c)
```
from math import sqrt
def long(n):
    r=16
    L=0
    for k in range(n):
        r=sqrt(2)/2*r
        L=L+r
    return L
```

21 a) $[1, 0, -4, 1]$ est la liste associée au polynôme $x^3 - 4x + 1$.

$x^3 - 2x + 3$ est le polynôme associé à la liste $[1, 0, -2, 3]$

b)
```
def derivee(poly):
    n = len(poly)-1
    deri = []
    for i in range(len(poly)-1):
        deri.append(poly[i]*n)
        n = n -1
    return deri
```

c)
```
def primitive(poly):
    n = len(poly)
    primi = []
    for i in range(len(poly)):
        primi.append(poly[i]/n)
        n = n - 1
    primi.append(0)
    return primi
```

Utilisation d'un tableur

1 • Calculs dans une cellule

Opérations diverses

Dans une feuille de tableur, une cellule peut contenir un mot, un nombre.
Mais chaque cellule est aussi une super calculatrice : on peut saisir un calcul, toujours précédé de **égal** = et le calcul s'effectue dès Entrer

• Calculs sur la TVA à 20 %

Dans l'onglet **Formules**, utiliser le bouton pour afficher les formules.

	A	B	C
1	Taux	20	0,2
2	Prix HT	TVA	Prix TTC
3	100	=A3*B1/100	=A3+B3
4	200	=A4*$C$1	=A4+B4
5	320	=A5*$C$1	=A5+B5
6	**Autres calculs**		
7	=C7/(1+$C$1)	=C7-A7	350
8	=B8/$C$1	42	=A8+B8

	A	B	C
1	Taux	20	20%
2	Prix HT	TVA	Prix TTC
3	100	20	120
4	200	40	240
5	320	64	384
6	**Autres calculs**		
7	291,67	58,33	350
8	210	42	252

Le calcul en **A7** correspond au prix hors taxes (HT) pour un article valant 350 € TTC : 350/(1 + 0,20)
Et en **B7** le montant de la TVA pour cet article : 350 - 291,67.
Le calcul en **A8** correspond au prix HT pour un article de 42 € de taxes : 42/0,20.
Et en **C8**, le prix TTC de cet article : 210 + 42.

	A	B	C
1	**Opération**	**Formule**	**Résultat**
2	Puissance	=1,05^3	1,157625
3	Racine	=RACINE(1,44)	1,2
4	Arrondi à 0,01	=ARRONDI(13/7;2)	1,86
5	Nbr aléatoire [0 ; 1 [	=ALEA()	0,38387879
6	entier entre 10 à 16	=ALEA.ENTRE.BORNES(10;16)	15
7	réel de [10 ; 16 [	=10+6*ALEA()	10,9176054
8	Somme	=SOMME(C2:C7)	30,5191092
9	Produit	'=PRODUIT(C2:C7)	162,433221

• Toutes les opérations sont possibles : addition +, multiplication *, division / ; élévation à une puissance ^ par ALT GR 9, arrondi décimal à 2 chiffres après la virgule : ARRONDI("calcul" ; 2).

• Pour les nombres aléatoires : on réactualise un **ALEA** par F9.

• Pour une somme ou un produit : on indique la plage, ici de C2 à C7.

• Une cellule peut prendre plusieurs formats : en particulier, le nombre décimal 0,20 devient 20 % en format pourcentage %.

Les boutons ←,0 ,00 / ,00 →,0 changent le nombre de chiffres de l'affichage, mais ne changent pas la valeur.

• Dans un calcul utilisant d'autres cellules, on peut « bloquer » la réactualisation dans la recopie :
$C$1 : la **cellule C1** est **bloquée** par recopie vers le haut, le bas, à droite ou à gauche.
$C1 : seule la **colonne C** est bloquée, par recopie vers la droite ou la gauche. Vers le bas, elle devient **$C2**.
C$1 : seule la **ligne 1** est bloquée, par recopie vers le bas ou le haut. À droite, elle devient **D$1**.

Valeur cible

On peut rechercher une **valeur** (dans la **cellule à modifier**) intervenant dans un **calcul** (c'est la **cellule à définir**) donnant un résultat que l'on veut **atteindre**.
Par exemple, on recherche le **prix HT** en **A5**, donnant **40 €** comme TVA en **B5** :

Données → Analyse de scénarios → Valeur cible...

Valeur cible
Cellule à définir : $B$5
Valeur à atteindre : 35
Cellule à modifier : $A$5
OK Annuler

on valide l'écran ci-contre par OK et on obtient

5	175	35	210

.

2 • Suites

Calcul des premiers termes, somme et produit de termes

- Suite définie par une **relation fonctionnelle** :
  $u(n) = 20 \times 1{,}07^n$ pour tout entier $n \geqslant 0$
- Suite définie par une **relation de récurrence** :
  $v(n+1) = 12 - 1{,}5 \times v(n)$,

avec le terme initial $v(0) = 4$.
On peut saisir la liste des entiers par :
A2 `= 0` et A3 `= A2 + 1` et recopie vers le bas.

- Somme des termes de la suite u en **B12** et produit des termes de la suite v en **C12** :

	A	B	C
12		276,3289592	195854634,7

	A	B	C
12		=SOMME(B2:B11)	=PRODUIT(C2:C11)

	A	B	C
1	n	u(n)	v(n)
2	0	=20*1,07^A2	4
3	=A2+1	=20*1,07^A3	=12-1,5*C2
4	=A3+1	=20*1,07^A4	=12-1,5*C3
5	=A4+1	=20*1,07^A5	=12-1,5*C4
6	=A5+1	=20*1,07^A6	=12-1,5*C5
7	=A6+1	=20*1,07^A7	=12-1,5*C6
8	=A7+1	=20*1,07^A8	=12-1,5*C7
9	=A8+1	=20*1,07^A9	=12-1,5*C8
10	=A9+1	=20*1,07^A10	=12-1,5*C9
11	=A10+1	=20*1,07^A11	=12-1,5*C10

	A	B	C
1	n	u(n)	v(n)
2	0	20	4
3	1	21,4	=12-1,5*C2
4	2	22,898	3
5	3	24,5009	7,5
6	4	26,2159	0,75
7	5	28,051	10,875
8	6	30,0146	-4,3125
9	7	32,1156	18,46875
10	8	34,3637	-15,703125
11	9	36,7692	35,554688

Calculs des termes d'une suite arithmétique ou géométrique

- **Suite arithmétique** de **raison 1,5** et de **terme initial 25** :

On peut saisir la raison dans la cellule **B2** et l'utiliser en cellule bloquée **$B$2** dans le formule de récurrence : en **B5** `=B4+$B$2`.
Par recopie vers le bas, on obtient en **B20**, pour $n = 16$: `=B19+$B$2`.

- **Suite géométrique** de **raison 1,07** et de **terme initial 20** :

On peut saisir la raison dans la cellule **C2** et l'utiliser en cellule bloquée **$C$2** dans le formule de récurrence : en **C5** `=C4*$C$2`.
Par recopie vers le bas, on obtient en **C20**, pour $n = 16$: `=C19*$C$2`.

	A	B	C
1	Suites	Arithmétique	Géométrique
2	Raison	1,5	1,07
3	n	SA(n)	SG(n)
4	0	25	20
5	1	26,5	21,4
6	2	28	22,898
19	15	47,5	55,18063081
20	16	49	59,04327497

Représentation d'une suite en nuage de points

- Pour représenter les deux suites u et v, on réalise les **nuages de points** $(n, u(n))$ et $(n, v(n))$. Pour cela, on sélectionne la **plage A1:C11**, puis on insère le nuage de points :

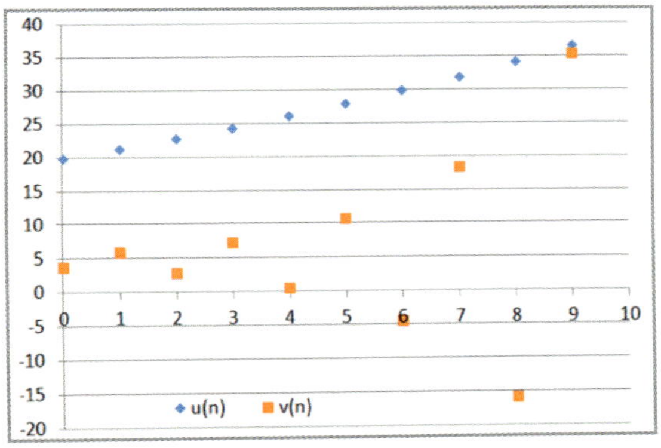

- Pour représenter la suite arithmétique SA et la suite géométrique SG, on sélectionne la plage **A3:C20**, puis on insère le nuage de points :

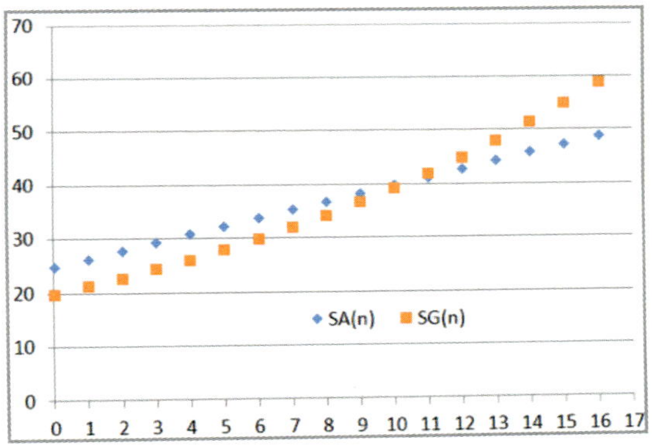

Par **clic droit** sur l'un des points du nuage, on peut mettre en forme, visualiser les valeurs (étiquettes)...

Utilisation d'un tableur

3 • Fonctions et calculs numériques

Tableau de valeurs

Soit f et g, deux fonctions définies sur l'intervalle [– 1 ; 4] par :

$$f(x) = -1,5\,x^2 + 5,5x - 3 \quad \text{et} \quad g(x) = \frac{8x - 3}{x^2 + 1}$$

Tableau de Valeurs

par pas de 0,5 :

	A	B	C
1	**Fonctions**		
2	***x***	***f*(*x*)**	***g*(*x*)**
3	-1	-10	-5,5
4	-0,5	-6,125	-5,6
5	0	-3	-3
6	0,5	-0,625	0,8
7	1	1	2,5
8	1,5	1,875	2,7692308
9	2	2	2,6
10	2,5	1,375	2,3448276
11	3	0	2,1
12	3,5	-2,125	1,8867925
13	4	-5	1,7058824

Formules saisies :

	A	B	C
1	**Fonctions**		
2	***x***	***f*(*x*)**	***g*(*x*)**
3	-1	=-1,5*A3^2+5,5*A3-3	=(8*A3-3)/(A3^2+1)
4	=A3+0,5	=-1,5*A4^2+5,5*A4-3	=(8*A4-3)/(A4^2+1)

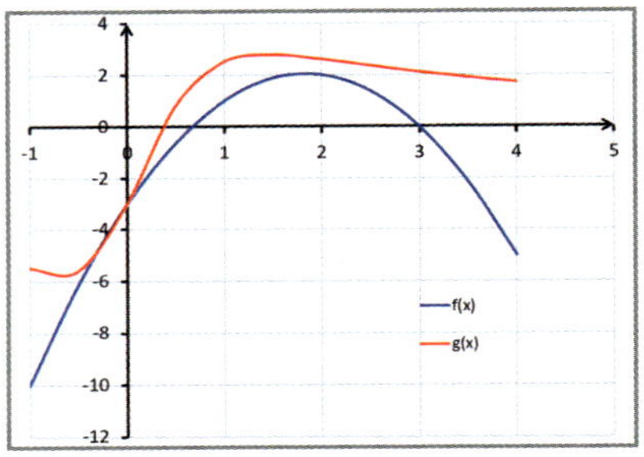

Représentation : sélectionner **A2:C13**

Insertion

On peut améliorer le graphique par **clic droit** sur les différents éléments :

les axes « Mise en forme de l'axe... »,

les courbes...

Pour la police, la couleur... : Calibri (C 10

Tests divers sur les valeurs

La condition : « **Si ...test...** , alors ① ..., sinon ② ... » s'écrit :

SI(test logique ; valeur si vrai ①; valeur si faux ②)

On rappelle que « a est positif ou nul » signifie « $a \geqslant 0$ » et « b est négatif ou nul » signifie « $b \leqslant 0$ »

• **1er test** : savoir pour quelles valeurs de la variable x, $f(x)$ devient **supérieur ou égal** à $g(x)$.

1er test : `=SI(B3>=C3;"f>=g";"f<g")`

	A	B	C	D	E	F
1	**Fonctions**			**Tests divers**		
2	***x***	***f*(*x*)**	***g*(*x*)**	*f*(*x*) ≥ *g*(*x*) ?		
3	-1	-10	-5,5	=SI(B3>=C3;"f>=g";"f<g")		
4	-0,5	-6,125	-5,6	SI(**test_logique**; [valeur_si_vrai]; [valeur_si_faux])		

• **2e test** : savoir pour quelles valeurs de la variable x, $f(x)$ **et** $g(x)$ sont positifs **en même temps**.

2^e test : `=SI(ET(B3>=0;C3>=0);"les 2 positifs";"NON")`

	A	B	C	D	E
1	**Fonctions**			**Tests divers**	
2	***x***	***f*(*x*)**	***g*(*x*)**	*f*(*x*) et *g*(*x*) positifs ?	
3	-1	-10	-5,5	=SI(ET(B3>=0;C3>=0);"les 2 positifs";"NON")	
4	-0,5	-6,125	-5,6	ET(valeur_logique1; **[valeur_logique2]**; [valeu	

• **3^e test** : savoir pour quelles valeurs de la variable x, **au moins l'une** des deux images $f(x)$ **ou** $g(x)$ **est positive.**

3^e test : `=SI(OU(B3>=0;C3>=0);"au moins 1 positif";"aucun positif")`

	A	B	C	D	E	F
1	**Fonctions**			**Tests divers**		
2	***x***	***f*(*x*)**	***g*(*x*)**	*f*(*x*) ou *g*(*x*) positifs ?		
3	-1	-10	-5,5	=SI(OU(B3>=0;C3>=0);"au moins 1 positif";"au		
4	-0,5	-6,125	-5,6	OU(valeur_logique1; **[valeur_logique2]**; [valeu		

	A	B	C	D	E	F
1	Fonctions			Tests divers		
2	*x*	*f*(*x*)	*g*(*x*)	*f*(*x*) ≥ *g*(*x*) ?	*f*(*x*) et *g*(*x*) positifs ?	*f*(*x*) ou *g*(*x*) positifs ?
3	-1	-10	-5,5	f<g	NON	aucun positif
4	-0,5	-6,125	-5,6	f<g	NON	aucun positif
5	0	-3	-3	f>=g	NON	aucun positif
6	0,5	-0,625	0,8	f<g	NON	au moins 1 positif
7	1	1	2,5	f<g	les 2 positifs	au moins 1 positif
8	1,5	1,875	2,7692	f<g	les 2 positifs	au moins 1 positif
9	2	2	2,6	f<g	les 2 positifs	au moins 1 positif
10	2,5	1,375	2,3448	f<g	les 2 positifs	au moins 1 positif
11	3	0	2,1	f<g	les 2 positifs	au moins 1 positif
12	3,5	-2,125	1,8868	f<g	NON	au moins 1 positif
13	4	-5	1,7059	f<g	NON	au moins 1 positif

4 • Tableau croisé dynamique

Étude d'un exemple : dans deux magasins de vêtements Mag1 et Mag2, travaillent cinq vendeurs : Albe, Ben, Linda, Mina et Ninon. On peut trier ces données selon plusieurs critères.

On place le curseur sur une cellule du tableau, on clique sur l'onglet Insertion et sur 

.

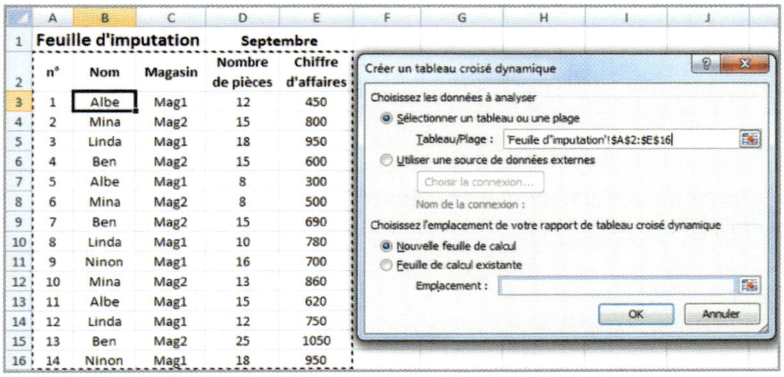

n°	Nom	Magasin	Nombre de pièces	Chiffre d'affaires
1	Albe	Mag1	12	450
2	Mina	Mag2	15	800
3	Linda	Mag1	18	950
4	Ben	Mag2	15	600
5	Albe	Mag1	8	300
6	Mina	Mag2	8	500
7	Ben	Mag2	15	690
8	Linda	Mag1	10	780
9	Ninon	Mag1	16	700
10	Mina	Mag2	13	860
11	Albe	Mag1	15	620
12	Linda	Mag1	12	750
13	Ben	Mag2	25	1050
14	Ninon	Mag1	18	950

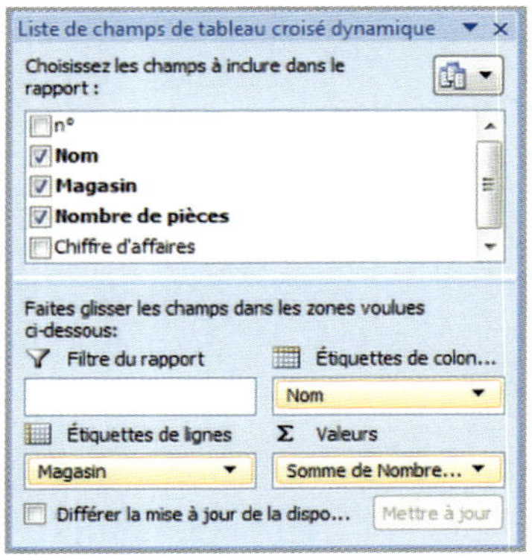

On obtient le **tableau 1** en sélectionnant les deux critères **Nom** et **Magasin**, puis **Nombre de pièces** pour **Σ valeurs** :

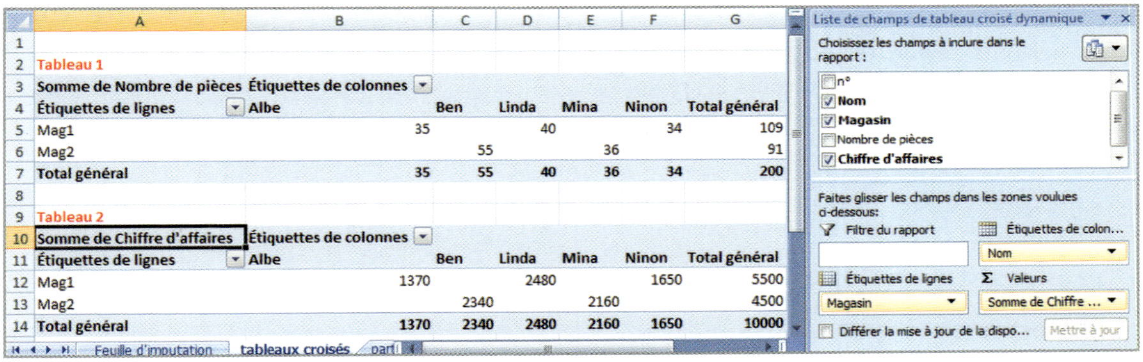

Tableau 1

Somme de Nombre de pièces	Étiquettes de colonnes					
Étiquettes de lignes	Albe	Ben	Linda	Mina	Ninon	Total général
Mag1	35		40		34	109
Mag2		55		36		91
Total général	**35**	**55**	**40**	**36**	**34**	**200**

Tableau 2

Somme de Chiffre d'affaires	Étiquettes de colonnes					
Étiquettes de lignes	Albe	Ben	Linda	Mina	Ninon	Total général
Mag1	1370		2480		1650	5500
Mag2		2340		2160		4500
Total général	**1370**	**2340**	**2480**	**2160**	**1650**	**10000**

On obtient **le tableau 2** par copier-coller à partie de la cellule A10, puis en sélectionnant **Chiffre d'affaires** pour **Σ valeurs** :

Ainsi, on peut faire des lectures de résultats : si Ben réalise plus de ventes, son chiffre d'affaires est plus faible que celui de Mina, et le chiffre d'affaires de Ninon est nettement plus important que celui d'Albe.

On peut aussi calculer, par exemple, les **fréquences marginales en %** pour chaque vendeur, suivant chaque magasin.
Pour cela, ouvrir la **Liste de champs**, cliquer sur la petite flèche ▼ de **Valeurs** et afficher **Paramètres des champs de valeurs** ; et dans l'onglet **Afficher les valeurs**, sélectionner **% par ligne**.

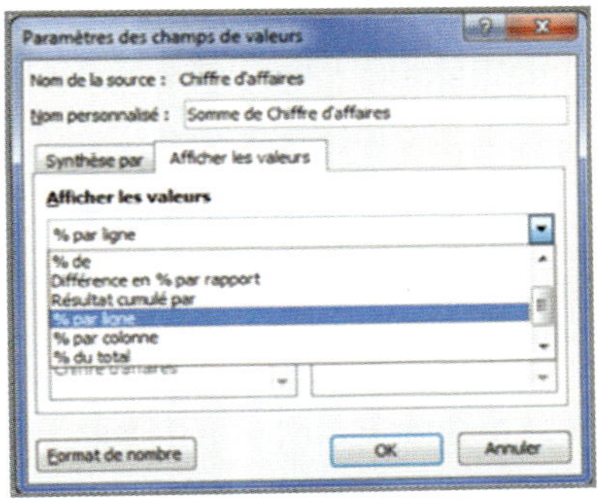

% par magasin	Vendeur					
Magasin	Albe	Ben	Linda	Mina	Ninon	Total général
Mag1	32,11%	0,00%	36,70%	0,00%	31,19%	100,00%
Mag2	0,00%	60,44%	0,00%	39,56%	0,00%	100,00%
Total général	**17,50%**	**27,50%**	**20,00%**	**18,00%**	**17,00%**	**100,00%**

Utilisation de Python

1 • Environnement de travail EduPython

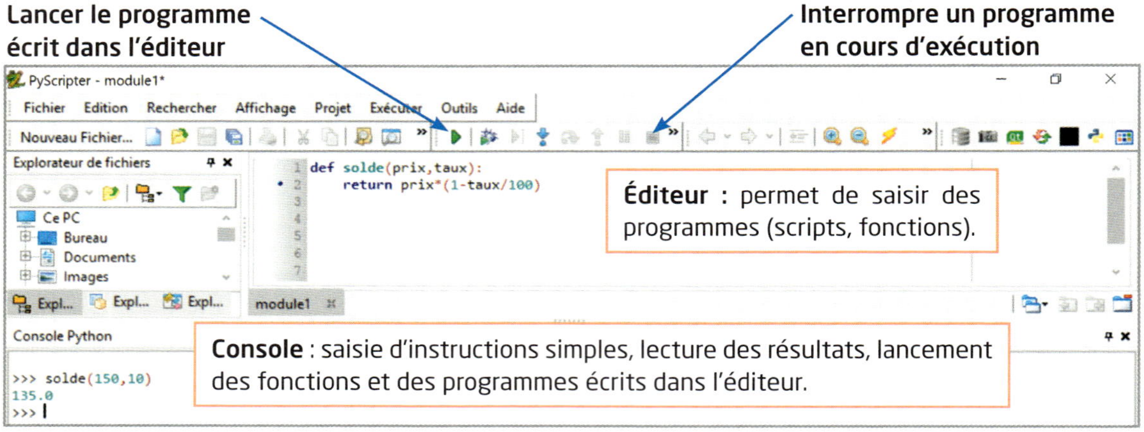

2 • Éléments de base

Variables et différents types de données

- On utilise le symbole « = » pour affecter une valeur à une variable et **print()** pour afficher la valeur d'une variable.

```
prix = 150
print(prix)
```
affiche →
```
>>>
150
```

- Les entiers : **int** (integer). Exemple : **quotient** et **reste** de la division euclidienne : $5 = 2 \times 2 + 1$.

```
>>> 3*5
15
```
```
>>> 5//2
2
```
```
>>> 5%2
1
```

- Les flottants : **float** (floating point number), pour représenter les nombres décimaux et approximer les réels.

```
>>> 5-1.5**2
2.75
```
```
>>> 8**(1/3)
2.0
```

- Les chaînes : **str** (character string), à écrire entre guillemets " " ou ' '.

```
>>> "C'est "+"la vie"
"C'est la vie"
```

- Les booléens : **bool** (boolean), prend la valeur *True* (vrai) ou *False* (faux).

```
>>> 1+1==2
True
```
```
>>> 4/3<5/4
False
```

- Les listes : **list**, une collection d'objets à écrire entre [ ].

```
>>> [x**2 for x in[1,2,3]]
[1, 4, 9]
```

Bibliothèques

Les **bibliothèques** sont des collections de fonctions prédéfinies que l'on appelle si besoin en début de programme avec les instructions **from** bibliothèque **import** liste de fonctions à importer ou **from** bibliothèque **import*** (pour importer toutes les fonctions de la bibliothèque).

Les principales bibliothèques utilisées dans cet ouvrage sont :

- **math** : définit des fonctions mathématiques (sqrt pour racine carrée, sin, cos, ...), ainsi que certaines constantes (pi, ...),
- **random** (random, randint...) gère l'aléatoire en Python,
- **mathplotlib** (plot, show...) gère le graphisme plan en Python.

Fonctions

Syntaxe

def nom_de_la_fonction(paramètre 1, paramètre 2, ...) :
  Instructions
  return résultat (uniquement si la fonction renvoie un résultat)

Pour obtenir un résultat, la fonction doit être appelée dans la console ou par une autre instruction.

```
def f(x):
    return x**2+1
```
```
>>> f(-3)
10
```
```
>>> f(2.1)
5.41
```

Tests et instructions conditonnelles

égalité	différent	⩾	⩽	>	<	et	ou	non
==	!=	>=	<=	>	<	**and**	**or**	**no**

Les résultats de ces tests sont des booléens.

Une seule condition **if**	Deux conditions **if ... else**	Trois conditions et plus **if ......elif ......else**
`def divSansErreur(a,b):` `if b!=0:` `return a/b`	`if x>=2:` `y=2*x+1` `else:` `y=x**2`	`if x>0:` `print("positif")` `elif x<0:` `print("negatif")` `else:` `print('nul')`

```
def divSansErreur(a,b):
    if b!=0:
        return a/b
```

```
if x>=2:
    y=2*x+1
else:
    y=x**2
```

```
if x>0:
    print("positif")
elif x<0:
    print("negatif")
else:
    print('nul')
```

Boucles

- **Boucle bornée ou boucle Pour (for)**

Une boucle **for** *i* **in range(***n***)** s'exécute *n* fois, le compteur *i* allant de 0 à $n-1$.

```
for i in range(5):
    print(i**2)
```

affiche →

```
>>>
0
1
4
9
16
```

range(*n*,*p***)** sont les entiers de *n* à $p-1$.
range(*n*,*p*,*k***)** sont les entiers de *n* à $p-1$ avec un pas de *k*.

Exemple 1 : La fonction suivante renvoie la somme des nombres impairs compris entre 1 et *n*. Tous ces nombres s'ajoutent à la variable *s* qui joue un rôle d'**accumulateur**.

```
def somme_impair(n):
    s = 0
    for i in range(1,n+1,2):
        s = s + 1
    return s
```

Une boucle **for** permet aussi de parcourir tous les éléments d'une liste ou d'une chaîne.

Exemple 2 : La fonction suivante compte le nombre d'apparitions d'une *lettre* dans un *mot*.

```
def compte(mot,lettre):
    nb = 0
    for c in mot:
        if c == lettre:
            nb = nb + 1
    return nb
```

```
>>> compte("bonjour","o")
2
```

La variable *c* parcourt toutes les lettres du *mot*.

- **Boucle non bornée ou boucle Tant que (while)**

Une boucle **while** s'exécute tant que la condition donnée est vérifiée.

```
i=0
while i<5 :
    print(i**2)
    i=i+1
```

affiche →

```
>>>
0
1
4
9
16
```

Il faut s'assurer qu'une boucle **while** s'arrête.
On peut remplacer une boucle **for** par une boucle **while** : penser à initialiser le **compteur** ($i = 0$) et à l'incrémenter ($i = i + 1$).

Pour rechercher à partir de quel rang les termes d'une suite **dépassent un seuil** donné, on utilise une boucle **while** et un **compteur**.

Exemple : On effectue la somme des premiers entiers impairs jusqu'à **dépasser un seuil** fixé. La fonction suivante permet de déterminer le nombre d'entiers nécessaire au dépassement.

```
def seuil_impair(seuil):
    s = 0 # somme des nombres impairs
    n = 0 # compteur
    while s < seuil:
        s = s + 2*n + 1
        n = n + 1
    return n
```

```
>>> seuil_impair(10000)
100
```

Ainsi, pour dépasser 10 000, il faut ajouter les 100 premiers entiers impairs.

3 • Listes

Générer une liste

En extension

La liste vide se note : **[ ]**

Créer une liste en indiquant les valeurs :

```
L=[2,4,6,8]
```

Créer une liste des premiers termes d'une suite arithmétique : **list(range())**

```
>>> list(range(6))
[0, 1, 2, 3, 4, 5]
```

Par ajouts successifs

Ajouter un élément à la fin d'une liste : **append()**

```
>>> M=["a","b","c"]
>>> M.append("d")
>>> M
['a', 'b', 'c', 'd']
```

Concaténer deux listes : **+**

```
>>> ["a","b"]+["d","e"]
['a', 'b', 'd', 'e']
```

En compréhension

Indiquer l'instruction de construction dans la liste.

```
>>> P=[x**3 for x in range(4)]
>>> P
[0, 1, 8, 27]
```

On peut ajouter une condition.

```
>>> [c for c in "kiara" if c!="a"]
['k', 'i', 'r']
```

Manipuler les éléments d'une liste

Ajouter, supprimer

Insérer un élément à une position donnée : **insert()**

Supprimer la première apparition d'une valeur : **remove()**

Supprimer un terme connaissant son indice : **del**

```
>>> M=['a','b',2,3]
>>> M.insert(3,'c')
>>> M
['a', 'b', 2, 'c', 3]
>>> M.remove(2)
>>> M
['a', 'b', 'c', 3]
>>> del M[3]
>>> M
['a', 'b', 'c']
```

Utiliser les indices

Parcourir une liste :

- de gauche à droite, utiliser des indices positifs : L[0], L[1], L[2], L[3], ...
- de droite à gauche, utiliser des indices négatifs : L[-1], L[-2], L[-3], L[-4], ...

```
>>> L=["a","b","c","d"]
>>> print(L[0],L[1],L[2],L[3])
a b c d
>>> print(L[-1],L[-2],L[-3],L[-4])
d c b a
```

Longueur d'une liste

```
>>> len([2,3,5,7])
4
```

Itérer (répéter une action) sur les éléments d'une liste

for *x* **in** *liste* : la variable *x* prend successivement toutes les valeurs de la *liste*.

Exemple : Renvoyer la sous-liste des nombres pairs d'une liste d'entiers.

```
def paire(liste):
    res=[] # résultats
    for a in liste:
        if a%2 == 0 :
            res.append(a)
    return res
```

```
>>> paire([5,4,2,9,7,8])
[4, 2, 8]
```

On obtient le même résultat avec une liste en compréhension.

```
>>> liste=[5,4,2,9,7,8]
>>> [x for x in liste if x%2==0]
[4, 2, 8]
```

for *i* **in range(len(*liste*))** : permet de modifier les éléments de la *liste* ou de renvoyer l'indice d'un terme.

Exemple 1 : Renvoyer le premier indice du maximum d'une liste.

Exemple 2 : Augmenter tous les nombres d'une liste de 20 %.

Les fonctions **min()** ou **max()** renvoient le **minimum** ou le **maximum** d'une liste.

```
def indice_du_max(L):
    m = max(L)
    for i in range(len(L)):
        if L[i] == m:
            return i
```

```
>>> L=[1.5,10,-5,8,10]
>>> indice_du_max(L)
1
```

```
def rajouttva(prix):
    for i in range(len(prix)):
        prix[i] = prix[i]*1.20
    return prix
```

```
>>> rajouttva([20,100,2016])
[24.0, 120.0, 2419.2]
```

Exemple : Création d'une liste

On veut créer la liste des multiples de 13, inférieurs à 100.

- Liste en **extension** `L=[0,13,26,39,52,65,78,91]`
- Liste en **extension** de 0 à « écraser »

```
L=[0]*8 #L=[0,0,0,0,0,0,0,0]
for i in range(8):
    L[i] = 13*i
```

- Liste par **ajouts successifs** avec une **boucle bornée**

```
L=[]
for i in range(8):
    L.append(13*i)
```

```
L=[]
for n in range(0,101,13):
    L.append(n)
```

- Liste par **ajouts successifs** avec une **boucle non bornée**

```
L=[]
i = 0
while 13*i<=100:
    L.append(13*i)
    i = i+1
```

```
L=[]
n = 0
while n<=100:
    L.append(n)
    n = n + 13
```

- Liste en **compréhension** sans condition

```
L=[13*i for i in range(8)]
L=[n for n in range(0,101,13)]
```

- Liste en **compréhension** avec condition

```
L=[n for n in range(101) if n%13==0]
```

Exemple : Somme des termes d'une liste

- Écriture d'un script de parcours de liste utilisant un **accumulateur.**

```
def somme_liste(L):
    S = 0
    for x in L:
        S = S + x
    return S
```

```
>>> L=[1,2,3,5,6]
>>> somme_liste(L)
17
```

- Utilisation de la fonction **sum()**

```
>>> sum([1,2,3,5,6])
17
```

4 • Aléatoire avec la bibliothèque random

- **randint(1,20)** : renvoie un entier entre 1 et 20 inclus.
- **random() :** renvoie un décimal de [0 ; 1 [.
- **uniform(*a*,*b*)** renvoie un décimal de [*a* ; *b*].

a et *b* sont des flottants.

Exemple : Simuler *n* lancers de dé à 6 faces

```
from random import randint
def lance_dé(n):
    L=[randint(1,6) for i in range(n)]
    return L
```

```
>>> lance_dé(3)
[4, 4, 1]
```

5 • Graphisme avec la bibliothèque matplotlib

- **import matplotlib.pyplot as plt** permet d'accéder aux fonctions graphiques.
- **plt.plot()** : trace des nuages de points ou des courbes représentatives.
- **plt.grid()** : affiche le quadrillage.
- **plt.show()** : en fin de script affiche la fenêtre graphique.
- **plt.axis('equal')** : impose un repère orthonormé.
- **plt.hist()** : crée un histogramme.

Exemple : Afficher la **courbe représentative** de la fonction $x \mapsto x^2$ pour x allant de -1 à 4 et les 5 premiers points du **nuage de points** associé à la suite u, où $u(n) = n^2$.

```
import matplotlib.pyplot as plt
def carré(x):
    return x**2
abs = [-1+h*0.01 for h in range(501)]
ord = [carré(x) for x in abs]
plt.plot(abs,ord,'k--') #noir : k,courbe en pointillés
L=[n**2 for n in range(5)]
plt.plot(L,'r*') #rouge : r, points en étoiles
plt.show()
```

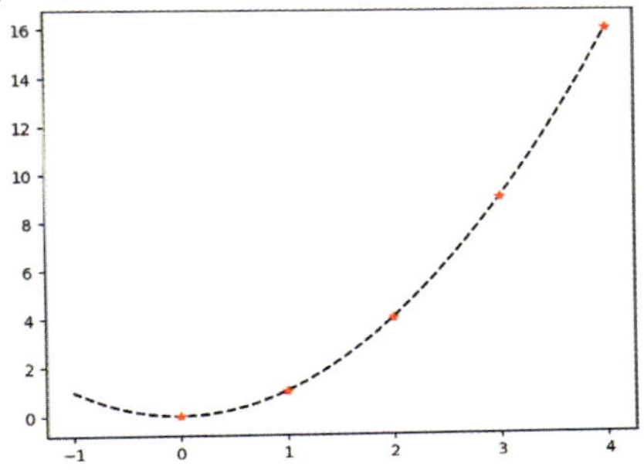

Exercices

Python

1 On désire créer la liste *ala3* constituée des 10 premiers entiers non nuls, élevés à la puissance 3. Parmi les listes proposées ci-dessous, laquelle permet de **générer** la liste *ala3*.

a) `L=[n**3 for n in range(10)]`
b) `M=[n**3 for n in range(11)]`
c) `N=[n**3 for n in range(1,10)]`
d) `P=[n**3 for n in range(1,11)]`

2 On considère la liste L, à **générer** :

```
L=[x**2 for x in range(20) if x%3==0]
```

Recopier et compléter par la réponse obtenue :

a) L[0] = ... **b)** L[3] = ... **c)** L[-1] = ...
d) len(L) = ... **e)** L[-2] = ... **f)** L[7] = ...

3 On considère la liste G obtenue par **extension** :

```
G=[1,2,'a','b',5,6,'d']
```

Recopier et compléter le tableau ci-dessous :

Instruction à saisir	Résultat obtenu
	'a'
G[0]	
	'd'
G[-3]	

4 Parmi les scripts proposés, identifier ceux qui permettent d'obtenir la liste :

```
[25, 225, 625, 1225, 2025]
```

a) `[n**2 for n in range(50) if n%5==0 and n%2!=0]`
b) `[5*n**2 for n in range(10) if n%2!=0]`
c)
```
N = []
n = 1
while n<50 :
    if n%5==0 :
        N.append(n**2)
    n = n+2
print(N)
```

5 Parmi les listes suivantes, données en **compréhension**, indiquer celles qui peuvent simuler cinq lancers d'un dé à 6 faces parfaitement équilibré.

```
from random import *
L=[randint(1,6) for n in range(5)]
M=[6*random() for n in range(5)]
N=[n for n in range(1,7)]
P=[int(uniform(1,6)) for n in range(5)]
```

> Chapitre 3

6 On considère la suite u définie par :
u(0) = 1 et pour tout entier naturel n non nul :

$$u(n+1) = 2\,u(n) - 3.$$

Afin d'obtenir les différents termes de cette suite on utilise la fonction **suite_u()**.

```
def suite_u(n):
    u = 1
    for i in range(n):
        u = 2*u - 3
    return u
```

a) Que faut-il saisir dans la console pour faire afficher le 5e terme de la suite ?

b) Comment utiliser la fonction **suite_u()** pour créer, en **compréhension**, la liste des 10 premiers termes de cette suite ?

> Chapitre 1

7 Afin de fidéliser ses salariés, une entreprise propose une augmentation de salaire de 0,8 % par an.
M. Abel est embauché par l'entreprise en 2019, son premier salaire net est de 1 171,34 €.
Afin d'estimer son évolution salariale on propose l'algorithme ci-dessous :

```
i ← 0
u ← 1171,34
Tant que i < n
    u ← u × 1,008
    i ← i+1
fin Tant que
```

a) Écrire cet algorithme à l'aide d'une fonction Python.

b) Quel sera le salaire net de M. Abel en 2030 ?

c) Comment modifier cette fonction pour déterminer le nombre d'années nécessaires pour obtenir un salaire de plus de 1 500 € ?

> Chapitre 1

8 Soit f la fonction définie sur [- 2 ; 2] par :

$$f(x) = 3x^2 - x - 5$$

On admet que l'équation $f(x) = 0$ possède une seule solution dans [– 2 ; 0].
Afin de déterminer un encadrement, à 10^{-1} près de cette solution, on propose la fonction :

```
def sol(a,b,prec):
    while f(a)*f(a+prec)>0 and a+prec<=b:
        a = a + prec
    return round(a,1),round(a+prec,1)
```

a) Expliquer la condition de la boucle **while**.

b) Que faut-il saisir comme instruction dans la console pour répondre au problème ?

c) On admet que l'équation $f(x) = 0$ possède une autre solution dans [0 ; 2].

Peut-on utiliser la même fonction pour déterminer un encadrement à 10^{-1} près de cette autre solution ? Si oui, que faut-il saisir dans la console ?

> Chapitre 2

9 ABCD est un carré de côté 4 cm.
E est un point de [AB].
F est un point de [DA] tel que AF = AE.
G est un point de [CB] tel que BE = BG.
On cherche à estimer la position du point E sur [AB] pour que l'aire du quadrilatère EFCG soit maximale.

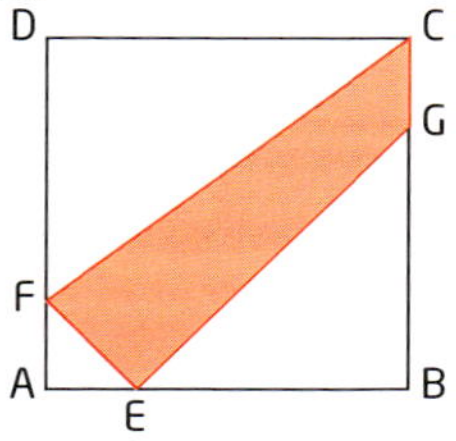

a) Créer une fonction **aire()** qui, connaissant la longueur AE, renvoie l'aire de EFCG.

b) Créer une liste des valeurs prises par l'aire du quadrilatère EFCG, lorsque AE décrit [0 ; 4] avec un pas de 0,1 .

c) En déduire l'aire maximale, ainsi que la position de E sur [AB] correspondante.

> Chapitre 2

10 Afin de gagner un peu d'argent, des étudiants achètent un lot de verres gravés dans un vide-grenier. Ils dépensent 120 € pour réaliser cet achat. En ouvrant la boîte, ils constatent que deux verres sont cassés.
Ils décident de revendre chaque verre 5 € de plus que le prix payé pour un verre (cassé ou non). Ils revendent tous les verres (non cassés) et ils font un bénéfice de 30 €.
Afin de déterminer le nombre *n* de verres initialement achetés, on propose le script ci-contre.

```
n = 0
while n**2-8*n-48<0:
    n = n + 1
print(n)
```

a) Expliquer la condition de la boucle **while**.

b) Combien de verres ont-ils acheté ?

c) Quel était le prix d'un verre acheté au vide-grenier, cassé ou non ?

> Chapitre 2

11 À l'aide d'une calculatrice, on peut déterminer le nombre dérivé d'une fonction f en un nombre a. L'algorithme utilisé pour faire ce calcul se traduit en Python par la fonction suivante :

```
def nbre_der(a,h):
    return (f(a+h)-f(a-h))/(2*h)
```

On considère la liste :

```
val = [-5+pas for pas in range(11)]
```

a) Donner le contenu de la liste *val*.
b) En prenant pour f la fonction cube et la valeur 0,001 pour h, calculer les images de la liste *val* par la fonction **nbre_der()**.
c) Créer la liste des nombres dérivés par la fonction cube, des valeurs de la liste *val*.
d) Comparer les listes obtenues en **b)** et **c)**.

> Chapitre 4

12 On donne la fonction **ecarttype()** :

```
1  from math import sqrt
2  def ecarttype(donnees) :
3      som_carre=0
4      total=0
5      efftot=len(donnees)
6      for v in donnees:
7          som_carre=som_carre+v**2
8          total=total+v
9      variance=som_carre/efftot-(total/efftot)**2
10     ecartt=sqrt(variance)
11     return ecartt
```

Le paramètre de la fonction **ecarttype()** qui s'appelle *donnees* est une liste.
On admet que la fonction **ecarttype()** renvoie l'écart type de la liste *donnees*.
a) Que représente la variable *efftot* ?
b) Décrire le fonctionnement des lignes 6 à 8.
c) La série suivante donne les tailles en mètre des joueurs français ayant participé à la finale de football de la coupe du monde 2018 :
[1.88 , 1.86 , 1.91 , 1.82 , 1.84 , 1.91 , 1.68 , 1.78 , 1.75 , 1.75 , 1.92 , 1.73 , 1.81 , 1.96].
Déterminer l'écart-type de cette série de valeurs en utilisant la fonction précédente.

> Chapitre 3, atelier 7

13 On souhaite simuler 100 résultats de la somme de deux dés à 6 faces bien équilibrés.
a) Créer une liste nommée *sommes* correspondant à ces 100 résultats.
b) Compléter le script de la fonction suivante qui renvoie le nombre de 7 obtenu dans la liste *li*.

```
def nombre7(li):
    nb7=0
    for n in li:
        if ...:
            ...
    return ...
```

c) En utilisant le modèle précédent, écrire une fonction **nombres_entre_5_et_9()** qui renvoie le nombre de résultats entre 5 compris et 9 compris.

> Chapitre 3

Exercices

Python

14 L'iode 131 est un produit radioactif utilisé en médecine. Chaque jour, 8,3 % des noyaux d'iode 131 se désintègrent.

a) Compléter la fonction ci-dessous afin qu'elle renvoie le nombre de noyaux d'iode 131 encore présents après *N* jours lorsqu'on dispose initialement d'un échantillon contenant *q* noyaux.

```
def iode(N,q):
    for ......:
        q=...
    return ...
```

b) En déduire le nombre de noyaux présents après 10 jours lorsque l'échantillon initial comporte 10^5 noyaux d'iode 131.

c) Modifier la fonction précédente pour déterminer le nombre de jours à partir duquel la moitié de la quantité d'iode 131 aura disparu dans l'échantillon précédent. Cette durée s'appelle la demi-vie de l'iode 131.

d) Le taux de désintégration de l'uranium 234 est de 0,02 % par siècle. Quelles modifications faut-il apporter aux scripts précédents pour trouver la demi-vie de l'uranium 234, pour une population initiale de 10^3 noyaux ?

> Chapitre 1
> Automatisme 1

15 Cécile veut apprendre à skier. Elle prend le téléski. La première fois qu'elle le prend, elle tombe après 60 m. Elle décide d'insister jusqu'à ce qu'elle arrive en haut de la piste. Chaque fois qu'elle reprend le téléski, elle parcourt 11 m de plus que la fois précédente.

a) Écrire une fonction **tski()** qui renvoie la distance parcourue sans tomber, en fonction du nombre d'essais réalisés.

b) En vous aidant de la fonction précédente, déterminer le nombre d'essais nécessaires pour arriver en haut de la piste, sachant que le téléski a une longueur totale de 235 m.

c) La vitesse du téléski est de 1,5 m/s. Adapter le script précédent pour qu'il renvoie le temps que Cécile a passé sur ce remonte-pente.

> Chapitre 1

16 f est la fonction définie sur $[0\,;2]$ par $f(x)=x^2$ et soit $\mathscr{C}$ la courbe représentative de f.
On souhaite estimer la longueur de $\mathscr{C}$. Pour cela, on va remplacer l'arc de parabole par une ligne brisée. L'estimation sera d'autant plus précise que le nombre de points sera important.

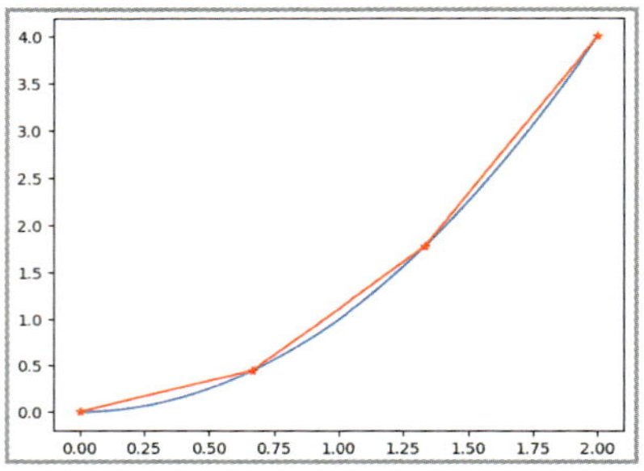

a) Écrire une fonction **longueur()** qui calculera la longueur d'un segment, connaissant les coordonnées des points situés aux extrémités.

b) Créer une fonction **brisée()** qui renvoie les coordonnées de points régulièrement espacés sur $\mathscr{C}$. Le premier point sera O(0 ; 0) et le dernier (2 ; 4). Pour définir une ligne brisée à 4 segments, donc 5 points, on obtiendra comme résultat :

```
>>> brisée(4)
([0.0, 0.5, 1.0, 1.5, 2.0],
[0.0, 0.25, 1.0, 2.25, 4.0])
```

c) Compléter la fonction ci-contre afin qu'elle renvoie la longueur de la ligne brisée obtenue avec *n* segments.

```
def long_courbe(n):
    long = 0
    (abs,ord)=brisée(n)
    for i in range(n):
        long = long + longueur(...)
    return long
```

Expliquer le rôle des variables *abs* et *ord*.

d) Quelle estimation obtient-on avec une ligne brisée de 100 segments ?

> Chapitre 2

17 On considère la suite définie par u(0) = 1 et $u(n+1)=\cos(u(n))$.

a) On souhaite obtenir une liste des premiers termes de cette suite. Pour cela, écrire une fonction **suite_cos()** qui renvoie le terme de la suite connaissant son indice.
En utilisant une **liste en compréhension**, faire afficher les 50 premiers termes de cette suite. Les résultats seront arrondis à 10^{-6} près.

Quelle conjecture pouvez-vous émettre en observant le résultat ?

b) On décide de reprendre le calcul précédent en changeant la valeur de u(0).
Modifier les scripts de la question **a)** pour faire afficher la liste des 50 premiers termes lorsque $u(0)=2$, puis lorsque $u(0)=10$.
Quelle conjecture pouvez-vous émettre en observant les résultats précédents ?

c) On admet que l'équation $cos(x)=x$ possède une unique solution, a, dans $\mathbb{R}$.
Expliquer pourquoi a est compris entre -1 et 1.

d) Compléter la fonction **sol()** ci-dessous afin qu'elle affiche une valeur approchée de a avec une précision h.
On pourra s'aider de la fonction f définie par $f(x) = cos(x) - x$ qu'il faudra programmer.

```
def sol(h):
    x=...
    while ...... :
        x = ...
    return ...
```

e) Déterminer une valeur approchée de a à 10^{-6} près. Comparer ce résultat avec les conjectures émises à la question **b)**.

> Chapitre 5

18 On se place dans un repère orthonormé dans lequel on considère les trois points $A(x_A\,;y_A)$; $B(x_B\,;y_B)$ et $C(x_C\,;y_C)$.
On souhaite savoir si le triangle ABC est rectangle.

a) Écrire une fonction **triangle(**xA,yA,xB,yB,xC,yC**)** qui renvoie *True* si le triangle ABC existe et *False* dans le cas contraire.

b) Proposer une fonction **vecteur()** qui connaissant les coordonnées de deux points A et B renvoie les coordonnées du vecteur $\overrightarrow{AB}$.

c) Proposer une fonction **ortho()** qui connaissant les coordonnées de deux vecteurs renvoie *True* si ils sont orthogonaux et *False* dans le cas contraire.

d) Utiliser les fonction précédentes pour créer une fonction **rect()** qui réponde au problème. Cette fonction affichera aussi, s'il existe, le sommet pour lequel l'angle est droit.

> Chapitre 6

19 On considère les suite z et r définies par :
$z(0)=16$ et, pour tout entier naturel n non nul,
$z(n+1)=\dfrac{1+i}{2}z(n)$ et $r(n)=|z(n)|$.

Soit A_n le point d'affixe $z(n)$.

a) On souhaite représenter le nuage de points formé par les points A_0 à A_n. La valeur de n est choisie par l'utilisateur.
Pour cela, on propose la fonction **fig()** ci-dessous :

```
import matplotlib.pyplot as  plt
def fig(n):
    abs=[16]
    ord=[0]
    for i in range(1,n+1):
        abs.append(0.5*(abs[i-1]-ord[i-1]))
        ord.append(0.5*(abs[i-1]+ord[i-1]))
    plt.plot(abs,ord)
    plt.show()
```

Montrer que les listes *abs* et *ord* contiennent, respectivement, les abscisses et les ordonnées des points A_0 à A_n.
b) On appelle L_n la longueur de la ligne brisée allant de A_0 à A_n, $L_n = A_0A_1 + A_1A_2 + ... + A_{n-1}A_n$.
Montrer que pour tout réel k :

$$A_kA_{k+1} = \frac{\sqrt{2}}{2}r(k+1).$$

c) Écrire une fonction **long()** qui, connaissant le nombre de points constituant la ligne brisée, renvoie sa longueur.

> Chapitre 7

20 On dispose d'une lentille convergente de distance focale $OF = OF' = f = 5$ cm.

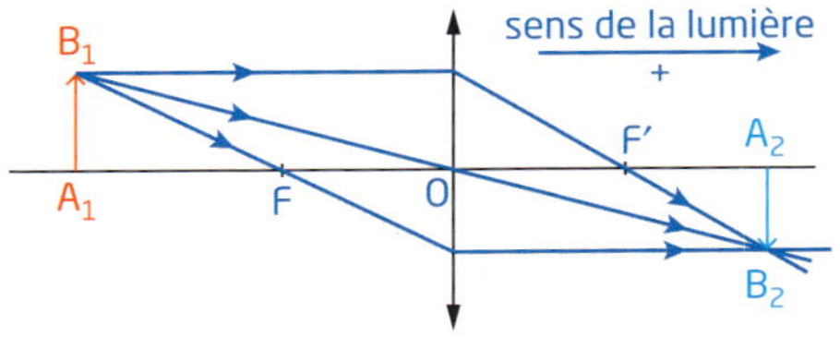

La formule de conjugaison de Descartes est :
$\dfrac{1}{x_{A_2}} - \dfrac{1}{x_{A_1}} = \dfrac{1}{f}$ où x_{A_1} et x_{A_2} sont les abscisses respectives de A_1 et A_2.

a) Montrer que la fonction **image()** ci-dessous permet de déterminer l'abscisse de A_2 connaissant celle de A_1.

```
def image(x):
    return 5*x/(x+5)
```

b) En utilisant une **liste en compréhension**, déterminer la liste des abscisses de A_2 lorsque les abscisses de A_1 décrivent la liste :

```
abs1=[-10+h for h in range(5)]
```

c) En vous inspirant de la question précédente, déterminer une liste d'abscisses de A_2 lorsque A_1

est compris entre O et F, A_1 restant différent de O et de F, puis lorsque A_1 est à droite de O.

d) En utilisant les résultats précédents, conjecturer la position du point A_2 en fonction de la position du point A_1.

> Chapitre 8

21 On représente un polynôme par la liste de ses coefficients classés dans l'ordre décroissants des puissances de x.
Ainsi [2, 3, 1] représente $2x^2+3x+1$.

a) Écrire x^3-4x+1 sous forme de liste, puis donner le polynôme représenté par la liste [1, 0, –2, 3].

b) Compléter la fonction **derivee()** afin qu'elle renvoie sous forme de liste la dérivée du polynôme *poly* transmis en argument.

```
def derivee(poly):
    n = len(poly)-1
    deri = []
    for i in range(...):
        deri.append(...)
        n = n -1
    return deri
```

c) Écrire sur le même modèle une fonction **primitive()** renvoyant une primitive d'un polynôme.

> Chapitre 8

Pour aller plus loin

22 Un composé organique est un composé dont l'un des éléments chimiques constitutif est le carbone, de symbole C. On décide d'étudier la combustion complète de composés organiques constitués d'atomes de carbone, d'hydrogène (H) et d'oxygène (O). On sait que cette combustion dans du dioxygène (O_2) produit du dioxyde de carbone (CO_2) et de l'eau (H_2O). Par exemple, la combustion de l'éthanol (C_2H_6O) est décrite par l'équation bilan :

$$C_2H_6O+3O_2 \rightarrow 2CO_2+3H_2O.$$

Cette équation est « équilibrée » car chaque élément chimique présent avant la réaction est présent dans la même quantité en fin de réaction.
On considère l'équation bilan :

$$a\,C_mH_nO_p+b\,O_2 \rightarrow d\,CO_2+e\,H_2O$$

a) On suppose que $a=1$.
Exprimer en fonction de m, n et p les nombres b, d et e.

b) Écrire une fonction **eq_bilan()** qui, connaissant les valeurs de m, n et p, permet de trouver des valeurs de a, b, d et e, sachant que ces valeurs doivent être des nombres entiers.

23 On propose la fonction **coincidence()** dont le script est donné ci-dessous.
Le paramètre de cette fonction est une liste.

```
def coincidence(liste):
    idem = 0
    n = len(liste)
    for i in range(n-1):
        for j in range(i+1,n):
            if liste[i] == liste[j]:
                idem = 1
    return idem
```

a) Après avoir testé plusieurs fois cette fonction avec des listes de votre choix, expliquer ce qu'elle permet de réaliser.

b) On souhaite estimer la probabilité que dans un groupe de n personnes, au moins deux d'entre elles aient le même jour d'anniversaire.
On ne considère que des années de 365 jours.
En utilisant une **liste en compréhension**, simuler les jours d'anniversaire de 20 personnes, puis de 30 personnes choisies au hasard.
Utiliser la fonction **coincidence()** pour déterminer si deux personnes ont le même jour d'anniversaire.

c) On réalise n fois l'expérience qui consiste à compter le nombre de fois où parmi N personnes, au moins deux ont le même jour d'anniversaire.
L'instruction *res*.**count(1)** permet de compter le nombre de fois où la valeur 1 apparaît dans la liste *res*.
Compléter la fonction **anniv()** pour qu'elle réponde au problème.

```
def anniv(n, N):
    res=[]
    for i in range(n):
        L= ...
        ...
    identique = res.count(1)
    return ...
```

En déduire une estimation du nombre minimal de personnes à considérer pour qu'au moins deux d'entre elles aient le même jour anniversaire avec une probabilité supérieure à 0,5.

Index

Index

Index

Crédits photographiques

Pages : 11 : Leemage/Photo Josse - *Le prêteur et sa femme*, 1514 Quentin Metsys Musée du Louvre, Paris ; **17** : iStockphoto/AndreaReh ; **18** : **h** : Bridgeman Art Library/Museum of Fine Arts, Houston, USA, **b** : iStockphoto/sutsaly ; **20** : iStockphoto/Stolk ; **21** : iStockphoto/FlamingPumpkin ; **23** : Leemage/Photo Josse ; **34** : iStockphoto/PeopleImages ; **36** : iStockphoto/Travel and Still life Photographers ; **37** : iStockphoto/Kaycco ; **41** : © BNU Strasbourg - *La Géométrie* de Descartes, 1664, Leemage/Photo Josse «René Descartes» d'après une peinture de Frans Hals (l'Ancien) 1581/1585-1666 Musée du Louvre, Paris ; **43** : iStockphoto/Stieglitz ; **46** : iStockphoto/erierika ; **48** : iStockphoto/Peopleimages ; **50** : iStockphoto/middelved ; **51** : iStockphoto/hudiemm ; **56** : iStockphoto/hobo_018 ; **58** : iStockphoto/deeplblue4you ; **60** : © Casa Batlló-Gaudí-Barcelona (www.casabatllo.es) ; **61 h** : iStockphoto/Nnehring, **b** : iStockphoto/Halfpoint ; **62** : iStockphoto/querbeet ; **63** : iStockphoto/Reptile8488 ; **65** : Le Figaro Magazine/Jacques Torregano ; **77** : iStockphoto/urfinguss ; **78** : iStockphoto/urfinguss ; **82** : iStockphoto/Leonsbox ; **83** : iStockphoto/nautiluz56 ; **84** : iStockphoto/golubovy ; **85** : iStockphoto/FatCamera ; **86** : iStockphoto/MichaelUtech ; **87** : iStockphoto/Ingalvanova ; **88** : Photononstop/Alain Le Bot ; **89** : iStockphoto/blyjak ; **90** : iStockphoto/cookelma ; **92** : iStockphoto/eli77 ; **93** : iStockphoto/margouillatphotos ; **95** : Pressesports/Expa/JFK ; **100** : iStockphoto/Punkbarby ; **103** : iStockphoto/Imgorthand ; **111** : iStockphoto/railectropower ; **113** : iStockphoto/fiphoto ; **114** : Réa/Laif/Kristoffer ; **117** : Leemage/Bianchetti Coll. privée ; **118** : Andia/Alpaca/Lafabregue ; **128** : istockphoto/Artranq ; **136** : istockphoto/Miyuki-3 ; 139 : iStockphoto/Aeronautpix ; **152** : istockphoto/THEGIFT777 ; **154** : istockphoto/Lozlil_Mozlik ; **156** : : istockphoto/Instants ; **157** : © SNA- GSO/SIA - « Spécimen reproduit avec l'autorisation du SIA n°E02/2019 ». ; **157** : Leemage/Artedia ; **173** : Akg-Images/SPL/"West-indische paskaert, 1660" Pieter Goos (1616-1675) Library of Congress/Geography & Map Division, Washington ; **174** : © ETH Library Zürich - *Éléments d'algèbre*, Lyon : Bruyset, 1795 par Léonard Euler ; **176** : istockphoto/pelucco ; **179** : Leemage/Whiteimages ; **180** : AKG-Images/picture-alliance-dpa ; **189** : istockphoto/rwarnick ; **199** : istockphoto/APeriamPhotography ; **200** : AFP/Anadolu Agency/Fatih Erel ; **202** : istockphoto/dennivsvdw ; **204** : Pressesports/Inpho/James Crombie ; **205** : Réa/Nicolas Tavernier.

Algorithmique et programmation en Python

Description — Algorithmique — En langage Python

1 • Variables

Affectation
Donner une valeur à une variable. L'affectation $a \leftarrow a+1$ s'appelle une incrémentation.

$a \leftarrow 2$
a **prend la valeur** 2

Une affectation se fait avec =.
a +=1 signifie $a = a+1$.
Un test d'égalité se fait avec ==.

```
>>> a = 2
>>> a +=1
>>> a == 3
True
```

Affichage et saisie
Peu utilisé au lycée

Afficher n
Saisir n

```
print(n)
n = eval(input("Entrer n : "))
```

2 • Fonctions

Une fonction en Python est un programme réalisant une suite d'actions et/ou renvoyant une ou plusieurs valeurs.

Fonction le_nom :
Dessine un carré...

Fonction poly(x) :
Renvoie $x^3 - 2$

```
import matplotlib.pyplot as plt
def dessine_carre(c):
    plt.plot([c,c,-c,-c,c],[c,-c,-c,c,c])

def poly(x):
    return x**3-2
```

La saisie des variables est remplacée par les paramètres de la fonction.
Le résultat renvoyé par l'instruction **return** s'affiche automatiquement si une fonction est appelée dans la console.

```
>>> poly(3)
25
```

3 • Instructions conditionnelles

L'instruction conditionnelle ou le bloc d'instructions ne s'exécute que si la condition donnée est vérifiée.

Si < **condition** > faire :
  Bloc d'instructions
Fin Si

On peut indiquer des instructions s'exécutant dans le cas contraire.
En Python, elif permet d'enchaîner les instructions conditionnelles.

Si < **condition** > faire :
  bloc d'instructions
Sinon, faire :
  bloc d'instructions
Fin Si

```
if IMC>=18.5 and IMC<25:
    print("Normal")
elif IMC<18.5:
    print("Dénutrition")
else:
    print("Surpoids/Obésité")
```

4 • Boucle non bornée : tant que ou while

La boucle **while** s'exécute tant qu'une condition donnée est vérifiée. En Python, l'indentation indique la fin d'une boucle.

Tant que < **condition** > faire :
  bloc d'instructions
Fin tant que

```
n = 0
while 100*1.05**n < 200:
    n = n + 1
print(n)
```

5 • Boucle bornée : pour ou for

La boucle **for** s'exécute en énumérant un par un tous les éléments d'une liste ou tout autre objet dit itérable, comme les chaînes de caractères.

Pour i allant de 1 à 10, faire :
  bloc d'instructions
Fin pour

```
for i in range(1,11):
    dessine_carre(i) # fonction définie
plt.show()           # plus haut
```

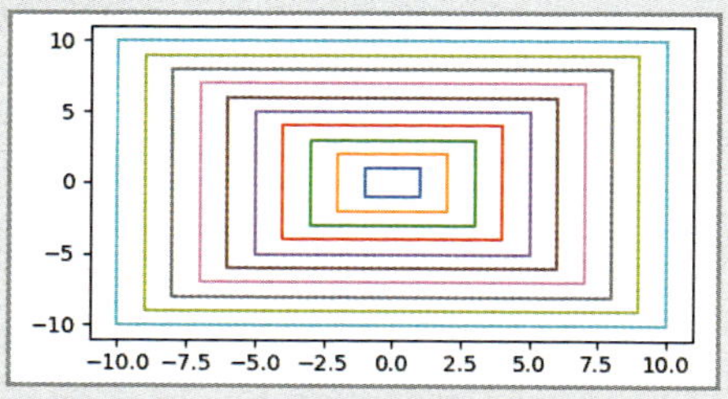

La fonction range() crée une suite d'entiers à parcourir.

• range(n) renvoie les n premiers entiers naturels : $0, 1, 2, ..., n-1$.

• range(n,p,k) renvoie la suite des entiers allant de n inclus à p exclu avec un pas de k.

Pour i allant de 0 à 100 avec un pas de 2, faire :

```
for i in range(0,101,2):
```

• Avec une liste de mots, le script ci-dessous, exécuté, renvoie le résultat ci-contre.

```
fruits = ["melon","pomme","banane"]
for mot in fruits:
    print(mot,"commence par",mot[0])
    print(mot,"termine par",mot[-1])
```

```
melon commence par m
melon termine par n
pomme commence par p
pomme termine par e
banane commence par b
banane termine par e
```

Automatismes

Sommaire

A ● Proportions et pourcentages

B ● Évolutions et variations

C ● Calcul numérique et algébrique

D ● Fonctions et représentations

E ● Représentations graphiques de données chiffrées

A ● Proportions et pourcentages

1 Calculer, appliquer, exprimer une proportion sous différentes formes

Calculer une proportion et l'exprimer

Soit E un ensemble ayant N éléments et A une partie de E ayant n éléments :

$\text{Card}(E) = N$ et $\text{Card}(A) = n$

La proportion de A dans E est $p = \dfrac{n}{N}$.

Comme $A \subset E$, alors : $\text{Card}(A) \leqslant \text{Card}(E)$ et $p \in [0\,;1]$

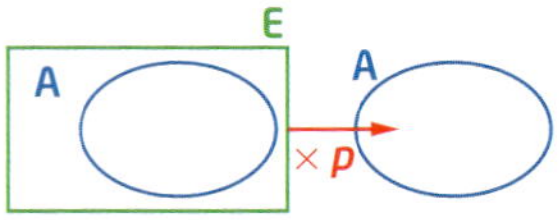

Exemple : Dans une classe de 32 élèves, il y a 8 filles. La proportion de filles est $p = \dfrac{8}{32}$.

On peut l'exprimer sous trois formes :

- **en écriture décimale :** 0,25
- **sous forme fractionnaire :** $\dfrac{8}{32} = \dfrac{25}{100} = \dfrac{1}{4}$
- **en pourcentage :** 25 %

Ainsi, on écrit $25\,\% = \dfrac{25}{100} = 0{,}25 = \dfrac{1}{4}$.

1. Calculer la proportion de A dans E dans les cas suivants, et donner les 3 écritures possibles.

a) 12 élèves de A dans une classe E de 30.

b) Dans un groupe E de 60 personnes, un sous-groupe A de 45 femmes.

c) 5 Anglais dans une entreprise E de 80 salariés.

2. Recopier et compléter les égalités suivantes.

a) $\dfrac{8}{100} = \ldots$ b) $\dfrac{64}{100} = \ldots$ c) $\dfrac{1}{5} = \ldots\,\%$

d) $0{,}02 = \dfrac{\ldots}{100}$ e) $\dfrac{1}{20} = \ldots\,\%$ f) $0{,}45 = \dfrac{\ldots}{100}$

3. Recopier et compléter les égalités suivantes.

a) $75\,\% = \dfrac{\ldots}{4}$ b) $80\,\% = \dfrac{\ldots}{5}$ c) $33\,\% \approx \dfrac{1}{\ldots}$

d) $16{,}7\,\% \approx \dfrac{1}{\ldots}$ e) $0{,}5\,\% = \ldots$ f) $20\,\% = \ldots$

4. Donner le pourcentage correspondant à une réduction de :

a) 30 € sur 300 € b) 8 € sur 40 €

c) 18 € sur 24 € d) 125 € sur 500 €

Appliquer une proportion

Si p est la proportion de A dans E, alors

$\text{Card}(A) = p \times \text{Card}(E)$

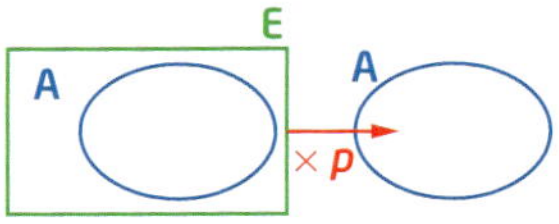

Exemples :

- $\dfrac{1}{4}$ de 60 est égal à $\dfrac{1}{4} \times 60 = 15$
- 40 % de 200 est égal à $\dfrac{40}{100} \times 200 = 80$

5. Calculer.

a) $\dfrac{2}{3}$ de 15 b) $\dfrac{3}{4}$ de 80 c) 65 % de 220 g

d) 30 % de 80 e) 50 % de 288

6. Un gâteau de 1 200 g est composé de 50 % de lait, $\dfrac{1}{8}$ d'œuf, $\dfrac{1}{6}$ de sucre et $\dfrac{5}{24}$ de farine.

Donner la masse de chaque ingrédient.

7. Un voyagiste propose 20 % de réduction sur un voyage à 860 €.

Calculer le montant de l'économie réalisée.

Calculer un effectif total

$\text{Card}(E) = \dfrac{\text{Card}(A)}{p}$

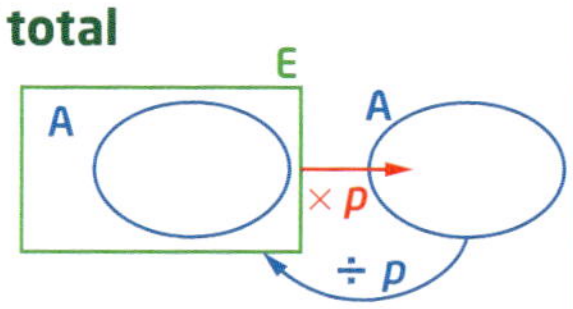

Les 133 femmes d'un club de sport représentent 35 % des adhérents.

Donc le nombre d'adhérents est : $\dfrac{133}{0{,}35} = 380$

8. Dans une entreprise, 98 commerciaux représentent 35 % des salariés.

Calculer le nombre de salariés.

9. Dans une ville, 48 % des inscrits ont voté aux dernières élections, soit 21 240 personnes.

Calculer le nombre d'inscrits.

10. Promotions :

① « 50 % sur le 2e produit »

② « Le 3e produit gratuit »

Indiquer laquelle est la plus avantageuse.

2 Calculer la proportion d'une proportion

Proportion d'une proportion

Si p est la proportion de A dans B et p' la proportion de B dans E, alors la proportion de A dans E est le produit $p \times p'$.

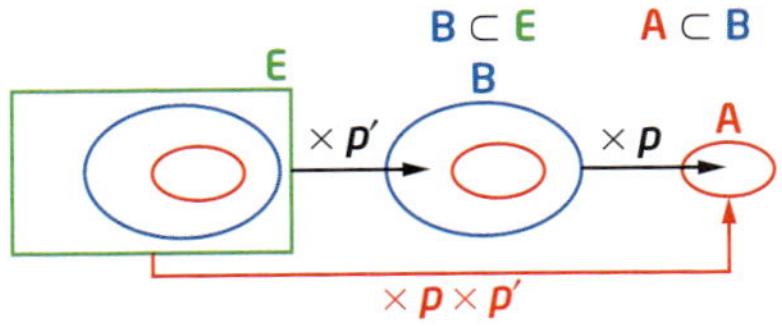

Exemples :

- $\frac{3}{5}$ de $\frac{2}{3}$ est égal à $\frac{3}{5} \times \frac{2}{3} = \frac{2}{5}$

Ainsi, $\frac{3}{5}$ de $\frac{2}{3}$ de 80 est égal à $\frac{2}{5}$ de 80, soit 32.

- 30 % de 20 % donnent $0{,}3 \times 0{,}2 = 0{,}06$ ou 6 %

11. Calculer.

a) $\frac{3}{8}$ de $\frac{2}{5}$

b) $\frac{3}{4}$ de 20 %

c) $\frac{1}{3}$ de $\frac{3}{7}$

d) 15 % de 8 %

e) 1,7 % de 23 %

f) $\frac{1}{4}$ de $\frac{4}{9}$

12. Calculer.

a) 25 % de 80 % de 500

b) $\frac{3}{4}$ de $\frac{1}{3}$ de 164

c) 60 % de $\frac{2}{3}$ de 80

d) $\frac{7}{8}$ de 16 % de 6 500

13. Dans une entreprise, la part des cadres est de 42 %, dont 2/3 sont des cadres supérieurs.

Calculer le pourcentage de cadres supérieurs dans l'entreprise.

Aide *« ...42 %, dont 2/3 ...» se traduit par « 2/3 de 42 % ».*

14. En 2018, les internautes représentent 54 % de la population mondiale. Les $\frac{4}{5}$ des internautes sont actifs sur les réseaux sociaux.

Quel pourcentage de la population mondiale utilise les réseaux sociaux ? (à 1 % près)

15. En France, 8 % des infirmiers sont spécialisés et 35,2 % des infirmiers spécialisés le sont en puériculture.

Quel pourcentage des infirmiers est spécialisé en puériculture ?

B • Évolutions et variations

3 Passer d'une formulation additive à une formulation multiplicative

Augmenter un nombre de a**%** revient à le **multiplier par** $\left(1 + \frac{a}{100}\right)$

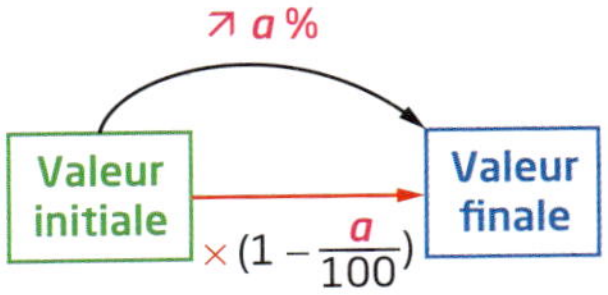

Diminuer un nombre de a**%** revient à le **multiplier par** $\left(1 - \frac{a}{100}\right)$

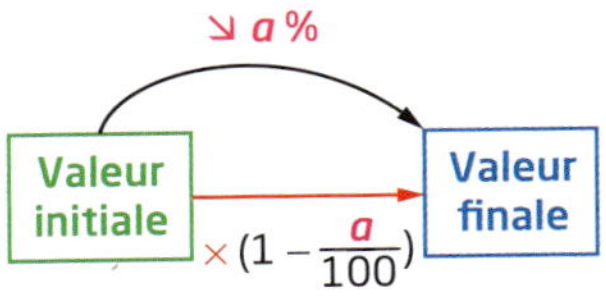

Exemples :

↗ 5 % revient à $\times$ 1,05 ↘ 5 % revient à $\times$ 0,95

16. Recopier et compléter.

a) Augmenter de 20 %, c'est multiplier par ...

b) Augmenter de 1 %, c'est multiplier par ...

c) Diminuer de 60 %, c'est multiplier par ...

d) Diminuer de 9 %, c'est multiplier par ...

17. Recopier et compléter.

a) Augmenter de 0,5 %, c'est multiplier par ...

b) Diminuer de 0,02 %, c'est multiplier par ...

c) Augmenter de 200 %, c'est multiplier par ...

d) Diminuer de 99 %, c'est multiplier par ...

18. Indiquer le coefficient multiplicateur pour chaque taux d'évolution.

a) Hausse de 6 %

b) Baisse de 24 %

c) Baisse de 1,7 %

d) Hausse de 150 %

19. Pour chaque coefficient multiplicateur CM, indiquer le taux d'évolution t en %.

Rappel : CM × 100 − 100 = t **en %**

a) CM = 1,2 b) CM = 1,05 c) CM = 0,92
d) CM = 1,46 e) CM = 2,1 f) CM = 0,02

20. La population d'une ville a été multipliée par 1,3. **Calculer le taux d'évolution en %.**

4 Appliquer un taux d'évolution pour calculer une valeur finale ou initiale

On reprend les schémas d'évolution :

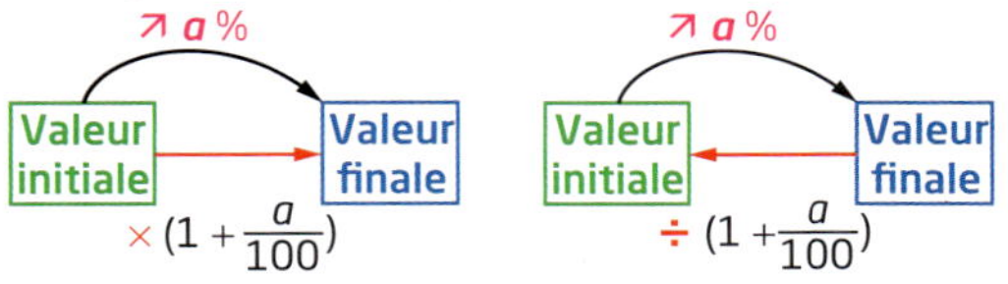

Exemples :

- Un salaire de **1 500 € augmente de 1,5 %**.

Le salaire final est **1 500** × **1,015** = **1 522,50** €.

- Après une **baisse de 1,7 %**, une retraite vaut **2 359,20 €**.

Or, baisser de 1,7 %, c'est multiplier par 1 − 0,017 = **0,983**. On divise par le **CM** :

la retraite initiale était de $\frac{2\,359,2}{0,983} = 2\,400$ €.

La baisse est de **2 400** − **2 359,2** = 40,80 €.

21. a) Un salarié, ayant un salaire de 1 500 € par mois, est augmenté de 3 %. **Calculer le montant du nouveau salaire mensuel.**

b) Même question avec une augmentation de 1,5 % sur un salaire de 2 200 €.

22. Sous l'effet de la chaleur, une lame de parquet de 1,80 m de long s'allonge de 0,5 %.
Calculer sa nouvelle longueur.

23. Un article coûte 54,60 € après une remise de 30 %. **Calculer son prix initial avant la remise.**

Attention ! *On ne retrouve pas le prix initial en augmentant de 30 % le prix après remise.*

> *Automatisme 8*

24. Après une hausse de 150 % un produit coûte 1 500 €. **Quel était son prix initial ?**

25. Après une baisse de 25 %, un produit coûte 135 €. **Quel était son prix initial ?**

26. Un séjour aux sports d'hiver revient à 1 791 € après une réduction de 40 %.
Quel est le prix du séjour sans réduction ?

27. La population d'une ville augmente de 8 % pour atteindre 48 600.
Calculer la population avant l'augmentation.

5 Calculer un taux d'évolution, l'exprimer en pourcentage

On reprend le schéma d'évolution :

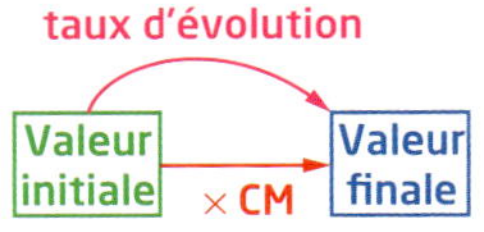

$$\text{Taux d'évolution} = \frac{\text{Valeur finale} - \text{Valeur initiale}}{\text{Valeur initiale}}$$

$$\text{CM} = \frac{\text{Valeur finale}}{\text{Valeur initiale}}$$

et **taux %** = **CM** × 100 − 100

Exemples :

- De 2008 à 2018, le SMIC horaire brut est passé de **8,71 €** à **9,88 €**.

D'où $\frac{9,88 - 8,71}{8,71} \approx 0,1343$.

Cela représente une hausse de **13,4 %** en 10 ans.

- Le prix d'un BMX passe de **500 €** à **410 €**.

CM = $\frac{410}{500}$ = **0,82** et **0,82** × 100 − 100 = − **18**

Le prix a baissé de **18 %**.

28. Dans chaque cas, donner le taux d'évolution.

a) VI = 200 et VF = 300 b) VI = 10 et VF = 7,4
c) VI = 100 et VF = 80 d) VI = 100 et VF = 50

29. Dans chaque cas, donner le taux d'évolution.

a) CM = 0,54 b) CM = 1,34 c) CM = 1,82
d) CM = 0,93 e) CM = 0,02 f) CM = 5

30. La population d'un pays est passée de 2 millions à 4,5 millions d'habitants en 20 ans. **Calculer le taux d'évolution sur ces 20 ans.**

31. Le prix du pétrole, de 46,60 € le baril en septembre 2017, atteint 78,90 € en septembre 2018. **Calculer le taux d'évolution.**

32. En France, de 2012 à 2016, les vols sont passés de 1 042 à 878 milliers, et le vol de vélo de 314 à 387 milliers.
Calculer les taux d'évolution.

6 Interpréter un indice base 100 ; calculer un indice, calculer le taux d'évolution entre deux valeurs

On choisit une année de **référence 0**.
L'indice de l'année n, base 100 en l'année 0, est le quotient :

$$I(n) = \frac{\text{Valeur l'année } n}{\text{Valeur l'année } 0} \times 100$$

En enlevant 100 à **l'indice de l'année** n, on lit directement le **taux d'évolution en %** entre l'année 0 et l'année n.

$$I(n) - 100 = \text{taux évolution en \%}$$

Exemples :
Le nombre de logements en résidence principale est passé de 26 353 en 2005 à 29 330 en 2017, et pour les logements collectifs de 11 412 en 2005 à 12 658 en 2017.

Les indices I et I' pour ces deux types d'habitat, base 100 en 2005, sont :

$$I(2017) = \frac{29\,330}{26\,353} \times 100 \approx 111{,}30$$

$$I'(2017) = \frac{12\,658}{11\,412} \times 100 \approx 110{,}13$$

La hausse est de **11,3 %** pour les résidences principales et de **10,13 %** pour les logements collectifs, soit deux hausses du même ordre.

Les indices permettent aussi de comparer des grandeurs qui ne sont pas de même ordre.

33. Le tableau suivant donne les ventes d'ordinateurs dans le monde.

Année	2010	2011	2017
Vente en millions	350,9	365,3	262,8
Indice	100		

a) Calculer les indices en 2011 et 2017, base 100 en 2010. En déduire le taux d'évolution de 2010 à 2011, puis de 2010 à 2017.

b) Calculer le taux d'évolution entre 2011 et 2017 à l'aide des indices.

34. 1. L'indice des prix en octobre 2018 est de 103,7 contre 98,8 en 2014, base 100 en 2015.

a) Indiquer le taux d'évolution de 2015 à 2018.

b) Interpréter l'indice 98,8.

2. En Turquie, l'indice des prix est passé de 100 en 2015 à 181,6 en octobre 2018, contre 81 en 2012.

a) Calculer le taux d'évolution de l'indice des prix en Turquie de 2015 à octobre 2018.

b) Calculer le taux d'évolution entre 2012 et octobre 2018, puis de 2015 à octobre 2018.

35. Pour comparer des évolutions, on utilise les indices.

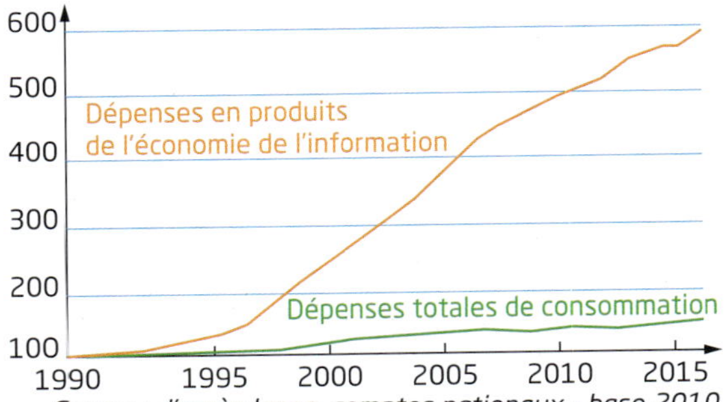

Source : d'après Insee, comptes nationaux – base 2010

a) Lire l'indice de dépenses en produits de l'économie de l'information (PEI) en 2005 et 2016. **Préciser les taux d'évolution correspondants depuis 1990.**

b) Pourquoi peut-on dire « Depuis 1990, les dépenses en PEI ont augmenté 10 fois plus vite que la dépense totale de consommation » ?

7 Calculer le taux d'évolution équivalent à plusieurs évolutions successives

Pour calculer le **taux d'évolution** équivalent à plusieurs évolutions successives :

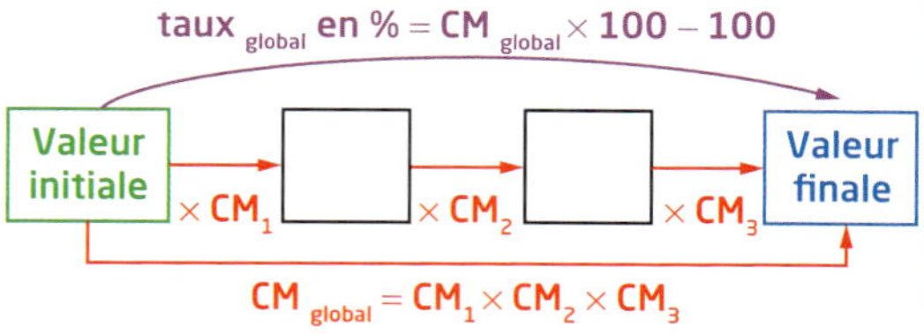

Étape 1 : On détermine le coefficient multiplicateur de chaque évolution.

Étape 2 : On calcule le produit des coefficients multiplicateurs.

Étape 3 : On exprime le coefficient multiplicateur global en taux d'évolution.

Exemple : Un article **augmente de 10 %**, puis de **20 %**. Son prix a été **multiplié par 1,1** puis **par 1,2**, donc par **1,1** × **1,2** = **1,32**.
$1{,}32 \times 100 - 100 = 32$ soit une **augmentation globale de 32 %**.
Les taux d'évolution ne s'ajoutent pas !

36. Dans chaque cas, calculer le taux d'évolution équivalent à :

a) deux hausses successives de 20 %

b) deux baisses successives de 40 %

c) une baisse de 10 % suivie d'une hausse de 15 %

d) une hausse de 50 % suivie d'une baisse de 30 %

37. Déterminer le taux d'évolution équivalent à une baisse de 10 % suivie d'une hausse de 20 %, puis d'une baisse de 10 %.

a) Retrouve-t-on la valeur initiale ?

b) Expliquer pourquoi l'ordre des différentes évolutions n'a pas d'importance sur le calcul du taux équivalent.

38. Du fait des intérêts acquis, un capital augmente de 3 % chaque année.

a) **Déterminer le taux d'évolution équivalent pour un placement durant 5 ans.**

b) **Donner l'opération à faire.**

c) **Comparer à 15 %.**

39. Le volume d'un petit lac diminue de 10 % par semaine. **Déterminer le taux d'évolution du volume sur 2 mois, soit 8 semaines.**

40. En Inde, le taux d'inflation annuel est de 5 %, contre 2 % en Chine. On fait l'hypothèse que ces évolutions se maintiennent.

a) **Expliquer comment calculer le taux global d'inflation sur 10 ans.**

b) **Comparer les taux globaux d'inflation sur 10 ans.**

41. Le prix d'un appareil électronique baisse de 5 % par an.
Calculer la baisse totale sur 8 ans.

8 Calculer un taux d'évolution réciproque

Penser que l'opération réciproque d'une **multiplication** est une **division**.

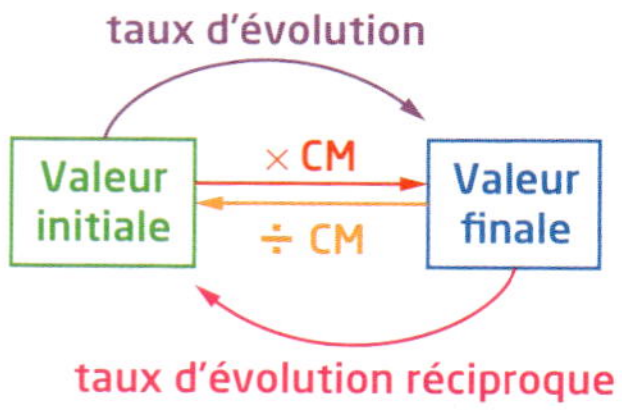

Pour calculer un taux d'évolution réciproque :

Étape 1 : On détermine le coefficient multiplicateur **CM** correspondant au taux d'évolution donné.

Étape 2 : On calcule **l'inverse de ce coefficient multiplicateur**, qui correspond au coefficient multiplicateur de l'évolution réciproque :

$$CM' = \frac{1}{CM}$$

Étape 3 : On exprime le coefficient multiplicateur réciproque **CM′** en taux d'évolution.

Exemple :
Une action boursière a baissé de 20 %, ce qui correspond à une **multiplication par 0,8**.
Pour revenir à sa valeur avant la baisse :

$$\frac{1}{0{,}8} = 1{,}25 \quad \text{et} \quad 1{,}25 \times 100 - 100 = 25$$

l'action doit **augmenter de 25 %**.

42. Dans chaque cas, calculer le taux d'évolution réciproque.

a) hausse de 20 % b) baisse de 80 %
c) hausse de 60 % d) baisse de 50 %

43. Suite à l'exode, la population d'une région rurale a diminué de 8 %. **Calculer le taux d'évolution de sa population pour revenir à sa population initiale.**

44. a) Quel taux faut-il appliquer pour compenser une hausse des prix de 10 % ?

b) Après une perte de 20 %, quelle hausse doit-on appliquer pour annuler cette perte ?

C • Calcul numérique et algébrique

9 Effectuer des opérations et des comparaisons entre des fractions simples

Ensemble $\mathbb{Q}$ des nombres rationnels

Un **nombre rationnel** est un nombre qui peut s'écrire sous la forme d'une fraction $\frac{a}{b}$, où a et b sont des **entiers relatifs**, avec ***b* non nul**.

Pour toute fraction $\frac{a}{b}$ et tout entier ***k* non nul** :

$$\frac{a}{b} = \frac{a \times k}{b \times k} \begin{array}{l} \leftarrow \text{numérateur} \\ \leftarrow \text{dénominateur} \end{array}$$

on peut multiplier (ou diviser) par le même nombre non nul le numérateur et le dénominateur, on obtient le même nombre rationnel

• **Réduire au même dénominateur** deux fractions, c'est les écrire avec le même dénominateur : cela permet leur comparaison en comparant leurs numérateurs et d'effectuer des additions.

Exemple :

Comparer les deux fractions $\frac{-12}{45}$ et $\frac{-5}{18}$

Pour cela, on les **réduit au même dénominateur**.

On écrit : $\frac{-12}{45} = \frac{-12 \times 2}{45 \times 2} = \frac{-24}{90}$

et $\frac{-5}{18} = \frac{-5 \times 5}{18 \times 5} = \frac{-25}{90}$

Comme $-24 > -25$, alors $\frac{-12}{45} > \frac{-5}{18}$.

• **Simplifier une fraction**

Exemple : $\frac{27}{45} = \frac{3 \times 9}{5 \times 9} = \frac{3}{5}$ on a simplifié par 9

la fraction obtenue est **irréductible** : numérateur et dénominateur n'ont plus de diviseur commun

• **Supprimer des décimaux dans un quotient**

Exemple : $\frac{1{,}8}{0{,}4} = \frac{1{,}8 \times 10}{0{,}4 \times 10} = \frac{18}{4} = \frac{9}{2}$

• **Produit en croix**

Soit deux fractions égales :

$$\frac{a}{b} = \frac{c}{d} \Leftrightarrow \frac{a \times d}{b \times d} = \frac{b \times c}{b \times d} \Leftrightarrow a \times d = b \times c$$

Exemple : Déterminer x tel que $\frac{8}{12} = \frac{x}{15}$

cela signifie que l'on recherche la 4e proportionnelle

$$\frac{8}{12} = \frac{x}{15} \Leftrightarrow 12x = 8 \times 15$$
$$\Leftrightarrow x = \frac{8 \times 15}{12} = \frac{4 \times 2 \times 5 \times 3}{4 \times 3} = 10$$

45. Comparer les fractions données : utiliser les symboles =, > ou <.

1. a) $\frac{11}{100} \ldots \frac{3}{25}$ **b)** $\frac{-13}{100} \ldots \frac{-3}{20}$ **c)** $\frac{57}{50} \ldots \frac{29}{25}$

2. a) $\frac{-11}{25} \ldots \frac{-9}{20}$ **b)** $\frac{2}{3} \ldots \frac{3}{4}$ **c)** $\frac{20}{21} \ldots \frac{30}{31}$

46. Même exercice.

1. a) $\frac{20}{-19} \ldots \frac{-30}{29}$ **b)** $\frac{27}{-12} \ldots \frac{-9}{4}$ **c)** $\frac{-7}{3} \ldots \frac{-9}{4}$

2. a) $\frac{24}{9} \ldots \frac{32}{12}$ **b)** $\frac{-240}{-80} \ldots 3$ **c)** $-\frac{25}{45} \ldots \frac{-12}{18}$

Rappel : *règles des signes*

$$\frac{-a}{-b} = \frac{a}{b} \quad \text{et} \quad -\frac{a}{b} = \frac{-a}{b} = \frac{a}{-b}$$

47. **Déterminer la 4e proportionnelle x et l'écrire sous forme de fraction irréductible.**

a) $\frac{7}{6} = \frac{x}{18}$ b) $\frac{-11}{20} = \frac{x}{100}$ c) $\frac{-28}{21} = \frac{x}{6}$

d) $\frac{0{,}25}{4} = \frac{x}{16}$ e) $\frac{6}{-15} = \frac{4}{x}$ f) $\frac{0{,}25}{4} = \frac{5}{x}$

Additions de fractions

• Soit les deux fractions ont le même dénominateur, alors on additionne les numérateurs.

$$\frac{a}{b} + \frac{c}{b} = \frac{a+c}{b} \quad \text{et} \quad \frac{a}{b} - \frac{c}{b} = \frac{a-c}{b}$$

cela revient à les « dénommer » de la même façon : on ajoute des quarts, des dixièmes...

• Soit les deux fractions n'ont pas le même dénominateur, alors on les **réduit au même dénominateur**, puis on ajoute les numérateurs.

Exemple : Soit la somme $\frac{-12}{45} + \frac{5}{18} + 2$

le dénominateur commun est $9 \times 5 \times 2 = 90$

D'où $\frac{-12 \times 2}{45 \times 2} + \frac{5 \times 5}{18 \times 5} + \frac{2 \times 90}{1 \times 90}$

$= \frac{-24 + 25 + 90}{90} = \frac{91}{90}$.

48. **Effectuer et écrire sous forme irréductible.**

1. a) $\frac{57}{50} - \frac{29}{25}$ b) $\frac{-3}{10} + \frac{3}{7}$ c) $\frac{-2}{3} + \frac{4}{5}$ d) $\frac{-13}{12} - \frac{1}{3}$

2. a) $3 - \frac{3}{4}$ b) $\frac{-3}{7} + 2$ c) $\frac{-2}{3} + 4$ d) $-5 - \frac{4}{3}$

49. **Effectuer et écrire sous forme irréductible.**

a) $1 + \frac{1}{2} - \frac{1}{3}$ b) $\frac{1}{4} + \frac{3}{16} - \frac{7}{8}$

c) $2 - \left(\frac{2}{9} - \frac{7}{18}\right)$ d) $\frac{3}{60} - \left(\frac{1}{10} - \frac{1}{5}\right)$

50. **Terminer les réductions suivantes.**

a) $\frac{x}{3} - \frac{2x}{5} = \left(\frac{1}{3} - \frac{2}{5}\right)x = \ldots$ b) $\pi - \frac{\pi}{3} = \pi \times \ldots$

c) $x^2 - \frac{3x^2}{7} = \left(1 - \frac{3}{7}\right)x^2\ldots$ d) $2\pi - \frac{5\pi}{4} = \pi \times \ldots$

51. **Réduire les expressions suivantes.**

1. a) $\frac{3}{4}x - \frac{x}{3}$ b) $\frac{x}{3} - \frac{5x}{4}$ c) $2x - \frac{2}{3}x$

2. a) $\frac{x^2}{4} + \frac{x^2}{3} - x^2$ b) $\frac{x^2}{3} - \frac{3x^2}{2}$ c) $3t^2 - \frac{2}{5}t^2 + t^2$

Produit et quotient de fractions

• Pour multiplier deux fractions, on multiplie les numérateurs entre eux et les dénominateurs entre eux :

$$\frac{a}{b} \times \frac{c}{d} = \frac{a \times c}{b \times d}$$

on ne réduit pas au même dénominateur !

Exemples :

$\frac{-12}{45} \times \frac{5}{18} = \frac{-12 \times 5}{45 \times 18} = \frac{-6 \times 2 \times 5}{9 \times 5 \times 6 \times 3}$

$= \frac{-\cancel{6} \times 2 \times \cancel{5}}{9 \times \cancel{5} \times \cancel{6} \times 3} = \frac{-2}{27}$ on simplifie par 6 et 5

$3 \times \frac{5}{4} \times \frac{1}{10} = \frac{3 \times 5 \times 1}{4 \times 10} = \frac{3}{4 \times 2} = \frac{3}{8}$

on simplifie par 5

• L'**inverse** de $\frac{a}{b}$, avec a non nul, est la fraction $\frac{b}{a}$.

À ne pas confondre avec l'opposé :

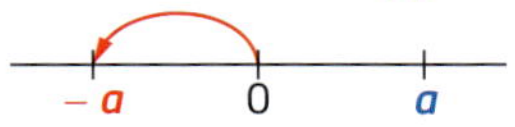

***Rappel :** Diviser par un nombre non nul, c'est multiplier par son inverse.*

Exemples :

$\frac{-14}{25} \div \frac{7}{10} = \frac{-14}{25} \times \frac{10}{7} = \frac{-14 \times 10}{25 \times 7}$

$= \frac{-2 \times 7 \times 2 \times 5}{5 \times 5 \times 7} = \frac{-4}{5}$ on simplifie par 7 et 5

$\frac{6}{7} \div 3 = \frac{6}{7} \times \frac{1}{3} = \frac{2 \times 3 \times 1}{7 \times 3} = \frac{2}{7}$.

52. **Calculer et écrire le résultat sous forme de fraction irréductible.**

1. a) $\frac{5}{9} \times \frac{3}{10}$ b) $\frac{10}{21} \times \frac{49}{15}$ c) $3 \times \frac{12}{63} \times \frac{56}{15}$

2. a) $1 - 5 \times \frac{4}{10}$ b) $\left(\frac{6}{7} + \frac{4}{21}\right) \times \frac{35}{4}$

53. Soit les nombres x, y et z.

Calculer $\frac{xy}{z}$ et donner le résultat sous forme de fraction irréductible.

a) $x = \frac{-2}{3}$; $y = \frac{7}{6}$ et $z = \frac{14}{3}$

b) $x = \frac{0{,}75}{5}$; $y = \frac{4}{3}$ et $z = \frac{-11}{10}$

54. Calculer et donner sous forme de fraction irréductible.

a) $1+\dfrac{1}{1+1}$ b) $1+\dfrac{1}{1+\dfrac{1}{1+1}}$

55. Antonin dépense le tiers de ses économies, puis le cinquième de ce qui reste.

À la fin, Antonin n'a plus que 72 € d'économie.

Sa grand-mère lui indique le schéma suivant :

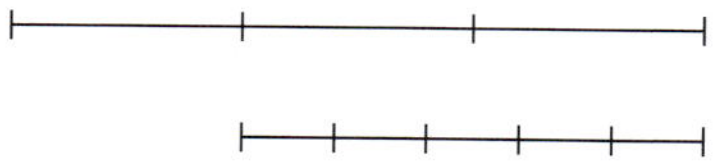

Sur ce schéma, où peut-il écrire les 72 € restants ?

Déterminer ses économies initiales.

56. Lucile jardine. Elle garde quatre cinquièmes de son potager pour les légumes et les deux tiers de ce qui reste pour les salades.

Elle sème les 24 m^2 restants en fleurs.

Déterminer l'aire totale du jardin de Lucile.

10 Effectuer des opérations sur les puissances

Soit a un réel non nul : $a^0=1$ et $a^1=a$

et pour $n \geqslant 2$, $a^n = \underbrace{a\times a\times a\times\ldots\times a}_{n \text{ facteurs tous égaux à } a}$

Pour m entier relatif, $a^{-m}=\dfrac{1}{a^m}$

Pour tous réels non nuls a et b

et pour tous entiers relatifs n et m :

$a^n\times a^m=a^{n+m}$ $\qquad \dfrac{a^n}{a^m}=a^{n-m}$

$(a^n)^m=a^{n\times m}$ et $(a\times b)^n=a^n\times b^n$

Exemples :

- $\dfrac{3^4\times3^2}{3^3}=3^{4+2-3}=3^3$
- $(2^2\times3^5)^3=2^6\times3^{15}$

57. Simplifier les écritures suivantes, pour mettre sous forme d'une puissance de 4.

a) $\dfrac{1}{4^2}$ b) $\dfrac{4^{-3}}{4^{-2}}$ c) $\left(\dfrac{1}{4}\right)^{-4}$ d) $\dfrac{4^3}{\left(\dfrac{1}{4}\right)^{-3}}$ e) $\dfrac{1}{0{,}25^2}$

58. Écrire les nombres suivants sous la forme d'une seule puissance.

a) $5^{-1}\times(5^3)^2$ b) $9^2\times3^{-3}\times81$

c) $\dfrac{4^3\times2^{-3}}{8^5}$ d) $\dfrac{10^{-4}\times(-10)^{11}}{-(10^3)^2}$

59. Écrire sous la forme d'une puissance de 10.

a) $\dfrac{1}{10^2}$ b) $\dfrac{1}{0{,}01^2}$ c) $\dfrac{0{,}01}{100}$ d) $\dfrac{100^3}{0{,}01^{-3}}$ e) $\left(\dfrac{1\,000}{0{,}1}\right)^{-4}$

11 Passer d'une écriture d'un nombre à une autre

Un même nombre positif peut avoir plusieurs écritures :

- décimale : 0,00094
- fractionnaire : $\dfrac{47}{50\,000}$
- scientifique : $9{,}4\times10^{-4}$

de la forme $a\times10^n$, où $a\in[1\,;10[$ et $n\in\mathbb{Z}$.

Sur les calculatrices, $\times 10$ ^ -4 est obtenu par

[×] [1] [0] [^] [(–)] [4]

ou sur TI83 par

[×] [2nde] [log] (10^x) [(–)] [4]

ou sur Casio par [×10^x] [(–)] [4]

et se visualise sur l'écran par : **9.4E-4**

```
0.00094
                 9.4E-4
47/50000
                 9.4E-4
9.4*10^-4
                 9.4E-4
9.4*10^-4
                 9.4E-4
```

On passe de l'écriture décimale à l'écriture fractionnaire sur TI par [◂▸] ou [math] 1:▸Frac 2:▸Déc

et sur Casio par [S↔D]

60. Écrire les nombres en fractions irréductibles.

a) 0,75 b) 1,5 c) 0,8

d) 1,25 e) 0,125 f) 0,36

61. **Pour chacun des nombres suivants, donner leur écriture décimale, puis scientifique.**

a) $\frac{17}{5\,000}$ b) $\frac{108}{3\,600}$ c) $\frac{13\,400}{25}$

d) $\frac{4\,023}{150}$ e) $\frac{27}{45\,000}$ f) $\frac{107}{80\,000}$

62. **Écrire les nombres suivants en écriture décimale, puis en fractions irréductibles.**

a) $2{,}31 \times 10^{-4}$ b) $1{,}357 \times 10^{-6}$

b) $8{,}25 \times 10^{4}$ c) $3{,}425 \times 10^{8}$

63. **Effectuer et donner le résultat sous forme scientifique.**

a) $6 \times 10^8 \times 5{,}5 \times 10^6$ b) $2 \times 10^3 \times 5 \times 10^8$

c) $\frac{2 \times 10^5}{8 \times 10^{12}}$ d) $\frac{3 \times 10^3 \times 5 \times 10^2}{10^8}$

64. **Écrire sous forme décimale le résultat des calculs suivants.**

a) $3 \times 10^4 + 2 \times 10^3 + 5 \times 10^2 + 7 \times 10^1 + 6$

b) $8 \times 10^3 + 5 \times 10 + 7$

c) $4 \times 10^4 + 3 \times 10^2 + 6 + 7 \times 10^{-1} + 5 \times 10^{-2}$

d) $6 \times 10^3 + 2 \times 10 + 5 \times 10^{-1} + 7 \times 10^{-3}$

65. **1.** **Calculer les premières décimales des nombres suivants.**

a) $\frac{1}{3}$ b) $\frac{1}{6}$ c) $\frac{1}{4}$ d) $\frac{1}{5}$ e) $\frac{5}{6}$

2. **En déduire l'écriture en fraction irréductible des nombres suivants.**

a) 0,333... b) 0,666... c) 0,25

12 Estimer un ordre de grandeur

Un ordre de grandeur d'un nombre s'obtient en arrondissant généralement à **1 ou 2 chiffres significatifs** (les chiffres différents de 0).

Utiliser des ordres de grandeurs permet de mieux interpréter la grandeur d'un nombre, de faire des comparaisons et d'effectuer des calculs rapides, en particulier pour des vérifications.

Exemples :

- Au 1er janvier 2018, la France avait 67 186 638 habitants. Un ordre de grandeur est **67** 000 000, ou **6,7** × 10^7 en écriture scientifique.
- La vitesse de la lumière dans le vide est 299 792 458 m/s. Un ordre de grandeur est 300 000 000 m/s ou **3** × 10^8 m/s en écriture scientifique.

66. **Donner un ordre de grandeur des nombres suivants, avec 2 chiffres significatifs, puis en écriture scientifique.**

a) 12 267 139 b) 989 523 c) 100,246

d) 810 525 481 e) 0,192 483 f) 0,000 0582

67. **Choisir la bonne réponse en justifiant à l'aide d'un ordre de grandeur (sans calculatrice).**

1. $2\,836 \times 3\,157 = ...$

a) 693 252 b) 6 953 252 c) 8 953 252

2. $52\,615 \div 1\,238 = ...$

a) 42,5 b) 82,5 c) 204,5

3. $2\,425\,138 + 121\,598 = ...$

a) 3 635 736 b) 2 546 736 c) 363 736

68. **Associer à chaque grandeur l'ordre de grandeur correspondant**

taille d'une bactérie •	• 10^{-12}
taille d'un pou •	• 4×10^8
distance Paris-Marseille •	• 10^{-6}
longueur d'un terrain de foot •	• 1×10^2
rayon d'un atome d'hydrogène •	• 1×10^{-3}
distance Terre-Lune •	• 10^6

69. **Associer à chaque grandeur l'ordre de grandeur correspondant (chiffres de 2018).**

PIB de la France en dollars •	• 2×10^{13}
PIB des États-Unis en dollars •	• $3{,}6 \times 10^4$
Population mondiale •	• $3{,}4 \times 10^{10}$
Salaire annuel moyen en France en € •	• $2{,}5 \times 10^{12}$
Chiffre d'affaires de Facebook en $ •	• $1{,}5 \times 10^8$
Population de la Russie •	• $7{,}7 \times 10^9$

13 Effectuer des conversions d'unités

Unités de longueur

1 km = 1 000 m ; 1 hm = 100 m ; 1 dam = 10 m.
Ainsi **1 m** = **10 dm** = **100 cm** = **1 000 mm**.
Le tableau de conversion comporte une colonne par unité (on va de 10 en 10) :

km	hm	dam	m	dm	cm	mm
5,	2	5	0			
			0,	0	2	7

Exemples :
- **5,25** km = 5,25 × 1 000 m = 5 250 m
- **27** mm = 27 ÷ 1 000 m = 0,027 m

70. **Recopier et compléter.**

a) 15 km = ... cm **b)** 2,4 m = ... hm
c) 25 000 mm = ... km **d)** 0,000 023 km = ... m
e) 22 km + 12 hm = ... m
f) 1,2 hm + 525 m + 5 200 cm = ... dam

71. **Exprimer en mètres.**

a) la taille d'une fourmi de 0,6 cm
b) le rayon de la Terre de 6 371 km
c) la taille d'un acarien des lits de 0,4 mm
d) la distance Terre-Lune de 384 400 km

72. Pour les très petites longueurs, on utilise le **micro**mètre (μm) et le **nano**mètre (nm) :

1 μm = 10^{-6} m et 1 nm = 10^{-9} m.

a) Convertir en cm la longueur d'une bactérie de 2 μm.

b) Convertir en mm le diamètre du virus du sida de 120 nm.

Unités d'aire

1 km² = 100 hm² = 100 × 100 dam²
= 10 000 dam² = 1 000 000 m²

1 m² = 100 dm² = 10 000 cm² = 1 000 000 mm²

1 hectare (1 ha) = 1 hm² = 100 ares (100 a)

Le tableau de conversion comporte deux colonnes par unité (on va de 100 en 100).

km²		hm²		dam²		m²		dm²		cm²		mm²	
		2	0	0	0	0	0						
			0,	0	0	5	8	5	0	0	0		

Exemples :
- **20 ha** = 20 hm² = 200 000 m²
- **585 000 cm²** = 0,005 85 hm²

73. **Recopier et compléter.**

a) 1 020 cm² = ... m² **b)** 8 450 000 m² = ... km²
c) 5 × 10^9 mm² = ... km² **d)** 5 380 m² = ... ha

74. **Exprimer.**

a) la superficie de la France de 55 millions d'hectares, en km²
b) la superficie de Paris de 105,4 km², en hm²
c) l'aire d'une carte Nano Sim de 0,010824 dm², en mm²
d) l'aire d'un terrain de football de 714 000 dm², en hectares

Unités de volume

1 km³ = 1 000 000 000 m³ ;
1 m³ = 1 000 dm³ = 1 000 000 cm³
= 1 000 000 000 mm³

Le tableau de conversion comporte trois colonnes par unité (on va de 1 000 en 1 000).
Les volumes s'expriment aussi en **litres** :

1 L = **1 dm³** = 1 000 cm³

1 mL = **1 cm³** ; 1 cL = 10 cm³ ; 1 dL = 100 cm³

dam³			m³			dm³			cm³			mm³		
					0,	8	2	0	0	0	0			
									2	5	0	0	0	0

Exemples :
- **0,82 m³** = 820 dm³ = 820 L = 820 000 cm³
- **250** mL = 250 cm³ = 250 000 mm³

75. **Recopier et compléter.**

a) 0,000 047 m³ = ... cm³ **b)** 53 cm³ = ... L
c) 12 800 000 cm³ = dam³ **d)** 80 cL = ... mm³

76. a) Exprimer la quantité de sang contenu dans le corps humain, estimée à 5 L, en cm³.

b) La quantité d'eau sur la Terre est estimée à 1 400 000 000 km³ : **l'exprimer en m³. Donner son écriture scientifique en km³ et en m³.**

c) Le volume d'un atome d'hydrogène est de $6{,}54 \times 10^{-32}$ m³ : **l'exprimer en mm³.**

Oral **77. Calculer et expliquer oralement la démarche.**

a) Nombre de cuillères à café de 5 mL que l'on peut remplir avec 1 m³ de sucre.

b) La production mondiale d'une célèbre boisson gazeuse s'élève à 350 millions de mètres cubes par an. Calculer le nombre de cannettes de 33 cL que cela représente. Donner le résultat en écriture scientifique.

c) Combien de litres y a-t-il dans $8{,}2 \times 10^{-9}$ km³ ?

Unités de masse

1 g = 1 000 mg = 0,001 kg   1 kg = 1 000 g

1 t = 1 000 kg = 1 000 000 g

t			kg	hg	dag	g	dg	cg	mg
			0,	0	0	2	3	0	
0,	5	0	0	0	0	0			

Exemples :
- **0,0023** kg = 2,3 g = 230 cg
- 0,5 t = 0,5 × 1 000 kg = 500 kg = 500 000 g

78. Recopier et compléter.

a) 5,2 kg = ... g   **b)** 480 mg = ... g

c) 42 560 cg = ... t   **d)** 0,005 4 t = ... g

79. Exprimer en kilogrammes, et utiliser l'écriture scientifique.

a) la masse de la Terre de $5{,}972 \times 10^{30}$ mg

b) la masse de la Tour Eiffel de 9 700 t

c) la masse d'une baguette de pain de 200 g

d) la masse d'une once d'or de 31,104 g

Unités de temps

1 h = 60 min = 60 × 60 s = 3 600 s

Exemples :
- 1 jour = 24 h = 1 440 min = 86 400 s
- par convention, 1 an = 365 jours = 8 760 h
- 3,52 h = 3 h + 0,52 h
  = 3 h + (0,52 × 60) min
  = 3 h 31,2 min = 3 h 31 min + (0,2 × 60) s
  = 3 h 31 min 12 s
- 100 000 s = (27×3 600 + 2800) s
  = 27 h + (46×60 + 40) s = 1 j 3 h 46 min 40 s

*Cette subdivision provient du système **sexadécimal** des Babyloniens : la **base 60** permet de diviser facilement en 2 3 4 5 6 10 12 15 20 30 60. Et bien sûr on retrouve les 3 angles de 60° dans un triangle équilatéral et les 360° d'un cercle, soit une année de 360 jours + 5 jours pour les dieux !*

80. Exprimer les durées en h, min et s.

a) 165 min   **b)** 45 010 s   **c)** 8,333 h

d) 23 000 s   **e)** $\frac{25}{3}$ h   **f)** $\frac{37}{4}$ h

81. Exprimer en fractions d'heures.

a) 2 h 15 min   **b)** 40 min   **c)** 1 h 12 min

d) 3 h 50 min   **e)** 3 min   **f)** 1 h 10 min

82. a) L'espérance de vie d'une Française à la naissance est de 82,5 ans. **Convertir en jours.**

b) En 2018, le record du monde du marathon est détenu par le Kényan Eliud Kipchoge avec le temps de 2 h 1 min 39 s. **Convertir en secondes.**

c) En 2017, le record du tour du monde en solitaire sur multicoques, de 3 688 835 s, est détenu par François Gabart. **Traduire ce temps en jours, heures, minutes, secondes.**

Unités de vitesse

Les vitesses sont le plus souvent données en km/h ou en m/s.
On écrit aussi $km.h^{-1}$ ou $m.s^{-1}$

Exemples :
- 80 $km.h^{-1}$ signifie **80 km** en **1 h**, ou 80 km en 3 600 s, soit 80 000 m en 3 600 s.

En résumé : $\dfrac{80 \times 1000}{1 \times 3600} \approx 22{,}2$ en $m.s^{-1}$

- 5 $m.s^{-1}$ signifie 5 m en une seconde, ou 3 600 fois plus en 1 h. Or 5 × 3600 = 18 000, soit 18 000 m en 1 h, soit 18 km en 1 h

En résumé : $\dfrac{5 \times 3600}{1 \times 1000} = 18$ en $km.h^{-1}$

83. a) La vitesse du son est de 340 $m.s^{-1}$.
Convertir en $km.h^{-1}$.
b) Un Rafale peut atteindre 1 912 $m.s^{-1}$.
Convertir en $km.h^{-1}$.

84. a) Un guépard parcourt 110 km par heure.
Combien de mètres parcourt-il par seconde ?
b) Le débit ventilatoire d'une personne au repos est de 22 cL/s. **Convertir ce résultat en L/min.**

14 Résoudre une équation ou inéquation du premier degré, une équation du type : $x^2 = a$

Résoudre une équation du premier degré
Toute opération effectuée sur l'un des membres de l'équation doit être effectuée sur l'autre membre :
- *ajouter* ou *retrancher* le même nombre ;
- *multiplier* ou *diviser* par le même nombre non nul.

On obtient alors une équation équivalente.

Exemple :

$-3x - 2 = x - 14$ on ajoute 2 et on retranche x
$-3x - x = -14 + 2$ on réduit dans chaque membre
$-4x = -12$ on divise par -4
$x = \frac{-12}{-4}$ et on simplifie
$x = 3$
La solution est $x = 3$.

***Conseil** : Garder l'inconnue x dans le premier membre.*

85. Résoudre les équations suivantes.
a) $2x - 5 = 4x + 1$ **b)** $x + 2 = x - 5$
c) $0,5x - 3 = x + 4$ **d)** $-3x + 4 = 2x - 3$

86. Résoudre les équations suivantes.
a) $9x + \frac{3}{2} = 0$ **b)** $-3x = 0$
c) $\frac{1}{2} - 7x = 0$ **d)** $\frac{6}{5}x + 10 = 0$

87. Résoudre les équations suivantes.
a) $-\frac{x}{5} + 4 = x + 3$ **b)** $3x - 5 = \frac{x}{2} - 3$
c) $0,5t + 3 = t - 5$ **d)** $-2y + 1,5 = 3 + 2y$

88. Résoudre les équations suivantes.
a) $3(t + 100) = 2t$ **b)** $5s + 4 = 4,5s - 2$
c) $\frac{s+2}{3} = \frac{s+3}{4}$ **d)** $1 - 1,2t = 0,5t - 1$

Règle du produit nul
Un produit de facteurs est nul si, et seulement si, l'un au moins des facteurs est nul.
Ce qui peut se visualiser par :
$$(A) \times (B) = 0 \Leftrightarrow A = 0 \text{ ou } B = 0$$
Exemple :
$(5x - 2)(x - 3) = 0 \Leftrightarrow 5x - 2 = 0$ ou $x - 3 = 0$

89. Résoudre les équations suivantes.
a) $(3x + 1)(1 - x) = 0$ **b)** $4x(x + 3) = 0$
c) $(-4x + 20)(0,5x + 3) = 0$

90. Résoudre les équations suivantes.
a) $(-3x + 6)(8x - 20) = 0$
b) $-x(-3x + 2) = 0$
c) $2x^2(2x - 1)(21 - 3x) = 0$

Résoudre une inéquation du premier degré
Comme pour les équations, toute opération effectuée sur l'un des membres de l'inéquation doit être effectuée sur l'autre membre.
Mais *multiplier* ou *diviser* chaque membre par le même nombre **strictement négatif change le sens** de l'inégalité.

Exemple :

$3x - 4 < 5x - 1$ on ajoute 4 et on retranche $5x$: le sens ne change pas
$3x - 5x < 1 + 4$ on réduit chaque membre
$-2x < 5$ x est multiplié par -2, négatif, on divise par -2 et l'inégalité change de sens

$x > \frac{5}{-2} \Leftrightarrow x > \frac{-5}{2}$ $S = \left]\frac{-5}{2} ; +\infty\right[$

Tous les réels supérieurs à $\frac{-5}{2}$ sont solutions.

91. **Résoudre les inéquations suivantes.**

a) $x - 1 > -4$ **b)** $2x + 1 \leqslant -2$

c) $\frac{3}{5}x \geqslant \frac{5}{2}$ **d)** $-\frac{4}{3}x \geqslant 0$

92. **Résoudre les inéquations suivantes.**

a) $3x - 4 \geqslant 0$ **b)** $-x + 1 \leqslant 0$

c) $-2x + 12 > 0$ **d)** $\frac{x}{2} + 3 < 0$

93. **Résoudre les inéquations suivantes.**

a) $\frac{-x}{4} - 1 > 0$ **b)** $\frac{4}{3} - 3x \geqslant 0$

c) $-4(x+1) > x - 1$ **d)** $(x+1)(2x-3) \leqslant 2x^2$

e) $-\frac{3}{4}x + \frac{1}{6} > \frac{1}{3}$ **f)** $3 + 2x \leqslant x + \frac{3}{2}$

Équation $x^2 = a$

• **Si le nombre a est positif : $a > 0$**

Soit $x^2 = 3$. La droite d'équation $y = 3$ coupe deux fois la parabole : il y a deux solutions et $3 = (\sqrt{3})^2 = (-\sqrt{3})^2$.

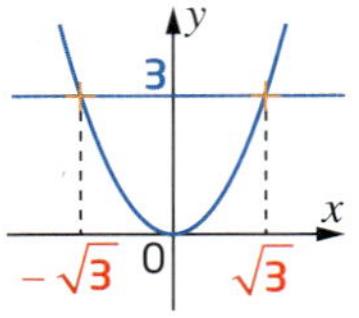

$x^2 = 3 \Leftrightarrow x = -\sqrt{3}$ ou $x = \sqrt{3}$

$S = \{-\sqrt{3}\ ;\ \sqrt{3}\}$

• **Si le nombre a est nul : $a = 0$**

La droite d'équation $y = 0$ est l'axe des abscisses : on a une seule solution $x = 0$.

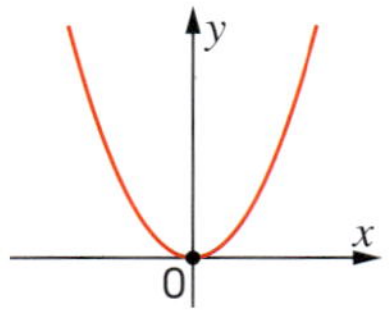

$S = \{0\}$

• **Si le nombre a est strictement négatif : $a < 0$**

Soit $x^2 = -1$. La droite d'équation $y = -1$ ne coupe pas la parabole, donc il n'y a pas de solution : $S = \varnothing$.

94. **Résoudre les équations suivantes.**

a) $x^2 = 4$ **b)** $x^2 = -25$

c) $25x^2 = 1$ **d)** $x^2 - 1 = 0$

e) $4x^2 + 8 = 0$ **f)** $10x^2 + 0{,}1 = 0$

95. **Résoudre les équations suivantes.**

a) $x^2 + 4 = 0$ **b)** $100\,x^2 - 1 = 0$

c) $9x^2 - 4 = 0$ **d)** $\frac{t^2}{4} = 1$

e) $5\,t^2 = 0$ **f)** $(2t-1)^2 + 1 = 0$

15 Déterminer le signe d'une expression du premier degré, d'une expression factorisée du second degré

Signe de $ax + b$

Pour étudier le signe de $ax + b$, on étudie la position de la droite d'équation $y = ax + b$ par rapport à l'axe des abscisses.

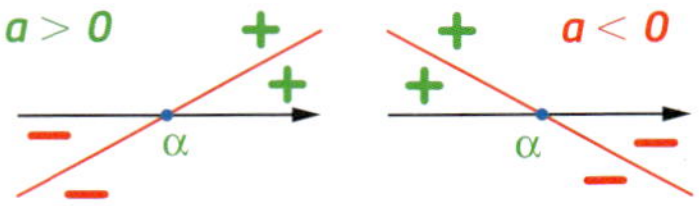

Exemples :

• Soit $f(x) = 2x + 6$. On a $a = 2$, positif.
On a $f(x) = 0 \Leftrightarrow 2x = -6 \Leftrightarrow x = -3$

Avant -3, la droite est en dessous de l'axe des abscisses, donc $2x + 6$ est négatif.

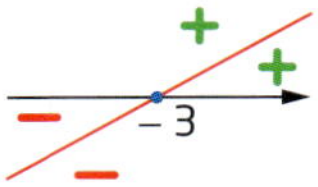

Après -3, la droite est au-dessus de l'axe des abscisses, donc $2x + 6$ est positif.

x	$-\infty$		-3		$+\infty$
Signe de $2x + 6$		$-$	0	$+$	

• Soit $g(x) = -x + 7$. On a $a = -1$, négatif.
On a $g(x) = 0 \Leftrightarrow -x + 7 = 0 \Leftrightarrow x = 7$

Avant 7, la droite est au-dessus de l'axe des abscisses, donc $-x + 7$ est positif.

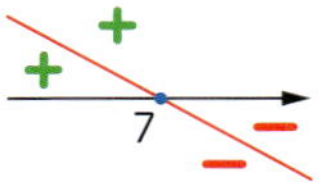

Après 7, la droite est en dessous de l'axe des abscisses, donc $-x + 7$ est négatif.

x	$-\infty$		7		$+\infty$
Signe de $-x + 7$		$+$	0	$-$	

96. **Pour chaque fonction f du 1er degré, de forme $f(x) = ax + b$, déterminer l'abscisse du point d'intersection avec l'axe des abscisses et en déduire le tableau de signes de $f(x)$.**

a) $f(x) = 4x - 12$ **b)** $f(x) = 3x$

c) $f(x) = -x + 3$ **d)** $f(x) = \frac{x}{2} - 4$

e) $f(x) = \frac{-x}{3} - 5$ **f)** $f(x) = \frac{5}{4}x$

97. **Étudier le signe des expressions suivantes.**

$A(x) = 5x - 3$ $B(x) = -3x + 9$

$C(x) = 4 - 0{,}1\,x$ $D(x) = -2x - 3$

98. **Étudier le signe de $A(x) = 3x$ et $B(x) = 1 - 2x$.**

99. **Expliquer oralement comment compléter le tableau de signes suivant.**

x		-1		$1{,}5$	
signe de $2x - 3$				0	+
signe de $x + 1$	−	0			
signe du produit		0		0	

Rappeler la règle des signes d'un produit et l'appliquer pour étudier le signe de :

$$P(x) = (2x - 3)(x + 1).$$

100. **Étudier le signe de $A(x) = 4 - x$ et $B(x) = x + 3$ dans un tableau. En déduire le signe du produit $P(x) = A(x) \times B(x)$.**

101. **Étudier le signe du produit $P(x) = (-x + 5)(6 - 3x)$.**

102. **Étudier le signe de $P(x) = (3 - x)(3x - 1)$.**

16 Isoler une variable dans une égalité ou une inégalité qui en comporte plusieurs

Isoler une variable dans une égalité

L'opération réciproque de l'addition est la soustraction.

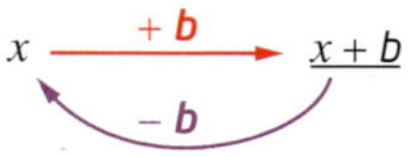

L'opération réciproque de la multiplication est la division.

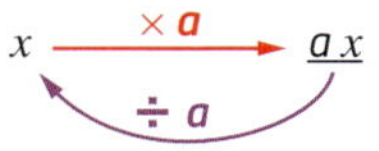

Exemple : La **vitesse moyenne v** d'un objet en mouvement est donnée par la formule $v = \frac{d}{t}$ où **d représente la distance parcourue** et **t le temps écoulé**.

- On a : $v = \frac{\mathbf{d}}{\mathbf{t}}$ on multiplie les deux membres par t
  d'où $\mathbf{d} = \mathbf{v} \times \mathbf{t}$ c'est aussi le **produit en croix**
- On a : $\mathbf{v} \times \mathbf{t} = \mathbf{d}$ on divise les deux membres par v
  d'où $\mathbf{t} = \frac{\mathbf{d}}{v}$

103. **Isoler la variable bleue.**

a) $y = a\,x + \mathbf{b}$ **b)** $y = a\,\mathbf{x} + b$ **c)** $p = \frac{n}{\mathbf{N}}$

104. **Isoler la variable bleue.**

a) $U = R \times \mathbf{I}$ **b)** $P = \boldsymbol{\rho} \times g \times V$ **c)** $L = 2\,\pi\,\mathbf{R}$

105. **Isoler la variable bleue dans ces calculs d'aires.**

a) $A = \frac{b \times \mathbf{h}}{2}$ **b)** $A = \frac{\mathbf{h}\,(a + b)}{2}$ **c)** $A = \frac{h\,(a + \mathbf{b})}{2}$

106. **Les variables x et y sont non nulles. Isoler x.**

a) $\frac{\mathbf{x}}{3} \times \frac{4}{\mathbf{y}} = \frac{4}{3}$ **b)** $\frac{\mathbf{x}}{2} \times \frac{\mathbf{y}}{7} = \frac{-6}{7}$

c) $\frac{-5}{3} \times \frac{\mathbf{y}}{\mathbf{x}} = \frac{-10}{3}$ **d)** $\frac{\mathbf{y}}{7} \times \frac{2}{\mathbf{x}} = \frac{-8}{21}$

> Automatisme 9

107. On rappelle que :

si $a > 0$ et $b > 0$, alors $a^2 = b \Leftrightarrow a = \sqrt{b}$

> Automatisme 14

Isoler la variable bleue, en admettant que toutes les variables sont strictement positives.

a) Loi de Kepler : $\frac{\mathbf{T}^2}{a^3} = \frac{4\pi^2}{MG}$ **b)** $T = 2\pi\sqrt{\frac{\mathbf{l}}{g}}$

108. La formule de l'IMC (indice de masse corporelle) est $\text{IMC} = \frac{m}{t^2}$.

m est la masse en kg et t est la taille en mètre.

a) Une personne a un IMC de 30 et une taille de 1,65 m. **Calculer sa masse, arrondie à 1 kg.**

b) Une personne a un IMC de 22 et une masse de 65 kg. **Calculer sa taille, arrondie à 1 cm.**

Isoler une variable dans une inégalité

On procède de la même façon que dans une égalité, mais attention au **signe** lors d'une multiplication ou division !

> Automatisme 14

Exemple :

On a $-2x+p>y$ on soustrait p à chaque membre

$-2x>y-p$ on divise chaque membre par -2

$x<\dfrac{y-p}{-2}$ or $-2<0$ donc l'inégalité change de sens

Et en réduisant, on obtient : $x<\dfrac{-y+p}{2}$

109. **Isoler la variable x dans les inégalités.**

a) $y+x \geqslant \dfrac{5}{4}$ b) $\dfrac{1}{2}-x \leqslant \dfrac{y}{6}$

110. **Isoler x dans les inégalités suivantes, où les autres variables sont strictement positives.**

a) $4x-p \leqslant -10$ b) $p(3-x)>3$

c) $\dfrac{x-3}{4} \geqslant \dfrac{x+p}{2}$ d) $\dfrac{x+5}{5}<p$

111. **Même exercice, avec x positif.**

a) $\dfrac{x}{b}<k$ b) $\dfrac{a}{x} \geqslant \dfrac{c}{d}$ c) $a+\dfrac{x}{c} \leqslant d$

112. Une taxe porte sur un revenu mensuel R. Après une hausse de plus de 1,7 % de la taxe, le revenu mensuel diminue de plus de 43 €.
Déterminer l'intervalle auquel appartient le montant du revenu mensuel R.

17 Effectuer une application numérique d'une formule utilisée dans une autre discipline

Exemples :

• Soit $f(x)=-x^2-3x+4$. On veut calculer $f(-2)$, image de -2 par la fonction f.

Attention : $-x^2$ signifie « on prend x, on élève au carré, puis on prend l'opposé du résultat ».

Conseil : effectuer le plus de calculs possibles dans sa tête et écrire le moins de calculs.

Ainsi : $f(-2)=-4+6+4=-6$

car le carré de -2 est 4 et $(-3)\times(-2)=+6$

• On admet que, pour un taux global d'évolution t sur n années, le taux moyen annuel t_M est donné par la formule : $t_M=(1+t)^{1/n}-1$.

Application numérique : si $t=0{,}8$ et $n=3$, alors : $t_M=(1+0{,}8)^{1/3}-1 \approx 0{,}216$

```
(1+0.8)^(1/3)-1
                0.2164403991
```

Oral **113.** On considère les fonctions suivantes sur $\mathbb{R}$.

$f(x)=x^2-4$ $g(x)=-x^2+5$

$h(x)=(x+1)(2x-1)$ $k(x)=2x(x-1)$

Calculer les images de 0, de 1 et de − 1 par ces fonctions.

114. Soit $f(x)=(2x+1)^2-x^2$ et $g(x)=-2(x-1)$.
Calculer les images de 3 et de − 3 par f et g.

115. Soit $f(x)=\dfrac{1}{x+2}+\dfrac{2}{2-x}$, avec $x\neq 2$ et $x\neq -2$.
Calculer $f(0)$, $f(3)$ et $f(-3)$.

116. Soit $\dfrac{1}{R}=\dfrac{1}{R_1}+\dfrac{1}{R_2}$. **Calculer R si :**

a) $R_1=5$ et $R_2=20$ b) $R_1=10$ et $R_2=40$

117. a) Écrire la formule donnant le prix TTC, pour un taux de TVA t, sur un prix hors taxes PHT.
Isoler le taux de TVA dans cette formule.
Application : **Calculer ce taux de TVA pour un prix TTC de 96 €, sachant que le prix hors taxes est de 80 €.**

b) En Hongrie, pour un article ayant un prix TTC de 254 €, le montant de la TVA est de 54 €. Calculer le taux de TVA.

118. On emprunte un capital C sur n mois, au taux mensuel i, en écriture décimale.
Le montant a d'une mensualité constante de remboursement est donné par : $m=\dfrac{C\times i}{1-(1+i)^{-n}}$.

Calculer la mensualité de remboursement pour un capital emprunté de 100 000 € au taux mensuel de 0,2 % pendant 5 ans.

a) **Écrire le calcul à effectuer.**

b) **Calculer à la calculatrice, à 10^{-2} près.**

119. La température T_F en degré Fahrenheit (°F) et la température T_C en degré Celsius sont liées par la relation $T_F = \frac{9}{5}\ T_C + 32$.

a) Convertir en °F la température d'ébullition de l'eau qui est de 100 °C.

b) Isoler T_C dans la relation précédente.

c) Convertir 100 °F en °C.

18 Développer, factoriser, réduire une expression algébrique simple

Développer

Transformer un produit en une somme en utilisant la distributivité.

Identités remarquables :

$$(a+b)^2 = a^2 + 2 \times a \times b + b^2$$
$$(a-b)^2 = a^2 - 2 \times a \times b + b^2$$
$$(a+b)(a-b) = a^2 - b^2$$

Réduire

Écrire une expression en regroupant les termes de même degré et en simplifiant.

Exemples : • $E(x) = (x-3)^2 + (x-2)(3x-1)$
$= x^2 - 6x + 9 + 3x^2 - x - 6x + 2$
$= 4x^2 - 13x + 11$.

• $F(x) = -2(x+3)(x-5)$

commencer par distribuer – 2 sur le 1er facteur

$= (-2x-6)(x-5) = -2x^2 + 10x - 6x + 30$
$= -2x^2 + 4x + 30$.

Oral 120. Développer.

a) $(x+2)^2$ **b)** $(2x-3)^2$ **c)** $(-x-3)^2$

d) $(3-x)^2$ **e)** $(5-4x)^2$

Oral 121. Développer et réduire.

a) $(x+3)(x-3)-x^2$ **b)** $-x(x-2)^2$

c) $(1-3x)^2 + (x-2)^2$ **d)** $x^2 - (x-1)^2$

122. Développer et réduire.

a) $(2x-3)^2 + (x+1)(x-1)$

b) $(-3x+2)(x-3) - x^2$

123. Développer et réduire.

a) $(3x+4)(x-1)$ **b)** $3x(x+2)(1-3x)$

c) $x(x-2)^2 + 2x^2 - 2$

d) $x(x-1)(-x+3) + (x-2)(x-4)$

Oral 124. Vrai ou faux ?

a) Le développement de $(-x-5)^2$ est le même que le développement de $(x+5)^2$.

b) Dans le développement de $(x+4)^2 - 2x(x+2)$, il n'y a plus de termes constants.

Factoriser

Transformer une somme en produit.

Cas particuliers

Mettre x en facteur : $ax^2 + bx = x(ax+b)$

Différence de deux carrés :

$$(A)^2 - (B)^2 = (A+B)(A-B)$$

Exemples : • $E(x) = 3x + 4x^2 = x(3+4x)$

• $F(x) = (x-3)^2 - (2x+1)^2$ on reconnaît $(\ )^2 - (\ )^2$
$= (x-3+2x+1)(x-3-2x-1)$ on réduit
$= (3x-2)(-x-4)$

• $G(x) = x^2 + 3x + (2x-3)(x+3)$

on fait apparaître un facteur commun

$= x(x+3) + (2x-3)(x+3)$
$= (x+3)(x+2x-3) = (x+3)(3x-3)$.

Oral 125. Vrai ou faux ?

a) $4x^2 - y^2 = (2x-y)^2$

b) $x^2 - 4x + 4$ est le carré de $x-2$

c) $-9x^2 + 3x - 1$ est le carré de $-x+3$

d) $25x^2 - 20x + 4$ est le carré de $5x-2$

e) $x^2 + 9 - 6x$ est le carré de $x+3$

Oral 126. Pour chaque expression, indiquer si :

① on peut mettre x en facteur

② c'est une différence de deux carrés

③ il existe un facteur commun, autre que x.

a) $x^2 - (4x-1)^2$ **b)** $4x - x^2$

c) $4x^2 - (x+1)^2$ **d)** $(x-2)^2 - 4x^2$

e) $-x^2 + (2x-1)^2$ **f)** $2(x+1) - (x+1)^2$

Oral 127. Factoriser chaque expression.

a) $x^2 + 4x$ **b)** $x^2 - 4$ **c)** $-4x + x^2$

d) $4 - x^2$ **e)** $4x^2 - x$ **f)** $4x^2 - 1$

Oral 128. Pour chaque expression, indiquer le facteur commun qui apparaît ou que l'on peut faire apparaître.

a) $(x+1)(x-2) + 2(x-2)^2$

b) $x^2 + 4x - (x+4)(x-2)$

c) $2x(x-3)^2 + 3x - x^2$

d) $x^2 - 1 + (x+2)(x-1)$

129. **Factoriser les expressions de l'exercice précédent.**

130. **Factoriser au maximum les expressions suivantes.**

a) $(2x+1)^2-(4x-3)^2$

b) $(1-2x)(x+2)^2+(2x-1)(3-x)^2$

D • Fonctions et représentations

19 Déterminer graphiquement des images et des antécédents

Dans un repère, $\mathscr{C}_f$ est la courbe représentative de la fonction f, d'équation $y=f(x)$.

• Lire graphiquement **l'image** d'un nombre a par f, c'est lire **l'ordonnée** du point de $\mathscr{C}_f$ d'abscisse a.

Étape 1 : On repère la graduation a sur l'axe des abscisses.

Étape 2 : On trace la verticale jusqu'à la courbe $\mathscr{C}_f$.

Étape 3 : On lit $f(a)$, ordonnée du point de la courbe $\mathscr{C}_f$ d'abscisse a.

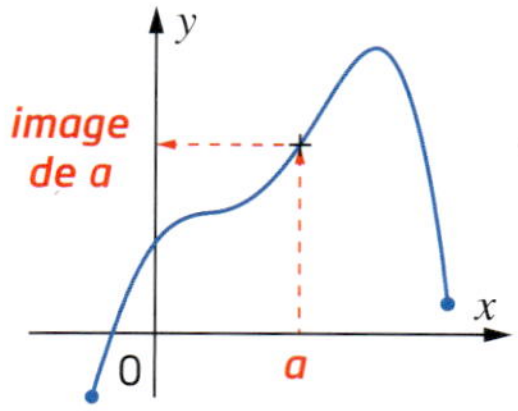

L'ensemble des abscisses ayant une image est l'**ensemble de définition** de la fonction.

• Lire graphiquement les **antécédents** d'un nombre b par f, c'est lire **toutes les abscisses** des points de $\mathscr{C}_f$ d'ordonnée b.

Étape 1 : On repère la graduation b sur l'axe des ordonnées.

Étape 2 : On trace la droite horizontale. Si cette droite coupe la courbe $\mathscr{C}_f$, on lit les abscisses des points d'intersection. Sinon, b n'a pas d'antécédent.

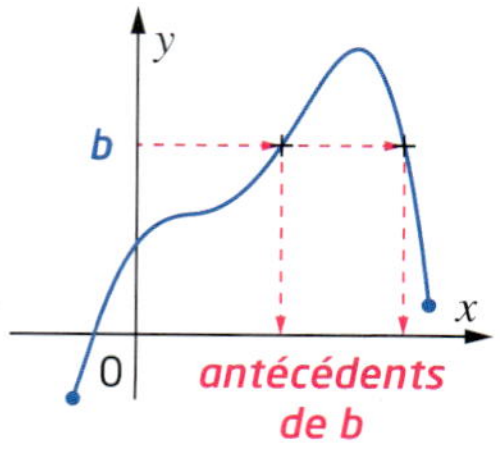

• Un nombre admet au plus **une image** par une fonction, mais peut avoir **0, 1 ou plusieurs antécédents**.

Sur les graphiques suivants : on admet qu'un point, noté par une croix +, signifie que ce point est sur un nœud de quadrillage, donc connu de façon exacte ; si la courbe ne s'arrête pas en un point, elle se poursuit de la même façon.

Oral **131.** **Compléter par lecture graphique.**

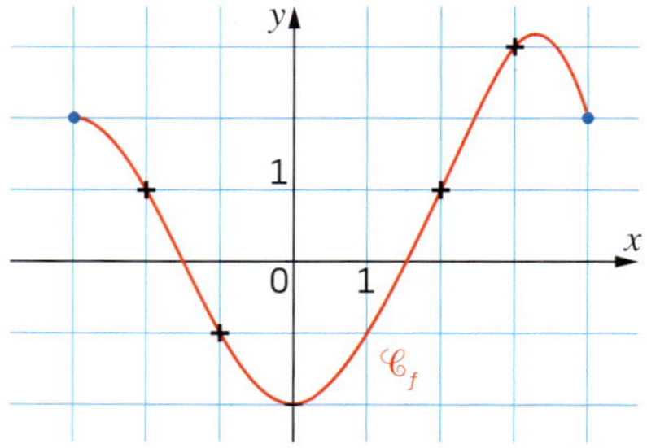

a) L'image de 2 par f est ......

b) L'image de -1 par f est ......

c) Un antécédent de 2 par f est ......

d) Les antécédents par f de 1 sont ......

e) 1 est l'image de ...... par f.

132. La courbe $\mathscr{C}_g$ ci-dessous est celle d'une fonction g définie sur $\mathbb{R}$. On admet que tout réel supérieur ou égal à 4 n'a pas d'antécédent et que le réel 0 a un unique antécédent.

Donner des valeurs approchées s'il y a lieu, permises par le graphique.

1. **Déterminer graphiquement.**

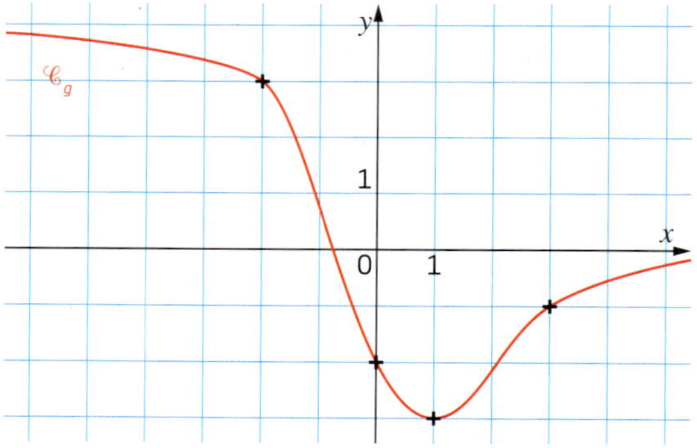

a) l'image de 0 par g **b)** $g(3)$

c) l'image de -2 par g

d) les antécédents de 3 par g

e) les antécédents de – 2 par g

2. a) Existe-t-il un réel ayant 4 pour image ? Justifier votre réponse.

b) 3 est-il l'image d'un réel par g ?

c) Combien tout réel de $]-3\,;0[$ a-t-il d'antécédents ?

133. Déterminer graphiquement les images par f de : – 3 ; – 1 ; 1 ; 4 et 6.

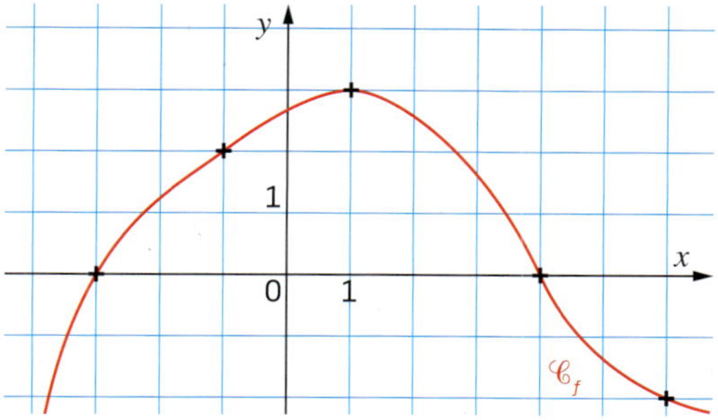

134. Soit f la fonction représentée par la courbe ci-dessous. *La droite verticale en tirets est « un mur » : la courbe ne la traverse pas.*

1. Déterminer graphiquement les images, si elles existent (*attention à l'unité du repère*).

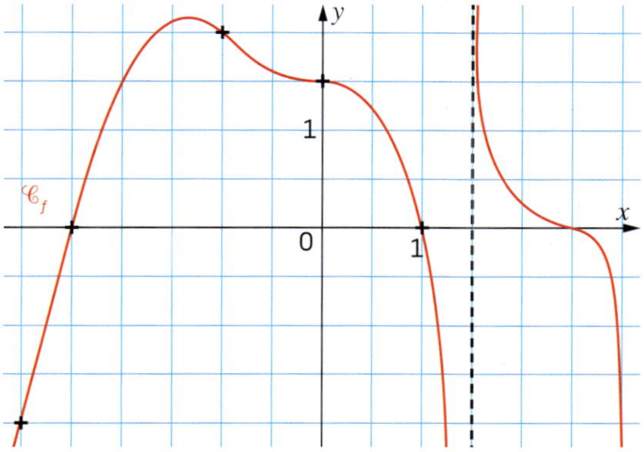

a) l'image de 0 par f

b) $f(-1)$

c) l'image de 1,5 par f

d) $f(2)$

e) l'image de – 2,5 par f

2. Déterminer graphiquement des antécédents, s'ils existent :

a) antécédent(s) de 0 par f

b) antécédent(s) de 1,5 par f

c) antécédent(s) de – 2 par f

3. Quel semble être l'ensemble de définition de cette fonction f ?

135. Pour chaque fonction, indiquer leur ensemble de définition D et l'ensemble I de leurs images.

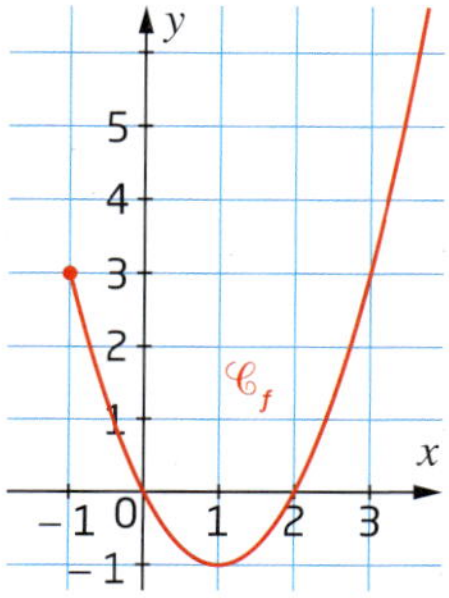

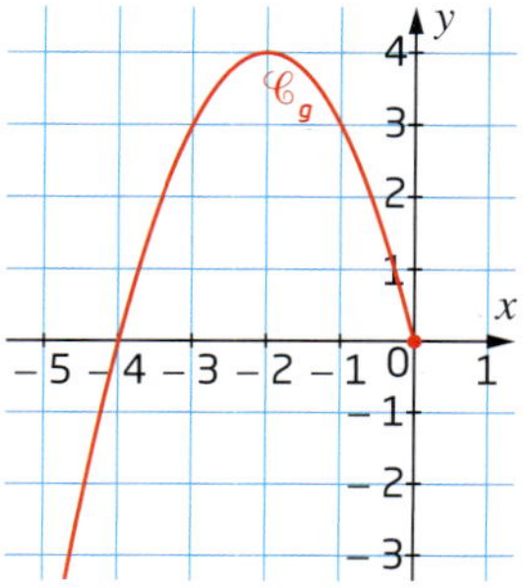

20 Résoudre graphiquement une équation, une inéquation, du type $f(x) = k$, $f(x) < k$ ...

Résoudre graphiquement $f(x) = k$

• Les **solutions** de **l'équation $f(x) = k$** sont les **antécédents** de k par la fonction f.

Étape 1 : On repère k sur l'axe des ordonnées, puis on trace la parallèle à l'axe des **abscisses**.
(la droite d'équation $y = k$ est horizontale)

Étape 2 : Si cette droite coupe la courbe, alors on lit les **abscisses** des points d'intersection et on les écrit entre accolades : par exemple, $S = \{x_1\,; x_2\}$.
Sinon l'équation n'a pas de solution et on écrit $S = \varnothing$.

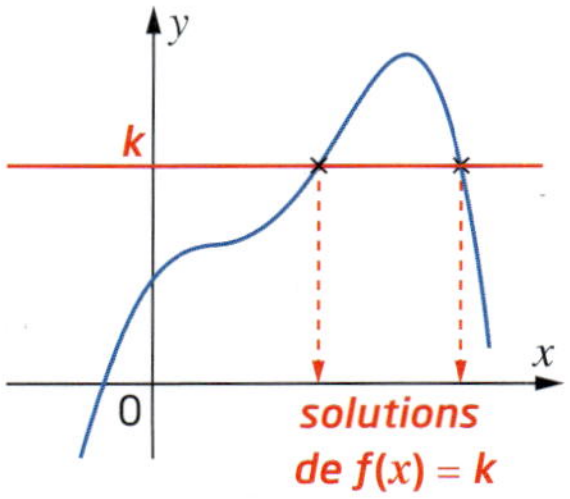

Cas particulier :
les **solutions** de **l'équation $f(x) = 0$** sont les abscisses des **points d'intersection** de la courbe $\mathscr{C}_f$ avec l'axe des abscisses.

136. $\mathscr{C}_f$ **représente la fonction** f **définie sur** $\mathbb{R}$. **Résoudre graphiquement les équations suivantes, avec la précision permise par le graphique.**

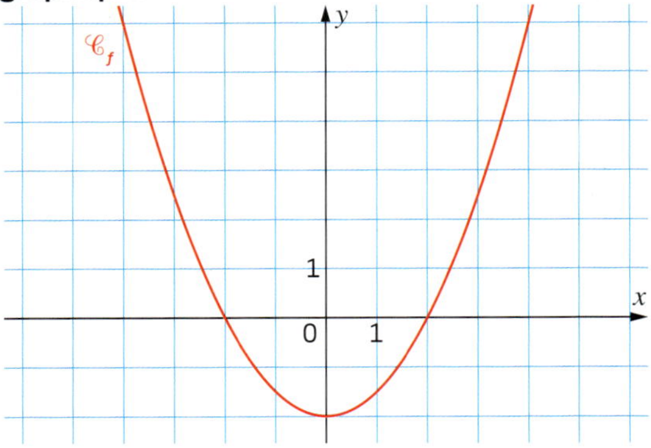

a) $f(x) = -2$ **b)** $f(x) = 0$
c) $f(x) = 6$ **d)** $f(x) = -3$

137. Soit $\mathscr{C}_f$ la courbe ci-dessous représentant la fonction f définie sur $]-\infty\,;5]$.

1. Résoudre graphiquement les équations suivantes (on donnera éventuellement des valeurs approchées).

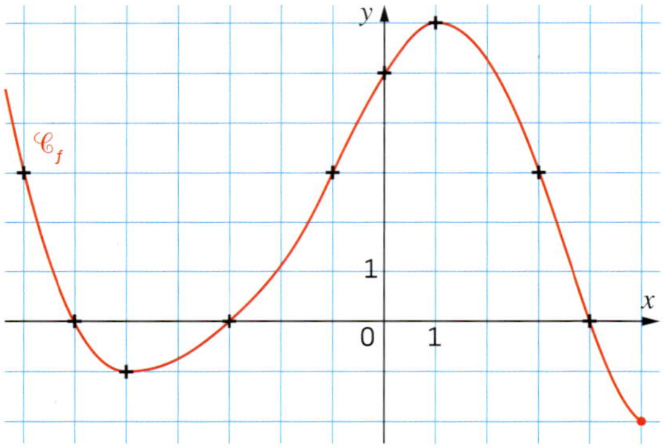

a) $f(x) = 3$ **b)** $f(x) = 0$
c) $f(x) = -1$ **d)** $f(x) = -2$

2. Déterminer graphiquement le nombre de solutions de l'équation $f(x) = k$, pour $0 \leqslant k \leqslant 3$.

Résoudre graphiquement $f(x) < k$ ou $f(x) > k$

• Les **solutions** de **l'inéquation $f(x) < k$** sont les **abscisses** des points de la courbe $\mathscr{C}_f$ dont l'ordonnée est **strictement inférieure à k**.

Ces points sont situés en dessous de la droite horizontale d'équation $y = k$.

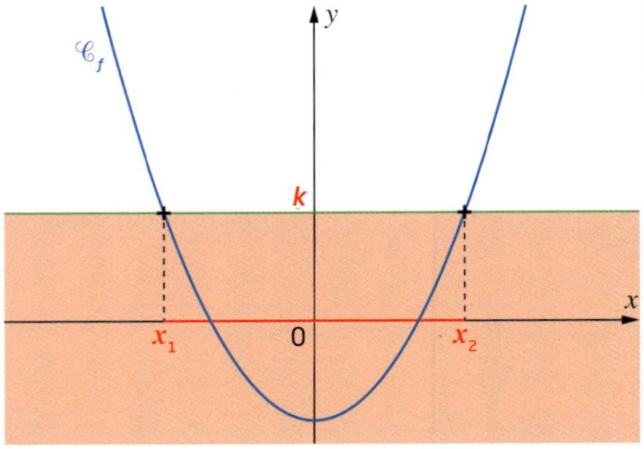

Dans l'exemple, on obtient : **S1** $=]x_1\,;x_2[$.

• Les solutions de l'inéquation $f(x) > k$ sont les abscisses des points de la courbe $\mathscr{C}_f$ dont l'ordonnée est strictement supérieure à k.

Ces points sont situés au-dessus de la droite d'équation $y = k$.

Dans l'exemple, on obtient :

$$S2 =]-\infty\,;x_1[\ \cup\ ]x_2\,;+\infty[.$$

L'ensemble des solutions est souvent un **intervalle** ou une **réunion d'intervalles**.

138. On considère la fonction f définie sur l'intervalle $[-5\,;6]$ de courbe représentative $\mathscr{C}_f$. **Résoudre graphiquement les inéquations suivantes.**

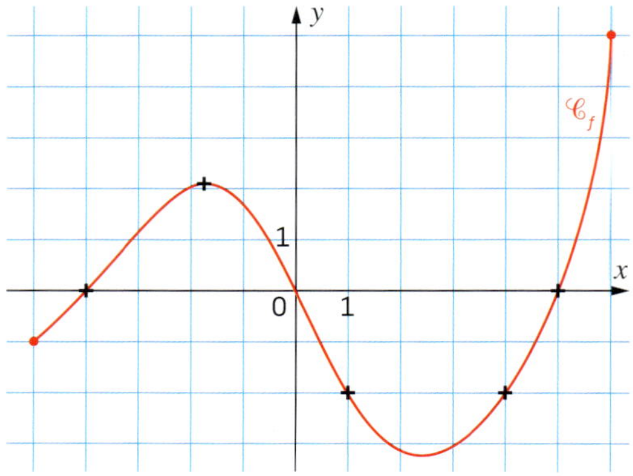

a) $f(x) < -2$ **b)** $f(x) < 0$
c) $f(x) \geqslant 0$ **d)** $f(x) > -2$

139. Soit f la fonction définie sur $[\,0\,;+\infty\,[$ et représentée ci-contre par le courbe $\mathscr{C}_f$.
Résoudre graphiquement.

a) $f(x) > 4$

b) $f(x) < 0$

c) $f(x) \geqslant 5$

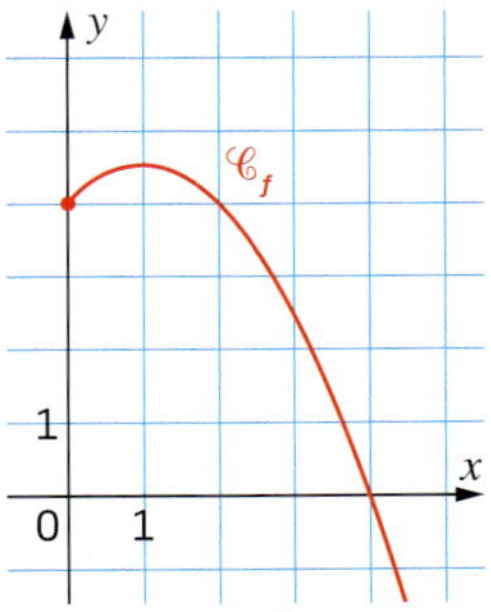

140. Soit f la fonction définie sur $[-6\,;+\infty[$.
On admet que pour tout réel x strictement positif, alors la courbe $\mathscr{C}_f$ est située au-dessus de l'axe des abscisses.

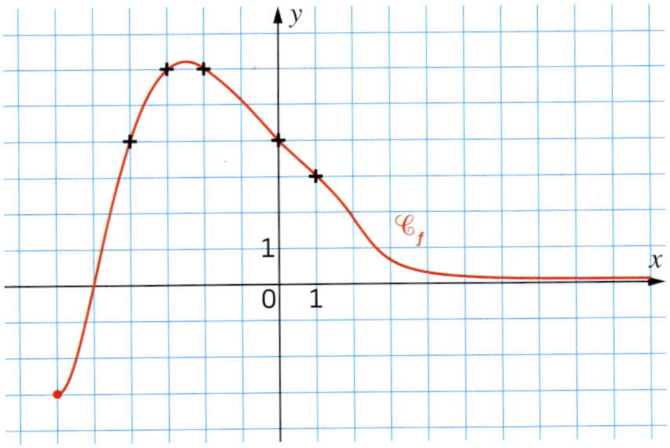

Résoudre graphiquement les inéquations suivantes.

a) $f(x) \geqslant 0$ **b)** $f(x) < 4$ **c)** $f(x) < 6$

21 Déterminer graphiquement le signe d'une fonction ou son tableau de variations

Signe d'une fonction par lecture graphique

- Lorsque la courbe $\mathscr{C}_f$ **traverse** l'axe des abscisses en a, alors on sait que $f(a) = 0$.
- Lorsque la courbe $\mathscr{C}_f$ est située **au-dessus** de l'axe des abscisses, alors $f(x) > 0$, c'est-à-dire $f(x)$ est strictement positive (de signe +).
- Lorsque la courbe $\mathscr{C}_f$ est située **en dessous** de l'axe des abscisses, alors $f(x) < 0$, c'est-à-dire $f(x)$ est strictement négative (de signe —).

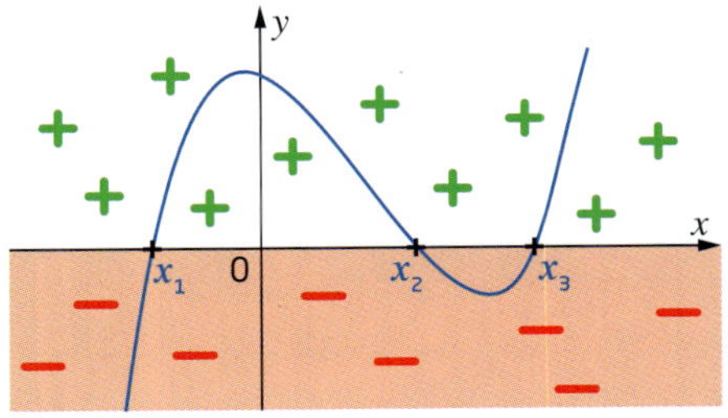

On résume ces résultats dans un tableau de signes, sans oublier les **zéros** où la courbe traverse l'axe des abscisses.

x	$-\infty$		x_1		x_2		x_3		$+\infty$
Signe de $f(x)$		$-$	0	$+$	0	$-$	0	$+$	

Si on connaît le tableau de signes d'une fonction, alors on peut résoudre les inéquations :

$f(x) > 0$ et $f(x) < 0$

141. Une fonction f définie sur $\mathbb{R}$ est représentée ci-dessous sur l'écran d'une calculatrice.
Dresser son tableau de signes.

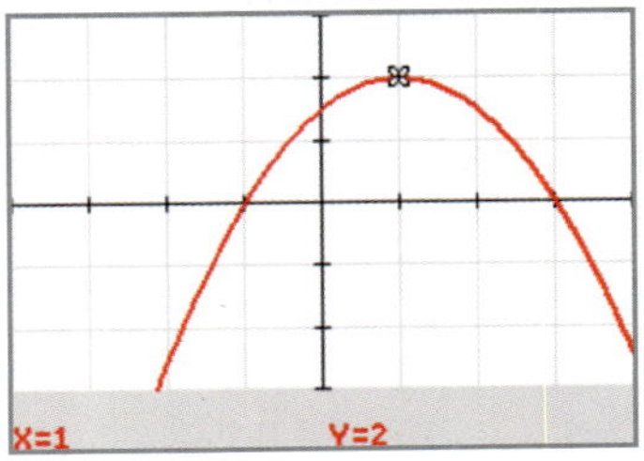

142. La fonction f est définie sur $[-4\,;\,5\,]$ et connue par sa courbe $\mathscr{C}_f$ ci-dessous.

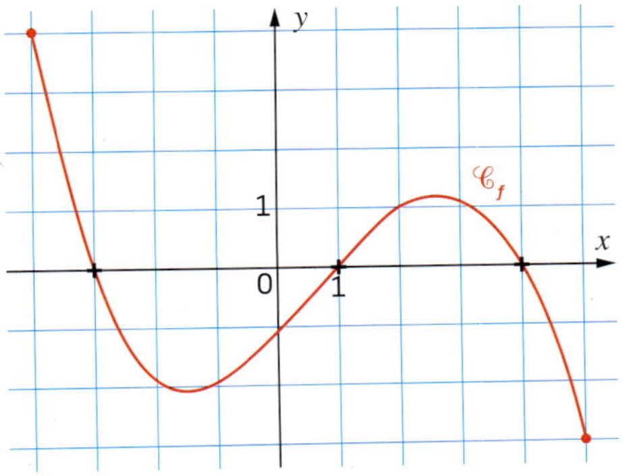

Dresser le tableau de signes de $f(x)$.

143. Dresser le tableau de signes de la fonction g définie sur $\mathbb{R}$ et représentée ci-dessous.

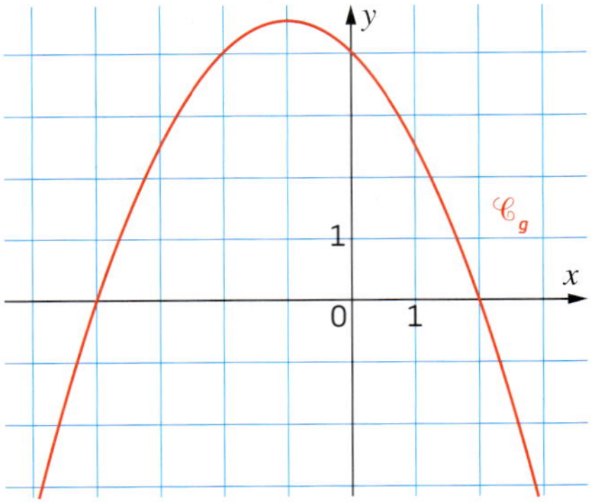

144. La fonction h est définie sur la réunion d'intervalles $]-\infty\,;-1[\,\cup\,]-1\,;+\infty[$. Elle est représentée ci-dessous par la courbe $\mathscr{C}_h$ en 2 morceaux. **Dresser son tableau de signes.**

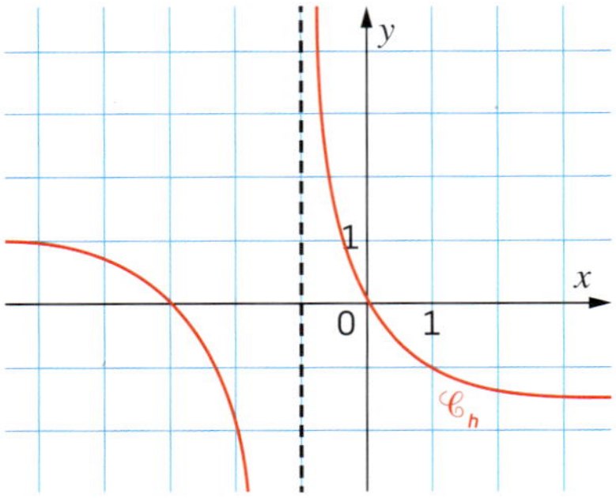

145. Dresser le tableau de signes de la fonction f représentée ci-contre.

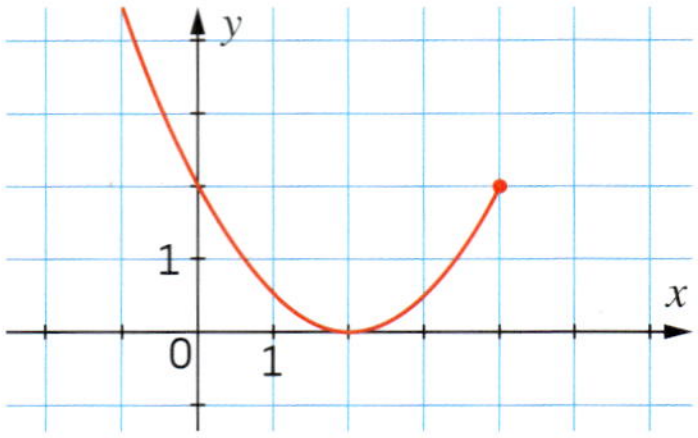

Variations d'une fonction par lecture graphique

On résume le sens de variation d'une fonction par un tableau :

- sur la **première ligne**, on place les valeurs intervenant dans l'ensemble de définition et toutes les abscisses pour lesquelles il y a des changements de variation ;
- sur la **seconde ligne**, on trace une flèche montante quand la fonction est strictement croissante et une flèche descendante quand la fonction est strictement décroissante ;
- au bout des flèches, on peut écrire les **ordonnées connues**, et celles correspondant aux abscisses où il y a changement de variation.

Exemple :
Soit la fonction f définie sur l'intervalle $]-\infty\,;+\infty[$ connue par sa courbe $\mathscr{C}_f$.

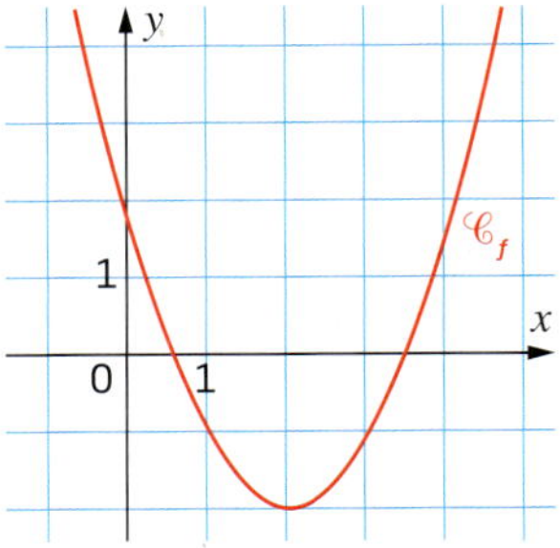

Par lecture, on a :

x	$-\infty$		2		$+\infty$
$f(x)$		↘	-1	↗	

146. Dresser le tableau de variations de la fonction f définie sur l'intervalle $[-1\,;7]$ et représentée ci-dessous.

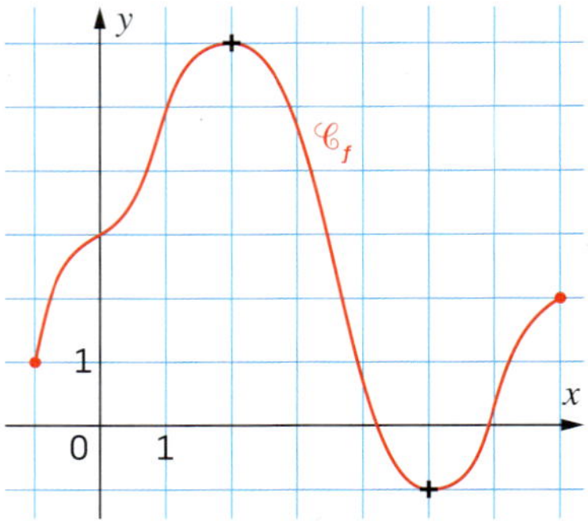

147. Dresser le tableau de variations de la fonction f définie sur $\mathbb{R}$ et représentée ci-contre.

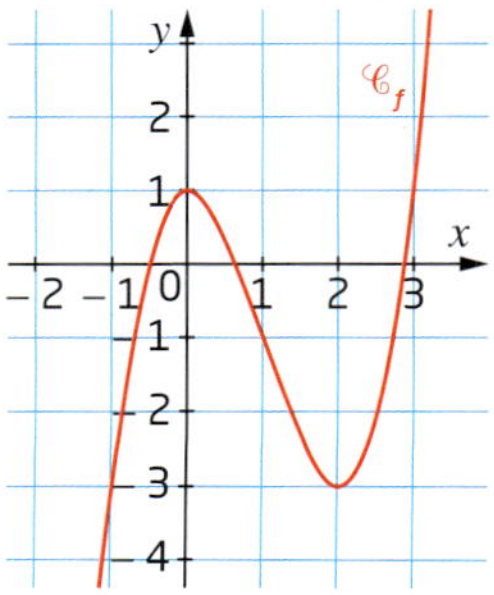

148. On reprend la courbe de l'exercice **137.**
Dresser le tableau de variations de cette fonction.

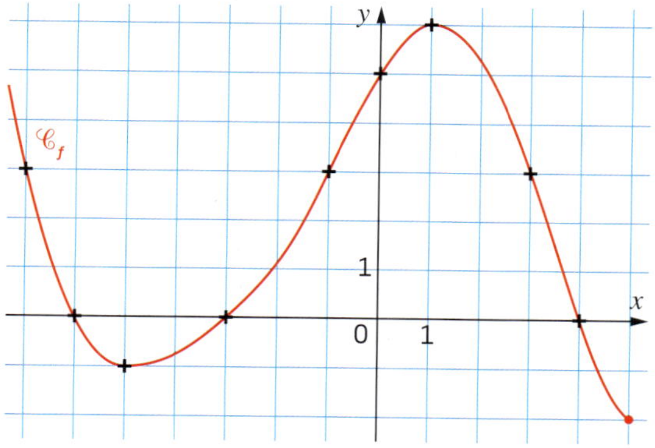

149. Dresser le tableau de variations de la fonction *h*, définie sur $\mathbb{R}$ et représentée ci-dessous.

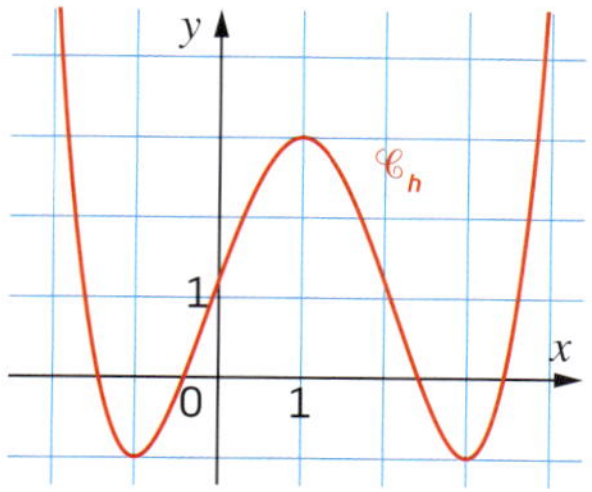

150. On considère la fonction f définie sur $\mathbb{R}$ et représentée ci-dessous sur l'écran d'une calculatrice. **Dresser son tableau de variations.**

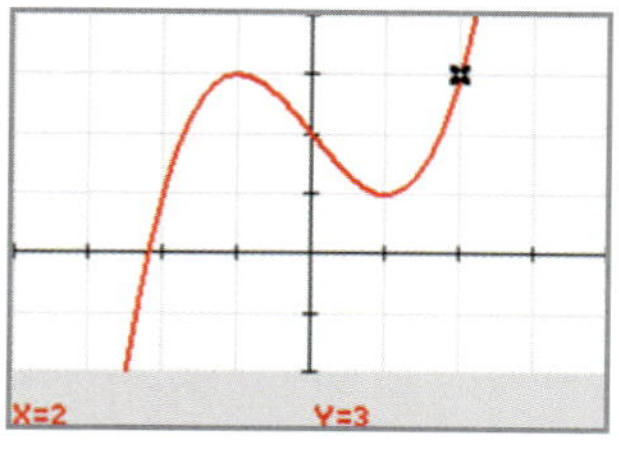

151. De même pour la fonction *g* représentée ci-dessous.

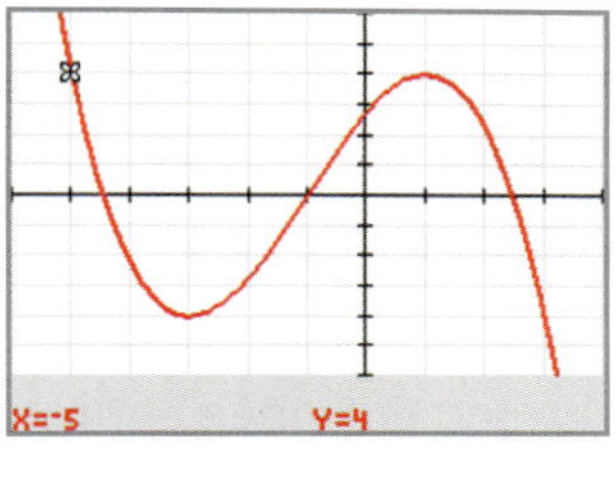

22 Exploiter une équation de courbe (appartenance d'un point, calcul de coordonnées)

L'équation de la courbe $\mathscr{C}_f$, représentative de la fonction f, est de la forme $y = f(x)$.

Un point $A(x_A\ ;\ y_A)$ appartient à la courbe $\mathscr{C}_f$ **si, et seulement si,** ses coordonnées vérifient l'équation de la courbe $\mathscr{C}_f$, c'est-à-dire $y_A = f(x_A)$.

Notation : $A(x_A\ ;\ y_A) \in \mathscr{C}_f \iff y_A = f(x_A)$

Exemple : Soit la fonction $f : x \mapsto 9 - 2x^2$.
Le point A(1 ; 7) appartient à la courbe $\mathscr{C}_f$ car :
$$f(1) = 9 - 2 \times (1^2) = 9 - 2 = 7.$$
Mais B(– 2 ; 17) $\notin \mathscr{C}_f$ car :
$$f(-2) = 9 - 2(-2)^2 = 9 - 8 = 1.$$

152. Soit d la droite d'équation $y = 1 - 2x$.
Pour chacun des points suivants, appartenant à la droite *d*, déterminer la coordonnée manquante.

a) A(– 1 ; ....) **b)** B(0 ; ....)
c) C(.... ; 0) **d)** D(.... ; –1)

153. La droite Δ a pour équation $y = 2x - 3$.
Répondre par vrai ou faux.

a) A(2 ; – 3) $\in \Delta$ **b)** B(0 ; – 3) $\in \Delta$
c) C(1 ; 1) $\in \Delta$ **d)** D(1,5 ; 0) $\in \Delta$

154. La courbe $\mathscr{C}$ a pour équation $y = x^2 - x$.
Justifier si les affirmations sont vraies ou fausses, par un calcul.

a) A(1 ; 2) $\in \mathscr{C}_f$ **b)** B(– 2 ; 0) $\in \mathscr{C}_f$
c) C (0 ; 1) $\in \mathscr{C}_f$ **d)** D(2 ; 2) $\in \mathscr{C}_f$

155. Soit $\mathscr{C}_f$ la courbe représentative d'une fonction f telle que $f(1) = 2$ et $f(4) = 5$.
Répondre par vrai ou faux.

a) A(2 ; 1) $\in \mathscr{C}_f$
b) B(4 ; 5) $\in \mathscr{C}_f$
c) $\mathscr{C}_f$ passe par un seul point d'abscisse 1.
d) $\mathscr{C}_f$ passe par un seul point d'ordonnée 5.

156. La courbe $\mathscr{C}$ de l'exercice **150.** a pour équation $y = \frac{x^3}{2} - \frac{3}{2}x + 2$.

Dire si les affirmations sont vraies ou fausses.

a) $A(-2\,;1) \in \mathscr{C}$ **b)** $B(3\,;1) \in \mathscr{C}$

c) $C\left(\frac{1}{2}\,;\frac{21}{16}\right) \in \mathscr{C}$ **d)** $D\left(\frac{-1}{2}\,;\frac{45}{16}\right) \in \mathscr{C}$

157. Soit f définie sur $\mathbb{R}$ par $f(x) = 5x - x^2$.

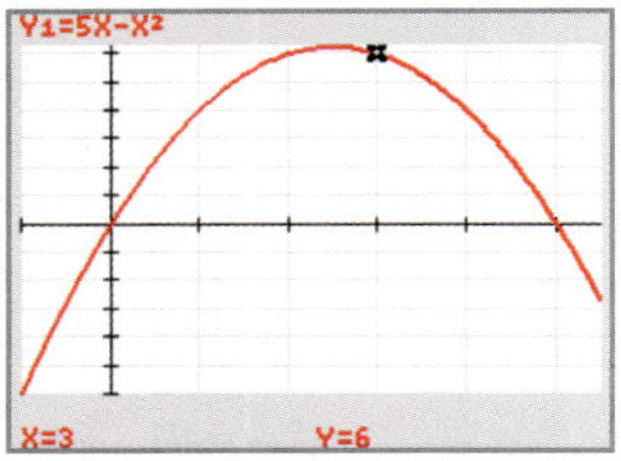

Dire si les affirmations sont vraies ou fausses, en justifiant par un calcul.

a) $\mathscr{C}$ coupe l'axe des abscisses à l'origine du repère et au point d'abscisse 5.

b) Le point $E(2\,;5)$ est un point de $\mathscr{C}$.

c) Le maximum de la fonction f est atteint en 3,5.

d) L'équation $f(x) = 4$ a pour solution $\{1\,;4\}$.

158. La fonction f est définie sur $\mathbb{R}$ par :

$$y = (x+1)(x-3)$$

Soit $\mathscr{C}$ sa courbe représentative.

1. Déterminer les coordonnées manquantes :

a) A(0 ; ....) **b)** B(1 ; ...) **c)** C(2 ; ....)

2. Déterminer les coordonnées des points d'intersection de la courbe $\mathscr{C}$ avec l'axe des abscisses.

159. Soit $\mathscr{C}$ la courbe d'équation : $y = x^2 + 4x$.

1. Calculer les coordonnées du point A de la courbe $\mathscr{C}$ d'abscisse -2.

2. a) Factoriser $x^2 + 4x$.

b) Déterminer les coordonnées des points d'intersection de la courbe $\mathscr{C}$ avec l'axe des abscisses.

160. La courbe $\mathscr{C}_h$ représentée à l'exercice **149** a pour équation $y = \left(\frac{(x-1)^2 - 4}{2}\right)^2 - 1$.

a) Le point $A(0\,;1)$ est-il un point de $\mathscr{C}$?

b) A-t-on : $B(-2\,;5) \in \mathscr{C}_h$?

c) Antonin affirme que $C\left(2\,;\frac{5}{4}\right) \in \mathscr{C}_f$.
A-t-il raison ? **Justifier sans calculatrice !**

23 Tracer une droite donnée par son équation réduite ou par un point et son coefficient directeur

• La droite d a une équation réduite de la forme :

$$y = mx + p$$

On veut tracer cette droite dans un repère orthogonal.

1re méthode : On peut calculer les coordonnées de deux points de la droite en remplaçant x par deux abscisses différentes.

Conseil : prendre 2 points assez éloignés.

2e méthode :

• on place si possible le point $P(0\,;p)$ appartenant à l'axe des ordonnées ;

• on place un deuxième point de la droite en se déplaçant d'un nombre Δx d'unités vers la droite à partir du point P, puis on se déplace de $m \times \Delta x$ unités vers le haut (ou vers le bas) suivant le signe de m.

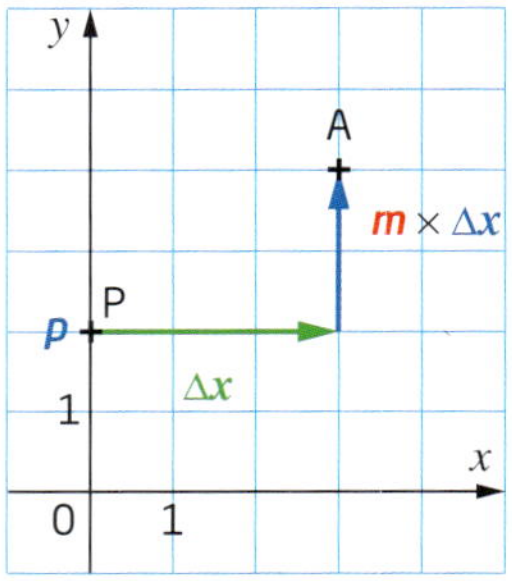

• Si on connaît un point d'une droite et son coefficient directeur m, on peut utiliser cette 2e méthode en partant du point connu.

161. Sur un même graphique, tracer les droites données par les équations réduites suivantes.

a) $d_1 : y = 4 - x$ **b)** $d_2 : y = -4 + x$

c) $d_3 : y = 4x$ **d)** $d_4 : y = \frac{x}{4}$

162. Sur un même graphique, tracer les droites données par les équations réduites suivantes.

a) $d_1 : y = 3x + 1$ **b)** $d_2 : y = 3 - x$

c) $d_3 : y = -x - 3$ **d)** $d_4 : y = \frac{x}{3} - 3$

163. Les droites D1 et D2 sont données par leurs équations réduites.

$D1 : y = \frac{x+2}{3}$ et $D2 : y = \frac{5-2x}{7}$

a) Vérifier que le point A de la droite D1 d'abscisse 1 a son ordonnée entière.

Trouver un autre point de D1 de coordonnées entières. Puis tracer la droite D1.

b) Vérifier que le point C de la droite D2 d'abscisse – 1 a son ordonnée entière.
Trouver un autre point de D2 de coordonnées entières. Puis tracer la droite D2.

164. Sur un même graphique, tracer les droites données par les équations réduites suivantes.

a) $d_1 : y = \dfrac{-x+3}{4}$ **b)** $d_2 : y = \dfrac{x}{3} + \dfrac{2}{3}$

Chercher des points à coordonnées entières.

165. Sur un même graphique, tracer les droites suivantes, de coefficient directeur *m*.

a) d_1 passant par A(– 1 ; – 2) et de coefficient directeur $m = 3$.

b) d_2 passant par B(1 ; 3) et de coefficient directeur $m = -0{,}5$.

c) d_3 passant par l'origine du repère et de coefficient directeur $m = 2$.

d) d_4 de coefficient directeur $m = -1$ et passant par C(0 ; 4).

166. Sur un même graphique, tracer les droites suivantes, de coefficient directeur *m* donné.

a) d_1 passant par A(10 ; 5) et $m = \dfrac{1}{3}$.

b) d_2 passant par B(4 ; 1) et $m = \dfrac{-2}{3}$.

c) d_3 passant par C(– 1 ; 4) et $m = \dfrac{8}{3}$.

24 Lire graphiquement l'équation réduite d'une droite

• Si la droite ***d*** n'est pas parallèle à l'axe des ordonnées (non verticale), l'équation réduite est de la forme $y = mx + p$
avec ***p* l'ordonnée à l'origine** qui correspond à l'ordonnée du point d'intersection de la droite *d* avec l'axe des ordonnées et ***m* le coefficient directeur**

$$m = \frac{\text{accroissement des ordonnées de 2 points de } d}{\text{accroissement des abscisses de 2 points de } d} = \frac{\Delta y}{\Delta x}$$

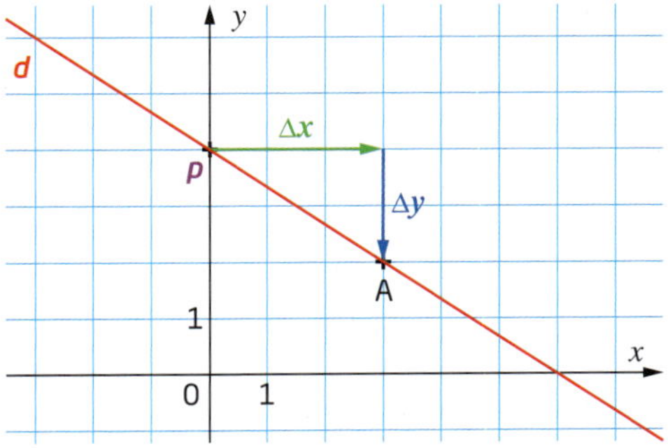

Attention à bien lire les unités sur les axes !
Si l'ordonnée à l'origine ne peut pas se lire facilement sur le graphique, alors on peut la déterminer après avoir calculé *m*.

> Automatisme 25

• Si la droite est **horizontale**, alors son équation est de la forme $y = p$

• Si la droite est parallèle à l'axe des ordonnées (**verticale**), alors l'équation réduite est de la forme $x = c$
où ***c*** est l'abscisse de tous les points de la droite.

167. Déterminer graphiquement les équations réduites des droites d_1, d_2, d_3, d_4 et d_5.

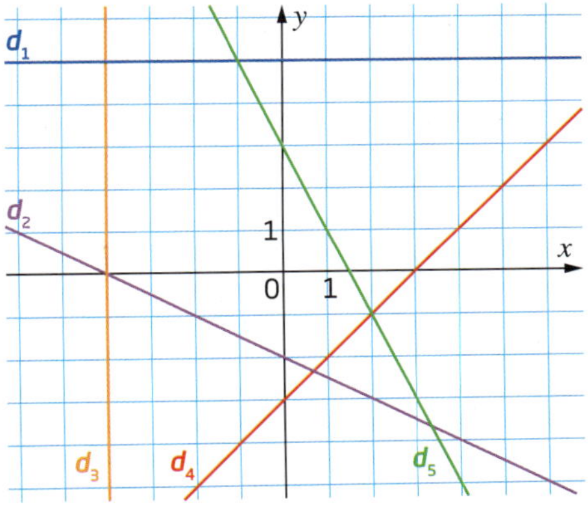

168. **Déterminer graphiquement les équations réduites des droites d_1, d_2, d_3, d_4 et d_5 ci-dessous.**

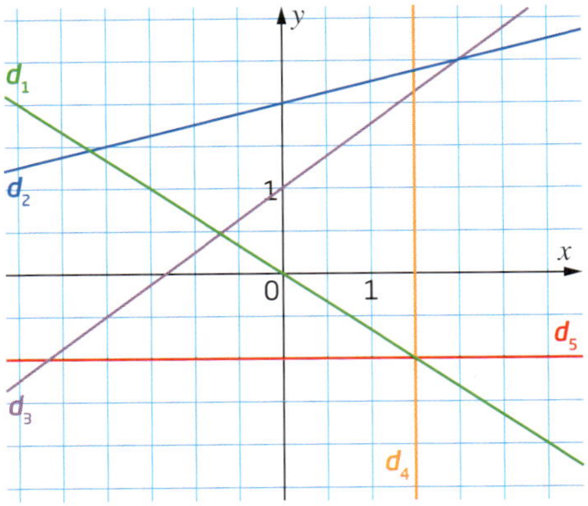

169. **Dans chacun des cas suivants, déterminer graphiquement les équations réduites des droites d_1, d_2 et d_3.**

Attention aux unités !

a)

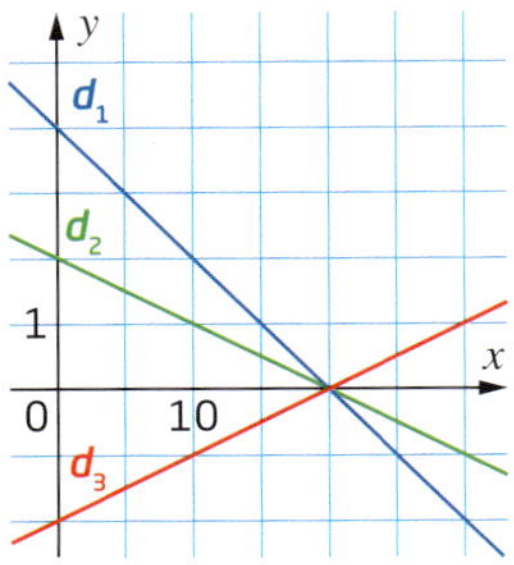

b)

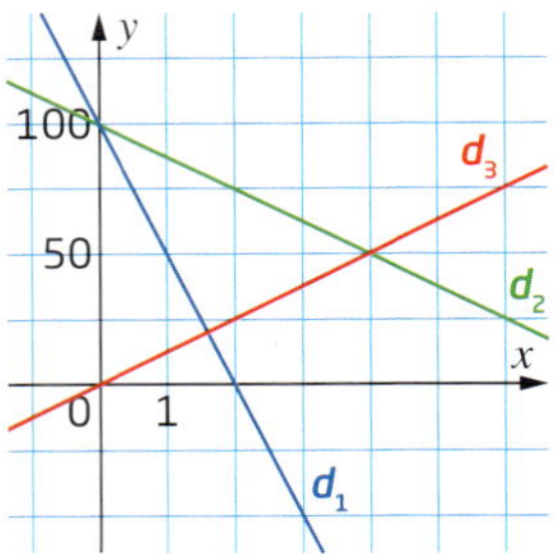

170. **Dans chacun des cas suivants, en utilisant au mieux le graphique, déterminer les équations réduites des droites d_1 et d_2.**

Il peut être nécessaire de faire des calculs.

a)

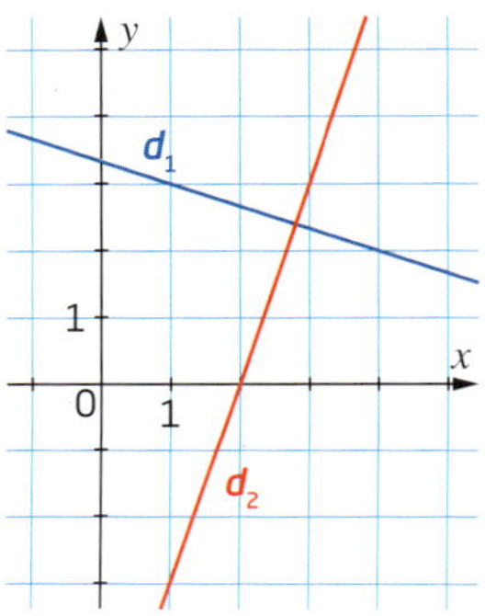

b)

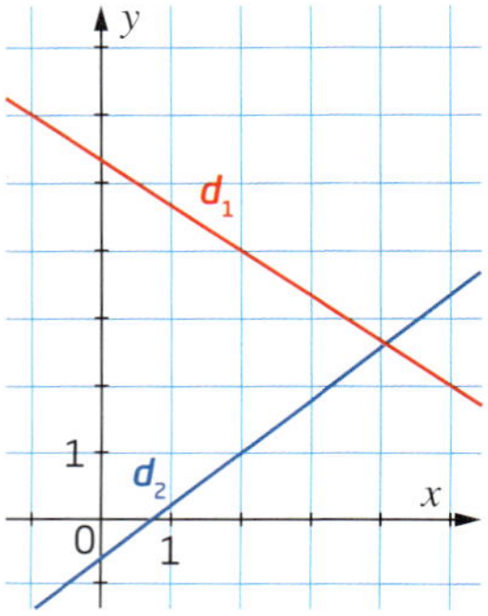

25 Déterminer l'équation réduite d'une droite à partir des coordonnées de deux de ses points

Équation réduite d'une droite passant par les points $A(x_A\,;\,y_A)$ et $B(x_B\,;\,y_B)$

- Si les abscisses des deux points sont différentes, $x_A \neq x_B$, alors **l'équation réduite** est de la forme :

$$y = m\,x + p$$

avec $m = \dfrac{\Delta y}{\Delta x} = \dfrac{y_B - y_A}{x_B - x_A}$ et $p = y_A - m\,x_A$

- Si les abscisses des deux points sont égales, c'est-à-dire $x_A = x_B$, alors l'équation réduite est de la forme : $x = c$, où $c = x_A$, abscisse commune.

Exemple :

Équation réduite de la droite (AB), où :

$A(-2\,;\,3)$ et $B(1\,;\,9)$.

On a $-2 \neq 1$, donc **l'équation réduite** de (AB) est de la forme $y = m\,x + p$

avec $m = \dfrac{\Delta y}{\Delta x} = \dfrac{9-3}{1-(-2)} = \dfrac{6}{3} = 2$

et $p = 3 - 2 \times (-2) = 7$

donc la droite (AB) a pour équation $y = 2x + 7$.

171. **Déterminer l'équation réduite de la droite d passant par les deux points donnés.**

a) $A(2\,;\,3)$ et $B(6\,;\,5)$ **b)** $C(-3\,;\,-1)$ et $D(9\,;\,1)$

c) $E(1\,;\,4)$ et $F(7\,;\,-2)$

172. On considère les points $A(-2\,;\,-3)$, $B(1\,;\,3)$ et $C(4\,;\,-1)$. **Déterminer l'équation réduite de chacune des droites suivantes.**

a) (AB) **b)** (AC) **c)** (BC)

173. Soit les points $D(-1\,;\,-3)$, $E(-1\,;\,5)$ et $F(4\,;\,5)$. **Déterminer l'équation réduite de chacune des droites suivantes.**

a) (DF) **b)** (EF) **c)** (DE)

174. **Déterminer l'équation réduite de la droite d passant par les points suivants.**

a) $K(0{,}2\,;\,5)$ et $L(0{,}1\,;\,3)$

b) $M(3\,;\,-0{,}5)$ et $N(3{,}01\,;\,1{,}5)$

E ● Représentations graphiques de données chiffrées

26 Lire un graphique, un histogramme, un diagramme en barres ou circulaire, un diagramme en boîte ou toute autre représentation

Lire un graphique représenté dans un repère

On regarde l'origine (visible ou non), les unités de graduations sur chaque axe, le type de graphique (nuage de points, segments, courbe...), et la signification des données.

Exemple : Taux de fécondité selon l'âge de la mère

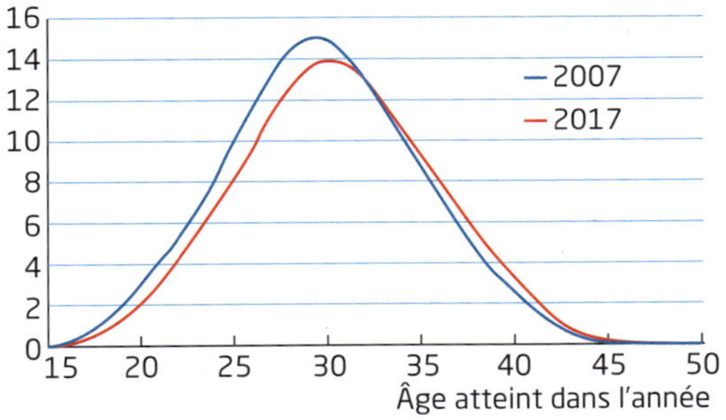

Source INSEE. France

L'origine est (15 ; 0).
À chaque âge de 15 à 50 ans, on peut associer le taux de fécondité, c'est-à-dire le nombre d'enfants pour 100 femmes de cet âge.
Ainsi, en 2017, 100 femmes de 30 ans ont mis au monde 13,8 enfants.

175. Le graphique suivant donne le taux d'évolution de l'indice des prix en France.

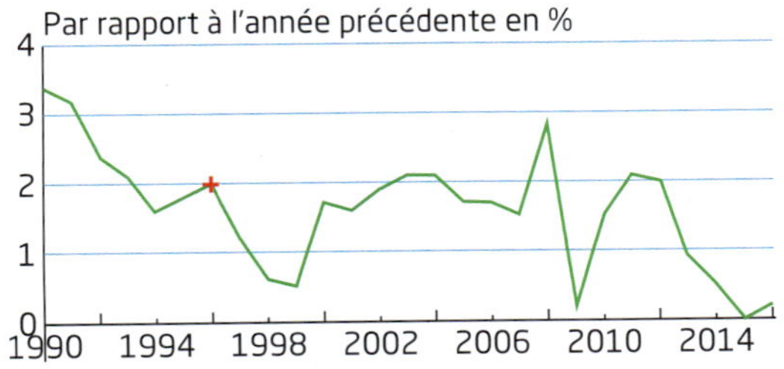

a) **Quelle est l'origine du repère et que représente une graduation sur l'axe horizontal ?**

b) **Lire les coordonnées du point rouge et en donner une interprétation.**

c) **Donner une signification au segment d'extrémités les points d'abscisses 2008 et 2009.**

176. On s'intéresse au prix du logement en France.

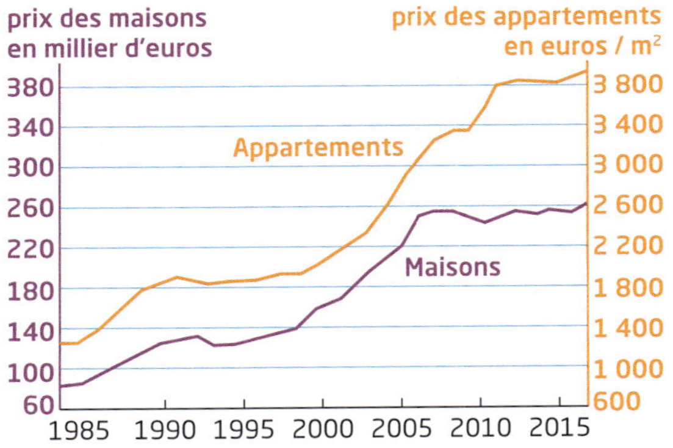

Source SDES

a) Pourquoi a-t-on deux graduations verticales ?

b) Lire l'ordonnée du point d'abscisse 2005 de la courbe violette « Maisons » et interpréter.

c) Lire l'ordonnée du point d'abscisse 2011 de la courbe orange « Appartements » et interpréter.

177. Le graphique ci-dessous donne la proportion, en pourcentage, de bacheliers dans une génération de 1997 à 2017, selon la filière.

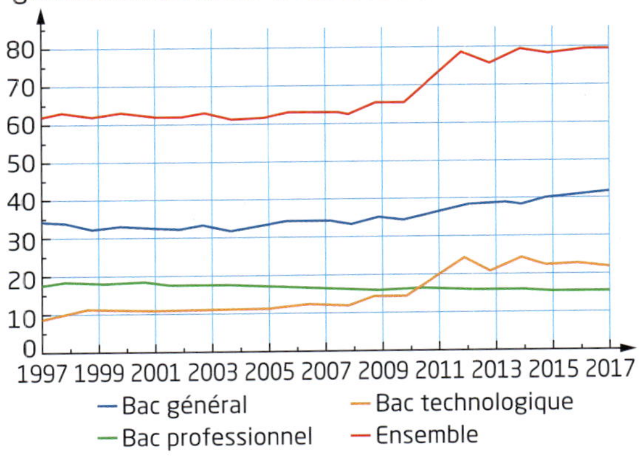

Source Depp

a) **En 2013, lire les proportions pour chacune des filières, avec la précision du graphique.**

b) **Expliquer comment obtenir l'ordonnée du point d'abscisse 2013 de la courbe la plus haute.**

c) **Aurait-on pu faire un graphique en nuage de points ? Argumenter.**

178. On a représenté sous Excel la population, en millions, depuis l'an 1400, en Asie (sans la Russie) et en Europe (Russie comprise).

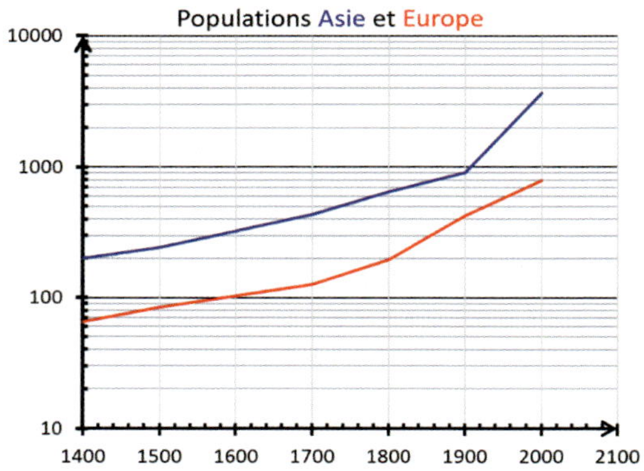

a) En utilisant au mieux la graduation verticale, lire les populations en Europe et en Asie en 1600.

b) Sur ce graphique, vérifier que la population en Europe est d'environ 800 millions en 2000.

c) Conjecturer le pas de la graduation de 100 à 1 000.

d) Rechercher le nom du type de graduation utilisé sur l'axe des ordonnées.

Histogramme, diagramme en barre ou circulaire

Des données continues peuvent se représenter par un **histogramme**. On répartit les données en classes : l'aire des rectangles est proportionnelle à l'effectif.

Exemple : Répartition de la population française adulte suivant l'IMC en 2012.

> *Exercice 106*

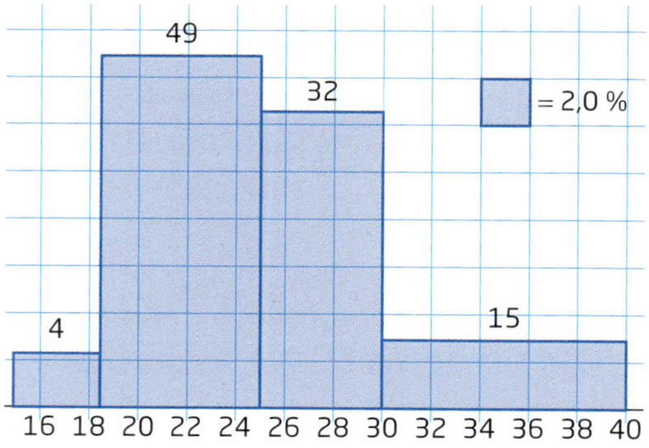

On peut lire que 32 % de la population a un IMC entre 25 et 30, c'est-à-dire est en surpoids.

On peut représenter ces données par un **diagramme circulaire** ou un diagramme **en barre.**

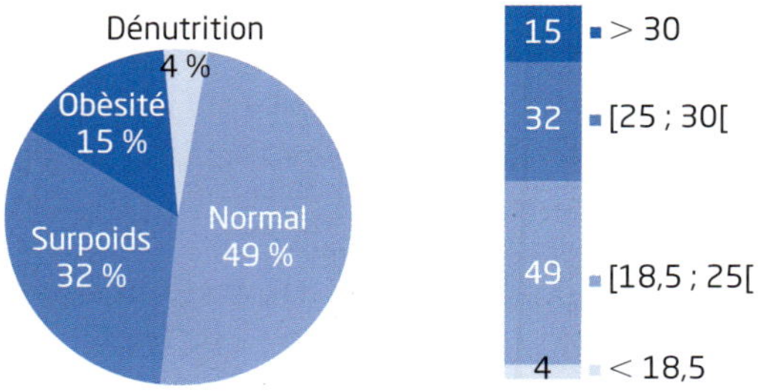

179. Répartition des Françaises de plus de 20 ans selon leur taille en cm en 1970.

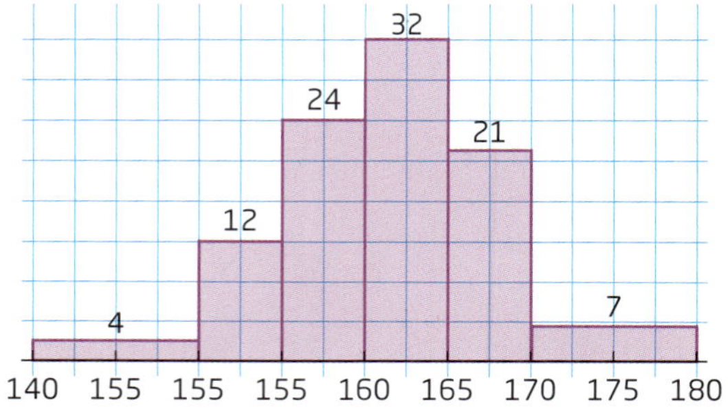

a) Les étiquettes en haut des rectangles sont-elles des effectifs ? des pourcentages ? Argumenter.

b) Interpréter le nombre 32 du graphique.

c) Conjecturer ce que représente un carreau de ce graphique.

180. Parts de marché des films selon leur nationalité, établies sur le nombre d'entrées au cinéma en France sur l'année 2016.

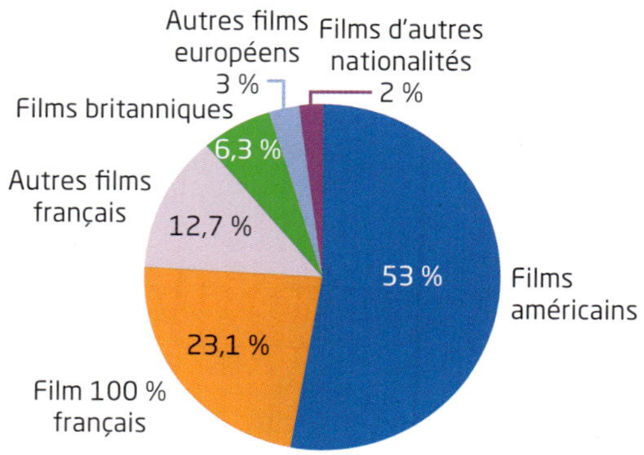

Sachant qu'il y a eu 213 millions d'entrées en 2016, calculer le nombre d'entrées pour :

a) les films américains, **b)** tous les films français.

Diagramme en boîte

Ce type de graphique permet de visualiser rapidement la répartition d'une population.

La population est partagée en 4 parties de mêmes effectifs grâce à 3 paramètres :

le quartile 1, la médiane et le quartile 3.

Exemple : Distributions des salaires mensuels nets en 2015 en France.

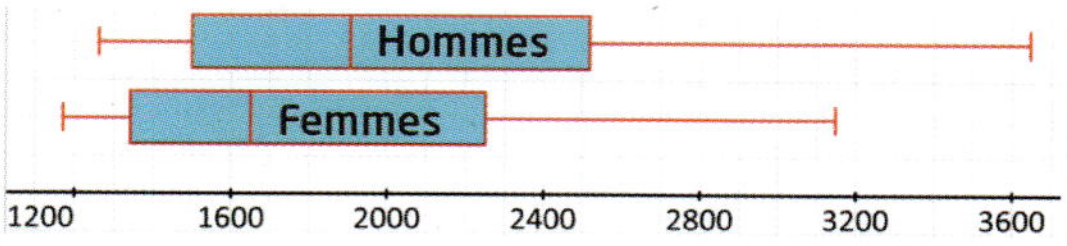

Source Insee

50 % des hommes ont un salaire entre 1 500 et 2 520 € par mois (dans la boîte), 50 % des femmes ont un salaire supérieur à 1 650 € par mois.

181. Le graphique suivant présente la répartition d'une clientèle A suivant le nombre *X* de factures, de 400 à 2 100 factures annuelles.

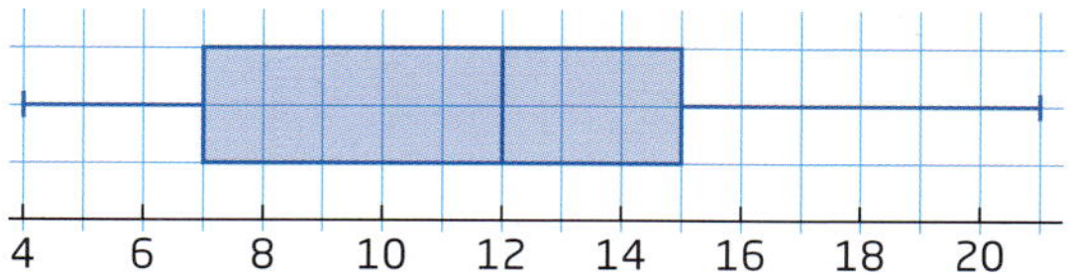

La graduation est en centaines.

a) Lire la médiane et l'interpréter.

b) Lire le quartile 3 et l'interpréter.

c) Construire le diagramme en boîte d'une clientèle B telle que Xmin = 6, Xmax = 18, Me = 12 et les quartiles Q1 = 10 et Q3 = 17. **Comparer.**

27 Passer du graphique aux données et vice-versa

Chacun des graphiques rencontrés dans l'automatisme 26 présente des données chiffrées lisibles grâce aux informations mises en valeur.

À partir de données chiffrées, on peut choisir une ou plusieurs représentations.

Exemple : Équipement utilisé le plus souvent pour se connecter sur internet.

La représentation par une « courbe » permet de mettre en valeur l'évolution selon l'âge, mais n'est pas la plus adaptée a priori.

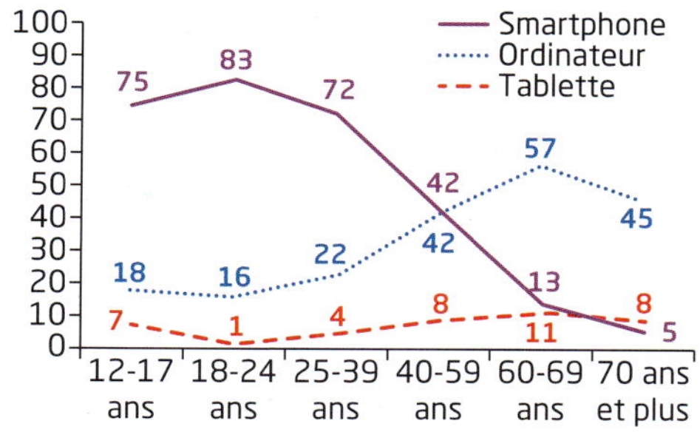

Source CREDOC

182. Pour le graphique précédent, proposer une autre représentation, parmi les graphiques vus dans l'automatisme 26.

183. On connaît le taux d'équipement en ordinateur à domicile de 2003 à 2018, pour les jeunes de 18 à 24 ans.

Quel type de graphique choisir ?

184. On connaît la répartition des plus de 12 ans en France suivant le nombre d'heures de connexion à internet par semaine en 2018.

	A	B
1	**temps en h**	
2	0	13
3	] 0 ; 7]	28
4	] 7 ; 14]	15
5	] 14 ; 21]	17
6	> 21	25
7	ne sais pas	2

a) Quelle unité mettre en cellule B1 ?

b) Quel(s) type(s) de graphique choisir ? Expliciter le choix. Réaliser un graphique.

185. On donne la répartition des 1 257 Mds € de dépenses publiques en 2016.

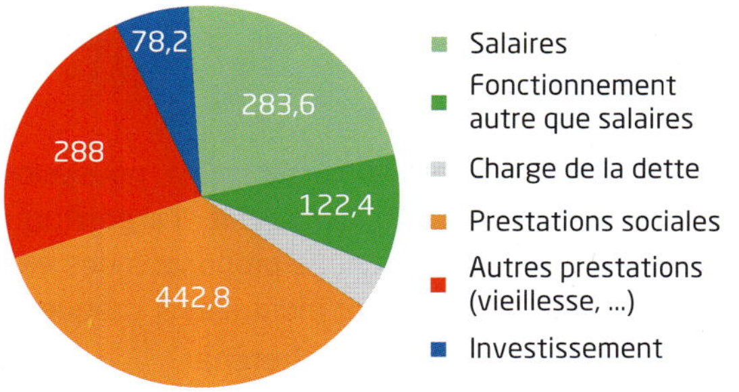

Source INSEE

a) Quel type de graphique pouvait-on utiliser ?

b) Calculer la part de la charge de la dette en pourcentage.

Pour préparer le BAC

Quelle que soit la voie technologique choisie, l'évaluation pour le baccalauréat commence dès la classe de première et se compose de la façon suivante :

1. L'évaluation toute l'année par le professeur, sous forme de devoirs ou activités diverses notés, pour valoriser le travail des lycéens.

2. Deux **épreuves communes** de **contrôle continu** :
- la 1re au début du 2e trimestre de **première**
- la 2e au 3e trimestre de l'année de **première**

Ces deux contrôles seront complétés, au 2e trimestre de l'année de **terminale**, par une 3e épreuve commune de contrôle continu. Chaque épreuve sera notée sur 20.
La **durée** de chacune de ces épreuves est de **2 h**.

Le contenu et la structure de ces épreuves

Chaque épreuve est composée de **deux parties** :

1. Une première partie de **15 min** pour tester la maîtrise des **automatismes** par l'élève. Elle sera sous forme de **questions flash** indépendantes à réponses rapides, éventuellement sous forme de QCM. La calculatrice n'est pas admise. Elle sera notée sur **5 points**.

2. Une seconde partie de **45 min** pour tester la maîtrise du programme de mathématiques de la section. Elle sera sous la forme de **3 exercices indépendants**. La calculatrice pourra être admise : cela sera précisé sur le sujet. Certains exercices peuvent requérir l'usage d'un outil numérique (tableur ou environnement de programmation Python). Chaque exercice sera noté sur **5 points**. En fin d'année, ces exercices doivent couvrir toutes les parties du programme et évaluer une grande partie des capacités attendues.

Pour les **automatismes**, nous avons proposé de regrouper dans ce livret les notions à connaître : rappels en encadré, suivis d'exemples d'application, complétés par des exerces d'entraînement.
Pour faciliter la vérification de leur acquisition, un exercice sur deux est corrigé dans le livre élève.

Pour chaque partie du programme, nous avons proposé de nombreux **exercices**, certains corrigés, et des **ateliers** afin de travailler **l'algorithmique et la programmation**.
Dans les exercices, nous proposons des exercices d'approfondissement, où les **compétences** à mettre en œuvre sont indiquées à chaque question :

① **chercher**	② **modéliser**	③ **représenter**
④ **raisonner**	⑤ **calculer**	⑥ **communiquer**

Elles sont rappelées et détaillées en page 6 ; les pages 7, 8 et 9 sont une aide pour appréhender la résolution de ces exercices et leur rédaction.